Reinhold P. Bäder: **Fachwissen Fliesentechnik**

Hrsg.: Fachverband Deutsches Fliesengewerbe
im Zentralverband des Deutschen Baugewerbes

Fachwissen Fliesentechnik

Regelwerke, Fragen, Antworten und Beispiele
für die Ausbildung und Praxis

mit 229 Abbildungen und 64 Tabellen

Reinhold P. Bäder

Studiendirektor und Diplom-Gewerbelehrer a.D.
an der Meisterschule Fliesenleger in Konstanz

Fachverband Deutsches Fliesengewerbe
im Zentralverband des Deutschen Baugewerbes (Hrsg.)

Rudolf Müller

Die Deutsche Bibliothek – CIP-Einheitsaufnahme

Bäder, Reinhold P.:
Fachwissen Fliesentechnik : Regelwerke, Fragen, Antworten und Beispiele für die Ausbildung und Praxis ; mit 64 Tabellen / Reinhold P. Bäder. Fachverband Deutsches Fliesengewerbe im Zentralverband des Deutschen Baugewerbes (Hrsg.). – Köln : Müller, 2002
ISBN 3-481-01880-0

Normen und Merkblätter wurden, unabhängig von ihrem Ausgabedatum, in neuer deutscher Rechtschreibung abgedruckt.
Lektorat: Dr. Ina Germes-Dohmen, Kempen
Umschlaggestaltung: Pizzicato Design-Agentur, Köln
Satz: Satz+Layout Werkstatt Kluth GmbH, Erftstadt
Druck und Bindearbeiten: Media-Print Informationstechnologie GmbH, Paderborn
Printed in Germany

ISBN 3-481-01880-0

Vorwort

Das vorliegende Werk umfasst das Fachwissen und die wichtigsten Regelwerke für die Fortbildung zum Fliesenlegermeister.

Ebenso kann es dem Praktiker als Nachschlagewerk und zur Vertiefung der Kenntnisse für die Planung und Ausführung von Fliesenarbeiten dienen.

Die Sammlung enthält

- alle für den Fliesenleger relevanten Merkblätter des Zentralverbandes des Deutschen Baugewerbes,
- weitere Fachregeln und Merkblätter anderer Herausgeber,
- ausgewählte Normen, teilweise in Auszügen.

Diese Regelwerke werden ergänzt und aufbereitet mithilfe jeweils einer Einführung in das Thema (»Stichworte zum Thema«), Fällen aus der Praxis mit entsprechenden Lösungen, vertiefenden Bausteinen, Fragen und Antworten.

Das Buch kann den Unterricht an der Meisterschule sowie die betriebliche Erfahrung nicht ersetzen, wohl aber sinnvoll ergänzen und unterstützen.

Bei der Fülle des Stoffes kann dieses Buch keinen Anspruch auf Vollständigkeit erheben. Vorschläge zur Ergänzung und Aktualisierung sind willkommen und werden dankbar angenommen.

Dank für Mitarbeit und Unterstützung

Zuerst möchte ich meiner Frau danken, dass sie den monatelang am Computer sitzenden Ehemann geduldig ertragen hat. Den Kolleginnen und Kollegen aus den verschiedenen Fachbereichen der Meisterschule Fliesenleger Konstanz möchte ich für ihre Mithilfe, Tipps und Korrekturen danken.

Herrn Dipl.-Wirtsch.-Ing. Rudolf Voos vom Fachverband Deutsches Fliesengewerbe danke ich für seine Aufgeschlossenheit dem Buchprojekt gegenüber, für seine konstruktiven Ideen und für die Vermittlung der Herausgeberschaft durch den Fachverband.

Bei den Kapiteln »Einteilung von Bekleidungen und Belägen« und »Farblehre und Gestaltung« haben Frau und Herr Zinser von der Fa. Palette GmbH, Stuttgart, sowie Herr Kraus von der Fa. Visoft, Sindelfingen, wertvolle Ausarbeitungen gefertigt und Unterstützungen gewährt. Ebenso hat Frau Ewerhardy-Blocher aus Mettlach mit ihren Entwürfen zum Gelingen dieser Kapitel beigetragen.

Besonderer Dank gebührt Herrn Walter Mauer von der Firma Mapei GmbH, der das Projekt von Anfang an mit guten Ideen, fachlicher Beratung und Ausarbeitungen sowie umfangreichem Bildmaterial unterstützte.

Allensbach, im August 2002 Reinhold P. Bäder

Grußwort

Der Fachverband des Deutschen Fliesengewerbes und sein Partner, die Mapei GmbH, Erlenbach, haben Herrn Studiendirektor Reinhold Bäder in der Vorbereitung des Fachbuches gerne beratend unterstützt, da dieses, in seiner Konzeption neuartige, einmalige Fachbuch Planern und Entscheidungsträgern des Fliesenhandwerks erlaubt, sich in kurzer Zeit umfassend in eines der zahlreichen Themengebiete des Fliesen-, Platten- und Mosaikleger-Handwerks einzuarbeiten.

Die besondere fachspezifische und praxisnahe Ausrichtung der Inhalte des Fachbuches und die langjährige pädagogische Erfahrung des Autors ermöglichen es dem Leser, sich schnell, sicher und umfassend in die relevanten Regelwerke und Richtlinien einzuarbeiten sowie deren praktische Anwendung anhand zahlreicher Beispiele kennen zu lernen. Dieses Wissen ist für einen zukunftsorientierten Fliesenfachbetrieb unerlässlich.

Darüber hinaus trägt es dazu bei, die zielgerichtete Nutzung der vom Fachverband erarbeiteten Inhalte der Technischen Merkblätter bereits im Rahmen der Ausbildung zum Meister des Fliesen-, Platten- und Mosaikleger-Handwerks sicherzustellen.

Wir sind sicher, dass dieses Werk einmal mehr die erfolgreiche Zusammenarbeit zwischen dem Fachverband Deutsches Fliesengewerbe und seinen Partnern aus Industrie und Gewerbe zum Wohle des Fliesen-, Platten- und Mosaikleger-Handwerks dokumentiert.

MAPEI GmbH, Erlenbach
Geschäftsführer Hans-Dieter Albreit

FACHVERBAND DEUTSCHES FLIESENGEWERBE
im Zentralverband des Deutschen Baugewerbes e.V.
Geschäftsführer Rudolf Voos

Aufbau und Handhabung des Buches

Das Fliesengewerbe ist vergleichsweise komfortabel mit hervorragenden Merkblättern und Normen ausgestattet. Diese stellen den Stand der Technik dar. Es wäre wünschenswert, wenn Fliesenleger den aktuellen Inhalt dieser Regelwerke beherrschen würden. Dies ist jedoch bei dem Umfang der vorhandenen Regelwerke fast unmöglich. Es muss also immer wieder nachgeschlagen, gelernt und Wissen vertieft werden, hierbei soll das vorliegende Buch mit seinem einheitlichen und übersichtlichen Aufbau helfen. Die einzelnen Kapitel orientieren sich am fachtheoretischen Teil der Meisterprüfung im Fliesen-, Platten- und Mosaikleger-Handwerk.

Baustofftechnologie (Baustoffkunde)
Fachtechnologie
Farblehre und Gestaltung
Technische Mathematik
Kalkulation

Die Kapitel selbst sind fast durchgängig in gleicher Art aufgebaut:

Stichworte zum Thema

Dieser Abschnitt bildet die Einführung in das Fachgebiet und gibt gleichzeitig in Kürze einen Überblick über beachtenswerte Schwerpunkte, Herzstücke und Kernprobleme dieses Themas.

Regelwerke

Hier sind relevante Merkblätter, Normen und Vorschriften aufgelistet und deren wesentliche Inhalte beschrieben.

Fall aus der Praxis

Typische Aufgabenstellungen aus der betrieblichen Praxis und ihre angebotenen Lösungen dienen als projektorientierte Aufgabenstellung in der Schule bzw. zur Problemlösung in der Praxis.

Abdruck von Regelwerken

Wichtige Regelwerke werden hier komplett oder in Auszügen zum Nachlesen im Wortlaut wiedergegeben.

Bausteine

Dieser Teil bietet vertiefende Informationen, fasst Regelwerke zusammen oder gibt Zusatzinformationen dort, wo keine Regelwerke vorhanden sind.

Bausteine gibt es nicht in den Kapiteln, in denen die vorhandenen Regelwerke klar und eindeutig sind, oder bei sehr umfangreichen Themen, die mit entsprechender Fachliteratur aufbereitet werden sollten.

Fragen und Antworten

Dieser Abschnitt ermöglicht es, Detailwissen systematisch zu erarbeiten und zu lernen. Außerdem können Problemstellungen aus dem betrieblichen Alltag aufgefunden und ihre Lösung nachgeschlagen werden.

Inhaltsverzeichnis

1 Baustofftechnologie

1.1 Baustoffkunde Keramik

1.1.1 Stichworte zum Thema

- Kenntnisse über keramische Fliesen und Platten als wichtigste Baustoffe des Fliesenlegers, Entwicklung von Verständnis für baustofftechnologische Begriffe
- Rohstoffe und ihre Aufbereitung zur Herstellung von keramischen Fliesen und Platten
- Herstellungsverfahren und Formgebungsverfahren
- Produkttypen keramischer Fliesen und Platten
- zahlreiche Begriffe und Produkte, wie z. B. Steingut, Steinzeug, Grobkeramik, Feinkeramik, Feinsteinzeug, Spaltplatten und Cotto ...; Einteilung, Gliederung
- Wasseraufnahmegruppen
- Einfluss der Formgebung und der Wasseraufnahme auf die Eigenschaften der Produkte
- Aufbau der Klassifizierung der keramischen Produkte

1.1.2 Regelwerke

VOB/C ATV DIN 18352	Fliesen- und Plattenarbeiten, Abschnitt 2, Stoffe, Bauteile: *»Fliesen, Platten und Mosaik müssen der ersten Güteklasse entsprechen.«*
DIN EN 121	Stranggepresste keramische Fliesen und Platten mit niedriger Wasseraufnahme $E \leq 3\,\%$ – Gruppe A I
DIN EN 159	Trockengepresste keramische Fliesen und Platten mit hoher Wasseraufnahme $E > 10\,\%$ – Gruppe B III
DIN EN 176	Trockengepresste keramische Fliesen und Platten mit niedriger Wasseraufnahme $E \leq 3\,\%$ – Gruppe B III
DIN EN 177	Trockengepresste keramische Fliesen und Platten mit einer Wasseraufnahme von $3\,\% < E \leq 6\,\%$ – Gruppe B II a
DIN EN 178	Trockengepresste keramische Fliesen und Platten mit einer Wasseraufnahme von $6\,\% < E \leq 10\,\%$ – Gruppe B II b
DIN EN 186-1	Stranggepresste keramische Fliesen und Platten mit einer Wasseraufnahme von $3\,\% < E \leq 6\,\%$ – Gruppe A II a
DIN EN 186-2	Stranggepresste keramische Fliesen und Platten mit einer Wasseraufnahme von $3\,\% < E \leq 6\,\%$ – Gruppe A II a
DIN EN 187-1	Stranggepresste keramische Fliesen und Platten mit einer Wasseraufnahme von $6\,\% < E \leq 10\,\%$ – Gruppe A II b
DIN EN 187-2	Stranggepresste keramische Fliesen und Platten mit einer Wasseraufnahme von $6\,\% < E \leq 10\,\%$ – Gruppe A II b

Abb. 1.1: Herstellung keramischer Fliesen und Platten

DIN EN 188	Stranggepresste keramische Fliesen und Platten mit einer Wasseraufnahme von $E > 10\,\%$ – Gruppe A III
DIN 12912	Labortischfliesen
DIN 18158	Bodenklinkerplatten
DIN EN 87	Keramische Fliesen und Platten, Begriffe, Klassifizierung, Anforderungen und Kennzeichnung (siehe S. 17)

Wesentliche Inhalte der Normen

Die Normen sind in der Regel Herstellungs- und Prüfnormen, die den Fliesenleger in seiner fachpraktischen Tätigkeit wenig berühren.

Zur Fachkenntnis des Fliesenlegers gehört jedoch der Inhalt der DIN EN 87, insbesondere die Hinweise über die Wasseraufnahme, die Formgebung und die Gruppeneinteilung (Klassifizierung).

1.1.3 Abdruck von Regelwerken

DIN EN 87
Keramische Fliesen und Platten für Bodenbeläge und Wandbekleidungen
Begriffe, Klassifizierung, Anforderungen und Kennzeichnung

Deutsche Fassung EN 87:1991

Vorwort

Die vorliegende Europäische Norm wurde vom Technischen Komitee CEN/TC 67 »Keramische Fliesen und Platten«, mit dessen Sekretariat UNI betraut ist, ausgearbeitet.

Die vorliegende Europäische Norm wurde von CEN aufgrund der Annahme durch die folgenden Mitgliedsländer genehmigt: Belgien, Dänemark, Deutschland, Finnland, Frankreich, Griechenland, Irland, Island, Italien, Luxemburg, Niederlande, Norwegen, Österreich, Portugal, Schweden, Schweiz, Spanien und Vereinigtes Königreich.

1 Zweck

In dieser Europäischen Norm werden Begriffe, Klassifizierung, Gütemerkmale und Kennzeichnungen für keramische Fliesen und Platten, die im Allgemeinen zur Herstellung von Bodenbelägen und Wandbekleidungen verwendet werden, festgelegt. Der Begriff keramische Fliesen und Platten umfasst auch Mosaik, Industriefliesen, Platten und Bauelemente für Schwimmbecken sowie die entsprechenden Zubehörteile (Kanten-, Ecken- und Sockelfliesen, Randleisten und andere Teile).

Diese Norm gilt ausschließlich für Fliesen und Platten der besten handelsüblichen Güteklasse (1. Sorte), wenn die jeweilige Produktnorm nichts anderes bestimmt.

2 Verweisungen auf andere Normen

Außer dieser Europäischen Norm bestehen für keramische Fliesen und Platten

2.1 Produktnormen, die die Gütewerte für jede Produktgruppe enthalten (siehe Tabelle 2)

2.2 Prüfnormen, die der Ermittlung von Eigenschaftswerten dienen (siehe Tabelle 3)

2.3 ISO-Normen, auf die in diesem Zusammenhang verwiesen wird

ISO 1803 Toleranzen im Bauwesen; Begriffe
ISO 1006 Modulordnung Grundmodul

3 Begriffe

3.1 Keramische Fliesen und Platten

Dünnplattige Baustoffe, die im Allgemeinen für Fußbodenbeläge und zur Bekleidung von Wänden und Fassaden verwendet und aus einer Mischung von Tonen, Sand, Flussmitteln, Farbstoffen und anderen mineralischen Rohstoffen hergestellt werden. Die Rohstoffe werden durch Mahlen, Sieben, Mischen, Befeuchten oder andere Behandlungen aufbereitet und durch Pressen, Ziehen (Strangpressen), Gießen oder andere Verfahren im Allgemeinen bei Raumtemperatur zu Fliesen oder Platten geformt. Danach werden diese getrocknet und anschließend bei hohen Temperaturen gebrannt.

Fliesen und Platten können glasiert (GL), unglasiert (UGL) oder engobiert sein, sie sind nicht brennbar und lichtecht.

3.2 Glasur

Eine gesinterte Beschichtung, die i. A. wasserundurchlässig ist.

3.3 Engobe

Eine Beschichtung auf Tonbasis mit mattiertem Aussehen, die durchlässig oder undurchlässig sein kann.

3.4 Einbrand

Der Glasurauftrag erfolgt vor dem Brennen.

3.5 Zweibrand

Der Glasurauftrag erfolgt nach einem ersten Brand, danach erfolgt ein zweiter Brand.

3.6 Stranggepresste Platten (Formgebungsverfahren A)

Es handelt sich um Platten, die in bestimmter Länge von einem Strang abgeschnitten werden, der aus der plastischen Masse mittels einer Strangpresse geformt wurde.

3.6.1 Spaltplatten

Es handelt sich um Platten, die als Doppelplatten geformt und nach dem Brennen in Einzelplatten gespalten werden. Sie können glasiert oder unglasiert sein und weisen auf der Rückseite die charakteristischen Stegprofile auf.

3.6.2 Einzeln gezogene Platten (Quarry tiles)

Es handelt sich um Platten, die einzeln durch Abschneiden von einem Strang hergestellt werden. Sie werden vielfach nachgepresst und manchmal glasiert.

3.7 Trockengepresste Fliesen und Platten (Formgebungsverfahren B)

Es handelt sich um Fliesen oder Platten, die aus pulverförmiger und feinkörniger Masse und unter hohem Druck in Formen gepresst werden. Sie können glasiert oder unglasiert sein.

3.8 Gegossene Fliesen und Platten (Formvergebungsverfahren C)

Es handelt sich um Fliesen oder Platten, die durch Gießen einer Masse in eine poröse Form oder auf eine poröse feuerfeste Unterlage, die das Wasser entzieht, hergestellt werden. Sie können glasiert oder unglasiert sein.

3.9 Wasseraufnahme *(E)*

Die Wasseraufnahme (Gew.-%) wird nach Prüfnorm EN 99 gemessen.

3.10 Koordinierungsmaß

Maß einer koordinierten Abmessung (siehe ISO 1803).

3.11 Nennmaß

Maß zur Beschreibung einer Fliese oder Platte.

3.12 Werkmaß

Das für die Herstellung vorgesehene Maß, mit dem das Istmaß innerhalb der zulässigen Abweichungen übereinstimmen muss.

3.13 Istmaß

Maß einer Fliese oder Platte, das nach Prüfnorm EN 98 gemessen wird.

3.14 Toleranz

Differenz zwischen den zulässigen Grenzmaßen.

3.15 Maße

Anmerkung: Maße betreffen nur rechtwinklige Fliesen und Platten. Fliesen und Platten mit davon abweichenden Formen werden durch das kleinste umschreibende Rechteck definiert.

3.15.1 Modulare Maße

Maße auf der Grundlage von M (siehe ISO 1006/1: M = 100 mm), 2 M, 3 M und 5 M sowie deren Vielfache und Teilbare. Sie gelten nicht für Fliesen und Platten mit einer Ansichtsfläche kleiner als 9000 mm^2.

Anmerkung: Die wichtigsten Beispiele modularer Maße sind in den Produktnormen aufgeführt. Eine allgemeine Erläuterung der Maße gibt Tabelle 1.

3.15.2 Nichtmodulare Maße

Maße der in den Mitgliedsländern des CEN handelsüblichen Fliesen und Platten, die nicht auf dem Grundmodul M aufbauen.

Tabelle 1: **Allgemeine Definition der Maße**

Maße	Kurzzeichen	Modular	Nicht modular
Koordinierungsmaß	C	$W+J$	N_2+J oder $W+J$
Nennmaß	N_1	$W+J$	–
	N_2	–	$N_2 \simeq W$
Werkmaß	W	W	W
Fugenbreite	J	J	J

4 Klassifizierung

Keramische Fliesen und Platten werden nach ihrem Herstellungsverfahren und ihrer Wasseraufnahme in Gruppen eingeteilt (siehe 3.9 und Tabelle 2). Die Gruppen geben jedoch keine Hinweise über ihre Verwendungsmöglichkeit.

4.1 Herstellungsverfahren

Siehe 3.6 (stranggepresste Platten), 3.7 (trockengepresste Fliesen und Platten) und 3.8 (gegossene Fliesen und Platten).

4.2 Wasseraufnahmegruppen

4.2.1 Fliesen und Platten mit niedriger Wasseraufnahme (Gruppe I)

$E \leq 3\,\%$

4.2.2 Fliesen und Platten mit mittlerer Wasseraufnahme (Gruppe II)

$3\,\% \leq E \leq 10\,\%$

Gruppe II wird unterteilt in:
a) $3\,\% < E \leq 6\,\%$ (Gruppe II a)
b) $6\,\% < E \leq 10\,\%$ (Gruppe II b)

4.2.3 Fliesen und Platten mit hoher Wasseraufnahme (Gruppe III)

$E > 10\,\%$

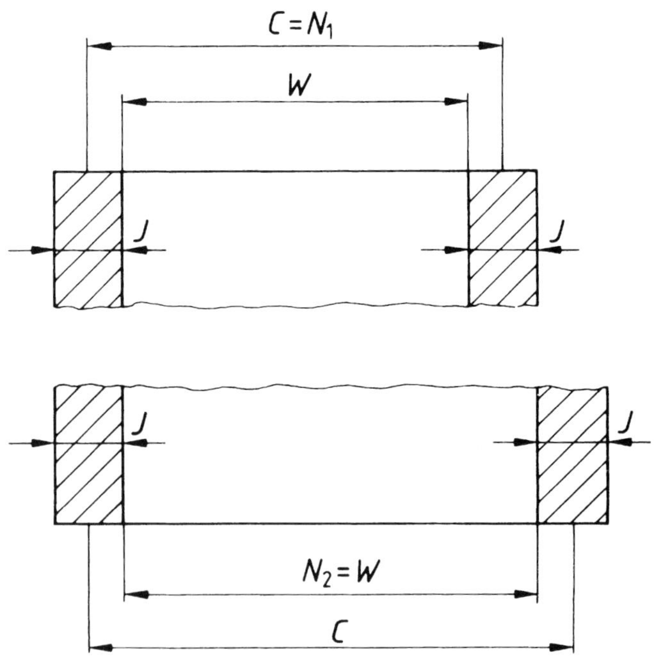

Tabelle 2: **Klassifizierung der keramischen Fliesen und Platten nach ihren Gruppen und einzelnen Produktnormen**

Wasseraufnahme / Formgebung	Gruppe I $E \leq 3\%$	Gruppe II a $3\% < E \leq 6\%$	Gruppe II b $6\% < E \leq 10\%$	Gruppe III $E > 10\%$
A	Gruppe A I EN 121	Gruppe A II a EN 186	Gruppe A II b EN 187	Gruppe A III EN 188
B	Gruppe B I EN 176	Gruppe B II a EN 177	Gruppe B II b EN 178	Gruppe B III EN 159
C	Gruppe C I EN …	Gruppe C II a EN …	Gruppe C II b EN …	Gruppe C III EN …

5 Anforderungen

Die Anforderungen an keramische Fliesen und Platten in verschiedenen Anwendungsbereichen für Bodenbeläge und Wandbekleidungen sind in Tabelle 3 aufgeführt.

6 Kennzeichnung und Bezeichnung

6.1 Kennzeichnung

Keramische Fliesen und Platten und/oder ihre Verpackung sind wie folgt zu kennzeichnen:

a) Handelszeichen des Herstellers und/oder entsprechende Herstellungszeichen und das Erzeugerland
b) Zeichen der Güteklasse
c) Hinweis auf die beachteten europäischen/nationalen Normen
d) Nennmaße und Werkmaße, modular (M) oder nicht-modular,
z. B. M 100 mm x 100 mm (W = 98 mm x 98 mm) oder
M 152 mm x 152 mm (W = 152,4 mm x 152,4 mm)
e) Oberflächenbeschaffenheit, z. B. glasiert oder unglasiert

Tabelle 3: **Anforderungen in Abhängigkeit von der Anwendung**

	Fußboden		Wand		Prüfmethode
	innen	außen	innen	außen	
Maße und Oberflächenbeschaffenheit					
a) Länge und Breite	x	x	x	x	EN 98
b) Dicke	x	x	x	x	EN 98
c) Geradheit der Seiten	x	x	x	x	EN 98
d) Rechtwinkligkeit	x	x	x	x	EN 98
e) Ebenflächigkeit (Wölbung und Flügeligkeit)	x	x	x	x	EN 98
f) Oberflächenbeschaffenheit	x	x	x	x	EN 98
Physikalische Eigenschaften					
g) Wasseraufnahme	x	x	x	x	EN 99
h) Biegefestigkeit	x	x	x	x	EN 100
i) Ritzhärte der Oberfläche	x	x	x	x	EN 101
k) Widerstand gegen Tiefenverschleiß bei unglasierten Fliesen und Platten	x	x			EN 102
l) Widerstand gegen Oberflächenverschleiß bei glasierten Fliesen und Platten	x	x			EN 154
m) Lineare thermische Dehnung¹)	x	x	x	x	EN 103
n) Temperaturwechselbeständigkeit	x	x	x	x	EN 104
p) Widerstand gegen Glasurrisse für glasierte Fliesen und Platten	x	x	x	x	EN 105
q) Frostbeständigkeit²)	x	x	x	x	EN 202
r) Feuchtigkeitsdehnung für unglasierte Fliesen und Platten mit einer Wasseraufnahme E > 6%	x	x	x	x	EN 155
Chemische Eigenschaften					
s) Beständigkeit gegen Fleckenbildner für glasierte Fliesen und Platten	x	x	x	x	EN 106 (unglasiert) EN 122 (glasiert)
t) Beständigkeit gegen Haushaltchemikalien und Badezusätze (Schwimmbad)	x	x	x	x	EN 106 (unglasiert) EN 122 (glasiert)
u) Beständigkeit gegen Säuren¹)	x	x	x	x	EN 106 (unglasiert) EN 122 (glasiert)
v) Beständigkeit gegen Laugen¹)	x	x	x	x	EN 106 (unglasiert) EN 122 (glasiert)

¹) Nur wenn wegen des Verwendungszwecks gefordert
²) Nur für Fliesen und Platten, die durch Frost beansprucht werden können

6.2 Bezeichnung

In einer Kurzbezeichnung ist Folgendes anzugeben:

a) Beschreibung der Fliese und Platte, z. B. Spaltplatte oder trockengepresste Fliese und Platte
b) Nummer der entsprechenden Norm, z. B. EN 121
c) die Klassifizierung nach dieser Norm (siehe Tabelle 2)
d) Nenn- und Werkmaß
e) Oberflächenbeschaffenheit glasiert oder unglasiert

7 Bestellung, Probenahme und Abnahme

Bei einer Bestellung sind Einzelheiten wie Dicke, Maße, Oberfläche, Farbe, Profilierung und Sondereigenschaften besonders zu vereinbaren.

Dabei ist auf die Produktnorm Bezug zu nehmen, in der die Maßtoleranzen Anforderungen und Abnahmebedingungen für die jeweilige Produktgruppe angegeben sind.

Die Probenahme und die Grundlagen für die Abnahme werden gesondert behandelt (EN 163).

1.1.4 Fragen

1. Nennen Sie die wichtigsten Fertigungsstationen der Fliesenherstellung!
2. Wie ist die chemische Zusammensetzung des Tones?
3. Wie heißt die Mischung aus Ton und Sand?
4. Was versteht man unter »hygroskopisch«?
5. Welche Tone haben eine große Trocken- und Brennschwindung, welche eine geringe?
6. Was ist der Masseversatz?
7. Welche Aufgaben hat Feldspat bei der Fliesenherstellung?
8. Welche Aufgaben haben Schamotte und Quarzsand?
9. Was ist der Sprühturm?
10. Wozu werden Trockenpressmassen, plastische Versatzmassen und keramische Gießmassen verwendet?
11. Was ist ein Granulat? Beispiel!
12. Mit welcher Temperatur wird Granulat getrocknet?
13. Bis zu welcher Feuchte wird das Granulat für die Trockenpressung im Sprühturm getrocknet?
14. Beschreiben Sie den Vorgang der Trockenpressung und geben Sie die vorkommenden Pressdrücke an!
15. Was ist ein Schlicker?
16. Was versteht man unter Fritte, Scherben, Monocottura, Bicottura und Biskuit?
17. Welche Rohstoffe werden für Glasuren verwendet?
18. Welcher Bestandteil des Masseversatzes bewirkt eine bessere Haftung der Glasur?
19. Wie wird die Glasur aufgebracht?
20. Was ist eine Engobe?
21. Wie wird eine weinrote, eine hellrote, eine orangefarbene Glasurfarbe hergestellt?
22. Beschreiben Sie die Herstellung von Spaltplatten!
23. Beschreiben Sie die Wirkungsweise einer Strangpresse!
24. Welche Platten werden beim Strangpressen einzeln gezogen?
25. Welches sind die heute üblichen Brennofenarten?
26. Welche Temperaturzonen gibt es im Brennofen?
27. Wie lange dauert der Durchlauf im Tunnelofen, im Rollenofen?
28. Nennen Sie keramische Produkte und ihre Brenntemperaturen!
29. Was versteht man unter Sinterung? Wo beginnt sie?
30. Beschreiben Sie das »Firestream-Verfahren«!
31. Wie heißt der erste Brand beim Zweibrandverfahren?
32. Welches ist das wichtigste Unterscheidungsmerkmal der keramischen Werkstoffeigenschaften?
33. Welche Wasseraufnahmegruppen werden unterschieden?
34. Welche Formgebungsverfahren gibt es?
35. Erklären Sie die Klassifizierung der keramischen Produkte!
36. In welche Klasse gehören Spaltplatten, Steinzeugfliesen, Steingutfliesen und Sanitärkeramik?
37. Erklären Sie die Begriffe Feinkeramik und Grobkeramik! Beispiele!
38. Welches grobkeramische Material wird nicht durch Strangpressen erzeugt?
39. Erklären Sie die Begriffe Koordinierungsmaß, Nennmaß, Werkmaß, Istmaß! Wie unterscheiden sich die angegebenen Maße?
40. Was sind modulare Maße oder nichtmodulare Maße?
41. Um wie viel darf eine Steingutfliese 15/20 cm in ihren Abmessungen und in der Ebenheit vom Werkmaß abweichen?
42. Was gehört zur vollständigen Bezeichnung einer Fliese nach DIN EN 159?
43. Nennen Sie die normengerechte Bezeichnung einer Spaltplatte, E = 3–6 %, im Vorzugsformat!
44. Wie heißt die Differenz zwischen Werkmaß und Istmaß?
45. Welche Festigkeitsart verlangt die entsprechende EN?
46. Welche keramischen Produkte sind frostbeständig?
47. In welcher Norm wird die Klassifizierung der keramischen Fliesen und Platten festgelegt?
48. Welche Güteklassen gibt es für keramische Produkte?
49. Wie wird die Oberflächenhärte gemessen? Erklären Sie die entsprechende Skala!
50. Erklären Sie die Begriffe Cotto, Terracotta, Terre quite, Quarry Tiles!
51. Wie können Sichtflächen von Fliesen und Platten gestaltet werden?
52. Was ist Feinsteinzeug?
53. Wie unterscheidet sich Feinsteinzeug von anderen keramischen Produkten?
54. Was ist eine Majolika-Fliese?
55. Was ist Mosaik?
56. Wie kann Mosaik verklebt sein?
57. Welche Norm und Klassifizierungsgruppe gilt für italienische Cotto-Platten?
58. Wie beurteilen Sie die Frostbeständigkeit von Cotto?
59. Wie beurteilen Sie die Verlegung von vorbehandeltem oder glasiertem Cotto im Freien?
60. Welche Eigenschaften können als Verkaufsargument für keramische Fliesen und Platten genannt werden?

1.1.5 Antworten

1. Fertigungsstationen der Fliesenherstellung: Rohstoffe aufbereiten, mahlen, mischen, Feuchte einstellen (trocknen), pressen, trocknen, brennen, Glasur auftragen, brennen, sortieren, verpacken
2. Chemische Zusammensetzung des Tones: Al_2O_3 x 2 SiO_2 x 2 H_2O
3. Die Mischung aus Ton und Sand ist Lehm.
4. Hygroskopisch bedeutet: Die Feuchtigkeit wird angezogen.
5. »Fette« Tone, d. h. Tone mit großem Wasseranteil, schwinden stark, »magere« Tone schwinden gering.
6. Masseversatz ist eine Mischung der Rohstoffe nach bestimmten Rezepturen: Ton, Kaolin, Quarz, Feldspat, Schamotte, Kreide.
7. Feldspat wirkt als Flussmittel beim Brennen.
8. Schamotte wirkt abmagernd, es erhöht die Standfestigkeit und verringert das Schwinden. Quarzsand erhöht die Abriebfestigkeit.
9. Der Sprühturm ist ein senkrecht stehender Behälter, in den der Schlicker durch Düsen eingesprüht und zu einem pressfertigen Granulat getrocknet wird.
10. Trockenpressmassen werden für die Herstellung trockengepresster Fliesen verwendet, plastische Versatzmassen für die Herstellung stranggepresster Fliesen, keramische Gießmassen für die Herstellung von Sanitärkeramik.
11. Granulat sind feine Körner oder Kugeln; möglich sind verschiedenartige Materialien, z. B. Keramik oder Polystyrol.
12. Das zur Trockenpressung geeignete Granulat wird im Sprühturm bei einer Temperatur von 300–550 °C getrocknet.
13. Der Feuchtegehalt des zur Trockenpressung geeigneten Granulats beträgt ca. 7 %.
14. Die Trockenpressung erfolgt in hydraulischen Pressen, in deren Formen das Granulat eingefüllt und mit hohem Druck gepresst wird. Die Pressdrücke bewegen sich zwischen 150 und 400 kg/cm^2.
15. Der Schlicker ist eine Mischung aus den gemahlenen Bestandteilen des Versatzes und Wasser.
16. Fritte nennt man geschmolzene Glasurmasse, die in einem Wasserbad abgeschreckt wurde. Scherben: gebrannte, unglasierte Fliesen, Monocottura: Einbrandfliesen, Bicottura: Zweibrandfliesen, Biskuit: gebrannte Rauware für den zweiten Brand.
17. Rohstoffe für Glasuren sind: Glasbildner (Quarz, Ton, Feldspat, Kaolin, Borax) und Flussmittel (Soda, Flussasche, Bleioxid) und Metalloxide zur Farbgebung.
18. Eine bessere Haftung der Glasur wird durch Kreidebestandteile im Masseversatz erreicht.
19. Die Glasur kann durch Gießen, Spritzen oder Walzen aufgebracht werden.
20. Engobe ist eine Tonschlämme als Unterlage für die Glasur oder als Oberfläche z. B. für Dachziegel.
21. Weinrote Glasuren entstehen durch Manganbeimischung, rote durch Selenbeimischung, orangefarbene durch eine Cadmium-Selen-Beimischung.
22. Herstellung von Spaltplatten: Versatzmasse aufbereiten, strangpressen, trocknen, glasieren, brennen, spalten, sortieren und verpacken
23. Wirkungsweise einer Strangpresse: Verdichten durch innen laufende Schnecken und Pressen durch ein Mundstück
24. Stranggepresste, einzeln gezogene Platten sind Spaltplatten, Cotto, Formstücke wie Rinnen, Randsteine …
25. Die heute üblichen Brennofenarten sind Tunnelofen und Rollenofen.
26. Im Brennofen unterscheidet man Vorwärmzone, Brennzone, Kühlzone.
27. Die Durchlaufzeit im Tunnelofen beträgt 20–24 Stunden, im Rollenofen 45–60 Minuten.
28. Steinzeug: 1 150–1 250 °C, Steingut: 1 000–1 100 °C (Schrühbrand), 850–1 000 °C (Glattbrand)
29. Sinterung ist der Zusammenfluss der Mineralien – je nach Rohstoffen bei 1 200–1 250 °C.
30. Firestream-Verfahren: Brennen im Rollenofen: Die Keramik wird über Rollen in die Brennzone transportiert; in der Brennzone umströmt die Brennflamme in einem flachen Kanal das Brenngut und ermöglicht so wesentlich kürzere Brennzeiten.
31. Der erste Brand beim Zweibrandverfahren heißt Schrühbrand oder Biskuitbrand.
32. Das wichtigste Unterscheidungsmerkmal ist die Wasseraufnahme E.
33. Es werden folgende Wasseraufnahmegruppen unterschieden: I ≤ 3 %, II a ≤ 6 %, II b 6 ≤ 10 %, III > 10 %.
34. Es gibt folgende Formgebungsverfahren: A stranggepresst, B trockengepresst, C gegossen.
35. Klassifizierung der keramischen Produkte: 3 Formgebungsverfahren und 4 Wasseraufnahmewerte ergeben 12 Klassen von A I bis C III.
36. Spaltplatten: A I oder A II a, Steinzeugfliesen: B I, Steingutfliesen: B III, Sanitärkeramik: C II b oder C III
37. Feinkeramik und Grobkeramik sind alte Begriffe; Feinkeramik: dichtes Steinzeug, poröses Steingut – trockengepresst; Grobkeramik: Spaltplatten, Schwimmbad-Formteile.
38. Grobkeramisches Material, das nicht durch Strangpressen, sondern durch das Gießverfahren erzeugt wird, ist Sanitärkeramik.
39. Koordinierungsmaß C: Werkmaß W + Fuge J (cm); Nennmaß N: Bezeichnung der Fliese N_1 (modular) = W + J (cm); Werkmaß W: für die Herstellung vorgesehenes Maß (mm); Istmaß: tatsächlich gemessenes Maß
40. Modulare Maße dienen der Abstimmung der Maße im Bauwesen; Grundmodul M = 100 mm; nichtmodulare Maße bauen nicht auf M auf wie z. B. 15,2 cm.
41. Herstellungstoleranz einer Steingutfliese 15/20 cm: ± 0,5 % = 0,75 bzw. 1,0 mm vom Werkmaß Ebenheitstoleranz einer Steingutfliese: + 0,5/– 0,3 % vom Werkmaß
42. Beispiel einer normgerechten Bezeichnung: Trockengepresste Fliesen und Platten, DIN EN 159, B III, M 20/20 cm (W 198 x 198 mm), GL
43. Normgerechte Bezeichnung einer Spaltplatte: DIN EN 186-1 A II a, M 25 x 12,5 cm (W 240 x 115 mm) UGL
44. Die Differenz zwischen Werkmaß und Istmaß heißt Herstellungstoleranz.

45. Die EN verlangt als Festigkeitsarten die Ritzhärte, die Druckfestigkeit und die Biegefestigkeit.
46. Frostbeständige keramische Produkte gehören zur Wasseraufnahmegruppe I und II a.
47. Das Regelwerk/die Norm für die Klassifizierung der keramischen Fliesen und Platten ist die DIN EN 87.
48. Als Güteklassen für keramische Produkte gelten die 1., 2. und 3. Sortierung.
49. Die Oberflächenhärte wird entsprechend der Ritzhärte nach Mohs gemessen.
50. Cotto: italienische Ziegelfliese, Terracotta: Tonkeramik, Terre quite: französische Bezeichnung für Tonkeramik, Quarry Tiles: englische Bezeichnung für Tonkeramik
51. Sichtflächen von Fliesen und Platten: glasiert – unglasiert, glatt – relief, hochglanz – matt, geschliffen – poliert, profiliert – mit V-Raum, ...
52. Feinsteinzeug ist mit hohem Druck trockengepresstes Steinzeug aus fein aufbereiteten Rohstoffen.
53. Feinsteinzeug ist härter, abriebfester, widerstandsfähiger als andere keramische Produkte, es hat praktisch keine Wasseraufnahme.
54. Eine Majolika-Fliese ist eine farbig glasierte (auch dekorierte) Steingutfliese.
55. Mosaik sind Fliesen und Platten mit kleinen Formaten $< 90\ cm^2$ aus Naturstein, Glas oder Keramik.
56. Mosaik kann vorder- oder rückseitig auf Papier, Papier- oder Kunststoffnetzen verklebt sein.
57. Cotto gehört in die Klassifizierung zu A II a (DIN EN 186), A II b (DIN EN 187), A III (DIN EN 188).
58. Je nach Herstellerangaben ist die Frostbeständigkeit vorhanden oder nicht vorhanden. Sie muss in jedem Fall durch Prüfzeugnisse nachgewiesen werden.
59. Im Freien sollte nur frostbeständiger, unbehandelter und unglasierter Cotto verlegt werden.
60. Mögliche Verkaufsargumente für keramische Fliesen und Platten sind Dauerhaftigkeit, Oberfläche, Hygiene und Sauberkeit, Natürlichkeit, baubiologische Unbedenklichkeit, Schönheit, Vielfalt ...

1.2 Allgemeine Baustoffkunde

1.2.1 Stichworte zum Thema

Kenntnisse der allgemeinen Baustofftechnologie über
- Natursteine – Arten, Entstehung, Eigenschaften, Verarbeitung
- Bindemittel und Zuschläge
- Mörtel (zum Ansetzen und Verlegen, zum Mauern und Putzen)
- Grundbegriffe der Betontechnologie
- Dünnbettmörtel und Kleber, Fugmörtel
- Dämmstoffe, Dichtstoffe, Kunststoffe

1.2.2 Regelwerke

Die ATV DIN 18352 Fliesen- und Plattenarbeiten, Abschnitt 2, Stoffe, Bauteile, nennt Normen für Baustoffe. Diese Normen sind Herstellungsnormen und regeln hauptsächlich die Herstellung, Abmessungen, Eigenschaften, Prüfungen und Bezeichnungen.

Anwendungstechnische Hinweise sind in Herstellungsnormen nicht vorgesehen.

Die ATV DIN 18352 Fliesen- und Plattenarbeiten ist im Kapitel 2.1 dieses Buches abgedruckt.

Maßgebliche Festlegungen über weitere Baustoffe wie:
- Bindemittel (z. B. Zement)
- Mörtel
- Putze
- Estrich
- Beton

sind in folgenden DIN geregelt:

Abb. 1.2: Mauersteine als Untergründe für Fliesen und Platten

DIN EN 197	Zement
DIN EN 206-1	Beton – Teil 1: Festlegung, Eigenschaften, Herstellung und Konformität
DIN 1045	Tragwerke aus Beton, Stahlbeton und Spannbeton
DIN 1053	Mauerwerk
DIN 18550	Putz
DIN 18557	Werkmörtel – Herstellung, Überwachung und Lieferung
DIN 18558	Kunstharzputze; Begriffe, Anforderungen, Ausführung
DIN 18560	Estriche im Bauwesen

1.2.3 Bausteine

Zement

Tabelle 1.1: **Zement nach DIN EN 197-1, Arten und Bestandteile in Massen-%**

Hauptzementarten	Bezeichnung der 27 Produkte (Normalzementarten)		Zusammensetzung: (Massenanteile in Prozent)[a] – Hauptbestandteile: Portlandzementklinker K	Hüttensand S	Silicastaub D[b]	Puzzolane: natürlich P	Puzzolane: natürlich getempert Q	Flugasche: kieselsäurereich V	Flugasche: kalkreich W	Gebrannter Schiefer T	Kalkstein L	Kalkstein LL	Nebenbestandteile
CEM I	Portlandzement	CEM I	95–100	–	–	–	–	–	–	–	–	–	0–5
CEM II	Portlandhüttenzement	CEM II/A-S	80–94	6–20	–	–	–	–	–	–	–	–	0–5
		CEM II/B-S	65–79	21–35	–	–	–	–	–	–	–	–	0–5
	Portlandsilicastaubzement	CEM II/A-D	90–94	–	6–10	–	–	–	–	–	–	–	0–5
	Portlandpuzzolanzement	CEM II/A-P	80–94	–	–	6–20	–	–	–	–	–	–	0–5
		CEM II/B-P	65–79	–	–	21–35	–	–	–	–	–	–	0–5
		CEM II/A-Q	80–94	–	–	–	6–20	–	–	–	–	–	0–5
		CEM II/B-Q	65–79	–	–	–	21–35	–	–	–	–	–	0–5

Hauptzementarten	Bezeichnung der 27 Produkte (Normalzementarten)		Zusammensetzung: (Massenanteile in Prozent)[a]										Nebenbestandteile
			Hauptbestandteile										
			Portlandzementklinker	Hüttensand	Silicastaub	Puzzolane		Flugasche		Gebrannter Schiefer	Kalkstein		
						natürlich	natürlich getempert	kieselsäurereich	kalkreich				
			K	S	D[b]	P	Q	V	W	T	L	LL	
CEM II	Portlandflugaschezement	CEM II/A-V	80–94	–	–	–	–	6–20	–	–	–	–	0–5
		CEM II/B-V	65–79	–	–	–	–	21–35	–	–	–	–	0–5
		CEM II/A-W	80–94	–	–	–	–	–	6–20	–	–	–	0–5
		CEM II/B-W	65–79	–	–	–	–	–	21–35	–	–	–	0–5
	Portlandschieferzement	CEM II/A-T	80–94	–	–	–	–	–	–	6–20	–	–	0–5
		CEM II/B-T	65–79	–	–	–	–	–	–	21–35	–	–	0–5
	Portlandkalksteinzement	CEM II/A-L	80–94	–	–	–	–	–	–	–	6–20	–	0–5
		CEM II/B-L	65–79	–	–	–	–	–	–	–	21–35	–	0–5
		CEM II/A-LL	80–94	–	–	–	–	–	–	–	–	6–20	0–5
		CEM II/B-LL	65–79	–	–	–	–	–	–	–	–	21–35	0–5
	Portlandkompositzement[c]	CEM II/A-M	80–94	← 6–20 →									0–5
		CEM II/B-M	65–79	← 21–35 →									0–5
CEM III	Hochofenzement	CEM III/A	35–64	36–65	–	–	–	–	–	–	–	–	0–5
		CEM III/B	20–34	66–80	–	–	–	–	–	–	–	–	0–5
		CEM III/C	5–19	81–95	–	–	–	–	–	–	–	–	0–5
CEM IV	Puzzolanzement[c]	CEM IV/A	65–89	–	← 11–35 →					–	–	–	0–5
		CEM IV/B	45–64	–	← 36–55 →					–	–	–	0–5
CEM V	Kompositzement[c]	CEM V/A	40–64	18–30	–	← 18–30 →			–	–	–	–	0–5
		CEM V/B	20–38	31–50	–	← 31–50 →			–	–	–	–	0–5

a Die Werte in der Tabelle beziehen sich auf die Summe der Haupt- und Nebenbestandteile.
b Der Anteil von Silicastaub ist auf 10 % begrenzt.
c In den Portlandkompositzementen CEM II/A-M und CEM II/B-M, in den Puzzolanzementen CEM IV/A und CEM IV/B und in den Kompositzementen CEM V/A und CEM V/B müssen die Hauptbestandteile außer Portlandzementklinker durch die Bezeichnung des Zementes angegeben werden.

Tabelle 1.2: **Festigkeitsklassen nach DIN EN 197-1**

Festigkeitsklasse	Festigkeit N/mm² - 2 Tage	Festigkeit N/mm² - 7 Tage	Festigkeit N/mm² - 28 Tage	Festigkeit N/mm² - 28 Tage	Kennfarbe des Sackes	Farbe des Aufdrucks
32,5 N **32,5 R**	– ≥ 10	≥ 16	≥ 32,5	≤ 52,5	hellbraun	schwarz rot
42,5 N **42,5 R**	≥ 10 ≥ 20	– –	≥ 42,5	≤ 62,5	grün	schwarz rot
52,5 N **52,5 R**	≥ 20 ≥ 30	– –	≥ 52,5	–	rot	schwarz weiß

R = Rapid/Schnell, N = Normal

Tabelle 1.3: **Sondereigenschaften nach DIN 1164**

Bezeichnung	Zementart	Eigenschaft	Anforderung in Massen-%
NW – Niedrige Hydratationswärme	alle	Hydratationswärme ≤ 270 J/g	
HS – Hoher Sulfatwiderstand	CEM I CEM I CEM III/B	C_3A-Gehalt Al_2O_3-Gehalt Hüttensandgehalt	≤ 3,0 % ≤ 5,0 % ≤ 66,0 %
NA – Niedriger Alkaligehalt	alle CEM III/A CEM III/B	Na_2O-Äquivalent	≤ 0,6 % ≤ 1,1 % ≤ 2,0 %

Hauptbestandteile

Portlandzementklinker K: hydraulischer Stoff aus Kalkstein und Tonmehl, bis zur Sinterung gebrannt bei ca. 1 450 °C

Hüttensand S: gemahlene, granulierte Hochofenschlacke mit latent (verborgen) hydraulischen Eigenschaften

Puzzolane P: gemahlener Trachyttuff mit hydraulischen Eigenschaften

Flugasche V: fein gemahlene, aus Rauchgasen gefilterte Teilchen mit hydraulischen Eigenschaften

Ölschiefer T: natürlicher Stoff, der gebrannt (bei 800 °C) und gemahlen wird; hat hydraulische Eigenschaften

Kalkstein L: wird in fein gemahlener Form als Füller eingesetzt; er verbessert die Verarbeitbarkeit und das Wasserrückhaltevermögen

Eigenschaften

Erstarrungsverhalten: Regulierung durch Zugaben von 3,5–4,5 m % Gips oder Anhydrit (Calciumsulfat) beim Mahlen der Portlandzementklinker

Verarbeitungszeit: Zeit zwischen Mischen und Erstarrungsbeginn

Erstarrungsbeginn: 60 Minuten bei der Festigkeitsklasse 32,5 und 42,5; 45 Minuten bei 52,5.

Erstarrungsende: nach 12 Stunden bei allen Zementarten

Verfestigung: Nach der Erstarrung beginnt die Verfestigung. Sie erreicht nach 28 Tagen die Normwerte und steigt danach – je nach Festigkeitsklasse – mit unterschiedlichen Werten weiter an.

Mörtel

Tabelle 1.4: **Mörtelgruppen nach DIN 1053 und DIN 18550**

Mörtel-gruppe **zum Mauern**	**Mörtel-gruppe** **zum Putzen**	**Bindemittel**	**Mischungs-verhältnis in Raum-teilen Mauern**	**Mischungs-verhältnis in Raum-teilen Putzen**	**Binde-mittel** **1 in l**	**Binde-mittel** **2 in l**	**Sand** **in m³**
Mindest-druck festigkeit N/mm²	**Mindest-druck festigkeit N/mm²**						
I	**P I a**	Luftkalkteig (Luftkalkmörtel)	1 : 3,5 1 : 4 1 : 4,5	1 : 3,5 1 : 4 1 : 4,5	345 305 275	– – –	1210 1220 1240
		Weißkalkhydrat Dolomitkalkhydrat (Luftkalkmörtel)	1 : 3 1 : 3,5 1 : 4	1 : 3 1 : 3,5 1 : 4	400 345 305	– – –	1200 1210 1220
	P I b	Weißkalkhydrat (Wasserkalkmörtel)	1 : 3 1 : 3,5 1 : 4	1 : 3 1 : 3,5 1 : 4	400 345 305	– – –	1200 1210 1220
	P I c	Hydraulischer Kalk (Hydraulischer Kalkmörtel)	1 : 3 1 : 3,5 1 : 4	1 : 3 1 : 3,5 1 : 4	390 340 300	– – –	1170 1190 1200
		Weißkalkhydrat und wenig Zement	1 : 1/4 : 4	1 : 1/4 : 4	280	70	1120
II ≥ 2,5	**P II a** ≥ 2,5	Hydraulischer Kalk oder Putz- und Mauerbinder (Hochhydraulischer Kalkmörtel)	1 : 3 1 : 3,5 1 : 4	1 : 3 1 : 3,5 1 : 4	390 340 300	– – –	1170 1190 1200
	P II b ≥ 2,5	Weißkalkhydrat und Zement (Kalkzementmörtel)	2 : 1 : 8 – –	2 : 1 : 9 2 : 1 : 10 2 : 1 : 11	260 240 226	130 120 113	1170 1200 1240
II a ≥ 5	–	Weißkalkhydrat und Zement (Hydraulischer Kalk und Zement)	1 : 1 : 6 2 : 1 : 8	– –	195 280	195 140	1170 1120
III ≥ 10	**P III a** ≥ 10	Zement und Weißkalkhydrat (Zementmörtel mit Kalkzusatz)	1 : 0,2 : 3 1 : 0,2 : 3,5 1 : 0,2 : 4	1 : 0,2 : 3 1 : 0,2 : 3,5 1 : 0,2 : 4	390 340 300	80 70 60	1170 1190 1200
III und III a ≥ 20	**P III b** ≥ 20	Zement CEM I R (Zementmörtel)	1 : 3 1 : 4	1 : 3 1 : 4 1 : 5	390 300 250	– – –	1170 1200 1250
–	**P IV a**	Stuck- und Putzgips (Gipsmörtel)	–	1 : 0	1200	–	–
–	**P IV b** ≥ 2,5	Stuck- oder Putzgips mit Sand (Gipssandmörtel)	– – –	1 : 1 1 : 2 1 : 3	670 450 340	– – –	670 900 1020
–	**P IV c** ≥ 2,5	Stuck- oder Putzgips mit Weißkalkhydrat (Gipskalkmörtel)	– – –	1 : 0,5 : 3 1 : 1 : 4 1 : 1 : 3 1 : 2 : 4	310 230 280 200	155 230 280 400	930 920 840 800
–	**P IV d** –	Weißkalkhydrat und Putz- oder Stuckgips (Kalkgipsmörtel)	– – –	1 : 0,2 : 3 1 : 0,2 : 4 1 : 0,4 : 3 1 : 0,4 : 4	380 290 360 270	75 60 140 110	1140 1160 1110 1080
–	**P V a**	Anhydritbinder (Anhydritmörtel)	–	1 : 2,5	440	–	1100
–	**P V b** ≥ 2,5	Anhydritbinder und Weißkalk (Anhydritbinderkalkmörtel)	– –	3 : 1 : 12 2 : 1 : 8	280 270	93 135	1120 1080

Estrich

Die Estricharten werden nach DIN 18560 folgendermaßen unterschieden und abgekürzt:

ZE Zementestrich
AE Anhydritestrich
GE Gussasphaltestrich
ME Magnesiaestrich
T Estrich auf Trennschicht
S Schwimmender Estrich
H Heizestrich
V Verbundestrich

Dämmstoffe unter schwimmenden Estrichen dürfen sich unter Belastung nicht mehr als 5 mm zusammendrücken lassen.

Tabelle 1.5: **Nenndicken von schwimmenden Estrichen in mm**

Estrichart	Dämmschichtdicke bis 30 mm	Dämmschichtdicke über 30 mm
ZE 20, AE, ME	≥ 35	≥ 40
GE 10	≥ 20	≥ 20

Estrichdicke (Nenndicke) in mm: 10, 15, 20, 25, 30, 35, 40, 45, 50, 60, 70, 80

Tabelle 1.6: **Druckfestigkeiten von Estrichen in N/mm²**
Festigkeitsklassen = Nennfestigkeit = Mindestwerte der Druckfestigkeit

Nennfestigkeit	Nennfestigkeit	Nennfestigkeit	Richtwerte der Eignungsprüfung
ME 5	–	–	12
ME 7	–	–	15
ME 10	–	–	20
–	AE 12	ZE 12	18
ME 20	AE 20	ZE 20	30
ME 30	AE 30	ZE 30	40
ME 40	AE 40	ZE 40	50
–	–	ZE 50	60
–	–	ZE 55 M	80
ME 60	–	–	70
–	–	ZE 65 A	80
–	–	ZE 65 KS	80

Putz (DIN 18550, 18557, 18558)

Die Putzarten sind der Tabelle 1.4., S. 26, zu entnehmen.

Anforderungen

Der Putz muss am Putzgrund festhaften. Die Putzlagen müssen aneinander fest haften. Der Unterputz muss mindestens die Festigkeit des Oberputzes haben. Der Oberputz darf nur so fest wie nötig sein.

Außenputze müssen witterungsbeständig, temperaturwechselbeständig, wasserdampfdurchlässig und Wasser abweisend sein.

Bei **Innenputzen** als Untergrund für dichte Anstriche, schwere Tapeten oder Bekleidungen aus Fliesen und Platten muss die Mörtelgruppe P II mit ≥ 2,5 N/mm² Festigkeit verwendet werden. Innenputze für Feuchträume dürfen keine Gips- oder Anhydritbinder enthalten.

Tabelle 1.7: **Putzdicke in mm**

	mittlere Dicke	Mindestdicke
Außenputz	20 mm	15 mm
Innenputz	15 mm	10 mm
Innenputz aus Werkmörtel	10 mm	5 mm

Beton

Betonarten nach DIN 1045-2 und DIN EN 206-1

- Unterscheidung nach der **Rohdichte:**
  Leichtbeton LC ≤ 2,0 kg/dm³
  Normalbeton C > 2,0–2,6 kg/dm³
  Schwerbeton C > 2,6 kg/dm³

- Unterscheidung nach der **Druckfestigkeit:**
  Die erste Zahl der folgenden Auflistung ist die Zylinderfestigkeit, die zweite Zahl ist die Würfelfestigkeit. Standardbeton C8/10, C12/15, C16/20, Beton ohne besondere Bezeichnung C20/25, C25/30, C30/37, C35/45, C40/50, C45/55, C50/60, hochfester Beton C55/67, C60/75, C70/85, C80/95, C90/105, C100/115

- Unterscheidung nach der **Konsistenz:**

Tabelle 1.8: **Konsistenz von Beton**

Konsistenzklasse	Ausbreitmaß mm	Konsistenzbeschreibung	Verdichtungsmaßklasse	Verdichtungsmaß	Konsistenzbeschreibung
			C0	≥ 1,46	sehr steif
F1	≤ 340	steif	C1	1,45–1,26	steif
F2	350–410	plastisch	C2	1,25–1,11	plastisch
F3	420–480	weich	C3	1,10–1,04	weich
F4	490–550	sehr weich			
F5	560–620	fließfähig			
F6	≥ 630	sehr fließfähig			

Wasserzementwert

Verhältnis der Masse des Wassers zur Masse des Zementes

$$w/z = \frac{\text{Masse des Wassers in kg/m}^3}{\text{Masse des Zementes in kg/m}^3}$$

Expositionsklassen

Die Expositionsklassen berücksichtigen die chemischen und physikalischen Umgebungsbedingungen des Betons. Diese wirken auf den Beton und die Bewehrung ein.

Tabelle 1.9: **Expositionsklassen**

Expositionsklasse		Umweltbedingungen	Schädigungsvorgang
XO		alle, außer XF, XA, XM	kein Korrosions- und Angriffsrisiko
XC	XC1 XC2 XC3 XC4	trocken nass, selten trocken mäßig feucht wechselnd nass und trocken	Bewehrungsrisiko ausgelöst durch Karbonatisierung
XD	XD1 XD2 XD3	mäßig feucht nass, selten trocken wechselnd nass und trocken	Bewehrungsrisiko, verursacht durch Chloride
XS	XS1 XS2 XS3	Salzluft unter Wasser Tidenbereiche, Spritzwasser, Sprühnebel	Bewehrungskorrosion, verursacht durch Chloride und Meerwasser
XF	XF1 XF2 XF3 XF4	ohne Taumittel mit Taumittel ohne Taumittel mit Taumittel	Frostangriff bei mäßiger Wassersättigung Frostangriff bei hoher Wassersättigung
XA	XA1 XA2 XA3	schwach mäßig stark	Betonkorrosion durch chemischen Angriff
XM	XM1 XM2 XM3	mäßig schwer extrem	Betonkorrosion durch Verschleißbeanspruchung

Zusatzmittel

Zusatzmittel verändern die Eigenschaften des Frisch- und Festbetons.

Tabelle 1.10: **Beton-Zusatzmittel, ihre Kurzzeichen und Kennfarben**

	Betonverflüssiger	**Fließmittel**	**Luftporenbildner**	**Dichtungsmittel**	**Erstarrungsverzögerer**	**Erstarrungsbeschleuniger**	**Einpresshilfen**	**Stabilisierer**	**Chromatreduzierer**	**Recyclinghilfen**	**Schaumbildner**
Kurzzeichen	**BV**	**FM**	**LP**	**DM**	**VZ**	**BE**	**EH**	**ST**	**CR**	**RH**	**SB**
Kennzeichen	gelb	grau	blau	braun	rot	grün	weiß	violett	rosa	schwarz	orange

1.2.4 Fragen

1. Was ist ein Atom?
2. Erklären Sie die Begriffe Dispersion, Emulsion, Suspension!
3. Nennen Sie Baustoffe aus organischen und anorganischen Grundstoffen!
4. Was sind Minerale?
5. Erklären Sie die Begriffe Aggregatzustand, Kohäsion, Adhäsion!
6. Was ist Silizium?
7. Erklären Sie den Begriff »Neutralisation«!
8. Welche Auswirkungen hat Schwimmbadwasser mit einem pH-Wert von 9,2?
9. Was versteht man unter Viskosität?
10. Erklären Sie die Temperaturdehnzahl! Beispiele!
11. Welche Gruppen unterscheidet man bei den Natursteinen?
12. In welchen Dicken kommen Solnhofener Platten vor?
13. Was versteht man unter Agglomarmor?
14. Zu welchen Gesteinsgruppen gehören Basalt, Marmor, Granit?
15. Welches Gestein kann man durch Beträufeln mit Salzsäure erkennen?
16. Was sind »Dendriten«?
17. Wie können die Oberflächen von Natursteinen behandelt werden?
18. Geben Sie die genaue Bezeichnung für einen Puzzolanzement an!
19. Wie viel Anmachwasser wird vom Zement chemisch und physikalisch gebunden?
20. Was ist Trass?
21. Wann beginnt das Erstarren beim Zement?
22. Beschreiben Sie die Kalkarten und ihre Kennzeichnung!
23. Was ist Kalkhydrat?
24. Wovon ist die Erhärtungsfähigkeit von Kalken abhängig?
25. Welcher Faktor beeinflusst im Wesentlichen die Zementgüte?
26. Nennen Sie die Normenzemente!
27. Nennen Sie Arten und Kurzbezeichnungen für Gipskartonplatten!
28. Welche Putzgründe eignen sich für hydraulische Dünnbettmörtel?
29. Welche Mörtelgruppen gibt es für Mauermörtel, welche für Putzmörtel?
30. Warum ist die Mörtelgruppe I für Fliesenarbeiten ungeeignet?
31. Welche Mörtel verwenden Sie beim Ansetzen und Verlegen von Natursteinen?
32. Teilen Sie Beton nach seiner Rohdichte ein!
33. Wie kann die Erhärtung von Beton beschleunigt werden?
34. Was sind Asphalt-Terrazzo-Platten?
35. Welche Eigenschaften haben Stampfasphaltplatten?
36. Beschreiben Sie die Zusammensetzung von »Dichtklebern«!
37. Was sind »Schnellkleber«?
38. Welche Vorteile besitzen Dispersionskleber? Wie erhärten sie?
39. Welche Arten von Klebern und Dünnbettmörteln gibt es?
40. Erklären Sie die Begriffe Reifezeit, Topfzeit, offene Zeit, Hautbildung!
41. Nennen Sie die Normen für Dünnbettmörtel!
42. Welche Dämmstoffe werden für die Trittschalldämmung, welche für die Wärmedämmung verwendet?
43. Was ist Foamglas? Verwendung?
44. Nennen Sie Wärmeleitfähigkeitsgruppen für Dämmstoffe!
45. Nennen Sie die Typenkurzzeichen für Dämmstoffe!
46. Welche Baustoffe/Bauteile benötigen einen hohen Diffusionswiderstand?
47. Was ist Thiokol?
48. Was bedeuten die Abkürzungen PE, PVC, PIB, PS?
49. Was sind Duromere, Elastomere?
50. Was sind Reaktionsharze? Beispiele!

1.2.5 Antworten

1. Ein Atom ist das kleinste Teilchen einer Materie; alle Stoffe bestehen aus Atomen.
2. Dispersion: Mischung von fein verteilten Kunststoffen mit Wasser; Emulsion: Mischung von fein verteilten Fett- oder Ölteilchen in Wasser; Suspension: »Untermischung« zwischen zwei sich nicht lösenden Stoffen
3. Baustoffe aus organischen Grundstoffen sind Kunststoffe, Bitumen, Holz, Kork; Baustoffe aus anorganischen Stoffen sind mineralische Stoffe, Steine, Bindemittel und Beton.
4. Minerale sind die Bausteine der Natursteine, beispielsweise Feldspat, Quarz, Glimmer, Kalkspat, Gipsspat, ...
5. Aggregatzustände: fest – flüssig – gasförmig; Kohäsion = Zusammenhangskraft eines Stoffes; Adhäsion = Anhangskraft zwischen zwei Stoffen
6. Silizium (Si) ist ein Element, das hauptsächlich im Quarzsand vorkommt.
7. Neutralisation ist ein chemischer Vorgang beim mengenmäßig entsprechenden Mischen von Basen und Säuren.
8. Schwimmbadwasser mit einem pH-Wert von 4,2 ist stark alkalisch/basisch. Es ist ätzend und reizend für Haut und Schleimhäute.
9. Viskosität ist die Dick- oder Dünnflüssigkeit einer plastischen Substanz.
10. Temperaturdehnzahl (α) sagt, um wie viel mm sich ein Stoff von 1 m Länge bei einer Temperaturveränderung von 1 K ausdehnt oder zusammenzieht.
    Beispiele: Fliesen 0,008 mm, Beton 0,01 mm, Kunststoff 0,05–0,12 mm, Stahl 0,012 mm, Aluminium 0,024 mm.
11. Erstarrungsgesteine (Tiefengesteine, Ganggesteine, Auswurfgesteine), Ablagerungsgesteine, Umwandlungsgesteine
12. Die Dicken von Solnhofener Platten sind bei Wandplatten 8–12 mm, bei Bodenplatten 10–50 mm.
13. Agglomarmor sind kunststoffgebundene Marmorplatten. Die Oberfläche ist aus Marmorstücken zusammengesetzt.
14. Basalt: Auswurfgestein, Marmor: Umwandlungsgestein, Granit: Tiefengestein
15. Kalkstein braust beim Beträufeln mit Salzsäure auf und kann daran erkannt werden.
16. Dendriten sind Manganeinschlüsse an der Oberfläche von Solnhofener Kalkschiefer.
17. Die Oberflächen von Natursteinen können wie folgt behandelt werden: geschliffen, poliert, gestockt, sandgestrahlt, flammgestrahlt, ...
18. Die genaue Bezeichnung eines Puzzolanzementes ist: CEM II/A–P; CEM II/B–P (alt: Trasszement TrZ).
19. Die Wassermenge, die vom Zement chemisch gebunden wird, ist 40 % der Zementmasse.
20. Trass ist ein Puzzolan (P), d. h. ein kieselsäurereicher natürlicher Stoff, der mit Kalk und Wasser eine Verbindung eingeht; er hat latent hydraulische Eigenschaften.
21. Das Erstarren des Zementes beginnt frühestens nach 1 Stunde.
22. Kalkarten und ihre Kennzeichnung sind:
    Luftkalke: Weißkalk (CL), Dolomitkalk (DL);
    Hydraulische Kalke (HL) – nach Festigkeit.
23. Kalkhydrat ist gelöschter Kalk $Ca(OH)_2$.
24. Die Erhärtungsfähigkeit von Kalken ist von der Zusammensetzung und der Beimischung der Hydraulefaktoren abhängig.
25. Zementgüte wird im Wesentlichen von der Mahlfeinheit beeinflusst.
26. Normenzemente sind:
    CEM I (Portlandzement), CEM II (Portland-Komposit-Zement), CEM III (Hochofenzement).
27. Die Kurzbezeichnungen für Gipskartonplatten sind: GKB, GKB I, GKF, GKF I, GKP.
28. Putzgründe für hydraulische Dünnbettmörtel:
    PIIa PIIb, PIIIa, PIIIb
29. Die Mörtelgruppen für Mauermörtel sind: I, II, IIa, III, IIIa;
    Putzmörtel: PIa, PIb, PIIa, PIIb, PIIIa, PIIIb, PIVa, PIVb, PIVc, PIVd, Va, Vb
30. Kalkmörtel hat zu geringe Festigkeit, zu langsame Erhärtung und ungenügende Eigenschaften im Zusammenhang mit Wasserbelastung.
31. Zum Ansetzen und Verlegen von Naturstein im Dickbett wird Trassmörtel verwendet;
    im Dünnbett nimmt man zementhaltigen Dünnbettmörtel für Natursteine, z. B. weißen Dünnbettmörtel.
32. Betoneinteilung nach der Rohdichte:
    Leichtbeton $\leq 2{,}0$ t/m³, Normalbeton 2–2,6 t/m³, Schwerbeton > 2,6 t/m³
33. Die Erhärtung von Beton kann durch die Verwendung schnell erhärtender Zemente und/oder eine Erhöhung der Temperatur beschleunigt werden.
34. Asphalt-Terrazzo-Platten sind Stampfasphaltplatten mit Versatz (Oberfläche) aus Terrazzo.
35. Stampfasphaltplatten sind fußwarm, elastisch begehbar, trittsicher und befahrbar.
36. Dichtkleber sind hydraulisch erhärtende Dünnbettmörtel mit abdichtenden Kunststoffzusätzen.
37. Hydraulisch erhärtende Dünnbettmörtel mit einer durch entsprechende Zusätze erreichten schnellen Erhärtung
38. Dispersionskleber werden verarbeitungsfertig angeliefert; die Erhärtung erfolgt durch Wasserabgabe.
39. Zementhaltige Dünnbettmörtel (hydraulisch erhärtende Dünnbettmörtel), Dispersionskleber, Reaktionsharzkleber (Epoxidharzkleber)
40. Reifezeit: Zeit nach dem Anmachen zum Aufschluss der Bestandteile; Topfzeit: Verarbeitungszeit des angemachten Mörtels; offene Zeit: Zeit zwischen Aufbringen und Einlegen; Hautbildung: Beginn der Erhärtung nach der offenen Zeit
41. Normen für Dünnbettmörtel sind DIN 18157, DIN EN 12004 und weitere zahlreiche DIN-EN-Normen, siehe auch Kapitel über das Dünnbettverfahren (siehe S. 81).
42. Für Trittschalldämmung werden verwendet: Hartschaumstoffe, Mineralfaser-Dämmstoffe. Wärmedämmstoffe sind Hartschaumstoffe, Mineralfaser-Dämmstoffe, Kork, Schaumglas.
43. Foamglas ist Schaumglas; es wird als Wärmedämmung unter stark belasteten Belägen, z. B. Parkdecks, eingesetzt.

44. Die Wärmeleitfähigkeitsgruppen der Dämmstoffe sind: 025, 030, 035, 040, 045, ...
45. Die Typenkurzbezeichnung der Dämmstoffe sind: Trittschall-Dämmstoffe: T, TK; Wärmedämmstoffe: W, WD, WS, WL, WV.
46. Baustoffe oder Bauteile mit hohem Diffusionswiderstand sind Abdichtstoffe und Werkstoffe, die als Dampfsperre eingesetzt werden.
47. Thiokol ist ein Zweikomponenten-Fugenmaterial für hoch belastete elastische Bewegungsfugen; der Kunststoff ist Polysulfid-Kautschuk.
48. PE = Polyethylen, PVC = Polyvinylchlorid, PIB = Polyisobutylen, PS = Polystyrol
49. Duromere sind Kunststoffe, die unabhängig von der Temperatur die Eigenschaften behalten (wie beispielsweise Epoxid); Elastomere bleiben elastisch (z. B. Silikonkautschuk).
50. Reaktionsharze sind Kunststoffe, die beim Vermischen zweier Komponenten erhärten; Beispiele sind Epoxid- oder Polyesterharze.

2 Fachtechnologie

2.1 Bauvertragsrecht und VOB

2.1.1 Stichworte zum Thema

- wichtigste Texte der VOB und des BGB
- Rechtsgrundlagen von Bauverträgen
- Rechtsgrundlage für kleinere Aufträge/mündliche Verträge
- wirksame und unwirksame Vertragsklauseln
- Verhalten bei Vertragsverletzungen des Vertragspartners

2.1.2 Regelwerke

Bürgerliches Gesetzbuch (BGB)
Gesetz zur Regelung des Rechtes der Allgemeinen Geschäftsbedingungen (AGBG)
Verdingungsordnung für Bauleistungen (VOB)

Wesentliche Inhalte der VOB

Teil A: Allgemeine Bestimmungen für die Vergabe von Bauleistungen

Teil B: Allgemeine Vertragsbedingungen für die Ausführung von Bauleistungen

Ausführung: Vergütung, Unterlagen, Fristen, Behinderung, Unterbrechung, Kündigung, Vertragsstrafe, Abnahme, Gewährleistung, Abrechnung, Zahlung, Stundenlohnarbeit, Sicherheitsleistung

Teil C: Allgemeine Technische Vertragsbedingungen
0 Hinweise für das Aufstellen der Leistungsbeschreibung
1 Geltungsbereich
2 Stoffe, Bauteile
3 Ausführung
4 Nebenleistungen, Besondere Leistungen
5 Abrechnung

ATV DIN 18352 Fliesen- und Plattenarbeiten (siehe S. 35)

2.1.3 Fall aus der Praxis

Ein Hausbesitzer möchte seine schadhafte Dachterrasse sanieren lassen. Er wendet sich direkt an den Fliesenleger, ohne einen Architekten einzuschalten. Bei einem Besichtigungstermin können alle technischen Fragen geklärt werden. Es kommt zu einer vorläufigen Auftragszusage, falls der vom Fliesenleger zu erbringende Kostenvoranschlag sich in einem bestimmten Rahmen bewegt.

Abb. 2.1: Der Handwerker muss sich ständig mit der VOB auseinander setzen

Der Fliesenleger möchte diesen Auftrag nach VOB abwickeln.

Welche Maßnahmen sollte er ergreifen?

Lösung

Der Fliesenleger nimmt die beim Besichtigungstermin festgestellten Leistungen auf.

Er kalkuliert sie und erstellt ein schriftliches Angebot.

Er übergibt das Angebot mit einem Anschreiben und dem Wortlaut der VOB/B.

In seinem Anschreiben macht der Fliesenleger einen Zusatz mit sinngemäß folgendem Wortlaut:

»Über eine Auftragserteilung auf Grund unseres Angebotes würden wir uns freuen. Der Auftrag soll – wie bei Bauverträgen üblich – auf der Grundlage der VOB/B abgewickelt werden. Zur Information lege ich Ihnen den Text der VOB/B als Vertragsgrundlage bei.

Eine fach- und sachgerechte Ausführung möchte ich Ihnen heute schon zusichern.«

2.1.4 Abdruck von Regelwerken

VOB Teil C:
Allgemeine Technische Vertragsbedingungen für Bauleistungen (ATV)
Fliesen- und Plattenarbeiten – DIN 18352

Ausgabe Dezember 2000

Inhalt

0 Hinweise für das Aufstellen der Leistungsbeschreibung

Diese Hinweise ergänzen die ATV DIN 18299 »Allgemeine Regelungen für Bauarbeiten jeder Art«, Abschnitt 0. Die Beachtung dieser Hinweise ist Voraussetzung für eine ordnungsgemäße Leistungsbeschreibung gemäß § 9 VOB/A.

Die Hinweise werden nicht Vertragsbestandteil.

In der Leistungsbeschreibung sind nach den Erfordernissen des Einzelfalls insbesondere anzugeben:

0.1 Angaben zur Baustelle

Keine ergänzende Regelung zur ATV DIN 18299, Abschnitt 0.1.

0.2 Angaben zur Ausführung

0.2.1 Ausbildung der Anschlüsse.

0.2.2 Ob nach bestimmten Zeichnungen ausgeführt werden soll.

0.2.3 Art und Beschaffenheit des Untergrundes, z. B. Beton, Mauerwerk, Abdichtungen.

0.2.4 Ob Beläge oder Bekleidungen innerhalb oder außerhalb von Gebäuden im Dickbett oder Dünnbett, auf Trennschicht oder Dämmschicht verlegt werden sollen.

0.2.5 Bei beheizten Bodenbelägen Art der Konstruktion, Art der Heizung. Dicke und Zusammendrückbarkeit der Dämmschichten, Art der Abdeckung, Lage der Heizrohre und Heizelemente, Dicke der Lastverteilungsschicht, Bewehrungen, Lage und Ausführung von Bewegungsfugen, Mörtelbettdicke.

0.2.6 Art, Dicke und Zusammendrückbarkeit von Wärmedämm- und Trittschalldämmschichten, Art und Dicke von Trennschichten und Dämmschichtabdeckungen.

0.2.7 Art und Ausführung von Haftbrücken, Grundierungen, Spritzbewurf, Aufrauen des Untergrundes.

0.2.8 Art und Ausführung ebener Ansetz- und Verlegeflächen für Dünnbettverfahren, Spachtelschichten.

0.2.9 Art und Dicke des Unterputzes, bewehrt oder unbewehrt.

0.2.10 Art, Ausführung und Dicke von Auffüll- und Ausgleichsschichten, Unterböden in Trockenbauweise, Schüttungen.

0.2.11 Art, Ausführung und Maße von Tragkonstruktionen.

0.2.12 Beläge in Räumen mit besonderer Installation, z. B. Heizzentralen und Maschinenräume.

0.2.13 Art und Beschaffenheit von Fliesen, Platten, Formsteinen und Formstücken, ihre Maße, Dicke, Form, Oberflächenbeschaffenheit, Farbtönung, chemische und physikalische Beanspruchung, Verwendungszwecke. Bei Bodenbelägen Verschleißklasse der Glasur und rutschhemmende Eigenschaften.

0.2.14 Besondere Verlegeart, z. B. Diagonalverlegung.

0.2.15 Durchlaufender Fugenschnitt bei Wandbekleidung, Sockel und Bodenbelag.

0.2.16 Erforderliches Gefälle, Hinweise auf den Höhenbezugspunkt.

0.2.17 Winkliges Ansetzen von Wandbekleidungen zueinander.

0.2.18 Ausführung, Maße und Beanspruchung von Bekleidungen besonderer Bauteile, z. B. Brunnen, Ladentische, Fundamentsockel, frei stehende Säulen und Pfeiler.

0.2.19 Art, Anzahl und Maße von kleinflächigen Belägen, z. B. Wandfliesenschilder, Heizkörpernischen, Kaminbekleidungen.

0.2.20 Art, Anzahl und Maße von Einmauerungen an Einbauwannen, Brausewannen, ein-, zwei- oder dreiseitig, mit oder ohne Untertritt, Wannenschrägen, seitliche Abdeckungen.

0.2.21 Ob Bekleidungen an Wannen, Brausewannen, Wannenuntertritte oder Wannenschrägen anzuarbeiten sind.

0.2.22 Art, Ausführung und Maße von Treppen, Stufen, Schwellen, Überständen und sichtbaren Köpfen.

0.2.23 Art, Ausführung und Maße von Kehlen und ausgerundeten Ecken.

0.2.24 Bei Schwimmbecken Art, Ausführung und Maße von Beckenköpfen sowie Art und Anordnung von Einbauteilen, z. B. Steigleiter, Scheinwerfer, Leinenhalter.

0.2.25 Art und Maße von Anschlagschienen, Trennschienen, Eckschutzschienen, Mattenrahmen, Winkelrahmen, Revisionsrahmen, Schachtabdeckungen.

0.2.26 Ausführung, Art und Farbe der Verfugung.

0.2.27 Lage, Querschnitt und Ausführung von Bewegungsfugen, Art und Farbe der Verfüllung.

0.2.28 Art der Verankerung von großformatigen Platten und vorgefertigten Elementen.

0.2.29 Art und Maße von Trennwänden, Anordnung von Öffnungen.

0.2.30 Art und Maße von Türzargen.

0.2.31 Art und Ausführung von nachträglichen Oberflächenbehandlungen.

0.3 Einzelangaben bei Abweichungen von den ATV

0.3.1 Wenn andere als die in dieser ATV vorgesehenen Regelungen getroffen werden sollen, sind diese in der Leistungsbeschreibung eindeutig und im Einzelnen anzugeben.

0.3.2 Abweichende Regelungen können insbesondere in Betracht kommen bei

Abschnitt 2,	*wenn Fliesen, Platten und Mosaik nicht der ersten Güteklasse entsprechen sollen,*
Abschnitt 2.2.2,	*wenn für Solnhofener Platten andere Dicken vorgeschrieben werden sollen,*
Abschnitt 2.6,	*wenn Baustahlgitter eine andere Maschenweite als 50/50 mm und einen anderen Stabdurchmesser als 2 mm haben sollen,*
Abschnitt 3.1.2,	*wenn erhöhte Anforderungen an die Ebenheit festgelegt werden sollen,*
Abschnitt 3.2.1.1,	*wenn Fliesen, Platten und Mosaik abweichend von der vorgesehenen Regelung verlegt werden sollen,*
Abschnitt 3.2.2.1,	*wenn andere Mörtelbettdicken bei Bekleidungen oder Belägen im Dickbett herzustellen sind,*
Abschnitt 3.2.2.2,	*wenn andere Bindemittel verwendet werden sollen,*
Abschnitt 3.5.2,	*wenn Bekleidungen oder Beläge mit anderen Fugenbreiten anzulegen sind,*
Abschnitt 3.5.3,	*wenn das Verfugen nicht durch Einschlämmen erfolgen soll,*
Abschnitt 3.5.4,	*wenn für das Verfugen andere Stoffe als grauer Zementmörtel zu verwenden sind, z. B. bei besonderer Beanspruchung.*

0.4 Einzelangaben zu Nebenleistungen und Besonderen Leistungen

Keine ergänzende Regelung zur ATV DIN 18299.

0.5 Abrechnungseinheiten

Im Leistungsverzeichnis sind die Abrechnungseinheiten wie folgt vorzusehen:

0.5.1 Nach Flächenmaß (m^2), getrennt nach Bauart und Maßen, für

- *Vorbehandlung des Untergrundes,*
- *Ausgleichsschichten,*
- *Trennschichten,*
- *Dämmschichten,*
- *Unterböden,*
- *Decken-, Wand- und Bodenbeläge,*
- *Oberflächenbehandlung der Beläge,*
- *Bewehrungen, Trag- und Unterkonstruktionen,*
- *Wände.*

0.5.2 Nach Längenmaß (m), getrennt nach Bauart und Maßen, für

- *Stufen und Schwellen,*
- *Sockel und Kehlen,*
- *Gehrungen an Fliesen- und Plattenkanten,*
- *Schrägschnitte,*
- *Profile und Leisten aus Formstücken,*
- *Rinnen und Roste,*
- *Schienen,*
- *Ausbilden und Schließen von Bewegungsfugen.*

0.5.3 Nach Anzahl (Stück), getrennt nach Bauart und Maßen, für

- *Stufen und Schwellen,*
- *freie Stufenköpfe,*
- *Zwickel bei abgestuften Begrenzungen der Beläge, z. B. über Treppen,*
- *Bekleidungen besonderer Bauteile, z. B. Fundamentsockel, Säulen, Pfeiler,*
- *Einmauern von Einbauwannen und Brausewannen,*
- *Anarbeiten der Beläge an Waschtische, Spülbecken, Wannen, Brausewannen, Wannenuntertritte, schräge Wannenschürzen,*
- *Anarbeiten der Beläge an Aussparungen im Belag wie Öffnungen, Fundamentsockel, Rohrdurchführungen und dergleichen von mehr als 0,1 m^2 Einzelgröße,*
- *Einbauen von Einbauteilen und Schienen,*
- *Formteile, Zierplatten,*
- *Einsetzen von Schaltern, Steckdosen und Sinkkastenaufsätzen u. a.,*
- *Herstellen von Löchern in Wand- und Bodenbelägen für Installationen und Einbauteile,*
- *elastische Fugenfüllung an Installationsdurchgängen, Bodenentwässerungen u. Ä.,*
- *Türzargen,*
- *Gehrungen.*

1 Geltungsbereich

1.1 Die ATV »Fliesen- und Plattenarbeiten« – DIN 18352 – gilt für das Ansetzen und Verlegen von

- Fliesen, Platten und Mosaik,
- Solnhofener Platten, Natursteinfliesen, Natursteinmosaik und Natursteinriemchen.

1.2 Die ATV DIN 18352 gilt nicht für das Ansetzen und Verlegen von

- anderen Platten aus Naturwerksteinen (siehe ATV DIN 18332 »Naturwerksteinarbeiten«) und
- Platten aus Betonwerkstein (siehe ATV DIN 18333 »Betonwerksteinarbeiten«).

1.3 Ergänzend gilt die ATV DIN 18299 »Allgemeine Regelungen für Bauarbeiten jeder Art«, Abschnitte 1 bis 5. Bei Widersprüchen gehen die Regelungen der ATV DIN 18352 vor.

2 Stoffe, Bauteile

Ergänzend zur ATV DIN 18299, Abschnitt 2, gilt:

Fliesen, Platten und Mosaik müssen der ersten Güteklasse entsprechen. Für die gebräuchlichsten genormten Stoffe und Bauteile sind die DIN-Normen nachstehend aufgeführt.

2.1 Keramische Fliesen, Platten, keramisches Mosaik

DIN EN 121	Stranggepresste keramische Fliesen und Platten mit niedriger Wasseraufnahme $E \leq 3\,\%$ – Gruppe A I; Deutsche Fassung EN 121:1991
DIN EN 159	Trockengepresste keramische Fliesen und Platten mit hoher Wasseraufnahme $E > 10\,\%$ – Gruppe B III; Deutsche Fassung EN 159:1991
DIN EN 176	Trockengepresste keramische Fliesen und Platten mit niedriger Wasseraufnahme $E \leq 3\,\%$ – Gruppe B I; Deutsche Fassung EN 176:1991
DIN EN 177	Trockengepresste keramische Fliesen und Platten mit einer Wasseraufnahme von $3\,\% < E \leq 6\,\%$ – Gruppe B IIa; Deutsche Fassung EN 177:1991
DIN EN 178	Trockengepresste keramische Fliesen und Platten mit einer Wasseraufnahme von $6\,\% < E \leq 10\,\%$ – Gruppe B IIb; Deutsche Fassung EN 178:1991
DIN EN 186-1	Keramische Fliesen und Platten – Stranggepresste keramische Fliesen und Platten mit einer Wasseraufnahme von $3\,\% < E \leq 6\,\%$ – Gruppe A IIa – Teil 1; Deutsche Fassung EN 186-1:1991
DIN EN 186-2	Keramische Fliesen und Platten – Stranggepresste keramische Fliesen und Platten mit einer Wasseraufnahme von $3\,\% < E \leq 6\,\%$ – Gruppe A IIa – Teil 2; Deutsche Fassung EN 186-2:1991
DIN EN 187-1	Keramische Fliesen und Platten – Stranggepresste keramische Fliesen und Platten mit einer Wasseraufnahme von $6\,\% < E \leq 10\,\%$ – Gruppe A IIb – Teil 1; Deutsche Fassung EN 187-1:1991
DIN EN 187-2	Keramische Fliesen und Platten – Stranggepresste keramische Fliesen und Platten mit einer Wasseraufnahme von $6\,\% < E \leq 10\,\%$ – Gruppe A IIb – Teil 2; Deutsche Fassung EN 187-2:1991
DIN EN 188	Keramische Fliesen und Platten – Stranggepresste keramische Fliesen und Platten mit einer Wasseraufnahme von $E > 10\,\%$ – Gruppe A III; Deutsche Fassung EN 188:1991
DIN 12912	Laboreinrichtungen – Keramische Fliesen für Labortische (Labortischfliesen)
DIN 18158	Bodenklinkerplatten

2.2 Solnhofener Platten, Natursteinfliesen, Natursteinmosaik, Natursteinriemchen

2.2.1 Aussehen

Farb- und Strukturschwankungen, Äderungen und Einschlüsse, bedingt durch das naturgebundene Vorkommen, sind zulässig.

2.2.2 Plattendicken

Solnhofener Platten müssen mindestens die nachstehend angegebenen Dicken haben:

Platten für Wandbekleidungen mit einer Seitenlänge	bis zu 30 cm:	7 mm
	über 30 bis 40 cm:	9 mm
Platten für Bodenbeläge mit einer Seitenlänge	bis zu 35 cm:	10 mm
	über 35 cm:	15 mm
Platten für Bodenbeläge im Dünnbettverfahren:		10 mm

Natursteinfliesen und Natursteinriemchen müssen mindestens die nachstehend angegebenen Dicken haben:

Natursteinfliesen mit einer Seitenlänge	bis 40 cm:	7 mm
Natursteinriemchen:		10 mm

2.2.3 Maßabweichungen

Bei gesägten Platten und Natursteinfliesen sind in Länge und Breite Abweichungen vom Nennmaß bis ± 1 mm zulässig.

2.3 Bindemittel, Zuschlagstoffe, Mörtel, Klebstoffe

DIN 1060-1	Baukalk – Teil 1: Definitionen, Anforderungen, Überwachung
DIN 1164-1	Zement – Teil 1: Zusammensetzung, Anforderungen
DIN 18156-2	Stoffe für keramische Bekleidungen im Dünnbettverfahren – Hydraulisch erhärtende Dünnbettmörtel
DIN 18156-3	Stoffe für keramische Bekleidungen im Dünnbettverfahren – Dispersionsklebstoffe
DIN 18156-4	Stoffe für keramische Bekleidungen im Dünnbettverfahren – Epoxidharzklebstoffe
DIN EN 1308	Mörtel und Klebstoffe für Fliesen und Platten – Bestimmung des Abrutschens; Deutsche Fassung EN 1308:1996
DIN EN 1322	Mörtel und Klebstoffe für Fliesen und Platten – Definitionen und Begriffsbestimmung; Deutsche Fassung EN 1322:1996; Änderung A1:1998
DIN EN 1323	Mörtel und Klebstoffe für Fliesen und Platten – Betonplatten; Deutsche Fassung EN 1323:1996; Änderung A1:1998
DIN EN 1324	Mörtel und Klebstoffe für Fliesen und Platten – Bestimmung der Haftfestigkeit von Dispersionsklebstoffen für innen; Deutsche Fassung EN 1324:1996; Änderung A1:1998
DIN EN 1346	Mörtel und Klebstoffe für Fliesen und Platten – Bestimmung der offenen Zeit; Deutsche Fassung EN 1346:1996
DIN EN 1348	Mörtel und Klebstoffe für Fliesen und Platten – Bestimmung der Haftfestigkeit zementhaltiger Mörtel für innen und außen; Deutsche Fassung EN 1348:1997

Zuschlagstoffe müssen gemischtkörnig und frei von schädigenden Bestandteilen sein.

2.4 Verfugungsstoffe

DIN 18540	Abdichten von Außenwandfugen im Hochbau mit Fugendichtstoffen

Kitte, vorgemischte hydraulisch abbindende Fugenmörtel, Fugenmörtel auf Reaktionsharzbasis und Fugendichtungsmassen nach DIN 18540 dürfen die Oberfläche des Belages nicht beeinträchtigen.

2.5 Dämmstoffe

DIN 18161-1	Korkerzeugnisse als Dämmstoffe für das Bauwesen – Dämmstoffe für die Wärmedämmung
DIN 18164-1	Schaumkunststoffe als Dämmstoffe für das Bauwesen – Dämmstoffe für die Wärmedämmung
DIN 18164-2	Schaumkunststoffe als Dämmstoffe für das Bauwesen – Dämmstoffe für die Trittschalldämmung – Polystyrol-Partikelschaumstoffe
DIN 18165-1	Faserdämmstoffe für das Bauwesen – Dämmstoffe für die Wärmedämmung
DIN 18165-2	Faserdämmstoffe für das Bauwesen – Dämmstoffe für die Trittschalldämmung
DIN 18174	Schaumglas als Dämmstoff für das Bauwesen – Dämmstoffe für die Wärmedämmung
DIN EN 826	Wärmedämmstoffe für das Bauwesen – Bestimmung des Verhaltens bei Druckbeanspruchung; Deutsche Fassung EN 826:1996

2.6 Bewehrungen

DIN 488-4	Betonstahl – Betonstahlmatten und Bewehrungsdraht – Aufbau, Maße und Gewichte

Baustahlgitter müssen eine Maschenweite von 50/50 mm und einen Stabdurchmesser von 2 mm haben.

3 Ausführung

Ergänzend zur ATV DIN 18299, Abschnitt 3, gilt:

3.1 Allgemeines

3.1.1 Der Auftragnehmer hat bei seiner Prüfung Bedenken (siehe § 4 Nr. 3 VOB/B) insbesondere geltend zu machen bei

- ungeeigneter Beschaffenheit des Untergrundes (Ansetz- oder Verlegefläche), z. B. grobe Verunreinigungen, Ausblühungen, zu glatte, zu feuchte, verölte oder gefrorene Flächen, Risse,
- größeren Unebenheiten als nach Abschnitt 3.1.2 zulässig,
- fehlenden Höhenbezugspunkten je Geschoss,
- fehlendem, ungenügendem oder von der Angabe in den Ausführungsunterlagen abweichendem Gefälle.

3.1.2 Abweichungen von vorgeschriebenen Maßen sind in den durch

DIN 18201	Toleranzen im Bauwesen – Begriffe, Grundsätze, Anwendung, Prüfung
DIN 18202	Toleranzen im Hochbau – Bauwerke

bestimmten Grenzen zulässig.

3.1.3 Fassadenbekleidungen sind auszuführen nach:

DIN 18515-1	Außenwandbekleidungen – Teil 1: Angemörtelte Fliesen oder Platten – Grundsätze für Planung und Ausführung
DIN 18515-2	Außenwandbekleidungen – Anmauerung auf Aufstandsflächen – Grundsätze für Planung und Ausführung

3.2 Ansetzen und Verlegen

3.2.1 Allgemeines

3.2.1.1 Fliesen, Platten und Mosaik sind bei Innenarbeiten erst nach Anbringen von Fenster- und Türzargen, Anschlagschienen, Installationen und Putz anzusetzen oder zu verlegen.

3.2.1.2 Fliesen, Platten und Mosaik sind senkrecht, fluchtrecht und waagerecht oder mit dem angegebenen Gefälle unter Berücksichtigung des angegebenen Höhenbezugspunktes anzusetzen oder zu verlegen.

3.2.1.3 Dämmstoffe sind dicht gestoßen einzubauen.

3.2.2 Ansetzen und Verlegen im Dickbett

3.2.2.1 Bei Bekleidungen oder Belägen, die im Dickbett anzusetzen oder zu verlegen sind, sind folgende Mörtelbettdicken herzustellen:

- bei Wandbekleidungen 15 mm,
- bei Bodenbelägen 20 mm,
- bei Bodenbelägen auf Trennschicht innen 30 mm,
- bei Bodenbelägen auf Trennschicht außen 50 mm,
- bei Bodenbelägen auf Dämmschicht innen 45 mm,
- bei Bodenbelägen auf Dämmschicht außen 50 mm.

3.2.2.2 Bei keramischen Fliesen und Platten ist als Bindemittel Zement nach DIN 1164-1, bei Solnhofener Platten, Natursteinfliesen, Natursteinmosaik und Natursteinriemchen Trasszement zu verwenden.

3.2.3 Ansetzen und Verlegen im Dünnbett

Für das Ansetzen und Verlegen im Dünnbett gelten:

DIN 18157-1 Ausführung keramischer Bekleidungen im Dünnbettverfahren – Hydraulisch erhärtende Dünnbettmörtel

DIN 18157-2 Ausführung keramischer Bekleidungen im Dünnbettverfahren – Dispersionsklebstoffe

DIN 18157-3 Ausführung keramischer Bekleidungen im Dünnbettverfahren – Epoxidharzklebstoffe

3.3 Befestigen auf Unterkonstruktionen

Bei Verwendung von klein- und großformatigen Fliesen und Platten, die nicht mit Mörtel oder Klebstoffen, sondern anderweitig befestigt werden, sowie bei Herstellung dafür erforderlicher Unterkonstruktionen, z. B. aus Holz, Metall, sind die Verarbeitungshinweise der Hersteller zu beachten.

3.4 Fliesentrennwände und Trennwände aus Zellenwandsteinen

Fliesentrennwände und Trennwände aus Zellenwandsteinen sind so zu bewehren, dass ihre Standfestigkeit gewährleistet ist. Die Bewehrung ist so einzubauen, dass keine Korrosionsschäden auftreten können.

3.5 Fugen

3.5.1 Die Fugen sind gleichmäßig breit anzulegen. Maßtoleranzen der Belagstoffe sind in den Fugen auszugleichen.

3.5.2 Bekleidungen und Beläge sind mit folgenden Fugenbreiten anzulegen:

- trockengepresste keramische Fliesen und Platten bis zu einer Seitenlänge von 10 cm: 1 mm bis 3 mm,
- trockengepresste keramische Fliesen und Platten mit einer Seitenlänge über 10 cm: 2 mm bis 8 mm,
- stranggepresste keramische Fliesen und Platten: 4 mm bis 10 mm,
- stranggepresste keramische Fliesen und Platten mit Kantenlängen über 30 cm: min. 10 mm,
- Bodenklinkerplatten nach DIN 18158: 8 mm bis 15 mm,
- Solnhofener Platten, Natursteinfliesen: 2 mm bis 3 mm,
- Natursteinmosaik, Natursteinriemchen: 1 mm bis 3 mm.

3.5.3 Das Verfugen muss durch Einschlämmen erfolgen.

3.5.4 Für das Verfugen ist grauer Zementmörtel zu verwenden.

3.5.5 Bewegungsfugen, wie Gebäudetrennfugen, Feldbegrenzungsfugen, Rand- und Anschlussfugen, sind beim Ansetzen und Verlegen im Dünnbettverfahren entsprechend DIN 18157-1, DIN 18157-2 und DIN 17157-3 und bei Fassadenbekleidungen entsprechend DIN 18515-1 und DIN 18515-2 anzuordnen und mit Fugendichtungsmassen oder Profilen zu schließen.

Bewegungsfugen im Dickbettverfahren sind ebenfalls mit Fugendichtungsmassen oder Profilen zu schließen.

3.5.6 Gebäudetrennfugen müssen an gleicher Stelle und in ausreichender Breite durchgehen. Es dürfen keine Überbrückungen, z. B. von Bewehrungen, entstehen.

4 Nebenleistungen, Besondere Leistungen

4.1 Nebenleistungen sind ergänzend zur ATV DIN 18299, Abschnitt 4.1, insbesondere:

4.1.1 Auf- und Abbauen sowie Vorhalten der Gerüste, deren Arbeitsbühnen nicht höher als 2 m über Gelände oder Fußboden liegen.

4.1.2 Vorlegen erforderlicher Muster.

4.1.3 Schutz der Bodenbeläge durch Absperren der Räume bis zur Begehbarkeit und Abdecken der Beläge mit Sägespänen.

4.1.4 Reinigen des Untergrundes, ausgenommen Leistungen nach Abschnitt 4.2.5.

4.1.5 Ausgleichen von Unebenheiten des Untergrundes innerhalb der nach DIN 18202 zulässigen Toleranzen beim Ansetzen oder Verlegen von Fliesen oder Platten im Dickbett.

4.1.6 Beseitigen kleiner Putzüberstände.

4.1.7 Anarbeiten von Belägen an angrenzende eingebaute Bauteile, z. B. an Zargen, Bekleidungen, Anschlagschienen, Schwellen, ausgenommen Leistungen nach Abschnitt 4.2.14.

4.1.8 Anarbeiten an Aussparungen im Belag, z. B. an Fundamentsockel, Pfeiler, Säulen bis 0,1 m^2 Einzelgröße.

4.1.9 Zubereiten des Mörtels und Vorhalten der hierzu erforderlichen Einrichtungen, auch wenn der Auftraggeber die Stoffe beistellt.

4.2 **Besondere Leistungen** sind ergänzend zur ATV DIN 18299, Abschnitt 4.2, z. B.:

4.2.1 Vorhalten von Aufenthalts- und Lagerräumen, wenn der Auftraggeber Räume, die leicht verschließbar gemacht werden können, nicht zur Verfügung stellt.

4.2.2 Auf- und Abbauen sowie Vorhalten der Gerüste, deren Arbeitsbühnen mehr als 2 m über Gelände oder Fußboden liegen.

4.2.3 Erstellen von Ansetz- und Verlegeplänen.

4.2.4 Ansetzen und Verlegen von Mustern.

4.2.5 Reinigen des Untergrundes von grober Verschmutzung, z. B. Gipsreste, Mörtelreste, Farbreste, Öl, soweit diese von anderen Unternehmern herrührt.

4.2.6 Aufbringen von Haftbrücken.

4.2.7 Auffüllen des Untergrundes zur Herstellung der erforderlichen Höhe oder des nötigen Gefälles sowie das Herstellen von Unterputz zum Ausgleich unebener oder nicht lot- und fluchtrechter Wände in anderen Fällen als nach Abschnitt 4.1.5.

4.2.8 Ansetzen und Verlegen von Lehren aus Fliesen oder Platten zur Vorbereitung einer maßgenauen Installation.

4.2.9 Maßnahmen zum Schutz gegen Feuchtigkeit und zur Wärme- und Schalldämmung.

4.2.10 Herstellen von Löchern in Wand- und Bodenbelägen für Installationen und Einbauteile.

4.2.11 Stemmarbeiten für Installationen und Einbauteile.

4.2.12 Einsetzen von Installations- und Einbauteilen.

4.2.13 Nachträgliches Anarbeiten an Einbauteile.

4.2.14 Anarbeiten der Beläge, z. B. an Waschtische, Spülbecken, Wannen, Brausewannen, Wannenuntertritte, schräge Wannenschürzen.

4.2.15 Ausbilden, Schließen und/oder Abdecken von Bewegungs- und Anschlussfugen.

4.2.16 Vergießen und Verdübeln von Scheinfugen im Untergrund.

4.2.17 Abschneiden des Überstandes von Randstreifen anderer Unternehmer.

4.2.18 Liefern und Einsetzen von Profilleisten, Zierplatten und Formteilen, z. B. Seifenschalen.

4.2.19 Ausbilden freier Stufenköpfe.

4.2.20 Herstellen von Zwickeln bei abgestuften Begrenzungen der Beläge, z. B. über Treppen.

4.2.21 Anarbeiten der Beläge an Aussparungen im Belag, wie Öffnungen, Fundamentsockel, Rohrdurchführungen und dergleichen, von mehr als 0,1 m^2 Einzelgröße.

4.2.22 Herstellen von Gehrungen an Fliesen- und Plattenkanten.

5 Abrechnung

Ergänzend zur ATV DIN 18299, Abschnitt 5, gilt:

5.1 Allgemeines

5.1.1 Der Ermittlung der Leistung – gleichgültig, ob sie nach Zeichnung oder nach Aufmaß erfolgt – sind zu Grunde zu legen:

5.1.1.1 bei Innenwandbekleidungen, Deckenbekleidungen, Bodenbelägen, Ausgleichsschichten, Trennschichten, Dämmschichten, Unterböden, Oberflächenbehandlungen, Bewehrungen, Trag- und Unterkonstruktionen
- auf Flächen mit begrenzenden Bauteilen die Maße der zu bekleidenden bzw. zu belegenden Flächen bis zu den begrenzenden, ungeputzten, ungedämmten bzw. unbekleideten Bauteilen,
- auf Flächen ohne begrenzende Bauteile die Maße der zu bekleidenden bzw. zu belegenden Flächen,

5.1.1.2 bei Wandbekleidungen, die an Stehsockel, Kehlsockel, Kehlleisten oder ausgerundeten Ecken als Sockel anschließen oder unmittelbar auf den Bodenbelag aufsetzen, das Maß ab Oberseite Sockel oder Oberseite Bodenbelag,

5.1.1.3 bei Fassaden die Maße der Bekleidung,

5.1.1.4 bei Stufenbelägen, Schwellen, Sockeln, Kehlen, Gehrungen an Fliesen- und Plattenkanten, Schrägschnitten, Profilen, Leisten, Schienen und Beckenköpfen deren größte Maße.

5.1.2 Bestehen Wandbekleidungen aus Schichten, von denen eine nicht die volle, jedoch mehr als die halbe Schichthöhe hat, so wird diese Schicht mit der vollen Schichthöhe abgerechnet. Dies gilt nicht für Wandbekleidungen in Raumhöhe oder für Wandbekleidungen, deren Höhe in der Leistungsbeschreibung durch Maßangabe festgelegt ist oder deren Schichthöhen größer als 30 cm sind.

5.1.3 Binden Fliesentrennwände oder Wände aus Zellenwandsteinen in Beläge ein, so werden die Beläge durchgerechnet. Bei Fliesentrennwänden, die sich kreuzen oder ineinander einbinden, wird im Bereich der Verbindung nur eine Wand berücksichtigt.

5.1.4 Bei der Ermittlung des Längenmaßes wird die größte Bauteillänge gemessen.

5.1.5 Bei Abrechnung nach Flächenmaß (m^2) werden in die verlegte Bekleidung oder in den verlegten Belag eingesetzte Profilleisten, Zierplatten und Formteile, z. B. Seifenschalen, übermessen.

5.2 Es werden abgezogen:

5.2.1 Bei Abrechnung nach Flächenmaß (m^2): Aussparungen und Öffnungen über 0,1 m^2 Einzelgröße.

5.2.2 Bei Abrechnung nach Längenmaß (m): Unterbrechungen über 1 m Einzellänge.

2.1.5 Bausteine

Bauvertragsrecht

Genauso wichtig wie das handwerkliche Rüstzeug ist es für den Fliesenleger, dass er sich im Baurecht auskennt. Denn vor der ersten verlegten Fliese erfolgt der Vertragsabschluss.

Ein Bauherr plant ein Bauvorhaben. Er sucht einen Planer (Architekt, Planverfasser) und einen Bauunternehmer. Bauherr und Unternehmer einigen sich, unter bestimmten Bedingungen (Geschäftsbedingungen) das Bauvorhaben auszuführen.

Sie schließen einen Bauvertrag. Der Bauvertrag benötigt eine rechtliche Grundlage. Hierfür kommen infrage:

- BGB = Bürgerliches Gesetzbuch
- AGBG = Gesetz zur Regelung des Rechtes der Allgemeinen Geschäftsbedingungen
- VOB = Verdingungsordnung für Bauleistungen

Das BGB ist in der heutigen Form seit dem 1.1.1900 gültig. Es kennt keinen speziellen Bauvertrag. Man findet die entsprechenden Regelungen unter dem Abschnitt »Werkvertrag« in den Paragrafen 631 bis 651. Hier werden in allgemeiner Form die Regelungen für den Werkvertrag beschrieben, ohne auf die Besonderheiten der Baustelle Rücksicht zu nehmen. Deshalb ist es empfehlenswert, eine spezielle Rechtsgrundlage für das Bauwesen zu vereinbaren: die VOB. Sie wurde 1926 zum ersten Mal verabschiedet. Obwohl die VOB versucht, Rechte und Pflichten der Vertragspartner gleichmäßig und gerecht zu verteilen, gibt es immer wieder Fälle, in denen Einzelverträge mit einseitigen Vertragsbedingungen durchgesetzt werden. Dieses sollte durch die Einführung des AGBG vom 1.4.1977 unterbunden werden.

Wichtige Regelungen des BGB

Der Bauherr wird *Besteller* genannt, der Bauunternehmer *Unternehmer.*

Wesen des Werkvertrages: Es geht um die Herstellung eines versprochenen Werkes und um die Entrichtung der vereinbarten Vergütung.

Gewährleistung: Das Werk muss die zugesicherten Eigenschaften haben und darf nicht mit Fehlern behaftet sein.

Der Besteller kann die Beseitigung eines *Mangels* verlangen.

Der Unternehmer kann die Beseitigung eines Mangels bei *unverhältnismäßig hohem Aufwand* verweigern.

Fristen, Wandlung, Minderung: Zur Beseitigung des Mangels kann der Besteller eine angemessene Frist bestimmen. Nach erfolglosem Ablauf dieser Frist kann der Besteller den Vertrag rückgängig machen – Wandlung – oder die Herabsetzung der Vergütung – Minderung – vereinbaren.

Schadensersatz: Anstatt der Wandlung oder Minderung kann der Besteller auch Schadensersatz wegen Nichterfüllung verlangen.

Verjährung: Der Anspruch auf die Beseitigung des Mangels verjährt nach

- 6 Monaten (Werke allgemein, Waren)
- 1 Jahr (Arbeiten an einem Grundstück)
- 5 Jahren (Bauwerke).

Die Frist beginnt mit der Abnahme der Leistung.

Abnahmepflicht: Der Besteller ist verpflichtet, das vertragsgemäß herstellte Werk abzunehmen.

Vergütung: Die Vergütung ist bei der Abnahme zu entrichten.

Abnahmeverzug: Der Unternehmer kann bei Abnahmeverzug des Bestellers (etwa bei Verzögerung des Rohbaus) eine Entschädigung verlangen. Er kann eine angemessene Nachfrist für die Abnahme bestimmen und für den Fall des erfolglosen Ablaufs seine Kündigung androhen.

Gefahr: Der Unternehmer trägt die Gefahr – die Haftung – für Diebstahl und Beschädigung seiner Bauleistungen bis zur Abnahme.

Haftung des Bestellers: Der Besteller ist für die von ihm gelieferten Baustoffe sowie die von ihm erteilten Anweisungen haftbar. Der Unternehmer hat Anspruch auf die Vergütung der geleisteten Arbeit.

Pfandrecht: Für seine Forderung hat der Unternehmer ein Pfandrecht an den beweglichen Sachen.

Kündigung: Der Besteller kann den Vertrag jederzeit kündigen. Der Unternehmer kann in diesem Fall die vertraglich vereinbarte Vergütung verlangen, abzüglich aller nicht entstandenen Kosten.

Wichtige Regelungen des AGBG

Allgemeine Geschäftsbedingungen: AGB sind die vertragliche Grundlage eines Geschäftes, auch eines Vertrages über die Herstellung eines Bauwerkes. Sie sollten ausgewogen sein, das heißt: Die Rechte und Pflichten aus dem Vertrag sind gerecht zu verteilen.

Die Praxis zeigt, dass es immer wieder Vertragspartner gibt, die einseitige Bedingungen zu ihren Gunsten durchsetzen wollen. Diese Tatsache machte die Schaffung eines Gesetzes erforderlich, das den Umgang mit den AGB regelt.

Gültigkeit, Kenntnis, Einverständnis: Allgemeine Vertragsbedingungen werden nur Bestandteil, wenn der andere Vertragsteil darauf hingewiesen wurde und in zumutbarer Weise Kenntnis davon nehmen konnte. Der Kunde muss einverstanden sein.

Treu und Glauben: Bestimmungen, die den Kunden gegen Treu und Glauben benachteiligen, sind unwirksam (Generalklausel des AGBG).

Überraschende Klauseln: Solche Klauseln, mit denen der Kunde nicht zu rechnen braucht, sind ungültig.

Unklare Klauseln: Solche Klauseln werden zu Gunsten des Kunden ausgelegt.

Unzulässige Klauseln nach dem AGBG sind:

- unangemessen lange oder unbestimmte *Fristen* für die Abnahme oder Ablehnung eines Angebotes
  (Beispiel: Ein Bauherr behält sich vor, den Zuschlag sechs Wochen nach Abgabe des Angebotes zu erteilen.)
- unangemessen lange oder unbestimmte *Nachfristen* bei Ausführungs- oder Lieferungsverzug
  (Beispiel: Ein Unternehmer behält sich vor, die vereinbarte Bauleistung im Verlauf eines Jahres zu erbringen.)
- Vorbehalt eines willkürlichen *Rücktrittsrechtes*
  (Beispiel: Der Bauherr behält sich vor, jederzeit und ohne rechtliche Konsequenz vom Vertrag zurückzutreten.
- Vorbehalt einer unzumutbaren *Leistungsänderung*
  (Beispiel: Der Unternehmer behält sich vor, eine vereinbarte Leistung »je nach Marktlage« mit beliebigen Fliesen auszuführen.
  Beispiel: Der Bauherr behält sich vor, von dem geplanten Projekt ein, zwei oder drei Stockwerke ausführen zu lassen.)
- Vorbehalt, die *Vergütung* der Leistung innerhalb einer bestimmten Leistung zu erhöhen
  (Beispiel: Der Unternehmer behält sich vor, die angebotenen Preise jederzeit erhöhen zu können.)
- Ausschluss der *Haftung* bei Vorsatz oder grober Fahrlässigkeit
  (Beispiel: Für Schäden, die vom Hersteller vorsätzlich oder grob fahrlässig verursacht werden, übernimmt der Unternehmer keine Gewährleistung.)
- Ausschluss eines *Rücktritts* oder *Schadensersatzes* bei Verzug
  (Beispiel: Verzögern sich die angegebenen Ausführungstermine, so besteht kein Anspruch auf Kündigung oder Schadensersatz.)
- *Ausschluss der Gewährleistung* für gelieferte Stoffe
  (Beispiel: Die Gewährleistung bezieht sich nur auf die Ausführung der Bauleistung, nicht jedoch auf die gelieferten Stoffe.)
- *Einschränkung der Gewährleistung*
  (Beispiel: Kleinere Mängel, insbesondere Form- und Farbabweichungen außerhalb der Norm, unterliegen nicht der Gewährleistung.)
- Verzögerung oder ungenaue Angaben zur *Abnahme* von Bauleistungen
  (Beispiel: Die Bauleistungen der einzelnen Gewerke werden bei Bezugsfertigkeit der jeweiligen Wohnungen abgenommen.)

Die VOB – wichtigste Rechtsgrundlage für das Bauwesen

VOB als Allgemeine Geschäftsbedingungen/AGB

Der Teil B der VOB – DIN 1960 – wird sinnvollerweise als AGB verwendet. Dieser Teil wird oft durch ZVB (Zusätzliche Vertragsbedingungen) oder BVB (Besondere Vertragsbedingungen) ergänzt. Die ZVB oder BVB dürfen den Regeln der VOB und des AGBG nicht widersprechen.

Allgemeine Geschäftsbedingungen müssen klar und verständlich abgefasst sein, da im Zweifel für den Kunden entschieden wird. Der Kunde muss von den zu Grunde gelegten AGB in Kenntnis gesetzt sein. Dazu eignet sich ein Hinweis bei der Auftragsbestätigung: »Der Auftrag wird auf der Grundlage der VOB abgewickelt.«

Da ein Bauherr die VOB normalerweise nicht oder nur unzureichend kennt, ist ihm der vollständige Wortlaut zu übergeben. Hierfür eignen sich entsprechende Vordrucke mit dem Text der VOB Teil B. Damit genügt der Unternehmer seiner Hinweis- und Informationspflicht.

Die VOB-Verdingungsordnung für Bauleistungen

Der Titel enthält das Wort »Verdingung«. Dieses Wort ist heute weitgehend aus unserem Sprachgebrauch verschwunden. Man kennt es allenfalls noch aus einer Märchenerzählung, in der sich »... ein Knecht einem Herrn verdingt ...«. Die heutigen Bauverträge sind natürlich alles andere als märchenhaft. Auch ist aus dem unterschiedlichen Stand von Herr und Knecht heute das gleichberechtigte Verhältnis von Bauherr und Unternehmer geworden. Nach wie vor bietet jedoch der eine eine Leistung, der andere die Vergütung. Wenn sich beide einigen, liegt eine *Verdingung* vor.

Wenn Bauherren bauen und Unternehmer ausführen, einigen sie sich in einem Vertrag. Dieser Vertrag wird – juristisch korrekt – *Werkvertrag* genannt.

Dieser Werkvertrag kann auf der Grundlage des Bürgerlichen Gesetzbuches (BGB) oder der Verdingungsordnung für Bauleistungen (VOB) abgeschlossen werden.

Die VOB gilt zunächst einmal verbindlich für den öffentlichen Bereich: Kommunen, Kreisverwaltungen, Landesverwaltungen sind gehalten, »öffentlich nach VOB« auszuschreiben. Diese Ausschreibungen werden in der Regel in den Tageszeitungen veröffentlicht.

Überwiegend werden jedoch auch private Bauvorhaben nach VOB ausgeschrieben und abgewickelt. Die VOB ist kein Gesetz, deshalb muss sie bei jedem Bauvertrag neu vereinbart werden. Herausgeber ist der Deutsche Verdingungsausschuss (DVA).

Vertragspartner und Teile der VOB

In der VOB heißen die Vertragspartner Auftraggeber (AG, Bauherr) und Auftragnehmer (AN, Unternehmer).

Die Abkürzung AG und AN dürfen in diesem Zusammenhang nicht mit Arbeitgeber und Arbeitnehmer verwechselt werden.

Die VOB gliedert sich in drei Teile:

- Teil A: Allgemeine Bestimmungen für die Vergabe von Bauleistungen DIN 1960
- Teil B: Allgemeine Vertragsbedingungen für die Ausführung von Bauleistungen DIN 1961
- Teil C: Allgemeine Technische Vertragsbedingungen für Bauleistungen DIN 18299 bis DIN 18451.

Die Teile A und B gelten für alle Baugewerke mit dem gleichen Wortlaut. Der Teil C ist für viele Gewerke gesondert verfasst und in die VOB-Ausführungsnormen gegliedert.

Beispiele für Rohbau: DIN 18330 Maurerarbeiten
DIN 18331 Beton- und Stahlbetonarbeiten
Beispiele für Ausbau: DIN 18350 Putz- und Stuckarbeiten
DIN 18352 Fliesen- und Plattenarbeiten
DIN 18353 Estricharbeiten

Teil A: Allgemeine Bestimmungen für die Vergabe von Bauleistungen DIN 1960

Hierbei handelt es sich um eine Bestimmung, wie Ausschreibung und Vergabe zu erfolgen haben. Vergabe ist Sache des Bauherrn, der in der Regel durch den Architekten vertreten wird.

Abschnitt 1: Basisparagrafen
Es gibt 32 Basisparagrafen und einen Anhang. Es geht hauptsächlich um Angelegenheiten der Ausschreibung und Vergabe, der Angebote und des Zuschlages. Aber auch Kernthemen wie Gewährleistung werden hier behandelt.

Dazugekommen sind im Jahr 1992:
Abschnitt 2: Basisparagrafen mit zusätzlichen Bestimmungen nach der EG-Baukoordinationsrichtlinie,
Abschnitt 3: Basisparagrafen mit zusätzlichen Bestimmungen nach der EG-Sektorenrichtlinie,
Abschnitt 4: Vergabebestimmungen nach der EG-Sektorenrichtlinie.

Die Abschnitte 2 bis 4 gelten nur für europaweite Ausschreibungen und sind Teil der Anpassung (Harmonisierung) an EG-weite Regelungen.

Ist es überhaupt erforderlich, dass der Unternehmer den Teil A kennt? – Die Antwort lautet »Ja«! Die korrekte Anwendung der Regeln im Vorfeld und im Bereich der Ausschreibung und Vergabe sind mit entscheidend für den Auftrag. Einige Regeln lassen sich anhand unseres Beispiels für eine öffentliche Ausschreibung verdeutlichen:

1. *Öffentlicher Bauherr:* In unserem Beispiel ist die Stadt xy ein öffentlicher Bauherr. Gemeinden, Städte, Kreise, Länder und der Bund sind öffentliche Bauherren. Hierzu können auch Kammern, Genossenschaften und Verbände zählen, deren Bauvorhaben mit öffentlichen Zuschüssen unterstützt werden. Sie sind verpflichtet, öffentlich auszuschreiben.

2. *Art der Ausschreibung:* Die öffentliche Ausschreibung wendet sich an eine unbeschränkte Zahl von Unternehmern. Es können Unternehmer aus Hamburg oder Rosenheim teilnehmen. Falls der Auftragswert einer Baumaßnahme 5 Millionen Euro übersteigt, muss die Ausschreibung europaweit geöffnet werden.

   Beschränkte Ausschreibungen erreichen nur eine beschränkte Zahl von Unternehmern. Sie werden im privaten Bereich angewandt.

   Die *freihändige Vergabe* vergibt Bauleistungen – ohne Wettbewerb – nur an einen Unternehmer.

   Bauleistungen werden definiert als »Arbeiten jeder Art, durch die eine bauliche Anlage hergestellt, instand gehalten, geändert oder beseitigt wird«.

   Zur Bauleistung gehört die Lieferung von Stoffen und die Ausführung der Arbeit – beides geht umfassend in die Gewährleistung ein.

3. *Bauvorhaben* und

4. *Größenangabe* sind Entscheidungshilfen für den Unternehmer, ob das Projekt für ihn infrage kommt.

5. Die *Bauweise* gibt grobe Hinweise zu technischen Fragen, z. B. auf die Art der zu erwartenden Untergründe.

6. *Planer und Bauleiter* sind wichtige Partner für den Unternehmer. Oft kennen sich die beiden von früheren Aufträgen und können die technische und geschäftliche Kompetenz einschätzen.

7. Die *Bauzeit* ist eine wichtige Größe für die Auftragsplanung eines Unternehmers. Er muss einschätzen (oder sich erkundigen), wo sein Gewerk zeitlich innerhalb der Gesamtbauzeit platziert wird.

8. *Rechtsgrundlage:* Bei öffentlichen Bauvorhaben wird die VOB als Rechtsgrundlage benutzt. Dies muss allerdings in jedem neuen Fall ausdrücklich erwähnt werden. Falls die VOB nicht erwähnt wird, muss man davon ausgehen, dass das BGB Vertragsgrundlage ist.

   Da es für die Abwicklung eines Bauvertrages (Werkvertrages) günstiger ist, die ausführlichere VOB zu Grunde zu legen, sollte der Unternehmer darauf hinweisen oder bei seiner Auftragsbestätigung die VOB erwähnen – und am besten gleich im Wortlaut (Teil B) beilegen.

9. *Gewerk und Entschädigung:* Das Gewerk (in unserem Beispiel auf S.45 5. Fliesenarbeiten ca. 400 m^2) ist für den Unternehmer entscheidend, an dem Wettbewerb teilzunehmen.

   Die Flächenangabe ist nur ein grober Anhaltspunkt für den Leistungsumfang. Der Bauherr darf für die Verdingungsunterlagen eine Entschädigung verlangen, die jedoch die Selbstkosten der Vervielfältigung nicht überschreiten darf.

10. *Anforderungen der Verdingungsunterlagen:*
    Wo kann der Bewerber die Verdingungsunterlagen anfordern?

    Diese Angaben, besonders der Termin, sind wichtig. Für die Ausarbeitung des Angebotes (Leistungsverzeichnis durcharbeiten, technische Lösungswege suchen, Preise einholen, kalkulieren, Angebot ausfüllen) steht die Zeit bis zur Angebotseröffnung zur Verfügung. Diese Angebotsfrist geht in unserem Beispiel vom 14.10. bis zum 12.11. und beträgt damit vier Wochen. Nach § 18 sind mindestens 10 Kalendertage vorgeschrieben.

Die Verdingungsunterlagen können aus folgenden Teilen bestehen:

- Leistungsverzeichnis LV
- Technische Unterlagen, Zeichnungen
- Terminpläne für die Ausführung, Zahlung
- Vertragsbedingungen:
  - Allgemeine Vertragsbedingungen/AVB
  - Zusätzliche Vertragsbedingungen/ZVB
  - Besondere Vertragsbedingungen/BVB
  - Allgemeine Technische Vertragsbedingungen/ATV
  - Zusätzliche Technische Vertragsbedingungen/ZTV

Die AVB und die ATV bleiben grundsätzlich unverändert. Sie können jedoch ergänzt werden durch die ZVB, BVB oder ZTV.

Regelungen der ZVB oder BVB: (§ 10)
In den Zusätzlichen Vertragsbedingungen oder den Besonderen Vertragsbedingungen sollen, soweit erforderlich, folgende Punkte geregelt werden:

a) Unterlagen
b) Benutzung von Lager- und Arbeitsplätzen, Zufahrtswegen, Wasser- und Energieanschlüssen
c) Weitervergabe an Nachunternehmer
d) Ausführungsfristen
e) Haftung
f) Vertragsstrafe und Beschleunigungsvergütung
g) Abnahme
h) Vertragsart, Abrechnung
i) Stundenlohnarbeiten
j) Zahlungen, Vorauszahlungen
k) Sicherheitsleistung
l) Gerichtsstand
m) Lohn- und Gehaltsnebenkosten
n) Änderung der Vertragspreise

11. *Angebotseröffnung:*
Der Termin für die Angebotseröffnung (Submission) ist angegeben. Es werden nur Angebote berücksichtigt, die bis zu diesem Termin vorliegen. Es können alle Bieter oder deren bevollmächtigte Vertreter teilnehmen.

Der Eröffnungstermin läuft folgendermaßen ab:

- Begrüßung,
- Prüfung, ob die Verschlüsse der Angebote unversehrt sind,
- Öffnung der Angebote,
- Verlesung der Bieter und der Angebotsendsummen,
- Änderungs- oder Nebenangebote.

Über den Verlauf wird ein Protokoll geführt und unterschrieben.

12. *Nachweise:*
Es können Nachweise über die Fachkunde, Leistungsfähigkeit und Zuverlässigkeit der Bieter verlangt werden.

In unserem Beispiel behält sich der Bauherr vor, solche Nachweise bei Bedarf anzufordern. Hierfür kommen infrage:

a) Umsatz des Unternehmers in den letzten drei Geschäftsjahren von Leistungen, die mit dem ausgeschriebenen Projekt vergleichbar sind,
b) Ausführung von Leistungen in den letzten drei Geschäftsjahren, die mit dem ausgeschriebenen Projekt vergleichbar sind,
c) Zahl der in den letzten drei Geschäftsjahren durchschnittlich beschäftigten Arbeitskräfte,
d) die für die Ausführung zur Verfügung stehende technische Ausrüstung,
e) technisches Personal für Leitung und Aufsicht der Bauaufgabe,
f) Eintragung in das Berufsregister.

13. *Vergabeverstöße:*
Die Regierungspräsidien der Länder unterhalten VOB-Stellen. Bei Vergabeverstößen seitens des Bauherrn (z. B. ungerechtfertigte Bevorzugung eines Bieters) können diese VOB-Stellen angerufen werden.

14. *Zuschlags- und Bindefrist:*
Die Zuschlagsfrist beginnt am Eröffnungstermin. In dieser Zeit muss sich der Bauherr entscheiden, welchem Bieter er den Zuschlag erteilen will.

Die Höchstfrist sind 30 Kalendertage. In unserem Beispiel auf S. 45 ergeben sich vom 12.11. bis 12.12. genau 30 Tage: Der Bauherr hat die erlaubte Frist voll ausgeschöpft.

Der Bieter ist bis zum Ablauf der Zuschlagsfrist an sein Angebot gebunden (Bindefrist). Erhält er den Zuschlag, so verlängert sich die Bindung bis zum Auftragsende bzw. bis zum Ende der Gewährleistungsfrist.

15. *Bauherr:*
Der Bauherr, in unserem Beispiel mit dem Namen des verantwortlichen Bürgermeisters, schließt die öffentliche Ausschreibung ab.

Beispiel einer öffentlichen Ausschreibung:

Stadt Friedrichshafen

Öffentliche Ausschreibung von Bauleistungen

Bauvorhaben:	*Neubau einer Turnhalle und ergänzender Räume an der Albert-Merglen-Schule in Friedrichshafen*
Umbauter Raum:	*4920 m³ Nettogrundfläche 950 m²*
Bauweise:	*Massiv- und Holzbauweise*
Planungs- und Objektüberwachung:	*Hildebrand, freie Architekten, Weinbirnenstraße, 88048 Friedrichshafen*
Bauzeit:	*Dezember 1997 bis September 1998*

Für oben genanntes Bauvorhaben werden auf der Grundlage der VOB folgende Bauleistungen ausgeschrieben:

Entschädigung für Verdingungsunterlagen DM

1. Fassaden-Verglasungsarbeiten ca. 150 m²	*25,00*
2. Glaserarbeiten, Holz-Alu-Fenster ca. 40 Stück	*25,00*
3. Stahlzargen mit Holztürblättern ca. 40 Stück	*20,00*
4. Estricharbeiten ca. 620 m²	*20,00*
5. Fliesenarbeiten ca. 400 m²	*25,00*
6. Schlosserarbeiten	*20,00*

Verdingungsunterlagen können ab 14.10.1997 beim Städtischen Hochbauamt, Charlottenstraße 12, 88045 Friedrichshafen, Zimmer 3.10 zu den üblichen Bürozeiten gegen Verrechnungsscheck, ausgestellt auf die Stadt Friedrichshafen, abgeholt werden. Bei Postversand zuzüglich DM 10,00.

Angebotseröffnung: 12.11.1997, 11,00 Uhr beim Städtischen Hochbauamt. An der Eröffnung können die Bieter oder ihre bevollmächtigten Vertreter teilnehmen.

Auf Anforderung sind Nachweise gemäß § 8 Nr. 3 Abs. 1 a–g nach VOB/A vorzulegen.

Zuständige Behörde zur Nachprüfung behaupteter Vergabeverstöße ist die VOB-Stelle des Regierungspräsidiums Tübingen.

Ablauf der Zuschlags- und Bindefrist am 12.12.1997

Stadt Friedrichshafen *Bürgermeister Hornung*

1. *Öffentlicher Bauherr*
2. *Art der Ausschreibung*
3. *Bauvorhaben*
4. *Größenangabe*
5. *Bauweise*
6. *Planung und Leitung*
7. *Bauzeit*
8. *Rechtsgrundlage*
9. *Gewerk, Entschädigung*
10. *Anforderung der Verdingungsunterlagen*
11. *Angebotseröffnung*
12. *Nachweise*
13. *Vergabeverstöße*
14. *Zuschlagsfrist, Bindefrist*
15. *Bauherr*

Teil B: Allgemeine Vertragsbedingungen für die Ausführung von Bauleistungen DIN 1961

Dieser Teil wird Vertragsbestandteil in einem VOB-Vertrag und kann als Allgemeine Geschäftsbedingungen verwendet werden.

Der Teil B umfasst 18 Paragrafen, in denen z. B. die Ausführung, Vergütung und Abrechnung geregelt wird.

Nachfolgend werden die wichtigsten Regelungen mit Beispielen behandelt:

§ 2 Vergütung, Berechnung der Vergütung

Für die Vergütung von Bauleistungen gibt es beim Einheitspreisvertrag zwei Komponenten:

- vertragliche Einheitspreise: Preise, die der Unternehmer kalkuliert und angeboten und die der Auftraggeber akzeptiert hat,
- tatsächlich ausgeführte Leistungen, die dem Aufmaß zu entnehmen sind.

Beispiel:
Der Einheitspreis für eine Wandbekleidung aus Fliesen wird mit 44,75 Euro/m² angeboten. Das Aufmaß dieser Position ergibt 32,8 m². Die Vergütung berechnet sich:
44,75 Euro/m² x 32,8 m² = 1 467,47 Euro.

- Vergütung als Pauschalpreis

Häufig werden Fliesenarbeiten zu einem Pauschalpreis ausgeschrieben.

Dies bedingt eine genaue Kenntnis und Beschreibung der Leistung. Auch bei geringfügigen Änderungen bleibt der Pauschalpreis erhalten. Erst bei erheblichen Leistungsänderungen, die ein Festhalten am Pauschalpreis als unzumutbar erscheinen lassen, ist ein Vergütungsausgleich zu gewähren.

- 10-Prozent-Klausel

Der Architekt gibt in seinem Leistungsverzeichnis eine Zirka-Menge für jede Position an. Der Unternehmer benutzt diese Mengenangaben als Grundlage für seine Kalkulation. Oft weicht die ausgeführte Menge von der ausgeschriebenen Menge stark ab, so dass die angebotenen Preise infrage gestellt werden können. Die zulässige Grenze für diese Abweichung beträgt 10 %.

Beispiel:
Ein Architekt schreibt unter Position 17, Wandbekleidung, eine Menge von ca. 80 m^2 aus. Zur Ausführung kommen jedoch nur 58 m^2. Die Abweichung ist größer als 10 %.

Bei einer Mengenunterschreitung > 10 % ist auf Verlangen der Einheitspreis zu erhöhen.

Bei einer Mengenüberschreitung > 10 % ist auf Verlangen ein neuer Preis zu vereinbaren.

§ 3 Ausführungsunterlagen

Ausführungsunterlagen sind technische Zeichnungen, Verlegepläne, Berechnungen, Höhenfestpunkte (z. B. Meterriss) oder besondere anwendungstechnische Richtlinien. Sie sind dem Auftragnehmer unentgeltlich und rechtzeitig zu übergeben.

Beispiel:
Der Bodenbelag einer repräsentativen Eingangshalle ist nach einem besonderen Verlegeplan zu verlegen. Dieser Plan muss so rechtzeitig übergeben werden, dass der Auftragnehmer genügend Zeit für die Arbeitsvorbereitung und die Ausführung hat. Eine Vergütung für solche Zeichnungen kann nicht verlangt werden.

- Ausführungsunterlagen des Auftragnehmers

Anders liegt der Fall, wenn der Auftragnehmer aufgefordert wird, solche Pläne selbst anzufertigen. Auch hier gilt die rechtzeitige Vorlage an den Auftraggeber. Der Auftragnehmer darf jedoch eine Vergütung verlangen.

§ 4 Ausführung

Rechte und Pflichten, die die Ausführung betreffen, können folgendermaßen zusammengefasst werden:

Rechte und Pflichten des Auftraggebers (AG):
- Überwachung der Ausführung
- Zutritt zu Arbeitsplätzen und Baustellen
- Anordnungen treffen, die für die Ausführung notwendig sind
- allgemeine Ordnung auf der Baustelle
- Organisation des Zusammenwirkens der verschiedenen Unternehmer
- Beschaffung der öffentlich-rechtlichen Erlaubnisse (Baugenehmigung)
- Bereitstellung der Lager- und Arbeitsplätze
- Schaffung von Zufahrtswegen
- Installation der Anschlüsse für Energie und Wasser

Rechte und Pflichten des Auftragnehmers (AN):
- Durchsetzung von Bedenken (unverzüglich und schriftlich)
  - gegen unberechtigte oder unzweckmäßige Anordnungen des Auftraggebers
  - gegen die vorgesehene Art der Ausführung
  - gegen die Güte der vom Auftraggeber gelieferten Stoffe
  - gegen Leistungen anderer Unternehmer
- Ausführung der Leistung in eigener Verantwortung und nach Vertrag
- Beachtung der anerkannten Regeln der Technik, der gesetzlichen und behördlichen Bestimmungen
- Leitung der Ausführung und Ordnung an der Arbeitsstelle
- Schutz der Leistung vor Diebstahl und Beschädigung bis zur Abnahme

- Subunternehmer

Der Auftragnehmer hat die Leistung im eigenen Betrieb auszuführen. Normale, branchenübliche Arbeiten darf er ohne Zustimmung des Auftraggebers nicht weitervergeben.

Beispiel:
Ein Fliesenbetrieb lässt elastische Fugen grundsätzlich von einem Spezialbetrieb als Subunternehmer ausführen. Er ist für diese Leistung nicht eingerichtet. Da jedoch elastische Fugen zu den branchenüblichen Arbeiten eines Fliesenlegers gehören, ist die Zustimmung des Auftraggebers erforderlich.

In jedem Fall gilt: Bei der Weitervergabe von Bauleistungen an Subunternehmer sind die gleichen Vertragsbedingungen wie beim Hauptvertrag zu Grunde zu legen – z. B. die VOB.

§ 5 Ausführungsfristen

Die Ausführung ist nach den verbindlichen Fristen (Vertragsfristen) zu beginnen, angemessen zu fördern und zu vollenden.

Gerät der Auftragnehmer durch Verzögerung der Ausführung in »Ausführungsverzug«, so kann der Auftraggeber Schadensersatz verlangen.

§ 6 Behinderung oder Unterbrechung der Ausführung

Behinderungen der Ausführung sind vom Auftragnehmer unverzüglich schriftlich anzuzeigen. Witterungsverhältnisse, mit denen jahreszeitlich bedingt gerechnet werden muss, gelten nicht als Behinderungsgrund.

Beispiel:
Ein Fliesenleger verpflichtet sich vertraglich, im Lauf des Februars Außenbeläge auf Balkonen auszuführen. Die Temperaturen erlauben jedoch diese Arbeit nicht. Er kann dies nicht als Behinderungsgrund anführen, weil er bei Vertragsabschluss mit kalter Witterung rechnen musste. Da es jedoch für den Bauherrn ebenfalls sinnlos ist, auf »gefrorene Balkonbeläge« zu bestehen, ist eine »gütliche Einigung« über den Ausführungsverzug anzustreben.

Beispiel:
Ein Fliesenleger kann die vertraglich vereinbarte Ausführungsfrist nicht einhalten, weil es Lieferverzögerungen beim keramischen Material gibt. Diesen Umstand kann er ebenfalls nicht als Behinderung für sich in Anspruch nehmen. Die Lieferung gehört zu seinen vertraglichen Leistungen ebenso wie die Ausführung.

Falls die Lieferschwierigkeiten jedoch auf Streik, Aussperrung oder höherer Gewalt beruhen, ist er haftungsfrei und kann die Ausführung ohne Nachteile für sich um die entsprechende Frist verlängern.

§ 8 Kündigung durch den Auftraggeber und

§ 9 Kündigung durch den Auftragnehmer

Die Kündigung durch den Auftraggeber kann erfolgen:
- jederzeit, ohne Angabe von Gründen. Dem Auftragnehmer steht dann die vereinbarte Vergütung abzüglich der nicht entstandenen Kosten zu.
- wenn der Auftragnehmer seine Zahlungen einstellt.
- wenn der Auftragnehmer mangelhaft arbeitet oder in Ausführungsverzug gerät und die erforderliche Nachfrist erfolglos abgelaufen ist.
- wenn dem Auftragnehmer eine Preisabsprache nachgewiesen werden kann.

Die Kündigung durch den Auftragnehmer kann erfolgen:
- wenn der Auftraggeber in »Annahmeverzug« gerät. Das heißt: Die Leistung kann durch vom Auftraggeber zu vertretende Gründe nicht ausgeführt werden,
- wenn der Auftraggeber in Zahlungsverzug gerät. Dies kann sich jedoch nur bei einer Abschlagszahlungsregelung, die sich über längere Zeit hinzieht, äußern.

Fliesenarbeiten werden oft als Vorleistungen des Unternehmers erbracht, der die Bezahlung folgen soll. Falls die Bezahlung nicht erfolgt, ist es eigentlich sinnlos, den Vertrag zu kündigen, da die Leistungen bereits ausgeführt sind.

In jedem Fall gilt:
- Die Leistungen bis zur Kündigung sind nach den Vertragspreisen abzurechnen.
- Der Vertragsteil, der die Ursache zur Kündigung geliefert hat, kann für Schadensersatz herangezogen werden.

Eine Kündigung ist nur zulässig, wenn sie
- schriftlich erfolgt und
- eine Nachfrist gesetzt wird, mit der die Androhung der Kündigung verbunden ist.

§ 11 Vertragsstrafe

Die Vertragsstrafe ist immer eine Verzugsstrafe. Sie wird für den Fall vereinbart, dass der Auftragnehmer den Auftrag nicht in der vereinbarten Zeit ausführt. Die Vertragsstrafe ist eine einseitige Belastung des Auftragnehmers. Gerechterweise könnte der Auftragnehmer fordern:

»Wenn ich schon bezahlen muss, wenn ich verzögere, so möchte ich auch eine Vergütung, wenn ich beschleunige« (Beschleunigungsvergütung).

Mit dieser Forderung wird er beim Auftraggeber wenig Gegenliebe finden, da der Vorteil einer Beschleunigung selten bis zur Fertigstellung des Objektes, bis zum Beginn der Nutzung oder Vermietung durchschlägt.

Über die Höhe der Vertragsstrafe schweigt sich die VOB aus. Der Hinweis aus Teil A, § 12 »... *Die Strafe ist in angemessenen Grenzen zu halten* ...« ist dehnbar. Sie soll sich in jedem Fall an dem entsprechenden Schaden orientieren.

§ 12 Abnahme

Die Abnahme ist im Verlauf einer Vertragsabwicklung ein wichtiger Termin.
- Mit der Abnahme geht die »Gefahr« des Auftragnehmers für seine Ausführung auf den Auftraggeber über.
- Mit der Abnahme beginnt die Gewährleistungsfrist.
- Die Abnahme berechtigt zur Schlussabrechnung.
- Die Abnahme ist eine Bestätigung der fach- und sachgerechten Ausführung.

Eine Abnahme kann »förmlich« erfolgen: Auftraggeber oder der bevollmächtigte Architekt und Auftragnehmer treffen sich auf der Baustelle und nehmen die ausgeführte Leistung ab. Dies geschieht häufig in Zusammenhang mit dem Aufmaß. Es wird ein Abnahmeprotokoll erstellt, das von beiden Vertragspartnern unterzeichnet wird.

Wie funktioniert eine »formlose« Abnahme?

Der Auftragnehmer teilt schriftlich die Fertigstellung der Leistung mit. Zwölf Tage danach gilt die Leistung als angenommen. Ist die Leistung jedoch bereits in Benutzung genommen, so verkürzt sich diese Frist auf sechs Werktage.

Die Abnahme kann in Abwesenheit des Auftragnehmers, aber nicht in Abwesenheit des Auftraggebers erfolgen.

§ 13 Gewährleistung

Der »Höhepunkt« der VOB/B ist zweifellos die Regelung über die Gewährleistung, die ebenfalls bereits in Teil A angesprochen wird. Es ist für jeden Unternehmer erforderlich, sich den Originaltext klar und deutlich zu machen:

»Der Auftragnehmer übernimmt die Gewähr, dass seine Leistung zur Zeit der Abnahme die vertraglich zugesicherten Eigenschaften hat, den anerkannten Regeln der Technik entspricht und nicht mit Fehlern behaftet ist ...«

Die Gewährleistung ist ein »Versprechen mit Folgen«. Denn der Auftragnehmer verspricht
- die vertraglich zugesicherten Eigenschaften,
- eine Ausführung nach den Regeln der Technik,
- eine Leistung, die nicht mit Fehlern behaftet ist.

Dieses Versprechen gilt nicht ewig, es hat eine Verjährungsfrist, die im Folgenden »Gewährleistungsfrist« genannt wird.

Die VOB-Regelfrist von zwei Jahren wird heute meistens auf 5 Jahre (nach BGB) angehoben. Eine solche Vereinbarung ist in einem VOB-Vertrag ausdrücklich vorzusehen.

Welche Pflichten hat der Auftragnehmer, falls innerhalb dieser Frist ein Mangel auftritt und ordnungsgemäß angemeldet wird?

Zunächst sind die Ursachen des Mangels festzustellen. Hierbei sollte der Auftragnehmer bereits aktiv werden und im Zweifel die Einschaltung eines Sachverständigen vorschlagen. Falls der Mangel auf einen Fehler des Auftragnehmers zurückzuführen ist, muss dieser ihn auf seine Kosten beseitigen. Außerdem kann es zu Schadensersatzforderungen kommen, dies wäre z. B. bei entgangenem Nutzungsentgelt der Fall. Dabei ist zu unterscheiden, ob sich der Schaden am Bauteil selbst oder an anderen Gebäudeteilen auswirkt und sich aus weiteren Kosten zusammensetzt.

§ 14 Abrechnung, § 16 Zahlung

Erfreulicher ist die Regelung über die Abrechnung und Zahlung. Der finanzielle Erfolg ist neben einer zufrieden stellenden Ausführung die Haupttriebfeder des betrieblichen Bemühens. Dabei gilt der Grundsatz: *Keine Zahlung ohne Rechnung.*

Die Rechnung muss »prüfbar und übersichtlich« sein. Sie muss im Bereich der üblichen Fliesenarbeiten (Ausführungszeit unter drei Monaten) spätestens zwölf Werktage nach Fertigstellung eingereicht werden.

Bei den Zahlungen unterscheidet die VOB:
- Vorauszahlungen
- Abschlagszahlungen
- Schlusszahlung.

Die Zahlungsfristen liegen
- für die Abschlagszahlungen innerhalb von 18 Werktagen nach Zugang der Abrechnung,
- für die Schlusszahlung innerhalb von zwei Monaten nach Zugang der Abrechnung.

Leider steht die Zahlungsmoral der Bauherren oft im Gegensatz zu der VOB-Regel: *»Alle Zahlungen sind aufs äußerste zu beschleunigen«* (§ 16).

Oft werden auch *»nicht vereinbarte Skontoabzüge«* (§ 16) vorgenommen, was laut VOB nicht zulässig ist.

§ 15 Stundenlohnarbeiten

Stundenlohnarbeiten sind vor Beginn zu vereinbaren. Ihr Nachweis erfolgt durch Stundenlohnzettel, die vom Auftraggeber zu bescheinigen sind.

§ 17 Sicherheitsleistung

Die Sicherheit dient dazu, die vertragsgemäße Ausführung der Leistung und die Gewährleistung sicherzustellen.

Sie muss ausdrücklich vereinbart werden und ist vom Auftragnehmer zu erbringen.

Die Sicherheitsleistung kann durch Einbehalt von Geld oder eine Bankbürgschaft geleistet werden, wobei der Auftragnehmer die Wahl zwischen diesen Arten hat.

Die Höhe der Sicherheit wird folgendermaßen angegeben:
- für die Ausführung höchstens 5 Prozent der Auftragssumme
- für die Gewährleistung höchstens 3 Prozent der Abrechnungssumme.

Der Auftraggeber hat eine nicht verwertete Sicherheit bei der Abnahme beziehungsweise am Ende der Gewährleistungsfrist zurückzugeben.

Teil C: ATV (Allgemeine Technische Vertragsbedingungen)

Der Teil C, die Allgemeinen Technischen Vertragsbedingungen, wird kurz ATV genannt. Es geht hierbei nicht mehr um rechtliche, sondern um technische Inhalte der Ausführung. Den einzelnen Gewerken sind dabei unterschiedliche DIN-Zahlen zugeordnet, beginnend bei DIN 18300, Erdarbeiten.

Für den Fliesenleger ist die wichtigste ATV die *DIN 18352 Fliesen- und Plattenarbeiten.*

Es ist sehr hilfreich, wenn ein junger Meister den Text dieser ATV gut beherrscht. Entsprechend dem Berufsbild für Fliesenleger sind jedoch darüber hinausgehende Kenntnisse erforderlich:

ATV DIN 18332 Naturwerksteinarbeiten
ATV DIN 18333 Betonwerksteinarbeiten
ATV DIN 18350 Putz- und Stuckarbeiten
ATV DIN 18353 Estricharbeiten

Seit 1988 wurde durch eine Überarbeitung der ATV die ATV DIN 18299 Allgemeine Regelungen für Bauarbeiten jeder Art vorgeschaltet, die allgemein gültige Regeln für alle Gewerke enthält.

Jede ATV gliedert sich in 6 Abschnitte, von denen der erste mit

0 Hinweise für das Aufstellen der Leistungsbeschreibung

eine Sonderstellung einnimmt: Zum einen werden diese Hinweise nicht Vertragsbestandteil, zum anderen sind sie für die Erfordernisse der Leistungsbeschreibung und damit für den Architekten eine Hilfe.

Die weiteren Abschnitte lauten:
1 Geltungsbereich
2 Stoffe, Bauteile
3 Ausführung
4 Nebenleistungen, Besondere Leistungen
5 Abrechnung

0 Hinweise für das Aufstellen der Leistungsbeschreibung

Hier findet man interessante Angaben, deren Ermittlung – falls vom Architekten nicht benannt – später auf der Baustelle viel Zeit kosten können.

Beispiele:
- Welche Art und Beschaffenheit hat der Untergrund?
- Sollen Beläge im Dickbett oder Dünnbett, auf Trennschicht oder Dämmschicht verlegt werden?
- Mit welcher Dicke und Zusammendrückbarkeit von Dämmschichten ist zu rechnen?
- Welche Vorbehandlung des Untergrundes ist vorgesehen?
- Mit welcher Art und Dicke des Putzes ist zu rechnen?
- Welche Einteilung soll ausgeführt werden (Diagonalverlegung, Fugenschnitt)?
- Welche Art der Verfugung ist zu wählen?
- Wie sind Bewegungsfugen auszuführen?

Ausführlich und bedeutend ist die Angabe der Abrechnungseinheiten, die sowohl im Leistungsverzeichnis (LV) als auch im Aufmaß und in der Schlussrechnung entsprechend eingehalten werden müssen (siehe DIN 18352 S. 35).

1 Geltungsbereich

»*1.1 Die ATV ›Fliesen- und Plattenarbeiten‹ – DIN 18352 – gilt für das Ansetzen und Verlegen von*
- *Fliesen, Platten und Mosaik,*
- *Solnhofener Platten, Natursteinfliesen, Natursteinmosaik und Natursteinriemchen.*

1.2 Die ATV DIN 18352 gilt nicht für das Ansetzen und Verlegen von
- *anderen Platten aus Naturwerksteinen (...) und*
- *Platten aus Betonwerksteinen (...)«*

Im ersten Abschnitt werden die Grenzen dieser Norm aufgezeigt. Sie umfassen den ganzen Keramikbereich, sofern es sich um Fliesen, Platten und Mosaik handelt.

Bei Naturstein ist diese ATV beschränkt auf Solnhofener Platten sowie auf Fliesen, Mosaik und Riemchen aus Naturstein.

In dieser ATV sind Arbeiten mit anderen Platten aus Naturwerkstein oder Betonwerkstein nicht geregelt. Dafür stehen die ATV DIN 18332 und ATV DIN 18333 zur Verfügung.

2 Stoffe, Bauteile

In diesem Abschnitt wird festgestellt, dass keramische Fliesen, Platten und Mosaik der ersten Güteklasse entsprechen müssen. Danach werden die wichtigsten Normen keramischer Produkte aufgelistet. Für Solnhofener Platten und Fliesen, Mosaik und Riemchen aus Naturstein werden Angaben über das Aussehen, die Dicke und die Maßabweichungen festgehalten. So sind z. B. Abweichungen vom Nennmaß in Länge und Breite bis ± 1 mm zulässig.

Als Bindemittel werden Kalk, Zement, Dünnbettmörtel und Klebstoff beschrieben.

Als Dämmstoff werden Kork, Schaumkunststoffe, Faserdämmstoffe und Schaumglas erwähnt. Für die Bewehrung kommen Betonstahlmatten, Bewehrungsdraht und Baustahlgitter in Betracht.

3 Ausführung

In Abschnitt 3 werden zwei Pflichten des Auftragnehmers angesprochen:

Prüfen und Bedenken anmelden.

Prüfen soll der Fliesenleger die gesamten Verhältnisse auf der Baustelle, soweit sie für ihn von Interesse sind. Hierunter fällt sicher der Untergrund, auf den er den Belag oder die Bekleidung aufbauen muss.

»*3.1.1 Der Auftragnehmer hat bei seiner Prüfung Bedenken (siehe § 4 Nr. 3 VOB/B) insbesondere geltend zu machen bei*
- *ungeeigneter Beschaffenheit des Untergrundes (Ansetz- und Verlegefläche), z.B. grobe Verunreinigungen, Ausblühungen, zu glatte, zu feuchte, verölte oder gefrorene Flächen, Risse,*
- *größeren Unebenheiten als nach Abschnitt 3.1.2 zulässig,*
- *fehlenden Höhenbezugspunkten je Geschoss,*
- *fehlendem, ungenügendem oder von der Angabe in den Ausführungsunterlagen abweichendem Gefälle.«*

Fliesenarbeiten sind nach Anbringen von Fenster- und Türzargen, Anschlagschienen, Installationen und Putz auszuführen.

Als Anforderungen an einen Fliesenbelag werden genannt, dass er senkrecht, fluchtrecht, waagerecht oder mit dem angegebenen Gefälle verlegt werden muss. Die Höhenbezugspunkte sind einzuhalten.

Es folgen die Mörtelbettdicken für Bekleidungen und Beläge im Dickbettverfahren:
- bei Wandbekleidungen 15 mm
- bei Bodenbelägen 20 mm
- bei Bodenbelägen auf Trennschichten innen 30 mm
- bei Bodenbelägen auf Trennschichten außen 50 mm
- bei Bodenbelägen auf Dämmschicht innen 45 mm
- bei Bodenbelägen auf Dämmschicht außen 50 mm

Als Bindemittel ist Zement oder Trasszement vorgeschrieben.

Für das Dünnbettverfahren folgen Hinweise auf die entsprechende Norm DIN 18157.

Über Fugen sind folgende Angaben gemacht:
- Fugen sind gleichmäßig breit anzulegen.
- Maßabweichungen der Fliesen und Platten sind in den Fugen auszugleichen.
- Das Verfugen muss durch Einschlämmen erfolgen.
- Es ist grauer Zementmörtel zu verwenden.

Die Fugenbreiten sind, abhängig von Art und Größe der Fliese, in einem relativ großen Rahmen gegeben:
- trockengepresste keramische Fliesen und Platten bis zu einer Seitenlänge von 10 cm: 1 bis 3 mm,
- trockengepresste keramische Fliesen und Platten mit einer Seitenlänge über 10 cm: 2 bis 8 mm,
- stranggepresste keramische Fliesen und Platten: 4 bis 10 mm,
- stranggepresste keramische Fliesen und Platten mit Kantenlängen über 30 cm: mind. 10 mm,
- Bodenklinkerplatten nach DIN 18158: 8 bis 15 mm,
- Solnhofener Platten, Natursteinfliesen: 2 bis 3 mm,
- Natursteinmosaik, Natursteinriemchen: 1 bis 3 mm.

Der Abschnitt 3 schließt mit dem Hinweis auf die Bewegungsfugen. Hierbei werden unterschieden:
- Gebäudetrennfugen,
- Feldbegrenzungsfugen,
- Rand- und Anschlussfugen.

Bewegungsfugen sind grundsätzlich mit Fugendichtmassen oder Profilen zu schließen.

4 Nebenleistungen, Besondere Leistungen

Was sind Nebenleistungen?

Nebenleistungen sind Leistungen, die auch ohne Erwähnung im Vertrag zur vertraglichen Leistung gehören.

Es handelt sich demnach um Leistungen, die im LV nicht ausgeschrieben sind und deshalb auch nicht gesondert abgerechnet werden können.

Da Nebenleistungen jedoch tatsächliche Kosten verursachen, sind diese in die Gemeinkostensätze einzukalkulieren.

Bei den Nebenleistungen spielt der Begriff »Vorhalten« eine wichtige Rolle. Vorhalten bedeutet beschaffen (kaufen, leihen, leasen), für die Zeit der Ausführung zur Verfügung stellen, abbauen und abtransportieren.

Hierfür kommen infrage:
- Baustelleneinrichtung
- Werkzeug, Geräte, Maschinen
- Schutz- und Sicherheitseinrichtungen
- Gerüste bis zu 2,0 m Arbeitshöhe

Weitere Beispiele für Nebenleistungen:
- Einrichtung der Baustelle
- Messen für die Vorbereitung, Ausführung
- Abrechnung der Bauleistungen
- Liefern, Befördern
- Entsorgen
- Schutz der Beläge
- Reinigung des Untergrundes
- Beseitigen kleiner Putzüberstände
- Anarbeiten an angrenzende Bauteile oder Aussparungen bis zu 0,1 m^2 Einzelgröße

Die Abgrenzung der Nebenleistungen von den Besonderen Leistungen ist für eine einwandfreie Abrechnung der Arbeiten wichtig.

Besondere Leistungen müssen im Leistungsverzeichnis besonders ausgeschrieben sein. Dann können sie auch entsprechend angeboten und abgerechnet werden.

Beispiele für Besondere Leistungen:
- Gerüste über 2,0 m Arbeitshöhe
- Ansetz- und Verlegepläne, vom Auftragnehmer gefertigt
- Reinigung von grober Verschmutzung
- Aufbringen von Haftbrücken
- Auffüllen des Untergrundes
- Schutzmaßnahmen gegen Feuchte
- Wärme- und Schalldämmung
- Löcher für Installationen
- Anarbeiten an Wannen, Untertritte, schräge Wannenschürzen
- Bewegungsfugen
- Scheinfugen
- Anarbeiten an Aussparungen über 0,1 m^2 Einzelgröße
- Herstellen von Gehrungsschnitten oder Gehrungsschliffen

5 Abrechnung

Der Begriff Abrechnung ist in diesem Zusammenhang nicht genau. Es handelt sich eigentlich um die Aufmaßregeln, die bei der »*Ermittlung der Leistung*« – also beim Aufmaß – zu beachten sind.

Das Aufmaß führt zusammen mit den Preisen des Angebotes zur Abrechnung.

Bei den Aufmaßregeln handelt es sich demnach um rein technische Angaben, die mit Rechnung oder Preisen nichts zu tun haben.

Der Wortlaut von Abschnitt 5 der DIN 18352, »Abrechnung« ist auf der Seite 40 nachzulesen.

Erklärungen zum Thema »*Aufmaß und Abrechnung*« sind in Kapitel 4 dieses Buches zu finden.

2.1.6 Fragen

1. Erklären Sie die Begriffe der Abkürzungen BGB, AGBG, VOB, DIN, AG, AN, ATV, BVB, ZVB!
2. Welche Vertragsart schließen Sie mit dem Bauherrn ab?
3. Nach welchen Gesetzen oder Regelwerken kann ein Vertrag mit dem Bauherrn abgeschlossen werden?
4. Welche Teile werden im Falle eines VOB-Vertrages Vertragsbestandteil?
5. Welche Pflicht haben Sie als AN, wenn Ihr Kunde vermutlich die VOB nicht kennt?
6. In welche Teile gliedert sich die VOB?
7. Nennen Sie die für Fliesenleger wichtigen Teile der VOB Teil C!
8. Was sind die hauptsächlichen Inhalte aus dem Teil A der VOB?
9. Welche Arten der Ausschreibung und Vergabe gibt es?
10. Welche Objekte müssen öffentlich ausgeschrieben werden?
11. Erklären Sie die Begriffe Angebotsfrist, Bewerbungsfrist, Zuschlagsfrist, Bindefrist! Wie lange dauern diese?
12. Welche Vertragsarten kennt die VOB?
13. Welche drei Eigenschaften werden von einem Unternehmer erwartet, der an einer Ausschreibung teilnimmt?
14. Nennen Sie die Rechte und Pflichten des Auftraggebers nach VOB!
15. Nennen Sie die Rechte und Pflichten des Auftragnehmers nach VOB!
16. In welchen Fällen kann ein VOB-Vertrag gekündigt werden?
17. Was versteht man unter Vertragsstrafe, wann wird sie fällig?
18. Was versteht man unter »Abnahme der Leistung«?
19. Welche rechtlichen Folgen hat die Abnahme?
20. Was versteht man unter »Gewährleistung«? Wie lange dauert die Gewährleistungsfrist?
21. Welche Arten von Rechnungen und Zahlungen gibt es?
22. Wie sind die Zahlungsfristen für Abschlagszahlungen und Schlusszahlungen?
23. Was ist eine Sicherheitsleistung? Wozu dient sie, welche Arten gibt es?
24. Wie hoch dürfen Sicherheitsleistungen höchstens sein?
25. In welche Abschnitte gliedert sich der Teil C der VOB?
26. Nach welcher ATV werden Natursteinarbeiten an einer Treppe ausgeführt?
27. Wovon ist die Mörteldicke im Dickbett abhängig?
28. Sie arbeiten Ihre Arbeitsprobe im Dickbett mit Wandfliesen 15/15 cm. Welche Mörteldicke ist vorgeschrieben?
29. Welche Angaben werden über die Verfugung des Fliesenbelages gemacht?
30. Wovon ist die Fugenbreite abhängig?
31. Sie verfliesen ein Bad mit Wandfliesen 20/25 cm. Welche Fugenbreite können Sie wählen?

32. Wogegen können Sie gegebenenfalls Bedenken anmelden?
33. Was versteht man unter »Nebenleistungen«?
34. Nennen Sie drei Beispiele von Nebenleistungen!
35. Was sind »Besondere Leistungen«?
36. Zählen Sie drei Beispiele von Besonderen Leistungen auf!

2.1.7 Antworten

1. Bürgerliches Gesetzbuch, Gesetz über die Allgemeinen Geschäftsbedingungen, Verdingungsordnung für Bauleistungen, Deutsche Industrienorm, Auftraggeber, Auftragnehmer, Allgemeine Technische Vertragsbedingungen, Besondere Vertragsbedingungen, Zusätzliche Vertragsbedingungen
2. Werkvertrag
3. BGB und VOB
4. Teile B und C
5. Information des Kunden über den Wortlaut der VOB/B – Übergabe des Textes
6. A (DIN 1960 Allgemeine Bestimmungen über die Vergabe von Bauleistungen),
   B (DIN 1961 Allgemeine Vertragsbedingungen über die Ausführung von Bauleistungen),
   C (Allgemeine Technische Vertragsbedingungen, ATV)
7. DIN 18352 Abschnitt 0: Hinweise für das Aufstellen der Leistungsbeschreibung,
   Abschnitt 1: Geltungsbereich, Abschnitt 2: Stoffe, Bauteile, Abschnitt 3: Ausführung, Abschnitt 4: Nebenleistungen, Besondere Leistungen, Abschnitt 5: Abrechnung
8. Bauleistungen, Vergabe, Vertragsarten, Wettbewerb, Leistungsbeschreibung, Vergabeunterlagen, Fristen, Eröffnungstermin, Angebote, Zuschlag
9. Öffentliche Ausschreibung, beschränkte Ausschreibung, freihändige Vergabe
10. Bauobjekte der öffentlichen Auftraggeber, Aufträge mit einem Gesamtvolumen mit mind. 5 Mio. Euro
11. Angebotsfrist ist die Zeitdauer, die dem Bewerber zur Ausarbeitung des Angebotes zur Verfügung steht. Sie liegt zwischen Ausschreibung und Eröffnungstermin ($\geq$ 10 Kalendertage).
    Bewerbungsfrist ist die Zeitdauer, in der sich ein Bewerber um einen Auftrag bewerben kann.
    Zuschlagsfrist ist die Zeitdauer, während der sich der AG zwischen Eröffnungstermin und Zuschlag ($\leq$ 30 Kalendertage) für den Zuschlag entscheiden kann.
    Bindefrist ist die Zeitdauer, während der der AN an das Angebot gebunden ist.
12. Leistungsvertrag (Einheitspreisvertrag, Pauschalvertrag), Stundenlohnvertrag, Selbstkostenerstattungsvertrag
13. Fachkunde, Leistungsfähigkeit, Zuverlässigkeit
14. AG: Gestalterische und technische Ausführung, Zuschlag, Vertragsbedingungen, Kündigung, Abnahme und Bezahlung
15. AN: Ausführung nach dem Vertrag und den Regeln der Technik, Einhaltung der Fristen
16. Kündigung durch den AG: bei mangelhafter Ausführung, bei Nichteinhaltung von Terminen, ohne Angabe von Gründen,
    durch den AN: wenn der AG seinen Verpflichtungen (Abnahme und Bezahlung) nicht nachkommt
17. Terminverzugsstrafe, die – falls vereinbart – bei Verzug durch den AN fällig wird
18. Bestätigung der fach- und sachgerechten Ausführung durch den AG
19. Übergabe der »Gefahr«, Stellung der Schlussrechnung, Beginn der Gewährleistungsfrist
20. Der AN übernimmt die Gewähr, dass seine Ausführung nach dem Vertrag erfolgt, fach-, sachgerecht und fehlerfrei ist.
    Die Frist dauert 2 Jahre nach VOB und 5 Jahre nach BGB.
21. Voraus-, Abschlags- und Schlussrechnungen bzw. -zahlungen
22. AZ: zahlbar innerhalb 18 Werktagen nach Zugang der Rechnung; SZ: 2 Monate nach Zugang
23. Eine Leistung des AN, die die Ausführung und die Gewährleistung sicherstellen soll.
    Arten: Bankbürgschaft oder Hinterlegung/Einbehalt von Geld
24. 5% der Abrechnungssumme
25. Der Teil C der VOB gliedert sich in die Abschnitte:
    0 Hinweise für das Aufstellen der Leistungsbeschreibung, 1 Geltungsbereich, 2 Stoffe, Bauteile, 3 Ausführung, 4 Nebenleistungen, Besondere Leistungen, 5 Abrechnung.
26. DIN 18332 Naturwerksteinarbeiten
27. Bei Wandbekleidungen gibt es nur eine Angabe (15 mm) nach Tabelle, bei Bodenbelägen wird nach Innen- und Außenbereich, nach Verlegung auf Trennschicht oder Dämmschicht unterschieden.
28. 15 mm
29. Fugen sind gleichmäßig breit anzulegen. Die Maßtoleranzen der Fliesen sind auszugleichen. Das Verfugen muss durch Einschlämmen erfolgen. Es ist grauer Zementmörtel (!) zu verwenden.
30. Die Fugenbreite ist abhängig von Fliesenart und -größe.
31. 2–8 mm
32. Ungeeignete Beschaffenheit des Untergrundes, größere Unebenheiten, fehlende Höhenbezugspunkte oder ungenügendes Gefälle
33. Leistungen, die auch ohne Erwähnung im Vertrag zur vertraglichen Leistung gehören und nicht gesondert abgerechnet werden
34. Vorhalten von Einrichtungen, Werkzeugen und Geräten, Messungen für die Ausführung und Abrechnung, Schutz- und Sicherheitsmaßnahmen nach der UVV, Gerüste bis 2 m Arbeitshöhe
35. Besondere Leistungen müssen im LV besonders erwähnt sein.
36. Gerüste über 2 m Arbeitshöhe, Ansetz- und Verlegepläne, Haftbrücken, Wärme- und Schalldämmung

2.2 Einteilung von Bekleidungen und Belägen aus Fliesen und Platten

2.2.1 Stichworte zum Thema

- sinnvolle Einteilung von Wand- und Bodenflächen
- fachgerechte Einteilung von Pfeilern und Säulen
- Berechnung und Einteilung von Rundbögen, Spitzbögen, Stichbögen, Korbbögen
- Berechnung von Anzahl und Größe von Streifen (geschnittenen Fliesen)
- Zuordnung von Werkskanten und Schnittkanten
- Fliesenkanten als Gehrungen/Jollys
- vertretbarer Zeitaufwand und Verschnitt bei der Einteilung

2.2.2 Regelwerke

Zum Thema »Einteilung von Bekleidungen und Belägen aus Fliesen und Platten« gibt es keine Regelwerke. In keiner Norm und in keinem Merkblatt sind die Regeln der Einteilung festgeschrieben. Sie sind nicht »geregelt«. Die Einteilungsregeln sind trotzdem Bestandteil der »anerkannten Regel der Technik«. Sie werden oft mündlich (und nicht selten verschieden) im Rahmen einer Ausbildung vom Meister zum Lehrling, vom Lehrer zum Schüler weitergegeben. In den aktuellen Lehrbüchern werden sie mit unterschiedlicher Gründlichkeit behandelt.

Erwähnt wird das Thema in der VOB/C ATV DIN 18352 Fliesen- und Plattenarbeiten in den Abschnitten:

0.2.14 Besondere Verlegeart, z. B. Diagonalverlegung
0.2.15 Durchlaufender Fugenschnitt bei Wandbekleidung, Sockel und Bodenbelag
4.2.3 Erstellen von Ansetz- und Verlegeplänen
4.2.4 Ansetzen und Verlegen von Mustern

2.2.3 Fall aus der Praxis

Ein Bauherr möchte die Wand- und Bodenbeläge im Fugenschnitt ausgeführt haben. Die Räume sind durch Fenster, Nischen und Raumteiler stark gegliedert. Er legt auch Wert auf eine fachlich korrekte Einteilung der Wandbekleidungen.

- Wo liegen die Schwierigkeiten bei diesem Kundenwunsch?
- Wie verhalten Sie sich als Fliesenleger, der diese Arbeiten ausführen soll?
- Welche Alternativen bieten Sie an?

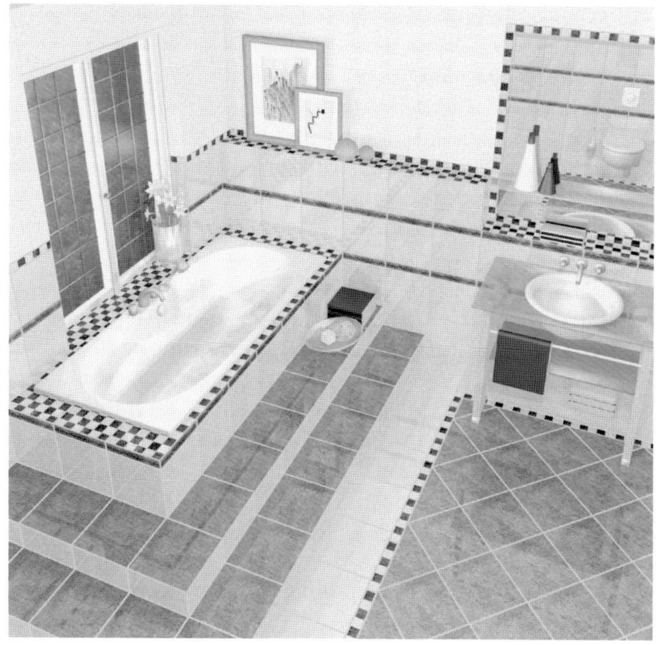

Abb. 2.2: Fachgerechte Einteilung von Bekleidungen und Belägen

Lösung

Falls Wand und Boden im Fugenschnitt ausgeführt werden sollen, sind entsprechende Fliesenformate vorausgesetzt; z. B. Wand 20/20 cm oder 20/25 cm, Boden 20/20 cm. Der Fliesenleger versucht, eine optische Übereinstimmung der Flieseneinteilung an Wand und Boden zu erreichen. Der Bodenbelag kann dabei seine Ausgleichsstreifen nur am Rand haben. Die Wandbekleidung kann innerhalb der Flächen keine Ausgleichsstreifen haben, da sie den Fugenschnitt mit dem Boden stören würden.

Gelingt die optische Übereinstimmung von Wand und Boden, so kann die Arbeit im Fugenschnitt ausgeführt werden.

Ist eine optische Übereinstimmung aufgrund der starken Gliederung der Wand mit Fenstern, Nischen, Raumteilern nicht möglich, so bieten sich folgende Lösungen an:

a) optische Trennung von Wand und Boden durch einen Fries; der Bodenbelag wird rechtwinklig im Fugenschnitt verlegt
b) Der Bodenbelag wird mit einem anderen Format rechtwinklig im Fugenschnitt verlegt.
c) Der Bodenbelag wird im gleichen Format, jedoch diagonal mit Fries verlegt

Die Alternativen sollten mit dem Bauherrn besprochen werden. Zur besseren Anschaulichkeit können verschiedene Lösungen als Abbildungen vorgelegt werden.

Abb. 2.3: Wand- und Bodenbelag im Fugenschnitt

Abb. 2.4: Boden in einem anderen Format und in einem anderen Verlegemuster

2.2.4 Bausteine

Einteilung von Fliesenbelägen

Zur fachgerechten Ausführung von Fliesen- und Plattenarbeiten gehört deren einwandfreies Aussehen. Die hierfür erforderliche Einteilung wird in der Praxis bedauerlicherweise vernachlässigt. Der Grund hierfür ist die »knappe Kalkulation« der Einheitspreise, die für Zeit raubende Vorarbeiten keinen Spielraum lässt. Im üblichen Einheitspreisvertrag kann der Aufwand des Einteilens nicht besonders abgerechnet werden. Er ist eine Nebenleistung, die im Leistungsverzeichnis nicht als Position erscheint und nicht ausdrücklich abgerechnet werden kann.

Die Notwendigkeit, die angebotenen Preise nicht durch zusätzliche Leistungen zu belasten, gilt noch viel mehr für den Pauschalvertrag.

Lediglich der Stundenlohnvertrag lässt die Möglichkeit, den Aufwand für die Einteilung leistungsgerecht abzurechnen, wobei sich der Mitarbeiter oft die Frage gefallen lassen muss, »wo die Stunden auf dem Bau geblieben sind«.

Andererseits ist es der optische Eindruck, den der Bauherr als Erstes von der Leistung des Fliesenlegers erhält.

Die optische Perfektion ist auch eines der Unterscheidungsmerkmale im Vergleich zu einer laienhaften Arbeit. Außerdem handelt es sich bei Fliesenarbeiten um hochwertige und langlebige Beläge, die der Bauherr viele Jahre lang »ertragen« muss. Arbeiten von langem Bestand und hohen Herstellungskosten tragen in sich die Forderung nach optischer Makellosigkeit. Demnach sollte der Fachmann bzw. der Fachbetrieb, der sich bemüht, eine einwandfreie Arbeit nach den »Regeln der Technik« abzuliefern, das Aussehen und damit die Einteilung nicht vernachlässigen.

Bei etwas Routine und Beachtung einiger Grundregeln ist der Aufwand für die Einteilung in erträglichem Rahmen zu halten.

Verlegepläne

Für bestimmte Arbeiten erkennt der Architekt die Notwendigkeit der Einteilung, z. B. um eine Übereinstimmung mit den Installationsöffnungen zu erreichen.

So gibt es – allerdings selten genug – vom Architekten gefertigte Verlegepläne für »Räume mit besonderer Installation oder Gestaltung«. Falls solche Pläne vom Fliesenleger als Auftragnehmer gefordert werden, sind sie als »Besondere Leistungen« nach ATV DIN 18352 auszuschreiben und abzurechnen.

Für bestimmte Objekte wie Schwimmbäder fertigen die Hersteller der Schwimmbadkeramik genaue Verlegepläne.

Einteilungsarten

Welche Möglichkeiten hat der Fliesenleger, die Ansetz- und Verlegeflächen einzuteilen?

- Auslegen von Fliesen am Rand eines Bodenbelages oder unter den betreffenden Wandflächen
- Ausmessen des Verlegeuntergrundes und rechnerische Einteilung, deshalb immer einen Taschenrechner in der Werkzeugkiste mitführen
- bei Übereinstimmung der Maße am Bau mit den Werkplänen (Rohbaupläne, Konstruktionspläne) Berechnung der Einteilung mithilfe dieser Pläne

Für die Einteilung ist es erforderlich, die Verlegeart (Dickbett, Dünnbett), die Mörtelstärken, das Fliesenformat und die vorgesehene Fugenbreite zu kennen. Für die Fugenbreiten hilft ein Blick in die ATV DIN 18352, Abschnitt 3.5.2. Außerdem findet man in dieser ATV den Abschnitt 3.2.2.1 zu Mörtelbettdicken im Dickbettverfahren. Die Entscheidung, ob im Dickbett oder Dünnbett gearbeitet werden soll, trifft der Bauherr bzw. der ausschreibende Architekt. Sinnvollerweise wird er die ortsübliche Arbeitsweise berücksichtigen.

Weitere Kriterien zur Einteilung

- Einteilung von ungegliederten Flächen
- Einteilung von gegliederten Flächen
- Einteilung von ganzen Räumen
- Einteilung von Diagonalböden
- Einteilung bei vorgeschriebenem Fugenschnitt von Wand und Boden
- Einteilung bei fortlaufenden Dekoren oder Bildern
- Einteilung bei Rund- oder Segmentbögen
- Einteilung von Pfeilern, Säulen und anderen Formstücken

Zur rechnerischen Einteilung haben sich folgende Abkürzungen bewährt:

Rb	Rohbaumaß
VL	Verlegelänge = Länge von Fliesenanfang bis Fliesenende eines Belages
SVL	Sichtbare Verlegelänge für die Einteilung von ganzen Räumen
Fl	Fliese
Fu	Fuge
Str	Streifen
n	Anzahl der ganzen Fliesen
Diag	Diagonale
Fr	Fries

Berechnung

Zur Berechnung der Einteilung, zur Ermittlung der ganzen Fliesen und der Streifenbreite wird folgende Formel angewendet:

Anzahl der ganzen Fliesen (n) = (Verlegelänge + Fuge) : (Fliese + Fuge)

$$n = \frac{VL + Fu}{Fl + Fu}$$

Bei der Lösung des Bruches darf nur bis zum Komma gerechnet werden! Die Dezimalen sind nicht die Streifenbreite.

Die Streifenbreite wird am leichtesten als Rest (Differenz) zwischen der Verlegelänge und der Länge der ganzen Fliesen ermittelt. Vom Ergebnis muss abschließend eine Fuge abgezogen werden.

Beispiel:
Verlegelänge 5,49 m, Fliese 20/20 cm, Fuge 4 mm
n = (5490 mm + 4 mm) : 204 mm = 26 ganze Fliesen
Str = 5490 – 26 x 204 mm = 186 mm
Ergebnis: 26 ganze Fliesen + 1 Streifen mit 186 mm

Falls die Streifenbreite wesentlich kleiner ist als eine halbe Fliese wird, sind aus dem Rest und einer ganzen Fliese zwei Streifen herzustellen.

Einteilungsregeln für ungegliederte Flächen

- Bei genügend großer Streifenbreite wird eine bestimmte Anzahl ganzer Fliesen und ein Streifen ausgerechnet.
- Die Streifenbreite sollte nicht (wesentlich) kleiner sein als 1/2 Fliese.
- Bei großen Fliesenformaten kann – um zu viel Verschnitt zu vermeiden – die Streifenbreite kleiner sein als eine halbe, jedoch nicht kleiner als 1/3 Fliese.

Einteilungsregeln für gegliederte Flächen

Unter Gliederung versteht man eine Unterteilung oder Unterbrechung einer Fläche durch andere Bauteile wie Fenster, Türen, Pfeiler, Brüstungen, Nischen oder Raumteiler.

- Senkrechte und waagrechte Schnittlinien sollen durchlaufen, wobei die senkrechte Schnittlinie die wichtigere ist.
- An »optisch bedeutenden« Kanten sollen ganze Fliesen angeordnet werden, z. B. rechts und links am Fenster, Ecken eines Pfeilers, ...
- Der Höhenausgleich erfolgt in der untersten Schicht oder unter dem Fenster.
- Installationsanschlüsse werden in der Fliesenmitte oder im Fugenkreuz angeordnet.
- Volle Symmetrie beansprucht einen hohen Aufwand an Material und Zeit. Viele Streifen ergeben einen »zerstückelten« optischen Eindruck. Deshalb wird die »Praktikerlösung« bevorzugt, die nach Möglichkeit mit einem Streifen auf einer Seite auskommt.

Beispiel: *Wand mit Fenster*
Das Ansetzen der Wandfliesen von links nach rechts ohne Einteilung ergibt einen ungenügenden, laienhaften Eindruck. Die Schnittlinien laufen nicht durch, die Eckfliesen sind ausgeklinkt.

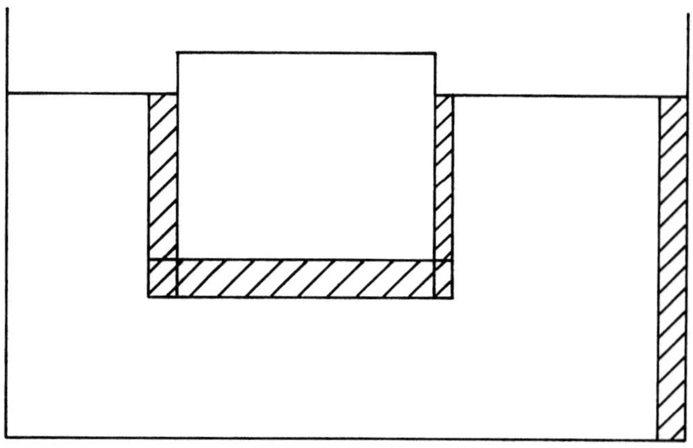

Abb. 2.5: Wandfliesen von links nach rechts ohne Einteilung angesetzt

Volle Symmetrie: Es entsteht optisch ein »zerstückelter« Eindruck. Der Aufwand an Material (Verschnitt) und Zeit ist groß. Die senkrechten Schnittlinien laufen durch.

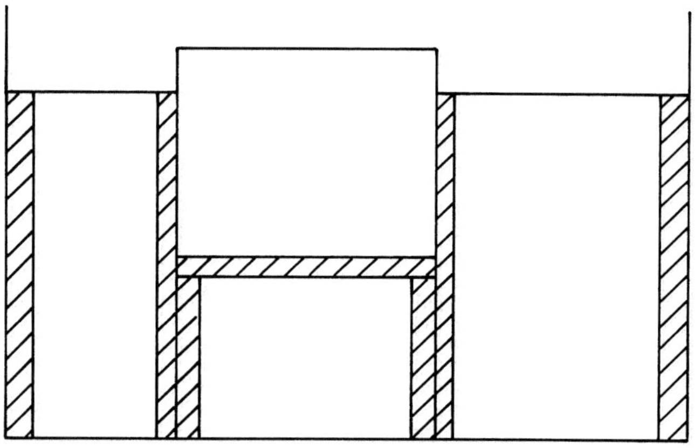

Abb. 2.6: Wandbekleidung mit voller Symmetrie

Praktikerlösung: ausreichende Symmetrie mit Berücksichtigung der senkrechten Schnittlinien. An »optisch bedeutenden« Kanten, z. B. rechts und links am Fenster, sind ganze Fliesen angeordnet.

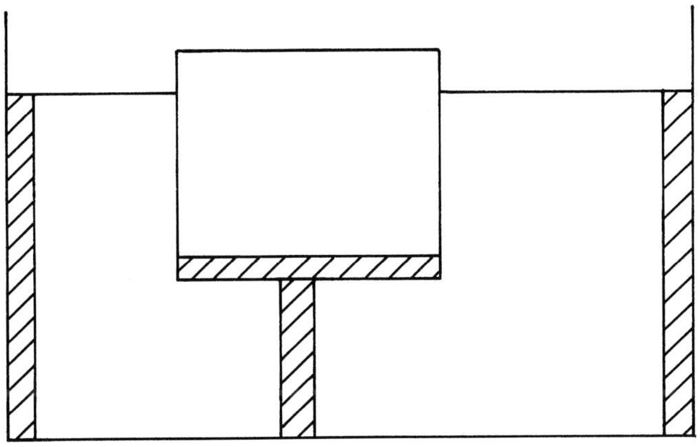

Abb. 2.7: »Praktikerlösung« bei der Einteilung einer Wand

Einteilung von Wandbekleidungen in kompletten Räumen

Die einzelnen Wände werden nach den bisherigen Einteilungsregeln für gegliederte Flächen eingeteilt. Neu ist die Berechnung der »Sichtbaren Verlegelängen SVL«, die durch das Hinterschieben bzw. Anstoßen der Beläge in den Raumecken entsteht.

Definition der Verlegelängen VL und SVL:
VL = Länge von Fliesenanfang bis Fliesenende
SVL = sichtbare Länge einer Fliesenwand zwischen zwei angrenzenden Wänden

Beispiel: *Raumwand mit verschiedenen Ecklösungen*
Die Stirnwand wird zwischen den beiden Längswände geschoben.

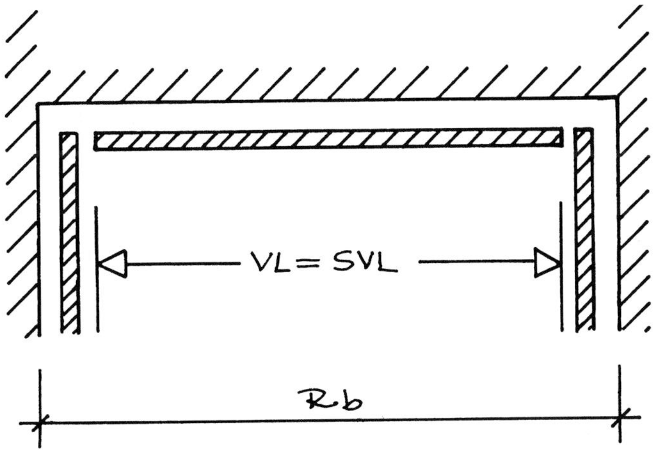

Abb. 2.8: Schnitt durch die Wandbekleidungen: Die Stirnwand wird zwischen die beiden Längswände geschoben.

Die Stirnwand wird an einer Ecke hinter eine Längswand geschoben.

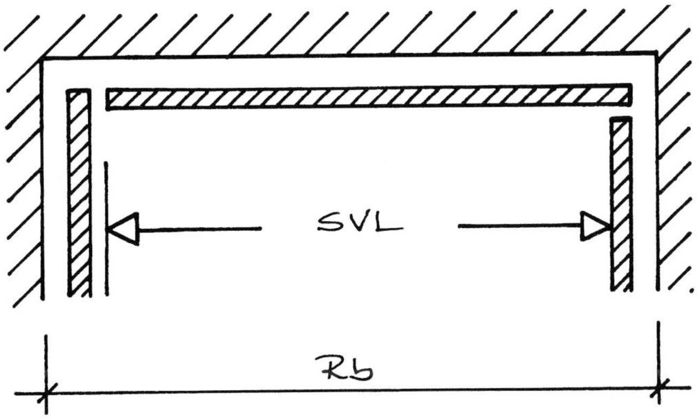

Abb. 2.9: Die Stirnwand wird an einer Ecke hinter die Längswand geschoben.

Die Stirnwand wird an beiden Ecken hinter die Längswände geschoben.

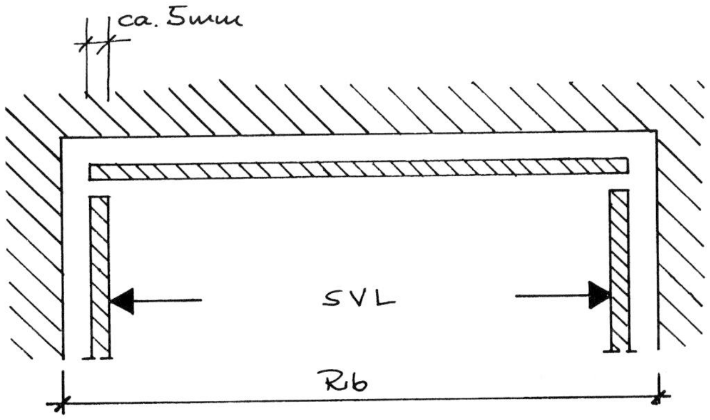

Abb. 2.10: Die Stirnwand wird an beiden Ecken hinter die Längswand geschoben.

Einteilungsregeln für Wandbekleidungen in ganzen Räumen

- Es gelten die bisherigen Regeln für gegliederte und ungegliederte Wände.
- Anstatt der VL muss bei hintergeschobenen Wänden die SVL berechnet werden.
- Für die tatsächliche Streifenbreite bei hintergeschobenen Streifen werden ca. 5 mm (Fliesendicke) dazugerechnet.
- Bei vorspringenden Ecken darf sich das Fugenbild der benachbarten rückspringenden Ecke nicht wiederholen.
- Kurze Wände oder Nischen sollen rechts und links das gleiche Bild zeigen.

Die richtige Ecklösung zeigt ein gleich bleibendes Fugenbild aus allen Blickrichtungen.

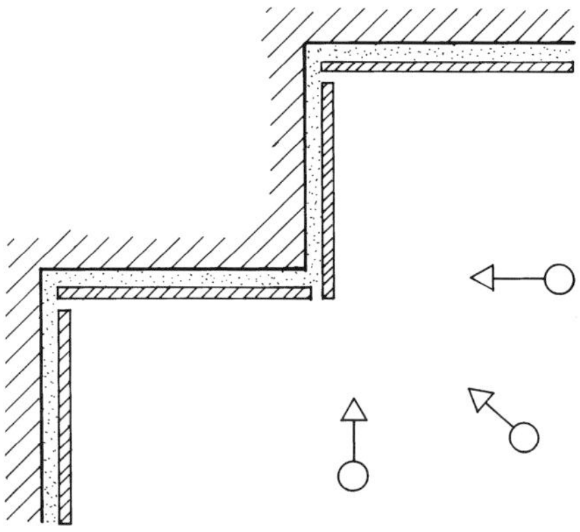

Abb. 2.11: Gleich bleibendes Fugenbild aus allen Blickrichtungen

Nach der Regel d) wären diese Ecklösungen falsch, weil das Raster Fliese – Fuge unterbrochen wird.

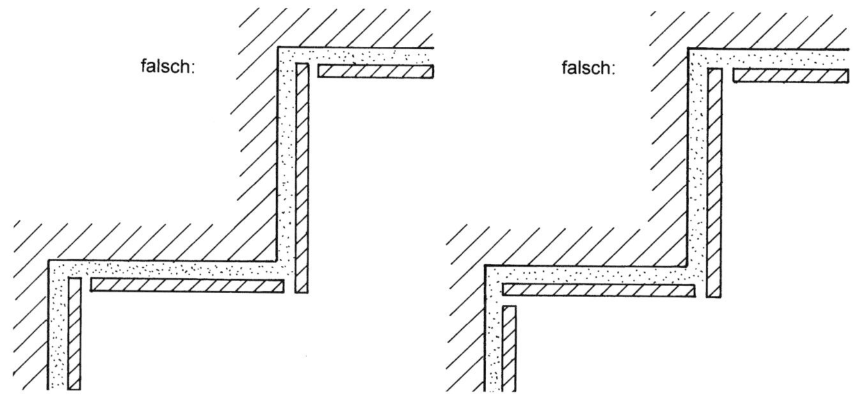

Abb. 2.12: Das durchlaufende Fliesen-Fugenraster wird unterbrochen.

Richtige Ausbildung einer Raumecke: Eine Seite wird hintergeschoben, die andere angestoßen.

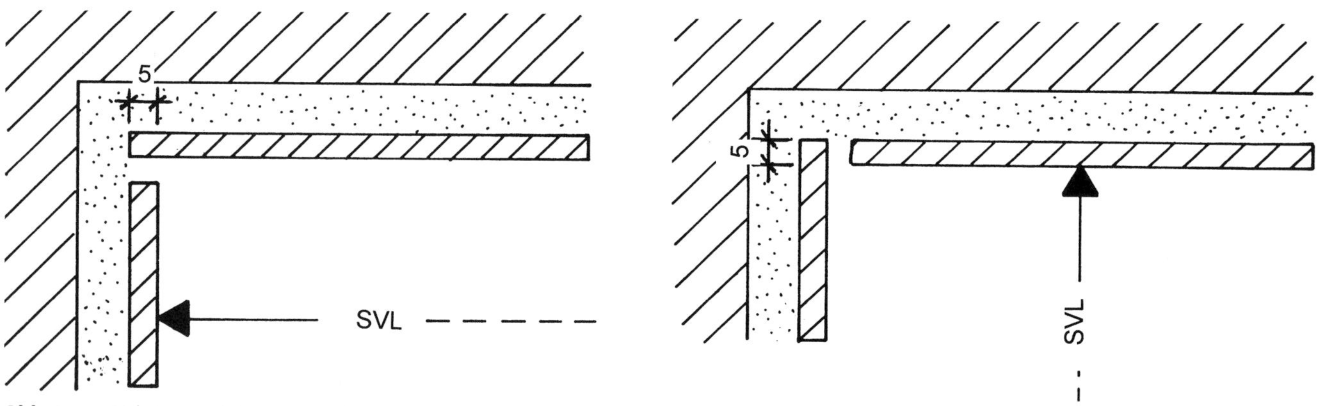

Abb. 2.13: Richtige Ausbildung einer Raumecke

Falsch wäre es, zu viel oder zu wenig hinterzuschieben.

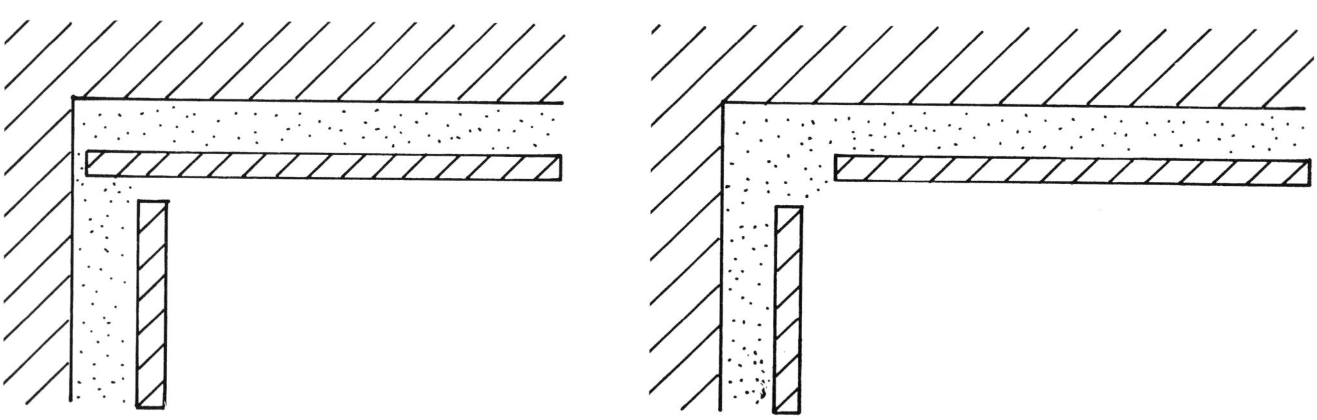

Abb. 2.14: Falsche Ausbildung einer Raumecke

In der Regel wird diese senkrechte oder stehende Ecke elastisch ausgefugt. Hierfür ist eine Fugenbreite von 5–10 mm vorgegeben. Das ZDB-Merkblatt über Bewegungsfugen sieht diese elastische Fuge nur beim Ansetzen im Dünnbett vor, nicht jedoch im Dickbett.

Einteilung von Belägen bei Diagonalböden

Der Diagonalboden ist eine klassische Verlegeart, die alle gehobenen Ansprüche an Gestaltung und Ausführung erfüllt. Er eignet sich für den privaten Wohnbereich und Badebereich ebenso wie für repräsentative Bodenbeläge in öffentlichen Gebäuden.

Man findet ihn in italienischen Eingangshöfen und Loggien der Renaissance ebenso wie in barocken Kirchen oder modernen Bank- oder Hotelhallen.

Der Diagonalboden kann das Format der Wand problemlos aufnehmen, was beim heute so beliebten »Fugenschnitt von Wand und Boden« nicht so ohne weiteres behauptet werden kann. Zur Diagonalverlegung eignen sich hauptsächlich quadratische Formate. Das Diagonalmaß einer quadratischen Fliese wird nach der Formel

$$\text{Diagonale} = s \times \sqrt{2}$$

berechnet.

Einteilungsregeln

- Teilermaß ist das Diagonalmaß, zu dem auch die diagonal gemessene Fuge gehört.
- Es gibt nur ganze, halbe oder Viertelformate.
- Der Längen- und Breitenausgleich wird durch den Fries hergestellt. Daraus folgt, dass der Fries an der langen und kurzen Seite nicht die gleiche Breite hat. Es sind diejenigen Friesbreiten zu wählen, die am nächsten beieinander liegen. Der Fries dient außerdem der Verschönerung und optischen Einfassung des Belages. Er kann hierfür ganz außen oder auch eine Reihe weiter innen angeordnet werden. Er kann zur Bodenfliese farblich oder vom Material her abgesetzt werden.
- Bei der Berechnung des Frieses sind zwei Fugen abzuziehen, die sich zwischen den Diagonalen und dem Fries befinden.

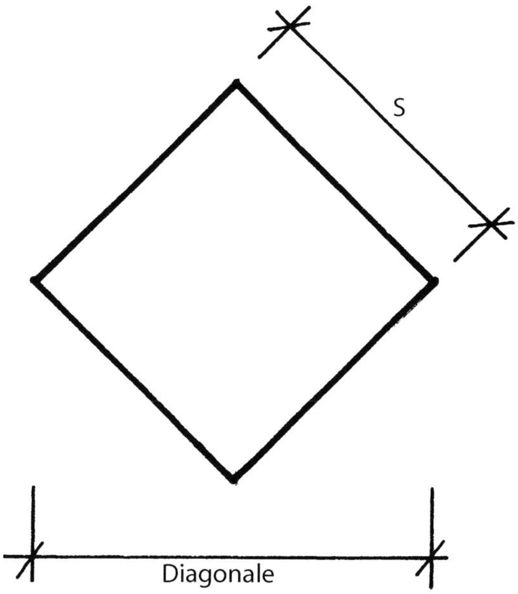

Abb. 2.15: Diagonalmaß einer quadratischen Fliese

Eckausbildung

Die Diagonalfuge läuft in die rechte und linke Ecke.

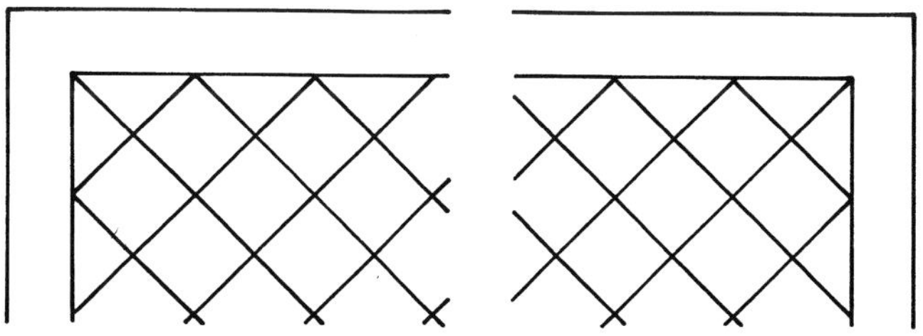

Abb. 2.16: Eckausbildung bei einem Diagonalbogen: Fugen in den Ecken

Tabelle 2.1: **Diagonalmaß**

Format mm	Fuge mm	Diagonale ohne Fuge mm	Diagonale mit Fuge mm
50/ 50	2	71	74
98/ 98	2	139	141
100/100	2	141	144
148/148	2	209	212
197/197	3	279	283
247/247	3	349	354
296/296	4	419	424
396/396	4	560	466

Ein Viertelformat liegt in der rechten und linken Ecke.

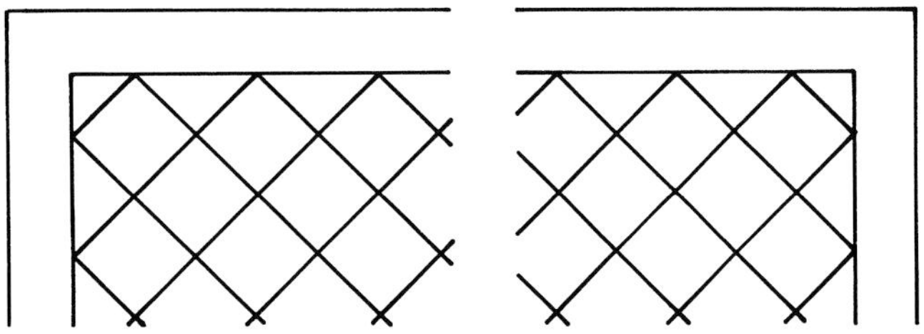

Abb. 2.17: Eckausbildung bei einem Diagonalbogen: Viertel in den Ecken

In einer Ecke liegt ein Viertelformat, in die andere Ecke läuft eine Diagonalfuge.

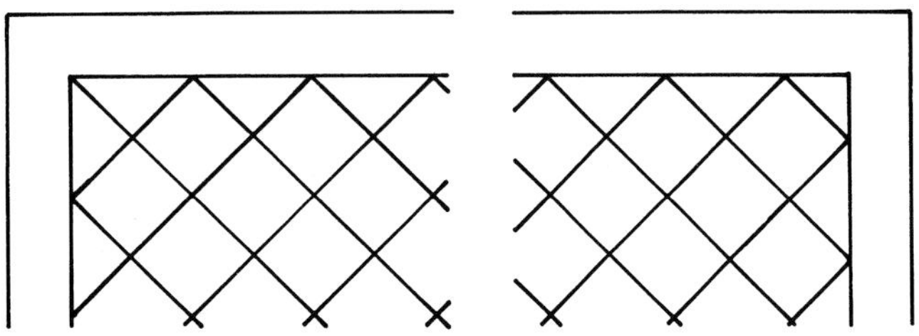

Abb. 2.18: Eckausbildung bei einem Diagonalbogen: Fuge und Viertel in jeweils einer Ecke

Einteilung von Belägen, bei denen die Fugen von Wand- und Bodenbelag durchlaufen (Fugenschnitt)

Bei den bisher behandelten Einteilungsregeln für Wände und Böden hatte jedes dieser Bauteile eigene Gesetzmäßigkeiten. Der Wandbelag wird oft gegliedert durch Fenster, Türen, Nischen, Vorsprünge oder Brüstungen, die bei der Einteilung berücksichtigt werden sollen. Der Bodenbelag dagegen bringt durch ein regelmäßiges Fugenraster, das höchstens am Wandanschluss einmal verändert wird, die erforderliche Ruhe in den Raum.

Die Gestaltung des Badezimmers kann auf die optische Trennung oder Verbindung dieser beiden Flächen hinwirken. Die praktisch unterschiedlichen Aufgaben von Wand und Boden rechtfertigen eine optische Trennung, das Ziel größerer Einheitlichkeit bevorzugt eher eine Verbindung.

Die optische Trennung von Wand und Boden wird betont durch

- verschiedene Formate von Wand und Boden
- verschiedene Farben von Wand und Boden
- Trennung durch Sockel
- Trennung durch Fries
- verschiedene Verlegemuster, z. B. durch Formfliesen oder Diagonalverlegung des Bodens

Abb. 2.19: Optische Trennung von Wand und Boden durch verschiedene Formate

Die optische Einheit von Wand und Boden wird betont durch

- gleiche Fliesen, Formate, Farben und Fugenbilder an Wand und Boden.

Abb. 2.20: Optische Einheit von Wand und Boden durch Fugenschnitt

Fugenschnitt von Wand und Boden findet man häufig in Ausstellungsräumen, Demonstrationsnischen, Werkskatalogen. Entsprechend wird er als Kundenwunsch – unterstützt vom Architekten oder Raumdesigner – dem Fliesenleger vorgetragen.

Die Baustelle in der Praxis kann jedoch schnell die Problematik dieses Kundenwunsches aufzeigen. Fugenschnitt von Wand und Boden zwingen den Fliesenleger, einige der bisher behandelten Einteilungsregeln aufzugeben. An Fenstern und Nischen können z. B. schmale Streifen auftreten. Entsprechende Ausgleichsstreifen, die für eine klassische Wandeinteilung erforderlich wären, hätten, wenn sie am Boden fortgesetzt würden, hier wiederum keine Berechtigung.

So sollte sich der Fliesenlieger diesen »Kuckuck« nur auf ausdrückliches Verlangen durch den Auftraggeber »ins Nest holen«. Ein nachdrücklicher Hinweis auf mögliche Probleme bei der Wandgestaltung und deren Auswirkungen ist angebracht.

Fugenschnitt von Wand und Boden verlangen gleiche Formate. Am Boden kommen ausschließlich quadratische Formate in Betracht, z. B. 20/20 cm. Alternativ würde sich an der Wand auch das Rechteckformat 20/25 cm anbieten.

Einteilungsregeln

- Die Einteilung geht entweder von der Hauptwand oder vom Bodenbelag aus. Da der Boden jedoch in der Regel nach der Wand verlegt wird, ist seine Einteilung vorher festzulegen.
- Geht die Einteilung vom Boden aus, so ist dieser nach den bisherigen Regeln einzuteilen. Nach Möglichkeit sind gliedernde Wandelemente, z. B. Fenster, zu berücksichtigen.
- Die Streifen in den Ecken des Wandbelages werden entsprechend der nachfolgenden Zeichnung geschnitten.

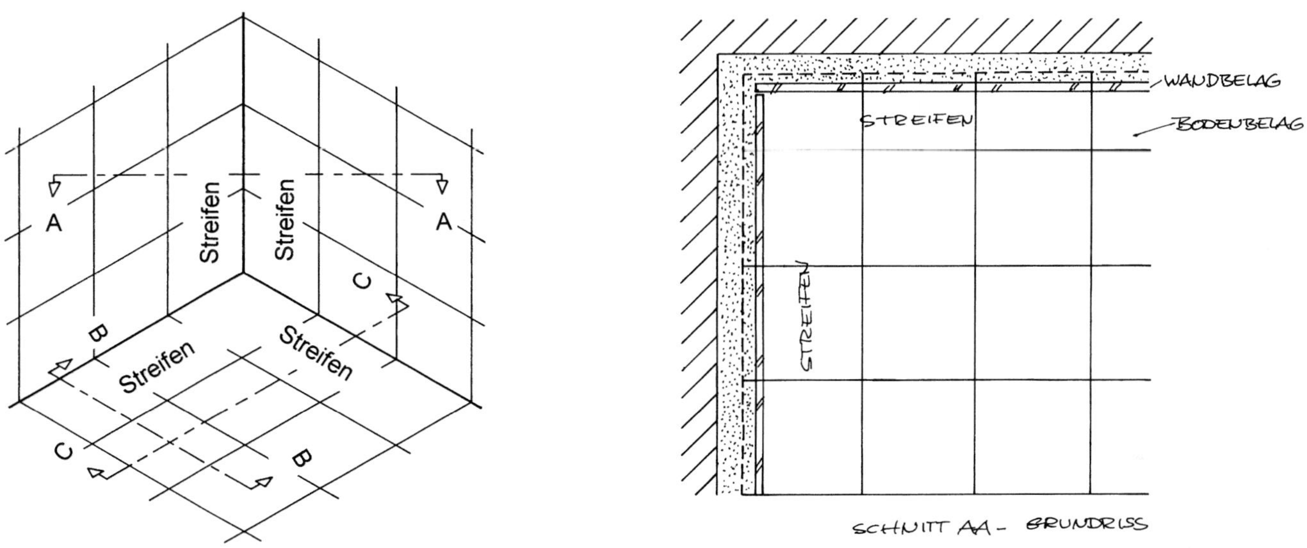

Abb. 2.21: Wand und Boden im Fugenschnitt: Isometrie und Grundriss

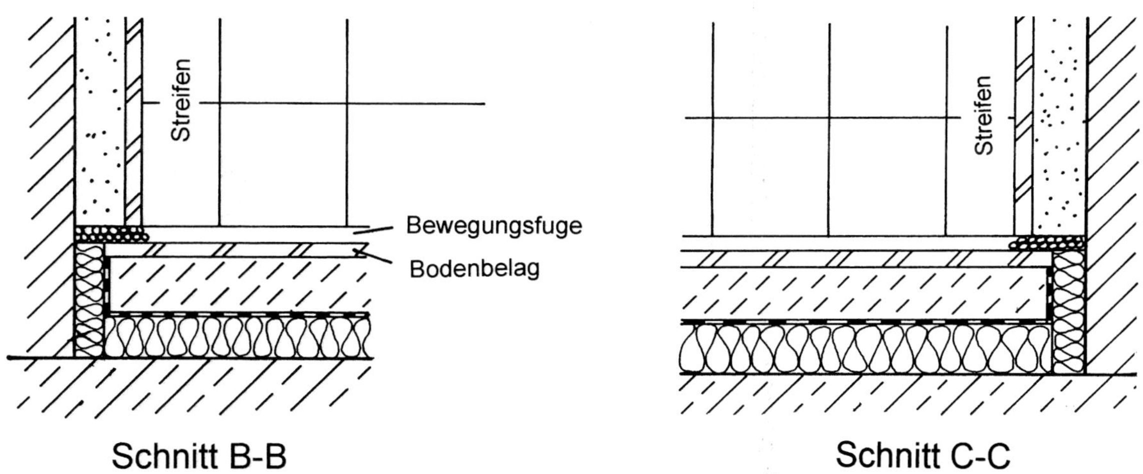

Abb. 2.22: Wand und Boden im Fugenschnitt: Schnitt B-B und C-C

Einteilung bei fortlaufenden Dekoren und Bildern

Einteilungsregeln

- Großflächige Bilder aus keramischen Fliesen sind in Flächen und Räume hineinkomponiert. Sie tragen ihre Proportionen in sich und werden nach Zeichnung oder Verlegeplan angesetzt und verlegt.
- Dekor- und Reliefflieseen sind so einzuteilen, dass die regelmäßige Fortführung erkennbar ist. Hier müssen gelegentlich auch schmale Streifen in Kauf genommen werden.
- Bei gestreiften oder unauffälligen Dekoren kann auf die unmittelbare Fortsetzung verzichtet werden, wenn die Unterbrechung nicht unharmonisch wirkt.
- Außenecken werden auf Gehrung (Jolly) geschliffen oder geschnitten.
- Innenecken werden »Eck auf Eck«, das heißt ohne Hinterschieben, angeordnet.
- Bei der Einteilung von Bordüren oder Friesen ist auf die Fortführung des Dekors oder Ornamentes zu achten.

Einteilung bei Rund- und Segmentbögen

Tür- und Fensteröffnungen, Durchgänge und Nischen können unterschiedlich gestaltet sein.

Ausnahmen bilden Kreise und Bögen bei gestalteten Bodenbelägen. In diesen Fällen werden oft die Fugen konisch ausgebildet.

Bezeichnungen an einem Korbbogen:

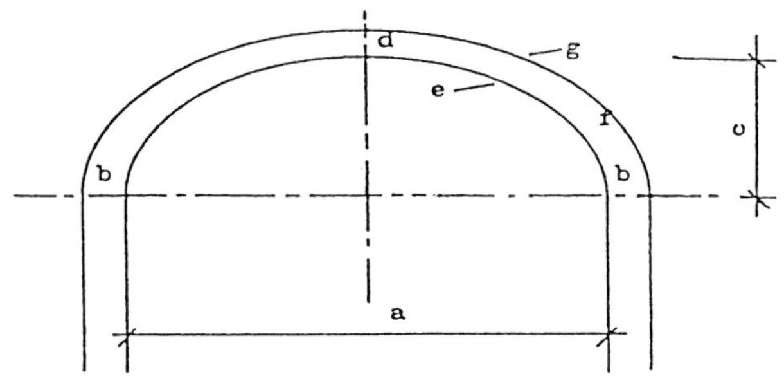

a) Spannweite s
b) Kämpferpunkt
c) Stichhöhe s
d) König
e) Leibung
f) Stirn
g) Rücken

Abb. 2.24: Bogenausbildung als Korbbogen

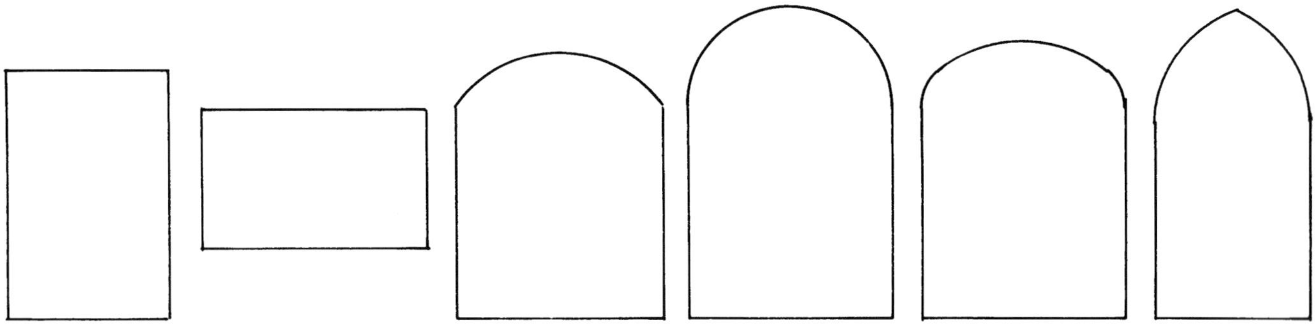

Abb. 2.23: Wandöffnungen in verschiedenen Formen

Die Abb. 2.23 zeigt von links nach rechts:
Rechteck stehend, Rechteck liegend, Segment- oder Stichbogen, Rundbogen, Korbbogen oder elliptischer Bogen, Spitzbogen.

Öffnungen, die mit Bögen abschließen, sind einer vergangenen Baustilepoche entlehnt. Im Neubau oder Sanierungsbereich kann der Planer durch Bogenformen etwas Besonderes oder Exklusives ausdrücken. Vervollständigt wird dieser Eindruck durch eine einwandfreie Ausführung der Fliesenarbeiten, die wiederum mit einer fachgerechten Einteilung beginnt.

Die Einteilung der Bögen kann entweder am Bauteil selbst oder rechnerisch erfolgen. Sie lehnt sich an die Verbandsregeln im Mauerwerksbau an.

Dabei gibt es einen wesentlichen Unterschied:

Beim Mauerwerksbau hat der Stein parallele Kanten; der Ausgleich erfolgt durch Fugen.

Bei der Bekleidung mit Fliesen bleiben die Fugen parallel; der Ausgleich erfolgt durch die konisch geschnittenen Fliesen.

Einteilungsregeln

- Rechts und links an der Leibung sind ganze Fliesen anzuordnen.
- Die ganzen Fliesen folgen dem Bogen (Bogenstirn). Der Ausgleich wird durch konisches Zuschneiden erreicht.
- Die Fugen der Bogenstirn laufen in Richtung Kreismittelpunkt.
  Ein Rund- oder Segmentbogen hat einen Mittelpunkt, ein Korbbogen kann drei oder fünf Mittelpunkte haben.
- Am Kämpferpunkt ist eine Fuge, am König ist eine Fliese anzuordnen. Insgesamt ergibt sich eine ungerade Anzahl von Bogenfliesen.
- Die Einteilung beginnt mit der Berechnung der Rückenlänge, von der zwei Fugen abzuziehen sind. Diese Verlegelänge wird in eine ungerade Anzahl gleicher Streifen eingeteilt.

Einteilung von Pfeilern

Pfeiler sind Stützen mit »eckigen« Querschnitten.

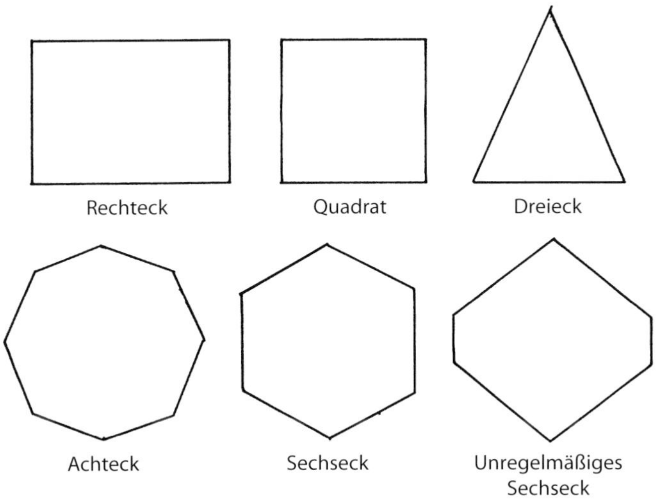

Abb. 2.25: Querschnitte von Pfeilern

Einteilungsregeln

- »Lang bleibt lang, kurz bleibt kurz« – das heißt: Die lange Seite erhält die Abdeckfliese, die kurze wird dahinter geschoben.
- An den Pfeilerecken beginnt die Einteilung mit ganzen Fliesen. Die Streifen werden innerhalb der Flächen angeordnet.
- Ein Pfeiler ist statisch gesehen eine Stütze, in der die Kräfte in vertikaler Richtung gebündelt werden. Sie sollte optisch nicht geteilt werden. Deshalb möglichst keine Fuge in der Pfeilermitte anordnen oder eine ungerade Anzahl von Fliesen wählen.
- Die Streifen an der langen und an der kurzen Seite sollten in ihrer Breite nicht zu unterschiedlich sein.
- Pfeiler mit regelmäßigen Querschnitten (Quadrate, regelmäßige Sechsecke, regelmäßige Achtecke) erhalten an den Kanten Fliesen mit Gehrungen (Jollys).

Einteilung von Säulen

Säulen sind Stützen mit runden oder elliptischen/korbbogenförmigen Querschnitten.

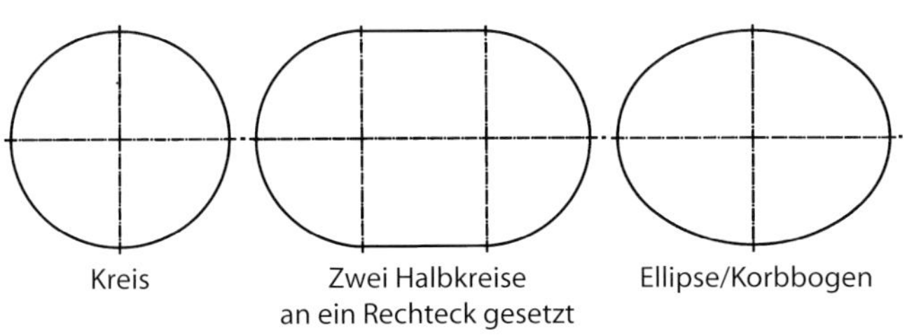

Abb. 2.26: Querschnitte von Säulen

Einteilungsregeln für Säulen mit runden Querschnitten

a) Es gibt nur gleiche Streifen.
b) Ausgangsmaß ist eine halbe oder Drittelfliese, von der die Werkskante von etwa 5 mm abgeschnitten wird.
c) Je größer der Durchmesser, umso größer die Streifen. Je kleiner der Durchmesser, umso kleiner die Streifen.
d) Die Verlegelänge kann durch die Dicke des Mörtelbettes verändert werden.
e) Die geometrische Einteilung des Kreises kann geschickter durchgeführt werden, wenn die Anzahl der Streifen durch 4 oder 6 teilbar ist. Beispiel: 24, 28, 36
f) Die Einteilung beginnt mit der Berechnung des Außenumfangs im fertigen Zustand (Verlegelänge). Es ist zu beachten, dass es gleich viele Fliesen und Fugen gibt.

Beispiel für Regel b)

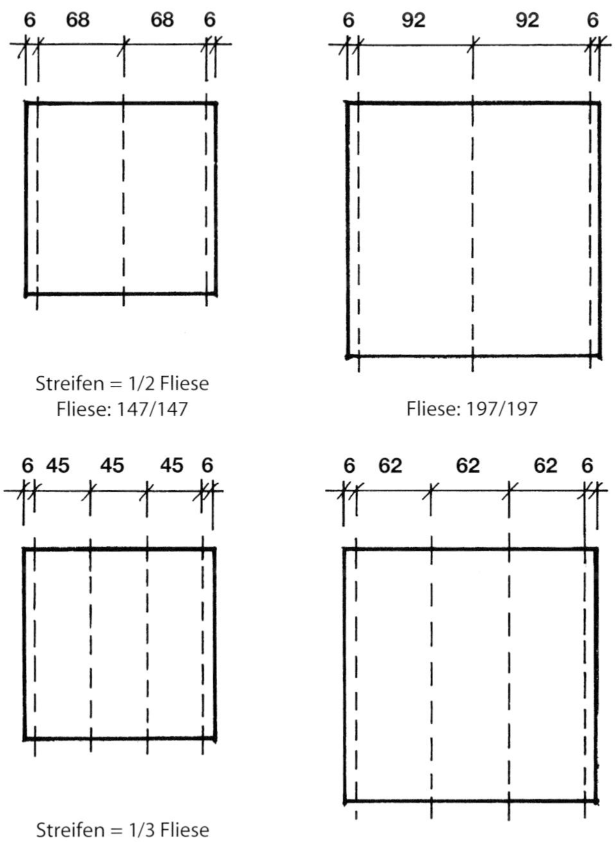

Abb. 2.27: Einteilung an einer Säule: Das Ausgangsmaß ist 1/2 oder 1/3 Fliese

Beispiel für Regel e)

Vielfache von 4

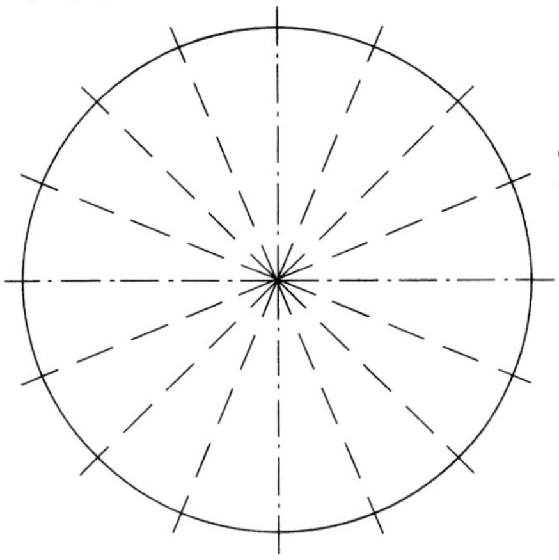

Vielfache von 6;
180°: 4 = 45°
180°: 8 = 22,5°
180°: 12 = 15°
180°: 16 = 11,25°
Geometrische Teilung über Winkelhalbierende

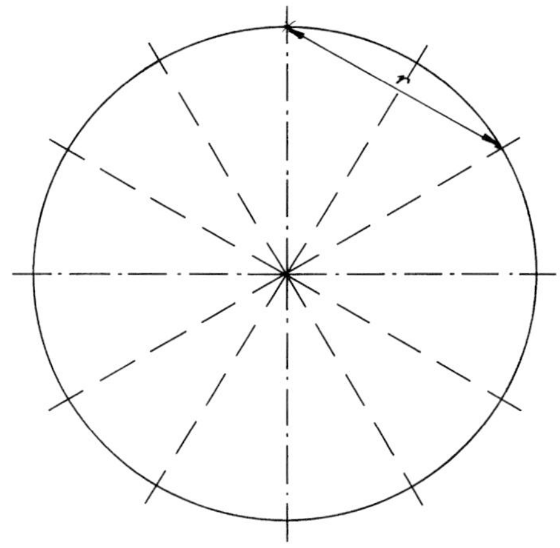

180°: 6 = 30°
180°: 12 = 15°
180°: 18 = 10°
180°: 24 = 7,5°
180°: 30 = 6°
Geometrische Teilung mit dem Radius

Abb. 2.28: Einteilung von Säulenquerschnitten in Vielfache von 4 und Vielfache von 6

2.2.5 Fragen

1. In einem rechteckigen Raum mit den Rohbaumaßen 4,70/2,86 m soll ein Diagonalboden mit umlaufendem Fries verlegt werden. (Fliese 300/300/8 mm, Fuge 4 mm, Randabstand 5–10 mm)
2. Berechnen Sie die Einteilung einer Rundsäule mit einem Rohbaudurchmesser von 50 cm. (Fliese 150/200/5 mm, Fuge 3 mm, Putz und Mörtel 20 mm)

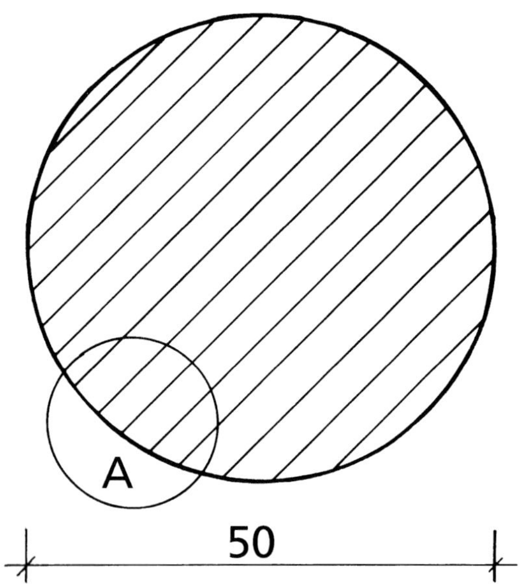

Abb. 2.29: Rundsäule

2.2.6 Antworten

1.

a) lange Seite:

VL = Rb – 2 x Randabstand

= 4700 – 20 = 4680 mm

Anzahl der Diagonalen

$$n = \frac{4680}{430} = 10 \text{ Rest } 380$$

$$= 10 \text{ Diagonale} + 2 \text{ Friese } \frac{380 - 8}{2} = 186 \text{ mm}$$

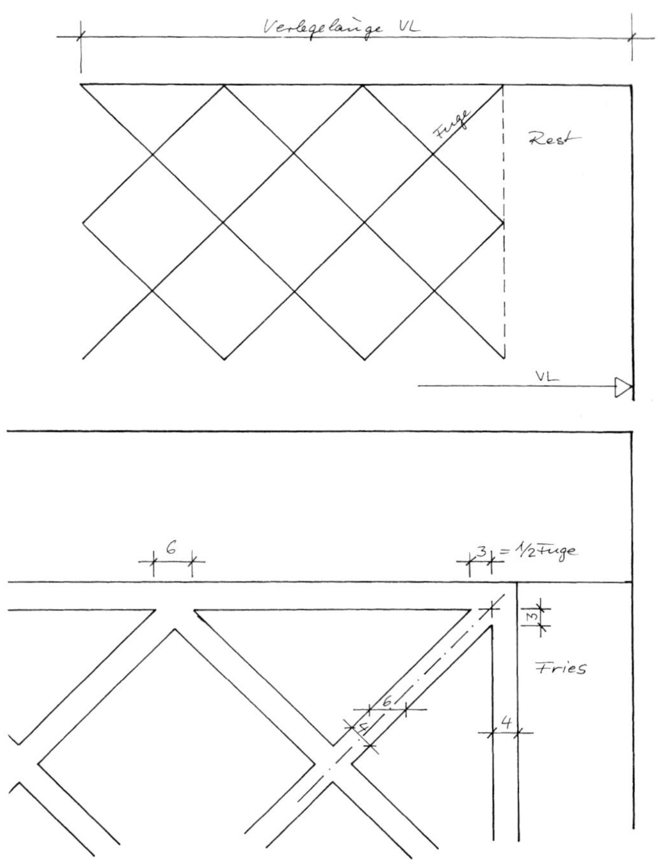

Abb. 2.30: Diagonalboden, lange Seite, Lösung

b) kurze Seite:

VL = 2 860 – 20 = 2 840 mm

$$n = \frac{2\,840}{430} = 6 \text{ Rest } 260$$

$$= 6 \text{ Diagonale} + 2 \text{ Friese } \frac{260 - 8}{2} = 126 \text{ mm}$$

Der Fries von 126 mm erscheint etwas schmal. Der Fliesenleger möchte einen breiteren ausrechnen. Dazu nimmt er anstatt einer ganzen nur eine halbe Diagonale weg:

$$n = 5\,1/2 \text{ Diagonale} + 2 \text{ Friese } \frac{260 + 215 - 8}{2}$$

$$= 234 \text{ mm}$$

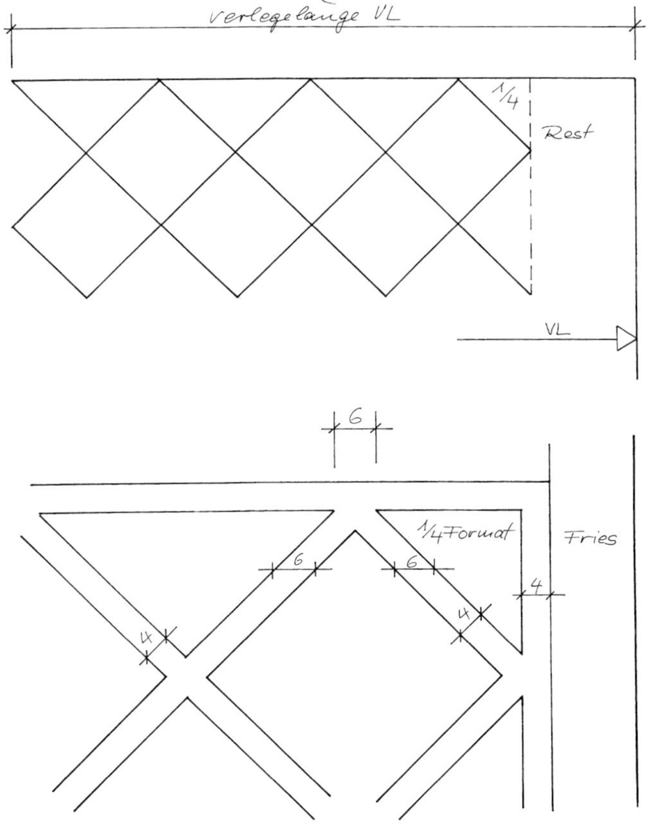

Abb. 2.31: Diagonalboden, kurze Seite, Lösung

2.

Berechnung:

VL = (500 + 2 x 25) x π = 1 728 mm

vorläufige Streifenbreite = 70 mm

$$n = \frac{1728}{73} = 23{,}67$$

gewählte Streifenzahl = 24

$$b = \frac{1728}{24} = 72 - 3 = 69 \text{ mm}$$

Ergebnis: 24 Streifen je 69 mm. Falls der Streifen schmäler gewählt werden soll, ergibt sich folgende Änderung: vorläufige Streifenbreite 47 mm

$$n = \frac{1728}{24} = 36{,}76$$

gewählte Streifenzahl = 36

$$b = \frac{1728}{36} = 48 - 3 = 45 \text{ mm}$$

Ergebnis: 36 Streifen je 45 mm

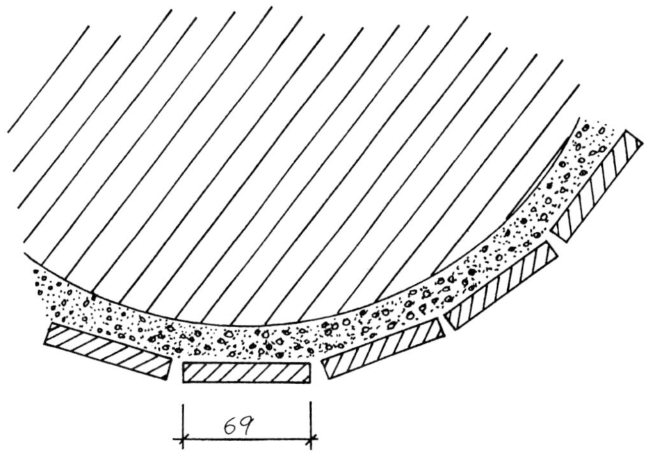

Abb. 2.33: Rundsäule, Detail mit Putz und Fliese

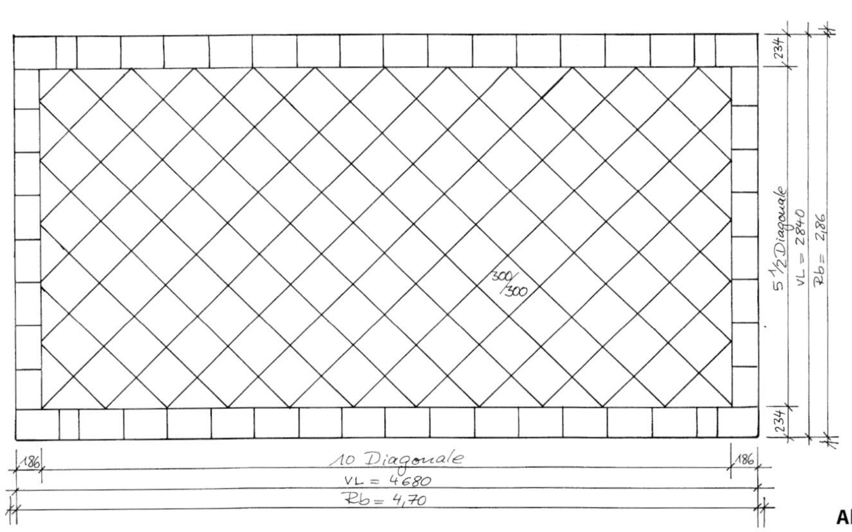

Abb. 2.32: Diagonalboden im Grundriss, Lösung

2.3 Untergründe für Bekleidungen und Beläge aus Fliesen und Platten

2.3.1 Stichworte zum Thema

- Prüfungen des Untergrundes durch den Auftragnehmer
- Anmeldung von Bedenken bei festgestellten Mängeln
- geeignete und problematische Untergründe für das Dickbettverfahren
- geeignete und problematische Untergründe für das Dünnbettverfahren
- problematische Untergründe in der Altbausanierung
- ungeeignete Untergründe für Feuchträume
- Vergütung von Vorarbeiten

2.3.2 Regelwerke

VOB/C ATV DIN 18299	Allgemeine Regelungen für Bauarbeiten jeder Art und
VOB/C ATV DIN 18352	Fliesen- und Plattenarbeiten (siehe S. 35)
DIN 18157-1 bis 3	Ausführung keramischer Bekleidungen im Dünnbettverfahren

Wesentliche Inhalte der DIN 18157

Unterkonstruktion
Ansetz- und Verlegeflächen, Allgemeine Anforderungen
Ansetz- und Verlegeflächen, Besondere Anforderungen (Putze, Estriche, Mauerwerk, Beton, Bauplatten), Prüfung

2.3.3 Fall aus der Praxis

Bei einer Altbausanierung wird als Verlegeuntergrund für einen Bodenbelag aus Fliesen eine Konstruktion aus Massivholzdielen über einer Holzbalkendecke vorgefunden. Neben anderen Räumen soll auch ein Wohnungsbad eingerichtet werden.

- Welche Prüfungen nehmen Sie vor?
- Welche Vereinbarungen treffen Sie mit dem Bauherrn?
- Welche Vorschläge unterbreiten Sie für eine fachgerechte und schadensfreie Ausführung, insbesondere auch für die Ausführungen in dem geplanten Badezimmer?

Lösung

Prüfungen der Baustellenverhältnisse durch Erkundigungen und Inaugenscheinnahme

- Wie sind die statischen Verhältnisse allgemein, die Durchbiegung, die unter Gebrauchslast zu erwartenden Schwingungen? Hierfür sind vor allem Querschnitt und Abstand der Balken maßgeblich.
- Welcher Balkenabstand liegt vor (60, 80, über 80 cm ...)?
- Was lässt sich zur Verlegung der Massivholzdielen sagen: Nut und Federverbindung, stumpf gestoßen, gewölbt (konkav, konvex), ausreichende Verbindung mit den Balken, genagelt, geschraubt, Aussparungen durch geänderte Raumaufteilung, Zustand gesund oder angefault, durch Hausschwamm befallen?
- Ist die Oberfläche der Dielen behandelt durch Farbe, geölt, gewachst? Gibt es Teppichreste, andere Beläge, Kleberreste?

Abb. 2.34: Vielfältige Untergründe für Fliesen und Platten

- Wie sind die Raumhöhen, Schwellenhöhen, eventuelle Dachschrägen?

Vereinbarungen mit dem Bauherrn

Der Bauherr ist schriftlich dahingehend zu informieren, dass es sich um keine DIN-gerechte Baumaßnahme, sondern um eine nach dem Stand der Technik machbare Lösung handelt. Dem Werkvertrag (schriftlich oder mündlich) sollte die VOB zu Grunde gelegt werden. Bei Gewährleistung und Gewährleistungsfristen sind machbare Lösungen zu ermitteln.

Vorschläge für eine fachgerechte Ausführung

Für den Wohnraum:

a) – Ebenflächigkeit und Flucht im Untergrund herstellen
– Bodenfläche mit einer 23 mm starken, wasserfest verleimten Holzspanplatte V 100 mit Nut und Feder, verleimt, belegen und mit dem Untergrund verschrauben
– Entkopplungsplatte aufbringen
– Fliesen mit Fließbettmörtel elastifiziert verlegen und mit hochkunststoffvergütetem Fugenmörtel verfugen
– Randfuge mindestens 1 cm freilassen oder

b) – Bodenfläche mit einem Trockenestrich belegen, vor den Belagsarbeiten grundieren oder

c) – Holzdielen abschleifen, Fugen mit Acryl oder Silikon schließen
– Grundierung aufbringen
– flexibel eingestellte Nivelliermasse ca. 10 mm aufbringen
– Entkopplungsplatte aufbringen
– Fliesenbelag wie bei a) aufbringen

Für das Badezimmer:
Vorbereitung des Untergrundes wie bei a), b) oder c)
Zusätzliche Abdichtungsmaßnahmen gegen Feuchtigkeit:

- Einbau von Dichtbändern in allen Eckbereichen, evtl. Dichtbänder mit Überbreite verwenden, Normalbreite 12 cm, Überbreite 25 cm, auf ausreichende Dehnfähigkeit des Bandes bzw. auf eine ausreichende Schlaufenbildung ist zu achten
- sorgfältiger Einbau von Dichtmanschetten an den Wänden, um das Dahinterlaufen des Spritzwassers zu vermeiden
- beim Einbau von Bodenabläufen nur für das Dünnbettverfahren geeignete Produkte wählen
- Abdichtung im Verbund aus einer Zement/Kunststoffkombination mit integriertem Vlies
- Abdichtung im Bodenbereich ist auch durch eine flexible Epoxidharzabdichtung möglich.

2.3.4 Bausteine

Prüfen und Bedenken anmelden

Vor Beginn der Ausführung muss der Fliesenleger die »Verhältnisse auf der Baustelle« prüfen. Die DIN 18352 Fliesen- und Plattenarbeiten spricht zu Beginn des 3. Abschnitts »Ausführung« von Prüfung und Bedenken:

»3 Ausführung
Ergänzend zur ATV DIN 18299, Abschnitt 3, gilt:
3.1 Allgemeines
3.1.1 Der Auftragnehmer hat bei seiner Prüfung Bedenken (siehe § 4 Nr. 3 VOB/B) insbesondere geltend zu machen bei

- *ungeeigneter Beschaffenheit des Untergrundes (Ansetz- oder Verlegefläche), z. B. grobe Verunreinigungen, Ausblühungen, zu glatte, zu feuchte, verölte oder gefrorene Flächen, Risse,*
- *größeren Unebenheiten, als nach Abschnitt 3.1.2 zulässig,*
- *fehlenden Höhenbezugspunkten je Geschoss,*
- *fehlendem, ungenügendem oder von der Angabe in den Ausführungsunterlagen abweichendem Gefälle.«*

Bedenken können nur geltend gemacht werden, wenn zuvor eine entsprechende Prüfung erfolgt ist. »Bedenken anmelden« ist eine vertragsrechtliche Verpflichtung des Auftragnehmers.

Die Prüfung des Untergrundes und der Verhältnisse auf der Baustelle nach VOB ist eine arbeitstechnische Aufgabe. Prüfungen des Untergrundes müssen im Rahmen der Möglichkeiten eines Fliesenbetriebes liegen. Ausführliche materialtechnische Untersuchungen können vom Fliesenleger nicht geleistet und auch nicht verlangt werden. Der Prüfungsaufwand muss zumutbar sein.

Prüfungsmethoden

Die Ansetz- und Verlegeflächen werden durch Inaugenscheinnahme und folgende einfache Prüfungen beurteilt:

- Kratzprüfung
- Benetzungsprüfung mit Wasser
- Wischprüfung
- Klopfprüfung

Zwei schwierige Punkte

Zwei Punkte erweisen sich im Alltag immer wieder als schwierig.

Der Aufwand für die Prüfung (Zeit und Material) ist nirgends festgehalten. Er steht weder als Hauptleistung im Leistungsverzeichnis noch als Nebenleistung oder gar als Besondere Leistung in der VOB. Da die Leistung demnach weder direkt abgerechnet werden kann und selten in den Gemeinkostensätzen der Einheitspreise einkalkuliert ist, läuft der Fliesenleger Gefahr, diese zu vernachlässigen.

Ähnlich ergeht es dem Aufwand beim »Anmelden von Bedenken«. Es nützt nichts, wenn sich der Fliesenleger irgendwann einmal irgendwem gegenüber kritisch über den Untergrund geäußert hat. Unterlassene Bedenken bergen die Gefahr, mit in die Haftung genommen zu werden, auch für Schäden, die der Fliesenleger selbst nicht verursacht hat.

Bedenken gelten nur als angemeldet, wenn sie frühzeitig schriftlich und an die richtige Adresse – nämlich an den Auftraggeber (mit Durchschlag an den Architekten) – geschickt wurden.

Der »ideale« Untergrund

Über die im oben zitierten Abschnitt festgelegten Punkte hinaus kann man von einem »idealen« Untergrund folgende Eigenschaften erwarten:

- ausreichend fest, standsicher und tragfähig
- kein Federn oder Schwingen
- keine extremen Bewegungen bei Temperatur- oder Feuchtigkeitsschwankungen
- ausreichende Rauigkeit
- ausreichendes, jedoch nicht zu starkes Wassersaugvermögen
- trocken
- sauber
- homogen – gleichartig in der Oberfläche und in den bauphysikalischen Eigenschaften – eben, senkrecht, waagerecht, fluchtrecht oder im vorgeschriebenen Gefälle

Untergrund beim Dünnbettverfahren

Falls die Ausführung im Dünnbettverfahren erfolgen soll, schreibt die DIN 18157-1 und -2 folgende »Allgemeine Anforderungen« an den Verlegeuntergrund (Ansetz- und Verlegefläche) vor:

- ebenflächig
- tragfähig und frei von durchgehenden Rissen
- gleichmäßige Oberflächenbeschaffenheit und gleichmäßige Oberflächenfestigkeit
- frei von Trennmitteln, losen Teilen, Staub, Absandungen, Bindemittelanreicherungen, Ausblühungen, Verschmutzungen
- Maßgenauigkeit entsprechend dem fertigen Belag

Speziell für die Ausführung mit hydraulischem Dünnbettmörtel gilt:

- Aufbringen des Belages auf Beton oder bindemittelgebundenen Steinen nach etwa 6 Monaten
- Mindestalter für Putze und Zementestrich 28 Tage

Für die Ausführung mit hydraulischen Dünnbettmörteln und Dispersionsklebstoffen erklärt die DIN 18157 Holz, Holzwerkstoffe, Metalle, Kunststoffe gelten als ungeeignete Ansetz- und Verlegeflächen.

Die Hersteller von Dünnbettmörteln und Klebstoffen haben jedoch für diese Untergründe Produkte und Systeme entwickelt und deren baurechtliche Zulassung erreicht.

Unterschiedliche Eigenschaften von Untergründen

Die Eigenschaften des Untergrundes hängen hauptsächlich von drei grundlegenden Faktoren ab:
- Konstruktion
- Baustoff
- Ausführung

Welche Konstruktionen und Baustoffe kann der Fliesenleger als Untergrund oder Ansetz- und Verlegefläche vorfinden?

Die nachfolgende Tabelle gibt einen Überblick über die Vielzahl der Untergründe. Danach werden fast alle Baustoffe als Untergrund für die Aufnahme von Fliesen und Platten angetroffen. Allerdings bedingen die materialspezifischen Eigenschaften der einzelnen Baustoffe verschiedene Vorbereitungen, die bei dem Thema »Vorarbeiten« behandelt werden.

Tabelle 2.2: **Untergründe und ihre Eigenschaften**

Untergrund	**Norm und Kurzbezeichnung**	**Eigenschaften als Untergrund für Fliesen und Platten**
1.0 Mauerwerk	DIN 1053	der Fugenmörtel muss die Fuge gut ausfüllen, darf nicht hervortreten; keine losen oder gefrorenen Fugenteile
1.1 Mauerziegel	DIN 105 Mz, Hlz	ausgeglichene Saugfähigkeit, ausreichende Rauigkeit
1.2 Kalksandstein	DIN 106 Ks	wie 1.1., jedoch glattere Oberfläche
1.3 Hüttensteine	DIN 398 H	wie 1.1
1.4 Porenbetonsteine	DIN 4165 G	geringere Festigkeit der Oberfläche, stark saugend
1.5 Leichtbetonsteine	DIN 18151, 18152 V, Vbl, Hbl	abhängig vom Leichtzuschlag, größere Rauigkeit
1.6 Normalbetonsteine	DIN 18153 Vbn, Hbn	wie 2.0 (Beton)
2.0 Beton und Mörtel		
2.1 Ortbeton	DIN 1045, B 5 – B 55	glatte Oberfläche, geringe Wassersaugfähigkeit, die Oberfläche muss benetzbar sein, sie darf keine »Sinterschicht« oder Riefen an den Schalungsfugen haben Das Schwinden des Betons erfordert ein Mindestalter von 3–6 Monaten. keine Rückstände von Trennmittel, Schalöl Die Bewehrung darf nicht sichtbar sein.
2.2 Betonfertigteile	DIN 1045 u. a.	wie 2.1 oft glatte und dichte Oberfläche mit geringer Saugfähigkeit
2.3 Putz	DIN 18550 P II a, P II b P III a, P III b P IV a, P IV b P V a, P V b	Untergrund für das Ansetzen im Dünnbett, Mindestdicke 10 mm, die Oberfläche soll rau sein P I wird wegen zu geringer Festigkeit nicht empfohlen. Gipsputze müssen einlagig ausgeführt werden und nicht gefilzt oder geglättet sein. Die Mindestdruckfestigkeit beträgt 2,5 N/mm^2. P IV und P V sind in Feuchträumen nicht geeignet.
	Putze mit Kunststoffzusätzen, Kunststoffputze	schlechte Benetzbarkeit, geringe Wassersaugfähigkeit
2.4 Estrich	DIN 18560	wie 2.1 Beton, Mindestalter 28 Tage, Mindestdruckfestigkeit = 15 N/mm^2, Mindestdicke bei Estrichen auf Trennschicht = 30 mm. Die materialbedingte Schwindung ist zu beachten. Für Feuchträume nicht geeignet
	Zementestrich (ZE)	keine Materialschwindung
	Anhydritestrich (AE) (Calciumsulfat-gebundener Estrich)	Mindestdruckfestigkeit 15 N/mm^2, Mindestdicke 25 mm
	Magnesiaestrich (ME)	wie AE, bei überwiegend organischen Füllstoffen auch als Steinholzestrich bezeichnet
	Gussasphaltestrich (GE)	Wasser abweisend, Mindestdicke 20 mm, Oberfläche muss mit Sand abgerieben sein und matt aussehen

Untergrund	Norm und Kurzbezeichnung	Eigenschaften als Untergrund für Fliesen und Platten
3.0 Platten, Tafeln, Dielen		
3.1 Holzwolleleicht-bauplatten	DIN 1101 HWL	nicht für Feuchträume geeignet
3.2 Wandbauplatten aus Leichtbeton	DIN 18162 Wpl	wie 1.5
3.3 Bauplatten aus Porenbeton	DIN 4166 Gpl, GPpl	wie 1.4
3.4 Bauplatten aus Kalksandstein	DIN 106 KS – PE, KS – P7	wie 1.2
3.5 Wandbauplatten aus Gips	DIN 18163, SW, GW, PW	wie 2.3 Gipsputz, nicht für Feuchträume geeignet, dürfen nicht gespachtelt sein
3.6 Gipskartonplatten	DIN 18180 GKP	
3.7 Fliesenträger-Elemente	PS, PUR, Styrodur	Oberfläche mit Gewebe und Dünnbettmörtel überzogen, vielseitige Verwendungsmöglichkeiten, auch als Wärmedämmstoff geeignet
3.8 Holz	Massivholzdielen	oft unebene Oberfläche mit starken Bewegungen (Schwinden, Quellen) bei Feuchteschwankungen, muss vom Fliesenbelag entkoppelt werden, nicht für Feuchträume verwenden
3.9 Holzspanplatten	DIN 66761/65 V 20, V 100, V 100 G	wie 3.8 nur V 100 oder V 100 G verwenden
3.10 Holzwerkstoffe	Tischlerplatten, Sperrholzplatten	wie 3.9
4.0 Sonstige Untergründe		
4.1 alte Beläge	keramische Fliesen und Platten, Naturwerkstein, Betonwerkstein	Oberfläche oft durch Reinigungs- und Pflegemittel, Wachse, Polituren versiegelt; glatte Oberfläche, keine Saugfähigkeit
4.2 Farbanstriche	Lacke, Ölfarben, Binderfarbe, Dispersionsfarben	unterschiedliche Festigkeit der Oberfläche, glatt, oft Wasser abweisend, schlechte Haftung
4.3 Metalle	Stahl, verzinkter Stahl, Aluminium	Gefahr der Verformung, unterschiedliche thermische Bewegungen (AL), Oberfläche korrodiert, glatt, keine Saugfähigkeit
4.4 Kunststoffe	GFK, PVC, PE u. a.	Oberfläche glatt, nicht saugfähig, starke thermische Bewegungen
4.5 Glas	Flachglas, Spiegelglas, Glasbausteine, Glasmosaik	wie 4.1 Oberfläche sehr glatt, nicht saugfähig

Ausführung im Dünnbett

Die Punkte, die zur allgemeinen Prüfpflicht des Fliesenlegers gehören, fasst die VOB in ATV DIN 18352, Abschnitt 3 zusammen.

Für die Ausführung im Dünnbett gelten zusätzliche Forderungen der DIN 18157 an die Ansetz- und Verlegefläche (Untergrund). Sie werden unterteilt in »Allgemeine Anforderungen« und »Besondere Anforderungen« und sind abhängig vom

- Mörtel- oder Klebstoff
- Material des Untergrundes.

Tabelle 2.3: **Allgemeine Anforderungen an Ansetz- und Verlegeflächen für die Ausführung im Dünnbettverfahren**

mit hydraulisch erhärtendem Dünnbettmörtel DIN 18157-1, Abschnitt 5.1	**mit Dispersionsklebstoffen DIN 18157-2, Abschnitt 4.1**	**mit Epoxidharzklebstoffen DIN 18175-3, Abschnitt 4.1**
5 Ansetz- und Verlegeflächen 5.1 Allgemeine Anforderungen Ansetz- und Verlegeflächen müssen ausreichend ebenflächig, tragfähig, frei von durchgehenden Rissen sein. Sie müssen eine weitgehend geschlossene und ihrer Art entsprechende Oberflächenbeschaffenheit aufweisen und frei von Stoffen sein, die die Haftung des Dünnbettmörtels beeinträchtigen (z. B. Trennmittel, lose Bestandteile, Staub, Absandung, Bindemittelanreicherung, Ausblühung, Verschmutzung). Die Ansetz- und Verlegeflächen dürfen sich nach dem Anbringen der Bekleidungsstoffe nur begrenzt verformen. Bei Unterkonstruktionen, die schwinden und kriechen, müssen die Bekleidungsstoffe möglichst spät angebracht werden. Als Richtwert kann gelten, dass auf Unterkonstruktionen aus Beton und Mauerwerk aus bindemittelgebundenen Steinen die Bekleidungsstoffe etwa 6 Monate nach Herstellung aufgebracht werden dürfen. Bei Unterkonstruktionen, bei denen die erwähnten Formänderungen weitgehend abgeschlossen sind, kann die angegebene Zeitspanne kürzer sein. Putze sollen lufttrocken, Zementestriche mindestens 28 Tage alt sein. Ansetz- und Verlegeflächen aus gipshaltigen Baustoffen müssen lufttrocken sein. Die Maßgenauigkeit der Ansetz- und Verlegeflächen soll den fertigen Bekleidungsflächen entsprechen. Größere Maßungenauigkeiten sind vorher auszugleichen. Für die Beurteilung der Ebenflächigkeit gilt DIN 18202. Stoffe für Ausgleichsschichten müssen auf den Untergrund und auf den Dünnbettmörtel abgestimmt sein und an dem Untergrund gut haften. Gipsgebundene Ausgleichsschichten dürfen nicht ausgeführt werden. In der Regel sind als Ansetz- und Verlegeflächen für hydraulisch erhärtende Dünnbettmörtel Holz, Holzwerkstoffe, Metalle und Kunststoffe nicht geeignet.	**4 Ansetz- und Verlegeflächen** 4.1 Allgemeine Anforderungen Ansetz- und Verlegeflächen müssen ausreichend ebenflächig, tragfähig und frei von durchgehenden Rissen sein. Sie müssen eine weitgehend geschlossene und ihrer Art entsprechende Oberflächenbeschaffenheit und eine ausreichende Oberflächenfestigkeit aufweisen, lufttrocken sowie frei von Stoffen sein, die die Haftung des Dispersionsklebstoffes beeinträchtigen (z. B. Trennmittel, lose Bestandteile, Staub, Absandung, Bindemittelanreicherung, Ausblühungen, Verschmutzung). Grundierungen können erforderlich sein. Die Maßgenauigkeit der Ansetz- und Verlegeflächen soll den fertigen Bekleidungsflächen entsprechen. Für die Beurteilung gilt DIN 18202. In der Regel sind als Ansetz- und Verlegeflächen für Dispersionsklebstoffe Metalle, Kunststoffe sowie Holz und Holzwerkstoffe nicht geeignet.	**4 Ansetz- und Verlegeflächen** 4.1 Allgemeine Anforderungen Ansetz- und Verlegeflächen müssen ausreichend ebenflächig, tragfähig und frei von durchgehenden Rissen sein. Sie müssen den zu erwartenden Beanspruchungen genügen, eine weitgehend geschlossene und ihrer Art entsprechende gleichmäßige Beschaffenheit und ausreichende Oberflächenfestigkeit aufweisen. Sie müssen ferner lufttrocken und frei von Stoffen sein, die die Haftung des Epoxidharzklebstoffes beeinträchtigen (z. B. Trennmittel, lose Bestandteile, Staub, Absandung, Ausblühungen). Bei feuchtigkeitsempfindlichen Baustoffen muss sichergestellt sein, dass sie nicht durchfeuchten können. Ansetzflächen für Fassadenbekleidungen müssen DIN 18515 entsprechen. Die Maßgenauigkeit der Ansetz- und Verlegefläche muss der fertigen Bekleidungsfläche entsprechen. Für die Beurteilung der Ebenheit von Flächen gilt DIN 18202.

Tabelle 2.4: **Besondere Anforderungen an Ansetz- und Verlegeflächen für die Ausführung im Dünnbettverfahren**

mit hydraulisch erhärtendem Dünnbettmörtel DIN 18157-1, Abschnitt 5.2	**mit Dispersionsklebstoffen DIN 18157-2, Abschnitt 4.2**	**mit Epoxidharzklebstoffen DIN 18175-3, Abschnitt 4.2**
5.2.1 Putze Ansetz- und Verlegeflächen aus Putz müssen DIN 18550 entsprechen. Sie sollen aus Putzen der Mörtelgruppe II oder III bestehen. Putzschichten sollen eine Mindestdicke von 10 mm haben und eine raue Oberfläche aufweisen.	4.2.1 Putze Putze müssen DIN 18550 entsprechen und aus den Mörtelgruppen P II, P III, P IVa, P IVb hergestellt sein. Gipsputze müssen aus Baugips nach DIN 1168 mit einer Mindestdruckfestigkeit von 2,5 N/mm² bestehen. Sie sollen einlagig mindestens 10 mm dick ausgeführt sein und nicht gefilzt oder geglättet sein.	4.2.1 Putze Putze müssen DIN 18550 entsprechen und aus den Mörtelgruppen P II, P III, P IVa, P IVb, P V hergestellt sein. Gipsputze müssen aus Baugips nach DIN 1168 mit einer Mindestdruckfestigkeit von 2,5 N/mm² bestehen. Sie sollen einlagig mindestens 10 mm dick ausgeführt sein und nicht gefilzt oder geglättet sein. Putze aus den Mörtelgruppen P IV und P V sind als Ansetzfläche in Feuchträumen nicht geeignet.
5.2.2 Zementestriche Schwimmende Zementestriche müssen DIN 4109 entsprechen. Verbundestriche müssen eine vollflächige Verbindung mit der Rohdecke und eine Druckfestigkeit von mindestens 15 N/mm² aufweisen. Bei Estrichen auf Trennschicht soll die Estrichdicke 30 mm nicht unterschreiten.	–	4.2.2 Zementestriche Zementestriche müssen mindestens 28 Tage alt sein. Schwimmende Estriche müssen DIN 18560-2, Verbundestriche DIN 18560-3 und Estriche auf Trennschichten DIN 18560-4 entsprechen.

mit hydraulisch erhärtendem Dünnbettmörtel DIN 18157-1, Abschnitt 5.2	**mit Dispersionsklebstoffen DIN 18157-2, Abschnitt 4.2**	**mit Epoxidharzklebstoffen DIN 18175-3, Abschnitt 4.2**
5.2.3 Mauerwerk Mauerwerk muss DIN 1053-1 entsprechen. Im Allgemeinen wird Mauerwerk mit einem Ausgleichsputz versehen, der dann Ansetzfläche wird und nach Abschnitt 5.2.1 auszubilden ist. Eine direkte Verarbeitung von hydraulisch erhärtendem Dünnbettmörtel auf Mauerwerk ist nur bei einer ausreichenden Ebenflächigkeit, vollfugig gemauerten Unterkonstruktionen sowie bei einem Auftrag von Dünnbettmörtelschichten möglich, die mit Zahntiefen von mindestens 6 mm abgekämmt werden können. Auf Mischmauerwerk ist ein bewehrter Putz aufzubringen; bei Außenwandbekleidungen aus Porenbeton ist DIN 18515 zu beachten. Auf stark saugenden Ansetzflächen von Porenbeton können auf den jeweiligen Dünnbettmörtel abgestimmte Grundierungen erforderlich werden.	4.2.2 Mauerwerk Mauerwerk muss vollfugig hergestellt sein und in der Ebenheit DIN 18202 für fertige Oberflächen entsprechen. Andernfalls ist das Mauerwerk mit einem Ausgleichsputz zu versehen, der dann Ansetzfläche wird und nach Abschnitt 4.2.1 auszubilden ist.	4.2.3 Mauerwerk Flächen aus Mauerwerk müssen voll ausgefüllte und bündig verstrichene Fugen aufweisen. In der Ebenheit müssen sie DIN 18202 für fertige Oberflächen entsprechen. Andernfalls ist ein Putz als Ansetzfläche aufzubringen.
5.2.4 Beton Beton muss DIN 1045 entsprechen und eine benetzbare Oberfläche ohne Sinterschicht haben.	4.2.3 Beton Beton muss DIN 1045 entsprechen und eine benetzbare Oberfläche ohne Sinterschicht haben.	4.2.4 Beton Betonflächen müssen aus Beton nach DIN 1045 hergestellt sein und in ihrer Ebenheit DIN 18202 für fertige Oberflächen entsprechen. Andernfalls ist ein Putz als Ansetzfläche aufzubringen.
5.2.5 Wandbauplatten aus Gips Wandbauplatten aus Gips müssen DIN 18163 entsprechen und dürfen nicht durch Feuchtigkeit beansprucht werden. Die Ansetzflächen dürfen nicht gespachtelt sein. Grundierungen der Ansetzflächen sind erforderlich.	4.2.4 Wandbauplatten aus Gips Wandbauplatten aus Gips müssen DIN 18163 entsprechen. Die Ansetzflächen dürfen nicht gespachtelt sein.	4.2.4 Wandbauplatten aus Gips Wandbauplatten aus Gips müssen DIN 18163 entsprechen. Die Ansetzflächen dürfen nicht gespachtelt sein. Bei der Verarbeitung ist DIN 4103-2 zu beachten.
5.2.6 Gipskartonplatten Gipskartonplatten müssen DIN 18180 entsprechen und nach DIN 18181 verarbeitet sein. Sie dürfen nicht durch Feuchtigkeit beansprucht werden. Grundierungen der Ansetzflächen sind vorzusehen, soweit sie vom Hersteller des Dünnbettmörtels vorgeschrieben werden.	5.2.6 Gipskartonplatten Gipskartonplatten müssen DIN 18180 entsprechen und nach DIN 18181 verarbeitet sein. Im Bereich der Plattenstöße dürfen Fugenspachtelungen nur auf den abgeflachten Teil der Gipskartonplatten begrenzt sein. Die Verspachtelung kann auch mit dem zur Anwendung kommenden Dispersionsklebstoff erfolgen.	5.2.6 Gipskartonplatten Gipskartonplatten müssen DIN 18180 entsprechen und nach DIN 18181 verarbeitet sein. Im Bereich der Plattenstöße dürfen Fugenspachtelungen nur auf den abgeflachten Teil der Gipskartonplatte begrenzt sein. Die Verspachtelung kann auch mit dem zur Anwendung kommenden Epoxidharzklebstoff erfolgen.
5.2.7 Gussasphaltestriche Schwimmende Gussasphaltestriche müssen DIN 4109-4 entsprechen. Andere Gussasphaltestriche müssen auf einer der Art des Estrichs eingebrachten Trennschicht eingebaut sein. Die Standfestigkeit der Gussasphaltestriche muss der vorgesehenen technischen Beanspruchung und dem Verwendungszweck genügen. Die Eindrucktiefe bei einer Stempelprüfung nach DIN 1996-13 darf 1,5 mm nicht überschreiten. Die Estriche müssen geschlossen und mindestens 20 mm dick sein. Die Oberflächen müssen eben, mit Sand abgerieben sein und stumpf aussehen. Gussasphaltestriche im Freien sind als Verlegeflächen nicht geeignet.	–	–
5.2.8 Anhydritestriche Schwimmende Estriche müssen DIN 4109-4 entsprechen. Anhydritverbundestriche müssen eine vollflächige Verbindung mit der massiven Rohdecke haben und eine Druckfestigkeit von mindestens 15 N/mm^2 aufweisen. Anhydritestriche auf Trennschichten müssen mindestens 25 mm dick sein. Anhydritestriche dürfen nicht durch Feuchtigkeit beansprucht werden. Grundierungen und Verlegefläche sind erforderlich.	–	–

mit hydraulisch erhärtendem Dünnbettmörtel DIN 18157-1, Abschnitt 5.2	mit Dispersionsklebstoffen DIN 18157-2, Abschnitt 4.2	mit Epoxidharzklebstoffen DIN 18175-3, Abschnitt 4.2
–	4.2.6 Wandbauplatten aus Leichtbeton Wandbauplatten aus Leichtbeton müssen DIN 18162 entsprechen und unter Beachtung von DIN 4103 verarbeitet sein.	4.2.7 Wandbauplatten aus Leichtbeton Wandbauplatten aus Leichtbeton müssen DIN 18162 entsprechen und unter Beachtung von DIN 4103 verarbeitet sein.
–	4.2.7 Bauplatten aus Porenbeton Porenbeton-Bauplatten müssen DIN 4166 entsprechen und unter Beachtung von DIN 4103 verarbeitet sein.	4.2.8 Bauplatten aus Porenbeton Porenbeton-Bauplatten müssen DIN 4166 entsprechen und unter Beachtung von DIN 4103 verarbeitet sein.
–	4.2.8 Hohlwandplatten aus Leichtbeton Hohlwandplatten aus Leichtbeton müssen DIN 18148 entsprechen und unter Beachtung von DIN 4103 verarbeitet sein.	4.2.9 Hohlwandplatten aus Leichtbeton Hohlwandplatten aus Leichtbeton müssen DIN 18148 entsprechen und unter Beachtung von DIN 4103 verarbeitet sein.
–	–	4.2.10 Holzspanplatten Holzspanplatten müssen DIN 68763 Typ V 100 oder V 100 G entsprechen, für Ansetzflächen mindestens 19 mm und für Verlegeflächen mindestens 25 mm dick sein. Sie müssen an der Unterkonstruktion biegesteif befestigt sein. Holzspanplatten sind als Ansetz- und Verlegeflächen in Feuchträumen nicht geeignet.
–	4.2.9 Sonstige Baustoffe und Bauplatten Für andere, vorher nicht genannte Baustoffe und Bauplatten muss die Eignung als Ansetzfläche nachgewiesen werden.	4.2.11 Sonstige Bauplatten Sonstige Bauplatten wie z. B. zementgebundene Faserplatten müssen, soweit vorhanden, den jeweiligen Stoffnormen entsprechen und nach den Ausführungsnormen verarbeitet sein. Sie müssen an der Unterkonstruktion biegesteif befestigt sein.
–	4.2.10 Vorhandene keramische Bekleidungen Vorhandene keramische Bekleidungen eignen sich als Ansetzfläche, wenn sie ausreichend fest halten. Die Oberfläche ist vor dem Auftrag zu reinigen.	4.2.13 Vorhandene keramische Bekleidungen Vorhandene keramische Bekleidungen eignen sich als Ansetzfläche, wenn sie ausreichend fest halten. Die Oberfläche ist vor dem Auftrag zu reinigen.
–	–	4.2.12 Metalle Baustoffe und Bauteile aus Metall, das als Ansetz- oder Verlegefläche dienen soll, müssen so dimensioniert oder befestigt sein, dass es sich nicht verformen kann. Die Oberfläche muss frei von Korrosion sein und, falls erforderlich, nach Angaben des Herstellers des Epoxidharzklebstoffes vorbehandelt werden.

Die aufgelisteten Anforderungen und Prüfungen der Ansetz- und Verlegeflächen sind weitreichend und verlangen vom Fliesenleger große Fachkenntnis, auch aus anderen Gewerken.

Bescheiden hören sich dagegen die Methoden an, mit denen der Fliesenleger den Untergrund kontrollieren soll.

Vorarbeiten

Bestimmte Vorarbeiten sind nach den anerkannten Regeln der Technik oder nach der VOB übliche Leistungen des Fliesenlegers. Hierzu gehören insbesondere:

Vorarbeiten als Nebenleistungen nach ATV DIN 18299 in Auszügen

»4.1.1 Einrichten und Räumen der Baustelle einschließlich der Geräte und dergleichen. (...)

4.1.3 Messungen für das Ausführen und Abrechnen der Arbeiten einschließlich des Vorhaltens der Messgeräte, Lehren, Absteckzeichen usw., des Erhaltens der Lehren und Absteckzeichen während der Bauausführung und des Stellens der Arbeitskräfte, jedoch nicht Leistungen nach VOB/B § 3 Nr. 2. (...)

4.1.4 Schutz- und Sicherheitsmaßnahmen nach den Unfallverhütungsvorschriften und den behördlichen Bestimmungen, ausgenommen Leistungen nach Abschnitt 4.2.4. (...)

4.1.5 Heranbringen von Wasser und Energie von den vom Auftraggeber auf der Baustelle zur Verfügung gestellten Anschlussstellen zu den Verwendungsstellen. (...)

4.1.9 Befördern aller Stoffe und Bauteile, auch wenn sie vom Auftraggeber beigestellt sind, von den Lagerstellen auf der Baustelle bzw. von den in der Leistungsbeschreibung angegebenen Übergabestellen zu den Verwendungsstellen und etwaiges Rückbefördern.«

Vorarbeiten als Nebenleistungen nach ATV DIN 18352, Abschnitt 4 in Auszügen

»4.1.1 Auf- und Abbauen sowie Vorhalten der Gerüste, deren Arbeitsbühnen nicht höher als 2 m über Gelände oder Fußboden liegen. (…)
4.1.4 Reinigen des Untergrundes, ausgenommen Leistungen nach Abschnitt 4.2.5.
4.1.5 Ausgleichen von Unebenheiten des Untergrundes innerhalb der nach DIN 18202 zulässigen Toleranzen beim Ansetzen oder Verlegen von Fliesen und Platten im Dickbett.
4.1.6 Beseitigen kleiner Putzüberstände. (…)
4.1.9 Zubereiten des Mörtels und Vorhaltens der hierzu erforderlichen Einrichtungen, auch wenn der Auftraggeber die Stoffe beistellt.«

Da es sich bei der obigen Aufzählung um Nebenleistungen handelt, werden diese nicht getrennt berechnet und vergütet. Sie gehören auch ohne Erwähnung im Vertrag zur vertraglichen Leistung und sollten deshalb in die Einheitspreise der Hauptleistungen einkalkuliert werden.

Vorarbeiten als Besondere Leistungen nach ATV DIN 18299 in Auszügen

»4.2.8 Besondere Prüfung von Stoffen und Bauteilen, die der Auftraggeber liefert,
»4.2.12 Besondere Maßnahmen aus Gründen des Umweltschutzes, der Landes- und Denkmalpflege.«

Vorarbeiten als Besondere Leistungen nach ATV DIN 18352, Abschnitt 4 in Auszügen

»4.2.2 Auf- und Abbauen sowie Vorhalten der Gerüste, deren Arbeitsbühnen mehr als 2 m über Gelände oder Fußboden liegen.
4.2.3 Erstellen von Ansetz- und Verlegeplänen.
4.2.4 Ansetzen und Verlegen von Mustern.
4.2.5 Reinigen des Untergrundes von grober Verschmutzung, z. B. Gipsreste, Mörtelreste, Farbreste, Öl, soweit diese von anderen Unternehmern herrühren.
4.2.6 Aufbringen von Haftbrücken.
4.2.7 Auffüllen des Untergrundes zur Herstellung der erforderlichen Höhe oder des nötigen Gefälles sowie das Herstellen von Unterputz zum Ausgleich unebener oder nicht lot- und fluchtrechter Wände in anderen Fällen als nach Abschnitt 4.1.5.
4.2.8 Ansetzen und Verlegen von Lehren aus Fliesen und Platten zur Vorbereitung einer maßgenauen Installation.
4.2.9 Maßnahmen zum Schutz gegen Feuchtigkeit und zur Wärme- und Schalldämmung. (…)
4.2.16 Vergießen und Verdübeln von Scheinfugen im Untergrund.
4.2.17 Abschneiden des Überstandes von Randstreifen anderer Unternehmer.«

Falls Vorarbeiten aus der Aufzählung der Besonderen Leistungen notwendig oder verlangt werden, müssen sie im Leistungsverzeichnis (oder einem Nachtrag) besonders erwähnt sein. Sie werden somit getrennt berechnet und vergütet.

2.3.5 Fragen

1. Welche Prüfungen sind dem Auftragnehmer nach VOB aufgetragen?
2. Was sollte der Auftragnehmer tun, wenn er bei der Überprüfung des Untergrundes Mängel feststellt?
3. Wie und warum werden Bedenken angemeldet?
4. Beschreiben Sie die Eigenschaften eines »idealen Untergrundes« für das Dickbettverfahren!
5. Welche Anforderungen werden an Untergründe bei der Ausführung im Dünnbettverfahren gestellt?
6. Welche Norm regelt die Ausführung von Fliesen- und Plattenarbeiten im Dünnbettverfahren?
7. Welche Untergründe gelten bei der Verwendung von hydraulischen Dünnbettmörteln als ungeeignet oder problematisch?
8. Welche Probleme können bei Beton oder bei bindemittelgebundenen Mauersteinen auftreten?
9. Welche Maßnahmen sind bei Untergründen aus Beton vorzusehen?
10. Welche Eigenschaften müssen Putze als Untergrund aufweisen?
11. Welche Putze sind in Feuchträumen nicht geeignet?
12. Welche Eigenschaften werden von Zementestrich als Untergrund verlangt?
13. Welche Estriche gelten nach DIN 18157 für Feuchträume als ungeeignet?
14. Welche Anforderungen werden an Gussasphaltestriche gestellt?
15. Warum sind Massivholzdielen als Untergrund problematisch?
16. Wie können Fliesenarbeiten auf einem Untergrund aus Massivholzdielen schadensfrei ausgeführt werden?
17. Was ist bei Untergründen aus Kunststoff oder Metall zu beachten?
18. Unter welchen Voraussetzungen ist direktes Aufbringen einer Fliesenbekleidung auf Mauerwerk möglich?
19. Was versteht man unter der Sinterschicht bei Beton oder Zementestrich?
20. Wie können sich Ansetz- und Verlegeflächen verformen?
21. Welche Angaben sind bezüglich der Verformung der Untergründe zu beachten?
22. Nennen Sie das Mindestalter, das Anhydritestrich und Zementestrich vor der Verlegung von Platten oder Fliesen haben müssen!
23. Welcher Feuchtegehalt ist bei diesen Untergründen vorgeschrieben?
24. Was versteht man unter der Verlegereife eines Estrichs?
25. Welche Angaben und Anforderungen gelten für Wandbauplatten aus Gips (z. B. Gipsdielen)?
26. Was ist bei der Verarbeitung von Gipskartonplatten als Ansetzfläche zu beachten?
27. Was gilt für Anhydritestriche als Verlegeuntergrund für Fliesen und Platten?
28. Welche Prüfungen sollten bei Untergründen für das Dünnbettverfahren in jedem Fall durchgeführt werden?
29. Nennen Sie einige Vorarbeiten für die Ausführung von Fliesen- und Plattenarbeiten!
30. Wie werden Vorarbeiten abgerechnet?

2.3.6 Antworten

1. Er hat die Beschaffenheit des Untergrundes/der Ansetz- und Verlegefläche (bezüglich Verunreinigungen, Ausblühungen, zu glatten, zu feuchten, verölten, gefrorenen Flächen, Rissen), Ebenheit, Höhenbezugspunkte und Gefälle zu überprüfen.
2. Bei festgestellten Mängeln am Untergrund sollte der Auftragnehmer Bedenken anmelden.
3. Bedenken sollten schriftlich und frühzeitig angemeldet werden.
   Durch das Anmelden der Bedenken kann sich der Auftragnehmer schützen vor Schadensersatzforderungen aus Mängeln, die er nicht zu vertreten hat.
   Er kann sich durch die begleitenden Verhandlungen technische und finanzielle Möglichkeiten schaffen, die Ausführung schadensfrei und lohnend zu gestalten.
4. Ausreichende Festigkeit, geringe Verformung, ausreichende Rauigkeit, gleichmäßiges Wassersaugvermögen, trocken, sauber, homogen, eben, senkrecht, fluchtrecht oder in dem vorgeschriebenen Gefälle
5. Eben, tragfähig, frei von durchgehenden Rissen, gleichmäßige Oberflächenbeschaffenheit, gleichmäßige Oberflächenfestigkeit, frei von Trennmitteln, losen Teilen, Staub, Absandungen, Bindemittelanreicherungen, Ausblühungen, Verschmutzungen, ausreichende Maßgenauigkeit
6. DIN 18157-1 bis 3 Ausführung keramischer Bekleidungen im Dünnbettverfahren
7. Holz, Holzwerkstoffe, Kunststoffe, Metalle
8. Durch die werkstoffbedingte Schwindung können bei jungen Baustoffen aus Beton starke Verformungen und damit Bauschäden auftreten.
9. Ansetz- und Belagsarbeiten dürfen erst ausgeführt werden, wenn der Schwindvorgang weitgehend abgeklungen ist. Dies ist nach 3 bis 6 Monaten der Fall. Die DIN 18157 empfiehlt eine Wartezeit von 6 Monaten.
10. Mindestdicke 10 mm rau, nicht gefilzt oder geglättet, Mindestdruckfestigkeit 2,5 N/mm^2
11. Putze der Mörtelgruppen P IV und P V gelten für Feuchträume als nicht geeignet.
12. Mindestalter 28 Tage, Mindestdruckfestigkeit 15 N/mm^2, Mindestdicke auf Trennschicht 30 mm, die Belegreife muss erreicht sein
13. Anhydritestriche (AE, calciumsulfatgebundene Estriche) und Magnesiaestriche (ME)
14. Mindestdicke 20 mm, die Oberfläche muss mit Sand abgerieben sein und matt aussehen
15. Die Oberfläche ist oft uneben, Bewegungen und feuchtigkeitsbedingte Verformungen (Schwinden, Quellen) können in hohem Maß auftreten. In Feuchträumen sind sie nicht geeignet.
16. Entkopplung des Untergrundes vom Belagsystem, Schutz vor Feuchtigkeit durch Abdichtungen im Verbund.
17. Beide Stoffe haben zum Teil hohe Temperaturdehnzahlen; das heißt, es ist bei wechselnden Temperaturen mit großen Verformungen zu rechnen.
18. Eine direkte Verarbeitung auf ungeputztem Mauerwerk ist nur bei ausreichender Ebenflächigkeit, vollfächig gemauerter Unterkonstruktion sowie bei einem Auftrag von Dünnbettmörtel möglich, der mit einer Zahntiefe von mindestens 6 mm abgekämmt werden kann.
19. Sinterschichten sind Bindemittelanreicherungen an der Oberfläche, die besonders hart und spröde sind sowie eine geringe Benetzbarkeit und eine geringe Oberflächenfestigkeit aufweisen.
20. Verformungsarten sind Schwinden, Kriechen, Quellen, Aufwölben, Aufschüsseln.
21. Die Verformung des Untergrundes sollte nur begrenzt oder bereits abgeschlossen sein. Das Aufbringen des Belages sollte möglichst spät erfolgen.
22. Für Anhydritestrich ist kein Mindestalter in Tagen angegeben; für Zementestrich sind es 28 Tage.
23. Die Feuchtegehalte sind höchstens: AE: 0,5 %, Gipsputz: 0,5 %, ZE: 2,0 %.
24. Ein Estrich hat die Belegreife erreicht, wenn die Höchstwerte des Feuchtegehaltes eingehalten oder unterschritten sind.
25. Wandbauplatten aus Gips dürfen nicht durch Feuchte beansprucht werden; sie dürfen nicht gespachtelt sein. Eine Grundierung ist erforderlich.
26. Gipskartonplatten dürfen nicht durch Feuchte beansprucht werden. Eine Grundierung wird empfohlen.
27. Druckfestigkeit mindestens 15 N/mm^2, Dicke mindestens 25 mm, keine Beanspruchung durch Feuchte; Schleifen, Absaugen und Grundieren nach Angaben des Produktherstellers
28. Inaugenscheinnahme, Kratzprüfung, Benetzungsprüfung, Wischprüfung, Klopfprüfung
29. Einrichten der Baustelle, Messen für die Ausführung oder Abrechnung, Einteilen, Untergrund überprüfen, Gerüste erstellen, Reinigen des Untergrundes, Aufbringen von Haftbrücken oder Ausgleichsschichten, Vergießen und Verdübeln von Scheinfugen
30. Vorarbeiten können als Nebenleistungen (der Aufwand wird in die Gemeinkostensätze einkalkuliert), als Besondere Leistungen (der Aufwand wird im Leistungsverzeichnis oder im Nachtrag ausgeschrieben und nach Positionen abgerechnet) oder als Stundenlohnarbeiten abgerechnet werden.

2.4 Putz in Feuchträumen

2.4.1 Stichworte zum Thema

- Putzarten in Feuchträumen
- Gipsputz in einem Wohnungsbad
- Rückdurchfeuchtung des Putzes
- Putzprofile bei Gipsputz

2.4.2 Regelwerke

DIN 18550-1	Putz; Begriffe und Anforderungen
VOB/C ATV DIN 18350	Putz- und Stuckarbeiten
ZDB-Merkblatt	Putz und Trockenbau in Feuchträumen mit Bekleidungen aus keramischen Fliesen und Platten aus Naturwerksteinen (siehe S. 75)

Wesentliche Inhalte des Merkblattes

Feuchtigkeitsbeanspruchungsklassen
Anforderungen an Putze und Untergründe
Verarbeitungshinweise
Putzarten
Abdichtung

2.4.3 Fall aus der Praxis

Ein Wohnungsbad wurde mit Gipsputz verputzt.
Der Fliesenleger soll darauf eine Bekleidung aus keramischen Fliesen aufbringen.

- Welche Feuchtigkeitsbeanspruchungsklasse liegt vor?
- Ist der vorhandene Putzuntergrund geeignet?
- Sind Abdichtungsmaßnahmen erforderlich?
- Wie verhalten Sie sich, wenn im Leistungsverzeichnis davon nichts erwähnt ist?

Lösung

Bei einem Wohnungsbad ohne Bodeneinlauf, mit Badewanne oder Duschtasse, handelt es sich um die Feuchtigkeitsbeanspruchungsklasse I.

Gipsputz kann als Untergrund für die Aufnahme von Fliesen und Platten in häuslichen Bädern eingesetzt werden, wenn folgende Voraussetzungen erfüllt werden:

- Es sind Putzprofile aus Edelstahl zu verwenden.
- Gipsputze müssen ausreichend trocken sein.

Abb. 2.35: Vorbereitung des Untergrundes in Feuchträumen

Eine Abdichtung im Verbund ist erforderlich. Sie schützt den Untergrund vor nutzungsbedingter Durchfeuchtung. Das Problem der Rückdurchfeuchtung ist zu beachten.

Ebenso ist auf eine fachgerechte Abdichtung der Durchdringungen (Installationen, Sanitärgegenstände) zu achten.

Der Fliesenleger sollte auf die erforderlichen Abdichtungsmaßnahmen in einem Nachtrag hinweisen und die entsprechenden Leistungen anbieten.

2.4.4 Abdruck von Regelwerken

Merkblatt Putz und Trockenbau in Feuchträumen mit Bekleidungen aus keramischen Fliesen und Platten oder Naturwerksteinen
siehe S. 75

Merkblatt

PUTZ UND TROCKENBAU IN FEUCHTRÄUMEN MIT BEKLEIDUNGEN AUS KERAMISCHEN FLIESEN UND PLATTEN ODER NATURWERKSTEINEN

Mai 2001

Rudolf Müller

FACHBEREICH AUSBAU

im Zentralverband des Deutschen Baugewerbes

Herausgeber:

FACHBEREICH AUSBAU
IM ZENTRALVERBAND DES DEUTSCHEN BAUGEWERBES E.V.,
BERLIN

Mitherausgeber:

DEUTSCHER
STUCKGEWERBEBUND

im Zentralverband des Deutschen Baugewerbes

FACHVERBAND
DEUTSCHES
FLIESENGEWERBE
im Zentralverband des Deutschen Baugewerbes

Alleinverkauf durch die Servicestelle des Fachverbandes Deutsches Fliesengewerbe:
Verlagsgesellschaft Rudolf Müller GmbH & Co. KG, Postfach 41 09 49, 50869 Köln,
Telefon (02 21) 54 97-112, Fax (02 21) 54 97-130, www.rudolf-mueller.de

Inhaltsverzeichnis

1 Einleitung

Werden verputzte Wände oder Trockenbaukonstruktionen in Feuchträumen mit keramischen Fliesen und Platten oder Naturwerksteinen bekleidet, sind die folgenden Hinweise zu beachten:

2 Technische Richtlinien

Feuchtigkeitsbeanspruchungsklassen

Feuchtigkeitsbeanspruchungsklasse I
Die Beanspruchung wirkt nur zeitweise und kurzfristig gegen Spritzwasser.

Anwendungsbeispiele:

- Bäder ohne Bodeneinlauf
- Bäder mit Duschtasse/mit Badewanne

Feuchtigkeitsbeanspruchungsklasse II
Beanspruchung längerfristig bis ständig mit Wasserbeaufschlagung, jedoch nicht stauend.

Anwendungsbeispiele:

- Duschen ohne Duschtassen
- Sanitärräume im öffentlichen und gewerblichen Bereich mit Bodenabläufen

Feuchtigkeitsbeanspruchungsklasse III
Feuchtigkeitsbeanspruchte Bauteile im Außenbereich.

Anwendungsbeispiel:

- Balkone und Terrassen ohne Dämmschichten sowie angrenzende Gebäudesockel.

Feuchtigkeitsbeanspruchungsklasse IV
Beanspruchung längerfristig bis ständig mit Wasserbeaufschlagung, jedoch nicht stauend. Ferner bei Einwirkung von aggressiven Medien, aggressiven Reinigungsmitteln und/oder hoher mechanischer Belastung.

Anwendungsbeispiele:

- Gewerbliche Küchen
- Spülräume und Nasstherapien
- Industrielle Bereiche, z. B. Lebensmittelbereich, Brauereien, Molkereien, Schlachtereien, Fischverarbeitung etc. (jedoch keine Anlagen im Sinne § 19 Wasserhaushaltsgesetz).

Innenwand-, Innendeckenputze

Die DIN 18550-1 – Putz, Begriffe, Anforderungen – Nr. 4.2.3.3 führt zu Innenwand- und Innendeckenputz in Feuchträumen aus:

„Innenwand- und Innendeckenputze für Feuchträume müssen gegen langzeitig einwirkende Feuchtigkeit beständig sein. Daher scheiden für diese Putzanwendungen Putzsysteme unter Verwendung von Mörteln mit Baugips nach DIN 1168 Teil 1 und Anhydritbinder nach DIN 4208 aus; für häusliche Küchen und Bäder[1] sind solche Putzsysteme jedoch geeignet.

Wandbekleidungen und Beläge auf dem Putz, wie keramische Fliesen, die einer direkten Wasserbelastung, z. B. in Duschkabinen und im Wannenbereich, ausgesetzt sind, können besondere Maßnahmen erforderlich machen."

[1] *siehe Feuchtigkeitsbeanspruchungsklasse I*

Trockenbaukonstruktionen

Trockenbaukonstruktionen sind entsprechend der Schrift des Bundesarbeitskreises Trockenbau (BAKT) „Bäder im Trockenbau" auszuführen.

3 Untergrundvoraussetzungen

Der Putzgrund muss ausreichend trocken und zum Verputzen geeignet sein. Untergründe, die feucht sind oder bei denen die Gefahr der Rückdurchfeuchtung besteht, müssen mit Mörteln der PG II oder PG III verputzt werden. Die Rückdurchfeuchtung kann bei Gipsputzen zur Gefügezerstörung führen. Der Haftverbund zwischen Abdichtung und Putzuntergrund wird hierdurch gemindert. Es kommt zur Ablösung des Fliesen/Plattenbelages.

4 Verarbeitungshinweise

Unterputze

Alle Unterputze unter Bekleidungen aus keramischen Fliesen oder Platten und Naturwerksteinen sind mit der Richtlatte scharf abzuziehen. Die Oberfläche muss rau bleiben und darf nicht gefilzt oder geglättet werden. Um ein ordnungsgemäßes Ansetzen der Fliesen oder Platten zu ermöglichen, sollten erhöhte Anforderungen an die Ebenheit des Unterputzes vertraglich vereinbart werden.

Profile

Um erhöhte Anforderungen zu erreichen, können Unterputzprofile vor dem Putzauftrag gesetzt werden. Das Setzen von Unterputzprofilen stellt nach VOB/C DIN 18350 Putz- und Stuckarbeiten Nr. 4.2.24 eine besonders zu vergütende Leistung dar.

Grundsätzlich sind Unterputz- und Eckprofile in Feuchträumen (mit Ausnahme von häuslichen Küchen und WC) in Edelstahl einzubauen. Sendzimirverzinkte/feuerverzinkte Produkte dürfen nur verwendet werden, wenn sie nach Fertigstellung des Unterputzes wieder entfernt werden. Sämtliche Putzprofile sind materialgleich, wie der später ausgeführte Unterputz, zu setzen.

Trockenbau

Die Ausführung muss entsprechend der BAKT-Schrift „Bäder im Trockenbau" erfolgen.

5 Putzarten

Kalkzementputz P II
Im Dusch- und Wannenbereich (Feuchtigkeitsbeanspruchungsklassen I und II) soll ein Unterputz aus Kalkzementmörtel verwendet werden. In Schwimmbädern oder in Räumen der Feuchtigkeitsbeanspruchungsklassen III und IV mit hoher Wasserbelastung ist Kalkzementputz nicht geeignet.

Kalkzement-Leichtputz P II

Diese Putze sind bei bestimmten Untergründen, wie z. B. porosierten Hochlochziegeln, erforderlich. In Schwimmbädern oder in Räumen der Feuchtigkeitsbeanspruchungsklassen III und IV mit hoher Wasserbelastung ist Kalkzement-Leichtputz nicht geeignet.

Zementputz P III

In Räumen der Feuchtigkeitsbeanspruchungsklassen III und IV ist Zementputz zu verwenden. In Räumen der Feuchtigkeitsbeanspruchungsklassen I und II kann auch Zementputz verwendet werden. Beim Verputzen mit Zementputz ist darauf zu achten, dass der vorhandene Putzgrund die Druckfestigkeitsklasse > 6 aufweist.

Gipsputz P IV

Gipsputz kann für Feuchträume der Feuchtigkeitsbeanspruchungsklasse I auch als Untergrund für die Aufnahme von keramischen Fliesen und Platten oder Naturwerksteinen in häuslichen Bädern verwendet werden, wenn bei der Herstellung folgende Voraussetzungen erfüllt werden:

- Es sind Edelstahlprofile zu verwenden. Sollten keine Edelstahlprofile verwendet werden, sind die verwendeten Putzprofile nachträglich zu entfernen und die entstehenden Schlitze materialgleich zu schließen.
- Zur Aufnahme von Verbundabdichtungen oder Bekleidungen aus keramischen Fliesen und Platten oder Naturwerksteinen müssen Gipsputze ausreichend trocken sein. Untergrundvoraussetzungen nach Nr. 2 sind zu beachten.

6 Abdichtungen

Bekleidungen oder Beläge aus keramischen Fliesen und Platten oder Naturwerksteinen sind feuchtigkeitsbeständig und wasserabweisend, jedoch bedingt durch jede Art der Verfugung in jedem Fall so wasserdurchlässig, dass sie stets eine Abdichtung erfordern. Abdichtungen im Verbund mit keramischen Fliesen und Platten oder Naturwerksteinen schützen Untergründe vor nutzungsbedingter Durchfeuchtung.

Selbst bei sorgfältigster Ausführung der Stuckateur- und Fliesenarbeiten ist bei der Installationsfertigmontage auf eine fachgerechte Abdichtung der Durchdringung zu achten. Das Befestigen von Sanitärgegenständen, z. B. Haltestangen, Seifenschalen u. Ä. durch die Fliesen und die Abdichtung ist nur mit zusätzlichen Abdichtungsmaßnahmen zulässig.

2.4.5 Fragen

Anmerkung: Für den Begriff »Feuchtigkeitsbeanspruchungsklasse« wird die Abkürzung FBK verwendet.

1. Welche Informationen gibt die Einteilung der Feuchtigkeitsbeanspruchungsklassen (FBK)?
2. Welche und wie viele FBK werden unterschieden?
3. Wie wird die FBK I erklärt?
4. Geben Sie Anwendungsbeispiele für die FBK I!
5. Wie wird die FBK II erklärt?
6. Geben Sie Anwendungsbeispiele für die FBK II!
7. Wie wird die FBK III erklärt?
8. Geben Sie Anwendungsbeispiele für die FBK III!
9. Wie wird die FBK IV erklärt?
10. Geben Sie Anwendungsbeispiele für die FBK IV!
11. Welche Eigenschaften werden von Innenputzen für Feuchträume gefordert?
12. Welche Putze sind für Feuchträume ungeeignet?
13. Welche Ausnahmen gibt es von der in Antwort 12 gegebenen Regel?
14. Welche Voraussetzungen sind bei der Verwendung von Gipsputz als Untergrund für Fliesen und Platten in häuslichen Bädern (FBK I) zu erfüllen?
15. Wie ist bei Untergründen, die feucht sind oder bei denen die Gefahr der Rückdurchfeuchtung besteht, zu verfahren?
16. Welches sind die Einsatzgebiete von Kalkzementputz P II?
17. Wo ist Kalkzementputz P II nicht geeignet?
18. Wo sind Zementputze P III zu verwenden?
19. Welche Voraussetzungen müssen bei der Verwendung von Zementputzen P III erfüllt sein?
20. Welche feuchtigkeitsbezogenen Eigenschaften besitzen Bekleidungen und Beläge aus Fliesen und Platten?
21. Welche Aussage kann über die Wasserdurchlässigkeit von Bekleidungen und Belägen aus Fliesen und Platten gemacht werden?
22. Welche Aufgaben haben Abdichtungen im Verbund mit Fliesen und Platten?
23. Worauf ist bei Durchdringungen der abgedichteten Flächen durch Installationen zu achten?
24. Wie sind Befestigungen von Sanitärgegenständen, z. B. Haltestangen, Duschstangen, Seifenschalen, zu behandeln?
25. Wie können Befestigungen von Sanitärgegenständen zusätzlich abgedichtet werden?

2.4.6 Antworten

Anmerkung: Für den Begriff »Feuchtigkeitsbeanspruchungsklasse« wird die Abkürzung FBK verwendet.

1. Länge und Intensität der Beanspruchung eines Bauteils durch Feuchtigkeit
2. Es werden vier FBK unterschieden: FBK I, II, III, IV.
3. FBK I: Die Beanspruchung wirkt nur zeitweise und kurzfristig gegen Spritzwasser.
4. FBK I: Bäder ohne Bodeneinlauf, Bäder mit Duschtasse, mit Badewanne
5. FBK II: Beanspruchung längerfristig bis ständig mit Wasserbeaufschlagung, jedoch nicht stauend
6. FBK II: Duschen ohne Duschtassen, Sanitärräume im öffentlichen und gewerblichen Bereich mit Bodenabläufen
7. FBK III: feuchtigkeitsbeanspruchte Bauteile im Außenbereich
8. FBK III: Balkone und Terrassen ohne Dämmschichten sowie angrenzende Gebäudesockel
9. FBK IV: Beanspruchung längerfristig bis ständig mit Wasserbeaufschlagung, jedoch nicht stauend; ferner bei Einwirkung von aggressiven Medien, aggressiven Reinigungsmitteln und/oder hoher mechanischer Belastung
10. FBK IV: gewerbliche Küchen, Spülräume und Nasstherapien, industrielle Bereiche, z. B. Lebensmittelbereich, Brauereien, Molkereien, Schlachtereien, Fischverarbeitung etc.
11. Innenputze für Feuchträume müssen gegen langzeitig einwirkende Feuchtigkeit beständig sein.
12. Putze aus Gips und Anhydritbinder
13. Gipsputz kann für Feuchträume der FBK I – häusliche Bäder – als Untergrund für Fliesen und Platten verwendet werden.
14. Putzprofile sollen aus Edelstahl sein. Putzprofile, die nicht aus Edelstahl bestehen, sollten nachträglich wieder entfernt werden.
    Im Dusch- und Wannenbereich ist eine Verbundabdichtung erforderlich. Zur Aufnahme von Verbundabdichtungen oder Bekleidungen aus Fliesen und Platten müssen Gipsputze ausreichend trocken sein. Eine Rückdurchfeuchtung muss ausgeschlossen werden können.
15. Es sind Putze der Mörtelgruppen P II (Kalkzementputz) oder P III (Zementputz) zu verwenden.
16. Unterputz im Dusch- und Wannenbereich der FBK I und II
17. In Schwimmbädern oder in Räumen der FBK III und IV mit hoher Wasserbelastung
18. In Räumen der FBK III und IV; Zementputz kann auch in Räumen der FBK I und II verwendet werden
19. Der vorhandene Putzgrund muss die Druckfestigkeitsklasse > 6 aufweisen.
20. Solche Beläge sind feuchtigkeitsbeständig und Wasser abweisend.
21. Solche Beläge sind in jedem Fall so wasserdurchlässig, dass sie stets eine Abdichtung erfordern.
22. Sie schützen die Untergründe vor nutzungsbedingter Durchfeuchtung.
23. Es ist auf eine fachgerechte Abdichtung der Durchdringungen zu achten.
24. Sie sind nur mit zusätzlichen Abdichtungsmaßnahmen zulässig.
25. Die zusätzliche Abdichtung kann durch die Verwendung von Abdichtungsmassen, z. B. Silikonkautschuk, erfolgen.

2.5 Ansetzen und Verlegen im Dickbett und Dünnbett

2.5.1 Stichworte zum Thema

- Ansetzen und Verlegen im Dünnbett oder Dickbett
- fachgerechter Mörtel, korrekte Mörtelbettdicke für das Dickbettverfahren
- geeigneter Dünnbettmörtel oder Klebstoffe für das Dünnbettverfahren
- Zusammenhang von Zahntiefe, Mörteldicke, Hohlraumfreiheit beim Dünnbettverfahren
- geeignete Fugmörtel, Arbeitstechnik beim Ausfugen
- Begriffsbestimmungen und Fachterminologie in der Fachsprache des Fliesenlegers

2.5.2 Regelwerke

ATV DIN 18352	Fliesen- und Plattenarbeiten, Abschnitt 3: Ausführung (siehe S. 38)
DIN EN 12004	Mörtel und Klebstoffe für Fliesen und Platten, Definitionen und Spezifikationen
DIN 18157-1 bis 3	Ausführung keramischer Bekleidungen im Dünnbettverfahren

Weitere Werkstoffnormen Mörtel und Klebstoff für Fliesen und Platten siehe Kapitel 2.5.4 Bausteine

Wesentliche Inhalte der DIN 18352 Abschnitt 3

Allgemeines
Ansetzen und Verlegen im Dickbett
Ansetzen und Verlegen im Dünnbett
Fugen
Terminologie

2.5.3 Fall aus der Praxis

Ein Fliesenleger führt vor Beginn seiner Fliesenarbeiten im Dünnbett die 6 erforderlichen Prüfungen durch.

Beschreiben Sie ausführlich den Ablauf der 6 Prüfungen, das erforderliche Gerät und die möglichen Ergebnisse.

Lösung

Die 6 durchzuführenden Prüfungen sind: Inaugenscheinnahme, Kratzprüfung, Benetzungsprüfung, Wischprüfung, Klopfprüfung, Feuchtigkeitsmessung.

a) Inaugenscheinnahme

Es ist eine Selbstverständlichkeit, dass der Fliesenleger die Baustellenverhältnisse, insbesondere die Untergründe für seine Bekleidungen und Beläge, in Augenschein nimmt. Dabei stellt er fest: Art und Zustand, Oberfläche, Farbe, Verfärbungen, Verunreinigungen, Rauheit, Risse, Bewegungsfugen, Scheinfugen, Randstreifen, …

b) Kratzprüfung

Sie ist bei Zementestrichen, Calciumsulfatestrichen, Zementputzen, Gipsputzen und Beton durchzuführen. Die Geräte sind ein Messer oder ein Gitterritzprüfgerät. Dieses besteht aus zwei Teilen: Schablone und Gravierstift, der auf drei Härtestufen einstellbar ist:

Abb. 2.36: oben: Verlegen im Dickbett, unten: Ansetzen im Dünnbett

- Stufe 1: Last von 9 N — Prüfung von Estrichen für den normalen Wohnbereich und Wände
- Stufe 2: Last von 18 N — Prüfung von Estrichen in öffentlichen Gebäuden, Schulen und Büros u. Ä.
- Stufe 3: Last von 27 N — Prüfung von Estrichen für hoch belastete Böden im Industriebereich

Handhabung: Mit dem Gravierstift werden mithilfe der Schablone 3 Ritzlinien gezogen. Dann wird die Schablone um 40 bis 60° gedreht und das Ritzen wiederholt, so dass sich ein Rautenmuster ergibt.

Beurteilung: Anhand der Größe und Form der Aufbrüche links und rechts entlang der Ritzlinien und der Kreuzungsstellen kann erkannt werden, ob der Untergrund homogen ist, ob er Sinterschichten oder nicht tragfähige Zonen aufweist.

c) Benetzungsprüfung

Sie ist bei Beton, Zementputz, Gipsputz, Zementestrich und Calciumsulfatestrich durchzuführen. Erforderlich ist eine mit Wasser gefüllte Sprühflasche. Damit wird auf den Untergrund gesprüht.

Beurteilung: Wird das aufgesprühte Wasser in relativ kurzer Zeit vom Untergrund aufgenommen, kann man davon ausgehen, dass es sich um einen saugfähigen, geeigneten Untergrund handelt. Perlt das Wasser ab, so kann dies ein Hinweis auf Schalölreste, Fette, Sinterschichten sein.

d) Wischprüfung

Sie ist bei Beton, Zementputz, Gipsputz, Zementestrich und Calciumsulfatestrich durchzuführen. Man wischt mit einem Tuch, einem trockenen Schwamm oder einfach mit der Hand oder den Fingern über die Fläche.

Beurteilung: Verbleiben Rückstände in Form von Staub oder Sandabrieselungen, so ist davon auszugehen, dass der Untergrund in seiner Randzone minderfest ist oder dass Verunreinigungen durch die vorhergehenden Gewerke vorhanden sind.

e) Klopfprüfung

Sie ist bei Beton, Zementputz, Gipsputz, Zementestrich und Calciumsulfatestrich durchzuführen. Mit einem mittelgroßen Hammer wird der Untergrund durch leichtes Klopfen abgetastet. Mit dem Hohlstellensuchgerät wird über die Fläche gefahren.

Beurteilung: Dumpfer Klang weist auf Hohlstellen hin, heller Klang wird durch feste Stellen erzeugt.

f) Feuchtigkeitsmessung

Sie ist bei Beton, Zementputz, Gipsputz, Zementestrich und Calciumsulfatestrich durchzuführen. Für grobe Anhaltspunkte kann ein elektrisches Feuchtemessgerät benutzt werden. Für genaue Messungen wird ein CM-Messgerät benötigt. Dabei ist die Gebrauchsanweisung des jeweiligen Herstellers zu beachten.

Beurteilung: Es sind folgende Werte der Restfeuchte zulässig:

- bei zementgebundenen Untergründen wie Zementestrichen ≤ 2,0 CM-%
- bei unbeheizten Calciumsulfatestrichen ≤ 0,5 CM-%
- bei beheizten Calciumsulfatestrichen ≤ 0,3 CM-%
- bei Gipsputzen ≤ 1,0 CM-%

2.5.4 Bausteine

Die Fachregeln für das Ansetzen und Verlegen im *Dickbett* sind kurz zusammengefasst in der ATV DIN 18352 Fliesen- und Plattenarbeiten, Abschnitt 3 Ausführung. Hier findet man auch einige Angaben über Fugen.

Weitere schriftlich festgelegte Fachregeln, z. B. Normen oder Merkblätter über das Dickbett- oder Mörtelverfahren, gibt es nicht.

Trotzdem kann von der zum Teil mündlich oder praktisch weitergegebenen Technik dieser Ansetz- und Verlegeart als anerkannte Regel der Technik gesprochen werden. Schließlich handelt es sich um die traditionelle Arbeitsweise, die heute noch von jedem Prüfling bei der Gesellenprüfung oder Meisterprüfung verlangt wird.

Anders verhält es sich bei dem *Dünnbett*verfahren.
Es wurden schon relativ früh folgende Normen aufgestellt:

DIN 18156-1 bis 4 Stoffe für keramische Bekleidung im Dünnbettverfahren
DIN 18157-1 bis 3 Ausführung keramischer Bekleidung im Dünnbettverfahren

DIN 18156-1 wurde durch die
DIN EN 1322 Mörtel und Klebstoffe für Fliesen und Platten – Definition und Begriffsbestimmung

ersetzt. Auch diese Norm hat in der Zwischenzeit ihre Gültigkeit verloren und wurde durch die DIN EN 12004 ersetzt.

In den letzten Jahren wurden zahlreiche weitere europaweit gültige Werkstoffnormen veröffentlicht:

DIN EN 1308	Mörtel und Klebstoffe für Fliesen und Platten – Bestimmung des Abrutschens
DIN EN 1323	Mörtel und Klebstoffe für Fliesen und Platten – Betonplatten
DIN EN 1324	Mörtel und Klebstoffe für Fliesen und Platten – Bestimmung der Haftfestigkeit von Dispersionsklebstoffen für innen
DIN EN 1346	Mörtel und Klebstoffe für Fliesen und Platten – Bestimmung der offenen Zeit
DIN EN 1347	Mörtel und Klebstoffe für Fliesen und Platten – Bestimmung der Benetzungsfähigkeit
DIN EN 1348	Mörtel und Klebstoffe für Fliesen und Platten – Haftfestigkeit zementhaltiger Mörtel für innen und außen
DIN EN 12002	Mörtel und Klebstoffe für Fliesen und Platten – Bestimmung der Verformung zementhaltiger Mörtel und Fugen
DIN EN 12003	Mörtel und Klebstoffe für Fliesen und Platten – Bestimmung der Scherfestigkeit von Reaktionsharz-Klebstoffen
DIN EN 12004	Mörtel und Klebstoffe für Fliesen und Platten – Definitionen und Spezifikationen
DIN EN 12808-1	Klebstoffe und Fugenmörtel für Fliesen und Platten – Bestimmung der Chemikalienbeständigkeit von Reaktionsharzmörteln
DIN EN 12808-2	Klebstoffe und Fugenmörtel für Fliesen und Platten – Bestimmung der Abriebbeständigkeit
DIN EN 12808-3	Klebstoffe und Fugenmörtel für Fliesen und Platten – Bestimmung der Biege- und Druckfestigkeit
DIN EN 12808-4	Klebstoffe und Fugenmörtel für Fliesen und Platten – Bestimmung der Schwindung
DIN EN 12808-5	Klebestoffe und Fugenmörtel für Fliesen und Platten – Bestimmung der Wasseraufnahme
DIN EN 13888	Fugenmörtel für Fliesen und Platten – Definitionen und Festlegungen

Definitionen und Begriffsbestimmungen für Mörtel und Klebstoffe für Fliesen und Platten aus DIN EN 12004 (Auszug)

3 Begriffe

Für die Anwendung dieser Norm gelten die folgenden Begriffe:

3.1 Allgemeines

3.1.1 Dünnbettverfahren: Verfahren zur Verarbeitung von Fliesen oder Platten auf einer ebenen Ansetz- bzw. Verlegefläche mit einem Mörtel oder Klebstoff. Der Auftrag des Mörtels oder Klebstoffes erfolgt im Allgemeinen mit einer Glättkelle in einer einheitlichen Schicht und durch anschließendes Abkämmen mit einem Kammspachtel.

3.1.2 Ansetz- bzw. Verlegefläche: ebene, tragfähige Oberfläche, auf welcher die Fliesen oder Platten verarbeitet werden.

3.1.3 Fliesen und Platten für Bodenbeläge und Wandbekleidungen: keramische Fliesen und Platten (siehe EN 87) oder Natur- und Betonwerksteine

3.2 Produkte

3.2.1 Zementhaltiger Mörtel (C): Gemisch aus hydraulischen Bindemitteln, Zuschlägen und organischen Zusätzen. Der Mörtel wird kurz vor Gebrauch mit Wasser oder flüssigen Zusatzmitteln angemischt.

3.2.2 Dispersionsklebstoff (D): Gemisch aus organischem Bindemittel in Form einer wässrigen Polymerdispersion, organischen Zusätzen und mineralischen Füllstoffen. Das Gemisch ist gebrauchsfertig.

3.2.3 Reaktionsharzklebstoff (R): Gemisch aus synthetischem Harz, mineralischen Füllstoffen und organischen Zusätzen, bei dem die Aushärtung durch eine chemische Reaktion erfolgt. Reaktionsharzklebstoffe sind ein- oder mehrkomponentig erhältlich.

3.3 Werkzeuge und Arbeitsverfahren

3.3.1 Kammspachtel: gezahntes Werkzeug, das die Herstellung gleichmäßig dicker, gerillter Auftragsschichten aus Mörtel oder Klebstoff auf der Ansetz- bzw. Verlegefläche und/oder der Rückseite der Fliese oder Platte ermöglicht.

3.3.2 Einseitiges Auftragen, »Kammspachtel« oder »Floating-Verfahren«: Der Mörtel oder Klebstoff wird nur auf die Ansetz- bzw. Verlegefläche aufgetragen, wozu üblicherweise eine Glättkelle verwendet wird, um eine gleichmäßige Auftragsschicht zu erhalten. Anschließend wird der Mörtel oder Klebstoff mit einem Kammspachtel (siehe 3.1.1) abgekämmt. Danach werden die Fliesen oder Platten angesetzt bzw. verlegt, bevor Hautbildung auf der Oberfläche des Mörtels oder Klebstoffs eintritt.

3.3.3 Beidseitiges Auftragen, »Kombiniertes Verfahren«: Der Klebstoff wird sowohl auf die Ansetz- bzw. Verlegefläche als auch auf die Rückseite der Fliesen bzw. Platten aufgetragen. Die Gesamtdicke der beiden zusammengefügten Schichten überschreitet nicht die empfohlene Höchstdicke. Im Anschluss an das Auftragen werden die Fliesen oder Platten angesetzt bzw. verlegt, bevor Hautbildung auf der Oberfläche des Klebstoffs eintritt.

3.4 Anwendungseigenschaften

3.4.1 Lagerfähigkeit: Lagerdauer unter festgelegten Bedingungen, während der ein Mörtel oder Klebstoff seine Verabeitungseigenschaften beibehält

3.4.2 Reifezeit: Zeitspanne, die ein zementhaltiger Mörtel nach dem Anmischen benötigt, um verarbeitungsfertig zu sein

3.4.3 Topfzeit: maximale Zeitspanne, während der der Mörtel oder Klebstoff nach dem Anmischen verarbeitet werden kann

3.4.4 Offene Zeit: maximale Zeitspanne nach dem Auftragen der Mörtel- oder Klebstoffschicht, innerhalb der die Fliesen oder Platten in den aufgetragenen Mörtel bzw. Klebstoff eingelegt werden können und die festgelegten Anforderungen an die Haftfestigkeit erfüllt werden. Die offene Zeit wird nach EN 1346 gemessen.

3.4.5 Benetzungsfähigkeit: Vermögen einer abgekämmten Mörtel- oder Klebstoffschicht, die Fliese oder Platte zu benetzen. Die Benetzungsfähigkeit wird nach EN 1347 gemessen.

3.4.6 Abrutschen: Abwärtsbewegung einer auf einer abgekämmten Mörtel- oder Klebstoffschicht angesetzten Fliese oder Platte an einer senkrechten oder geneigten Oberfläche. Das Abrutschen wird nach EN 1308:1996 gemessen.

3.4.7 Korrigierzeit: maximale Zeitspanne, innerhalb der eine Fliese oder Platte nach dem Ansetzen bzw. Verlegen in der Mörtel- oder Klebstoffschicht ohne wesentliche Verminderung der Haftfähigkeit in ihrerLage korrigiert werden kann

3.5 Eigenschaften nach dem Erhärten

3.5.1 Haftfestigkeit: Kraft pro Flächeneinheit, die im Scher- oder Zugversuch gemessen werden kann. Sie wird, je nach Mörtel- oder Klebstofftyp, nach EN 1348:1997, EN 1324 bzw.12003:1997 gemessen.

3.5.2 Verformbarkeit: Vermögen eines ausgehärteten Mörtels oder Klebstoffs, durch Spannungen zwischen der Fliese oder Platte und dem Untergrund verformt zu werden, ohne dass eine Schädigung der Belegfläche auftritt.

3.5.3 Durchbiegung: die in der Mitte eines ausgehärteten Mörtel- oder Klebstoffstreifens gemessene Durchbiegung, wenn dieser einer 3-Punkt-Belastung ausgesetzt ist. Sie ermöglicht, die Verformbarkeit des Mörtels oder Klebstoffs zu bewerten. Die Messung erfolgt nach EN 12002.

3.6 Bruchbilder

3.6.1 Adhäsionsbruch (AF-S oder AF-T): Wenn der Bruch an einer Grenzfläche zwischen Mörtel bzw. Klebstoff und Untergrund auftritt, wird dies mit AF-S bezeichnet, wenn der Bruch zwischen Fliese oder Platte und Mörtel bzw. Klebstoff auftritt, wird die Bezeichnung AF-T gewählt, und in beiden Fällen entsprechen die Prüfwerte der Haftzugfestigkeit (siehe Bild 1 und Bild 2). Der Bruch kann auch zwischen der Fliese oder Platte und der Zuganker-Stahlplatte auftreten. In diesem Fall wird die Bezeichnung BF benutzt, siehe Bild 3, und die Haftfestigkeit ist größer als der Prüfwert. Die Prüfung sollte möglichst wiederholt werden.

3.6.2 Kohäsionsbruch innerhalb des Klebstoffs bzw. Mörtels (CF-A): Wenn der Bruch innerhalb der Mörtel- bzw. Klebstoffschicht eintritt, wird auf Bild 4 verwiesen.

3.6.3 Kohäsionsbruch im Untergrund oder in der Fliese oder Platte (CF-S oder CF-T): Wenn der Bruch innerhalb des Untergrundes auftritt, ist die Bezeichnung CF-S zu benutzen, siehe Bild 5; wenn dies innerhalb der Fliesen oder Platten geschieht, wird die Bezeichnung CF-T gewählt, siehe Bild 6. In diesem Fall ist die Festigkeit des Mörtels bzw. Klebstoffs größer als der Prüfwert.

3.7 Kennwerte

3.7.1 Verbindliche Kennwerte: Kennwerte, die der Mörtel oder Klebstoff unbedingt aufweist

3.7.2 Wählbare Kennwerte

3.7.2.1 Zusätzliche Kennwerte: Kennwerte für bestimmte Anwendungszwecke, bei denen eine höhere Leistungsfähigkeit gefordert wird

3.7.2.2 Besondere Kennwerte: Kennwerte des Mörtels oder Klebstoffs, die weitere Angaben über dessen allgemeine Leistungsfähigkeit liefern

Tabelle 6: **Klassifizierung und Bezeichnung**

Symbol		**Beschreibung**
Typ	**Klasse**	
C	1	Zementhaltiger Mörtel für normale Anforderungen
C	1 F	Schnell erhärtender zementhaltiger Mörtel
C	1 T	Zementhaltiger Mörtel für normale Anforderungen mit verringertem Abrutschen
C	1 F T	Schnell erhärtender zementhaltiger Mörtel mit verringertem Abrutschen
	2	Zementhaltiger Mörtel für erhöhte Anforderungen mit zusätzlichen Kennwerten
C	2 E	Zementhaltiger Mörtel mit verlängerter offener Zeit
C	2 F	Schnell erhärtender zementhaltiger Mörtel für erhöhte Anforderungen mit zusätzlichen Kennwerten
C	2 T	Zementhaltiger Mörtel für erhöhte Anforderungen mit zusätzlichen Kennwerten und verringertem Abrutschen
C	2 T E	Zementhaltiger Mörtel für erhöhte Anforderungen mit zusätzlichen Kennwerten, verringertem Abrutschen und verlängerter offener Zeit
C	2 F T	Schnell erhärtender zementhaltiger Mörtel für erhöhte Anforderungen mit zusätzlichen Kennwerten und verringertem Abrutschen
D	1	Dispersionsklebstoff für normale Anforderungen
D	1 T	Dispersionsklebstoff für normale Anforderungen mit verringertem Abrutschen
D	2	Dispersionsklebstoff für erhöhte Anforderungen mit zusätzlichen Kennwerten
D	2 T	Dispersionsklebstoff für erhöhte Anforderungen mit zusätzlichen Kennwerten und verringertem Abrutschen
D	2 T E	Dispersionsklebstoff für erhöhte Anforderungen mit zusätzlichen Kennwerten, verringertem Abrutschen und verlängerter offener Zeit
R	1	Reaktionsharzklebstoff für normale Anforderungen
R	1 T	Reaktionsharzklebstoff für normale Anforderungen mit verringertem Abrutschen
R	2	Reaktionsharzklebstoff für erhöhte Anforderungen mit zusätzlichen Kennwerten
R	2 T	Reaktionsharzklebstoff für erhöhte Anforderungen mit zusätzlichen Kennwerten und verringertem Abrutschen

Anmerkung: Zusätzliche Bezeichnungen können durch Kombination der Zeichen für die unterschiedlichen Kennwerte hinzugefügt werden.

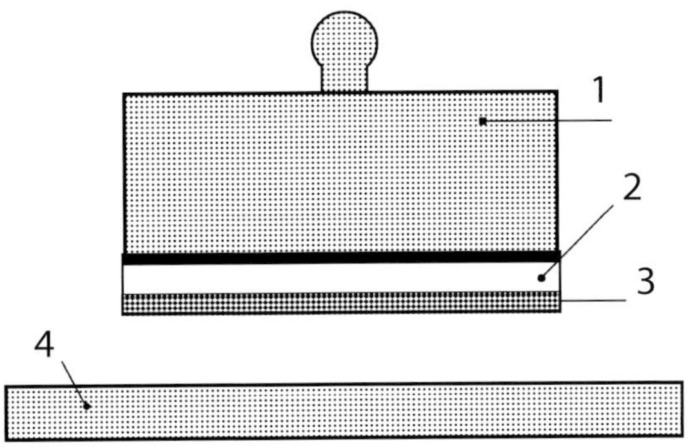

1 Zuganker-Stahlplatte
2 Fliese oder Platte
3 Klebstoff oder Mörtel
4 Untergrund (Betonplatte)

Bild 1: Adhäsionsbruch zwischen Klebstoff oder Mörtel und Untergrund (AF-S)

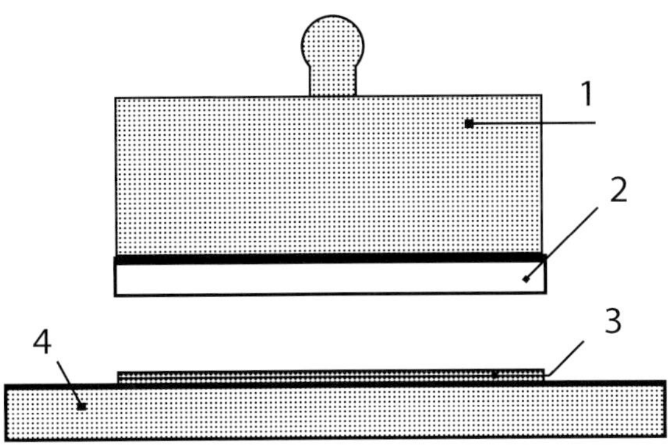

1 Zuganker-Stahlplatte
2 Fliese oder Platte
3 Klebstoff oder Mörtel
4 Untergrund (Betonplatte)

Bild 2: Adhäsionsbruch zwischen Fliese bzw. Platte und Klebstoff oder Mörtel (AF-T)

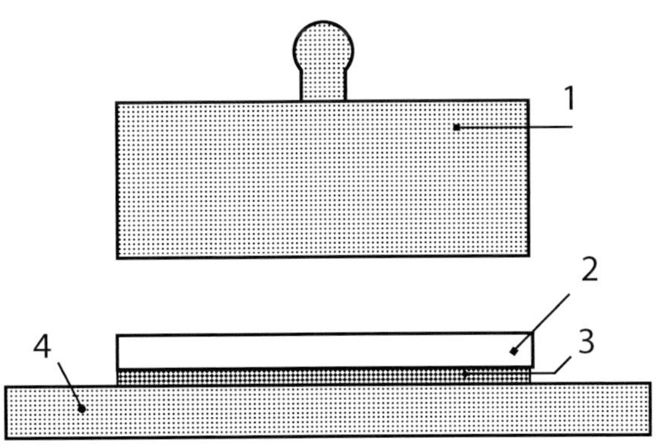

1 Zuganker-Stahlplatte
2 Fliese oder Platte
3 Klebstoff oder Mörtel
4 Untergrund (Betonplatte)

Bild 3: Adhäsionsbruch zwischen Fliese bzw. Platte und Zuganker-Stahlplatte (BF)

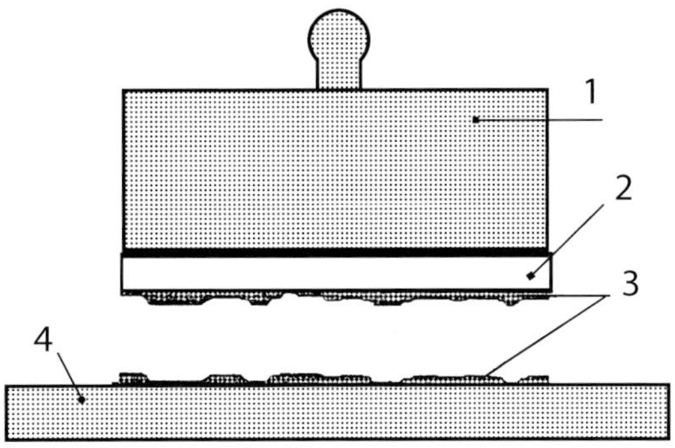

1 Zuganker-Stahlplatte
2 Fliese oder Platte
3 Klebstoff oder Mörtel
4 Untergrund (Betonplatte)

Bild 4: Kohäsionsbruch innerhalb des Klebstoffs oder Mörtels (CF-A)

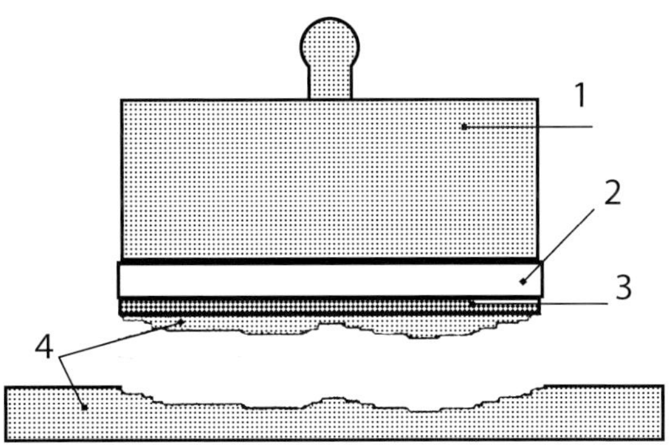

1 Zuganker-Stahlplatte
2 Fliese oder Platte
3 Klebstoff oder Mörtel
4 Untergrund (Betonplatte)

Bild 5: Kohäsionsbruch innerhalb des Untergrundes (CF-S)

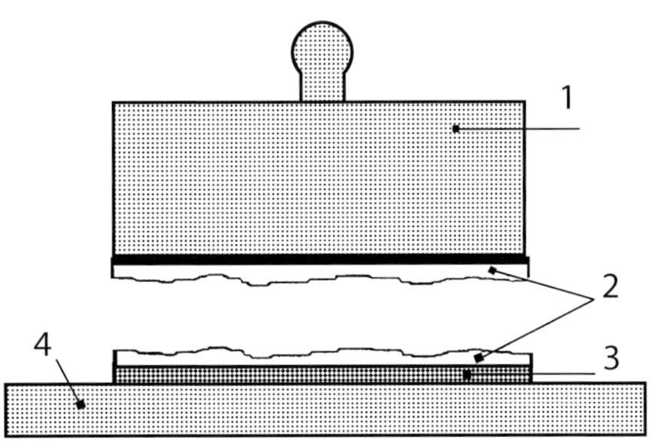

1 Zuganker-Stahlplatte
2 Fliese oder Platte
3 Klebstoff oder Mörtel
4 Untergrund (Betonplatte)

Bild 6: Kohäsionsbruch innerhalb der Fliese bzw. Platte (CF-T)

Tabelle 2.5: **Mindestanforderungen an Mörtel und Klebstoffe nach DIN EN 12004**

Zementhaltige Mörtel	**Dispersionsklebstoffe**	**Reaktionsharzklebstoffe**
verbindlich	verbindlich	verbindlich
Normal erhärtend: Haftfestigkeit nach Trockenlagerung ≥ 0,5 N/mm² Warmlagerung ≥ 0,5 N/mm² Wasserlagerung ≥ 0,5 N/mm² Frost-Tauwechsel-Lagerung ≥ 0,5 N/mm² Offene Zeit ≥ 0,5 N/mm² ≥ 20 min Schnell erhärtend: Frühhaftfestigkeit nach Trockenlagerung ≥ 0,5 N/mm² ≤ 24 hours Offene Zeit ≥ 0,5 N/mm² ≤ 10 min alle anderen Anforderungen bleiben unverändert	Haftfestigkeit nach Trockenlagerung ≥ 1 N/mm² Warmlagerung ≥ 1 N/mm² Offene Zeit ≥ 0,5 N/mm² ≥ 20 min	Haftfestigkeit nach Trockenlagerung ≥ 2 N/mm² Wasserlagerung ≥ 2 N/mm² Offene Zeit ≥ 0,5 N/mm² ≥ 20 min
wählbar	wählbar	wählbar
Speziell: Abrutschen ≤ 0,5 mm Zusätzlich: Hohe Haftzugfestigkeit nach Trockenlagerung ≥ 1 N/mm² Warmlagerung ≥ 1 N/mm² Wasserlagerung ≥ 1 N/mm² Frost-Tauwechsel-Lagerung ≥ 1 N/mm² Verlängerte offene Zeit ≥ 0,5 N/mm² ≥ 30 min Verlängerte offene Zeit ≥ 0,5 N/mm² ≥ 30 min	Speziell: Abrutschen ≤ 0,5 mm Zusätzlich: Haftzugfestigkeit bei erhöhter Temperatur ≥ 1 N/mm² Wasserlagerung ≥ 0,5 N/mm² Verlängerte offene Zeit ≥ 0,5 N/mm² ≥ 30 min	Speziell: Abrutschen ≤ 0,5 mm Chemische Beständigkeit: auf Wunsch Zusätzlich: Haftzugfestigkeit nach Temperaturwechsel ≥ 2 N/mm²

2.5.5 Fragen

1. Wann sollen Fliesen, Platten und Mosaik bei Innenarbeiten angesetzt und verlegt werden?
2. Welche grundsätzliche Regel gilt für alle Arbeiten mit Fliesen und Platten?
3. Nennen Sie die in der ATV vorgeschriebenen Mörtelbettdicken im Dickbett bei Wandbekleidungen, Bodenbelägen auf Trennschicht innen, Bodenbelägen, Bodenbelägen auf Trennschicht außen, Bodenbelägen auf Dämmschicht innen und Bodenbelägen auf Dämmschicht außen!
4. Welche Bindemittel werden in der ATV für Fliesen und Platten, Solnhofener Platten, Natursteinfliesen, Natursteinmosaik und Natursteinriemchen vorgeschrieben?
5. Welche Regel gilt für die Fugen und die Maßtoleranzen der Belagstoffe?
6. Wovon hängt die vorgeschriebene Fugenbreite ab?
7. Nennen Sie die in der ATV vorgeschriebene Fugenbreiten für trockengepresste keramische Fliesen und Platten mit einer Seitenlänge über 10 cm!
8. Welche Fugenbreiten sind für Solnhofener Platten und Natursteinfliesen vorgeschrieben?
9. Welche Arbeitsweise ist für das Verfugen vorgeschrieben?
10. Welches Material soll nach ATV für das Verfugen verwendet werden?
11. Beschreiben Sie die charakteristische Eigenart des Dünnbettverfahrens!
12. Nennen Sie die wichtigsten Normen, in denen die Stoffe für das Dünnbettverfahren geregelt sind!
13. Nennen Sie die Teile dieser Normen!
14. In welcher Norm ist die Ausführung des Dünnbettverfahrens geregelt?
15. Nennen Sie die Teile dieser Normen!
16. Was versteht man unter »Ansetz- und Verlegefläche«?
17. Welche Anforderungen werden an Ansetz- und Verlegeflächen gestellt?
18. Welche Fliesen und Platten eignen sich für das Ansetzen und Verlegen im Dünnbett?
19. Wie setzt sich ein zementhaltiger Dünnbettmörtel zusammen?
20. Nennen Sie andere (nicht genormte) Begriffe für zementhaltige Dünnbettmörtel!
21. Was versteht man unter »zusätzlichen Beimischungen«?
22. Was sind Dispersionsklebstoffe?
23. Was sind Reaktionsharze?
24. Welches ist das in der Fliesentechnik am meisten verwendete Reaktionsharz? Abkürzung!
25. Welche Aufgabe hat eine Grundierung?
26. In welcher Produktform kommen Grundierungen vor?
27. Erklären Sie den Unterschied zwischen Dispersion und Lösung!
28. Welche Arbeitsverfahren kennen Sie beim Dünnbettverfahren?
29. In welchen Fällen wenden Sie den »beidseitigen Auftrag« (früher: kombiniertes Verfahren) an?
30. Wann sollen Fliesen und Platten in das Dünnbett eingelegt werden?

Definieren Sie die folgenden Begriffe!

31. Lagerfähigkeit
32. Reifezeit
33. Topfzeit
34. Offene Zeit
35. Benetzungsfähigkeit
36. Abrutschen
37. Korrigierbarkeit, Korrigierzeit, Nachrichtezeit
38. Haftfestigkeit
39. Verformbarkeit
40. Hautbildung
41. Aufbruch
42. Wie wird der Aufbruch geprüft?
43. Bei welchen Klebern ist die Topfzeit besonders wichtig?
44. Welche Baustellenbedingungen müssen für das Dünnbettverfahren eingehalten werden?
45. Beschreiben Sie das Anmischen des zementhaltigen Dünnbettmörtels!
46. Beschreiben Sie das Auftragen des Dünnbettmörtels!
47. Wovon ist die Zahntiefe der Kammspachtel abhängig?
48. Welche Kleberdicke ist bei einer 8-mm-Zahnung zu erwarten?
49. Wann können Beläge im Dünnbett begangen werden?
50. Wann können Beläge im Dünnbett voll belastet werden?

2.5.6 Antworten

1. Fliesen, Platten und Mosaik sind bei Innenarbeiten erst nach Anbringen von Fenster- und Türzargen, Anschlagschienen, Installationen und Putz anzusetzen oder zu verlegen.
2. Fliesen, Platten und Mosaik sind senkrecht, fluchtrecht und waagerecht oder mit dem angegebenen Gefälle unter Berücksichtigung des angegebenen Höhenbezugspunktes anzusetzen und zu verlegen.
3. Für das Ansetzen und Verlegen im Dickbett sind folgende Mörtelbettdicken in der ATV vorgeschrieben:
   - Wandbekleidungen 15 mm
   - Bodenbeläge 20 mm
   - Bodenbeläge auf Trennschicht innen 30 mm
   - Bodenbeläge auf Trennschicht außen 50 mm
   - Bodenbeläge auf Dämmschicht innen 45 mm
   - Bodenbeläge auf Dämmschicht außen 50 mm
4. In der ATV sind folgende Bindemittel für das Dickbett vorgeschrieben:
   für Fliesen und Platten: Zement nach DIN 1164-1. Nach der neuen Norm DIN 1064 sind das die Arten CEM I oder CEM II; für Solnhofener Platten, Natursteinfliesen, Natursteinmosaik und Natursteinriemchen: Trasszement. Nach der neuen Norm DIN 1064 sind das die Arten CEM II/A-P oder CEM II/B-P.
5. Die Fugen sind gleichmäßig breit anzulegen. Maßtoleranzen der Belagstoffe sind in den Fugen auszugleichen.
6. Die Fugenbreite ist abhängig von der Fliesenart, dem Herstellungsverfahren und der Seitenlänge.
7. Die Fugenbreite für trockengepresste keramische Fliesen und Platten mit einer Seitenlänge über 10 cm ist 2–8 mm.
8. Die vorgegebene Fugenbreite für Solnhofener Platten und Natursteinfliesen ist 2–3 mm.
9. Das Verfugen muss durch Einschlämmen erfolgen.
10. Nach der ATV ist für das Verfugen grauer Zementmörtel zu verwenden. Die heute übliche Arbeitsweise geht jedoch von der Verwendung von fertigem Fugmörtel aus.

11. Verfahren zur Verarbeitung von Fliesen und Platten auf einer ebenen Ansetz- bzw. Verlegefläche mit einem Mörtel oder Klebstoff; der Auftrag des Mörtels oder Klebstoffes erfolgt im Allgemeinen mit einer Glättkelle in einer einheitlichen Schicht und durch anschließendes Abkämmen mit einer Kammspachtel
12. DIN EN 12004 Mörtel und Klebstoffe, Definitionen und Spezifikationen
13. 1 Anwendungsbereich
    2 Normative Verweisungen
    3 Begriffe
    4 Festlegungen
    5 Bewertung und Konformität
    6 Klassifizierung und Bezeichnung
    7 Kennzeichnung und Beschilderung
    Anhang, Bruchbilder
14. DIN 18157
15. DIN 18157-1 Ausführung keramischer Bekleidungen im Dünnbettverfahren; Hydraulisch erhärtende Dünnbettmörtel
    DIN 18157-2 Ausführung keramischer Bekleidungen im Dünnbettverfahren; Dispersionsklebstoff
    DIN 18157-3 Ausführung keramischer Bekleidungen im Dünnbettverfahren; Epoxidharzklebstoff
16. Ebene, tragfähige Oberfläche zur Aufnahme von Fliesen und Platten
17. Ebenflächig, tragfähig, fest, rissfrei; gleichmäßige, geschlossene Oberfläche, frei von haftungsmindernden Stoffen
18. Alle Fliesen und Platten aus Keramik, Naturstein, Betonwerkstein in gleichmäßiger Dicke
19. Hydraulisch abbindende Bindemittel, mineralische Zuschläge, organische Zusätze (Kunststoff)
20. Zementäre Kleber, Pulverkleber, Dünnbettmörtel auf Zementbasis, Fliesenkleber, hydraulisch erhärtender Dünnbettmörtel
21. Verschiedene Komponenten (Flüssigkeiten, Pulver), die untergemischt werden und die die Eigenschaften des Dünnbettmörtels verändern (Haftung, Flexibilität, Dichtigkeit, ...)
22. Organische Bindemittel, organische Zusätze, mineralische Füllstoffe als Dispersion (in Wasser aufgeschlämmt)
23. Synthetische Harze, mineralische Füllstoffe, organische Zusätze
24. Epoxidharz (EP)
25. Verbesserung der Haltbarkeit und der Haftfestigkeit der Ansetz- und Verlegefläche
26. Dispersionen und Lösungen
27. Dispersion: Kunststoffe in Wasser verteilt und aufgeschlämmt; Lösungen: Kunststoffe in Lösungsmittel gelöst
28. Einseitiger Auftrag und beidseitiger Auftrag
29. Der beidseitige Auftrag wird bei erhöhten Anforderungen an die Haftfestigkeit, Belastbarkeit, Hohlraumfreiheit, Wasserdichtigkeit und Frostbeständigkeit angewandt.
30. Fliesen und Platten sollen innerhalb der offenen Zeit, d. h. vor der Hautbildung, in das Dünnbett eingelegt werden.
31. Lagerfähigkeit: Lagerzeit unter festgelegten Bedingungen, während der die Verarbeitbarkeit des Mörtels und Klebstoffes erhalten bleiben soll
32. Reifezeit: Zeitspanne, die ein zementhaltiger Mörtel nach dem Anmachen zum »Reifen«benötigt, um verarbeitungsfähig zu sein
33. Topfzeit: Die maximale Zeitspanne, in welcher der Mörtel oder Klebstoff nach dem Anmischen verarbeitet werden kann.
34. Offene Zeit: maximale Zeitspanne nach dem Auftragen, innerhalb der die Fliesen in Mörtel oder Klebstoff eingebettet werden können und die geforderten Haftfestigkeiten erreicht werden
35. Benetzungsfähigkeit: Eigenschaft des aufgekämmten Mörtels oder Klebstoffs, die Fliesen oder Platten zu benetzen
36. Abrutschen: Fließverhalten einer Fliese nach dem Absetzen auf dem abgekämmten Mörtel oder Klebstoff an einer senkrechten oder geneigten Fläche
37. Korrigierbarkeit: maximale Zeitspanne, in welcher die Fliesen nach dem Ansetzen ohne wesentliche Verminderung der Haftung nachgerichtet werden können
38. Haftfestigkeit: maximale Kraft je Flächeneinheit, die durch Scher- oder Haftzugmessung bestimmt wird
39. Verformbarkeit: Fähigkeit des erhärteten Mörtels, sich bei Spannungen zwischen Fliesen und der Ansetz- und Verlegefläche ohne Verlust der Haftung zu verformen
40. Hautbildung: Haut- oder Filmbildung zeigt den Beginn des Abbindevorgangs – frühestens 10 Minuten nach dem Abkämmen
41. Aufbruch: Kontaktfläche zwischen Mörtel und Fliese (Glasplatte), mindestens 65 % (Regelung aus DIN 18156)
42. Dünnbettmörtel aufbringen, Glasplatte 150 x 150 x 5 mm nach 10 Minuten auflegen, 30 Sekunden lang mit 50 N belasten, Kontaktfläche in % bestimmen
43. Die Beachtung der Topfzeit ist bei Reaktionsharzen, z. B. Epoxidharzklebern, besonders wichtig.
44. Die Temperatur der Baustoffe und Bauteile darf nicht unter 5 °C sein, sie dürfen nicht durchnässt sein, es darf keine direkte Sonneneinstrahlung oder Zugluft herrschen.
45. Der Dünnbettmörtel wird in die vorher bestimmte Menge Wasser gegeben und klumpenfrei bis zur gleichmäßig plastischen Konsistenz gemischt.
46. Der Dünnbettmörtel wird mit der Glättkelle aufgetragen, mit der Kammspachtel unter 45–60 °C abgekämmt und somit in erforderlicher Dicke hergestellt.
47. Die zu wählende Zahntiefe des Kammspachtels ist von der Kantenlänge der Fliesen und Platten abhängig.
48. Eine 8-mm-Zahnung ergibt eine Mörtelbettdicke von etwa 3 mm.
49. Nach DIN 18157 können Beläge im Dünnbett nach 3 Tagen begangen werden. Die Hersteller geben jedoch zum Teil kürzere Zeiten an, die überprüft sind und ohne Risiko eingehalten werden können.
50. Nach DIN 18157 können Beläge im Dünnbett nach 28 Tagen voll belastet werden. Die Hersteller geben jedoch zum Teil kürzere Zeiten an, die überprüft sind und ohne Risiko eingehalten werden können.

2.6 Beläge auf calciumsulfatgebundenen Estrichen

2.6.1 Stichworte zum Thema

- Anwendungsgebiete von calciumsulfatgebundenen Estrichen (CSgE)
- Verhalten des calciumsulfatgebundenen Estrichs bei Feuchtebelastung
- Schutz vor Feuchtebelastung durch Abdichtungsmaßnahmen
- Belegreife
- Prüfungen und Behandlungen der Estrichoberfläche (Vorarbeiten)

2.6.2 Regelwerke

DIN 18560-2	Estriche im Bauwesen, Estriche und Heizestriche auf Dämmschichten (schwimmende Estriche)
ZDB-Merkblatt	Keramische Fliesen und Platten, Naturwerkstein und Betonwerkstein auf calciumsulfatgebundenen Estrichen (siehe S. 91)

Wesentliche Inhalte des Merkblattes

Definition
Anwendungsbereich
Vorgaben durch den Planer
Austrocknungszeit
Dämmung und Abdeckung
Belegreife
Verlegung von Fliesen und Platten
Fugen

2.6.3 Fall aus der Praxis

In einem Kellerraum sollen auf einem calciumsulfatgebundenen Estrich keramische Fliesen verlegt werden.

- Worauf ist zu achten?

In einer unterkellerten Autoausstellung wurde auf einer Fläche von 100 m² ein calciumsulfatgebundener Estrich fugenlos eingebaut. Er soll mit keramischen Fliesen belegt werden.

- Wie gehen Sie vor?

Lösung

Calciumsulfatgebundener Estrich in einem Kellerraum

Aufgrund der Feuchtigkeitsempfindlichkeit des Baustoffes ist eine Feuchtigkeitsanreicherung der Estrichkonstruktion zu vermeiden. Rückseitig einwirkende Feuchtigkeit ist durch eine Dampfsperre gemäß DIN 18560 abzuhalten. Eine solche Maßnahme ist vom Planer bei der Bauwerksplanung festzulegen.

Der Estrich darf zum Zeitpunkt der Belegung eine Feuchte von maximal 0,5 % aufweisen. Die Überprüfung der Estrichoberfläche kann aufgrund des speziellen Materialverhaltens erst nach Erreichen der Belegreife ausgeführt werden. Bei der visuellen Prüfung sind der Randstreifen, die Fugenanordnung und die Rissfreiheit zu kontrollieren.

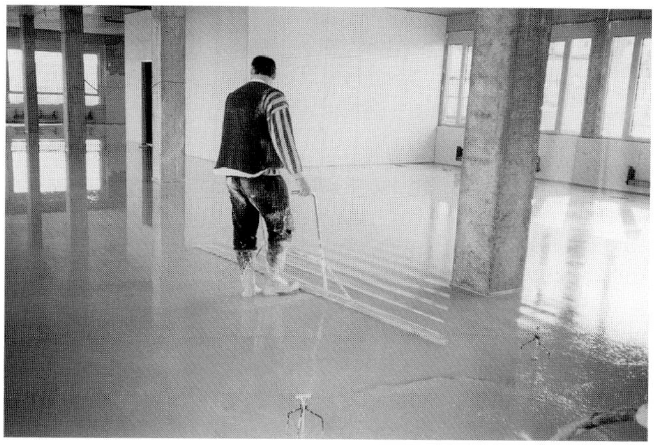

Abb. 2.37: Einbringen eines calciumsulfatgebundenen Estrichs

Neben der visuellen Prüfung sind die Ebenheitsprüfung gemäß DIN 18202 und die Klopf-, Wisch-, Gitterritz- und Benetzungsprüfung durchzuführen. Hierdurch kann festgestellt werden, ob eine verankerungsfähige, tragfähige und saugfähige Oberfläche vorliegt.

Sofern keine Mängel festgestellt wurden und der Estrich ausreichend trocken ist, ist die Oberfläche zu grundieren, wenn keine anders lautenden Vorschriften des Mörtelherstellers vorliegen.

Die Grundierung muss für den Estrich geeignet und auf den Dünnbettmörtel abgestimmt sein.

Die produktspezifischen Wartezeiten sind einzuhalten.

Calciumsulfat-Fließestrich in einer Ausstellungshalle

Der Estrich darf zum Zeitpunkt der Belegung eine Feuchte von maximal 0,5 % aufweisen.

Die Überprüfung der Estrichoberfläche kann aufgrund des speziellen Materialverhaltens erst nach Erreichen der Belegreife ausgeführt werden. Bei der visuellen Prüfung sind der Randstreifen, die Fugenanordnung und die Rissfreiheit zu kontrollieren.

Gemäß dem ZDB-Merkblatt sind Bewegungsfugen als Feldbegrenzungsfugen erforderlich.

Feldbegrenzungsfugen sind erforderlich bei Seitenlängen ≥ 20 m (aufgrund unterschiedlicher Materialeigenschaften der einzelnen Calciumsulfatbinder).

Bei Flächen mit gedrungenen Seitenverhältnissen (< 2 : 1) sind ebenfalls größere Felder möglich. Nach DIN 18560-2, Abschnitt 6.3.3 Estrichfugen hat der Planer einen Fugenplan zu erstellen und als Bestandteil der Leistungsbeschreibung den Ausführenden vorzulegen. Der Fugenplan und die Dimensionierung der Randstreifen müssen die Vorgaben der Bindemittel- und Mörtelhersteller beachten.

Der Fliesenleger soll sich eine schriftliche Bestätigung des Planers geben lassen, dass die Fugenanordnung den Anforderungen des ZDB-Merkblattes entspricht.

Ist der Planer hierzu nicht bereit, so ist der Fliesenleger verpflichtet, entsprechende Bedenken nach VOB/B DIN 1961 § 4, Absatz 3 schriftlich geltend zu machen.

Neben der visuellen Prüfung sind die Ebenheitsprüfung gemäß DIN 18202 und die Klopf-, Wisch-, Gitterritz- und Benetzungsprüfung durchzuführen. Hierdurch wird eine verankerungsfähige, tragfähige und saugfähige Oberfläche festgestellt.

Sofern keine Mängel festgestellt wurden und der Estrich ausreichend trocken ist, ist die Oberfläche zu grundieren, wenn keine anders lautenden Vorschriften des Mörtelherstellers vorliegen.

Die Grundierung muss für den Estrich geeignet und auf den Dünnbettmörtel abgestimmt sein.

Die produktspezifischen Wartezeiten sind einzuhalten.

Die Verlegung der keramischen Fliesen und Platten erfolgt aufgrund der zu erwartenden mechanischen Beanspruchung möglichst hohlraumfrei mit einem auf das Belagsmaterial abgestimmten Verlegesystem.

Im Oberbelag sind die Feldbegrenzungsfugen derart anzuordnen, dass die maximale Feldgröße von 40 m^2 und eine maximale Seitenlänge von 8 m nicht überschritten werden.

2.6.4 Abdruck von Regelwerken

Merkblatt Keramische Fliesen und Platten, Naturwerkstein und Betonwerkstein auf calciumsulfatgebundenen Estrichen
siehe S. 91

merkblatt

ZENTRALVERBAND DEUTSCHES BAUGEWERBE ZDB

KERAMISCHE FLIESEN UND PLATTEN, NATURWERKSTEIN UND BETONWERKSTEIN AUF CALCIUMSULFATGEBUNDENEN ESTRICHEN

Januar 2000

Rudolf Müller

FACHVERBAND DEUTSCHES FLIESENGEWERBE
im Zentralverband des Deutschen Baugewerbes

Herausgeber:

FACHVERBAND DEUTSCHES FLIESENGEWERBE
IM ZENTRALVERBAND DES DEUTSCHEN BAUGEWERBES E.V.,
BERLIN

BUNDESFACHGRUPPE ESTRICH UND BELAG
IM ZENTRALVERBAND DES DEUTSCHEN BAUGEWERBES E.V.,
BERLIN

BUNDESVERBAND ESTRICH UND BELAG E.V. (BEB), TROISDORF

Mitherausgeber:

Bayerischer Industrieverband Steine und Erden e.V.
– Fachabteilung Juramarmor und Solnhofener Naturstein-Platten –,
Pappenheim
Bundesinnungsverband des Deutschen Steinmetz-, Stein- und
Holzbildhauerhandwerks, Frankfurt/Main
Deutsche Bauchemie e.V., Frankfurt/Main
Industrieverband Keramische Fliesen + Platten e.V., Selb
Säurefliesner-Vereinigung e.V., Burgwedel

Alleinverkauf durch die Servicestelle des Fachverbandes Deutsches Fliesengewerbe:
Verlagsgesellschaft Rudolf Müller GmbH & Co. KG, Postfach 41 09 49, 50869 Köln,
Telefon (02 21) 54 97-1 12, Fax (02 21) 54 97-130, www.rudolf-mueller.de

Inhaltsverzeichnis

1 Definition

Calciumsulfatgebundene Estriche sind Estriche, deren Bindemittel entweder aus Naturanhydrit, synthetischem Anhydrit, thermischem Anhydrit oder Alpha-Halbhydrat bzw. Gemischen derselben bestehen.

Konventionelle Anhydritestriche (Bindemittel nach DIN 4208 „Anhydritbinder") sind beim Einbringen von erdfeuchter bis plastischer Konsistenz, Fließestriche von fließfähiger Konsistenz.

2 Anwendungsbereich

Calciumsulfatgebundene Estriche werden im Innenausbau und ausschließlich für trockene Beanspruchung sowie bei Feuchtigkeitsbeanspruchungsklasse I in Verbindung mit einer Abdichtung lt. ZDB-Merkblatt [1] eingesetzt. Anwendungsbereiche für calciumsulfatgebundene beheizte und unbeheizte Estriche nach DIN 18560-2 sind der Wohnungsbau und ähnlich genutzte Räume, insbesondere bei größeren Belagsflächen.

3 Vorgaben durch den Planer

3.1 Fugen

Nach DIN 18560-2, Ziffer 6.3.3 „Estrichfugen" [2] hat der Bauwerksplaner einen Fugenplan zu erstellen und als Bestandteil der Leistungsbeschreibung den Ausführenden vorzulegen. Die für calciumsulfatgebundene Estriche eingesetzten Bindemittel können unterschiedliche Eigenschaften (z. B. unterschiedliche Ausdehnungskoeffizienten und Schwindverhalten) haben, die unterschiedliche Formänderungen zur Folge haben. Bei der Erstellung des Fugenplanes und der Dimensionierung der Randstreifen hat der Bauwerksplaner die Vorgaben der Bindemittel- bzw. Mörtelhersteller/-lieferanten [3] zu beachten. Bei beheizten Fußbodenkonstruktionen ist darüber hinaus die Fachinformation „Schnittstellenkoordination bei beheizten Fußbodenkonstruktionen" [4] (Koordinierungsgespräch der Beteiligten) zu beachten.

Beheizte und unbeheizte Flächen sollten grundsätzlich unabhängig von der Flächengeometrie durch eine Fuge voneinander getrennt werden (ausgenommen unbeheizte schmale Stellflächen im Randbereich).

Darüber hinaus wird empfohlen, bei Flächen mit getrennten Heizkreisen, die erwartungsgemäß stark unterschiedlich beheizt werden (z. B. Bad gegenüber Schlafzimmer), Bewegungsfugen in den entsprechenden Türdurchgängen anzuordnen.

Sind mehrere Heizkreise innerhalb eines Raumes vorhanden, dürfen diese nur mit der gleichen Vorlauftemperatur betrieben werden. Diese Einstellung darf auch durch den Betreiber nicht geändert werden (die Heizkreise sind zusammenzuschließen).

3.2 Maßnahmen gegen Feuchte

Calciumsulfatgebundene Estriche unter keramischen, Naturwerkstein- und Betonwerkstein-Belägen dürfen keiner Feuchtigkeitsbeanspruchung ausgesetzt werden. Bereiche im Estrich, in denen mit Feuchtigkeitsanreicherungen zu rechnen ist, müssen durch eine Abdichtung und/oder eine Dampfsperre geschützt werden. Bei mäßiger Feuchtebeanspruchung (Klasse I) von oben, wie z. B. in häuslichen Bädern ohne Bodenabläufe, ist der Estrich durch eine Abdichtung in Verbindung mit Fugenbändern entsprechend dem ZDB-Merkblatt [1] zu schützen.

Die erforderlichen Maßnahmen sind vom Bauwerksplaner festzulegen.

3.3 Estrichnenndicke

Die Estrichnenndicke unter keramischen Belägen muss bei Wohnraumbelastung (≤ 1,5 kN/m²) mindestens 45 mm betragen. Wird bei calciumsulfatgebundenen Fließestrichen davon abgewichen, ist durch Prüfzeugnis nachzuweisen, dass die Tragfähigkeit und Biegesteifigkeit wie bei einem konventionell hergestellten Estrich mit der Estrichnenndicke 45 mm vorhanden ist. Die Estrichnenndicke darf 40 mm nicht unterschreiten.

Bei höheren Verkehrslasten sind größere Dicken vorzusehen.

Fließestriche weisen in der Regel höhere Biegezugfestigkeiten am verlegten Estrich auf als konventionelle Estriche. Deshalb kann unter Umständen die Estrichdicke von Fließestrichen bei gleicher Festigkeitsklasse und gleicher Verkehrslast geringer als bei konventionellen Estrichen ausgeführt werden. Die Biegezugfestigkeit am verlegten Estrich muss in diesen Fällen aber so vereinbart werden, dass dieselbe Tragfähigkeit und dieselbe Biegesteifigkeit wie bei dem konventionellen Estrich nach DIN 18560-2 [2], vorhanden ist.

4 Austrocknungszeit

Gute bauklimatische Bedingungen (≤ 60 % rel. Luftfeuchte) sind Voraussetzung für den Austrocknungsprozess. Mit steigender Estrichdicke nimmt die Austrocknungszeit überproportional zu. Bei größeren Estrichdicken (über 50 mm) kann es insbesondere bei unbeheizten Estrichen ratsam sein, die Austrocknung durch Luftentfeuchter und/oder Beheizung zu beschleunigen. Bei ausschließlicher Beheizung ist auf entsprechenden Luftaustausch zu achten.

5 Dämmschicht und Abdeckung

Bei ein- oder mehrlagigen Dämmschichten darf die Zusammendrückbarkeit (Lieferdicke d_L-Dicke unter Belastung d_B) insgesamt 5 mm nicht überschreiten. Um die Zusammendrückbarkeit bei mehrlagigen Dämmschichten klein zu halten, ist ggf. eine kombinierte Anwendung von Trittschalldämmplatten und Wärmedämmplatten zu wählen.

Um Schallbrücken zu vermeiden und die Längenänderungen zu ermöglichen, dürfen die Randdämmstreifen erst nach der Verlegung und Verfugung des Belages abgeschnitten werden.

Die Dämmschicht muss mit einer reißfesten, wasserabweisenden Abdeckung so abgedeckt werden, dass kein Estrichmörtel oder Anmachwasser die Abdeckung unterlaufen kann.

Es empfiehlt sich deshalb, die Abdeckung bei Fließestrichen zu verkleben oder zu verschweißen.

6 Belegreife

Die Belegreife des calciumsulfatgebundenen Estrichs ist erreicht, wenn die Restfeuchte

bei unbeheizten Konstruktionen	≤ 0,5 CM-%
bei beheizten Konstruktionen	≤ 0,3 CM-%

beträgt.

Die Feuchteprüfung ist mit dem CM-Gerät nach Arbeitsanweisung FBH-AD CM-Messung in der Fachinformation [4] vorzunehmen, bei Heizestrichen der Bauart A nur an den dafür gekennzeichneten Stellen.

Liegt der Feuchtegehalt des Estrichs über der für die Belegreife zulässigen Restfeuchte, sind die Feuchteprüfungen in bestimmten Abständen so lange zu wiederholen, bis die Belegreife erreicht ist.

Bei Heizestrichen hat es sich bewährt, so lange bei maximaler zulässiger Vorlauftemperatur vorzuheizen, bis sich während des Heizungsbetriebes unter einer etwa 0,5 m x 0,5 m großen, aufgelegten und an den Rändern abgeklebten PE-Folie innerhalb 24 Stunden keine Feuchtigkeitsspuren mehr zeigen. Diese Vorprüfung ersetzt nicht die CM-Messung.

Die Feuchtemessungen sind besondere Leistungen und gesondert zu vergüten.

7 Verlegung von Fliesen und Platten

7.1 Vorbereitung des Untergrundes

Die Oberfläche von calciumsulfatgebundenen Estrichen muss mit einer herkömmlichen Schleifmaschine für Spachtelmassen mit Schleifpapier der Körnung 16 in einem Arbeitsgang angeschliffen und mit einem Industriestaubsauger abgesaugt werden, falls nicht verbindliche, anders lautende Herstellervorschriften zur Vorbereitung der Oberfläche vorliegen.

Calciumsulfatgebundene Estriche sind hinsichtlich ihrer Oberflächenbeschaffenheit nach dem Anschleifen zu prüfen. Die Ansetz- und Verlegeflächen werden durch Inaugenscheinnahme und folgende einfache Prüfungen beurteilt:

Kratzprüfung
Benetzungsprüfung mit Wasser
Wischprüfung
Klopfprüfung.

Calciumsulfatgebundene Estriche müssen grundiert werden, falls nicht verbindliche anders lautende Vorschriften des Dünnbettmörtelherstellers vorliegen. Die Grundierung muss für calciumsulfatgebundene Estriche geeignet und auf den verwendeten Dünnbettmörtel abgestimmt sein. Die Vorgaben des Herstellers der Grundierung hinsichtlich Warte- bzw. Trocknungszeit müssen eingehalten werden.

7.2 Verlegung

Die Verlegung auf calciumsulfatgebundenen Estrichen erfolgt in der Regel im Dünnbettverfahren nach DIN 18157.

8 Fugen

8.1 Definition und Ausführung

<u>Bewegungsfugen</u> lassen Bewegungen in allen Richtungen zu und trennen die Fußbodenkonstruktion von der Dämmschichtabdeckung bis zur Belagoberfläche. Sie sind geradlinig und rechtwinklig anzulegen. Bei Estrichen auf Dämmschichten muss die Bewegungsfuge gegen vertikalen Versatz gesichert werden. Dafür sind Profile zu verwenden, ggf. nach Vorgabe des Estrichlieferanten oder Estrichherstellers.

<u>Randfugen</u> sind Bewegungsfugen, die den Estrich und Belag von aufgehenden Bauteilen trennen.

<u>Scheinfugen</u> sind Sollbruchstellen. Sie trennen den Estrichquerschnitt als Verlegeuntergrund nur bis auf 1/3 oder 1/2 seiner Dicke. Sie werden in der Regel vor der Verlegung des Oberbelags kraftschlüssig geschlossen. Rechtwinklig und gerade angelegte Scheinfugen können auch offen bleiben, werden dann im Belag als Bewegungsfuge übernommen und dort mit elastischen Füllstoffen oder Profilen geschlossen. Scheinfugen können, insbesondere bei unbeheizten Fließestrichen oder Heizestrichen der Bauart B nach DIN 18560, auch durch Einschneiden nach Verlegung des Belages angelegt werden.

8.2 Bewegungsfugen

8.2.1 Beheizte Fußbodenkonstruktionen

In der beheizten Fußbodenkonstruktion sind Bewegungsfugen anzuordnen:

- über vorhandenen Gebäudetrennfugen an gleicher Stelle und in gleicher Breite
- als Feldbegrenzungsfuge in der Regel bei Feldgrößen > 100 m² und Seitenlängen > 10 m bzw. nach den verbindlichen Vorgaben des Estrichlieferanten bzw. Estrichherstellers.
  Bei quadratischen und gedrungenen rechteckigen Flächen (Verhältnis der Seitenlängen < 2 : 1) sind größere Felder möglich
- als Feldbegrenzungsfuge an größeren Erweiterungen oder Verengungen der Estrichfläche und in Türdurchgängen (Grundrisslänge über 5 m) bei mehreren hintereinander angeordneten Räumen innerhalb einer Wohnung [3]
- als Feldbegrenzungsfuge bei Estrichen mit unterschiedlich regelbaren Heizkreisen
- als Feldbegrenzungsfuge in Türdurchgängen zwischen fremden Wohn- und Arbeitsbereichen.

Die Bewegungsfuge muss eine Bewegung von mindestens 5 mm zulassen. Bei der Berechnung eventuell breiterer Randfugen sind folgende Werte zugrunde zu legen, wenn der Estrichlieferant keine anderen Vorgaben hinsichtlich des Wärmeausdehnungskoeffizienten macht:

- Wärmeausdehnungskoeffizient des Estrichs: 0,015 mm/mK
- angenommene Temperaturdifferenz: 40 K
- Randdämmstreifen in zusammengedrücktem Zustand: 4 mm.

Beispiel:

- Seitenlänge: 8 m
- Randfugenbreite b:
  b = Wärmeausdehnungskoeffizient x Temperaturdifferenz x Seitenlänge + 4 mm
  = 0,015 x 40 x 8 + 4 = 9 mm

8.2.2 Unbeheizte Fußbodenkonstruktionen

In unbeheizten Fußbodenkonstruktionen sind Bewegungsfugen anzuordnen:

- über vorhandenen Gebäudetrennfugen an gleicher Stelle und in gleicher Breite
- als Feldbegrenzungsfuge in Türdurchgängen zwischen fremden Wohn- und Arbeitsbereichen
- als Feldbegrenzungsfuge in der Regel bei einer Seitenlänge ≥ 20 m bzw. nach den verbindlichen Vorgaben des Estrichlieferanten bzw. Estrichherstellers. Bei quadratischen und gedrungenen rechteckigen Flächen (Verhältnis der Seitenlängen < 2 : 1) sind größere Felder möglich.

Die Bewegungsfuge muss eine Bewegung von mindestens 5 mm zulassen. Bei der Berechnung evtl. breiterer Randfugen sind, wenn der Estrichlieferant keine anderen Vorgaben macht, folgende Werte zu Grunde zu legen:

- Wärmeausdehnungskoeffizient des Estrichs: 0,015 mm/mK
- angenommene Temperaturdifferenz, z. B. durch Sonneneinstrahlung: 10 K
- Randdämmstreifen in zusammengedrücktem Zustand: 4 mm.

Beispiel:

- Seitenlänge: 20 m
- Randfugenbreite b:
  b = Wärmeausdehnungskoeffizient x Temperaturdifferenz x Seitenlänge + 4 mm
  = 0,015 x 10 x 20 + 4 = 7 mm

Ist nach den Angaben des Estrichherstellers bzw. -lieferanten beim Einbau mit Längenänderungen zu rechnen (Quellen), müssen diese bei der Bemessung der Fugenbreite ebenfalls berücksichtigt werden.

8.3 Scheinfugen

8.3.1 Beheizte Fußbodenkonstruktionen

In beheizten Fußbodenkonstruktionen können Scheinfugen angelegt werden:

- in Türdurchgängen innerhalb einer Wohnung unter dem Türblatt bei ausreichend breiten Randfugen.

8.3.2 Unbeheizte Fußbodenkonstruktionen

In unbeheizten Fußbodenkonstruktionen können Scheinfugen angelegt werden:

- als Feldbegrenzungsfuge bei größeren Erweiterungen oder Verengungen der Estrichfläche und in Türdurchgängen (Grundrisslänge über 5 m) bei mehreren hintereinander angeordneten Räumen innerhalb einer Wohnung [3].

9 Literaturhinweise:

[1] Merkblatt „Hinweise für die Ausführung von Abdichtungen im Verbund mit Bekleidungen und Belägen aus Fliesen und Platten für Innen- und Außenbereiche“, Stand: Mai 1997
Herausgeber:
Fachverband Deutsches Fliesengewerbe
im Zentralverband des Deutschen Baugewerbes,
Kronenstr. 55–58, 10117 Berlin
Bezug:
Verlagsgesellschaft Rudolf Müller GmbH & Co. KG,
Postfach 41 09 49, 50869 Köln,
Tel. 02 21/54 97-1 27, Fax: 02 21/54 97-130

[2] DIN 18560 „Estriche im Bauwesen“, Teil 2:
Estriche und Heizestriche auf Dämmschichten
(schwimmende Estriche)
Bezug: Beuth-Verlag, Burggrafenstr. 6, 10787 Berlin

[3] Merkblatt „Fugen in Calciumsulfat-Fließ-
estrichen“, Stand: Januar 2000
Herausgeber und Bezug:
Industriegruppe Estrichstoffe auf Calciumsulfat-
basis im Bundesverband der Gips- und Gipsbau-
platteninduslrie e.V.,
Birkenweg 13,
64295 Darmstadt,
Tel. 0 61 51/31 43 10, Fax: 0 61 51/31 65 49

Industrieverband Werkmörtel e.V.,
Düsseldorfer Str. 50,
47051 Duisburg,
Tel. 02 03/9 92 39-88, Fax: 02 03/9 92 39-90

Bundesverband der Deutschen Mörtelindustrie e.V.,
Düsseldorfer Straße 50,
47051 Duisburg,
Tel. 02 03/99 23 90, Fax: 02 03/9 92 39 97

[4] Fachinformation „Schnittstellenkoordination
bei beheizten Fußbodenkonstruktionen“,
Stand: November 1998
Herausgeber:
Zentralverband Sanitär Heizung Klima,
Rathausallee 6, 53757 St. Augustin
Tel. 0 22 41/2 90 56-58, Fax: 0 22 41/2 13 51 bzw. 2 11 31

BEB-Hinweisblätter:
Hinweise zur Verlegung von Fließestrichen auf
Calciumsulfatbasis, Stand: März 1996
Hinweise zur Beurteilung und Vorbereitung der
Oberfläche von Anhydrit-Fließestrichen,
Stand: Juli 1990
Herausgeber:
Bundesverband Estrich und Belag,
Industriestr. 19, 53842 Troisdorf
Tel. 0 22 41/4 20 41, Fax: 0 22 41/40 42 95

2.6.5 Fragen

1. Was ist Calciumsulfat? In welchen Arten kommt es vor?
2. Welche Konsistenz haben Anhydritestriche und Anhydritfließestriche?
3. Wo können calciumsulfatgebundene Estriche (CSgE) eingesetzt werden?
4. Was ist ein Fugenplan? Wer erstellt ihn, wer erhält ihn?
5. Welche Flächen sollen grundsätzlich durch Fugen getrennt werden?
6. Welcher Feuchtebeanspruchung dürfen CSgE ausgesetzt werden?
7. Welche Maßnahmen sind bei zu erwartender Feuchtebelastung zu ergreifen? Wer legt die Maßnahmen fest?
8. Wie groß sind die Belastungen und Dicke des Estrichs im Wohnbereich?
9. Welche Folge hat eine größere Estrichbelastung?
10. Welche Festigkeitsunterschiede liegen zwischen Fließestrich und konventionellem Estrich?
11. Wie wirkt sich die Estrichdicke auf die Austrocknungszeit aus?
12. Wie kann das Trocknen beschleunigt werden?
13. Beschreiben Sie die Zusammendrückbarkeit von Dämmstoffen!
14. Wie sind Randstreifen zu behandeln?
15. Welche Aufgabe hat die Abdeckung? Wie ist sie auszubilden?
16. Welche Maßnahme wird bei Fließestrichen empfohlen?
17. Welche Angaben gelten für die Belegreife von CSgE?
18. Nach welcher Zeit wird die Belegreife erreicht?
19. Beschreiben Sie den Feuchtetest mit einer PE-Folie!
20. Wer macht Feuchtemessungen? Mit welchem Gerät sind sie auszuführen? Wie ist die Vergütung geregelt?
21. Beschreiben Sie stichwortartig die Vorbereitung des Untergrundes!
22. Sind Anschleifen und Grundieren in jedem Fall vorgeschrieben?
23. Wie wird die Oberflächenbeschaffenheit von CSgE geprüft?
24. Welche Regeln gelten für die Grundierung?
25. Nennen Sie Aufgabe, Anordnung und Ausbildung von Bewegungsfugen!
26. Was ist eine Scheinfuge?
27. Wie werden Scheinfugen hergestellt und später behandelt?
28. Wo müssen Feldbegrenzungsfugen angeordnet werden
    a) bei beheizten Konstruktionen,
    b) bei unbeheizten Konstruktionen?
29. Welche Bewegung müssen Bewegungsfugen mindestens zulassen?
30. Wie groß ist die Temperaturdehnzahl von CSgE?
31. Nennen Sie im Vergleich dazu die Temperaturdehnzahl von ZE, GE, Fliesen!
32. Berechnen Sie die Randfugenbreite bei einer Seitenlänge von 9,50 m, Temperaturdifferenz = 50 K, Randstreifenbreite in zusammengedrücktem Zustand = 4 mm!
33. Wo werden Scheinfugen bei beheizten Konstruktionen angelegt?
34. Wo werden Scheinfugen bei unbeheizten Konstruktionen angelegt?

2.6.6 Antworten

1. Calciumsulfat ($CaSO_4$) wird auch Anhydrit genannt. Es gibt Naturanhydrit, synthetisches Anhydrit, thermisches Anhydrit, Alpha-Halbhydrat oder Gemische.
2. Anhydritestriche haben eine erdfeuchte bis plastische Konsistenz, Anhydritfließestriche eine fließfähige
3. Im Innenausbau für trockene Beanspruchung oder bei Feuchtebeanspruchungsklasse I mit alternativer Abdichtung, im Wohnungsbau oder ähnlich genutzten Flächen, bei größeren Belagsflächen privater und öffentlicher Gebäude
4. Der Fugenplan zeigt die Anordnung der Estrichfugen durch den Bauwerksplaner an, er wird an die ausführenden Gewerke weitergegeben.
5. Beheizte und unbeheizte Flächen
6. Calciumsulfatgebundene Estriche (CSgE) dürfen keiner Feuchtebeanspruchung ausgesetzt werden.
7. In Bereichen, in denen mit Feuchtigkeit zu rechnen ist, ist eine Abdichtung aufzubringen. Abdichtungsmaßnahmen werden vom Planer festgelegt, eventuell nach entsprechenden Hinweisen des Auftragnehmers
8. Die Mindestdruckfestigkeit ist 1,5 kN/m^2, die Mindestdicke im Wohnbereich 45 mm.
9. Größere Belastungen erfordern größere Estrichdicken.
10. Fließestriche haben eine höhere Biegezugfestigkeit als konventionelle Estriche.
11. Größere Dicken erfordern eine längere Trockenzeit.
12. Die Trocknung des Estrichs kann durch Luftfeuchter und/oder Heizung beschleunigt werden.
13. Dämmstoffe dürfen sich unter Belastung insgesamt nicht mehr als 5 mm zusammendrücken.
14. Randdämmstreifen dürfen erst nach der Verlegung und Verfugung abgeschnitten werden.
15. Die Abdeckung ist eine reißfeste, Wasser abweisende Folie über der Dämmung, die verhindern soll, dass Mörtel oder Anmachwasser eindringt.
16. Bei Fließestrichen wird empfohlen, die Abdeckung zu verkleben oder zu verschweißen.
17. Die Belegreife von CSgE wird erreicht
    bei unbeheizten Konstruktionen: ≤ 0,5 CM-%,
    bei beheizten Konstruktionen: ≤ 0,3 CM-%.
18. Die Belegreife wird nach der Zeit erreicht, bei der die Messung die geforderten Werte zeigt.
19. Eine PE-Folie 0,5/0,5 m wird aufgelegt und an den Rändern abgeklebt. Darunter darf sich innerhalb von 24 Stunden keine Feuchtigkeit zeigen.
20. Feuchtemessungen werden vom Estrichleger oder Fliesenleger mit dem CM-Gerät ausgeführt. Sie sind als Besondere Leistungen zu vergüten.
21. Anschleifen mit Körnung 16, absaugen, prüfen, grundieren
22. Ja, wenn der Hersteller bezüglich der Grundierung nicht etwas anderes vorschreibt
23. Die Oberfläche von CSgE wird durch Inaugenscheinnahme, Kratz-, Benetzungs-, Wisch- und Klopfprüfung überprüft.
24. Grundierungen sind auf den verwendeten Dünnbettmörtel abzustimmen.

25. Bewegungsfugen sollen Bewegungen in allen Richtungen ermöglichen. Ihre Anordnung erfolgt als Randfuge oder Feldbegrenzungsfuge. Bewegungsfugen werden von der Dämmschichtabdeckung bis zur Oberfläche, rechtwinklig und geradlinig ausgeführt.
26. Scheinfugen sind Sollbruchstellen. Sie trennen den Estrich auf 1/3 bis 1/2 seiner Dicke.
27. Scheinfugen werden vom Estrichleger durch Kellenschnitte hergestellt. Sie sind später kraftschlüssig zu verschließen (verdübeln, verharzen). Sie können auch offen bleiben und als Bewegungsfuge ausgebildet werden.
28. Feldbegrenzungsfugen müssen angeordnet werden:
    a) bei beheizten Konstruktionen über Gebäudetrennfugen, als Feldbegrenzungsfugen bei Feldgrößen $> 100\ m^2$, Seitenlänge > 10 m, bei Erweiterungen oder Verengungen des Grundrisses, bei Türdurchgängen oder mehreren hintereinander liegenden Räumen, bei unterschiedlichen Heizkreisen
    b) bei unbeheizten Konstruktionen über Gebäudetrennfugen, Feldbegrenzungsfugen bei Feldgrößen mit Seitenlängen ≥ 20 m, bei Türdurchgängen und mehreren hintereinander liegenden Räumen.
29. Bewegungsfugen müssen eine Bewegung von mindestens 5 mm zulassen.
30. Die Temperaturdehnzahl von CSgE ist 0,015 mm/mK.
31. Weitere Temperaturdehnzahlen:
    ZE: 0,015 mm/mK, GE: 0,03 mm/mK, Fliesen: 0,008 mm/mK
32. Randfugenbreite b = Wärmedehnzahl x Temperaturdifferenz x Seitenlänge + 4 mm
    = 0,015 x 50 x 9,5 + 4 = 11 mm
33. Bei beheizten Konstruktionen sollen Scheinfugen an Türdurchgänge innerhalb einer Wohnung angelegt werden.
34. Bei unbeheizten Konstruktionen sollen Scheinfugen als Feldbegrenzungsfuge bei Erweiterungen oder Verengungen und in Türdurchgängen angelegt werden.

2.7 Zementgebundene Fußbodenkonstruktionen auf Dämmschichten

2.7.1 Stichworte zum Thema

- Anwendungsgebiete von zementgebundenen Estrichen/Lastverteilungsschichten
- Schwindverhalten von zementgebundenen Estrichen
- weitere Verformungen von zementgebundenen Estrichen
- Mindestalter und Belegreife
- Prüfung der Belegreife
- Zusammendrückbarkeit der Dämmstoffe
- Anordnung von Bewegungsfugen

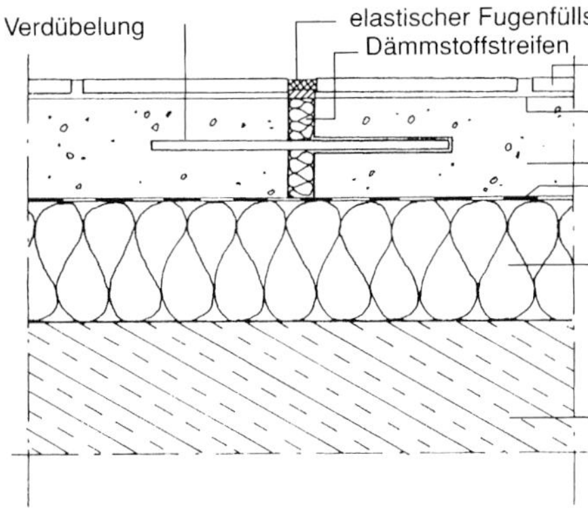

Abb. 2.38: Fußbodenkonstruktion auf Dämmung

2.7.2 Regelwerke

ZDB-Merkblatt Keramische Fliesen und Platten, Naturwerkstein und Betonwerkstein auf zementgebundenen Fußbodenkonstruktionen mit Dämmschichten (siehe S. 101)

Wesentliche Inhalte des Merkblattes

Tragender Untergrund
Dämmschichten
Abdeckung
Lastverteilungsschicht/Estrich
Bodenbeläge
Bewegungsfugen
Scheinfugen
Türdurchgänge
Sockel

2.7.3 Fall aus der Praxis

In einem 12 m langen und 2 m breiten Flur einer Universität ist ein Zementestrich auf Dämmschicht eingebaut worden.

- Welche Anforderungen muss der Estrich erfüllen?
- Welche Untergrundprüfungen muss der Fliesenleger vor der Verlegung durchführen?

Lösung

Gemäß dem ZDB-Merkblatt ist ein Mindestalter von 28 Tagen und eine Belegreife von maximal 2 %, gemessen mit CM-Gerät, erforderlich.

Da in Fluren von Universitäten eine lotrechte Verkehrslast nach DIN 1055-3 von 5,0 kN/m² anstelle von 1,5 kN/m² für den normalen Wohnungsbau zu berücksichtigen ist, ist die Estrichdicke deutlich zu erhöhen. Damit verbunden sind längere Trocknungszeiten zum Erreichen der erforderlichen Belegreife.

Darüber hinaus sind – gemäß dem ZDB-Merkblatt – »Bewegungsfugen« – Feldbegrenzungsfugen im Abstand von etwa 4 m anzuordnen. Es sollen »gedrungene Felder« entstehen.

Bei der visuellen Kontrolle sind der Randstreifen, die Fugenanordnung und die Rissfreiheit der Estrichfläche zu überprüfen.

Neben der visuellen Kontrolle sind der Estrich durch die Ebenheitsprüfung gemäß DIN 18202 und die Klopf-, Wisch-, Gitterritz- und Benetzungsprüfung auf eine verankerungsfähige, tragfähige und saugfähige Oberfläche zu überprüfen.

Sofern keine Mängel festgestellt werden und der Estrich ausreichend trocken ist, können die Estrichflächen grundiert werden. Bei Zementestrichen ist eine Grundierung der Flächen nicht zwingend erforderlich. Aufgrund der Reststaubbindung und zur Erzielung einer gleichmäßigen klebeoffenen Zeit ist die Grundierung jedoch zu empfehlen.

Die produktspezifischen Warte- und Trocknungszeiten sind einzuhalten.

Die Verlegung der Keramik erfolgt vollsatt mit einem Fließbettmörtel mit einseitigem Auftrag (Floating-Verfahren) oder mit einem traditionellen Dünnbettmörtel mit beidseitigem Auftrag (Buttering-Floating-Verfahren).

2.7.4 Abdruck von Regelwerken

Merkblatt Keramische Fliesen und Platten, Naturwerkstein und Betonwerkstein auf zementgebundenen Fußbodenkonstruktionen mit Dämmschichten
siehe S. 101

merkblatt

ZENTRALVERBAND DEUTSCHES BAUGEWERBE ZDB

KERAMISCHE FLIESEN UND PLATTEN, NATURWERKSTEIN UND BETONWERKSTEIN AUF ZEMENTGEBUNDENEN FUSSBODENKONSTRUKTIONEN MIT DÄMMSCHICHTEN

September 1995

Rudolf Müller

FACHVERBAND DEUTSCHES FLIESENGEWERBE
im Zentralverband des Deutschen Baugewerbes

Herausgeber:

FACHVERBAND DEUTSCHES FLIESENGEWERBE
IM ZENTRALVERBAND DES DEUTSCHEN BAUGEWERBES E.V.,
BERLIN

UND

BUNDESFACHGRUPPE ESTRICH UND BELAG
IM ZENTRALVERBAND DES DEUTSCHEN BAUGEWERBES E.V.,
BERLIN

in Zusammenarbeit mit:

Bayerischer Industrieverband Steine und Erden e.V.
– Fachabteilung Juramarmor und Solnhofener Naturstein-Platten –,
Pappenheim
Bundesinnungsverband des Deutschen Steinmetz-, Stein- und
Holzbildhauerhandwerks, Frankfurt/Main
Bundesverband Estrich und Belag e.V., Troisdorf
Industrieverband Keramische Fliesen + Platten e.V., Selb
Säurefliesner-Vereinigung e.V., Burgwedel

Alleinverkauf durch die Servicestelle des Fachverbandes Deutsches Fliesengewerbe:
Verlagsgesellschaft Rudolf Müller GmbH & Co. KG, Postfach 41 09 49, 50869 Köln,
Telefon (02 21) 54 97-112, Fax (02 21) 54 97-130, www.rudolf-mueller.de

Inhaltsverzeichnis

1 Einführung

1.1 Geltungsbereich und Zweck

Dieses Merkblatt beschreibt den Aufbau von Fußbodenkonstruktionen auf Dämmschichten mit Belägen aus Fliesen und Platten in Wohngebäuden und Gebäuden mit ähnlicher Nutzung. Es bezieht sich auf Konstruktionen mit zementgebundenen Lastverteilungsschichten/Estrichen. Andere Lastverteilungsschichten sind in diesem Merkblatt nicht geregelt.

Die Hinweise sollen Grundlage für Planung und Ausführung sein.

Der Inhalt entspricht dem heutigen Erkenntnisstand. Bei vorher ausgeführten Konstruktionen können sie zur Beurteilung nicht herangezogen werden. Sie schließen andere fachgerechte Konstruktionen nicht aus.

Anmerkung

Für Fliesen und Platten auf beheizten Fußbodenkonstruktionen und Bodenbelägen außerhalb von Gebäuden gelten die Merkblätter

> „Keramische Fliesen und Platten, Naturwerkstein und Betonwerkstein auf zementgebundenen beheizten Fußbodenkonstruktionen“ Ausgabe:
> September 1995
>
> „Bodenbeläge aus Fliesen und Platten außerhalb von Gebäuden“ Ausgabe: Oktober 1988

Hinweise für mechanisch hochbelastbare Bodenbeläge gibt das Merkblatt

> „Mechanisch hochbelastbare Bodenbeläge aus keramischen Fliesen und Platten“ Ausgabe: September 1995

1.2 Hinweise für Planung

Der Gesamtaufbau der Fußbodenkonstruktion nach den Erfordernissen bezüglich des Wärme-, Schall- und Feuchteschutzes sowie Art, Anordnung und Dicke der einzelnen Schichten, insbesondere der Dämmung und Abdichtung sowie die Anordnung von Bewegungsfugen (Fugenplan) sind unter Berücksichtigung dieses Merkblattes von der Bauplanung festzulegen. Entsprechende Unterlagen sind als Bestandteil der Leistungsbeschreibung vom Auftraggeber bereitzustellen. Bei der Planung ist auch die Verträglichkeit der Baustoffe untereinander zu berücksichtigen.

Bauablauf und Arbeitsfolge sind vom Planer rechtzeitig festzulegen und bei der Ausführung zu koordinieren.

1.3 Einbaubedingungen

Vor dem Einbau der Fußbodenkonstruktion sollen Fenster- und Fenstertüröffnungen geschlossen, die Putz- und Stuckarbeiten, Wandbekleidungen und Montage von haustechnischen Installationen sowie der Einbau von Türzargen mit Bodeneinstand und der Verputz von Rohrschlitzen abgeschlossen sein. Alle an den Fußboden angrenzenden Bauteile müssen vorhanden sein.

Beim Einbringen der Lastverteilungsschicht/Estrich und des Belages darf die Temperatur der Stoffe und des Arbeitsbereiches nicht unter +5 °C liegen. Die Temperaturen sollen möglichst gleichmäßig sein und während der gesamten Dauer des Fußbodenbaues gleichmäßig bleiben. Zugluft im Bauwerk ist zu vermeiden.

2 Tragender Untergrund

Der tragende Untergrund zur Aufnahme der Fußbodenkonstruktion auf Dämmschichten muss ausreichend fest, eben und trocken sein.

Die Ebenheit der Oberfläche muss den erhöhten Anforderungen DIN 18202 „Toleranzen im Hochbau; Bauwerke“ Tabelle 3, Zeile 2, entsprechen, eine vollflächige Auflage der Dämmschichten ermöglichen und den Einbau gleichmäßig dicker Schichten zulassen. Unzulässige Unebenheiten und unzulässige Winkeltoleranzen nach DIN 18202, Tabelle 2 sind vorher auszugleichen.

Der tragende Untergrund darf keine groben Verunreinigungen, z. B. Mörtelreste, punktförmige Erhebungen, Rohrleitungen oder Ähnliches aufweisen, die zu Schallbrücken und/oder Unterschieden in der Dicke der Lastverteilungsschicht/des Estrichs führen können. Falls Rohrleitungen auf dem tragenden Untergrund verlegt sind, müssen sie befestigt sein. Durch einen Ausgleich ist wieder eine ebene Oberfläche zur Aufnahme der Dämmschicht zu schaffen. Ungebundene Schüttungen aus Natur- oder Brechsand dürfen für den Ausgleich nicht verwendet werden. Erforderliches Gefälle ist unter der Dämmschicht vorzusehen, Abdichtungen bzw. Dampfsperren sind zu berücksichtigen.

3 Dämmschichten

3.1 Wärmedämmstoffe

Dämmstoffe für die Wärmedämmung müssen den Anforderungen folgender Normen entsprechen:

DIN 18161 Teil 1
Korkerzeugnisse als Dämmstoffe für das Bauwesen; Dämmstoffe für die Wärmedämmung

DIN 18164 Teil 1
Schaumkunststoffe als Dämmstoffe für das Bauwesen; Dämmstoffe für die Wärmedämmung

DIN 18165 Teil 1
Faserdämmstoffe für das Bauwesen;
Dämmstoffe für die Wärmedämmung

DIN 18174
Schaumglas als Dämmstoff für das
Bauwesen; Dämmstoffe für die Wärmedämmung

Als Dämmstoffe für die Wärmedämmung nach DIN 18164 Teil 1 und DIN 18165 Teil 1 sind nur solche mit dem Typkurzzeichen WD und WS zu verwenden.

3.2 Trittschalldämmstoffe

Dämmstoffe für die Trittschalldämmung müssen den Anforderungen folgender Normen entsprechen:

DIN 18164 Teil 2
Schaumkunststoffe als Dämmstoffe für das Bauwesen; Dämmstoffe für die Trittschalldämmung;
Polystyrol-Partikelschaumstoffe

DIN 18165 Teil 2
Faserdämmstoffe für das Bauwesen;
Dämmstoffe für die Trittschalldämmung

Trittschalldämmstoffe müssen mit dem Typkurzzeichen T oder TK gekennzeichnet sein. Sie können gleichzeitig bei der Berechnung der Wärmedämmung berücksichtigt werden.

Bei Dämmstoffen für die Trittschalldämmung wird die Nenndicke durch die Werte d_L/d_B angegeben, wobei d_L als Lieferdicke und d_B als Dicke unter Belastung gilt. Die Differenz zwischen der Lieferdicke d_L und der Dicke unter Belastung d_B (Zusammendrückbarkeit) der Dämmschicht darf nicht größer als 5 mm sein.

Bei ein- oder mehrlagigen Dämmschichten darf die Zusammendrückbarkeit insgesamt ebenfalls 5 mm nicht überschreiten. Um die Zusammendrückbarkeit bei mehrlagigen Dämmschichten klein zu halten, ist ggf. eine kombinierte Anwendung von Trittschalldämmplatten und Wärmedämmplatten zu wählen. Mehrlagige Dämmschichten sind fugenversetzt zu verlegen.

Vor dem Einbau der Dämmschicht sind an allen angrenzenden und die Fußbodenkonstruktion durchdringenden Bauteilen und festen Einbauten sowie an Türzargen und Türleibungen Randstreifen anzubringen, die eine Bewegung von mindestens 5 mm ermöglichen.

Die Randstreifen sind umlaufend ohne Unterbrechung einzubauen und sollen Schallbrücken bzw. Zwängungen vermeiden. Sie müssen von der Rohdecke bis über den fertigen Fußboden reichen und sind gegen eine Lageveränderung beim Einbau der Lastverteilungsschicht zu sichern. Bei mehrlagigen Dämmschichten kann der Randstreifen auf die vorletzte Dämmschicht aufgesetzt werden. Der überstehende Teil der Randstreifen ist erst nach Verfugung des Belages abzuschneiden.

4 Abdeckung

Die Dämmschicht ist nach DIN 18560 Teil 2, Abschnitt 6.1.2 mit einer Polyethylenfolie von mindestens 0,1 mm Dicke oder mit einem anderen Erzeugnis vergleichbarer Eigenschaften abzudecken, z. B. mit einer nackten Bitumenbahn mit Schrenzpapiereinlage.

Die Abdeckung ist an den Randstreifen hochzuführen oder mit der ggf. auf dem Randstreifen aufkaschierten Folie zu überlappen. Die einzelnen Bahnen müssen an den Stößen ca. 8 cm überdecken. Diese Abdeckungen ersetzen weder Dampfsperren noch Abdichtungen gegen Feuchtigkeit. Sie sollen lediglich die Durchfeuchtung der Dämmschicht durch das Anmachwasser des Mörtels und die Bildung von Mörtelbrücken verhindern.

5 Lastverteilungsschicht/Estrich

5.1 Allgemeines

Die Lastverteilungsschicht ist als Dickbett nach ATV DIN 18352 „Fliesen- und Plattenarbeiten“ (siehe Abschnitt 6.4, Tabelle) oder als schwimmender Zementestrich nach DIN 18560 Teil 2 „Estriche im Bauwesen; Estriche und Heizestriche auf Dämmschichten (schwimmende Estriche)“ herzustellen.

5.2 Feldgröße

Die Fläche einzelner Felder der Lastverteilungsschicht/Estrich soll nicht größer als 40 m² sein. Die Seitenlänge einzelner Felder soll 8 m nicht überschreiten. Bei größeren Abmessungen und dort, wo die Fläche der Lastverteilungsschicht/Estrich stark verspringt, sind Unterteilungen vorzunehmen. Die Felder sollen möglichst ein gedrungenes Seitenverhältnis haben. Sie sind ohne Arbeitsunterbrechung herzustellen. Feldgrößen können entsprechend den Eigenschaften der Belagstoffe in begründeten Fällen abgeändert werden.

5.3 Dicke der Lastverteilungsschicht/Estrich

Die Nenndicke der Lastverteilungsschicht/Estrich muss ≥ 45 mm sein. Bei doppellagiger Verlegung der Dämmschicht und bei Dämmschichtdicken unter Belastung (d_B) von mehr als 60 mm sowie bei bestimmten Belagstoffen und Verkehrslasten über 1,5 kN/m² können größere Dicken erforderlich werden.

Bei Estrichen, die ein Mindestalter von 2 Jahren haben, ist eine Nenndicke von mindestens 35 mm ausreichend.

5.4 Bewehrung

Nach DIN 18560 Teil 2, Abs. 6.3.2 ist eine Bewehrung von Estrichen auf Dämmschicht grundsätzlich nicht erforderlich. Sie ist jedoch bei Zementestrichen zur Aufnahme von Stein- und keramischen Belägen in besonderen Fällen zweckmäßig. Der Höhenversatz der Risskanten wird hierdurch vermieden und evtl. auftretende Risse werden in ihrer Breite reduziert.

Fasern als Ersatz für die Bewehrung müssen die vorgenannten Eigenschaften in gleichem Maße erfüllen.

Obwohl das Entstehen von Rissen durch eine Estrichbewehrung nicht verhindert werden kann, wird im Sinne der ATV DIN 18353, Ausgabe Dezember 1992, Abs. 3.2.2, in besonderen Fällen (z. B. Verkehrslast $\geq$ 1,5 kN/m², ungünstiger Raumgrundriss, besonders starke Sonneneinstrahlung und dgl.) empfohlen, den Zementestrich in größerer Dicke mit Bewehrung aus nicht statischen Betonstahlmatten (z. B. N141, N94) oder Baustahlgitter (50 × 50 × 2 mm) einzubauen.

Die Bewehrung ist an den Stößen mit ausreichender Überlappung zu verlegen und an den Bewegungsfugen zu unterbrechen.

6 Bodenbeläge

Belagstoffe im Sinne dieses Merkblattes sind:

Stranggepresste keramische Fliesen und Platten nach		
DIN EN	**Gruppe**	**Wasseraufnahme (E)**
121	AI	bis 3% (Spaltplatten)
186 Teil 1 und Teil 2	AIIa	über 3% bis 6%
187 Teil 1 und Teil 2	AIIb	über 6% bis 10%

Einzeln trocken gepresste keramische Fliesen und Platten nach		
DIN EN	**Gruppe**	**Wasseraufnahme (E)**
176	BI	bis 3% (Steinzeug)
177	BIIa	über 3% bis 6%
178	BIIb	über 6% bis 10%

Bodenklinkerplatten nach DIN 18158

Betonwerksteinplatten nach DIN 18500

Naturwerksteinplatten nach ATV DIN 18332 „Naturwerksteinarbeiten" Abschnitt 2 Stoffe, Bauteile und DIN 52100 „Prüfung von Naturstein; Richtlinien zur Prüfung und Auswahl von Natursteinen"

Solnhofener Platten, Natursteinfliesen, Natursteinmosaik, Natursteinriemchen nach ATV DIN 18352 „Fliesen- und Plattenarbeiten" Abschnitt 2.2

Nichtgenormte Fliesen und Platten mit gleichwertigen Güteeigenschaften.

6.1 Verlegung auf frischer Lastverteilungsschicht/Estrich

Auf die frisch eingebrachte Lastverteilungsschicht/Estrich nach Abschnitt 5 wird die Schlämme aus Zement, Sand und/oder hydraulisch erhärtendem Dünnbettmörtel bzw. werkgemischte Haftschlämme als Kontaktschicht aufgetragen. In diese Kontaktschicht werden Fliesen und Platten verlegt (siehe Bild 1).

Die Lastverteilungsschicht ist entsprechend Abschnitt 6.4 Tabelle, Zeile 2, auszuführen.

Bei Belagstoffen, bei denen Verfärbungen und Ausblühungen auftreten können, sollte diese Verlegeart nicht angewendet werden.

Diese Verlegeart ist nur für kleine Belagsflächen zu empfehlen.

Felder nach Abschnitt 5.2 müssen ohne Unterbrechung hergestellt werden.

6.2 Verlegung im Dünnbett auf erhärteter Lastverteilungsschicht/Estrich

Die Verlegung gleichmäßig dicker Fliesen und Platten kann im Dünnbett

a) mit hydraulisch erhärtendem Dünnbettmörtel
b) mit hydraulisch erhärtendem Dünnbettmörtel und Kunststoffzusatz
c) mit Epoxidharzklebstoff

erfolgen, wobei die Güteanforderungen nach DIN 18156 Teil 2 und 4 erfüllt sein müssen. Die Vorschriften nach DIN 18157 Teil 1 und 3 für die Verlegung im Dünnbettverfahren sind zu beachten (siehe Bild 2).

Die Dicke der Lastverteilungsschicht ist entsprechend Abschnitt 6.4 Tabelle, Zeile 2, auszuführen.

Die Lastverteilungsschicht soll vor der Verlegung des Bodenbelages mindestens 28 Tage alt sein und die Belegreife erreicht haben.

Um die Belegreife festzustellen, ist vor der Verlegung eine Messung des Feuchtigkeitsgehaltes erforderlich. Bei Zementestrichen ist die Belegreife bei einem Feuchtigkeitsgehalt $\leq$ 2%, gemessen mit dem CM-Gerät, erreicht.

Werden Grundierungen erforderlich, sind diese auf den Dünnbettmörtel abzustimmen und die Herstellerrichtlinien zu beachten.

Bei Belagstoffen, die zu Verfärbungen neigen, ist der Dünnbettmörtel oder Klebstoff auf den Belagstoff abzustimmen.

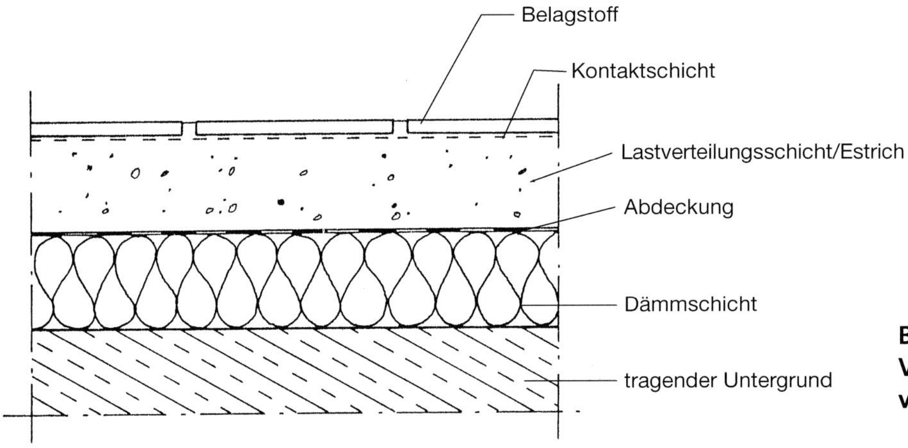

Bild 1:
Verlegung auf frischer Lastverteilungsschicht/Estrich

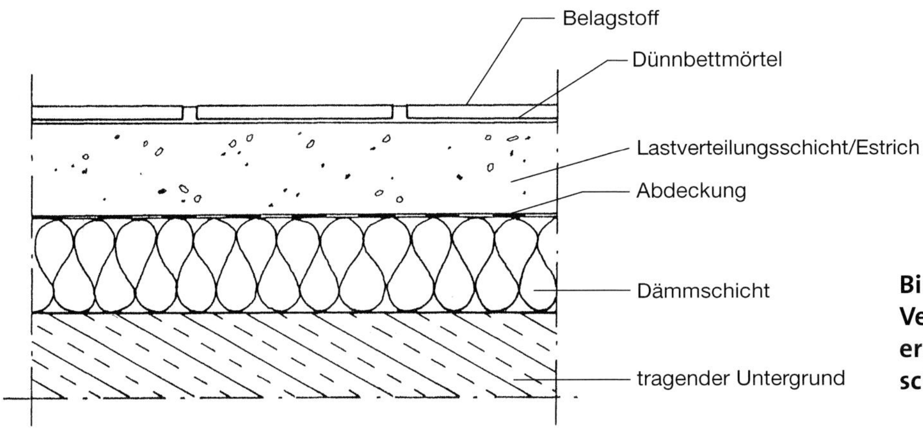

Bild 2:
Verlegung im Dünnbett auf erhärteter Lastverteilungsschicht/Estrich

6.3 Verlegung auf Trennschicht oder Abdichtung

Die Verlegung von Fliesen und Platten kann auf die frisch eingebrachte Lastverteilungsschicht gemäß Abschnitt 6.1 oder im Dünnbett auf eine erhärtete Lastverteilungsschicht gemäß Abschnitt 6.2, die auf der Trennschicht/Abdichtung eingebaut wird oder worden ist, erfolgen. Trennschichten oder Abdichtungen nach DIN 18195 werden auf einer Ausgleichsschicht verlegt. Die Trennschicht besteht zum Beispiel aus zweilagig verlegter Kunststoff-Folie.

Ist eine Abdichtung nach DIN 18195 vorhanden, ist diese ebenfalls mit einer zweilagigen Trennschicht abzudecken. Auf eine Überbrückung von Bewegungsfugen ist besonders zu achten. Die Ausgleich- oder Schutzschicht auf Dämmschichten dient als Untergrund der Aufnahme von Trennschichten oder Abdichtungen nach DIN 18195 (siehe Bild 3).

Das Dickbett/Lastverteilungsschicht auf der Trennschicht oder Abdichtung ist entsprechend Abschnitt 6.4, Tabelle, Zeile 2, auszuführen.

Die Ausgleich- oder Schutzschicht unter der Trennschicht oder Abdeckung ist gleichfalls nach Abschnitt 6.4 Tabelle, Zeile 1, mindestens ≥ 35 mm dick, auszuführen. Die Oberfläche der Ausgleichs- oder Schutzschicht muss eben und abgerieben sein.

6.4 Dicke und Zusammensetzung des Mörtelbettes bzw. der Lastverteilungsschicht

Zeile	Mörtel für	Mörtelbett-dicke mm	Mischungs-verhältnis Zement : Sand in Raumteilen	Körnung des Zuschlag-stoffes
1	Bodenbeläge auf Trennschicht/ Abdichtung innen[1)] außen	 ≥ 35 ≥ 50	 1 : 4 bis 1 : 5 1 : 4 bis 1 : 5	 0 bis 8 0 bis 8 oder 0 bis 16
2	Bodenbeläge auf Dämmschicht innen außen	 ≥ 45 ≥ 50	1 : 4 bis 1 : 5	0 bis 8 oder 0 bis 16

1) Abweichend von ATV DIN 18352 ist gemäß DIN 18560 eine Mindestdicke ≥ 35 mm erforderlich.

6.5 Verlegung von großformatigen Platten

Es wird empfohlen, großformatige Fliesen und Platten ffi 0,10 m² mit geradlinig durchlaufenden Fugen (Fugenschnitt) und nicht mit versetzten Fugen (Verband) zu verlegen.

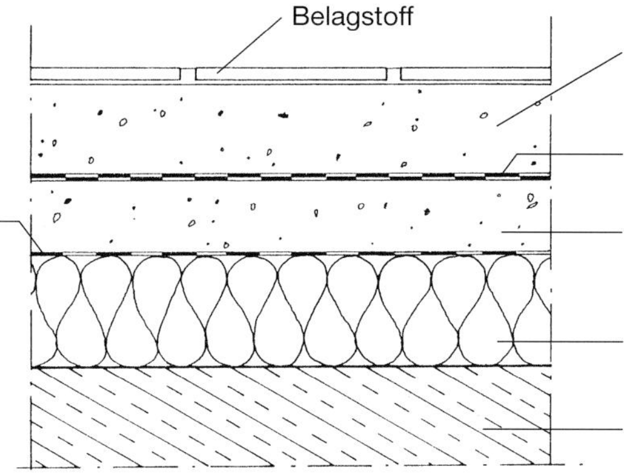

Bild 3:
Verlegung auf Trennschicht oder Abdichtung

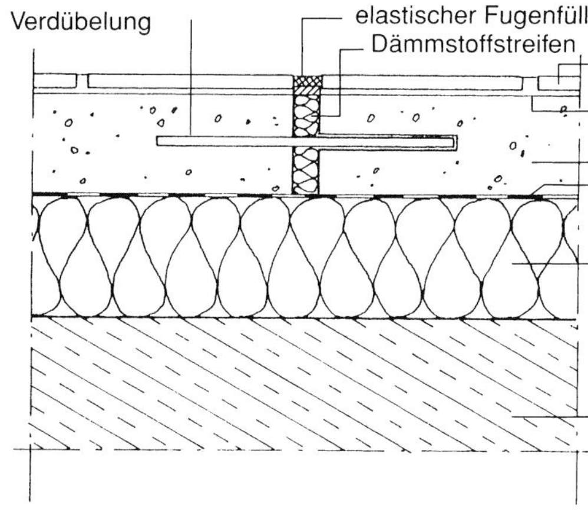

Bild 4:
Ausbildung einer Bewegungsfuge als Feldbegrenzung

6.6 Verfugen

Die Fliesen und Platten sind entsprechend den einschlägigen Vorschriften zu verfugen (siehe ATV DIN 18352 und ATV DIN 18332). Bei der Verlegung nach Abschnitt 6.1 „Verlegung auf frischer Lastverteilungsschicht" und nach Abschnitt 6.3 „Verlegung auf Trennschicht oder Abdichtung" ist eine längere Wartezeit zu empfehlen.

7 Bewegungsfugen

In der Fußbodenkonstruktion sind Bewegungsfugen anzuordnen:

- über vorhandenen Gebäudetrennfugen an gleicher Stelle und in gleicher Breite
- als Feldbegrenzung nach Abschnitt 5.2 etwa 8 bis 10 mm breit (siehe Bild 4)
- als Randfugen an allen angrenzenden Bauteilen und festen Einbauten (siehe Bild 5), so dass Bewegungen von mindestens 5 mm ermöglicht werden.

Diese Bewegungsfugen trennen Fußbodenkonstruktionen im gesamten Querschnitt, d. h. von Dämmschichtabdeckung bis zur Belagsoberfläche. Sie sind geradlinig und rechtwinklig anzulegen.

Sie werden mit Fugenprofilen oder mit elastischen Fugenfüllstoffen geschlossen. Eine starre Verbindung darf an keiner Stelle vorhanden sein. Bewegungsfugen als Feldbegrenzung sind gegen Höhenversatz zu sichern.

Mit Fugenprofilen oder mit elastischen Fugenfüllstoffen geschlossene Fugen sind nicht wasserundurchlässig.

Mit elastischen Füllstoffen geschlossene Fugen unterliegen chemischen und/oder physikalischen Einflüssen nach DIN 52460 Abschnitt 2 und können reißen. Die unvermeidbaren Verformungen der schwimmenden Konstruktion überschreiten in der Regel die Elastizität der Fugenfüllstoffe. Eine Erneuerung der Fugenfüllstoffe ist ggf. vorzunehmen, um Folgeschäden zu vermeiden.

8 Scheinfugen

Scheinfugen (angeschnittene Fugen) sind Sollbruchstellen. Sie trennen den Estrichquerschnitt als Verlegeuntergrund nur bis auf 1/3 oder 1/2 seiner Höhe und werden in der Regel durch Einschneiden des frischen Estrichmörtels hergestellt. Diese Fugen dienen der Aufnahme der baustoffbedingten Schwindung des Estrichs. Sie bleiben offen und werden nach Erreichen der Belegreife (ebenso wie auftretende Risse) kraftschlüssig mit Kunstharz geschlossen und ggf. zusätzlich verdübelt. So behandelte Fugen werden bei der Herstellung der Bodenbeläge nach Abschnitt 6 nicht berücksichtigt.

Scheinfugen können auch ggf. offen bleiben und im Oberbelag als Bewegungsfugen ausgebildet werden.

Diese Scheinfugen sind geradlinig und rechtwinklig anzulegen.

9 Türdurchgänge

In Türdurchgängen zwischen fremden Wohn- und Arbeitsbereichen und zu gemeinsamen Treppenhäusern sind zur Vermeidung von Längsschallübertragung immer Bewegungsfugen auszubilden.

Innerhalb einer Wohnung oder eines Arbeitsbereiches sind in Türdurchgängen Bewegungsfugen oder offene Scheinfugen in der Lastverteilungsschicht anzuordnen. Diese Fugen sind geradlinig und rechtwinklig anzulegen, gegen Höhenversatz zu sichern und im Belag als Bewegungsfugen auszubilden. Bei mehreren hintereinanderliegenden Räumen, die durch Türdurchgänge miteinander verbunden sind, sind in ausreichendem Umfang Türdurchgänge mit Bewegungsfugen vorzusehen.

10 Sockel

Die Fuge zwischen Bodenbelag und Sockelleiste ist ≥ 5 mm breit auszusparen. Sie ist mit elastischen Fugenfüllstoffen zu schließen. Eine starre Verbindung darf an keiner Stelle vorhanden sein (siehe Bild 6).

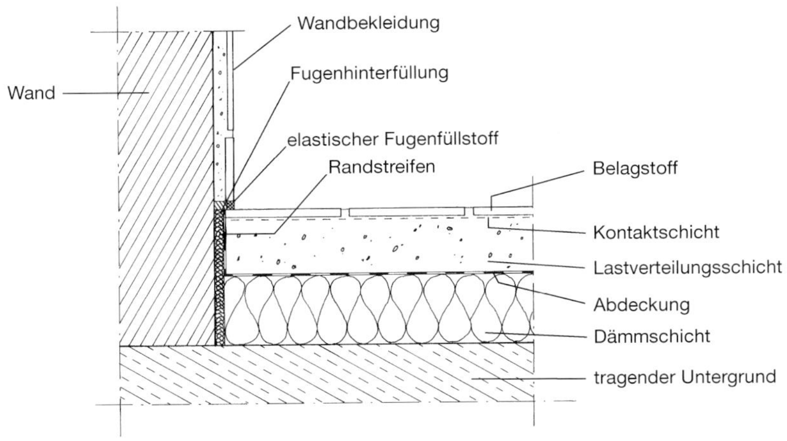

Bild 5:
Ausbildung einer Randfuge an angrenzende Wandbekleidung

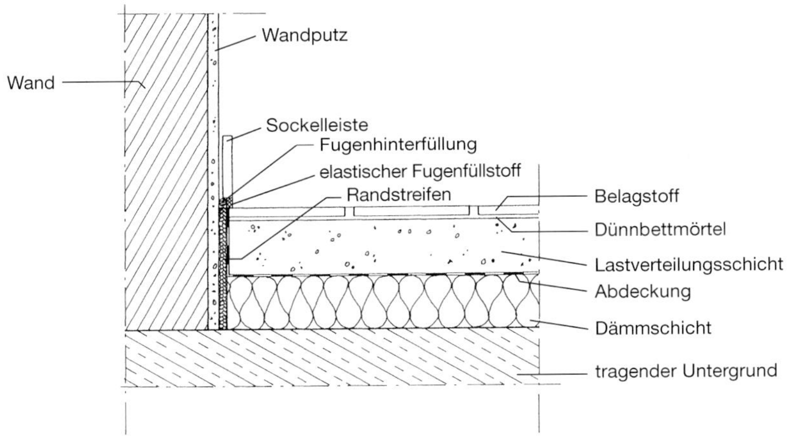

Bild 6:
Ausbildung einer Randfuge der Sockelleiste

11 Hinweise auf Normen und Verordnungen

Allgemeine Technische Vertragsbedingungen VOB Teil C, insbesondere

ATV DIN 18299
Allgemeine Regelungen für Bauarbeiten jeder Art

ATV DIN 18332
Naturwerksteinarbeiten

ATV DIN 18333
Betonwerksteinarbeiten

ATV DIN 18352
Fliesen- und Plattenarbeiten

ATV DIN 18353
Estricharbeiten

DIN EN 121
Stranggepresste keramische Fliesen und Platten mit niedriger Wasseraufnahme (E ≤ 3%); Gruppe AI, Deutsche Fassung EN 121:1991

DIN EN 176
Trockengepresste keramische Fliesen und Platten mit niedriger Wasseraufnahme E ≤ 3%; Gruppe BI; Deutsche Fassung EN 176:1991

DIN EN 177
Trockengepresste keramische Fliesen und Platten mit einer Wasseraufnahme 3% < E ≤ 6%; Gruppe BIIa; Deutsche Fassung EN 177:1991

DIN EN 178
Trockengepresste keramische Fliesen und Platten mit einer Wasseraufnahme 6% < E ≤ 10%; Gruppe BIIb; Deutsche Fassung EN 178:1991

DIN EN 186 Teil 1
Keramische Fliesen und Platten; Stranggepresste keramische Fliesen und Platten mit einer Wasseraufnahme 3% < E ≤ 6% (Gruppe AIIa); Teil 1; Deutsche Fassung EN 186–1:1991

DIN EN 186 Teil 2
–; –; Teil 2; Deutsche Fassung EN 186-2:1991

DIN EN 187 Teil 1
–; Stranggepresste keramische Fliesen und Platten mit einer Wasseraufnahme 6% < E ≤ 10% (Gruppe BIIb); Teil 1 Deutsche Fassung EN 187–1:1991

DIN EN 187 Teil 2
–; –; Teil 2; Deutsche Fassung EN 187-2:1991

DIN 18158
Bodenklinkerplatten

DIN 18500
Betonwerkstein; Begriffe, Anforderungen, Prüfung, Überwachung

DIN 18156 Teil 1
Stoffe für keramische Bekleidungen im Dünnbettverfahren; Begriffe und Grundlagen

DIN 18156 Teil 2
–; Hydraulisch erhärtende Dünnbettmörtel

DIN 18156 Teil 3
–; Dispersionsklebstoffe

DIN 18156 Teil 4
–; Epoxidharzklebstoffe

DIN 18157 Teil 1
Ausführung keramischer Bekleidungen im Dünnbettverfahren; hydraulisch erhärtende Dünnbettmörtel

DIN 18157 Teil 3
–; Epoxidharzklebstoffe

DIN 4108
Wärmeschutz im Hochbau

Verordnung über einen energieeinsparenden Wärmeschutz bei Gebäuden (Wärmeschutzverordnung – Wärmeschutz V) vom 5. Juli 1994, gültig ab 1.1.1995

Verordnung über energiesparende Anforderungen an heizungstechnischen Anlagen und Brauchwasseranlagen (Heizungsanlagen-Verordnung-HeizAnlV) vom 22. März 1994

DIN 4109
Schallschutz im Hochbau; Anforderungen und Nachweise

DIN 4109 Berichtigung 1
Berichtigungen zu DIN 4109/11.89, DIN 4109 Bbl. 1/11.89 und DIN 4109 Bbl. 2/11.89

DIN 4109 Bbl. 1
Schallschutz im Hochbau; Ausführungsbeispiele und Rechenverfahren

DIN 4109 Bbl. 2
–; Hinweise für Planung und Ausführung; Vorschläge für einen erhöhten Schallschutz; Empfehlungen für den Schallschutz im eigenen Wohn- und Arbeitsbereich

DIN 18161 Teil 1
Korkerzeugnisse als Dämmstoffe für das Bauwesen; Dämmstoffe für die Wärmedämmung

DIN 18164 Teil 1
Schaumkunststoffe als Dämmstoffe für das Bauwesen; Dämmstoffe für die Wärmedämmung

DIN 18164 Teil 2
–; Dämmstoffe für die Trittschalldämmung; Polystyrol-Partikelschaumstoffe

DIN 18165 Teil 1
Faserdämmstoffe für das Bauwesen; Dämmstoffe für die Wärmedämmung

DIN 18165 Teil 2
–; Dämmstoffe für die Trittschalldämmung

DIN 18174
Schaumglas als Dämmstoff für das Bauwesen; Dämmstoffe für die Wärmedämmung

DIN 18195 Teil 1
Bauwerksabdichtungen; Allgemeines; Begriffe

DIN 18195 Teil 2
–; Stoffe

DIN 18195 Teil 3
–; Verarbeitung der Stoffe

DIN 18195 Teil 4
–; Abdichtungen gegen Bodenfeuchtigkeit; Bemessung und Ausführung

DIN 18195 Teil 5
–; Abdichtungen gegen nichtdrückendes Wasser; Bemessung und Ausführung

DIN 18195 Teil 6
–; Abdichtungen gegen von außen drückendes Wasser; Bemessung und Ausführung

DIN 18195 Teil 7
–; Abdichtungen gegen von innen drückendes Wasser; Bemessung und Ausführung

DIN 18195 Teil 8
–; Abdichtungen über Bewegungsfugen

DIN 18195 Teil 9
–; Durchdringungen; Übergänge, Abschlüsse

DIN 18195 Teil 10
–; Schutzschichten und Schutzmaßnahmen

DIN 18540
Abdichten von Außenwandfugen im Hochbau mit Fugendichtstoffen

DIN 52460
Fugen- und Glasabdichtungen; Begriffe

DIN 18201
Toleranzen im Bauwesen; Begriffe, Grundsätze, Anwendung, Prüfung

DIN 18202
Toleranzen im Hochbau; Bauwerke

DIN 18555 Teil 2
Prüfung von Mörteln mit mineralischen Bindemitteln; Frischmörtel mit dichten Zuschlägen; Bestimmung der Konsistenz, der Rohdichte und des Luftgehaltes

DIN 18555 Teil 3
–; Festmörtel; Bestimmung der Biegezugfestigkeit, Druckfestigkeit und Rohdichte

DIN 18560 Teil 1
Estriche im Bauwesen; Begriffe, Allgemeine Anforderungen, Prüfung

DIN 18560 Teil 2
–; Estriche und Heizestriche auf Dämmschichten (schwimmende Estriche)

DIN 18560 Teil 4
–; Estriche auf Trennschicht

2.7.5 Fragen

1. Welche Aufgaben hat eine Lastverteilungsschicht (LVS)?
2. Welche Arten von LVS gibt es?
3. Wer bestimmt den Gesamtaufbau einer gedämmten Fußbodenkonstruktion sowie die Anordnung von Dämmung, Abdichtung und Bewegungsfugen?
4. Welche Einbaubedingungen müssen erfüllt sein, bevor man mit dem Einbau einer gedämmten Fußbodenkonstruktion beginnt?
5. Welche Hinweise gibt es für die Temperaturen und die Zugluft am Arbeitsbereich?
6. Welche Eigenschaften muss der tragende Untergrund haben?
7. Welche Ebenheitskriterien muss die Oberfläche des Untergrundes erfüllen?
8. Wie sind Rohrleitungen auf dem Untergrund zu behandeln?
9. Welche Wärmedämmstoffe kommen infrage?
10. Welche Trittschalldämmstoffe kommen infrage?
11. Nennen Sie die Typenkurzzeichen für Wärmedämmstoffe und Trittschalldämmstoffe!
12. Was wissen Sie über die Zusammendrückbarkeit von Dämmstoffen?
13. Welche Aufgabe muss der Randstreifen erfüllen?
14. Welche Aufgabe hat die Abdeckung?
15. Aus welchem Material besteht die Abdeckung?
16. Wie ist die Abdeckung am Rand und an den Stößen auszubilden?
17. Welche Einbauarten für die LVS gibt es?
18. Nennen Sie die Größenbegrenzung für die Felder!
19. Wie dick muss eine LVS mindestens sein?
20. Ist eine Bewehrung der LVS erforderlich?
21. Welche Materialien eignen sich für die Bewehrung der LVS?
22. Welche Verlegesysteme der Fliesen auf der LVS gibt es, welches davon ist das heute übliche?
23. Welche Bedingungen muss ein Estrich erfüllen, bevor die Belegsarbeiten beginnen?
24. Was versteht man unter Belegreife, wie wird sie gemessen?
25. Welche Mörtel oder Klebstoffe eignen sich für die Verlegung im Dünnbett?
26. Wie ist zu verfahren, wenn der Aufbau mit einer Bahnenabdichtung nach DIN 18195 versehen ist?
27. Welche Verlegeempfehlung gibt es für großformatige Fliesen und Platten?
28. Wo sind Bewegungsfugen anzuordnen?
29. Welche Arten von Bewegungsfugen gibt es?
30. Nennen Sie die Tiefe, die Breite und die sonstigen Anforderungen an Feldbegrenzungsfugen!
31. Wie ist die Wasserdichtigkeit von Bewegungsfugen zu beurteilen?
32. Welche Probleme können mit Bewegungsfugen, insbesondere mit Randfugen, auftreten? Wie verhalten Sie sich?
33. Was versteht man unter Scheinfugen?
34. Wer stellt die Scheinfugen her?
35. Wie sind Scheinfugen zu behandeln?
36. Können Scheinfugen als Bewegungsfugen ausgebildet werden?
37. Welche Forderungen müssen sie für diesen Fall erfüllen?
38. Wie sind Fugen an Türdurchgängen auszubilden?
39. Wie ist die Fuge zwischen Bodenbelag und Sockel auszubilden?
40. Welches ist das Schwindmaß von Zementestrichen?

2.7.6 Antworten

1. Eine Lastverteilungsschicht (LVS, Estrich) hat die Aufgabe des Ausgleichens und der Verteilung der Lasten auf den Untergrund.
2. Einteilung nach dem Baustoff:
Zementestrich (ZE), Anhydritestrich (Estrich auf Calciumsulfat-Basis; AE), Gussasphaltestrich (GE), Magnesiaestrich (ME)
Einteilung nach der Konstruktion: Verbundestrich, Estrich auf Trennschicht, Estrich auf Dämmschicht
3. Aufgaben des Planers, des Architekten
4. Die Einbaubedingungen sind: Fenster, Türzargen, Putz, Installation. Angrenzende Bauteile müssen vorhanden sein.
5. Die Temperaturen der Bauteile und Baustoffe müssen mindestens 5 °C betragen; es darf keine Zugluft herrschen.
6. Der tragende Untergrund muss fest, eben und trocken sein und darf keine groben Verunreinigungen aufweisen.
7. Der Untergrund muss die Ebenheitskriterien nach den erhöhten Anforderungen der DIN 18202 Maßtoleranzen im Hochbau erfüllen.
8. Rohrleitungen müssen am Untergrund befestigt sein.
9. Als Wärmedämmstoffe kommen infrage: Kork, Schaumkunststoffe, Faserdämmstoffe, Schaumglas.
10. Als Trittschalldämmstoffe kommen infrage: Schaumkunststoffe, Faserdämmstoffe.
11. Die Typenkurzzeichen für Wärmedämmstoffe und Trittschalldämmstoffe sind WD, WS, T, TK.
12. Ein- oder mehrlagige Dämmstoffe dürfen sich bis höchstens 5 mm zusammendrücken.
13. Der Randstreifen soll Schallbrücken und Zwängungen vermeiden.
14. Die Abdeckung soll eine Durchfeuchtung der Dämmschicht aus dem Estrich verhindern.
15. Abdeckungen können bestehen aus PE-Folie 0,1 mm oder nackter Bitumenbahn mit Schrenzpapiereinlage.
16. Die Abdeckung ist am Rand hochzuführen, an den Stößen um 8 cm zu überlappen.
17. Die LVS kann als Dickbett (vorgezogenes Mörtelbett) oder als schwimmender Zementestrich eingebaut werden.
18. Die Feldgrößen dürfen höchstens 40 m^2 haben mit einer Seitenlänge von 8,0 m.
19. Die LVS muss mindestens 45 mm dick sein; größere Dicken sind bei doppellagiger Dämmschicht empfohlen.
20. Die Bewehrung eines schwimmenden Estrichs ist zweckmäßig und wird grundsätzlich empfohlen.
21. Für die Bewehrung der LVS eignen sich nichtstatische Betonstahlmatten, Baustahlgitter, Fasern.
22. Man unterscheidet die Verlegung auf frischer LVS (Dickbett) und die heute übliche Verlegung auf erhärteter LVS (Dünnbett).

23. Das Mindestalter muss 28 Tage betragen, die Belegreife muss erreicht sein.
24. Belegreife bedeutet, dass der Feuchtigkeitsgehalt ≤ 2 %, gemessen mit CM-Gerät, ist.
25. Für die Verlegung im Dünnbett eignet sich zementhaltiger Dünnbettmörtel oder Reaktionsharzklebstoff.
26. Die Bahnenabdichtung ist auf einer Ausgleichsschicht zu verlegen, die Abdichtung ist mit einer zweilagigen Trennschicht abzudecken. Darauf wird der Estrich/die Lastverteilungsschicht aufgebracht.
27. Großformatige Fliesen und Platten sollen im Fugenschnitt verlegt werden.
28. Bewegungsfugen sind über Gebäudetrennfugen, als Feldbegrenzungsfugen und als Randfugen anzuordnen.
29. Bewegungsfugen werden unterschieden nach Gebäudetrennfugen, Feldbegrenzungsfugen, Randfugen und Anschlussfugen.
30. Feldbegrenzungsfugen sind geradlinig und rechtwinklig zu führen. Die Tiefe geht von der Dämmschichtabdeckung bis zur Belagsoberfläche, die Breite beträgt 8–10 mm.
31. Bewegungsfugen können nicht als wasserdicht bezeichnet werden.
32. Die vorhandenen Bewegungen überschreiten in der Regel die Elastizität der Füllstoffe; sie können reißen. Der Füllstoff wird erneuert, der Kunde wird entsprechend informiert.
33. Scheinfugen sind Sollbruchstellen zur Aufnahme der materialbedingten Schwindung des Zementestrichs.
34. Scheinfugen werden vom Estrichleger durch Kellenschnitte hergestellt.
35. Nachdem die Belegreife erreicht ist, werden Scheinfugen kraftschlüssig verschlossen und gegen Höhenversatz verdübelt.
36. Unter bestimmten Bedingungen können Scheinfugen auch als Bewegungsfugen ausgebildet werden.
37. Sie müssen geradlinig und rechtwinklig verlaufen.
38. Fugen an Türdurchgängen sind als Bewegungsfugen auszubilden.
39. Zwischen Bodenbelag und Sockel muss eine elastische Fuge von mindestens 5 mm Breite vorgesehen und eingebaut werden.
40. Das Schwindmaß von Zementestrichen ist 0,5 mm/m.

2.8 Beläge auf beheizten Fußbodenkonstruktionen

2.8.1 Stichworte zum Thema

- Anwendungsgebiete der klassischen Fußbodenheizung in Heizestrichen
- beteiligte Gewerke, Koordination der Planung und Ausführung
- fachgerechter Estricheinbau, fachgerechte Installation, fachgerechtes Auf- und Abheizen
- Protokoll über das Auf- und Abheizen
- Belegreife von Heizestrichen
- Scheinfugen, Feldbegrenzungsfugen, Bewegungsfugen bei beheizten Zementestrichen

Abb. 2.39: Einbau einer beheizten Fußbodenkonstruktion

2.8.2 Regelwerke

ZDB-Merkblatt Keramische Fliesen und Platten, Naturwerkstein und Betonwerkstein auf beheizten zementgebundenen Fußbodenkonstruktionen (siehe S. 117)

Fachinformation Schnittstellenkoordination bei beheizten Fußbodenkonstruktionen vom Zentralverband Heizung Klima, St. Augustin

Wesentliche Inhalte des Merkblattes

Bauarten von Fußbodenheizung
Tragender Untergrund
Dämmschichten
Abdeckung
Lastverteilungsschicht/Estrich
Bodenbeläge
Bewegungsfugen
Scheinfugen
Türdurchgänge
Sockel
Inbetriebnahme nach Fertigstellung

2.8.3 Fall aus der Praxis

In einem Wohnzimmer ist ein calciumsulfatgebundener Estrich mit integrierter Warmwasser-Fußbodenheizung eingebaut.

Der Fliesenleger hat den Auftrag, Feinsteinzeugfliesen 30/30 cm zu verlegen. Wie geht er vor
- bei der Untergrundprüfung,
- wenn die Estrichkonstruktion nach Bauart A keine Feuchtigkeitsmessstellen aufweist,
- wenn die Estrichfläche Risse aufweist,
- wenn die Estrichoberfläche eine weiche, minderfeste Oberflächenschicht aufweist,
- wenn die Estrichoberfläche starke Verunreinigungen aufgrund von Maler- und Putzarbeiten aufweist?

Lösung

Untergrundprüfung

Die Funktion der Fußbodenkonstruktion (Erstaufheizung nach DIN 4725-4) muss ausgeführt und durch ein Protokoll über das Auf- und Abheizen dokumentiert sein.

Der Fliesenleger soll sich eine Kopie des Protokolls aushändigen lassen.

Die Funktionsprüfung der Heizung ist noch keine Garantie dafür, dass die erforderliche Belegreife von 0,3 CM-% erreicht ist. Deshalb ist die Ermittlung der Belegreife mit einem CM-Gerät an den ausgewiesenen Messstellen (3 Messstellen je 200 m² bzw. mindestens 1 Messstelle je Raum) erforderlich.

Aufgrund der begrenzten Anzahl von Messstellen sind Folienprüfungen zum Abschätzen der erforderlichen Belegreife durchzuführen.

Eine ausreichende Trockenheit ist dabei näherungsweise erreicht, wenn sich bei maximaler Vorlauftemperatur unter einer aufgelegten und an den Rändern mit Klebeband abgeklebten 50/50 cm großen PE-Folie innerhalb von 24 Stunden keine Feuchtigkeitsspuren zeigen. Diese Folienprüfung ersetzt jedoch keine CM-Messung!

Der Estrich darf zum Zeitpunkt der Belegung eine Feuchte von maximal 0,5 % aufweisen.

Die Überprüfung der Estrichoberfläche kann aufgrund des speziellen Materialverhaltens erst nach Erreichen der Belegreife ausgeführt werden. Bei der visuellen Prüfung sind der Randstreifen, die Fugenanordnung und die Rissfreiheit zu kontrollieren.

Neben der visuellen Prüfung sind die Ebenheitsprüfung gemäß DIN 18202 und die Klopf-, Wisch-, Gitterritz- und Benetzungsprüfung durchzuführen. Hierdurch wird eine verankerungsfähige, tragfähige und saugfähige Oberfläche festgestellt.

Sofern keine Mängel festgestellt wurden und der Estrich ausreichend trocken ist, ist die Oberfläche zu grundieren, wenn keine anders lautenden Vorschriften des Mörtelherstellers vorliegen.

Die Grundierung muss für den Estrich geeignet und auf den Dünnbettmörtel abgestimmt sein.

Die produktspezifischen Wartezeiten sind einzuhalten.

Die Verlegung von Feinsteinzeug erfolgt mit einem Dünnbettmörtel, der für Fußbodenheizung und Feinsteinzeug geeignet ist.

Feuchtigkeitsmessstellen

Die CM-Messung darf nur an den markierten Messstellen durchgeführt werden. Bei Prüfungen an nicht markierten Stellen lassen sich Beschädigungen des Heizsystems nicht zuverlässig ausschließen.

Wenn keine Messstellen ausgewiesen sind, ist der Fliesenleger verpflichtet, gemäß VOB entsprechende Bedenken schriftlich geltend zu machen.

Nach den Regelwerken DIN 4725-4 und der oben erwähnten Fachinformation »Schnittstellenkoordination ...« darf die Bestimmung der Restfeuchte nur an ausgewiesenen Messstellen erfolgen, welche vom Planer oder Fachplaner vorzugeben sind.

Bei fehlenden Messstellen können Messstellen nachträglich mittels thermogravimetrischer Untersuchungen festgelegt werden.

Risse im Estrich

Wenn der Estrich Risse aufweist, ist der Fliesenleger verpflichtet, entsprechende Bedenken nach VOB schriftlich geltend zu machen.

Zunächst ist die Ursache der Risse (z. B. fehlende oder unzureichende Dimensionierung der Randstreifen, Schwindspannungen, ...) abzuklären.

Nach Behebung der Rissursache sind die Risse vom Estrichleger kraftschlüssig zu verharzen. Die Oberfläche des Reaktionsharzes ist mit Quarzsand 0,7–1,2 mm abzustreuen.

Die Funktionssicherheit dieser Sanierungsmaßnahme ist durch ein erneutes Auf- und Abheizen zu überprüfen.

Minderfeste Oberflächenschichten

Bei der Überprüfung mittels Gitterritz-Methode ergab sich der Hinweis auf eine weiche, minderfeste Oberflächenschicht. Der Fliesenleger ist verpflichtet, Bedenken nach VOB schriftlich geltend zu machen.

Die weiche, minderfeste Oberflächenschicht ist bis auf das Korn bzw. das tragende Gefüge vom Estrichleger abzuschleifen. Nach der Mangelbeseitigung ist eine erneute Oberflächenkontrolle durch den Fliesenleger erforderlich.

Verunreinigungen des Estrichs

Bei der visuellen Prüfung der Estrichoberfläche sind starke Verunreinigungen aufgrund von Maler- und Putzarbeiten zu erkennen.

Der Fliesenleger ist verpflichtet, Bedenken entsprechend VOB schriftlich geltend zu machen. Die Reinigung des Untergrundes von grober Verschmutzung, wie z. B. Gips-, Mörtel- oder Farbreste, soweit diese von anderen Unternehmern herrühren, ist gemäß VOB/C DIN 18352 eine Besondere Leistung. Sie ist entsprechend zu vergüten.

2.8.4 Abdruck von Regelwerken

Merkblatt Keramische Fliesen und Platten, Naturwerkstein und Betonwerkstein auf beheizten zementgebundenen Fußbodenkonstruktionen
siehe S. 117

Merkblatt

ZENTRALVERBAND
DEUTSCHES
BAUGEWERBE
ZDB

KERAMISCHE FLIESEN UND PLATTEN, NATURWERKSTEIN UND BETONWERKSTEIN AUF BEHEIZTEN ZEMENTGEBUNDENEN FUSSBODENKONSTRUKTIONEN

September 1995

Rudolf Müller

FACHVERBAND
DEUTSCHES
FLIESENGEWERBE
im Zentralverband des Deutschen Baugewerbes

Herausgeber:

FACHVERBAND DEUTSCHES FLIESENGEWERBE
IM ZENTRALVERBAND DES DEUTSCHEN BAUGEWERBES E.V.,
BERLIN

und der

BUNDESFACHGRUPPE ESTRICH UND BELAG
IM ZENTRALVERBAND DES DEUTSCHEN BAUGEWERBES E.V.,
BERLIN

in Zusammenarbeit mit:

Bayerischer Industrieverband Steine und Erden e.V.
– Fachabteilung Juramarmor und Solnhofener Naturstein-Platten –,
Pappenheim
Bundesinnungsverband des Deutschen Steinmetz-, Stein- und
Holzbildhauerhandwerks, Frankfurt/Main
Bundesverband Estrich und Belag e.V., Troisdorf
Industrieverband Keramische Fliesen + Platten e.V., Selb
Säurefliesner-Vereinigung e.V., Burgwedel
Zentralverband Sanitär Heizung Klima, St. Augustin

Alleinverkauf durch die Servicestelle des Fachverbandes Deutsches Fliesengewerbe:
Verlagsgesellschaft Rudolf Müller GmbH & Co. KG, Postfach 41 09 49, 50869 Köln,
Telefon (02 21) 54 97-112, Fax (02 21) 54 97-130, www.rudolf-mueller.de

Inhaltsverzeichnis

1 Einführung

1.1 Geltungsbereich und Zweck

Dieses Merkblatt beschreibt den Aufbau beheizter Fußbodenkonstruktionen mit Belägen aus Fliesen und Platten in Wohngebäuden und Gebäuden mit ähnlicher Nutzung.

Es gibt Hinweise für die Planung und Ausführung der Fußbodenkonstruktionen, soll zur Koordinierung der Bauleistungen beitragen und beschreibt die Schichtenfolge des Gesamtaufbaues.

Planung, Bemessung und Ausführung der Fußbodenheizung sind nicht Gegenstand dieses Merkblattes.

Es bezieht sich auf Konstruktionen mit **zementgebundenen Lastverteilungsschichten/Estrichen.** Andere Lastverteilungsschichten sind in diesem Merkblatt nicht geregelt.

Der Inhalt entspricht dem heutigen Erkenntnisstand. Bei vorher ausgeführten Konstruktionen kann es zur Beurteilung nicht herangezogen werden. Es schließt andere fachgerechte Konstruktionen nicht aus.

Anmerkung

Für Fliesen und Platten auf nicht beheizbaren Fußbodenkonstruktionen und Bodenbelägen außerhalb von Gebäuden gelten die Merkblätter

„Keramische Fliesen und Platten, Naturwerkstein und Betonwerkstein auf zementgebundenen Fußbodenkonstruktionen mit Dämmschichten" Ausgabe: September 1995

„Bodenbeläge aus Fliesen und Platten außerhalb von Gebäuden" Ausgabe: Oktober 1988

Für mechanisch hochbelastbare Bodenbeläge gilt das Merkblatt

„Mechanisch hochbelastbare Bodenbeläge aus keramischen Fliesen und Platten" Ausgabe: September 1995

1.2 Hinweise für Planung

Der Gesamtaufbau der Fußbodenkonstruktion sowie Art, Anordnung und Dicke der einzelnen Schichten, insbesondere der Dämmung und Abdichtung sowie die Anordnung von Bewegungsfugen (Fugenplan) sind unter Berücksichtigung dieses Merkblattes von der Bauplanung festzulegen. Entsprechende Unterlagen sind als Bestandteil der Leistungsbeschreibung vom Auftraggeber bereitzustellen.

Bei der Planung ist auch die Verträglichkeit der Baustoffe untereinander zu berücksichtigen.

Bauablauf und Arbeitsfolge sowie Messstellen zur Bestimmung der Belegreife sind vom Planer rechtzeitig festzulegen und bei der Ausführung zu koordinieren.

1.3 Einbaubedingungen

Vor dem Einbau der Fußbodenkonstruktion sollen Fenster- und Fenstertüröffnungen geschlossen, die Putz- und Stuckarbeiten, Wandbekleidungen und Montage von haustechnischen Installationen sowie der Einbau von Türzargen mit Bodeneinstand und der Verputz von Rohrschlitzen abgeschlossen sein. Alle an den Fußboden angrenzende Bauteile müssen vorhanden sein.

Beim Einbringen der Lastverteilungsschicht/Estrich und des Belages darf die Temperatur der Stoffe und des Arbeitsbereiches nicht unter +5 °C liegen. Die Temperaturen sollen möglichst gleichmäßig sein und während der gesamten Dauer des Fußbodenbaues gleichmäßig bleiben. Zugluft im Bauwerk ist zu vermeiden.

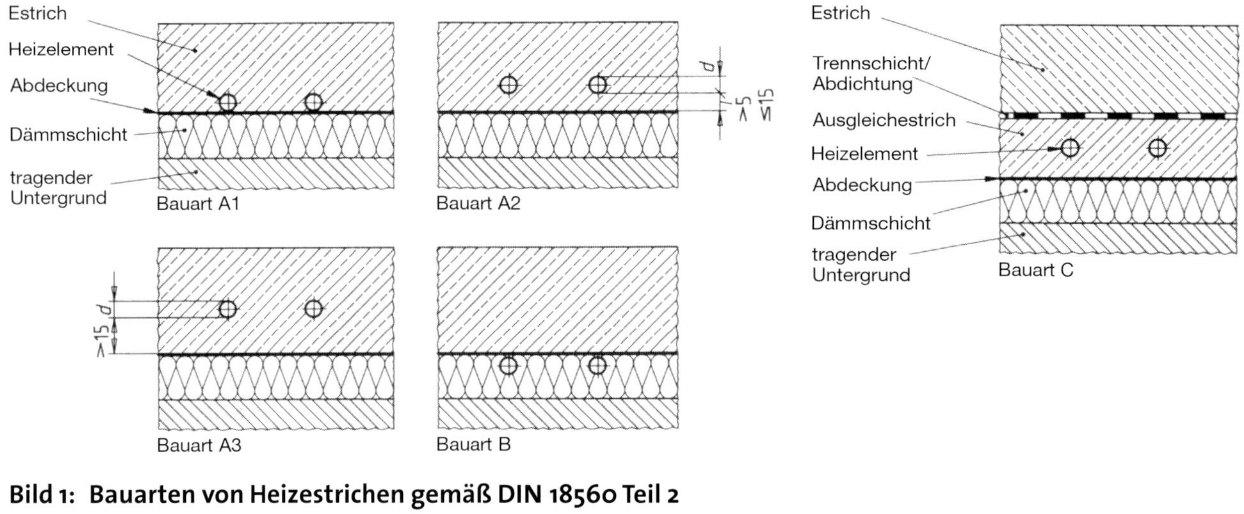

Bild 1: Bauarten von Heizestrichen gemäß DIN 18560 Teil 2

2 Bauarten von Fußbodenheizungen

2.1 Warmwasser-Fußbodenheizung

Eine Warmwasser-Fußbodenheizung ist eine an Ort und Stelle als Fußbodenkonstruktion hergestellte Heizeinrichtung mit Rohren oder anderen Hohlprofilen, die von Wasser als Heizmittel durchströmt werden.

Die warmwasserführenden Heizrohre befinden sich entweder im Estrich/Lastverteilungsschicht direkt auf der Abdeckung der Dämmschicht (Bauart A1) oder in einem Abstand von 5 mm bis maximal 15 mm (Bauart A2) bzw. etwa in Estrichmitte mit einem Abstand von mindestens 15 mm über der Abdeckung (Bauart A3). Weiterhin können Heizrohre innerhalb der Dämmschicht unter dem Estrich (Bauart B) als auch mittig in einem Ausgleichestrich liegen (Bauart C), (siehe Bild 1). Für die Planung gilt DIN 4725 Teil 1 bis 4 in Verbindung mit DIN 18560 Teil 2.

2.2 Elektrische Fußbodenheizung

Eine elektrische Fußbodenheizung ist eine an Ort und Stelle als Fußbodenkonstruktion aufgebaute Heizeinrichtung, die die aus elektrischer Energie erzeugte Wärme überwiegend über die Oberfläche des Fußbodens an den zu beheizenden Raum abgibt. Dabei wird zwischen Direktheizung, die die Wärme möglichst mit geringer zeitlicher Verzögerung abgibt, und Speicherheizung, die die Wärme mit gewollter zeitlicher Verzögerung abgibt, unterschieden.

Für die Planung elektrischer Fußbodenheizungen gilt DIN 44576 Teil 1 bis 4 in Verbindung mit DIN 18560 Teil 2.

2.3 Betriebstemperatur

Die Oberflächentemperatur des Fußbodens beträgt bei bestimmungsgemäßem Betrieb in Wohn- und Arbeitsbereichen (Aufenthaltszonen) ca. 29 °C, in höher beheizten Randzonen und Barfußbereichen, z. B. in Badezimmern, bis 35 °C.

Auch bei Abdeckung des Fußbodens mit Teppichen und/oder Einrichtungsgegenständen dürfen höhere Oberflächentemperaturen nicht auftreten.

Nicht bestimmungsgemäßer Betrieb der Heizung, der zu höheren Temperaturen führt, ist zu vermeiden.

3 Tragender Untergrund

Der tragende Untergrund zur Aufnahme einer beheizten Fußbodenkonstruktion muss ausreichend fest, eben und trocken sein.

Die Ebenheit der Oberfläche muss den erhöhten Anforderungen DIN 18202 „Toleranzen im Hochbau; Bauwerke“ Tabelle 3, Zeile 2, entsprechen, eine vollflächige Auflage der Dämmschichten ermöglichen und den Einbau gleichmäßig dicker Schichten zulassen. Unzulässige Unebenheiten und unzulässige Winkeltoleranzen nach DIN 18202, Tabelle 2 sind vorher auszugleichen.

Der tragende Untergrund darf keine groben Verunreinigungen, z. B. Mörtelreste, punktförmige Erhebungen, Rohrleitungen oder Ähnliches aufweisen, die zu Schallbrücken und/oder Unterschieden in der Dicke der Lastverteilungsschicht des Estrichs führen können. Falls Rohrleitungen auf dem tragenden Untergrund verlegt sind, müssen sie befestigt sein. Durch einen Ausgleich ist wieder eine ebene Oberfläche zur Aufnahme der Dämmschicht zu schaffen. Ungebundene Schüttungen aus Natur- oder Brechsand dürfen für den Ausgleich nicht verwendet werden. Erforderliches Gefälle ist unter der Dämmschicht und/oder Abdichtung bzw. Dampfsperre vorzusehen.

4 Dämmschichten

4.1 Wärmedämmstoffe

Dämmstoffe für die Wärmedämmung müssen den Anforderungen folgender Normen entsprechen:

DIN 18161 Teil 1
Korkerzeugnisse als Dämmstoffe für das Bauwesen; Dämmstoffe für die Wärmedämmung

DIN 18164 Teil 1
Schaumkunststoffe als Dämmstoffe für das Bauwesen; Dämmstoffe für die Wärmedämmung

DIN 18165 Teil 1
Faserdämmstoffe für das Bauwesen; Dämmstoffe für die Wärmedämmung

DIN 18174
Schaumglas als Dämmstoff für das Bauwesen; Dämmstoffe für die Wärmedämmung

Als Dämmstoffe für die Wärmedämmung nach DIN 18164 Teil 1 und DIN 18165 Teil 1 sind nur solche mit dem Typkurzzeichen WD und WS zu verwenden.

4.2 Trittschalldämmstoffe

Dämmstoffe für die Trittschalldämmung müssen den Anforderungen folgender Normen entsprechen:

DIN 18164 Teil 2
Schaumkunststoffe als Dämmstoffe für das Bauwesen; Dämmstoffe für die Trittschalldämmung; Polystyrol-Partikelschaumstoffe

DIN 18165 Teil 2
Faserdämmstoffe für das Bauwesen; Dämmstoffe für die Trittschalldämmung

Trittschalldämmstoffe müssen mit dem Typkurzzeichen T oder TK gekennzeichnet sein. Sie können gleichzeitig bei der Berechnung der Wärmedämmung berücksichtigt werden.

Bei Dämmstoffen für die Trittschalldämmung wird die Nenndicke durch die Werte d_L/d_B angegeben, wobei d_L als Lieferdicke und d_B als Dicke unter Belastung gilt. Die Differenz zwischen der Lieferdicke d_L und der Dicke unter Belastung d_B (Zusammendrückbarkeit) der Dämmschicht darf nicht größer als 5 mm sein.

Bei ein- oder mehrlagigen Dämmschichten darf die Zusammendrückbarkeit insgesamt ebenfalls 5 mm nicht überschreiten. Um die Zusammendrückbarkeit bei mehrlagigen Dämmschichten klein zu halten, ist ggf. eine kombinierte Anwendung von Trittschalldämmplatten und Wärmedämmplatten zu wählen. Mehrlagige Dämmschichten sind fugenversetzt zu verlegen.

Vor dem Einbau der Dämmschicht sind an allen angrenzenden und die Fußbodenkonstruktion durchdringenden Bauteilen und festen Einbauten sowie an Türzargen und Türleibungen Randstreifen anzubringen, die eine Bewegung von mindestens 5 mm ermöglichen. Die Randstreifen sind umlaufend ohne Unterbrechung einzubauen und sollen Schallbrücken bzw. Zwängungen vermeiden. Sie müssen von der Rohdecke bis über den fertigen Fußboden reichen und sind gegen eine Lageveränderung beim Einbau der Lastverteilungsschicht zu sichern. Bei mehrlagigen Dämmschichten kann der Randstreifen auf die vorletzte Dämmschicht aufgesetzt werden. Der überstehende Teil der Randstreifen ist erst nach Verfugung des Belages abzuschneiden.

Bei elektrischer Fußbodenheizung muss die Form- und Wärmebeständigkeit der oberen Lage der Dämmschicht (mögliche Temperaturbelastung 100 °C) berücksichtigt werden.

5 Abdeckung

Die Dämmschicht ist nach DIN 18560 Teil 2, Abschnitt 6.1.2 mit einer Polyethylenfolie von mindestens 0,2 mm Dicke oder mit einem anderen Erzeugnis vergleichbarer Eigenschaften abzudecken. Die Abdeckung ist an den Randstreifen hochzuführen oder mit der ggf. auf dem Randstreifen aufkaschierten Folie zu überlappen. Die einzelnen Bahnen müssen an den Stößen ca. 8 cm überdecken. Diese Abdeckungen ersetzen weder Dampfsperren noch Abdichtungen gegen Feuchtigkeit. Sie sollen lediglich die Durchfeuchtung der Dämmschicht durch das Anmachwasser des Mörtels und die Bildung von Mörtelbrücken verhindern.

6 Lastverteilungsschicht/Estrich

6.1 Allgemeines

Die Lastverteilungsschicht ist als Dickbett nach ATV DIN 18352 „Fliesen- und Plattenarbeiten“ oder als schwimmender Zementestrich nach DIN 18560 Teil 2 „Estriche im Bauwesen; Estriche und Heizestriche auf Dämmschichten (schwimmende Estriche)“ herzustellen.

Zusatzmittel, die bei der Herstellung verwendet werden, sind vorher auf ihre Eignung zu überprüfen. Den Eignungsnachweis hat der Hersteller des Zusatzmittels zu führen. Zusatzmittel dürfen Heizrohre bzw. Heizelemente, Bewehrung und andere Einbauteile nicht schädigen.

6.2 Bewehrung

Der Estrich/die Lastverteilungsschicht ist mit einer nicht statischen Betonstahlmatte (z. B. N 141, N 94) oder einem Baustahlgitter (50 × 50 × 2 mm) zu bewehren. Die Bewehrung ist an den Stößen mit ausreichender Überlappung zu verlegen und an den Bewegungsfugen zu unterbrechen.

Die Bewehrung mindert die Breite von Rissen und verhindert einen Höhenversatz; sie kann jedoch eine Rissebildung nicht verhindern.

Fasern als Ersatz für die Bewehrung müssen die vorgenannten Eigenschaften in gleichem Maße erfüllen.

6.3 Feldgröße

Die Fläche einzelner Felder der Lastverteilungsschicht/Estrich soll nicht größer als 40 m² sein. Die Seitenlänge einzelner Felder soll 8 m nicht überschreiten. Bei größeren Abmessungen und dort, wo die Fläche der Lastverteilungsschicht/Estrich stark verspringt, sind Unterteilungen vorzunehmen. Die Felder sollen möglichst ein gedrungenes Seitenverhältnis haben. Sie sind ohne Arbeitsunterbrechung herzustellen. Feldgrößen können entsprechend den Eigenschaften der Belagstoffe in begründeten Fällen abgeändert werden.

6.4 Estrichdicke

Bauart A1
Bei Heizrohren, die unmittelbar oder mit einem geringen Abstand auf der Abdeckung liegen, beträgt die Estrichdicke über der Oberkante Heizrohr mindestens 45 mm.

Bauart A2
Bei Heizrohren, die im Estrich mit einem Abstand von ≥ 5 mm, jedoch ≤ 15 mm liegen, ist eine Estrichdicke von 50 mm + d (Heizrohrdurchmesser) erforderlich.

Bauart A3
Bei Heizrohren, die etwa in der Mitte des Estrichs/der Lastverteilungsschicht und mindestens 15 mm über der Abdeckung angeordnet sind, beträgt die Gesamtdicke des Estrichs mindestens 45 mm + d (Heizrohrdurchmesser). Die Überdeckungsgröße muss mindestens 25 mm und die Summe der Abstände der Heizelemente von der Ober- und der Unterfläche der Estrichplatte mindestens 45 mm betragen.

Unterschiedliche Ausdehnungen von im Estrich liegenden Metallrohren und der Lastverteilungsschicht müssen (z. B. durch werkseitige Ummantelung bei Kupferrohren) ermöglicht werden.

Bauart B
Bei Heizrohren, die in einer profilierten Dämmplatte liegen, beträgt die Estrichdicke über Abdeckung 45 mm.

Bauart C
Bei Heizrohren, die auf der Abdeckung liegen und bei denen vor dem Einbau des Estrichs durch eine Ausgleichsschicht (Ausgleichestrich) mit einer Dicke von 20 mm + d (Heizrohrdurchmesser) eine ebene Oberfläche geschaffen wird, ist ein Estrich/eine Lastverteilungsschicht von mindestens 45 mm Dicke erforderlich. Der Estrich muss von der Ausgleichsschicht durch eine Gleitschicht getrennt sein.

Bei Dämmschichten über 60 mm Dicke sowie Verkehrslasten über 1,5 kN/m² können größere Estrichdicken erforderlich werden.

7 Bodenbeläge

Belagstoffe im Sinne dieses Merkblattes sind:

Stranggepresste keramische Fliesen und Platten nach		
DIN EN	**Gruppe**	**Wasseraufnahme (E)**
121	AI	bis 3% (Spaltplatten)
186 Teil 1 und Teil 2	AIIa	über 3% bis 6%
187 Teil 1 und Teil 2	AIIb	über 6% bis 10%

Einzeln trockengepresste keramische Fliesen und Platten nach		
DIN EN	**Gruppe**	**Wasseraufnahme (E)**
176	BI	bis 3% (Steinzeug)
177	BIIa	über 3% bis 6%
178	BIIb	über 6% bis 10%

Bodenklinkerplatten nach DIN 18158

Betonwerksteinplatten nach DIN 18500

Naturwerksteinplatten nach ATV DIN 18332 „Naturwerksteinarbeiten“ Abschnitt 2, Stoffe, Bauteile, ... und DIN 52100 „Prüfung von Naturstein; Richtlinien zur Prüfung und Auswahl von Natursteinen“

Solnhofener Platten, Natursteinfliesen, Natursteinmosaik, Natursteinriemchen nach ATV DIN 18352 „Fliesen- und Plattenarbeiten“ Abschnitt 2.2

Nichtgenormte Fliesen und Platten mit gleichwertigen Güteeigenschaften.

7.1 Verlegung auf frischer Lastverteilungsschicht

Auf die frisch eingebrachte Lastverteilungsschicht/Estrich nach Abschnitt 6 wird die Schlämme aus Zement, Sand und/oder hydraulisch erhärtendem Dünnbettmörtel bzw. werkgemischte Haftschlämmen als Kontaktschicht aufgetragen. In diese Kontaktschicht werden Fliesen und Platten verlegt.

Bei Belagstoffen, bei denen Verfärbungen und Ausblühungen auftreten können, sollte diese Verlegeart nicht angewendet werden.

Diese Verlegeart ist nur für kleine Belagsflächen zu empfehlen.

Felder nach Abschnitt 6.3 müssen ohne Unterbrechung hergestellt werden.

7.2 Verlegung im Dünnbett auf erhärteter Lastverteilungsschicht/Estrich

Die Verlegung gleichmäßig dicker Fliesen und Platten kann im Dünnbett

a) mit hydraulisch erhärtendem Dünnbettmörtel
b) mit hydraulisch erhärtendem Dünnbettmörtel und Kunststoffzusatz
c) mit Epoxidharzklebstoff

erfolgen, wobei die Güteanforderungen nach DIN 18156 Teil 2 und 4 erfüllt sein müssen. Die Vorschriften nach DIN 18157 Teil 1 und 3 für die Verlegung im Dünnbettverfahren sind zu beachten.

Der Estrich/die Lastverteilungsschicht ist vor der Verlegung aufzuheizen. Das Aufheizen des Estrichs soll nicht vor Ablauf von 21 Tagen beginnen. Das erste Aufheizen beginnt mit einer Vorlauftemperatur von 25 °C, die 3 Tage zu halten ist.

Danach wird die maximale Vorlauftemperatur eingestellt und weitere 4 Tage gehalten.

Über das Aufheizen ist vom Auftraggeber ein vom Heizungsbauer zu erstellendes Protokoll vorzulegen. Das Protokoll muss folgende Angaben enthalten:

1. Aufheizdaten mit den jeweiligen Vorlauftemperaturen
2. Erreichte maximale Vorlauftemperatur
3. Betriebszustand und Außentemperatur bei Übergabe

Bild 2:
Verlegung auf frischer Lastverteilungsschicht/Estrich

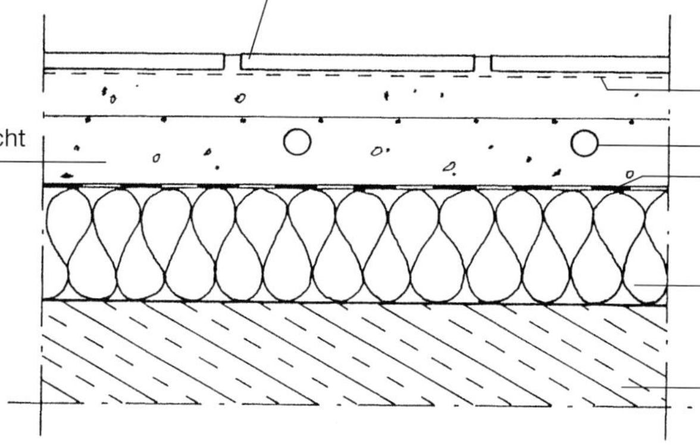

Bild 3:
Verlegung im Dünnbett auf erhärteter Lastverteilungsschicht/Estrich

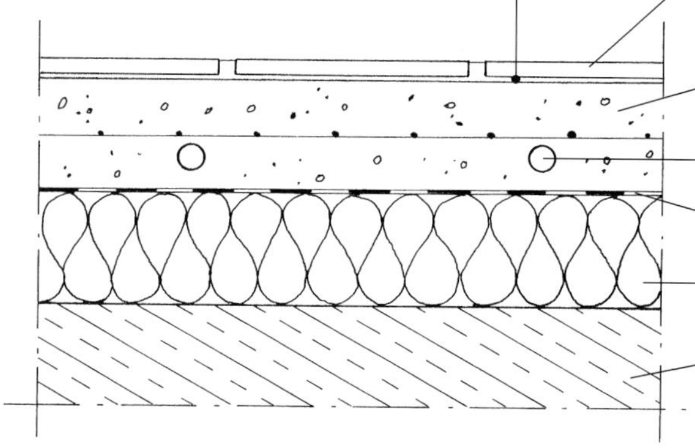

Nach dem beschriebenen Aufheizvorgang ist noch nicht sichergestellt, dass der Estrich den für die Belegreife erforderlichen Feuchtigkeitsgehalt erreicht hat. Die Belegreife eines Zementestrichs ist bei einem Feuchtigkeitsgehalt ≤ 2 %, gemessen mit dem CM-Gerät, erreicht. Die Messung des Feuchtigkeitsgehaltes ist nur an markierten Messstellen vorzunehmen. Ist die Belegreife erreicht, wird auf Verlegetemperatur abgekühlt. Sofern zur Erlangung der Belegreife ein weiteres Heizen erforderlich ist, muss dieses bei bestimmungsgemäßem Betrieb der Heizanlage erfolgen.

Werden Grundierungen erforderlich, sind diese auf den Dünnbettmörtel abzustimmen und die Herstellerrichtlinien zu beachten.

Eine Beschleunigung der Abkühlung, z. B. durch zusätzliches Lüften, ist zu vermeiden.

Bei Belagstoffen, die zu Verfärbungen neigen, ist der Dünnbettmörtel oder Klebstoff auf den Belag abzustimmen.

7.3 Verlegung auf Trennschicht oder Abdichtung

Die Verlegung von Fliesen und Platten kann auf die frisch eingebrachte Lastverteilungsschicht gemäß Abschnitt 7.1 oder im Dünnbett auf eine erhärtete Lastverteilungsschicht gemäß Abschnitt 7.2, die auf der Trennschicht/Abdichtung eingebaut wird oder worden ist, erfolgen. Trennschichten oder Abdichtungen nach DIN 18195 werden auf einer Ausgleichsschicht verlegt. Die Ausgleichs- oder Schutzschicht unter der Trennschicht oder Abdeckung ist ≥ d + 20 mm dick auszuführen. Die Ausgleichs- oder Schutzschicht auf Dämmschichten dient als Untergrund zur Aufnahme von Trennschichten oder Abdichtungen nach DIN 18195 (siehe Bild 4). Die Oberfläche der Ausgleichs- oder Schutzschicht muss eben und abgerieben sein. Bei gerissenen Ausgleichs- oder Schutzschichten sind vor Aufbringung der Abdichtung ggf. besondere Maßnahmen erforderlich.

Die Trennschicht besteht zum Beispiel aus zweilagig verlegter Kunststoff-Folie. Ist eine Abdichtung nach DIN 18195 vorhanden, ist diese ebenfalls mit einer zweilagigen Trennschicht abzudecken. Auf eine Überbrückung von Bewegungsfugen ist besonders zu achten.

Bei Verlegung von Fliesen und Platten auf die frisch eingebrachte Lastverteilungsschicht ist der Aufheizvorgang nach Abschnitt 7.2 erst nach 21 Tagen vorzunehmen.

Bei der Verlegung auf erhärteter Lastverteilungsschicht siehe Abschnitt 7.2.

7.4 Verlegung von großformatigen Platten

Es wird empfohlen, großformatige Fliesen und Platten ≥ 0,10 m² mit geradlinig durchlaufenden Fugen (Fugenschnitt) und nicht mit versetzten Fugen (Verband) zu verlegen.

7.5 Verfugen

Die Fliesen und Platten sind entsprechend den einschlägigen Vorschriften zu verfugen (siehe ATV DIN

18352 und ATV DIN 18332). Bei der Verlegung nach Abschnitt 7.1 „Verlegung auf frischer Lastverteilungsschicht" und nach Abschnitt 7.3 „Verlegung auf Trennschicht oder Abdichtung" ist eine längere Wartezeit zu empfehlen.

8 Bewegungsfugen

In der Fußbodenkonstruktion sind Bewegungsfugen anzuordnen:

- über vorhandenen Gebäudetrennfugen an gleicher Stelle und in gleicher Breite
- als Feldbegrenzung nach Abschnitt 6.3 etwa 8 bis 10 mm breit (siehe Bild 5)
- als Randfugen an allen angrenzenden Bauteilen und festen Einbauten, so dass hierdurch eine Bewegung von mindestens 5 mm ermöglicht wird (siehe Bild 6). Bei größeren thermischen Ausdehnungen sind ggf. breitere Fugen zur Aufnahme der Bewegungen erforderlich.

Diese Bewegungsfugen trennen Fußbodenkonstruktionen im gesamten Querschnitt, d. h. von Dämmschichtabdeckung bis zur Belagsoberfläche. Bewegungsfugen sind geradlinig und rechtwinklig anzulegen.

Sie werden mit Fugenprofilen oder mit elastischen Fugenfüllstoffen geschlossen. Eine starre Verbindung darf an keiner Stelle vorhanden sein. Bewegungsfugen als Feldbegrenzung sind gegen Höhenversatz zu sichern.

Bei Heizestrichen der Bauarten A1 bis A3 sollen Bewegungs- und Randfugen nur von Anbindeleitungen und nur in einer Ebene überquert werden. In diesem Fall sollen die Anbindeleitungen mit einem flexiblen Schutzrohr von etwa 0,3 m Länge versehen sein.

Mit Fugenprofilen oder mit elastischen Fugenfüllstoffen geschlossene Fugen sind nicht wasserundurchlässig.

Mit elastischen Füllstoffen geschlossene Fugen unterliegen chemischen und/oder physikalischen Einflüssen nach DIN 52460 Abschnitt 2 und können reißen. Die unvermeidbaren Verformungen der schwimmenden Konstruktion überschreiten in der Regel die Elastizität der Fugenfüllstoffe. Eine Erneuerung der Fugenfüllstoffe ist ggf. vorzunehmen, um Folgeschäden zu vermeiden.

9 Scheinfugen

Scheinfugen (angeschnittene Fugen) sind Sollbruchstellen. Sie trennen den Estrichquerschnitt als Verlegeuntergrund nur bis auf 1/3 oder 1/2 seiner Höhe und werden in der Regel durch Einschneiden des frischen Estrichmörtels hergestellt. Diese Fugen dienen der Aufnahme der baustoffbedingten Schwindung des Estrichs. Sie sollen nicht diagonal angeordnet werden. Sie bleiben offen und werden nach Erreichen der Belegreife (ebenso wie auftretende Risse) kraftschlüssig mit Kunstharz geschlossen und ggf. zusätzlich verdübelt.

Bild 4:
Verlegung auf Trennschicht oder Abdichtung

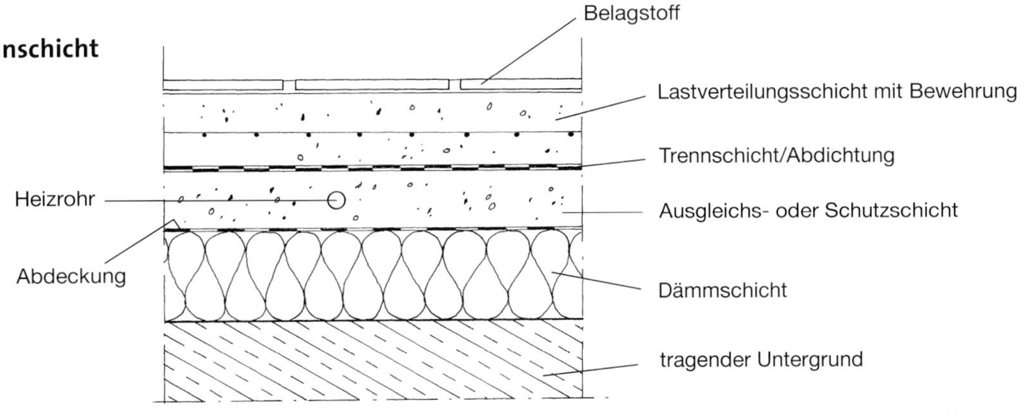

Bild 5:
Ausbildung einer Bewegungsfuge als Feldbegrenzung

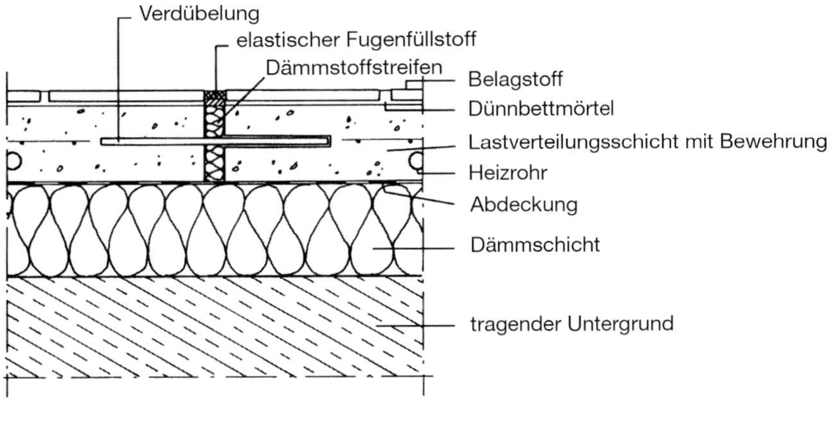

Bild 6:
Ausbildung einer Randfuge an angrenzende Wandbekleidung

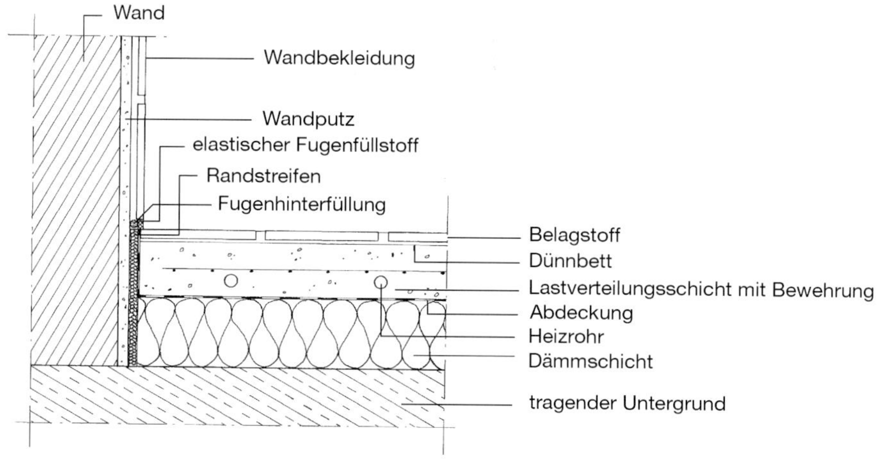

Bild 7:
Ausbildung einer Randfuge an Sockelleiste

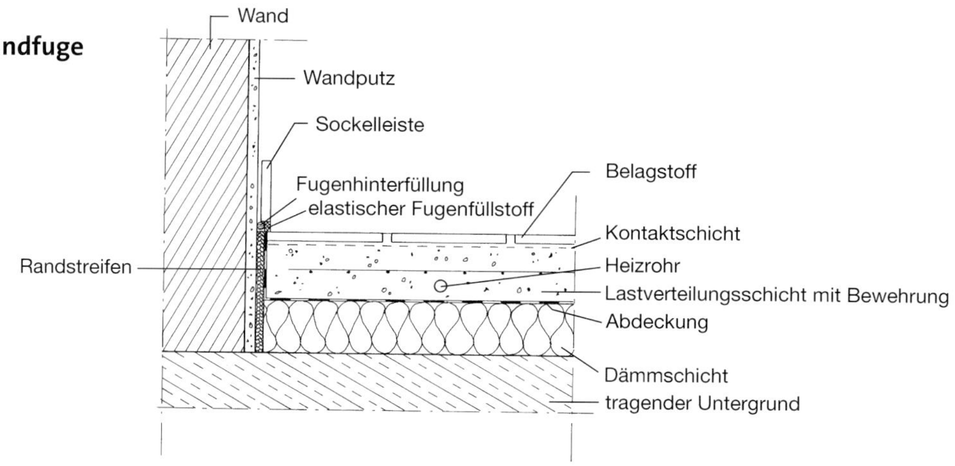

So behandelte Fugen werden bei der Herstellung der Bodenbeläge nach Abschnitt 7 nicht berücksichtigt.

10 Türdurchgänge

In Türdurchgängen zwischen fremden Wohn- und Arbeitsbereichen und zu gemeinsamen Treppenhäusern sind zur Vermeidung von Längsschallübertragung immer Bewegungsfugen auszubilden.

Innerhalb einer Wohnung oder eines Arbeitsbereiches sind in Türdurchgängen Bewegungsfugen oder offene Scheinfugen in der Lastverteilungsschicht anzuordnen. Diese Fugen sind geradlinig und rechtwinklig anzulegen, gegen Höhenversatz zu sichern und im Belag als Bewegungsfugen auszubilden.

Bei mehreren hintereinander liegenden Räumen, die durch Türdurchgänge miteinander verbunden sind, sind in ausreichendem Umfang Türdurchgänge mit Bewegungsfugen vorzusehen.

11 Sockel

Die Fuge zwischen Bodenbelag und Sockelleiste ist ≥ 5 mm breit auszusparen. Sie ist mit elastischen Fugenfüllstoffen zu schließen. Eine starre Verbindung darf an keiner Stelle vorhanden sein (siehe Bild 7).

12 Inbetriebnahme nach Fertigstellung

Die Fußbodenheizung ist nicht vor 28 Tagen nach Herstellung des Bodenbelages auf die bestimmungsgemäße Betriebstemperatur zu bringen. Eine stufenweise Temperaturerhöhung ist zu empfehlen.

13 Hinweise auf Normen und Verordnungen

Allgemeine Technische Vertragsbedingungen VOB Teil C, insbesondere

ATV DIN 18299
Allgemeine Regelungen für Bauarbeiten jeder Art

ATV DIN 18332
Naturwerksteinarbeiten

ATV DIN 18333
Betonwerksteinarbeiten

ATV DIN 18352
Fliesen- und Plattenarbeiten

DIN 18353
Estricharbeiten

DIN EN 121
Stranggepresste keramische Fliesen und Platten mit niedriger Wasseraufnahme ($E \leq 3\%$); Gruppe AI; Deutsche Fassung EN 121:1991

DIN EN 176
Trockengepresste keramische Fliesen und Platten mit niedriger Wasseraufnahme $E \leq 3\%$; Gruppe BI; Deutsche Fassung EN 176:1991

DIN EN 177
Trockengepresste keramische Fliesen und Platten mit einer Wasseraufnahme $3\% < E \leq 6\%$; Gruppe BIIa; Deutsche Fassung EN 177:1991

DIN EN 178
Trockengepresste keramische Fliesen und Platten mit einer Wasseraufnahme $6\% < E \leq 10\%$; Gruppe BIIb; Deutsche Fassung EN 178:1991

DIN EN 186 Teil 1
Keramische Fliesen und Platten; Stranggepresste keramische Fliesen und Platten mit einer Wasseraufnahme $3\% < E \leq 6\%$ (Gruppe AIIa); Teil 1; Deutsche Fassung EN 186-1:1991

DIN EN 186 Teil 2
–; –; Teil 2; Deutsche Fassung EN 186-2:1991

DIN EN 187 Teil 1
–; Stranggepresste keramische Fliesen und Platten mit einer Wasseraufnahme $6\% < E \leq 10\%$ (Gruppe AIIb); Teil 1 Deutsche Fassung EN 187–1:1991

DIN EN 187 Teil 2
–; –; Teil 2; Deutsche Fassung EN 187-2:1991

DIN 18158
Bodenklinkerplatten

DIN 18500
Betonwerkstein; Begriffe, Anforderungen, Prüfung, Überwachung

DIN 18156 Teil 1
Stoffe für keramische Bekleidungen im Dünnbettverfahren; Begriffe und Grundlagen

DIN 18156 Teil 2 –; Hydraulisch erhärtende Dünnbettmörtel

DIN 18156 Teil 3
–; Dispersionsklebstoffe

DIN 18156 Teil 4
–; Epoxidharzklebstoffe

DIN 18157 Teil 1
Ausführung keramischer Bekleidungen im Dünnbettverfahren; hydraulisch erhärtende Dünnbettmörtel

DIN 18157 Teil 3
–; Epoxidharzklebstoffe

DIN 4108
Wärmeschutz im Hochbau

Verordnung über einen energieeinsparenden Wärmeschutz bei Gebäuden (Wärmeschutzverordnung – Wärmeschutz V) vom 5. Juli 1994, gültig ab 1.1.1995

Verordnung über energiesparende Anforderungen an heizungstechnischen Anlagen und Brauchwasseranlagen (Heizungsanlagen-Verordnung-HeizAnlV) vom 22. März 1994

DIN 4109
Schallschutz im Hochbau; Anforderungen und Nachweise

DIN 4109 Berichtigung 1
Berichtigungen zu DIN 4109/11.89, DIN 4109 Bbl. 1/11.89 und DIN 4109 Bbl. 2/11.89

DIN 4109 Bbl. 1
Schallschutz im Hochbau; Ausführungsbeispiele und Rechenverfahren

DIN 4109 Bbl. 2
–; Hinweise für Planung und Ausführung; Vorschläge für einen erhöhten Schallschutz; Empfehlungen für den Schallschutz im eigenen Wohn- und Arbeitsbereich

DIN 18161 Teil 1
Korkerzeugnisse als Dämmstoffe für das Bauwesen; Dämmstoffe für die Wärmedämmung

DIN 18164 Teil 1
Schaumkunststoffe als Dämmstoffe für das Bauwesen; Dämmstoffe für die Wärmedämmung

DIN 18164 Teil 2
–; Dämmstoffe für die Trittschalldämmung; Polystyrol-Partikelschaumstoffe

DIN 18165 Teil 1
Faserdämmstoffe für das Bauwesen; Dämmstoffe für die Wärmedämmung

DIN 18165 Teil 2
–; Dämmstoffe für die Trittschalldämmung

DIN 18174
Schaumglas als Dämmstoff für das Bauwesen; Dämmstoffe für die Wärmedämmung

DIN 18195 Teil 1
Bauwerksabdichtungen; Allgemeines; Begriffe

DIN 18195 Teil 2
–; Stoffe

DIN 18195 Teil 3
–; Verarbeitung der Stoffe

DIN 18195 Teil 4
–; Abdichtungen gegen Bodenfeuchtigkeit; Bemessung und Ausführung

DIN 18195 Teil 5
–; Abdichtungen gegen nichtdrückendes Wasser; Bemessung und Ausführung

DIN 18195 Teil 6
–; Abdichtungen gegen von außen drückendes Wasser; Bemessung und Ausführung

DIN 18195 Teil 7
–; Abdichtungen gegen von innen drückendes Wasser; Bemessung und Ausführung

DIN 18195 Teil 8
–; Abdichtungen über Bewegungsfugen

DIN 18195 Teil 9
–; Durchdringungen; Übergänge, Abschlüsse

DIN 18195 Teil 10
–; Schutzschichten und Schutzmaßnahmen

DIN 52460
Fugen- und Glasabdichtungen; Begriffe

DIN 4725 Teil 4
Warmwasser-Fußbodenheizungen; Aufbau und Konstruktion

DIN 44576 Teil 1
Elektrische Raumheizung; Fußboden-Speicherheizung; Gebrauchseigenschaften; Begriffe

DIN 44576 Teil 2
–; –; –; Prüfungen

DIN 44576 Teil 3
–; –; –; Anforderungen

DIN 44576 Teil 4
–; –; –; Bemessung für Räume

DIN 18201
Toleranzen im Bauwesen; Begriffe, Grundsätze, Anwendung, Prüfung

DIN 18202
Toleranzen im Hochbau; Bauwerke

DIN 18560 Teil 1
Estriche im Bauwesen; Begriffe, Allgemeine Anforderungen, Prüfung

DIN 18560 Teil 2
–; Estriche und Heizestriche auf Dämmschichten (schwimmende Estriche)

DIN 18560 Teil 4
–; Estriche auf Trennschicht

2.8.5 Fragen

1. Welche Hinweise entnehmen Sie dem ZDB-Merkblatt zu diesem Thema?
2. Wozu soll dieses Merkblatt beitragen, was beschreibt es?
3. Was sollte die Bauplanung nach diesem Merkblatt festlegen?
4. Was sollte die Bauplanung bezüglich der Baustoffe und der Belegreife berücksichtigen?
5. Stellen Sie stichwortartig die Einbaubedingungen für eine beheizte Fußbodenkonstruktion zusammen!
6. Nennen Sie Heizsysteme und die Bauarten bei Fußbodenheizungen!
7. Nennen Sie Oberflächentemperaturen im Wohn-, Arbeits- und Barfußbereich!
8. Welchen Anforderungen muss der tragende Untergrund entsprechen?
9. Nennen Sie Wärmedämmstoffe, deren Normen und Kurzbezeichnungen!
10. Nennen Sie Trittschalldämmstoffe, deren Normen und Kurzbezeichnungen!
11. Beschreiben Sie die Nenndicken von Trittschalldämmstoffen, die Zusammendrückbarkeit und die Anordnung mehrlagiger Dämmschichten!
12. Bei welchen Dämmstoffen spielt die Zusammendrückbarkeit eine Rolle, bei welchen nicht? Begründen Sie Ihre Aussage!
13. In welchen Fällen und bis zu welcher Höhe ist die Temperaturbeständigkeit bei Dämmstoffen gefragt? Welche Dämmstoffe betrifft dies hauptsächlich? (Beispiele)
14. Beschreiben Sie Material, Ausbildung, Überlappung und Zweck der Abdeckung!
15. Welche Arten von Lastverteilungsschichten (LVS) sind zu unterscheiden? Nennen Sie die zugehörigen Normen!
16. Nennen Sie Art, Eigenschaften und Anforderungen an Zusatzmittel für Heizestriche!
17. Was gilt für die Bewehrung von Heizestrichen?
18. Was gilt bezüglich ihrer Größe und Herstellung? Was meint man, wenn im Zusammenhang mit der LVS von »Feldern« gesprochen wird?
19. Fertigen Sie eine Tabelle der Bauarten, ihrer Kurzbeschreibungen und Estrichdicken!
20. Welche keramischen Produkte (nach Klassifizierungstabelle) sind als Belagsmaterial für beheizte Bodenkonstruktionen geeignet?
21. Beschreiben Sie kurz und stichwortartig die Verlegung auf frischer Lastverteilungsschicht!
22. Welche Mörtel- und Klebstoffe eignen sich für die Verlegung auf erhärteter LVS? Nennen Sie Beispiele aus der Praxis!
23. Stellen Sie einen tabellarischen Verlauf der Estrichherstellung für beheizte Fußbodenkonstruktionen, der Aufheizphasen und der Inbetriebnahme zusammen!
24. Was wissen Sie über die Belegreife und deren Messung?
25. Beschreiben Sie die Ausführung einer Verlegung auf Trennschicht oder Abdichtung! Nennen Sie Anwendungsfälle!
26. Nennen Sie Hinweise für großformatige Fliesen und Platten sowie für das Verfugen!
27. Welche Arten von Bewegungsfugen gibt es?
28. Was gilt für Feldbegrenzungsfugen?
29. Welche Schäden und Probleme können bei Bewegungsfugen entstehen?
30. Beschreiben Sie Anordnung und Verlauf, Zweck und Behandlung von Scheinfugen!
31. Wie sind Türdurchgänge auszuführen?
32. Was ist bei Sockeln zu beachten?
33. Wie kann Wärme transportiert werden?
34. Welche Heizsysteme gibt es für den Wohnbereich? Wie sind die Temperaturverläufe?
35. Welches sind Verkaufsargumente für Fliesen und Platten aus Keramik oder Naturstein im Zusammenhang mit Bodenheizung?
36. Nennen Sie Vor- und Nachteile der Fußbodenheizung!

2.8.6 Antworten

1. Hinweise zu Planung und Ausführung
2. Das ZDB-Merkblatt soll zur Koordinierung der Bauleistung beitragen. Es beschreibt den technischen Aufbau beheizter Fußbodenkonstruktionen.
3. Die Bauplanung sollte die Schichtenfolge des Gesamtaufbaus festlegen.
4. Die Bauplanung sollte die Verträglichkeit der Baustoffe untereinander berücksichtigen sowie die Messstellen zur Bestimmung der Belegreife festlegen.
5. Abgeschlossene Arbeiten: Fenster, Putz- und Stuckarbeiten, Wandbekleidungen, haustechnische Installationen, Türzargen mit Bodeneinstand, Verputz von Rohrschlitzen, angrenzende Bauteile, Temperatur nicht unter 5 °C, keine Zugluft
6. Heizsysteme: Öl-, Gas-, Elektro-Warmwasserheizung; Bauarten: Heizrohre im ZE (A1, A2, A3), unter dem ZE (B) oder im Ausgleichsestrich
7. Die Oberflächentemperatur beträgt für Fußböden im Wohnbereich und Arbeitsbereich 29 °C, im Barfußbereich 35 °C.
8. Anforderungen an den tragenden Untergrund: fest, eben, trocken; keine groben Verunreinigungen, Rohrleitungen befestigt, erforderliches Gefälle vorhanden
9. Wärmedämmstoffe: DIN 18161-1 Kork, DIN 18164-1 Schaumkunststoff, DIN 18165-1 Faserdämmstoffe, DIN 18174 Schaumglas, Typenkurzzeichen WD, WS
10. Trittschalldämmstoffe: DIN 18164-2 Schaumkunststoff, DIN 18165-2 Faserdämmstoff, Typkurzzeichen T, TK
11. Die Angabe dL/dB bedeutet die Lieferdicke/Dicke unter Belastung; die Zusammendrückbarkeit darf maximal 5 mm betragen, bei mehrlagigen Schichten sind die Dämmplatten fugenversetzt anzuordnen.
12. Die Zusammendrückbarkeit spielt bei weicheren Trittschalldämmstoffen eine Rolle, dagegen ist die Zusammendrückbarkeit bei härteren Wärmedämmstoffen nicht von Bedeutung. Trittschalldämmstoffe benötigen eine »dynamische Steifigkeit« oder ein Federungsvermögen und dürfen deshalb nicht hart sein.
13. Bei elektrischen Fußbodenheizungen wird eine Temperaturbeständigkeit bis 100 °C gefordert. Dies betrifft hauptsächlich temperaturempfindliche Dämmstoffe. Unbedenklich sind Mineralfaserdämmstoffe.

14. Die Abdeckung besteht aus PE-Folie mit mind. 0,2 mm; sie ist an den Randstreifen hochzuführen.
Stöße sind 8 cm zu überdecken. Die Abdeckung soll eine Durchfeuchtung der Dämmschicht verhindern.
15. Nach der Konstruktion werden in DIN 18560 unterschieden:
Estriche im Verbund, auf Trennschicht, auf Dämmschicht
Die Unterschiede nach dem Bindemittel ergeben: Zementestrich (ZE), Anhydritestrich (AE), Magnesiaestrich (ME), Gussasphaltestrich (GE)
Die beiden Letztgenannten kommen für Fußbodenheizungen nicht infrage.
16. Zusatzmittel sind Verzögerer, Verflüssiger, Elastifizierer; sie dürfen Einbauteile nicht schädigen.
17. Bewehrung mit nicht statischer Baustahlmatte oder Baustahlgitter wird empfohlen.
18. Felder der Lastverteilungsschicht sind Unterteilungen, in denen Spannungen abgebaut werden.
Ihre Fläche beträgt maximal 40 m², die Seitenlänge maximal 8,0 m.
19.

	Estrichdicke:
A1: Heizrohr auf der Abdeckung	über Rohr 45 mm
A2: Heizrohr im Estrich (unten)	50 mm + d
A3: Heizrohr im Estrich (Mitte)	45 mm + d
B: Heizrohr in profilierter Dämmplatte	45 mm über Abdeckung
C: Heizrohr in Ausgleichsestrich	45 mm

20. Geeignet sind keramische Fliesen und Platten nach der Klassifizierungstabelle: A I, A II a, A II b, B I, B II a, B II b, Bodenklinkerplatten, Naturwerksteinpatten sowie nicht genormte Fliesen und Platten mit den gleichwertigen Güteeigenschaften.
21. Verlegung auf frischer Lastverteilungsschicht: Mörtelbett einbringen, Schlämme auftragen, Fliesen verlegen
22. Geeignete Dünnbettmörtel oder Klebstoffe:
Hydraulisch erhärtender Dünnbettmörtel (»Flexmörtel«), Epoxidharzklebstoff
23. Stichwortartige Beschreibung der Estrichherstellung:
Heizestrich einbauen, Aufheizen nach 21 Tagen, Vorlauftemperatur 25 °C 3 Tage halten, maximale Vorlauftemperatur einstellen, 4 Tage halten, Belegreife prüfen, auf Verlegetemperatur abkühlen, Bodenbelag verlegen
24. Die Belegreife gibt den höchstzulässigen Feuchtegehalt mit 2% an. Gemessen wird mit dem CM-Gerät.
25. Verlegung auf Trennschicht oder Abdichtung:
Ausgleichsschicht Dicke 20 mm + d, Trennschicht oder Abdichtung, Lastverteilungsschicht,
Verlegung: Fußbodenheizung über Bahnenabdichtung nach DIN 18195
26. Die Verlegung großformatiger Fliesen und Platten sollte im Fugenschnitt erfolgen.
Das Verfugen wird durch Einschlämmen mit Flexfugenmörtel ausgeführt.
27. Arten der Bewegungsfugen: Gebäudetrennfugen, Feldbegrenzungsfugen, Randfugen, Anschlussfugen
28. Feldbegrenzungsfugen sind geradlinig und rechtwinklig anzulegen. Sie sind elastisch zu verschließen und gegen Höhenversatz zu sichern.
29. Wenn die Dehnbelastung die Eigenelastizität des Fugmaterials übersteigt, kann es sich an den Rändern ablösen.
30. Scheinfugen sind Sollbruchstellen; sie sollen die materialbedingten Schwingungen des Zementestrichs aufnehmen; Scheinfugen sind, nachdem der Estrich die Belegreife erreicht hat, kraftschlüssig zu verschließen und zu verdübeln.
31. An Türdurchgängen sind Bewegungsfugen auszubilden.
32. Zwischen Sockel und Bodenbelag sind 5 mm auszusparen und (später) elastisch zu verschließen.
33. Die klassischen Wärmetransporte geschehen über Wärmestrahlung, Wärmeleitung und Mitführung.
34. Bei der Konvektorenheizung (Anordnung unter dem Fenster) gibt es einen Wärmestrom an der Außenwand nach oben, an der Decke entlang, an der Innenwand nach unten und am Boden entlang zum Heizkörper (oben warm, unten kalt).
Die Fußbodenheizung erzeugt einen weitgehend gleichmäßigen Wärmeverlauf über die gesamte Raumhöhe mit warmer Heizfläche am Boden (unten warm, oben warm).
35. Fliesen sind ideal über Fußbodenheizungen. Sie haben ein gutes Wärmeleitungs- und Wärmespeicherungsvermögen, sie sind hygienisch (leicht zu reinigen) und erzeugen keine Allergien.
36. Vorteile der Fußbodenheizung:
Niedrige Vorlauftemperaturen, große Heizflächen, geeignet für alternative Energieerzeugung, gleichmäßiger Temperaturverlauf, keine Luftbewegung
Nachteile:
Der warme Bodenbelag oder »Strömungen« im Fußbereich sind nicht immer verträglich, die Temperaturbewegungen und die mögliche Regelung sind relativ träge.

2.9 Abdichtung und Abdichtungsstoffe

2.9.1 Stichworte zum Thema

- durch Feuchtigkeit beanspruchte bauliche Anlagen
- Definition »Feuchtraum«
- Feuchtigkeitsbeanspruchung bei
  - Bädern
  - Duschen
  - Balkonen und Terrassen
  - gewerblich genutzten Küchen
- Möglichkeiten der Abdichtung durch den Fliesenleger

2.9.2 Regelwerke

DIN 18195-1 bis -10	Bauwerksabdichtungen, insbesondere
DIN 18195-5	Abdichtung gegen nichtdrückendes Wasser auf Deckenflächen und in Nassräumen (siehe S. 133)
ZDB-Merkblatt	Hinweise für die Ausführung von Abdichtungen im Verbund mit Bekleidungen und Belägen aus Fliesen und Platten für den Innen- und Außenbereich (auch »Alternative Abdichtung« genannt) (siehe S. 135)

Wesentliche Inhalte des Merkblattes

Anwendungsbereich mit Feuchtigkeitsbeanspruchungsklassen
Abdichtungsstoffe
Untergründe für Wand- und Bodenbeläge
Ausführung
Ansetzen und Verlegen von Fliesen und Platten

2.9.3 Fall aus der Praxis

Badezimmer 1:

In einem Badezimmer sollen Fliesen angesetzt und verlegt werden.

Die Wände sind aus Gipskarton-Ständerwänden erstellt, auf dem Fußboden ist ein calciumsulfatgebundener Fließestrich eingebracht. Badewanne und Duschtasse sind bereits fest montiert.

- Wie führen Sie die Abdichtung in diesem Badezimmer aus?
- Welche Bereiche sind mit einer Abdichtung zu versehen?
- Entspricht diese Bauabfolge den geltenden Regeln der Technik?
- Welche Maßnahmen veranlassen Sie?

Lösung

Die Abdichtung wird mit einer Abdichtung im Verbund mit den Bekleidungen und Belägen entsprechend dem ZDB-Merkblatt ausgeführt (alternative Abdichtung).

Abb. 2.40: Abdichtung von Installationsrohren

Alle mit Spritzwasser beaufschlagten Bereiche werden bis mindestens 20 cm über die Wasserentnahmestelle im Wandbereich mit einer Abdichtung versehen, die Dusche bis ca. 2,0 m über die Standfläche und die gesamte Bodenfläche mit Wandanschluss bis mindestens 15 cm über die Belagsoberfläche.

Die Bauabfolge entspricht nicht den Regeln der Technik. Bei feuchtigkeitsempfindlichen Umfassungsbauteilen ist die Abdichtung zwingend unter und hinter der Bade- und Duschwanne auszuführen; d. h., Badewanne und Duschtasse dürfen erst nach Ausführung der Abdichtung montiert werden.

Im vorgegebenen Fall sind Bedenken anzumelden gemäß VOB/B § 4. Bade- und Duschwanne müssen demontiert werden, danach muss zunächst die Abdichtung ausgeführt werden. Dann können Bade- und Duschwanne wieder montiert und die Fliesenarbeiten ausgeführt werden.

Badezimmer 2:

Ein Badezimmer in einem Altbau soll saniert werden. Es besteht meine funktionierende Abdichtung gemäß DIN 18195-5 (Bahnenabdichtung).

Im Rahmen der Umbauarbeiten werden Deckendurchbrüche hergestellt, neue Ver- und Entsorgungsleitungen verlegt, die Deckendurchbrüche mit Quellmörtel verschlossen.

Die Wandflächen werden teilweise mit Putz der Mörtelgruppe P II versehen. Die Trennwand im Bereich der Badewanne besteht aus Gipsteilen. Der Estrich wurde trotz eines Risses in der Raummitte nach Entfernen des Bodenbelages belassen.

- Sind unter den gegebenen Bedingungen Abdichtungsmaßnahmen erforderlich?
- Welche Vorschläge für eine fachgerechte Fliesenverlegung unterbreiten Sie?

Lösung

Aufgrund der Zerstörung der vorhandenen Abdichtung ist vor den Fliesenarbeiten die Ausführung einer neuen Abdichtung erforderlich.

Vorschläge für eine fachgerechte Fliesenverlegung

- Entfernung aller haftungsmindernden Bestandteile auf der Wand- und Bodenfläche
- kraftschlüssiges Verschließen des Risses im Estrich durch Vergießen mit Epoxidharz, der Riss kann zusätzlich »vernadelt« werden
- Grundierung der Wand- und Bodenflächen mit einer systemverträglichen Grundierung, evtl. Ausgleich von Unebenheiten in den Ansetz- und Verlegeflächen mit geeigneten Spachtelmassen
- Auftrag der alternativen Verbundabdichtung mit zugehörigem Dichtbandsystem
- Montage der Badewanne nach Durchhärtung der Abdichtung
- Ansetzen und Verlegung der Wand- und Bodenfliesen im Dünnbett
- Verfugen

Badezimmer 3:

In einem Badezimmer ist ein Kalk-Zement-Putz eingebaut worden. Einen Tag nach dem Einbau wurde die Oberfläche mit einem Gitter-Rabot bearbeitet.

Bei der Wischprüfung stellen Sie eine stark absandende Oberfläche fest.

Die Ebenheit der Oberfläche entspricht nicht den Anforderungen der Ebenheitstoleranzen nach DIN 18202.

Welche Maßnahmen ergreifen Sie, wie bereiten Sie den Untergrund vor?

Lösung

Die losen Bestandteile an der Putzoberfläche müssen unbedingt abgetragen werden.

Dies kann durch Abkehren mit einem Stahlbesen erfolgen.

Danach sollte der Untergrund mit einer dünnflüssigen Kunstharzdispersion grundiert werden.

Der Ausgleich von Unebenheiten im Untergrund muss vor dem Auftrag der Abdichtung erfolgen.

Ausgleichsspachtelungen auf abgedichteten Flächen sind nicht zulässig.

Duschanlage:

In der Duschanlage einer Schwimmhalle ist die Installation der Mischbatterien hinter einer Vormauerung erfolgt. Blindstopfen an Rohrdurchdringungen wurden für die Wasseranschlüsse eingeputzt und schauen noch maximal 1 cm aus dem Putz heraus. Die Mischbatterien sind nicht mit einem Installationskasten versehen. Zum Schutz vor Verschmutzung wurden Styroporabdeckungen angebracht und mit eingeputzt.

- Entspricht die beschriebene Art der Ausführung den Anforderungen des ZDB-Merkblattes?
- Welche Maßnahmen treffen Sie?

Abb. 2.41: Mischbatterie hinter einer Vormauerung

Lösung

Die beschriebene Ausführung entspricht nicht den Anforderungen des ZDB-Merkblattes. Durchdringungen – auch Duscharmaturen – sind mit Flansch auszubilden. Bei dieser Armatur besteht keine Möglichkeit, die Flächenabdichtung anzuschließen.

Der Fliesenleger sollte Bedenken anmelden entsprechend VOB/B § 4 Nr. 3.

Rohrdurchführungen sind mit Dichtmanschetten einzubinden. Dafür ist es notwendig, vor Ausführung der Abdichtungsarbeiten die notwendigen Rohrverlängerungen einzubauen. Über diese werden die Dichtmanschetten gestülpt und eingebaut.

2.9.4 Abdruck von Regelwerken

DIN 18195
Bauwerksabdichtungen

Teil 5: Abdichtungen gegen nichtdrückendes Wasser auf Deckenflächen und in Nassräumen, Bemessung und Ausführung

August 2000
(Auszug)

6 Bauliche Erfordernisse

6.1 Bei der Planung des abzudichtenden Bauwerkes oder der abzudichtenden Bauteile sind die Voraussetzungen für eine fachgerechte Anordnung und Ausführung der Abdichtung zu schaffen. Dabei ist die Wechselwirkung zwischen Abdichtung und Bauwerk zu berücksichtigen und gegebenenfalls die Beanspruchung der Abdichtung durch entsprechende konstruktive Maßnahmen in zulässigen Grenzen zu halten.

6.2 Das Entstehen von Rissen im Bauwerk, die durch die Abdichtung nicht überbrückt werden können (siehe 5.4 und 5.5), ist durch konstruktive Maßnahmen, z. B. durch Anordnung von Bewehrung, ausreichender Wärmedämmung oder Fugen zu verhindern.

6.3 Decken aus großformatigen Einzelelementen für Parkdächer oder vergleichbar genutzte Flächen, z. B. aus Beton-Fertigteilplatten, müssen zur Stabilisierung mit einem bewehrten, am Ort hergestellten Aufbeton oder mit anderen Maßnahmen zur Querkraftübertragung versehen sein, um unterschiedliche Durchbiegungen der Einzelelemente sowohl an ihren Längskanten wie an den Auflagerfugen zu vermeiden.

6.4 Dämmschichten, auf die Abdichtungen unmittelbar aufgebracht werden sollen, müssen für die jeweilige Nutzung geeignet sein. Sie dürfen keine schädlichen Einflüsse auf die Abdichtung ausüben und müssen sich als Untergrund für die Abdichtung und deren Herstellung eignen. Falls erforderlich, sind unter Dämmschichten Dampfsperren einzubauen.

6.5 Grundsätzlich ist durch bautechnische Maßnahmen dafür zu sorgen, dass das auf die Abdichtung einwirkende Wasser dauernd wirksam so abgeführt wird, dass es keinen bzw. nur einen geringfügigen hydrostatischen Druck ausüben kann.

Bei planmäßiger Anstaubewässerung darf der Wasserstand maximal 100 mm betragen.

Können sich selbst geringfügige, aber länger einwirkende Mengen stehenden Wassers (z. B. Pfützen) schädigend auf Schutz- und Belagschichten auswirken (z. B. bei Plattenbelägen im Mörtelbett) oder wird dadurch das Fehlstellenrisiko wesentlich erhöht (z. B. an Durchdringungen und Dehnfugen), so ist durch eine planmäßige Gefällegebung oder andere Maßnahmen (z. B. Abläufe in den durch Durchbiegung entstandenen Mulden) für eine vollständige Wasserableitung zu sorgen. Dies gilt dann besonders auch für die Kehlen zwischen Gefälleflächen.

Wird der Wasserabfluss durch die Belagschichten soweit verzögert, dass daraus Schäden zu erwarten sind, sind Dränschichten auf der Abdichtung erforderlich. Die Anordnung von Dränschichten ist auch erforderlich bei erdüberschütteten Decken mit Schüttgut mit einem Durchlässigkeitsbeiwert $k \leq 10^{-4}$ m/s.

6.6 Der Abdichtung darf keine Übertragung von planmäßigen Kräften parallel zu ihrer Ebene zugewiesen werden. Dies gilt auch für den Nachweis der Standsicherheit. Sofern dies in Sonderfällen nicht zu vermeiden ist, muss durch Anordnung von Widerlagern, Ankern, Bewehrung oder durch andere konstruktive Maßnahmen dafür gesorgt werden, dass Bauteile auf der Abdichtung nicht gleiten oder ausknicken. Dies gilt bei befahrenen Flächen auch für Horizontalkräfte aus dem Fahrverkehr.

6.7 Abläufe zur Entwässerung von Belagoberflächen, die die Abdichtung durchdringen, müssen sowohl die Nutzfläche als auch die Abdichtungsebene dauerhaft entwässern. Sie müssen für Wartungsarbeiten leicht zugänglich sein.

7 Arten der Beanspruchung

7.1 Je nach Art und Aufgabe der Abdichtung, ihrem Schutzziel sowie der Größe der auf die Abdichtung einwirkenden Beanspruchungen durch Verkehr, Temperatur und Wasser werden mäßig und hoch beanspruchte Abdichtungen unterschieden. Die Beanspruchung von Abdichtungen auf Dämmschichten durch Verkehrslasten ist besonders zu beachten; zur Vermeidung von Schäden durch Verformungen sind Dämmstoffe zu wählen, die den statischen und dynamischen Beanspruchungen genügen.

7.2 Zu den mäßig beanspruchten Flächen zählen u. a.:

- Balkone und ähnliche Flächen im Wohnungsbau;
- unmittelbar spritzwasserbelastete Fußboden- und Wandflächen in Nassräumen (siehe DIN 18195-1) des Wohnungsbaus – soweit sie nicht durch andere Maßnahmen, deren Eignung nachzuweisen ist, hinreichend gegen eindringende Feuchtigkeit geschützt sind.

Mäßig beanspruchte Flächen sind nach 8.2 abzudichten.

Bei häuslichen Bädern ohne Bodenablauf mit feuchtigkeitsempfindlichen Umfassungsbauteilen (z. B. Holzbau, Trockenbau, Stahlbau) muss der Schutz gegen Feuchtigkeit bei der Planung besonders beachtet werden.

7.3 Zu den hoch beanspruchten Flächen zählen u. a.:

- Dachterrassen, intensiv begrünte Flächen, Parkdecks, Hofkellerdecken und Durchfahrten, erdüberschüttete Decken;

- durch Brauch- oder Reinigungswasser stark beanspruchte Fußboden- und Wandflächen in Nassräumen wie: Umgänge in Schwimmbädern, öffentliche Duschen, gewerbliche Küchen u. a. gewerbliche Nutzungen.

Hoch beanspruchte Flächen sind nach 8.3 abzudichten.

7.4 Soweit die Nutzung einer abzudichtenden Fläche nicht sinngemäß 7.2 bzw. 7.3 zugeordnet werden kann, ist die Beanspruchung als mäßig anzusehen, wenn

- die Verkehrslasten vorwiegend ruhend nach DIN 1055-3 sind und die Abdichtung nicht unter befahrenen Flächen liegt,
- die Wasserbeanspruchung gering und nicht ständig ist und ausreichend Gefälle vorhanden ist, um Wasseranstau oder Pfützenbildung zu verhindern.

8 Ausführung

8.1 Allgemeines

8.1.1 Bei der Ausführung von Abdichtungen gegen nichtdrückendes Wasser gelten

- DIN 18195-3 für die Anforderungen an den Untergrund und das Verarbeiten der Stoffe,
- DIN 18195-8 für das Herstellen der Abdichtung über Bewegungsfugen,
- DIN 18195-9 für das Herstellen von Durchdringungen, Übergängen und Abschlüssen sowie
- DIN 18195-10 für Schutzschichten und Schutzmaßnahmen.

8.1.2 Abdichtungen dürfen nur bei Witterungsverhältnissen hergestellt werden, die sich nicht nachteilig auf sie auswirken, es sei denn, dass schädliche Wirkungen durch besondere Vorkehrungen mit Sicherheit verhindert werden.

8.1.3 Die Abdichtungen sind je nach Untergrund und Art der ersten Abdichtungslage vollflächig verklebt, punktweise verklebt oder lose aufliegend herzustellen. Abdichtungen aus kunststoffmodifizierten Bitumendickbeschichtungen müssen vollflächig mit dem Untergrund verbunden sein.

8.1.4 Die zu erwartenden Temperaturbeanspruchungen der Abdichtungen, z. B. durch Teile von Heizungsanlagen, sind bei der Planung zu berücksichtigen. Bei Abdichtungen unter Verwendung von Bitumenwerkstoffen muss die Temperatur an der Abdichtung um mindestens 30 K unter dem Erweichungspunkt nach Ring und Kugel der Klebemassen und Deckaufstrichmittel (siehe DIN 18195-2) bleiben.

8.1.5 Die Abdichtungen von waagerechten oder schwach geneigten Flächen ist an anschließenden, höher gehenden Bauteilen im Regelfall mindestens 150 mm über die Schutzschicht, die Oberfläche des Belages oder der Überschüttung hochzuführen und dort zu sichern (siehe DIN 18195-9). Ist dies im Einzelfall nicht möglich, z. B. bei Balkon- oder Terrassentüren, sind dort besondere Maßnahmen gegen das Eindringen von Wasser oder das Hinterlaufen der Abdichtung einzuplanen (z. B. ausreichend große Vordächer, Rinnen mit Gitterrosten).

Beim Abschluss der Abdichtung von Decken überschütteter Bauwerke ist die Abdichtung mindestens 200 mm unter die Fuge zwischen Decke und Wänden herunterzuziehen und mit einer gegebenenfalls vorhandenen Wandabdichtung zu verbinden.

8.1.6 Abdichtungen von Wandflächen müssen im Bereich von Wasserentnahmestellen mindestens 200 mm über die Wasserentnahmestelle hoch geführt werden.

8.1.7 Die Abdichtung ist vor Beschädigung zu schützen. Zwischen Abdichtung und Belag ist eine Schutzschicht nach DIN 18195-10 anzuordnen, es sei denn, die Nutzschicht selbst übernimmt diese Funktion. Schutzschichten sind möglichst unverzüglich nach Fertigstellung der Abdichtung herzustellen. Im anderen Fall sind Schutzmaßnahmen gegen Beschädigungen nach DIN 18195-10 zu treffen. Auf den Schutz der aufgekanteten Abdichtungsränder ist besonders zu achten.

8.1.8 Für die zulässige Druckbelastung einzelner Abdichtungsarten gelten die entsprechenden Werte von DIN 18195-6.

merkblatt

ZENTRALVERBAND
DEUTSCHES
BAUGEWERBE
ZDB

HINWEISE FÜR DIE AUSFÜHRUNG VON ABDICHTUNGEN IM VERBUND MIT BEKLEIDUNGEN UND BELÄGEN AUS FLIESEN UND PLATTEN FÜR DEN INNEN- UND AUSSENBEREICH

August 2000
Ersatz für Ausgabe Mai 1997

Rudolf Müller

FACHVERBAND
DEUTSCHES
FLIESENGEWERBE
im Zentralverband des Deutschen Baugewerbes

Herausgeber:

FACHVERBAND DEUTSCHES FLIESENGEWERBE
IM ZENTRALVERBAND DES DEUTSCHEN BAUGEWERBES E.V.,
BERLIN

in Zusammenarbeit mit:

Bayerischer Industrieverband Steine und Erden e.V.
– Fachabteilung Juramarmor und Solnhofener Naturstein-Platten –,
Pappenheim
Bundesfachgruppe Estrich und Belag
im Zentralverband des Deutschen Baugewerbes e.V., Berlin
Bundesinnungsverband des Deutschen Steinmetz-, Stein- und
Holzbildhauerhandwerks, Frankfurt/Main
Bundesverband Estrich und Belag e.V., Troisdorf
Deutscher Naturwerkstein-Verband e.V., Würzburg
Deutsche Bauchemie e.V., Frankfurt/Main
Industrieverband Keramische Fliesen + Platten e.V., Selb
Säurefliesner-Vereinigung e.V., Burgwedel

Alleinverkauf durch die Servicestelle des Fachverbandes Deutsches Fliesengewerbe:
Verlagsgesellschaft Rudolf Müller GmbH & Co. KG, Postfach 41 09 49, 50869 Köln,
Telefon (02 21) 54 97-112, Fax (02 21) 54 97-130, www.rudolf-mueller.de

Inhaltsverzeichnis

Einführung

Nach den Bauordnungen der Bundesländer sind Bauwerke und Bauteile so anzuordnen, „dass durch Wasser, Feuchtigkeit ... sowie andere chemische, physikalische oder biologische Einflüsse, Gefahren oder unzumutbare Belästigungen nicht entstehen“.

Durch Feuchtigkeit beanspruchte bauliche Anlagen, wie z. B. Bäder, Duschen, Terrassen, Balkone, gewerblich genutzte Küchen u. Ä. sind deswegen gegen Durchfeuchtung zu schützen.

Räume oder Bauteile, die einer Feuchtigkeitsbeanspruchung unterliegen, werden in der Regel mit Bekleidungen oder Belägen aus Fliesen und Platten versehen. Diese Bekleidungen oder keramischen Beläge sind feuchtigkeitsbeständig und wasserabweisend, jedoch bedingt durch jede Art der Verfugung in jedem Fall so wasserdurchlässig, dass sie eine Abdichtung erfordern.

Dieses Merkblatt beschreibt unter Berücksichtigung definierter Feuchtigkeitsbeanspruchungsklassen und Untergründe Abdichtungen im direkten Verbund mit Fliesen und Platten im Innen- und Außenbereich. Die in diesem Merkblatt beschriebenen Abdichtungsbauweisen im direkten Verbund haben sich in der praktischen Anwendung bewährt.

Andere Abdichtungsbauweisen sind beispielsweise in folgenden Merkblättern/Normen geregelt: ibh[1)]-Merkblatt: Bauwerksabdichtungen mit kaltverarbeitbaren, kunststoffmodifizierten Beschichtungsstoffen auf Basis von Bitumenemulsionen, ibh[1)]-Merkblatt: Bauwerksabdichtungen mit zementgebundenen starren und flexiblen Dichtungsschlämmen, DIN 18195-1 bis 18195-10 Abdichtungen mit Bitumenbahnen, Kunststoffdichtungsbahnen und Metallbändern und den für ihren Aufbau erforderlichen Bitumenwerkstoffen, ZDB-Merkblatt: Keramische Beläge im Schwimmbadbau – Hinweise für Planung und Ausführung.

Gegenüber Abdichtungen nach DIN 18195 erübrigen sich bei den hier beschriebenen Abdichtungen im Verbund zusätzliche Schutzschichten. Geringere Aufbauhöhen und Konstruktionsdicken lassen sich hierdurch realisieren. Weiterhin ist es bei dieser Bauweise von Vorteil, dass der Untergrund nicht von hygienisch und/oder chemisch bedenklichen Wässern durchfeuchtet werden kann.
Bei dieser Art der Abdichtung ist eine vertragliche Regelung erforderlich.

Wird eine Abdichtungsmaßnahme im Verbund mit keramischen Belägen geplant und ausgeführt, so sind die nachfolgenden Hinweise zu beachten.

---

1) ibh (Industrieverband Bauchemie und Holzschutzmittel) Heute: Deutsche Bauchemie e.V.

1 Anwendungsbereich

1.1 Allgemeine Hinweise

Diese Hinweise beschreiben Abdichtungen für Feuchtigkeitsbeanspruchungen, wie sie im Innen- oder Außenbereich eines Gebäudes gem. den in Abschnitt 1.2 definierten Feuchtigkeitsbeanspruchungsklassen auftreten.

Bei Ausführung von Abdichtungen nach diesen Hinweisen bilden Beläge und Bekleidungen mit Fliesen und Platten im Dünnbett die Schutzschicht. Bei Fußbodenkonstruktionen mit Dämmschichten wird diese Abdichtung unmittelbar auf die Lastverteilungsschicht (Estrich) aufgebracht. Darauf kann der Belag im Dünnbett verlegt werden, so dass dickere Schutzschichten nicht erforderlich sind. Diese Abdichtungen besitzen eine rissüberbrückende Wirkung.

Abdichtungen im Verbund mit Fliesen und Platten schützen Untergründe vor Durchfeuchtung und stellen einen Ausblühungsschutz dar. Bei Terrassen über bewohnten Räumen ist zusätzlich eine Abdichtung nach den Flachdachrichtlinien auszuführen.

Gemäß DIN 18195-5 ist „bei häuslichen Bädern ... mit feuchtigkeitsempfindlichen Umfassungsbauteilen (z.B. Holzbau, Trockenbau, Stahlbau)“ der Schutz gegen Feuchtigkeit besonders zu beachten. Bei Bädern auf Holzbalkendecken ist im Bodenbereich u. U. eine zusätzliche Abdichtung nach DIN 18195 erforderlich. Es kommen nur die unter der Feuchtigkeitsbeanspruchungsklasse II genannten Verlegeuntergründe in Betracht.

Bei feuchtigkeitsunempfindlichen Umfassungsbauteilen und feuchtigkeitsunempfindlichen Verlegeuntergründen ist, sofern nur die Feuchtigkeitsbeanspruchungsklasse I vorliegt, eine Abdichtung nicht zwingend erforderlich. Das Aufbringen einer Verbundabdichtung wird jedoch auch in einem solchen Falle empfohlen, um Durchfeuchtungen zu vermeiden.

1.2 Feuchtigkeitsbeanspruchungsklassen

Feuchtigkeitsbeanspruchungsklasse I
Die Beanspruchung wirkt nur zeitweise und kurzzeitig als Spritzwasser.

Anwendungsbeispiele:
Bäder ohne Bodenablauf
– mit Duschtasse/mit Badewanne

Feuchtigkeitsbeanspruchungsklasse II
Beanspruchung längerfristig bis ständig mit Wasserbeaufschlagung, jedoch nicht stauend.

Anwendungsbeispiele:
– Duschen ohne Duschtassen
– Sanitärräume im öffentlichen und gewerblichen Bereich mit Bodenabläufen

Feuchtigkeitsbeanspruchungsklasse III
Feuchtigkeitsbeanspruchte Bauteile im Außenbereich

Anwendungsbeispiele:
- Balkone und Terrassen ohne Dämmschichten sowie angrenzende Gebäudesockel

Feuchtigkeitsbeanspruchungsklasse IV
Beanspruchung längerfristig bis ständig mit Wasserbeaufschlagung, jedoch nicht stauend. Ferner bei Einwirkung von aggressiven Medien, aggressiven Reinigungsmitteln und/oder hoher mechanischer Belastung.

Anwendungsbeispiele:
- Gewerbliche Küchen
- Spülräume und Nasstherapien
- industrielle Bereiche, z. B. Lebensmittelbereich, Brauereien, Molkereien, Schlachtereien, Fischverarbeitung etc. (jedoch keine Anlagen im Sinne § 19 Wasserhaushaltsgesetz).

2 Abdichtungsstoffe

2.1 Gruppen der Abdichtungsstoffe

2.1.1 Kunststoffdispersionen:

- Kunststoffdispersion, gefüllt oder ungefüllt. Die Erhärtung erfolgt durch Trocknen.

2.1.2 Kunststoff-Zement-(Mörtel)-Kombinationen:

z. B. flexible Dichtungsschlämmen.

2.1.3 Reaktionsharze:

- flüssige bzw. pastöse gefüllte und ungefüllte Kunststoffe, z. B. Epoxidharze oder Polyurethanharze.

2.2 Anforderungen an Abdichtungsstoffe

Abdichtungsstoffe müssen folgende Eigenschaften aufweisen:

Zeile	Anforderungen		Prüfungen
1	Haftzugfestigkeit	≥ 0,5 N/mm²	siehe Abschnitt 2.1[1]
2	Frostbeständigkeit	≥ 0,5 N/mm²	siehe Abschnitt 2.2[1]
3	Temperaturbeständigkeit bei 70 °C	≥ 0,5 N/mm²	siehe Abschnitt 2.3[1]
4	Alterungsbeständigkeit	ist gegeben, wenn Temperaturbeständigkeit nachgewiesen ist	siehe Abschnitt 2.4[1]
5	Beständigkeit gegen Chlorwasser	≥ 0,5 N/mm²	siehe Abschnitt 2.5[1]
6	Beständigkeit gegen Kalkwasser pH > 12	≥ 0,5 N/mm²	siehe Abschnitt 2.6[1]
7	Wasserundurchlässigkeit	keine Durchfeuchtung des Probekörpers unter der Abdichtung nach 7 Tagen bei 1,5 bar	siehe Abschnitt 2.7[1]
8 a) b)	Rissüberbrückung	Überbrückung von Rissen bis 0,75[2] mm Breite bis 0,4[2] mm Breite	siehe Abschnitt 2.8[1]
9	Chemikalienbeständigkeit	Anforderungen und Prüfverfahren je nach Belastung	

1) Im Merkblatt „Prüfung von Abdichtungsstoffen und Abdichtungssystemen", Stand: September 1995.
2) Prüfwert inkl. 50% Prüfsicherheit.

Nur Abdichtungssysteme, die, je nach Beanspruchungsgruppe, folgende Anforderungen erfüllt haben, dürfen entsprechend gekennzeichnet werden; ein gültiges Prüfzeugnis ist auf Verlangen vorzulegen. Die Prüfung der Abdichtungsstoffe erfolgt gemäß dem Merkblatt „Prüfung von Abdichtungsstoffen und Abdichtungssystemen", Stand: September 1995. Werden Abdichtungsstoffe als Dünnbettmörtel oder Klebstoff verwendet, siehe Abschnitt 5.

Feuchtigkeitsbeanspruchungsklasse I
Erfüllung der Prüfkriterien 1, 3, 4, 5, 6, 7, 8b.

Feuchtigkeitsbeanspruchungsklasse II
Erfüllung der Prüfkriterien 1, 3, 4, 5, 6, 7, 8a.

Feuchtigkeitsbeanspruchungsklasse III
Erfüllung der Prüfkriterien 1, 2, 3, 4, 5, 6, 7, 8a.

Feuchtigkeitsbeanspruchungsklasse IV
Erfüllung der Prüfkriterien 1, 3, 4, 5, 6, 7, 8a, 9.

3 Untergründe für Abdichtungen

3.1 Untergründe für Wandbeläge

Feuchtigkeitsbeanspruchungsklasse I
Beton nach DIN 1045.
Mauerwerk nach DIN 1053 vollfugig erstellt.
Putze nach DIN 18550-1 und 18550-2 der Mörtelgruppe P II, P III.
Wandbauplatten aus Gips nach DIN 18163.
Gipskartonplatten sowie Gipsfaserplatten, verarbeitet nach DIN 18181, Porenbeton-Bauplatten nach DIN 4166, verarbeitet nach DIN 4103, Hohlwandplatten aus Leichtbeton nach DIN 18148, verarbeitet nach DIN 4103 mit hydraulisch erhärtenden Mörteln.
Verbundelemente aus extrudiertem Polystyrol mit Mörtelbeschichtung.

Feuchtigkeitsbeanspruchungsklasse II
Beton nach DIN 1045, Mauerwerk nach DIN 1053 vollfugig erstellt, Putz nach DIN 18550-1 und 18550-2 der Mörtelgruppe P II, P III.
Porenbeton-Bauplatten nach DIN 4166, verarbeitet nach DIN 4103.
Hohlwandplatten aus Leichtbeton nach DIN 18148, verarbeitet nach DIN 4103 mit hydraulisch erhärtenden Mörteln. Verbundelemente aus extrudiertem Polystyrol mit Mörtelbeschichtung.

Feuchtigkeitsbeanspruchungsklasse III
Beton nach DIN 1045, Mauerwerk nach DIN 1053, Putz nach DIN 18550-1 und 18550-2 der Mörtelgruppe P III.

Feuchtigkeitsbeanspruchungsklasse IV
Beton nach DIN 1045, Mauerwerk nach DIN 1053 vollfugig erstellt,
Putz nach DIN 18550-1 und 18550-2 der Mörtelgruppe P II, P III,
Porenbeton-Bauplatten nach DIN 4166, verarbeitet nach DIN 4103.
Hohlwandplatten aus Leichtbeton nach DIN 18148, verarbeitet nach DIN 4103 mit hydraulisch erhärtenden Mörteln. Verbundelemente aus extrudiertem Polystyrol mit Mörtelbeschichtung.

3.2 Untergründe für Bodenbeläge

Feuchtigkeitsbeanspruchungsklasse I
Beton nach DIN 1045, Zement- und Gussasphaltestriche als schwimmende Estriche, als Estriche auf Trennschichten und als Verbundestrich nach DIN 18560 sowie calciumsulfatgebundene Estriche, Gipskartonplatten, Gipsfaserplatten, Verbundelemente aus extrudiertem Polystyrol mit Mörtelbeschichtung.

Feuchtigkeitsbeanspruchungsklasse II
Beton nach DIN 1045, Zement- und Gussasphaltestriche als schwimmende Estriche, als Estriche auf Trennschichten und als Verbundestriche nach DIN 18560, Verbundelemente aus extrudiertem Polystyrol mit Mörtelbeschichtung.

Feuchtigkeitsbeanspruchungsklasse III
Beton nach DIN 1045, Zementestriche als Estriche auf Dämmschichten, als Estriche auf Trennschichten und als Verbundestriche nach DIN 18560.

Feuchtigkeitsbeanspruchungsklasse IV
Beton nach DIN 1045, Zement- und Gussasphaltestriche als schwimmende Estriche, als Estriche auf Trennschichten und als Verbundestriche nach DIN 18560.

3.3 Anforderungen an Untergründe

Die Oberfläche des Untergrundes muss ausreichend ebenflächig, tragfähig und frei von durchgehenden Rissen sein. Sie muss eine weitgehend geschlossene, ihrer Art entsprechend gleichmäßige Beschaffenheit und eine ausreichende Festigkeit aufweisen. Sie muss frei von Stoffen sein, die die Haftung der Abdichtung beeinträchtigen (z. B. Trennmittel, lose Bestandteile, Staub, Absandung, Bindemittelanreicherung, Ausblühungen, Verschmutzung).

Der Untergrund darf sich nach dem Auftragen der Abdichtungen nur begrenzt verformen. Bei Untergründen, die schwinden und kriechen, müssen die Abdichtungen und Bekleidungsstoffe möglichst spät aufgebracht werden.

Als Richtwert kann gelten, dass auf Untergründen aus Beton nach DIN 1045 und Mauerwerk aus mit Bindemittel gebundenen Steinen nach DIN 1053 die Abdichtungen und Bekleidungsstoffe erst ca. sechs Monate nach Herstellung aufgebracht werden dürfen. Bei Untergründen, bei denen die erwähnten Formänderungen weitgehend abgeschlossen sind, kann die angegebene Zeitspanne kürzer sein.

Putze, Gipskarton- und Gipsbauplatten müssen trocken, Estriche sollen trocken und Zementestriche mindestens 28 Tage alt sein. Bei Estrichen auf Dämm- und Trennschichten im Innenbereich ist der Feuchtigkeitsgehalt mit dem CM-Gerät zu bestimmen. Er darf
- bei beheizten calciumsulfatgebundenen Estrichen nicht mehr als 0,3 %
- bei unbeheizten calciumsulfatgebundenen Estrichen nicht mehr als 0,5 %
- bei Zementestrichen nicht mehr als 2,0 %

betragen. Im Außenbereich sind die Angaben des Abdichtungsherstellers zu beachten.

Die Maßgenauigkeit und Lage des Untergrundes soll der fertigen Bekleidungsfläche entsprechen. Größere Maßungenauigkeiten sind vor der Abdichtungsmaßnahme auszugleichen. Für die Beurteilung der Ebenflächigkeit gilt DIN 18202.

Stoffe für Ausgleichsschichten müssen auf den Untergrund und den Abdichtungsstoff abgestimmt sein und an dem Untergrund gut haften. Gipsgebundene Ausgleichsschichten (z. B. Spachtelungen) dürfen nicht ausgeführt werden.

Kalkputze, Holz- und Holzwerkstoffe sowie calciumsulfatgebundene Estriche mit Bodenablauf sind als Untergründe für diese Abdichtungen nicht geeignet.

4 Ausführung der Abdichtungen

4.1 Flächenabdichtungen

Bei der Ausführung von Abdichtungen sind nur Abdichtungsstoffe, die den Anforderungen nach Abschnitt 2.2 entsprechen, zu verwenden. Die Abdichtungsstoffe werden durch Spachteln, Streichen, Rollen oder Spritzen aufgetragen.

Sie können mit Einlagen aus Vlies oder Gewebe bzw. mit Folien verstärkt werden. Die Auftragsmenge des Abdichtungsstoffes und die Anzahl der Schichten sind vom Hersteller vorzuschreiben.

4.2 Abdichtungen an Bewegungsfugen

Bei der Abdichtung von Randfugen und Feldbegrenzungsfugen sind Einlagen aus Vlies oder Gewebe bzw. Folien zu verwenden. Die Bewegung zwischen Wand-, Boden- und Belagsfeldern ist ggf. durch die Ausbildung von Schlaufen aufzunehmen. Reicht die Breite der Fuge für die Ausbildung der Schlaufe nicht aus, sind die Fugen zu verbreitern, z.B. durch Abschrägen der Kanten.

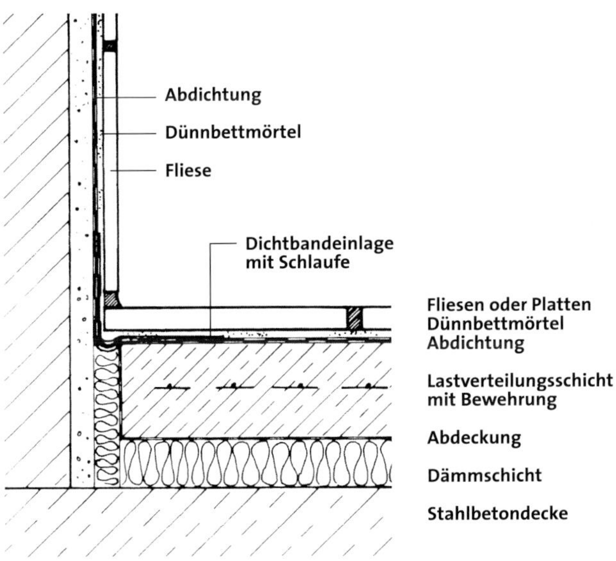

Bild 1 Wandanschluss

4.3 Abdichtungen an Durchdringungen und Einbauteilen

Durchdringungen

Durchdringungen werden mit Flansch und/oder Manschetten in die Flächenabdichtung eingebunden (vorher Rohrverlängerungen einbauen). Insbesondere bei Mischbatterien sind Flanschkonstruktionen zu bevorzugen.

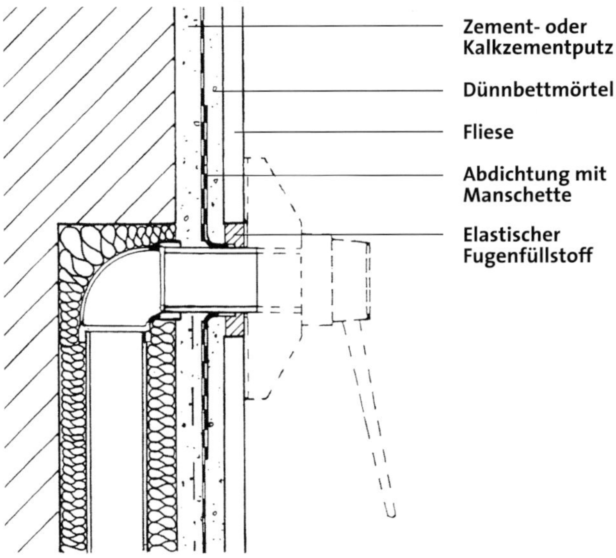

Bild 2 Installationsdurchführung

Bodenabläufe

Es sind nur Bodenabläufe mit Flansch zu verwenden. An den Flansch werden Träger aus Gewebe, Vlies oder Folien, die in die Flächenabdichtung einbinden, angeschlossen.

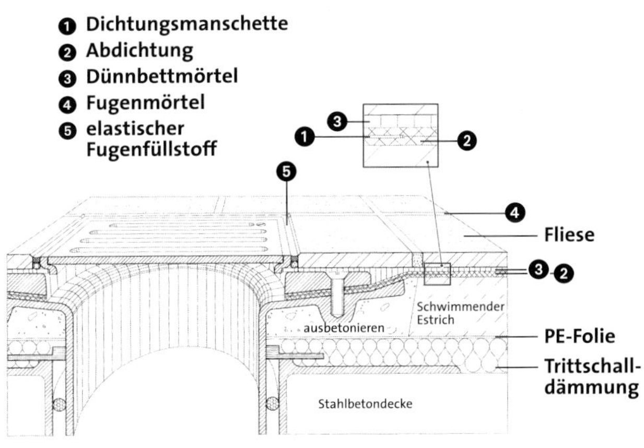

Bild 3 Anschluss Bodenablauf

Trennschienen

Für das Befestigen der Schienen sind ggf. im Estrich Aussparungen vorzusehen. Die Schienen sind mit Reaktionsharz oder anderen geeigneten Werkstoffen zu befestigen oder zu vergießen. Die Flächenabdichtungen sind an Trennschienen in Türdurchgängen mit Gewebe, Vlies oder Folien anzuschließen.

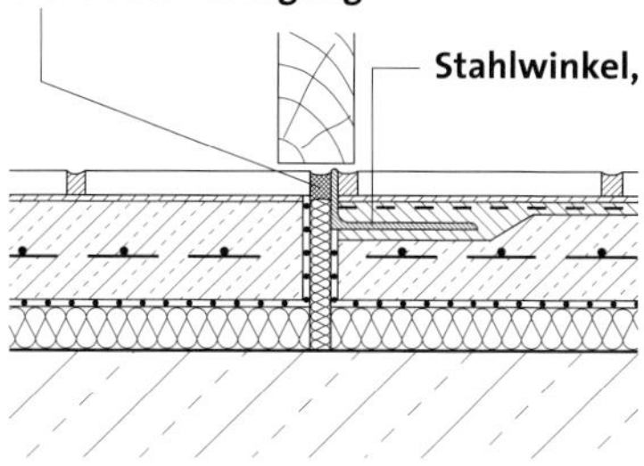

Bild 4 Übergang im Türbereich

Dübel

Werden Dübel zur Befestigung von sanitären Gegenständen erforderlich, sind die Dübellöcher mit Reaktionsharz oder anderen geeigneten Werkstoffen abzudichten.

Badewannen und Duschwannen

Die Flächenabdichtung soll unter und hinter der Wanne und Duschwanne durchgeführt werden.

Bei feuchtigkeitsempfindlichen Umfassungsbauteilen oder Verlegeuntergründen ist eine solche Abdichtung zwingend erforderlich.

Die Ausführung einer elastischen Fuge zwischen Wanne/Duschwanne und Wand stellt keine Abdichtungsmaßnahme dar. Mit Fugenprofilen oder mit elastischen Fugenfüllstoffen geschlossene Fugen sind nicht wasserundurchlässig. Mit elastischen Füllstoffen geschlossene Fugen unterliegen chemischen und/oder physikalischen Einflüssen nach DIN 52460 Abschnitt 2 und können reißen. Die unvermeidbaren Verformungen bei schwimmenden Konstruktionen überschreiten in der Regel die Elastizität der Fugenfüllstoffe. Eine Erneuerung der Fugenfüllstoffe ist ggf. vorzunehmen, um Folgeschäden zu vermeiden.

5 Ansetzen und Verlegen von Fliesen und Platten

Fliesen und Platten sind in einem gesonderten Arbeitsgang nach DIN 18157 anzusetzen oder zu verlegen. Werden Abdichtungsstoffe als Dünnbettmörtel oder Klebstoffe verwendet, sind die Güteanforderungen nach DIN 18156 zu erfüllen; ausgenommen die Anforderungen an das Abrutschen.

Werden andere genormte Dünnbettmörtel oder Klebstoffe verwendet, müssen sie auf den Abdichtungsstoff abgestimmt sein. Ein gültiges Prüfzeugnis ist auf Verlangen vorzulegen.

2.9.5 Bausteine

Tabelle 2.6: **Anforderungen an Abdichtstoffe**

Feuchtigkeits-beanspruchungsklasse	Definition/ Beanspruchung	Anwendungs-beispiele	Prüfkriterien der Abdichtstoffe	Untergründe Wand	Untergründe Boden
I	zeitweise, kurzzeitig, als Spritzwasser	Bäder mit Duschwanne mit Badewanne ohne Bodenablauf	Haftzugfestigkeit Temperatur-beständigkeit Alterungs-beständigkeit Kalkwasser-beständigkeit Wasserun-durchlässigkeit Rissüberbrückung bis 0,4 mm Breite	Beton Mauerwerk Putz P II, P III Wandbauplatten aus Gips Gipskartonplatten Gipsfaserplatten Porenbetonbauplatten LB-Hohlwandplatten PS-Verbundelemente	Beton Zementestrich Gussasphaltestrich Anhydritestrich Gipskartonplatten Gipsfaserplatten PS-Verbundelemente
II	längerfristig bis ständig nicht stauend	Duschen ohne Duschtassen Sanitärräume im öffentlichen und gewerblichen Bereich mit Bodenabläufen	wie oben (I), jedoch Rissüberbrückung bis 0,75 mm Breite	Beton Mauerwerk Putz P II, P III Porenbeton-bauplatten LB-Hohlwandplatten PS-Verbundelemente	Beton Zementestrich Gussasphaltestrich PS-Verbundelemente
III	Außenbereich	Balkone und Terrassen ohne Dämmschichten angrenzende Sockel	wie oben (II), zusätzlich Frost-beständigkeit	Beton Mauerwerk Putz P III	Beton Zementestrich
IV	längerfristig bis ständig nicht stauend aggressive Medien aggressive Reinigungsmittel hohe mechanische Belastung	gewerbliche Küchen Spülräume Nasstherapien industrielle Bereiche: – Lebensmittelbereich – Brauereien – Molkereien – Schlachtereien – Fischverarbeitung	wie oben (II), jedoch ohne Frostbeständigkeit, zusätzlich Chemikalien-beständigkeit	Beton Mauerwerk Putz P II, P III Porenbeton-bauplatten LB-Hohlwandplatten PS-Verbundelemente	Beton Zementestrich Gussasphaltestrich

2.9.6 Fragen

1. Welche Systeme für Feuchteabdichtungen gibt es?
2. Auf welchen Regelwerken bauen diese Systeme auf?
3. Welche Vereinbarungen sind mit dem Bauherrn beim Einbau von Abdichtungen zu treffen?
4. Durch welche Bauteile wird eine alternative Abdichtung geschützt?
5. Welche Bereiche, welche Räume oder Flächen können alternativ abgedichtet werden?
6. Wie sind Abdichtungen von Terrassenböden über bewohnten Räumen auszuführen?
7. Welche Feuchtigkeitsbeanspruchungsklassen gibt es?
8. Wie ist die Beanspruchungsklasse I? Anwendungsbeispiel!
9. Wie ist die Beanspruchungsklasse II? Anwendungsbeispiel!
10. Wie ist die Beanspruchungsklasse III? Anwendungsbeispiel!
11. Wie ist die Beanspruchungsklasse IV? Anwendungsbeispiel!
12. Welche Gruppen von Abdichtungsstoffen gibt es?
13. Welche Forderungen werden an Abdichtungsstoffe gestellt?
14. Welche Untergründe eignen sich für Wandbeläge bei der Feuchtigkeitsbeanspruchungsklasse I?
15. Welche Untergründe eignen sich für Wandbeläge bei der Feuchtigkeitsbeanspruchungsklasse II?
16. Welche Untergründe eignen sich für Wandbeläge bei der Feuchtigkeitsbeanspruchungsklasse III?
17. Welche Untergründe eignen sich für Wandbeläge bei der Feuchtigkeitsbeanspruchungsklasse IV?
18. Welche Untergründe eignen sich für Bodenbeläge bei der Feuchtigkeitsbeanspruchungsklasse I?
19. Welche Untergründe eignen sich für Bodenbeläge bei der Feuchtigkeitsbeanspruchungsklasse II?
20. Welche Untergründe eignen sich für Bodenbeläge bei der Feuchtigkeitsbeanspruchungsklasse III?
21. Welche Untergründe eignen sich für Bodenbeläge bei der Feuchtigkeitsbeanspruchungsklasse IV?
22. Welche Eigenschaften muss die Oberfläche des Untergrundes aufweisen?
23. Was versteht man unter Verformung des Untergrundes?
24. Welche Arten der Verformung kennen Sie?
25. In welchem Maße dürfen sich Untergründe verformen?
26. Nach welcher Zeit sind Schwindvorgänge weitgehend abgeschlossen?
27. Welche Forderung erfolgt hieraus?
28. Welche Forderungen gelten für den Feuchtegehalt von Untergründen?
29. Wie kann die Feuchte von Untergründen gemessen werden?

30. Was bedeutet das Alter von 28 Tagen bei Zementestrichen?
31. Nach welcher Zeit haben die Untergründe die erforderliche Mindestfeuchte erreicht?
32. Welche Forderung wird an die Maßgenauigkeit des Untergrundes gestellt?
33. Welche sind ungeeignete Untergründe?
34. Wie wird die Abdichtung aufgebracht?
35. Wie viel Schichten sollen aufgetragen werden?
36. Welche Schichtdicke soll erreicht werden?
37. Wie ist der Wandanschluss auszuführen?
38. Wie ist die Abdichtung an Durchdringungen und Einbauteilen auszuführen?
39. Wie sind Durchbohrungen oder Dübel in abgedichteten Flächen zu behandeln?
40. Beschreiben Sie die Abdichtung an Bade- und Duschwannen!
41. Wie ist die Wasserdichtigkeit von elastischen Füllstoffen zu beurteilen?
42. Wie ist die Wasserdichtigkeit von Bewegungsfugen zu beurteilen?
43. Welche Probleme können bei elastischen Dichtstoffen in Fugen auftreten?
44. Wie verhalten Sie sich dem Kunden gegenüber bei undichten Bewegungsfugen?
45. Welche Regel gilt für das Ansetzen und Verlegen von Fliesen und Platten über Abdichtungen?

2.9.7 Antworten

1. Bahnenabdichtung, plastische Abdichtungsmassen
2. DIN 18195, ZDB-Merkblatt über Abdichtungen im Verbund (alternative Abdichtungen)
3. Es muss vereinbart werden, ob und wie die Abdichtung auszuführen ist.
4. Die alternative Abdichtung wird durch den Belag geschützt.
5. Innen- und Außenbereich, Wand- und Bodenflächen in allen Räumen mit entsprechenden Anforderungen
6. Zusätzlich zur alternativen Abdichtung ist eine Abdichtung nach den Flachdachrichtlinien (Bahnenabdichtung nach DIN 18195) vorzusehen.
7. Feuchtigkeitsbeanspruchungsklassen FBK I bis IV
8. I: Beanspruchung zeitweise oder kurzzeitig als Spritzwasser, Bäder ohne Bodenablauf, mit Badewanne oder Duschwanne
9. II: Beanspruchung länger bis ständig, nicht stauend; Duschen ohne Duschtasse, Sanitärräume im öffentlichen und gewerblichen Bereich mit Bodenablauf
10. III: Außenbereich; Balkone und Terrassen ohne Dämmschichten
11. IV: Beanspruchung längerfristig bis ständig, nicht stauend, mit aggressiven Medien oder hoher mechanischer Belastung; gewerbliche Küchen, industrielle Bereiche
12. Kunststoffdispersionen, Kunststoff-Zement-Kombinationen, Reaktionsharze
13. Haftzugfestigkeit, Frostbeständigkeit, Temperaturbeständigkeit, Alterungsbeständigkeit, Kalkwasserbeständigkeit, Wasserundurchlässigkeit, Rissüberbrückung, Chemikalienbeständigkeit
14. I: Beton, Mauerwerk, Putze der Mörtelgruppe P II und P III
15. II. Beton, Mauerwerk, Putze P II, P III, Porenbetonbauplatten, Hohlwandplatten aus Leichtbeton, Verbundelemente aus PS
16. III: Beton, Mauerwerk, Putz P III
17. IV: Beton, Mauerwerk, Putz P II, P III, Porenbetonbauplatten, Hohlwandplatten aus Leichtbeton, Verbundelemente aus PS
18. I: Beton, ZE, GE, AE, Gipskartonplatten, Gipsfaserplatten, Verbundelemente aus PS
19. II: Beton, ZE, GA, Verbundelemente
20. III: Beton, ZE
21. IV: Beton, ZE, GE
22. Eben, tragfähig, frei von durchgehenden Rissen, geschlossene, gleichmäßige Beschaffenheit, ausreichend fest, frei von Verschmutzungen
23. Veränderungen der Größe oder der Form eines Bauteils
24. Schwinden, Kriechen, Aufschüsseln
25. Untergründe dürfen sich nur begrenzt verformen.
26. 6 Monate
27. Abdichtungen und Bekleidungen erst nach 6 Monaten aufbringen
28. AE: 0,5 %, ZE: 2 %, mit dem CM-Gerät gemessen
29. elektrisch oder mit dem CM-Gerät
30. Nach 28 Tagen hat der ZE, der Beton, seine Nennfestigkeit erreicht; z. B. ZE 20 hat mindestens 20 N/mm^2
31. Die Zeitdauer ist je nach Umgebungsbedingungen verschieden.
32. Die Maßgenauigkeit des Untergrundes soll der fertigen Belagsfläche entsprechen.
33. Kalkputze, Holz und Holzwerkstoffe, Gipsputze, Anhydritestriche mit Bodenablauf
34. Die Abdichtung kann durch Spachteln, Streichen, Rollen, Spritzen aufgebracht werden.
35. Die erforderliche Schichtdicke muss erreicht werden – je nach Angabe des Herstellers –, in der Regel benötigt man dafür zwei Arbeitsgänge.
36. Nach Angabe des Herstellers – in der Regel 2 mm
37. Durch Einlegen des Dichtbandes
38. Die Abdichtung ist durch den Einbau von Dichtmanschetten auszuführen.
39. Dübellöcher müssen mit Dichtstoffen (Silikon, Epoxi, ...) abgedichtet werden.
40. Die Abdichtung ist unter und hinter der Badewanne oder Duschwanne auszuführen.
41. Elastische Füllstoffe sind wasserdicht.
42. Mit elastischen Füllstoffen geschlossene Fugen gelten nicht als wasserdicht/wasserundurchlässig.
43. Die Verformungen der schwimmenden Konstruktion können die Elastizität der Füllstoffe überschreiten.
44. Information, Abklärung der Gewährleistung in bestimmten Fällen, Erneuerung der elastischen Füllung
45. Ansetzen und Verlegen sind in einem gesonderten Arbeitsgang auszuführen.

2.10 Wärme- und Schallschutz

2.10.1 Stichworte zum Thema

- Wärme- und Schalldämmung im Neubau, Planung und Ausführung
- Verbesserung des Wärme- und Trittschallschutzes bei der Altbausanierung
- Anordnung des Wärmeschutzes bei Außenwänden
- Verbesserung des Wärmeschutzes bei Balkonen, die als Kragplatten ausgebildet sind
- Schallschutz bei verschiedenen Deckenkonstruktionen
- Verbesserung des Schallschutzes bei vorhandenen Estrichen
- Verbesserung des Schallschutzes an Treppen oder in Treppenhäusern

2.10.2 Regelwerke

DIN 4108	Wärmeschutz im Hochbau bzw. Wärmeschutz und Energieeinsparung in Gebäuden
DIN 4109	Schallschutz im Hochbau

Energiesparverordnung EnEV

ZDB-Merkblatt	Hinweise und Erläuterungen zu Wärme- und Schallschutzmaßnahmen bei Fußbodenkonstruktionen mit Belägen aus Fliesen und Platten (siehe S. 147)

Wesentliche Inhalte des Merkblattes

Wärmeschutz
Wärmeschutzverordnung (WSV)
Schallschutz
Wärmedämm- und Trittschallschutz (kombinierte Verlegung)
Trittschallschutz bei Renovierungsmaßnahmen in Geschosshäusern
Anforderungen an Treppen
Bauphysikalische Hinweise

2.10.3 Fall aus der Praxis

Bei der Renovierung eines Altbaus soll der Trittschallschutz der Bodenkonstruktionen verbessert werden. Die Bodenbeläge, teils aus Textil, teils aus Kunststoff und alten Fliesen, sollen entfernt und in den Fluren und Nebenräumen durch keramische Fliesen ersetzt werden. Die Bodenflächen der Wohnräume sollen mit Parkett belegt werden.

Unterbreiten Sie dem Bauherrn technische Vorschläge, wie eine Verbesserung der Trittschalldämmung zu erreichen ist (verschiedene Möglichkeiten).

Abb. 2.42: Beläge auf Dämmschichten

Lösung

Vor und während der Sanierung des Altbaus sind folgende Fragen zu klären:

- Wie geschieht die Schallübertragung von Boden zu Wand?
- Wie ist die Tragfähigkeit, die Statik der vorhandenen Deckenkonstruktion?
- Wie ist die Konstruktion der Rohdecke?
- Massivbetondecke, Betonfertigdecke, Stahlsteindecke, Holzbalkendecke, Ziegeldecke, . . .)
- Wie ist die Art und Konstruktion des Estrichs? (Verbundestrich, Estrich auf Trennschicht, Estrich auf Dämmschicht, Estrichmaterial, Randstreifen, Art und Dicke der Dämmschicht)
- Soll der alte Estrich erhalten oder herausgenommen werden?
  (herausnehmen, falls der alte Estrich schadhaft oder nicht funktionsfähig ist)
- Raum- und Schwellenhöhen: Muss an Aufbauhöhe gespart werden oder ist genügend Höhe vorhanden?

Technische Vorschläge

Aufbau ab Rohdecke

- Einbau eines schwimmenden Estrichs
- Einbau eines schwimmenden Trockenestrichs, z. B. bei Holzbalkenkonstruktionen

Aufbau ab vorhandenem Estrich

- Einbau einer schalldämmenden Entkopplungsplatte mit sorgfältiger Randausbildung
- Beläge aus keramischen Fliesen oder Parkett vom Untergrund entkoppeln und von den Wänden durch elastische Randfugen trennen
- Vorsicht beim Anbringen des Sockels oder bei der Montage von Sockelleisten: Schallbrücken vermeiden!

Abb. 2.43: Verlegen von Entkopplungsplatten

2.10.4 Abdruck von Regelwerken

Merkblatt Hinweise und Erläuterungen zu Wärme- und Schallschutzmaßnahmen bei Fußbodenkonstruktionen mit Belägen aus Fliesen und Platten
siehe S. 147

Merkblatt

ZENTRALVERBAND
DEUTSCHES
BAUGEWERBE
ZDB

HINWEISE UND ERLÄUTERUNGEN ZU WÄRME- UND SCHALLSCHUTZMASSNAHMEN BEI FUSSBODENKONSTRUKTIONEN MIT BELÄGEN AUS FLIESEN UND PLATTEN

September 1995

Rudolf Müller

FACHVERBAND
DEUTSCHES
FLIESENGEWERBE
im Zentralverband des Deutschen Baugewerbes

Verfasser:

Dipl.-Ing. Wilhelm Prechtl

Herausgeber:

FACHVERBAND DEUTSCHES FLIESENGEWERBE
IM ZENTRALVERBAND DES DEUTSCHEN BAUGEWERBES E.V.,
BERLIN

Alleinverkauf durch die Servicestelle des Fachverbandes Deutsches Fliesengewerbe:
Verlagsgesellschaft Rudolf Müller GmbH & Co. KG, Postfach 41 09 49, 50869 Köln,
Telefon (02 21) 54 97-112, Fax (02 21) 54 97-130, www.rudolf-mueller.de

Inhaltsverzeichnis

Der Fachverband Deutsches Fliesengewerbe im Zentralverband des Deutschen Baugewerbes hat für Bodenbeläge aus Fliesen und Platten in Zusammenarbeit mit anderen Verbänden und Institutionen u. a. nachstehende Merkblätter überarbeitet und aktualisierte Fassungen neu veröffentlicht:

Keramische Fliesen und Platten, Naturwerkstein und Betonwerkstein auf beheizten zementgebundenen Fußbodenkonstruktionen; Ausgabe: September 1995

Keramische Fliesen und Platten, Naturwerkstein und Betonwerkstein auf zementgebundenen Fußbodenkonstruktionen mit Dämmschichten; Ausgabe: September 1995

Bodenbeläge aus Fliesen und Platten außerhalb von Gebäuden; Ausgabe: Juli 1988

In diesen Merkblättern werden für diese Anwendungsbereiche vorrangig der konstruktive Aufbau und verarbeitungstechnische Hinweise für die Ausführung von Fußbodenkonstruktionen mit Belägen aus Fliesen und Platten beschrieben.

Angaben über Dämmwerte bzw. die erforderliche Dicke von Dämmstoffen ergeben sich jedoch aus den Anforderungen an die Wärmedämmung bzw. Trittschalldämmung bestimmter Bauteile.

Anforderungen an Decken und Fußböden sind enthalten in:

Wärmeschutzverordnung WSV vom 20. Juni 1994, gültig ab 1. Januar 1995

DIN 4108 Teil 2
Wärmeschutz im Hochbau; Wärmedämmung und Wärmespeicherung; Anforderungen und Hinweise für Planung und Ausführung und

DIN 4109
Schallschutz im Hochbau, Ausgabe November 1989

Bei Fußbodenkonstruktionen können diese Anforderungen durch den Einbau von Wärme- und Trittschalldämmstoffen erfüllt werden.

Die Art und die Dicke der Dämmstoffe für Wärmedämm- und Trittschalldämmmaßnahmen ist durch die Bauplanung anzugeben.

Bild 1: Anforderungen an die Begrenzung des Heizwärmebedarfs nach dem Wärmebilanzverfahren

Heizwärmebedarf kWh pro m² Nutzfläche und Jahr

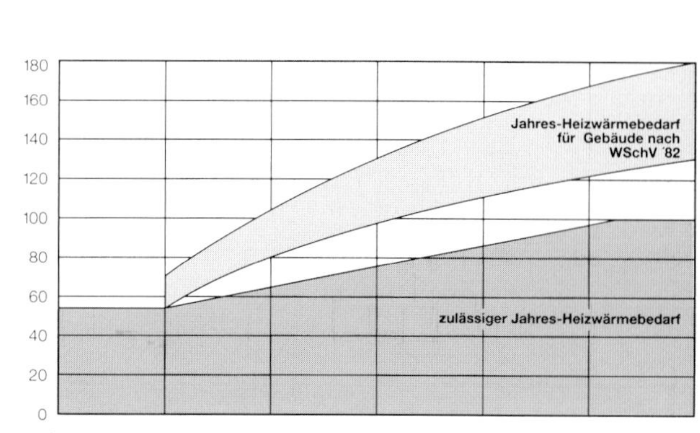

Erläuterungen des Wärme- und Schallschutzes bei Fußbodenkonstruktionen mit Belägen aus Fliesen und Platten

1 Wärmeschutz

1.1 Wärmeschutzverordnung (WSV) vom 5. Juli 1994, gültig ab 1. Januar 1995

Der Inhalt der novellierten 3. Fassung der WSV und die sich daraus ergebenden schärferen Anforderungen an den baulichen Wärmeschutz bei Gebäuden wurde insbesondere unter dem Aspekt der „Vorsorge zum Schutz der Erdatmosphäre" erstellt. Konkret soll u. a. eine Minderung des Kohlendioxid-(CO_2)-Ausstoßes bei der Verbrennung fossiler Energieträger für die Wärmegewinnung zum Beheizen von Gebäuden und dadurch eine Reduzierung des Treibhauseffektes erzielt werden. Dies ist das angestrebte Ziel der Weltklimakonferenz von Toronto und der Umweltkonferenz von Rio und des Beschlusses der Bundesregierung vom November 1990, bis zum Jahre 2005 die CO_2-Emissionen um 25 bis 30 % zu reduzieren.

Aufbauend auf dem Nachweisverfahren der vorherigen Fassungen werden wesentliche Neuerungen eingeführt:

- verbrauchsorientierte Kennwerte (Niedrigenergiehaus-Standard)
- ein Wärmebilanzverfahren (Einbeziehung von internen und solaren Wärmegewinnen)
- der Wärmebedarfsausweis (Energiepass von Gebäuden)

Verbrauchsorientierte Kennwerte

Der maximal zulässige Jahresheizwärmebedarf wird je nach Gebäudegeometrie auf 54 bis 100 kWh pro m² · a Nutzfläche begrenzt. Mit dem Energiegehalt von ca. 10 kWh je Liter Heizöl bzw. m³ Gas kann der Energieverbrauch annähernd genau abgeschätzt werden; allerdings unter Berücksichtigung eines zusätzlichen Verlustes von etwa 10 bis 20% für das jeweilige Heizungssystem.

Wärmebilanzverfahren

Neu ist bei der Berechnung des Heizwärmebedarfs durch Transmissions- und Lüftungswärmeverluste die Einbeziehung von internen und solaren Wärmegewinnen. Interne Wärmegewinne aus Abwärme elektrischer Haushaltsgeräte und solare Wärmegewinne von transparenten, gut Himmelsrichtung-orientierten, mit starker Strahlungsintensität bestückten Außenflächen (Fenster) liegen in der Regel bei etwa 35 % des Heizwärmebedarfs. Bei Gebäuden mit mechanisch betriebener Entlüftung und Wärmerückgewinnung bzw. Wärmepumpe liegt der Anteil wesentlich höher. Damit reduziert sich die notwendige Wärme-Grundversorgung.

Wärmebedarfsausweis

Dieser Ausweis stellt die energiebezogenen Merkmale und den Energiejahresverbrauch eines Gebäudes dar.

Er wird aufgrund der Europäischen Richtlinien zur Begrenzung der Kohlendioxidemissionen verlangt. Der Ausweis ist der nach Landesrecht für die Überwachung der Verordnung zuständigen Stelle auf Verlangen vorzulegen und ist Käufern, Mietern oder sonstigen Nutzungsberechtigten eines Gebäudes zugänglich zu machen.

Anlage 1 der Wärmeschutzverordnung enthält Anforderungen zur Begrenzung des Jahres-Heizwärmebedarfs Q_H bei zu errichtenden Gebäuden, die mit **normalen** Innentemperaturen von mindestens 19 °C beheizt werden.

Anlage 2 der Wärmeschutzverordnung enthält Anforderungen zur Begrenzung des Jahres-Transmissionswärmebedarfs Q_T bei Gebäuden, die mit **niedrigen** Innentemperaturen von mehr als 12 °C und weniger als 19 °C und jährlich mehr als 4 Monate beheizt werden.

Hierbei handelt es sich meistens um Gebäude mit gewerblicher Nutzung, z. B. Supermärkte oder Gewerbebetriebe. Hierbei können auch ungedämmte Fußböden Anwendung finden. Bei der Bemessung ist je nach Größe der Gebäudegrundfläche der K_G-Wert mit einem Reduktionsfaktor f_G einzusetzen.

Anlage 3 zur Wärmeschutzverordnung enthält Anforderungen zur Begrenzung des Wärmedurchgangs bei **erstmaligem Einbau, Ersatz oder Erneuerung** von Außenbauteilen bestehender Gebäude, und zwar sowohl für Gebäude mit normalen Temperaturen ≥ 19 °C als auch für Gebäude mit niedrigeren Temperaturen ≥ 12 °C ≤ 19 °C.

1.2 Anforderungen und Berechnung zur Begrenzung des Jahres-Heizwärmebedarfs nach dem Wärmebilanzverfahren

Der Wärmeschutz für Gebäude mit normalen Innentemperaturen wird bestimmt durch den Jahres-Heizwärmebedarf Q_H eines Gebäudes, der aufgrund bestimmungsgemäßer Nutzung beheizter Räume direkt oder durch Raumverbund erforderlich wird.
Die Anforderungen zur Begrenzung des maximalen Jahres-Heizwärmebedarfs Q_H richten sich nach dem Verhältnis A/V der wärmeübertragenden Umfassungsfläche A zum hiervon eingeschlossenen Bauwerksvolumen V. Die in Abhängigkeit von A/V festgelegten max. Werte des Jahres-Heizwärmebedarfs bezogen auf das beheizte Bauwerksvolumen V als Q'_H in kWh/(m³ · a) oder die beheizte Gebäudenutzfläche A_N als Q''_H in kWh/(m² · a) gemäß Anlage 1 Tabelle 1 dürfen dabei nicht überschritten werden.

Die Werte sind nach folgender Gleichung zu ermitteln:

$$Q'_H = 13{,}82 + 17{,}32\,(A/V) \text{ in kWh/(m}^3 \cdot \text{a)}$$
$$Q''_H = Q'_H/0{,}32 \text{ in kWh/(m}^2 \cdot \text{a)}.$$

Der Nachweis hat zu erfolgen nach:

$$Q'_H = \frac{Q_H}{V} \text{ in kWh/(m}^3 \cdot \text{a)}$$

$$\text{oder } Q''_H = \frac{Q_H}{A_N} \text{ in kWh/(m}^2 \cdot \text{a)}.$$

Der Heizwärmebedarf Q_H wird ermittelt nach der Gleichung:

$$Q_H = 0{,}9 \cdot (Q_T + Q_L) - (Q_I + Q_S) \text{ in kWh/a}$$

Dabei bedeuten:

Q_T = Transmissionswärmebedarf in kWh/a
$Q_T = 84 \cdot (k_W \cdot A_W + k_F \cdot A_F + 0{,}8 \cdot k_D \cdot A_D + 0{,}5\, k_G \cdot A_G + k_{DL} \cdot A_{DL} + 0{,}5 \cdot k_{AB} \cdot A_{AB})$[1]

Q_L = Lüftungswärmebedarf in kWh/a = $22{,}85 \cdot V_L$

Q_I = interne Wärmegewinne in kWh/a = $8{,}0 \cdot V$ oder $\leq 25 \cdot A_N$

Q_S = solare Wärmegewinne in kWh/a von transparenten Flächen = Fenster; ermittelt in Abhängigkeit der Himmelsrichtung (Strahlungsintensität der Orientierung I in kWh/(m² · a) und Energiedurchlassgrad g der Verglasung nach der Formel $Q_S = 0{,}46 \cdot \Sigma\,(I \cdot g \cdot A_F)$

V_L = $0{,}8 \cdot V$ in kWh/a

A_N = $0{,}32 \cdot V$ in kWh/a

[1]) Im Faktor 84 ist eine mittlere Heizgradtagzahl von 3500 k · Tage/Jahr berücksichtigt.

k = Wärmedurchgangskoeffizient, auch k-Wert genannt, in W/(m² · K), der einzelnen Bauteile wie Wände, Fenster, Dach- und Grundflächen usw.

Anstelle Q_S können die solaren Wärmegewinne von Verglasungen über den äquivalenten k-Wert der Fenster $k_{eq,F} = k_F - (g \cdot S_F)$ in W/(m²K) ermittelt werden. Dabei gelten entsprechend der Orientierung der Fenster folgende Koeffizienten S_F für solare Wärmegewinne

Süd: $S_F = 2{,}40$ W/(m²K)
Ost/West: $S_F = 1{,}65$ W/(m²K)
Nord: $S_F = 0{,}95$ W/(m²K)

Der Gesamtenergiedurchlassgrad g ist eine spezifische Eigenschaft der Verglasung und wird in DIN 4108 Teil 2 angegeben bzw. im Bundesanzeiger veröffentlicht. Derzeit übliche Isolierverglasungen mit einem k-Wert von ≤ 2,0 wird ein g-Wert von etwa ≤ 0,75 zugeordnet. Demzufolge ergibt sich z. B. für ein Fenster mit Südlage und einem k-Wert von 2,0 folgender $k_{eq,F}$-Wert 2,0 – (0,7 · 2,4) = 0,32 kW/(m² · K); dagegen für die Nordseite nur ein Wert von 2,0 – (0,7 · 0,95) = 1,34 W/(m² · K).

In Tabelle 2 der Wärmeschutzverordnung wird ein max. $K_{m,Feq}$-Wert ≤ 0,7 W/(m² · K) gefordert. Dieser Wert wird erreicht, indem an der Nordseite möglichst wenig Fenster angeordnet werden.

1.3 Bauteilverfahren

Wie bereits bei den vorher gültigen Wärmeschutzverordnungen ist ein **vereinfachtes Nachweisverfahren,** das so genannte „Bauteilverfahren", zulässig; allerdings beschränkt für kleine Wohngebäude mit bis zu zwei Vollgeschossen und nicht mehr als drei Wohneinheiten.

Tabelle 1: Anforderungen an den Wärmedurchgangskoeffizienten für einzelne Außenbauteile der wärmeübertragenden Umfassungsfläche A bei zu errichtenden kleinen Wohngebäuden (Anlage 1 Tabelle 2 der Wärmeschutzverordnung)

Zeile	Bauteil	max. Wärmedurchgangskoeffizient $k_{max.}$ in W/(m² · K)
Spalte	1	2
1	Außenwände k_W	≤ 0,50¹)
2	Außen liegende Fenster und Fenstertüren sowie Dachfenster	$k_{m,Feq}$ ≤ 0,70²)
3	Decken unter nicht ausgebauten Dachräumen und Decken, (einschließlich Dachschrägen), die Räume nach oben und unten gegen die Außenluft abgrenzen	k_D ≤ 0,22
4	Kellerdecken, Wände und Decken gegen unbeheizte Räume sowie Decken und Wände, die an das Erdreich grenzen	k_G ≤ 0,35

¹) Die Anforderung gilt als erfüllt, wenn Mauerwerk in einer Wandstärke von 36,5 cm mit Baustoffen mit einer Wärmeleitfähigkeit von λ ≤ 0,21 W/(m · K) ausgeführt wird.
²) Der mittlere äquivalente Wärmedurchgangskoeffizient $k_{m,Feq}$ entspricht einem über alle außen liegenden Fenster und Fenstertüren gemittelten Wärmedurchgangskoeffizienten, wobei solare Wärmegewinne nach den Ziffern 1.6.4.2 zu ermitteln sind.

Anlage 1 Tabelle 2 der Wärmeschutzverordnung enthält Anforderungen als max. Wärmedurchgangskoeffizienten k_{max} in W/m² K für einzelne Außenbauteile der wärmeübertragenden Umfassungfläche A. Sie ist hier als Tabelle 1 wiedergegeben.

Dieses Verfahren erlaubt den erforderlichen Dämmwert von Einzelbauteilen wie Kellerdecken, Decken gegen unbeheizte Räume sowie Decken, die an das Erdreich grenzen, und Decken unter nicht ausgebauten Dachräumen und Decken, die Räume nach oben oder unten gegen die Außenluft abgrenzen, zu bemessen. Nach diesem vereinfachten Nachweisverfahren sind gegenüber dem Energiebilanzverfahren in der Regel höhere Dämmwerte erforderlich. Dennoch kann es zweckmäßig sein, für Fußbodenkonstruktionen den Dämmwert nach diesem Verfahren zu bestimmen. Dies schließt jedoch die Möglichkeit aus, einen Ausgleich von Dämmwerten einzelner Außenbauteile untereinander vorzunehmen. Auch die Anwendung der Mindestwerte von DIN 4108 ist hierbei ausgeschlossen.

1.4 Bemessung von Dämmschichten bei Fußbodenkonstruktionen nach dem vereinfachten Nachweisverfahren

In Tabelle 2 sind entsprechend den Anforderungen an Decken- und Fußbodenkonstruktionen nach Anlage 1 Tabelle 2 der Wärmeschutzverordnung und den Mindestanforderungen der DIN 4108 die erforderliche Dicke von Wärmedämmstoffen mit der Wärmeleitfähigkeitsgruppe 040 zugeordnet. Bei der Berechnung wurde eine Stahlbetondecke mit einer Dicke von s ≥ 16 cm zugrunde gelegt. Grundlagen für die Rechenverfahren sind im Anhang enthalten. Die Wärmeleitfähigkeitsgruppe der Dämmstoffe ist auf der Verpackung von Wärmedämmstoffen angegeben. Bei Verwendung von Dämmstoffen einer anderen Wärmeleitfähigkeitsgruppe (höherer Dämmwert, z. B. 035 oder 030) sind Dämmstoffe mit geringerer Dicke möglich. Handelsübliche genormte Wärmedämmstoffe, z. B. PS 20 oder PS 30, weisen in der Regel eine Wärmeleitfähigkeit λ_R von 0,040 W/(m · K) aus und werden somit der Wärmeleitfähigkeitsgruppe 040 zugeordnet. Die erforderliche Wärmedämmung kann sowohl an der Oberseite oder Unterseite bzw. an beiden Seiten einer Decke angeordnet werden, z. B. Decke über einer Hofdurchfahrt.

2 Schallschutz

DIN 4109 Schallschutz im Hochbau, Ausgabe November 1989, enthält Anforderungen an die Luft- und Trittschalldämmung von Bauteilen zum Schutz gegen Schallübertragung aus einem fremden Wohn- oder Arbeitsbereich und zwischen besonders lauten Räumen.

2.1 Luftschalldämmung

Für die Kennzeichnung der Luftschalldämmung von Bauteilen, z. B. Geschossdecke, dient als Einzahl-Angabe das „bewertete Schalldämmmaß R'_w" in dB (Dezibel) früher:

Luftschallschutzmaß LSM. Zwischen R'_w und LSM besteht die Beziehung + 52 dB R'_w = 0 dB LSM. LSM ist nicht mehr gebräuchlich.

Die Anforderungen an die Luftschalldämmung von Bauteilen sind je nach Gebäudeart und Nutzung unterschiedlich hoch. Für Geschosshäuser wird z. B. an Wohnungstrenndecken (auch Treppen) und Decken zwischen fremden Arbeitsräumen derzeit ein bewertetes Schalldämmmaß $R'_w \geq 54$ dB gefordert. Dieser Wert wird bei Stahlbetondecken mit einer Deckendicke $s \geq 14$ cm und einem schwimmenden Estrich mit Belag aus Fliesen und Platten erfüllt.

Merke: Je größer das Gewicht (flächenbezogene Masse) eines trennenden Bauteils ist, umso höhere R'_w-Werte werden erreicht; allerdings unter der Voraussetzung, dass die flankierenden Bauteile (alle an eine Decke – von unten wie von oben – angrenzenden tragenden und nichttragenden Wände) eine mittlere flächenbezogene Masse von ≥ 300 kg/m² aufweisen. Hierauf zu achten ist Aufgabe der Bauplanung.

2.2 Trittschalldämmung

Die Trittschalldämmung von Massivdecken wird mit dem bewerteten Norm-Trittschallpegel $L'_{n,w}$, früher Trittschallschutzmaß TSM, in dB gekennzeichnet.

Zwischen TSM und $L'_{n,w}$ besteht folgende Beziehung:

TSM odB = $63 \text{ dB} - L'_{n,w}$;
Beispiel: 10 dB TSM = 53 dB $L'_{n,w}$

TSM_{eq} = $63 \text{ dB} - L'_{n,w,eq}$;
Beispiel: – 6 dB TSM_{eq} = 69 dB $L'_{n,weq}$

VM = ΔL_w;
Beispiel: 22 dB VM = 22 dB ΔL_w

Der bewertete Norm-Trittschallpegel $L'_{n,w,R}$ lässt sich für einen unter einer Decke liegenden Raum wie folgt berechnen:

$L'_{n,w} = L_{n,w,eq} - \Delta L_w + 2 \text{ dB}$
(früher: $TSM = TSM_{eq} + VM - 2$ dB)

2.2.1 Allgemeines

Das Trittschallschutzmaß $L'_{n,w}$ (TSM) einer Deckenkonstruktion wird bestimmt von der Dicke der Stahlbetondecke, der Art und der dynamischen Steifigkeit s' in MN/m³ des Trittschalldämmstoffes und der flächenbezogenen Masse der Lastverteilungsschicht/Estrich mit Belag.

Tabelle 2: Anforderungen an Decken- und Fußbodenkonstruktionen nach der WSV und DIN 4108; Zuordnung von Richtwerten für Wärmedämmschichtdicken bei Stahlbetondecken s = 16 cm

Bauteil	Nach Anlage 1 Tab. 2 der Wärmeschutzverordnung vom 5. Juli 1994 Gültig ab 1. Januar 1995			Mindestanforderungen nach DIN 4108 Wärmeschutz im Hochbau Ausgabe: August 1981 Gültig ab 1. März 1982[1])	
	max. Wärmedurchgangskoeffizient k	Wärme durchlasswiderstand 1/Λ	Dicke der Dämmstoffschicht Gruppe 040	Wärmedurchlasswiderstand 1/Λ im Mittel	Dicke der Dämmstoffschicht Gruppe 040
1	2	3	4	5	6
	W/(m² · K)	m² · K/W	mm	m² · K/W	mm
1.1 Decken unter nicht ausgebauten Dachräumen	$k_D \leq 0{,}22$	4,34	170	0,90	35
1.2 Decken, die Räume nach oben gegen die Außenluft abgrenzen (z. B. Terrassen)		4,38	175	1,10	40
1.3 Decken, die Räume nach unten gegen die Außenluft abgrenzen (Hofdurchfahrt)		4,34	170[2])	1,75	65
2 Kellerdecken und Decken gegen unbeheizte Räume	$k_G \leq 0{,}35$	2,51	100[2])	0,90	35
3 Decken, die an das Erdreich grenzen (ohne Hohlraum)		2,68	105[2])	0,90	35
Wohnungstrenndecken und Decken zwischen fremden Arbeitsräumen (Geschossdecken)	allgemein			0,35	15
	in zentral beheizten Bürogebäuden			0,17[2])[3])	

1) Nur bei Nachweis nach dem Wärmebilanzverfahren anwendbar.
2) Bei beheizten Fußbodenkonstruktionen muss dieser Wert auch unter den Heizelementen/Heizrohren sein.
3) Dieser Wert wird durch den Einbau eines schwimmenden Estrichs mit einer Dämmschichtdicke ≥ 10 mm erreicht.

Die dynamische Steifigkeit s' in MN/m^3 kennzeichnet das Federungsvermögen einer Zwischenschicht, z. B. eines Trittschalldämmstoffes zwischen zwei Schalen (Estrich und Rohdecke).

Merke: Sie ergibt sich aus der Luftsteifigkeit und ggf. aus der Gefügesteifigkeit des Dämmstoffes. Die dynamische Steifigkeit gibt keinen Aufschluss über die statische Belastbarkeit (Druckfestigkeit) des Dämmstoffes.

Faserdämmstoffe haben in der Regel eine günstigere dynamische Steifigkeit (zahlenmäßig kleinere Werte) als Hartschaumdämmstoffe. Aus diesem Grunde wird mit einem schwimmenden Estrich bei Verwendung von Trittschalldämmstoffen gleicher Dicke, jedoch anderer Art bzw. verschiedener dynamischer Steifigkeit, ein unterschiedlich hohes Verbesserungsmaß ΔL_w (VM) erreicht. Mit einem schwimmenden Estrich und einem Belag aus Fliesen und Platten wird je nach der dynamischen Steifigkeit des verwendeten Trittschalldämmstoffes s' $\leq$ 50 bis s' $\leq$ 10 MN/m^3 ein Verbesserungsmaß ΔL_w (VM) von 22 bis 30 dB erreicht. Die dynamische Steifigkeit s' in MN/m^3 des Trittschalldämmstoffes ist auf der Verpackung angegeben.

Wird bei Fußbodenkonstruktionen neben der Wärmedämmung auch eine Trittschalldämmung gefordert, sind Trittschalldämmstoffe mit dem Typkurzzeichen T oder TK einzubauen.

Trittschallverbesserungsmaße ΔL_w (VM) von schwimmenden Estrichen mit einem Belag aus Fliesen und Platten und Trittschalldämmstoffen nach DIN 18164 Teil 2 oder DIN 18165 Teil 2

dynamische Steifigkeit s' von höchstens	$\Delta L_{w,R}$ (VM_R) in dB
50 MN/m^3	22
40 MN/m^3	24
30 MN/m^3	26
20 MN/m^3	28
15 MN/m^3	29
10 MN/m^3	30

2.2.2 Anforderungen an Decken

In den Tabellen der DIN 4109 sind unterschiedlich hohe Anforderungen an die Trittschalldämmung von Decken als trennendes Bauteil für verschiedene Gebäudearten enthalten.

Diese Anforderungen sind immer zu erfüllen, weil die DIN 4109 in den Bundesländern bauaufsichtlich eingeführt ist.

Ein **erhöhter** Trittschallschutz wird durch die Norm DIN 4109 nicht vorgeschrieben. Sollte jedoch ein Bauherr einen über den in der Norm festgelegten Trittschallschutz wünschen, so sind dafür durch den Planer besondere konstruktive Maßnahmen zu treffen, z. B. die Anordnung von Stahlbetondecken mit einer Dicke $\geq$ 18 cm.

Merke: Ein erhöhter Schallschutz muss immer zwischen den Vertragsparteien, z. B. Bauherrn und Planer, vertraglich vereinbart werden und die Planung bzw. Konstruktion darauf abgestimmt sein.

Bei Wohnungstrenndecken und Decken zwischen fremden Arbeitsräumen in mehrgeschossigen Gebäuden wird z. B. eine **Trittschalldämmung** von $L'_{n,w}$ $\leq$ 53 dB **(TSM $\geq$ 10 dB)** gefordert. Dieser Wert wird z. B. bei einer Massivdecke, d $\geq$ 15 cm zusammen mit einem schwimmenden Estrich erreicht. Voraussetzung ist jedoch die Verwendung eines Trittschalldämmstoffes mit einer dynamischen Steifigkeit s' $\leq$ 20 MN/m^3.

In der Regel wird die dynamische Steifigkeit s' $\leq$ 20 einem Faserdämmstoff mit dem Typkurzzeichen T mit einer Dicke d_B (Dicke unter Belastung) von $\geq$ 15 mm oder einem Hartschaumdämmstoff mit dem Typkurzzeichen TK mit einer Dicke d_B $\geq$ 20 mm zugeordnet.

2.2.3 Bemessung

Die Berechnung des Trittschallschutzmaßes $L'_{n,w}$ (TSM) einer Deckenkonstruktion – tragende Massivdecke einschließlich Deckenauflage als schwimmender Estrich bzw. mit oder ohne eine biegeweiche gedämmte Unterdecke – erfolgt nach der Formel

$L'_{n,w} = L'_{n,w,eq} - \Delta L_w + 2$ dB (TSM = TSM_{eq} + VM – 2 dB).

In der Tabelle 3 sind Trittschallschutzmaße $L'_{n,w}$ (TSM) für Massivdecken von 12 bis 20 cm Dicke und einem schwimmenden Estrich mit einem Belag aus Fliesen und Platten in Abhängigkeit der dynamischen Steifigkeit des verwendeten Trittschalldämmstoffes zugeordnet. Hierbei sind insbesondere die Fußnoten zu beachten.

Anmerkung: Im eigenen Wohnbereich, z. B. in freistehenden Einfamilienhäusern, wird eine Trittschalldämmung in DIN 4109 nicht gefordert. Eine Forderung kann sich jedoch aus dem Werkvertrag ergeben.

Bei Einfamilien- oder Doppelhäusern und Einfamilienreihenhäusern sind auch bei vorhandenener **Gebäudetrennfuge** die Anforderungen der Norm an die Trittschalldämmung wegen der waagerechten und schrägen Trittschallübertragung in **fremde** Aufenthaltsräume meist nur mit schwimmenden Fußbodenkonstruktionen zu erreichen. Dies deshalb, weil bei Verlegung eines Belages im Verbund, z. B. als Treppenbelag, die Dämmwirkung der hauseigenen Schale verloren geht und der Dämmwert der hausfremden Schale dann nicht ausreicht, um die geforderten Werte zu erfüllen.

In Badezimmern oder ähnlich genutzten Räumen entstehen, bedingt durch sanitäre Einrichtungsgegenstände und Installationen, z. B. Stand-WC, Bodenablauf, Badewanne, in der Regel Schallbrücken. Aus diesem Grunde ist der geforderte Trittschallschutz nur schwer zu erreichen. Ein erhöhter Trittschallschutz ist im Badezimmer generell abzulehnen.

3 Wärmedämm- und Trittschallschutz (kombinierte Verlegung)

Werden Anforderungen sowohl an den Wärmeschutz als auch an den Trittschallschutz gestellt, kann eine kombinierte Verlegung von Wärmedämmstoffen und Trittschalldämmstoffen erforderlich sein. Insbesondere dann, wenn die Trittschalldämmschicht die geforderten Anforderungen hinsichtlich des Wärmeschutzes allein nicht erfüllt, z. B. bei Decken über Keller, über Hofeinfahrten und unter Terrassen über beheizten Räumen. Eine **zweilagige** Verlegung von **Trittschalldämmstoffen** ist wegen einer möglichen Zusammendrückbarkeit von mehr als 5 mm zu vermeiden.

Auch bei einer kombinierten Verlegung sollten in der Regel nur Trittschalldämmstoffe mit einer Dicke d_B (unter Belastung) von maximal 25 mm verwendet werden. Trittschalldämmstoffe mit dem Typkurzzeichen TK weisen eine geringere Zusammendrückbarkeit aus und können deshalb auch mit einer Dicke von mehr als 25 mm verwendet werden. Richtwerte für die Dicke von Wärmedämm- und Trittschalldämmstoffen siehe Tabelle 4.

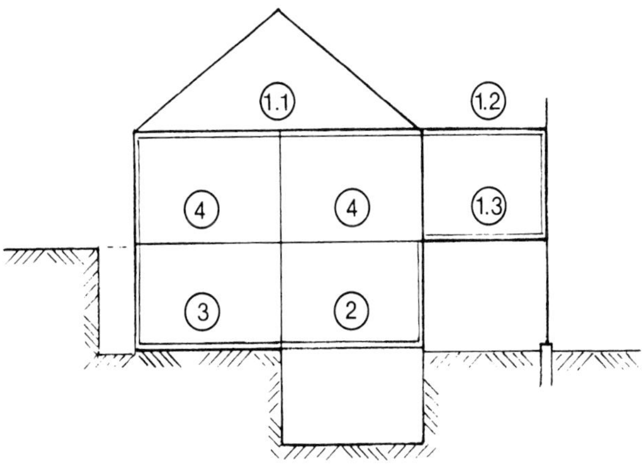

Zweifamilienhaus mit nicht ausgebautem, jedoch begehbarem Dachgeschoss; Terrasse und überbaute Durchfahrt

O = Zeile in Tabelle 4
W = Anforderungen an Wärmeschutz
T = Anforderungen an Trittschallschutz

Bild 2: Decken, die in einem Zweifamilienhaus vorkommen können (Beispiel, s. Tabelle 4, Spalte 1).

Tabelle 3: Trittschallschutzmaße $L'_{n,w}$ (TSM) von Massivdecken (ohne Unterdecke) mit Belägen aus Fliesen und Platten auf schwimmendem Estrich berechnet nach $L'_{n,w} = L'_{n,w,eq} - \Delta L_w + 2$ dB (TSM = TSM_{eq} + VM – 2 dB)

Massivdecke	Dicke	(cm)	12	13	14	15	16	17	18	19	20	
Stahlbeton-vollplatte¹)	flächenbezogene Masse	(kg/m²)	270	295	320	344	368	391	414	432	450	
ρ = 2.300 kg/m³)	äquivalentes Trittschallschutzmaß	$L'_{n,w,eq}$ (dB) (TSM_{eq})	79 –16	78 –15	77 –14	76 –13	75 –12	74 –11	73 –10	72 – 9	71 – 8	
Bodenbelag	Fliesen und Platten aus Keramik oder Naturwerkstein auf schwimmendem Estrich²)	$L'_{n,w}$ in dB³)										
erreichbares Trittschallschutzmaß in dB³) (ohne bauakustische Messung nachDIN 4109 Bbl. 1)	Dämmschicht mit dynamischer Steifigkeit s' (MN/m³)⁴)	≤ 50 (ΔL_w = 22 dB)					55	54	53	52	51	geeignet für Anforderungen nach DIN 4109 $L'_{n,w} \leq 53$ dB
		≤ 40 (ΔL_w = 24 dB)			55	54	53	52	51	50	49	
		≤ 30 (ΔL_w = 26 dB)	55	54	53	52	51	50	49	48	47	
		≤ 20 (ΔL_w = 28 dB)	53	52	51	50	49	48	47	46	45	geeignet für erhöhten Schallschutz nach DIN 4109 Bbl. 2 $L'_{n,w} \geq 46$ dB
		≤ 15 (ΔL_w = 29 dB)	52	51	50	49	48	47	46	45	44	
		≤ 10 (ΔL_w = 30 dB)	51	50	49	48	47	46	45	44	43	
		(TSM) in dB³)										
		≤ 50 (VM = 22 dB)					8	9	10	11	12	geeignet für Anforderungen nach DIN 4109 TSM ≥ 10 dB
		≤ 40 (VM = 24 dB)			8	9	10	11	12	13	14	
		≤ 30 (VM = 26 dB)	8	9	10	11	12	13	14	15	16	
		≤ 20 (VM = 28 dB)	10	11	12	13	14	15	16	17	18	geeignet für erhöhten Schallschutz nach DIN 4109 Bbl. 2 TSM ≥ 17 dB
		≤ 15 (VM = 29 dB)	11	12	13	14	15	16	17	18	19	
		≤ 10 (VM = 30 dB)	12	13	14	15	16	17	18	19	20	

¹) aus Stahlbeton nach DIN 1045 mit Deckenputz aus Gips

²) Schwimmender Estrich s ≥ 45 mm

³) unter der Voraussetzung, dass der Untergrund normgemäß ist (z. B. Rohre auf Rohdecke ausgeglichen) und keine Schallbrücken vorhanden sind. Bei den heutigen baulichen Bedingungen empfiehlt es sich, zusätzlich ein Vorhaltemaß von 3–5 dB einzurechnen.

⁴) Steifigkeitsgruppe (s' in MN/m³) ist auf der Verpackung der Dämmstoffe angegeben.

Beispiele:	Mineralfaser-Dämmstoffe		
	z. B. Isover 73 T	15/10 mm	s' < 15 MN/m³
		20/15 mm	s' < 10 MN/m³
	Polystyrol-Dämmstoffe PST	25/20 mm	s' < 30 MN/m³
	Styropor TK	22/20 mm	s' < 20 MN/m³
	Styropor TK	38/35 mm	s' < 10 MN/m³

Warnvermerk:
1. Vorsicht bei Verwendung von Dämmstoffen, deren dynamische Steifigkeit nicht bekannt ist.
2. Nichtgenormte Dämmstoffe dürfen nur unter der Voraussetzung verwendet werden, wenn
   a) für diese Dämmstoffe eine Zulassung vorliegt,
   b) die dynamische Steifigkeit s' (MN/m³) als zugesicherte Eigenschaft ausgewiesen wird.

4 Trittschallschutz bei Renovierungsmaßnahmen in Geschosshäusern

Bei Austausch eines Teppichbodens (weich federnder Bodenbelag) – der zum Trittschallschutz beiträgt – gegen einen Belag aus Fliesen und Platten, der selbst kein Verbesserungsmaß ausweist, ist darauf zu achten, dass durch geeignete Maßnahmen, z. B. Einbau einer Trittschalldämmbahn oder -matte, eine Trittschalldämmung des Fußbodens erhalten bleibt.

Mit solchen Matten kann ein Verbesserungsmaß ΔL_w (VM) von ca. 10 bis 14 dB erreicht werden. Derzeit werden Trittschalldämmbahnen oder -matten von verschiedenen Herstellern angeboten. Es empfiehlt sich, die VM-Werte oder dynamische Steifigkeit s' durch Vorlegen eines Prüfzeugnisses oder einer Zulassung bestätigen zu lassen.

5 Anforderungen an Treppen

Die Neuausgabe der DIN 4109 enthält auch Trittschallschutzanforderungen an **Treppen** und **Treppenpodeste.** Bei Gebäuden mit mehr als zwei Wohnungen $L'_{n,w}$ = 58 dB (TSM = 5 dB). Keine Anforderungen in Gebäuden mit Aufzug. Bei Einfamilien-Doppelhäusern und Einfamilien-Reihenhäusern $L'_{n,w}$ = 53 dB (TSM = 10 dB).

Diese Werte können erfüllt werden:

a) durch die Anordnung von Gebäudetrennfugen
b) durch elastisch gelagerte und von Treppenhauswänden getrennte Treppenläufe bzw. Treppenpodeste
c) auf Treppenpodesten durch schwimmend verlegte Beläge.

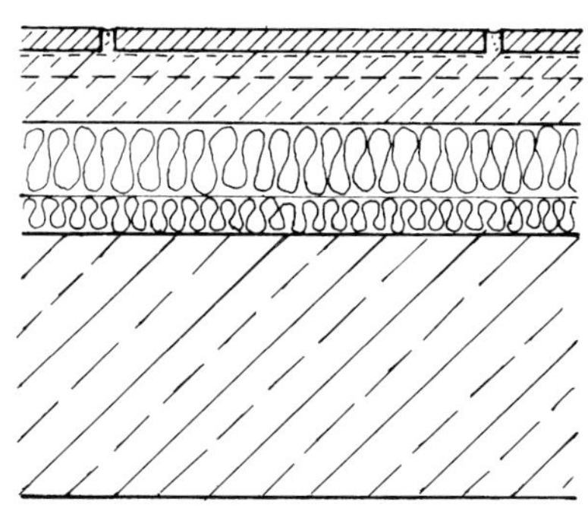

Bild 3: Fußbodenaufbau mit kombinierter Wärmedämm- und Trittschalldämmschicht (s. Tabelle 4, Fußnote 4)

Tabelle 4: Anforderungen und Richtwerte für die Dicke von Wärmedämmstoffen Gruppe 040 und Trittschalldämmstoffen s' ≤ 20 MN/m³ bei Stahlbetondecken s = 15 und s ≥ 16 cm (die Zeilennummern entsprechen dem in Bild 2 dargestellten Beispiel).

Zeile	Anwendungsbereich/ Bauteil	Art der Anforderung	Wärmedämmung		Trittschalldämmung				
			Anforderungen K = W/m² · K	**Richtwerte** für Wärmedämmstoffe/ **Dicke s in mm** Gruppe 040	Anforderungen erf. $L'_{n,w}$ (TSM) dB	**Richtwerte** für Trittschalldämmstoffe **Dicke s in mm** Hartschaumdämmstoffe z. B. bei Stahlbetondecke s = 15 cm	s ≥ 16 cm	Faserdämmstoffe z. B. bei Stahlbetondecke s = 15 cm	s ≥ 16 cm
1.1	Decken unter nicht **ausgebauten** Dachräumen	W + T	nach WSV	170[4]	≤ 63 (≥ 0)	25	20	15	10
1.2	Decken, die Räume nach **oben** gegen die Außenluft abgrenzen (z. B. Terrassen)	W + T	k ≤ 0,22	175[4]	≤ 53 (≥10)	30	25	20	15
1.3	Decken, die Räume nach **unten** gegen die Außenluft abgrenzen (z. B. Durchfahrten)	W + T		170[4]	≤ 53 (≥10[1])	30	25	20	15
2.	Kellerdecken und Decken gegen unbeheizte Räume	W	nach WSV k ≤ 0,35	100[4]	[2]	20	20	15	10
3.	Decken, die an das Erdreich grenzen (ohne Hohlraum)	W		105[4]	[3]	–	–	–	–
4.	Wohnungstrenndecken und Decken zwischen fremden Arbeitsräumen	W + T	nach DIN 4108 (1/Λ ≥ 0,35)	15	≤ 53 (≥10)	30[5]	25[5]	20[5]	15[5]

[1]) Wegen Trittschallübertragung in schräger Richtung gefordert.
[2]) Kann wegen Trittschallübertragung nach oben erforderlich sein (Korrekturwerte siehe DIN 4109).
[3]) Wegen Trittschallübertragung in waagerechter Richtung und nach oben sind Trittschalldämmstoffe nach Zeile 2 zu empfehlen.
[4]) Bei einer kombinierten Verlegung ist die Dicke des Trittschalldämmstoffes als Wärmedämmung anzurechnen (siehe Bild 3).
[5]) Empfohlene Trittschalldämmstoffe auch als Wärmedämmung ausreichend.

Solche Konstruktionen müssen jedoch bereits bei der Planung von Gebäuden berücksichtigt werden.

Weist die Bauplanung weder Gebäudetrennfugen noch elastisch gelagerte Treppenkonstruktionen aus, so lassen sich bei Treppen und Treppenpodesten, die in die Treppenhauswände einbinden und mit den Decken verbunden sind, diese Anforderungen nur durch den Einbau von Dämmmatten (wie z. B. Polysent) im Dünnbettverfahren erzielen. Mit solchen Dämmmatten lässt sich ein Verbesserungsmaß VM von etwa 10 bis 14 dB erreichen. In Abhängigkeit von dem Flächengewicht der angrenzenden Haustrennwand kann somit ein Trittschallschutzmaß von etwa $L'_{n,w}$ = 58 dB (TSM = 5 dB) erzielt werden.

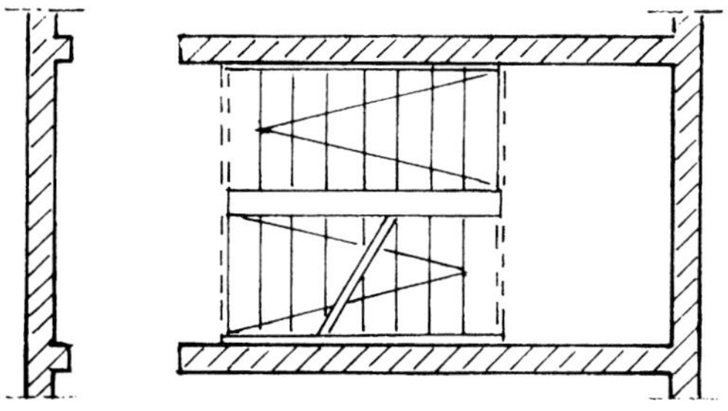

Skizze 1: Treppenlauf von Treppenraumwand abgesetzt und auf Podesten elastisch gelagert

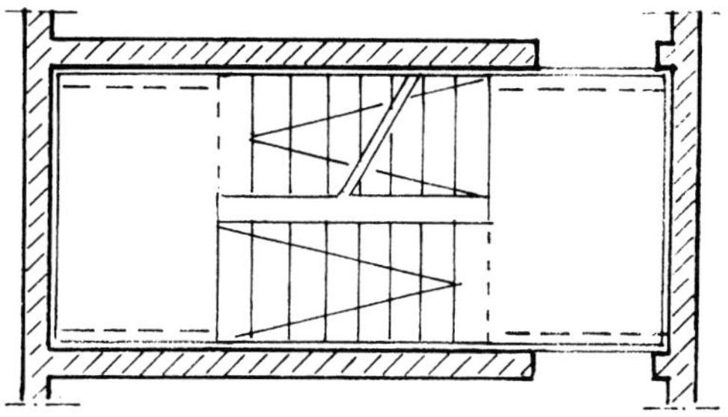

Skizze 2: Treppenlauf und Podeste von Treppenraumwand abgesetzt und auf Konsolen elastisch gelagert

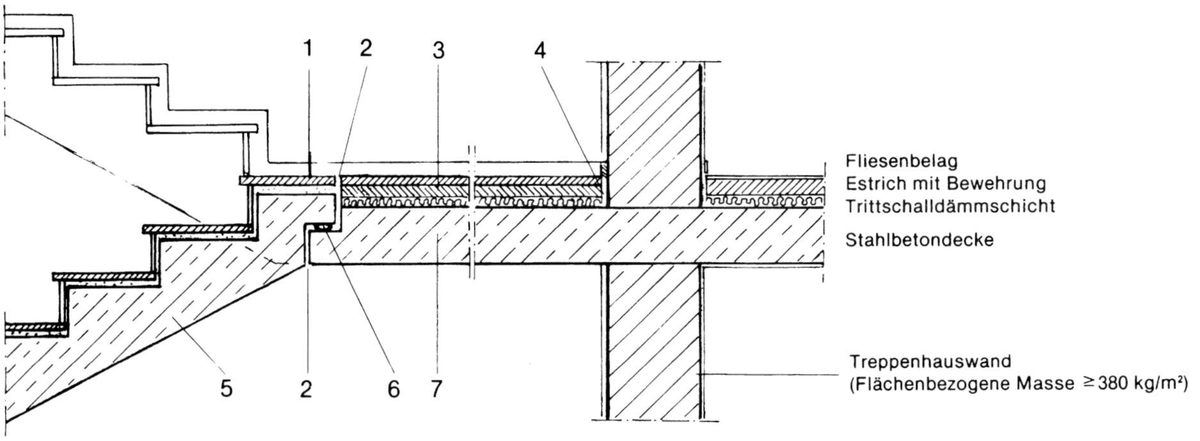

Skizze 3: Schwimmender Estrich mit Belag auf Podesten; Treppenlauf elastisch gelagert

1 Treppenbelag in Mörtelbett verlegt
2 Bewegungsfuge
3 Podestbelag auf Estrich mit Trittschalldämmschicht
4 Randdämmstreifen
5 Treppenlauf elastisch gelagert
6 elastisches Lager
7 Stahlbetondecke

Anhang: Bauphysikalische Hinweise

Wärmetechnische Grundlagen

Arten der Wärmeübertragung: Strahlung – Leitung – Konvektion

Eine Wärmeübertragung findet bei Bauwerken von innen nach außen sowie umgekehrt statt. Die Strahlung bringt in erster Linie Wärme von außen nach innen. Die Leitung der Wärme durch den Baukörper kann in jeder Richtung erfolgen. Die Leitung hängt von der Leitfähigkeit der verwendeten Baustoffe ab. Die Konvektion verteilt die Wärme durch Luftströmung im Raum und gibt sie an die raumumschließenden Flächen ab, von wo sie weitergeleitet wird. Der Wärmeverlust über die an einem Gebäude vorhandenen Bauteile lässt sich durch Berechnungsverfahren in „greifbare Zahlen" fassen, wobei der theoretische IST-Zustand der einzelnen Bauteile erfasst werden kann. Ebenso lässt sich die Verminderung des Wärmeverlustes durch zusätzliche Dämmung der Bauteile in Zahlen ausdrücken. Der Vergleich dieser Zahlen zeigt dann die Möglichkeit der Energieeinsparung an.

Wärmedurchgangskoeffizient, auch k-Wert genannt,

ist das Maß für den Wärmeverlust, der bei Außenbauteilen gegeben ist. Der k-Wert gibt an, welcher Wärmestrom in Watt je m² Fläche eines Bauteiles bestimmter Dicke bei Dauerbeheizung hindurch- oder verloren geht, bei 1 Kelvin (1 °C) Temperaturunterschied der beiderseits angrenzenden Luft.

Die Einheit lautet:

$$k = \frac{W}{m^2 \cdot K} = \frac{\text{Watt (Wärmemenge je Std.)}}{m^2 \cdot \text{Kelvin (Temp.-Untersch.)}}$$

Merksatz: Je kleiner der k-Wert, je größer der Wärmedurchlasswiderstand, umso besser die Wärmedämmung! Je größer der k-Wert, umso größer der Wärmeverlust! Zur Berechnung des k-Wertes ist die Ermittlung verschiedener Kenngrößen erforderlich.

Wärmeleitfähigkeit λ_R

Die Wärmeleitfähigkeit der verschiedenen Baustoffe lässt sich messen und wird mit dem griechischen Buchstaben

λ (sprich klein Lambda) bezeichnet.

Die Wärmeleitfähigkeit λ gibt an,
welcher Wärmestrom in Watt
je m^2 Fläche
bei 1 m Dicke
bei 1 Kelvin (1 °C) Temperaturunterschied der beiden Oberflächen (innen und außen) in einer Richtung durch den Baustoff hindurchgeleitet wird.

Die Einheit lautet:

$$\lambda = \frac{W}{m \cdot K} = \frac{\text{Watt (Wärmestrom)}}{m \cdot \text{Kelvin (Temperaturunterschied)}}$$

Wärmedurchlasszahl

Die Wärmedurchlasszahl wird mit dem griechischen Buchstaben

Λ (sprich groß Lambda) bezeichnet.

Die Wärmedurchlasszahl gibt an,

welcher Wärmestrom in Watt durch eine 1 m^2 große Fläche eines Bauteiles aus einer oder mehreren Schichten einer bestimmten Dicke bei 1 Kelvin (1 °C) Temperaturunterschied der beiden äußeren Oberflächen hindurchgeht.

Sie wird berechnet, indem man die Wärmeleitfähigkeit des jeweiligen Stoffes durch seine Dicke (Schichtdicke) dividiert und die Summe der Quotienten bildet.

$$\Lambda = \frac{\lambda_{R1}}{s_1} + \frac{\lambda_{R2}}{s_2} + \ldots \text{(s = Schichtdicke)}$$

Die Einheit lautet:

$$\Lambda = \frac{W}{m^2 \cdot K} = \frac{\text{Watt (Wärmestrom)}}{m^2 \cdot \text{Kelvin (Temperaturunterschied)}}$$

Der Wärmedurchlasswiderstand = Wärmedämmwert $\frac{1}{\Lambda}$

Der Wärmedurchlasswiderstand gibt an, welchen Widerstand ein Bauteil (ein- oder mehrschichtig) dem Wärmestrom entgegensetzt. Der Wärmedurchlasswiderstand $\frac{1}{\Lambda}$ ist

der Kehrwert von Λ (Wärmedurchlasszahl). Bei mehreren Schichten addieren sich die Wärmedurchlasswiderstände

$$\frac{1}{\Lambda} = \frac{s_1}{\lambda_{R1}} + \frac{s_2}{\lambda_{R2}} + \ldots$$

So erhält man den Wärmedurchlasswiderstand, auch Wärmedämmwert genannt. Dieser Wärmedämmwert wird mit

$\frac{1}{\Lambda}$ (sprich 1 geteilt durch groß Lambda) bezeichnet.

Der Wärmedurchlasswiderstand ist wichtig zur Beurteilung eines Bauteils. Für einzelne Bauteile ist der Mindestdurchlasswiderstand in DIN 4108 festgelegt. Diese Werte dürfen aus Gründen des Tauwasserschutzes nicht unterschritten werden.

Die Einheit lautet:

$$\frac{1}{\Lambda} = \frac{m^2 \cdot K}{W} = \frac{m^2 \cdot \text{Kelvin (Temperaturunterschied)}}{\text{Watt (Wärmestrom)}}$$

Bei mehreren Schichten, z. B. einer Decke, wird jede Schicht einzeln berechnet und die Ergebnisse addiert. Die Gesamtsumme entspricht dann dem Wärmedurchlasswiderstand des Deckenaufbaues.

Der Wärmeübergangswiderstand $\frac{1}{\alpha_i} + \frac{1}{\alpha_a}$

Das Maß für den Temperaturunterschied zwischen der Raumluft und der Oberfläche eines Außenbauteils innen und der Außenluft und der Oberfläche eines Außenbauteiles (Wand oder Decke) außen wird als Wärmeübergangswiderstand mit

$\frac{1}{\alpha_i}$ (sprich 1 durch Alpha innen)

und $\frac{1}{\alpha_a}$ (sprich 1 durch Alpha außen) bezeichnet.

Diese Werte sind konstant und sind in der DIN 4108 festgelegt.

Diese Zahlen werden dem Wärmedurchlasswiderstand eines Außenbauteiles zugerechnet.

Wärmedurchgangswiderstand $\frac{1}{k}$

Der Wärmedurchgangswiderstand $\frac{1}{k}$ gibt an, welchen Widerstand ein Bauteil einschließlich des Wärmeübergangswiderstandes dem Wärmedurchgang entgegensetzt.

Der Wärmedurchgangswiderstand $\frac{1}{k}$ ist also nichts anderes als der Wärmedurchlasswiderstand $\frac{1}{\Lambda}$

+ Wärmeübergangswiderstände $\frac{1}{\alpha_i} + \frac{1}{\alpha_a}$

Die Einheit lautet:

$$\frac{1}{k} = \frac{m^2 \cdot K}{W} = \frac{m^2 \cdot \text{Kelvin (Temperaturunterschied)}}{\text{Watt (Wärmestrom)}}$$

Diese Einheit macht deutlich, dass es sich hierbei um den Kehrwert (reziproken Wert) des k-Wertes handelt.

$$\left(\frac{1}{k} = \frac{m^2 \cdot K}{W} \quad \text{bzw.} \quad k = \frac{W}{m^2 \cdot K}\right)$$

Schalltechnische Hinweise

Schall:
Schall sind mechanische Schwingungen und Wellen eines elastischen Mediums, insbesondere im Frequenzbereich des menschlichen Hörens von etwa 16 Hz bis 16 000 Hz.

Ton:
einfacher oder reiner Ton ist die Schallschwingung von sinusförmigem Verlauf

Geräusch:
Geräusch ist der Schall, der aus vielen Teiltönen zusammengesetzt ist, deren Frequenzen nicht in einfachen Zahlenverhältnissen zueinander stehen; ferner Schallimpulse und Schallimpulsfolgen, deren Grundfrequenz unter 1 Hz liegt.

Luftschall:
In der Luft sich ausbreitender Schall (z. B. durch Sprechen, Musik usw.)

Körperschall:
In festen Stoffen sich ausbreitender Schall (z. B. durch Klopfen, Bohren usw.)

Trittschall:
Schall, der beim Begehen und bei ähnlicher Anregung einer Decke, Treppe o. Ä. als Körperschall entsteht und teilweise als Luftschall in einen darunter liegenden oder anderen Raum abgestrahlt wird.

Schallschutz:
Unter Schallschutz werden einerseits Maßnahmen gegen die Schallentstehung (Primär-Maßnahmen) und andererseits Maßnahmen, die die Schallübertragung von einer Schallquelle zum Hörer vermindern, verstanden (Sekundär-Maßnahmen). Eine Sekundärmaßnahme ist z. B. die Schalldämmung zwischen zwei Räumen.

Luftschalldämmung:
wird durch das Schalldämmmaß R bestimmt. Bei der Messung zwischen zwei Räumen wird R aus der Schallpegeldifferenz D, der äquivalenten Absorptionsfläche A des Empfangsraumes und der Prüffläche S des Bauteiles, z. B. einer Wand oder Decke, bestimmt.

$$R = D + 10 \lg \frac{S}{A} \text{ dB}$$

Trittschalldämmung:
wird durch das Trittschallschutzmaß $L'_{n,w}$ (TSM) in dB bestimmt.

Trittschallschutzmaß $L'_{n,w}$ (TSM):
kennzeichnet die Trittschalldämmung einer gebrauchsfertigen Decke (Rohdecke und Deckenauflage) mit einem einzigen Wert. Wird durch Messung des Trittschallpegels in Abhängigkeit von der Frequenz und Vergleich mit einer Bezugskurve ermittelt.

Äquivalentes Trittschallschutzmaß $L'_{n,w,eq}$ (TSM_{eq}):
bezieht sich auf die Rohdecke ohne schallschutzverbessernde Deckenauflagen und/oder Unterdecken.

Verbesserungsmaß $\Delta L'_{n,w}$ (VM):
bei Massivdecken wird VM für die Deckenauflage (schwimmender Estrich mit hartem oder weich federndem Belag) oder gedämmte Unterdecken angegeben.

Dezibel dB:
ist eine Maß- und Recheneinheit für den Schallpegel. Der Vorsatz „dezi" besagt, dass die Kennzeichnung Bel, die für den Zehnerlogarithmus eines Energieverhältnisses verwendet wird, zehnmal größer ist.

Anmerkung

Die Neufassung der Norm DIN 4109 „Schallschutz im Hochbau" ist im Weißdruck zusammen mit Beiblatt 1 und 2, jeweils Ausgabe November 1989, erschienen.

DIN 4109 „Schallschutz im Hochbau; Anforderungen und Nachweise" enthält zusammengefasst alle Anforderungen (Mindestanforderungen) aus den bisherigen Norm-Entwürfen Teil 2, 5 und 6 und die dafür erforderlichen Nachweise.

Beiblatt 1 zu DIN 4109 enthält sämtliche Ausführungsbeispiele aus den bisherigen Norm-Entwürfen Teil 3, Teil 5, Teil 6 und Teil 7 sowie das Rechenverfahren aus Teil 7 für Skelettbauten und Holzhäuser.

Beiblatt 2 zu DIN 4109 enthält Hinweise für Planung und Ausführung aus den Norm-Entwürfen Teil 2 und Teil 5 sowie Vorschläge für einen erhöhten Schallschutz und Empfehlungen für den Schallschutz im eigenen Wohn- und Arbeitsbereich aus dem Norm-Entwurf Teil 2.

Die vorliegende Norm und die Beiblätter 1 und 2

> DIN 4109 Schallschutz im Hochbau; Anforderungen und Nachweise
> Beiblatt 1 zu DIN 4109
> Schallschutz im Hochbau; Ausführungsbeispiele und Rechenverfahren
>
> Beiblatt 2 zu DIN 4109
> Schallschutz im Hochbau; Hinweise für Planung und Ausführung, Vorschläge für einen erhöhten Schallschutz, Empfehlungen für den Schallschutz im eigenen Wohn- oder Arbeitsbereich

stellen eine vollständige Überarbeitung der DIN 4109 Teil 1 bis Teil 3, Ausgabe September 1962, und Teil 5, Ausgabe April 1963, dar.

Durch die bauaufsichtliche Einführung der Norm in den Bundesländern wurde der Inhalt der Norm nach Landesrecht zur gesetzlichen Bestimmung und somit anerkannte Regel der Technik.

Dagegen kann die VDI 4100 Schallschutz von Wohnungen; Kriterien für Planung und Beurteilung für sich nicht in Anspruch nehmen, als anerkannte Regel der Technik zu gelten. Dies wurde durch einen Negativerlass der Bundesländer geregelt. Die Anforderungen in VDI 4100 müssen somit beim Bauen nicht beachtet werden. Einerseits, weil sie dem Stand der Technik widersprechen und andererseits, weil die geforderten Kennwerte in ihrer Höhe mit üblichen Konstruktionen und Bauteilen nicht eingehalten werden können.

Hierzu siehe Stellungnahme zum geschuldeten Schallschutz von Wohnungen nach den allgemein anerkannten Regeln der Technik.

2.10.5 Bausteine

Wärme ist Energie.
Sie muss zur kalten Jahreszeit auf teure Weise hergestellt und in den Gebäuden gehalten werden. Dies nennt man »winterlichen Wärmeschutz«. Vom sommerlichen Wärmeschutz spricht man, wenn die Sonne während der warmen Jahreszeit eine Wärmemenge produziert, die für unser Wohlbehagen zu viel ist und vor der sich die Menschen schützen wollen.

Die Landesbauordnungen bestimmen:
»Gebäude sind so zu errichten und zu unterhalten, dass ein ihrer Nutzung und den klimatischen Verhältnissen entsprechender Wärmeschutz vorhanden ist.«
(Wortlaut LBO Baden-Württemberg § 16 Abs. 2)

Drei Hauptziele sollen mit dem Wärmeschutz erreicht werden:
- gesundes Wohnen ermöglichen
- Energie sparen
- Umwelt schützen

Entwicklung des Wärmeschutzes

Seit vielen Jahren gibt es als technische Richtlinie die DIN 4108 Wärmeschutz im Hochbau.

Anlass und Begründung für den Wärmeschutz waren in den letzten Jahren durchaus unterschiedlich:

- 50er bis 60er Jahre: »hygienischer Wärmeschutz« zur Vermeidung von gesundheitlichen Beeinträchtigungen und Feuchteschäden am Bauwerk
- 70er Jahre: Ölkrise Energieverteuerung
- 80er bis 90er Jahre: Ökologie (Treibhauseffekt, CO_2-Minderung)
- 1982: Wärmeschutzverordnung WSO, verschiedene Novellierungen
- 1995: die zuletzt gültige Fassung der Wärmeschutzverordnung (Bundesgesetz)
- 2002: Energieeinsparverordnung (EnEV)

Grundbegriffe

Temperatur ϑ = Wärmestand = Wirkung der Wärme, welche von Lebewesen gefühlt wird und die mit einem Thermometer gemessen werden kann
Maßeinheit: Celsius (C)

Temperaturdifferenz $\Delta\vartheta$ = Unterschied zwischen zwei Temperaturpunkten, Temperaturbereich;
Maßeinheit: Kelvin (K)

Wärmemenge Q = Menge der Wärmeenergie, die einem Stoff zugeführt oder entzogen wird
Einheit: 1 kWs = 1 kJ = 1 kNm

Auswirkungen der Wärme

Wärme kann die Zustandsform verändern. Sie befördert auch Flüssigkeiten und Gase durch *Auftrieb*. Die erwärmte Flüssigkeit hat gegenüber der kälteren eine geringere Dichte, da sie sich ausgedehnt hat. Dasselbe gilt für Gase. Die Beförderung kann auch durch *Diffusion* erfolgen.

Beförderung der Wärme

- durch strömende Flüssigkeiten oder Gase
- durch Wärmeleitung (Transmission)
- durch Wärmestrahlung

Abkürzungen

d	= Baustoffdicke in Meter
W	= Watt
K	= Kelvin
m, m^2	= Meter, Quadratmeter

Man unterscheidet *Leitzahlen/Stromzahlen* (die Wärme wird durch ein Bauteil geleitet) und *Widerstandswerte* (das Bauteil setzt dem Wärmedurchgang einen Widerstand entgegen). Die Widerstände sind die Kehrwerte der Leitzahlen.

Wärmeleitzahl λ: Die Wärmeleitzahl λ sagt, welcher Wärmestrom in Watt pro m^2 durch eine 1 m dicke Schicht eines Baustoffes fließen muss, damit sich zwischen seinen Innen- und Außenoberflächen ein Temperaturunterschied von 1 K einstellt.

$$\lambda = \frac{\text{Wärmestrom x Dicke}}{\text{Fläche x Temperaturunterschied}} \text{ in } \frac{\text{W x m}}{\text{m}^2 \text{x K}} = \frac{\text{W}}{\text{m x K}}$$

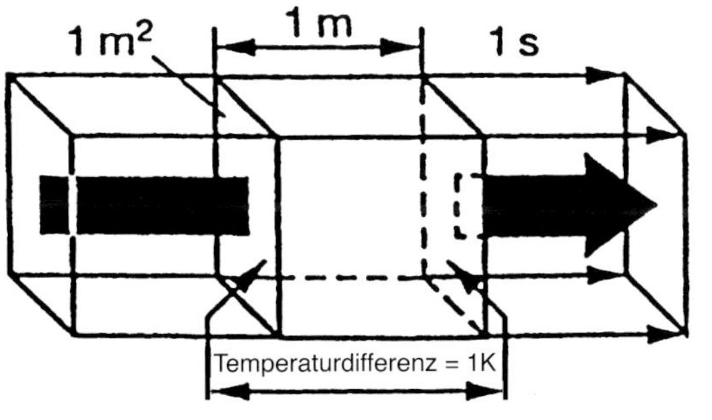

Abb. 2.44: Wärmedurchgang durch 1 m³ eines Bauteils

Die *Wärmeleitzahlen* sind aus Tabellen zu entnehmen. Sie sind abhängig von der Rohdichte der Stoffe. Für einige Baustoffe sind nachfolgend die Werte zusammengestellt:

Tabelle 2.7: **Wärmeleitzahlen**

Baustoffe	**Rohdichte kg/m³**	**Wärmeleit-zahl λ**	**Baustoffe**	**Rohdichte kg/m³**	**Wärmeleit zahl λ**
Normalbeton	2400	2,10	Kalkputz	1800	0,87
Leichtbeton	1000	0,36	Zementputz	2000	1,40
Vollziegel, Lochziegel	1200	0,50	Kalkgipsputz	1400	0,70
Leichtziegel	700	0,30	Gipswandbauplatten	1200	0,58
Kalksand-Vollstein	1800	0,99	Gipskartonplatten	900	0,21
Kalksand-Lochstein	1400	0,70	Hartholz, Eiche, Buche	800	0,20
Leichtbeton-Vollstein	1200	0,54	Weichholz, Fichte, Tanne, Kiefer	600	0,13
Leichtbeton-Hohlblockstein	800	0,39	Fliesen	2000	1,00
Porenbetonstein	800	0,29	Natursteine	2800	3,50
			Natursteine	2600	2,30
Dämmstoffe	500–10	0,09–0,02	Natursteine	1600	0,55

Runde **Merkwerte** der Wärmeleitzahlen λ:

- Baumetalle sind gute Wärmeleiter: λ = 400–40
- steinige Baustoffe sind mittlere Wärmeleiter: λ = 4–0,14
- gebrannte Baustoffe sind mittlere Wärmeleiter: λ = 1,0
- Holz und Dämmstoffe sind schlechte Wärmeleiter: λ = 0,2–0,02

Wärmedurchlasswiderstand R oder *Wärmedämmwert*

$$R = \frac{\text{Schichtdicke}}{\text{Wärmeleitzahlen}} = \frac{d_1}{\lambda_1} + \frac{d_2}{\lambda_2} + \frac{d_3}{\lambda_3} + \frac{d\,...}{\lambda\,...} \text{ in } \frac{m}{W/m \times K} = \frac{m^2 \times K}{W}$$

Tabelle 2.8: **Wärmeübergangswiderstände R_{si} (innen) und R_{se} (außen) in m² x K/W**

Bauteile	**R_{si}**	**R_{se}**
1 Außenwand ohne hinterlüftete Außenhaut	0,13	0,04
2 Außenwand mit hinterlüfteter Außenhaut	0,13	0,08
3 Wand an Erdreich grenzend	0,13	0,00
4 Decke, die einen Aufenthaltsraum gegen die Außenluft abgrenzt	0,13	0,04
5 Decke unter nicht ausgebautem Dachraum	0,13	0,08
6 Kellerdecke	0,17	0,17
7 Decke, die einen Aufenthaltsraum nach unten gegen die Außenluft abgrenzt	0,17	0,04
8 Unterer Abschluss eines nicht unterkellerten Aufenthaltsraumes	0,17	0,00

Wärmedurchgangszahl U: Der U-Wert sagt aus, welcher Wärmestrom pro m² durch ein Bauteil fließt, wenn sich die Lufttemperatur vor und hinter ihm um 1 K unterscheidet.

$$R_T = R_{si} + R + R_{se} \quad \frac{m^2 \times K}{W}$$

Der Rechenweg von der Wärmeleitzahl λ zur Wärmedurchgangszahl (U-Wert) muss über die Widerstandszahlen der Baustoffe und der Übergänge innen und außen gehen, da sich nur diese addieren lassen:

Tabelle 2.9: **Wärmeleitzahlen und Widerstandszahlen**

	λ	$1/R_{si}$	$1/R$	$1/R_{se}$	U
Wärmestrom-zahlen	Wärmeleitzahl	Wärmeübergangs-zahl innen	Wärmedurchlass-zahl	Wärmeübergangs-zahl außen	Wärmedurchgangs-zahl
	$1/\lambda$	R_{si}	R	R_{se}	R_T
Wärmewiderstände	Wärmeleit-widerstand	Wärmeübergangs-widerstand innen	Wärmedämmwert	Wärmeübergangs-widerstand außen	Wärmedurchgangs-widerstand

Begriffe aus der Energieeinsparverordnung EnEV

Die EnEV unterscheidet

- Gebäude mit normalen Innentemperaturen von ≥ 19 °C, mehr als 4 Monate beheizt (z. B. Wohn- und Arbeitsbereich) sowie
- Gebäude mit niedrigen Innentemperaturen von 12–19 °C, mehr als 4 Monate beheizt (z. B. Lager und Werkstätten)

Die EnEV schreibt Höchstwerte für U-Werte bei erstmaligem Einbau, Ersatz und Erneuerung von Bauteilen vor (U_{max}).

Tabelle 2.10: **Wärmedurchgangszahlen für Außenbauteile**

Maximale Wärmedurchgangszahlen für Außenbauteile mit	**normalen Innentemperaturen ≥ 19 °C, mehr als 4 Monate beheizt**	**niedrigen Innentemperaturen von 12–19 °C, mehr als 4 Monate beheizt**
	U_{max} in W/m² x K	U_{max} in W/m² x K
Außenwände	0,45	0,75
Außenfenster, Fenstertüren und Dachfenster	1,70	2,80
Decken, Dächer, Dachschrägen	0,30	0,40
Wände und Decken gegen unbeheizte Räume grenzend	0,40	–
Wände und Decken gegen Erdreich grenzend	0,50	–

Tabelle 2.11: **Zusammenfassung der Begriffe**

	neu	**alt**	**Einheit**
Wärmeleitfähigkeit	λ		W/mK
Wärmedurchlasswiderstand	R	$1/\lambda$	m²K/W
Wärmeübergangszahl	h	α	W/mK
Wärmeübergangswiderstand innen	R_{si}	$1/\alpha_i$	m²/K/W
Wärmeübergangswiderstand außen	R_{se}	$1/\alpha_a$	1/m²K/W
Wärmedurchgangszahl	U	k	W/m²K
Wärmedurchgangswiderstand	R_T	$1/k$	m²K/W
Bauteildicke	d	s	m
Temperatur	ϑ	T	°C
Temperaturdifferenz	$\Delta\vartheta$	ΔT	K

Die Berechnung des Wärmeschutzes für ein ganzes Gebäude wird vom Architekten oder Bauingenieur durchgeführt. Sie zählt zu den Bauvorlagen, die mit dem Bauantrag eingereicht werden müssen.

Folgende Berechnungen können jedoch auch vom Fliesenlegermeister erwartet werden:
a) Wärmedurchgangsberechnung durch ein Bauteil, z. B. Außenwand
b) Berechnung des mittleren U-Wertes bei einer Außenwand aus verschiedenen Bauteilen, z. B. Fenster, Mauerwerk
c) Berechnung der fehlenden oder zu ergänzenden Dämmstoffdicke im Sanierungs- oder Neubaubereich
d) Vergleich der Rechenergebnisse mit den Anforderungen der EnEV

Anordnung der Dämmung – Temperaturverlaufskurven

Die Wärmeschutzverordnung erlässt Vorschriften für Neu- und Altbauten. Weitaus die meisten der bestehenden Gebäude sind Altbauten, die nur im Fall der Sanierung wärmetechnisch verbessert werden.

Dabei kann an die vorhandenen Außenbauteile eine Wärmedämmung angebracht werden.

Das Beispiel einer Außenwand zeigt den Temperaturverlauf bei einer innen oder außen liegenden Wärmedämmung.

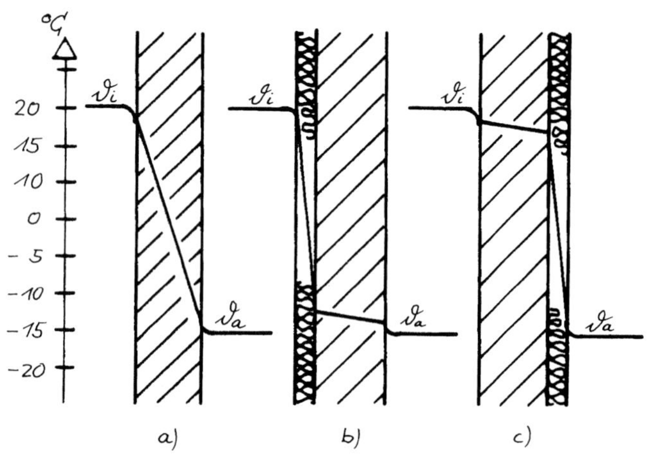

a) ungedämmte Außenwand
b) Wand mit Innendämmung
c) Wand mit Außendämmung

ϑ_i = Temperatur innen
ϑ_a = Temperatur außen

Abb. 2.45: Temperaturverlauf bei innen liegender und außen liegender Dämmung

a) Bei der einschaligen Wand ohne Wärmedämmung fällt die Temperaturkurve linear von innen nach außen.
b) Bei der innen liegenden Wärmedämmung fällt die Temperaturkurve zum großen Teil innerhalb der Dämmung. Die außen liegende Wand wird im Sommer warm und im Winter kalt. Der Taupunkt liegt weit innen und erzeugt Feuchtigkeit in der Wand. Feuchte- und Frostschäden können die Folge sein. Allerdings ergeben sich kurze Aufheizphasen. Nach dem Abschalten der Heizung ist es schnell wieder kalt.
c) Die außen liegende Dämmung hält das Mauerwerk warm und trocken. Es wirkt als Speichermasse, so dass die Aufheizphasen länger dauern. Allerdings muss die Dämmung dampfdiffusionsdurchlässig sein.
Im Wohnungsbau ist eine außen liegende Dämmung zu empfehlen.

Weitere Energieeinsparung und CO_2-Reduzierung

Mit In-Kraft-Treten der EnEV ist der Klimaschutz weiter verschärft worden. Ihre Ziele sind weitere Energieeinsparung und CO_2-Reduzierung. Das Ziel der BRD ist eine CO_2-Verminderung um 25% (179 Mio. Tonnen) bis zum Jahr 2005. (Tab. 2.12 siehe nächste Seite)

Wie sollen die Gebäude mit immer besserem Wärmeschutz aussehen?

Mögliche Ansatzpunkte sind:
- zunehmende Außenwanddicke
- Verbesserung der Baustoffe
- verbesserte und dickere Dämmschichten
- Vermeidung von Lüftungswärmeverlusten
- Wärmegewinnung aus internen Wärmequellen
- Abwärme von Haushaltsgeräten und Bewohnern
- solare Wärmegewinnung über Glasflächen

Hierzu einige kritische Anmerkungen:
Es ist nicht möglich und nicht sinnvoll, die Außenwände immer dicker zu machen. Wirtschaftliche Wanddicken für monolithische Wände liegen bei 30 cm. Einzelausführungen mit 49 cm sind die Obergrenze.

Ebenso wird für die Wärmeleitzahl bei wirtschaftlich hergestellten Wandbaustoffen (Mauersteinen) $\lambda = 0{,}12$ W/mK die Grenze sein. Ab $\lambda = 0{,}1$ W/mK beginnen bereits die Dämmstoffe.

Eine Verbesserung der Wärmedämmung bringt eine Verschlechterung der Druckfestigkeit. In jedem Fall wird ein solch aufwändig hergestelltes Produkt oder Bauteil teuer: Je mehr Wärmedämmung erreicht wird, umso teurer werden die Wände!

Der CO_2-Einsparung bei Hausheizungen steht die vermehrte CO_2-Produktion der Industrie durch die Produktion dieser Baustoffe gegenüber.

Tabelle 2.12: **Energieeinsparung je nach Bauart/Wärmeverluste durch die Bauteile**

kWh/ m² x Jahr	**Übliche Bauweise: Anforderungen der Wärmeschutzverordnung ab 1984 eingehalten**	**Neubau gemäß Wärmeschutzverordnung ab 1995**	**Neubau mit hohem Wärmeschutz, mech. Lüftung und Wärmerückgewinnung Niedrigenergiehaus**	**Wärmeverluste**
180	Dach			
170				
160				
	Boden			
150				
140				
	Wand			
130				
120				
		Dach		
110				
		Boden		
100				
	Fenster	Wand		
90				
			Dach	durch die Bauteile
80				
		Fenster	Boden	
70			Wand	
	Lüftung	Lüftung		
60			Fenster	
50				
40			Lüftung	durch die Lüftung
30				
	Warmwasser	Warmwasser	Warmwasser	bei der Warmwasseraufbereitung
20				
10				

Wirtschaftlicher Wärmeschutz

Die Kostenkurve für die Bauinvestitionen und die Ersparniskuve der Energiekosten müssen verglichen werden.

Der wirtschaftlichste Wärmeschutz wird beim Tiefpunkt der Gesamtkostenkurve erreicht:

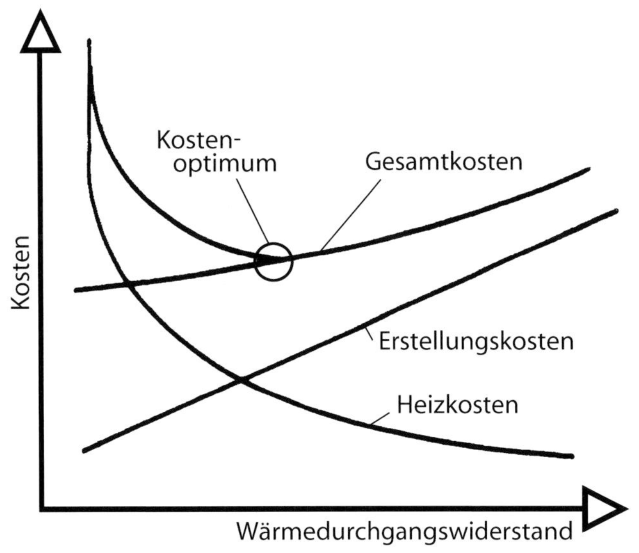

Abb. 2.46: Wirtschaftlicher Wärmeschutz beim Tiefpunkt der Kostenkurve

Vergleich des Energieverbrauchs zweier Häuser

Beide Häuser haben 108 m² Außenwandfläche; der U-Wert soll von 0,5 W/m²K auf 0,3 W/m²K durch eine dickere Außenwand gesenkt werden.

Haus 1: U = 0,5 W/m²K, Energieverbrauch ca. 454 l Öl/a
Haus 2: U = 0,3 W/m²K, Energieverbrauch ca. 272 l Öl/a

Die Differenz von 182 l Öl pro Jahr entspricht bei einem Ölpreis von 0,26 EUR/l einer Einsparung von 47,32 EUR/Jahr.

Die Mehrkosten der dickeren Wand können mit 6 500 EUR veranschlagt werden.

Man kann hier sicher nicht von einer »lohnenden Investition« sprechen.

Effektiver verspricht die Reduzierung der Lüftungswärmeverluste zu sein: Gebäudeabdichtung, gesteuerte Raumlüftung und Wärmerückgewinnung aus der Abluft heißen die Themen, die uns in Zukunft dabei helfen sollen.

2.10.6 Fragen

1. In welchen Unterlagen ist der Wärmeschutz geregelt?
2. Erklären Sie die Begriffe Temperatur und Wärme sowie deren Maßeinheiten!
3. Welche Auswirkungen hat Wärme?
4. Wie kann Wärme transportiert werden?
5. Erklären Sie die Wärmeleitzahl eines Baustoffes!
6. Wie wird der Wärmedurchlasswiderstand/die Wärmedämmung erklärt?
7. Nennen Sie die Wärmeleitzahlen von Fliesen, Beton und Wärmedämmstoff!
8. Welche Rolle spielen die Wärmeübergangswiderstände R_{si} und R_{se}?
9. Was ist der U-Wert?
10. Wie wird der U-Wert berechnet?
11. Welche Auswirkungen haben unterschiedliche Anordnungen der Wärmedämmung innen oder außen an der Außenwand?
12. Welche Ziele werden künftig von der Energieeinsparverordnung EnEv angestrebt?
13. Berechnen Sie den Wärmedurchgang/U-Wert durch eine Außenwand:
    Aufbau von innen nach außen:

Fliesen und Mörtel	λ = 1,00	d = 10 mm
Putz	λ = 0,87	d = 15 cm
Mauerwerk	λ = 0,20	d = 36,5 cm
Außenputz	λ = 0,87	d = 20 mm

14. Berechnen Sie den mittleren U-Wert einer Außenwand mit Fenster!

Außenwand	AW = 12 m²	U der Wand = 0,49 W/m²K
Fenster	AF = 4,5 m²	U des Fensters = 2,5 W/m²K

15. Berechnen Sie die erforderliche Dämmstoffdicke, die nach der EnEV auf eine Außenwand aufgebracht werden muss!

Beton	λ = 2,10	d = 20 cm
Mineralfaser-dämmstoff	λ = 0,04	d = ?

16. Berechnen Sie den Wärmedurchgang/U-Wert einer Außenwand mit dem Schichtenaufbau von innen nach außen:

Fliesen und Mörtel	λ = 1,00	d = 10 mm
Innenputz	λ = 0,87	d = 20 mm
Mauerwerk	λ = 0,20	d = 30 cm
Außendämmung	λ = 0,04	d = 3 cm
Außenputz	λ = 0,87	d = 2 cm

    Vergleichen Sie das Ergebnis mit dem maximal zulässigen U-Wert der EnEV!

17. Berechnen Sie den mittleren U-Wert der Außenwand aus Aufgabe 16 mit Fenster.

Außenwand	AW = 14 m²	U = siehe Ergebnis Aufgabe 16
Fenster	AF = 4,5 m²	U = 2,5 W/m²K

18. Berechnen Sie die erforderliche zusätzliche Dämmstoffdicke einer Außenwand aus Beton!

Beton	λ = 2,1	d = 25 cm
Dämmstoff	λ = 0,045	d = ?

19. Welchen Energiegehalt hat 1 Liter Heizöl bzw. 1 m³ Gas?

20. Wie groß ist der zulässige Jahreswärmebedarf eines Gebäudes?
21. Welche Regelwerke gelten für den Schallschutz?
22. Welche Schallarten werden unterschieden?
23. Wie wird die Luftschalldämmung von Bauteilen gekennzeichnet?
24. Welcher Luftschalldämmwert wird für Wohnungsdecken in Geschosshäusern gefordert?
25. Welchen Einfluss hat das Gewicht/die flächenbezogene Masse auf die Schalldämmung?
26. Wie wird die Trittschalldämmung von Massivdecken gekennzeichnet?
27. Wodurch wird das Trittschallschutzmaß einer Deckenkonstruktion $L'_{n,w}$ bestimmt?
28. Was versteht man unter dynamischer Steifigkeit einer Trittschalldämmung?
29. Vergleichen Sie die beiden Dämmstoffe Faserdämmstoff und Hartschaumdämmstoff bezüglich der dynamischen Steifigkeit und dem zu erreichenden Verbesserungsmaß der Trittschalldämmung!
30. Welche Typkurzzeichen haben Trittschalldämmstoffe?
31. Wie kann bei einer Altbausanierung mit Keramikböden das vorhandene Trittschalldämmmaß erhalten bzw. verbessert werden?
32. Wie kann der Schallschutz an Treppen und in Treppenhäusern erfüllt werden?

2.10.7 Antworten

1. Regelwerke für den Wärmeschutz:
   Landesbauordnung LBO, DIN 4108 Wärmeschutz im Hochbau,
   Energieeinsparverordnung EnEV (als Bundesgesetz)
2. Temperatur = Wärmestand = Wirkung der Wärme, welche von Lebewesen gefühlt werden kann und die mit einem Thermometer gemessen werden kann. Die Maßeinheit ist Grad Celsius (°C).
   Temperaturdifferenz $\Delta\vartheta$ = Unterschied zwischen zwei Temperaturpunkten, Temperaturbereich; Maßeinheit: Kelvin K
   Wärmemenge Q = Menge der Wärmeenergie, die einem Stoff zugeführt oder entzogen wird.
   Maßeinheit: 1 kWs = 1 kJ = 1 kNm
3. Auswirkungen der Wärme: Wärme kann die Zustandsform der Stoffe verändern; sie befördert auch Flüssigkeiten und Gase durch Auftrieb. Die erwärmte Flüssigkeit hat gegenüber der kälteren eine geringere Dichte, da sie sich ausgedehnt hat. Dasselbe gilt für Gase.
   Die Beförderung kann auch durch Diffusion erfolgen.
4. Beförderung der Wärme durch
   - strömende Flüssigkeiten oder Gase
   - Wärmeleitung (Transmission)
   - Wärmestrahlung
5. Definition der Wärmeleitzahl:
   Die Wärmeleitzahl λ sagt, welcher Wärmestrom in Watt pro m^2 durch eine 1 m dicke Schicht eines Baustoffes fließen muss, damit sich zwischen seinen Innen- und Außenoberflächen ein Temperaturunterschied von 1 K einstellt.
6. Definition des Wärmedurchlasswiderstandes oder Wärmedämmwertes:
   Der Wärmedurchlasswiderstand/Wärmedämmwert gibt an, welcher Temperaturunterschied bewirkt, dass durch 1 m^2 des Bauteils der Dicke d ein Wärmestrom von 1 Watt fließt.
7. Wärmeleitzahl λ von Fliesen: 1,0 W/mK, von Beton 2,1 W/mK, Wärmedämmstoffe je nach Rohdichte: 0,15 bis 0,020 W/mK
8. Durch den Übergang von der Innenluft zur Innenfläche und von der Außenfläche zur Außenluft entstehen zusätzliche Widerstände, die R_{si} und R_{se} genannt werden.
9. Wärmedurchgangszahl oder U-Wert: Der U-Wert sagt aus, welcher Wärmestrom pro m^2 durch ein Bauteil fließt, wenn sich die Lufttemperatur vor und hinter ihm um 1 K unterscheidet.
10. Der Rechenweg von der Wärmeleitzahl zum U-Wert muss über die Widerstandszahlen der Baustoffe und der Übergänge innen und außen gehen, da sich nur diese addieren lassen:
    $R_T = R_{si} + R + R_{se}$ in m^2K/W $\quad$ $U = 1/R_T$ in W/m^2K
11. Bei der innen liegenden Wärmedämmung fällt die Temperaturkurve zum großen Teil innerhalb der Dämmung. Die außen liegende Wand wird im Sommer warm und im Winter kalt. Der Taupunkt liegt weit innen und erzeugt Feuchtigkeit in der Wand. Feuchte- und Frostschäden können die Folge sein. Allerdings ergeben sich kurze Aufheizphasen. Nach dem Abschalten der Heizung ist es schnell wieder kalt.
    Die außen liegende Dämmung hält das Mauerwerk warm und trocken. Es wirkt als Speichermasse, so dass die Aufheizphasen länger dauern. Allerdings muss die Dämmung dampfdiffusionsdurchlässig sein.
    Im Wohnungsbau ist eine außen liegende Dämmung zu empfehlen.
12. Die künftigen Ziele der Energieeinsparverordnung EnEV sind
    CO_2-Verminderung (Treibhauseffekt, Umweltschutz) und
    Energieeinsparung (Schutz fossiler Brennstoffe).
13. Wärmedurchgang, U-Wert-Berechnung:
    $R_T = R_{se} + R + R_{si}$
    $R = d_1/\lambda_1 + d_2/\lambda_2 + d_3/\lambda_3 + \ldots$
    $U = 1{:}\ 1/R_T$
    $R_T = 0{,}13 + 0{,}01/1 + 0{,}015/0{,}87 + 0{,}365/0{,}20 + 0{,}04 = 2{,}05\ m^2K/W$
    $U = 1/2{,}0{,}5 = 0{,}49\ W/m^2K \quad > U_{max} = 0{,}45 W/m^2K$
    Der vorhandene Wärmeschutz reicht nicht aus.
14. Berechnung des mittleren U-Wertes;
    $U_{m,W,F} = (U_w \text{ x } AW + U_F \text{ x } AF) : (AW + AF)$
    $U_{m,W,F} = (0{,}49 \text{ x } 12{,}0 + 2{,}5 \text{ x } 4{,}5) : (12 + 4{,}5) = 1{,}04\ W/m^2K$

15. Berechnung der erforderlichen Dämmstoffdicke;
Formel:
$d_{Dä} = (R_{Terf} - R_{Tvorh}) \times \lambda_{Dä}$
$R_{Tvorh} = R_{se} + R + R_{si} = 0{,}13 + 0{,}20/2{,}1 + 0{,}04 = 0{,}265\ m^2K/W$
$R_{Terf.} = 1/0{,}5 = 2{,}0\ m^2K/W$
$d_{Dä} = (2{,}0 - 0{,}265)\ m^2K/W \times 0{,}04\ W/mK = 0{,}069\ m = 7\ cm$
16. $R_T = 0{,}13 + 0{,}1/1 + 0{,}02/0{,}87 + 0{,}30/0{,}2 + 0{,}03/0{,}04 + 0{,}02/0{,}87 + 0{,}04 = 2{,}47\ m^2K/W$
$U_{vor} = 1 : 2{,}47 = 0{,}40\ W/m^2K < 0{,}45\ W/m^2K\ (U_{max})$
17. $U_{m,W,F} = (0{,}14 \times 14 + 2{,}5 \times 4{,}5) : (14 + 4{,}5)\ 0{,}91\ W/m^2K > 0{,}45\ W/m^2K\ (U_{max})$
18. $d_{Dä} = [(1/0{,}5 - (0{,}13 + 0{,}25/2{,}1 + 0{,}04)] \times 0{,}045 = 0{,}077\ m\ (8\ cm)$
19. 1 Liter Heizöl bzw. 1 m^3 Gas haben einen Energiegehalt von 10 kW/h.
20. Der zulässige Jahreswärmebedarf eines Gebäudes beträgt – je nach Geometrie – 54–100 kWh/m^2 Nutzfläche.
21. Für den Schallschutz gilt DIN 4109 Schallschutz im Hochbau.
22. Es werden Luftschall und Trittschall unterschieden.
23. Die Luftschalldämmung wird als das »bewertete Schalldämmmaß R'_w« in dB (Dezibel) gekennzeichnet.
24. Der Luftschalldämmwert für Wohnungstrenndecken in Geschosshäusern beträgt: bewertetes Schalldämmmaß $R'_w \geq 54$ dB.
25. Je größer das Gewicht/die flächenbezogene Masse, umso höher ist das erreichbare Schalldämmmaß R'_w.
26. Die Trittschalldämmung von Massivdecken wird mit dem bewerteten Norm-Trittschallpegel $L'_{n,w}$ gekennzeichnet.
27. Dicke und Gewicht der Stahlbetondecke, Art und dynamische Steifigkeit des Trittschalldämmstoffes, Gewicht/flächenbezogene Masse der Lastverteilungsschicht/Estrich mit Belag
28. Die dynamische Steifigkeit eines Trittschalldämmstoffes ist sein Federungsvermögen zwischen zwei Schalen.
29. Faserdämmstoffe haben in der Regel eine günstigere dynamische Steifigkeit als Hartschaumdämmstoffe. Entsprechend können auch bei einem Faserdämmstoff höhere Verbesserungsmaße der Trittschalldämmung erreicht werden.
30. Trittschalldämmstoffe haben die Typkurzbezeichnung T und TK.
31. Die Trittschalldämmung wird erhalten bzw. verbessert durch den Einbau einer Trittschalldämmbahn oder Trittschalldämmmatte mit entsprechenden Dämmstreifen als Randausbildung.
32. Der Schallschutz an Treppen und in Treppenhäusern kann erfüllt werden durch
   - Anordnung von Gebäudetrennfugen,
   - elastisch gelagerte und von den Treppenhauswänden getrennte Treppenläufe bzw. Treppenpodeste,
   - auf Treppenpodesten schwimmend verlegte Beläge.

2.11 Bodenbeläge außerhalb von Gebäuden

2.11.1 Stichworte zum Thema

- Aufbau eines Bodenbelages außerhalb von Gebäuden
- Bahnenabdichtung und Verbundabdichtung
- unterschiedliche Arten von Dränschichten
- Aufbau der Konstruktionsschichten und des Gesamtaufbaus
- Belagfugen und Bewegungsfugen
- Materialauswahl
- Frostschäden

2.11.2 Regelwerke

DIN 18195-2 DIN 18195-5	Bauwerksabdichtungen (siehe S. 133)
DIN EN 12004	Mörtel und Klebstoffe für Fliesen und Platten – Definitionen und Spezifikationen
ZDB-Merkblatt	Belagskonstruktionen mit Fliesen und Platten außerhalb von Gebäuden (siehe S. 171)

Wesentliche Inhalte des Merkblattes

Belagskonstruktionen mit Dämmschichten und Abdichtung
Belagskonstruktionen ohne Dämmschichten mit Abdichtung
Bodenbeläge ohne Dämmschichten mit Abdichtung im Verbund
Verlegung auf Splitt/Kiesschicht oder Stelzlager
Verlegung im Mörtel- oder Splittbett auf mineralischer Tragschicht
Verlegung auf Betontragplatte

2.11.3 Fall aus der Praxis

Terrassenbelag über einem bewohnten Raum

Über einem bewohnten Raum soll eine Terrasse von 3,5 x 6,0 m gebaut werden. Bisher ist nur die Rohdecke ohne Dämmung und ohne Gefälle vorhanden. Auf der Terrasse soll ein Keramikbelag verlegt werden.

- Welche Abdichtung ist erforderlich?
- Beschreiben Sie einen fachgerechten Systemaufbau!
- Begründen Sie den von Ihnen gemachten Vorschlag!

Lösung

Eine Abdichtung entsprechend DIN 18195-2 (Bahnenabdichtung) ist erforderlich.

Ein fachgerechter Systemaufbau sieht folgende Schichten vor:

- Gefälleestrich als Verbundestrich, Gefälle 1–2 %
- Dampfsperre
- Wärmedämmung, evtl. Trittschalldämmung
- Bahnenabdichtung nach DIN 18195/Flachdachrichtlinie
- Dränschicht mit wasserdurchlässiger Abdeckung; alternativ Trennlage aus 2 Lagen PE-Folie
- Lastverteilungsschicht – Zementestrich, min. 50 mm

Abb. 2.47: Bodenbeläge außerhalb von Gebäuden

- Bewegungsfuge: Die Lastverteilungsschicht wird durch eine Feldbegrenzungsfuge in 2 gleich große Felder unterteilt.
- evtl. Einbau einer alternativen Verbundabdichtung
- Verlegung der Keramik im Dünnbett, möglichst hohlraumfrei

Der Einbau der Dränschicht bzw. der Verbundabdichtung kann alternativ erfolgen. Bei Anordnung einer Verbundabdichtung ist unterhalb des Estrichs eine Trennlage erforderlich.

Die Trennlage kann durch eine Dränmatte mit wasserdurchlässiger Abdeckung ersetzt werden.

Begründung:

- Dränschicht: In die Lastverteilungsschicht eindringendes Niederschlagwasser wird drucklos auf der Abdichtung unterhalb der Lastverteilungsschicht abgeführt.
- Verbundabdichtung: Das Niederschlagwasser wird oberhalb der Lastverteilungsschicht abgeführt. Dadurch werden eine Durchfeuchtung des Estrichs und damit verbundene Ausblühungen verhindert.

Sanierung des Balkonbelages

Ein Balkonbelag soll saniert werden. Entsprechend der noch vorhandenen Ausführungspläne ist die Stahlbetonkonstruktion mit einer Bahnenabdichtung nach DIN 18195 abgedichtet worden. An der Balkonunterseite sind jedoch Feuchtigkeitsschäden erkennbar. An der Oberseite sind vereinzelt Kalkausblühungen erkennbar. Der Belag liegt jedoch vollflächig hohlraumfrei und zeigt keine weiteren Mängel.

- Ist eine weitere Abdichtung erforderlich?
- Unterbreiten Sie einen Sanierungsvorschlag! Erläutern Sie den Systemaufbau!

Lösung

Eine weitere Abdichtung wird empfohlen, da die vorhandene Abdichtung offensichtlich nicht vollkommen funktioniert.

Ein Sanierungsvorschlag sieht folgende Schritte vor:

- Der vorhandene Belag ist von haftungsmindernden Bestandteilen und Verunreinigungen zu befreien, z. B. durch Hochdruckwasserstrahlen mit Zusatz von festem Strahlgut.
- Grundierung des vorbereiteten Verlegeuntergrundes mit einer systemverträglichen Grundierung für nicht saugende Untergründe
- Aufbringen einer alternativen Verbundabdichtung nach dem ZDB-Merkblatt, Herstellung des Wandanschlusses durch geeignete Dichtbänder
- Hohlraumfreie Verlegung des Keramikbelages durch beidseitigen Auftrag (kombiniertes Verfahren) unter Verwendung von Fließbettmörtel
- Bewegungsfugen der Unterkonstruktion sind deckungsgleich in den Oberbelag zu übernehmen
- Belagsverfugung mit geeignetem Fugenmörtel

2.11.4 Abdruck von Regelwerken

Merkblatt Belagskonstruktionen mit Fliesen und Platten außerhalb von Gebäuden **siehe S. 171**

merkblatt

ZENTRALVERBAND DEUTSCHES BAUGEWERBE ZDB

BELAGSKONSTRUKTIONEN MIT FLIESEN UND PLATTEN AUSSERHALB VON GEBÄUDEN

Juli 2002
Ersatz für Ausgabe Juli 1988

Rudolf Müller

FACHVERBAND DEUTSCHES FLIESENGEWERBE
im Zentralverband des Deutschen Baugewerbes

Herausgeber:

FACHVERBAND DEUTSCHES FLIESENGEWERBE IM
ZENTRALVERBAND DES DEUTSCHEN BAUGEWERBES E.V.,
BERLIN

in Zusammenarbeit mit:

Bayerischer Industrieverband Steine und Erden e.V.
– Fachabteilung Juramarmor und Solnhofener Naturstein-Platten –,
Pappenheim
Bundesfachgruppe Estrich und Belag im Zentralverband
des Deutschen Baugewerbes e.V., Berlin
Bundesinnungsverband des Deutschen Steinmetz-, Stein- und
Holzbildhauerhandwerks e.V., Frankfurt/Main
Bundesverband Estrich und Belag e.V., Troisdorf
Deutscher Naturwerkstein-Verband e.V., Würzburg
Deutsche Bauchemie e.V., Frankfurt/Main
Industrieverband Keramische Fliesen + Platten e.V., Selb
Säurefliesner-Vereinigung e.V., Burgwedel
Zentralverband des Deutschen Dachdeckerhandwerks e.V., Köln

Alleinverkauf durch die Servicestelle des Fachverbandes Deutsches Fliesengewerbe:
Verlagsgesellschaft Rudolf Müller GmbH & Co. KG, Postfach 41 09 49, 50869 Köln,
Telefon (02 21) 54 97-112, Fax (02 21) 54 97-130, www.rudolf-mueller.de

Inhaltsverzeichnis

Einführung

Das Merkblatt „Belagskonstruktionen mit Fliesen und Platten außerhalb von Gebäuden" beschreibt den Aufbau von Balkon- und Terrassenkonstruktionen bei Wohngebäuden und Gebäuden mit ähnlicher Nutzung. Es gilt nicht für befahrene Flächen und Parkdecks.

Estrichdicken und Festigkeitsklassen sind entsprechend den vorgesehenen Verkehrslasten zu planen. Die notwendigen Höhen der Belagskonstruktion ergeben sich aus den erforderlichen Dicken der Dämmstoffe, Abdichtungen, Schutz- und Mörtelschichten sowie der Bodenbeläge und der Art der Nutzung. Bei befahrbaren Konstruktionen ist die Belagskonstruktion gesondert zu bemessen.

Die Darstellungen der Belagskonstruktionen sind unmaßstäbliche Systemskizzen und dienen zur beispielhaften Verdeutlichung der textlichen Beschreibung. Vorgesehener Nutzungszweck, örtliche und klimatische Verhältnisse sowie bauphysikalische Beanspruchungen sind von der Bauplanung zu berücksichtigen.

Das Merkblatt stellt eine wichtige Grundlage für die fachgerechte Planung und Anwendungstechnik im Regelfall dar. Es schließt andere fachgerechte Konstruktionen nicht aus.

1 Belagskonstruktionen mit Abdichtungen nach DIN 18195

1.1 Tragender Untergrund

Art Stahlbetondecke oder andere tragfähige Untergründe.

Gefälle Oberfläche des tragenden Untergrundes mit Gefälle zur Entwässerung. Gefälle entsprechend Abschnitt 1.15.

Die Entwässerung der Belagsfläche muss gewährleistet sein:

Bei Fliesen und Platten mit ebener Oberfläche ca. 1–2 %.
Insbesondere bei rauen, profilierten oder strukturierten Fliesen und Platten kann es auch bei Gefälle zu Feuchtigkeitsrückständen auf der Belagsfläche kommen.
Bei Fliesen und Platten mit profilierter und rauer Oberfläche kann es zweckmäßig sein, das Oberflächengefälle stärker auszubilden.

Weist der tragende Untergrund das notwendige Gefälle nicht auf, ist unterhalb der Abdichtung oder Dampfsperre ein Gefälle anzuordnen.

1.2 Gefälle

Anordnung Auf dem tragenden Untergrund gemäß Abschnitt 1.1 bei fehlendem Gefälle.

Art Z. B. hydraulisch erhärtender Mörtel oder als Gefälledämmung nach 1.4.

Dicke Dem erforderlichen Gefälle entsprechend.

Gefälle An der Oberfläche entsprechend dem Gefälle des Belages gemäß Abschnitt 1.15.

1.3 Dampfsperre

Anordnung Auf dem tragenden Untergrund mit Gefälle bzw. unter der Gefälledämmung, soweit erforderlich.

Art Diffusionshemmende Schicht oder Lage mit einem für die Funktion des Schichtenaufbaues ausreichendem Sperrwert z. B. aus:

- Bitumendampfsperrbahnen mit Metalleinlage
- Wärmedämmschicht aus Schaumglas

1.4 Dämmstoffe

Anordnung Über der Dampfsperre, falls erforderlich.

Art Aufgeklebte oder lose verlegte Dämmstoffe. Wärmedämmstoffe müssen für den vorgesehenen Verwendungszweck (Begehen, Befahren) entsprechend ihrem Anwendungstyp geeignet sein. Bei Verwendung von Trittschalldämmstoffen können besondere Maßnahmen erforderlich werden.

Trittschalldämmstoffe mit einer Zusammendrückbarkeit über 2,0 mm (Differenz zwischen Nenndicke d_L und Dicke unter Belastung d_B) sind nicht geeignet.

Bei einer kombinierten Anwendung von Trittschall- und Wärmedämmplatten sollte der Wärmedämmstoff wegen der geringeren Zusammendrückbarkeit als obere Lage verlegt werden.

1.5 Abdichtung

Anordnung Auf tragendem Untergrund (siehe 1.1) oder Gefälle (siehe 1.2) bzw. Dämmstoff (siehe 1.4).

Art Entsprechend DIN 18195-5 „Bauwerksabdichtungen; Abdichtungen gegen nichtdrückendes Wasser auf Deckenflächen und in Nassräumen, Bemessung und Ausführung" und „Fachregel für Dächer mit Abdichtungen – Flachdachrichtlinie".

Ausführung: mäßig oder hoch beansprucht.

Durch eine planmäßige Gefällegebung ist dafür zu sorgen, dass das auf die Abdichtung einwirkende Wasser dauernd wirksam so abgeführt wird, dass es keinen bzw. nur einen geringfügigen hydrostatischen Druck ausüben kann.

Anschlüsse Abdichtungen sollen an anschließenden, höhergehenden Bauteilen mind. 150 mm über die Belagsoberfläche geführt werden. Sie sind gegen Hinterläufigkeit zu sichern.

Eine Verringerung der Anschlusshöhe im Türbereich ist möglich, wenn bedingt durch die örtlichen Verhältnisse ein einwandfreier Wasserablauf, z.B. durch Rinnen mit Gitterrost, sichergestellt ist. In solchen Fällen sollte die Mindestanschlusshöhe ca. 50 mm betragen. Bei der Entwässerung von Rinnen über Dränage können größere Dränagequerschnitte erforderlich werden.

Geringere Anschlusshöhen als 50 mm und barrierefreie Übergänge gelten als Sonderkonstruktionen, die eine Koordination zwischen Planer und Ausführenden erforderlich machen. Dabei kann die Abdichtung allein die Dichtheit am Türanschluss nicht sicherstellen. Deshalb sind hier besondere Maßnahmen durch den Planer, z.B. Türrahmen mit Anschlussflansch oder Vordächer, erforderlich (siehe auch: Fachregeln für „barrierefreies Bauen").

1.6 Schutzlage, Trennschicht, Trennlage

Anordnung Schutzlage:
Oberhalb der Abdichtung angeordnete Lage zum Schutz vor mechanischen Einwirkungen.

Auf mehrlagigen Abdichtungen kann, auf einlagigen Abdichtungen muss eine Schutzlage verlegt werden.

Trennschicht, Trennlage:
Auf der Abdichtung bzw. Schutzlage zum Schutz vor Horizontalkräften aus der Belagskonstruktion.

Art Schutzlage:
Entsprechend DIN 18195-2 „Bauwerksabdichtungen; Stoffe" Abschnitt 5.3 z. B. Geovliese nach DIN 61210, mindestens 300 g/m², mindestens 2,0 mm dick.

Trennschicht, Trennlage:
Entsprechend DIN 18195-2 „Bauwerksabdichtung; Stoffe" Abschnitt 5.2 z. B. Polyethylen- (PE) Folie, mindestens 0,2 mm dick.

1.7 Dränschicht

Kapillarbrechende Dränschichten sind bei Lastverteilungsschichten ohne Verbundabdichtung erforderlich.

Lastverteilungsschichten mit Verbundabdichtung gemäß ZDB-Merkblatt „Hinweise für die Ausführung von Abdichtungen im Verbund mit Bekleidungen und Belägen aus Fliesen und Platten für den Innen- und Außenbereich" erfordern keine Dränschicht.

Anordnung Auf der Abdichtung/Trennschicht. Die Wasserabführung muss durch die Dränschicht gewährleistet sein.

Art Z. B. Dränageplatten oder -matten.

1.8 Lastverteilungsschicht

Anordnung Über der Trennschicht/Trennlage bzw. über der Dränschicht.

Art Schwimmender Zementestrich nach DIN 18560-2 „Estriche im Bauwesen; Estriche auf Dämmschichten (schwimmende Estriche)".

Bindemittel Zement nach DIN 1164-1 bzw. DIN EN 197-1, z.B. Portlandpuzzolanzement (Trasszement) oder Spezialzemente

Zuschlag 0–8 mm, oder je nach Dicke der Estrichschicht 0–16 mm.

Dicke Mind. 50 mm.

Bewehrung Gemäß Abschnitt 1.9.

Bewegungsfugen Anordnung wie im Belag gemäß Abschnitt 1.14.2.

Anordnung abhängig von Größe und Grundrissgliederung der Belagsfläche, geradlinig durchlaufend.

Rand-abschluss Der Randabschluss ist gegen eindringende Feuchtigkeit, z. B. mit Profilen, Schenkelplatten oder durch Abdeckung, zu schützen.

Durch einen auf die Lastverteilungsschicht zusätzlich aufgebrachten Schutz aus Verbundabdichtungsstoffen werden Ausblühungen und Kalkauswaschungen reduziert.

1.9 Bewehrung (nicht statisch)

Durch den Einbau einer Bewehrung kann die Verbreiterung von eventuell auftretenden Rissen und der Höhenversatz der Risskanten verringert werden. Zu empfehlen sind verzinkte Betonstahlmatten/-gitter.

Anordnung In der Lastverteilungsschicht.
Art Betonstahlmatten nach DIN 488-4, z. B. N 94 oder Betonstahlgitter nach folgender Tabelle:

Maschenweite mm	Stabdurchmesser mm	Festigkeit
50/50	2	St 700
75/75	3	St 500

Fasern als Ersatz für die Bewehrung müssen die gleichen Anforderungen erfüllen.

1.10 Zusatzmittel für Lastverteilungsschicht und Fugenmörtel

Geeignete Zusatzmittel können verwendet werden. Diese Zusatzmittel dürfen keine Ausblühungen oder Ausscheidungen begünstigen und die Haftung nicht mindern.

1.11 Verlegung der Fliesen und Platten auf frischer Lastverteilungsschicht

Auf die frisch aufgebrachte Lastverteilungsschicht gemäß Abschnitt 1.8 wird z. B. eine Schlämme aus Zement, Sand und/oder hydraulisch erhärtendem Dünnbettmörtel oder werkgemischte Haftschlämme als Kontaktschicht aufgetragen. Die verwendeten Schlämmen sind auf die Belagsmaterialien (Wasseraufnahme/Verfärbung) abzustimmen. In diese Kontaktschicht werden Fliesen und Platten verlegt.

Diese Verlegeart ist nur für kleinere Belagsflächen zu empfehlen.

Bei Beton- und Naturwerkstein ist diese Ausführungsart nicht zu empfehlen.

1.12 Verlegung der Fliesen und Platten im Dünnbett

Untergrund Lastverteilungsschicht gemäß Abschnitt 1.8 mit ebener Oberfläche nach ausreichender Erhärtung oder im Verbund mit der Abdichtung (siehe Merkblatt: „Hinweise für die Ausführung von Abdichtungen im Verbund mit Bekleidungen und Belägen aus Fliesen und Platten für den Innen- und Außenbereich").

Verlegung mit hydraulisch erhärtendem Dünnbettmörtel gemäß DIN EN 12004 . Eine weitgehend vollflächige Bettung ist anzustreben. Zu empfehlen sind Mörtel der Gruppe C 2 nach DIN EN 12004.
Für die Ausführung ist DIN 18157-1/-3 zu beachten.
Neben dem kombinierten Verfahren (buttering-floating) können z. B. auch Fließbettmörtel verwendet werden.

1.13 Fliesen und Platten

Art Stranggepresste keramische Fliesen und Platten nach DIN EN 121 (frostbeständig nach DIN EN ISO 10545-12)

Trockengepresste keramische Fliesen und Platten nach DIN EN 176 (frostbeständig nach DIN EN ISO 10545-12)

Bodenklinkerplatten nach DIN 18158

Naturwerkstein (frostbeständig nach DIN 52104-B) und Betonwerkstein nach DIN 18500

Zu bevorzugen sind Beläge in hellen Farben, um extreme Aufheizung durch Sonneneinstrahlung zu vermeiden.
Bei trockengepressten keramischen Fliesen und Platten wird die Verwendung unglasierter Materialien empfohlen.
Naturwerkstein und Betonwerkstein kann durch unterschiedliche Austrocknung zu Farbunterschieden neigen.

1.14 Fugen

1.14.1 Mörtelfugen

Ausbildung Verlegung im Fugenschnitt ist zu bevorzugen.

Art Verfugen nach DIN 18352 „Fliesen- und Plattenarbeiten", DIN 18332 „Naturwerksteinarbeiten" und DIN 18333 „Betonwerksteinarbeiten" mit hydraulisch erhärtendem Fugenmörtel.

1.14.2 Bewegungsfugen

Anordnung Abhängig von Größe und Grundrissgliederung der Belagsfläche, geradlinig durchlaufend.

Abstand Der Abstand richtet sich nach der zu erwartenden Sonnenbestrahlung und der Farbe des Belages. Dementsprechend sind Feldbegrenzungsfugen im Abstand von ca. 2 bis ca. 5 m anzuordnen.

Durch die Anordnung von Rand- und Anschlussfugen ist eine Einspannung der Belagsfläche auszuschließen. Die Felder sollen möglichst ein gedrungenes Seitenverhältnis (bis ca. 1:2) haben.

Breite Je nach Feldgröße, mind. 10 mm.

Tiefe Bis zur Trennschicht bzw. bis zur Dränschicht.

Verfüllung Mit elastischen Fugenmassen ggf. mit Vorfüllung oder Fugenprofilen.

Fugenfüllstoffe müssen für die Belagsstoffe (z.B. bei Naturwerkstein und Betonwerkstein) geeignet sein.

1.14.3 Gebäudetrennfugen (Bauwerksfugen)

Gebäudetrennfugen gehen durch alle tragenden und nichttragenden Teile des Gebäudes oder Bauwerks hindurch und müssen im Belag oder in der Bekleidung an der gleichen Stelle und in der von der Bauplanung vorgesehenen Breite übernommen werden.

1.15 Oberflächengefälle

Die Entwässerung der Belagsfläche muss gewährleistet sein:

Bei Fliesen und Platten mit ebener Oberfläche ca. 1–2 %.

Insbesondere bei rauen, profilierten oder strukturierten Fliesen und Platten kann es auch bei Gefälle zu Feuchtigkeitsrückständen auf der Belagsfläche kommen.
Bei Fliesen und Platten mit profilierter und rauer Oberfläche kann es zweckmäßig sein, das Oberflächengefälle stärker auszubilden.

2 Belagskonstruktionen mit Verbundabdichtung

2.1 Tragender Untergrund

Art Stahlbetondecke oder andere tragfähige Untergründe.

Gefälle Oberfläche des tragenden Untergrundes mit Gefälle zur Entwässerung. Gefälle entsprechend Abschnitt 2.6.

Die Entwässerung der Belagsfläche muss gewährleistet sein:

Bei Fliesen und Platten mit ebener Oberfläche ca. 1–2 %.
Insbesondere bei rauen, profilierten oder strukturierten Fliesen und Platten kann es auch bei Gefälle zu Feuchtigkeitsrückständen auf der Belagsfläche kommen.
Bei Fliesen und Platten mit profilierter und rauer Oberfläche kann es zweckmäßig sein, das Oberflächengefälle stärker auszubilden.

Weist der tragende Untergrund das notwendige Gefälle nicht auf, ist unterhalb der Verbundabdichtung ein Gefälle anzuordnen.

2.2 Abdichtung

Als Verbundabdichtung bei Fliesen- und Plattenbelägen auf Balkonen. Bei Terrassen über bewohnten Räumen ist zusätzlich eine Abdichtung entsprechend DIN 18195-5 „Bauwerksabdichtungen; Abdichtungen gegen nichtdrückendes Wasser auf Deckenflächen und in Nassräumen, Bemessung und Ausführung“ und „Fachregel für Dächer mit Abdichtungen – Flachdachrichtlinie“ erforderlich (siehe Abschnitt 1).

Anordnung Auf dem tragenden Untergrund gemäß Abschnitt 2.1

Art Verbundabdichtung entsprechend dem ZDB-Merkblatt „Hinweise für die Ausführung von Abdichtungen im Verbund mit Bekleidungen und Belägen aus Fliesen und Platten für den Innen- und Außenbereich“.

Anschlüsse Abdichtungen sollen an anschließenden, höhergehenden Bauteilen mind. 150 mm über die Belagsoberfläche geführt werden. Sie sind gegen Hinterläufigkeit zu sichern.

Eine Verringerung der Anschlusshöhe im Türbereich ist möglich, wenn bedingt durch die örtlichen Verhältnisse ein einwandfreier Wasserablauf, z. B. durch Rinnen mit Gitterrost, sichergestellt ist. In solchen Fällen sollte die Mindestanschlusshöhe ca. 50 mm betragen. Bei der Entwässerung von Rinnen über Dränage können größere Dränagequerschnitte erforderlich werden.

Geringere Anschlusshöhen als 50 mm und barrierefreie Übergänge gelten als Sonderkonstruktionen, die eine Koordination zwischen Planer und Ausführenden erforderlich machen. Dabei kann die Abdichtung allein die Dichtheit am Türanschluss nicht sicherstellen. Deshalb sind hier besondere Maßnahmen durch den Planer, z. B. Türrahmen mit Anschlussflansch oder Vordächer, erforderlich (siehe auch: Fachregeln für „barrierefreies Bauen").

2.3 Verlegung der Fliesen und Platten im Dünnbett

Untergrund Verbundabdichtung auf tragendem Untergrund mit Gefälle und ebener Oberfläche nach ausreichender Erhärtung.

Verlegung mit hydraulisch erhärtendem Dünnbettmörtel gemäß DIN EN 12004. Eine weitgehend vollflächige Bettung ist anzustreben. Zu empfehlen sind Mörtel der Gruppe C 2 nach DIN EN 12004. Für die Ausführung ist DIN 18157-1/-3 zu beachten. Neben dem kombinierten Verfahren (buttering-floating) können z.B. auch Fließbettmörtel verwendet werden.

2.4 Fliesen und Platten

Art Stranggepresste keramische Fliesen und Platten nach DIN EN 121 (frostbeständig nach DIN EN ISO 10545-12)

Trockengepresste keramische Fliesen und Platten nach DIN EN 176 (frostbeständig nach DIN EN ISO 10545-12)

Bodenklinkerplatten nach DIN 18158

Naturwerkstein (frostbeständig nach DIN 52104-B) und Betonwerkstein nach DIN 18500

Zu bevorzugen sind Beläge in hellen Farben, um extreme Aufheizung durch Sonneneinstrahlung zu vermeiden.
Bei trockengepressten keramischen Fliesen und Platten wird die Verwendung unglasierter Materialien empfohlen.
Naturwerkstein und Betonwerkstein kann durch unterschiedliche Austrocknung zu Farbunterschieden neigen.

2.5 Fugen

2.5.1 Mörtelfugen

Ausbildung Verlegung im Fugenschnitt ist zu bevorzugen.

Art Verfugen nach DIN 18352 „Fliesen- und Plattenarbeiten", DIN 18332 „Naturwerksteinarbeiten" und DIN 18333 „Betonwerksteinarbeiten" mit hydraulisch erhärtendem Fugenmörtel.

2.5.2 Bewegungsfugen

Anordnung Abhängig von Größe und Grundrissgliederung der Belagsfläche, geradlinig durchlaufend.

Abstand Der Abstand richtet sich nach der zu erwartenden Sonnenbestrahlung und der Farbe des Belages. Dementsprechend sind Feldbegrenzungsfugen im Abstand von ca. 2 bis ca. 5 m anzuordnen.

Durch die Anordnung von Rand- und Anschlussfugen ist eine Einspannung der Belagsfläche auszuschließen. Die Felder sollen möglichst ein gedrungenes Seitenverhältnis (bis ca. 1:2) haben.

Breite Je nach Feldgröße, bei Belagsdicken > 10 mm: mind. 10 mm; sonst Mindestbreite = Dicke des Belags.

Tiefe Bis zur Verbundabdichtung.

Verfüllung Mit elastischen Fugenmassen ggf. mit Vorfüllung oder Fugenprofilen.

Fugenfüllstoffe müssen für die Belagsstoffe (z. B. bei Naturwerkstein und Betonwerkstein) geeignet sein.

2.5.3 Gebäudetrennfugen (Bauwerksfugen)

Art Gebäudetrennfugen gehen durch alle tragenden und nichttragenden Teile des Gebäudes oder Bauwerks hindurch und müssen im Belag oder in der Bekleidung an der gleichen Stelle und in der von der Bauplanung vorgesehenen Breite übernommen werden.

2.6 Oberflächengefälle

Die Entwässerung der Belagsfläche muss gewährleistet sein:

Bei Fliesen und Platten mit ebener Oberfläche ca. 1–2 %.
Insbesondere bei rauen, profilierten oder strukturierten Fliesen und Platten kann es auch bei Gefälle zu Feuchtigkeitsrückständen auf der Belagsfläche kommen.
Bei Fliesen und Platten mit profilierter und rauer Oberfläche kann es zweckmäßig sein, das Oberflächengefälle stärker auszubilden.

3 Belagskonstruktionen auf Kies-/Splittschicht oder Stelzlager

3.1 Tragender Untergrund

Art Stahlbetondecke oder andere tragfähige Untergründe. Stehendes Wasser darf nicht zur Durchfeuchtung des Belages führen. Falls erforderlich ist ein Gefälle anzuordnen.

3.2 Dampfsperre

Anordnung Unter der Dämmschicht auf dem Untergrund, soweit erforderlich.

Art Diffusionshemmende Schicht oder Lage mit einem für die Funktion des Schichtenaufbaues ausreichendem Sperrwert z. B. aus:

- Bitumendampfsperrbahnen mit Metalleinlage
- Wärmedämmschicht aus Schaumglas

3.3 Dämmstoffe

Anordnung Über der Dampfsperre, falls erforderlich.

Art Aufgeklebte oder lose verlegte Dämmstoffe. Wärmedämmstoffe müssen für den vorgesehenen Verwendungszweck (Begehen, Befahren) entsprechend ihrem Anwendungstyp geeignet sein. Bei Verwendung von Trittschalldämmstoffen können besondere Maßnahmen erforderlich werden.

Bei Stelzlagern ist die Zusammendrückbarkeit der Dämmstoffe auf den Lasteintrag durch die Stelzlager abzustimmen.

Trittschalldämmstoffe mit einer Zusammendrückbarkeit über 2,0 mm (Differenz zwischen Nenndicke d_L und Dicke unter Belastung d_B) sind nicht geeignet.

Bei einer kombinierten Anwendung von Trittschall- und Wärmedämmplatten sollte der Wärmedämmstoff wegen der geringeren Zusammendrückbarkeit als obere Lage verlegt werden.
Bei Umkehrdachkonstruktionen ist ein Dämmstoff aus extrudergeschäumtem Polystrolschaumstoff nach DIN 18164-1 und DIN V 4108-4 einlagig auf der Abdichtung zu verlegen.

3.4 Abdichtung

Anordnung Auf tragendem Untergrund nach 3.1 bzw. Dampfsperre 3.2.

Art Entsprechend DIN 18195-5 „Bauwerksabdichtungen; Abdichtungen gegen nichtdrückendes Wasser auf Deckenflächen und in Nassräumen, Bemessung und Ausführung“ und „Fachregel für Dächer mit Abdichtungen – Flachdachrichtlinie“.

Ausführung: mäßig oder hoch beansprucht.

Durch eine planmäßige Gefällegebung ist dafür zu sorgen, dass das auf die Abdichtung einwirkende Wasser dauernd wirksam so abgeführt wird, dass es keinen bzw. nur einen geringfügigen hydrostatischen Druck ausüben kann.

Anschlüsse Abdichtungen sollen an anschließenden, höhergehenden Bauteilen mind. 150 mm über die Belagsoberfläche geführt werden. Sie sind gegen Hinterläufigkeit zu sichern.

Eine Verringerung der Anschlusshöhe im Türbereich ist möglich, wenn bedingt durch die örtlichen Verhältnisse ein einwandfreier Wasserablauf, z. B. durch Rinnen mit Gitterrost, sichergestellt ist. In solchen Fällen sollte die Mindestanschlusshöhe ca. 50 mm betragen. Bei der Entwässerung von Rinnen über Dränage können größere Dränagequerschnitte erforderlich werden.

Geringere Anschlusshöhen als 50 mm und barrierefreie Übergänge gelten als Sonderkonstruktionen, die eine Koordination zwischen Planer und Ausführenden erforderlich machen. Dabei kann die Abdichtung allein die Dichtheit am Türanschluss nicht sicherstellen. Deshalb sind hier besondere Maßnahmen durch den Planer, z.B. Türrahmen mit Anschlussflansch oder Vordächer, erforderlich (siehe auch: Fachregeln für „barrierefreies Bauen").

3.5 Schutzlage/Trennschicht/Trennlage/Bautenschutzmatte

Anordnung Schutzlage:
Oberhalb der Abdichtung angeordnete Lage zum Schutz vor mechanischen Einwirkungen.

Auf mehrlagigen Abdichtungen kann, auf einlagigen Abdichtungen muss eine Schutzlage verlegt werden.

Bei Umkehrdachkonstruktionen bildet die Wärmedämmung die Schutzlage für die Abdichtung. Trennlagen über der Wärmedämmung müssen aus diffusionsdurchlässigen, UV-beständigen und verrottungsfesten Kunststofffaservliesen bestehen.

Trennschicht, Trennlage:
Auf der Abdichtung bzw. Schutzlage zum Schutz vor Horizontalkräften aus der Belagskonstruktion.

Art Schutzlage:
Entsprechend DIN 18195-2 „Bauwerksabdichtungen; Stoffe" Abschnitt 5.3 z. B. Geovliese nach DIN 61210, mindestens 300 g/m², mindestens 2,0 mm dick.

Trennschicht, Trennlage:
Entsprechend DIN 18195-2 „Bauwerksabdichtung; Stoffe" Abschnitt 5.2 z. B. Polyethylen-(PE) Folie, mindestens 0,2 mm dick.

3.6 Auflager für Belag

Anordnung Auf der Schutzlage/Trennschicht/Trennlage/Bautenschutzmatte.

a) flächige Auflagerung auf dränagefähiger Splitt-/Kiesschicht ohne Feinanteil, Fugenkreuze

b) punktförmige Auflagerung im Bereich des Fugenkreuzes mit Stelzlagern aus Kunststoff, Gummischeiben, ggf. mit druckverteilender Unterlage

c) punktförmige Auflagerung mit Zementmörtelbatzen (evtl. mit Kunststofffolie umhüllt)

3.7 Fliesen und Platten

Art Großformatige Platten aus Betonwerkstein nach DIN 18500 mit oder ohne Keramikbelag nach DIN EN 121/DIN EN 176 (frostbeständig nach DIN EN ISO 10545-12),

Naturwerkstein (frostbeständig nach DIN 52104-B),

Keramik bzw. Keramikelemente (frostbeständig nach DIN EN ISO 10545-12),

empfohlene Plattengröße ≥ 40/40 cm.

Dicke Empfohlene Dicke ca. 30 mm.

3.8 Fugen des Belages

Art Offene Fugen (Schutzlage erforderlich) oder mit ungebundenen Stoffen verfüllte Fugen.

Breite Bis 10 mm. Anschlussfugen und Bauwerksfugen können breiter ausgeführt werden.

Bei fehlender Entwässerungsmöglichkeit des Belages über die Fugen ist diese durch ein entsprechendes Gefälle der Belagsoberfläche sicherzustellen.

3.9 Bodenabläufe

Anordnung Die Abdichtung ist über Bodenablauf zu entwässern.
Ein Aufsatz bis zur Oberkante des Plattenbelages kann erforderlich sein.
Bodenabläufe sind für Wartungsarbeiten leicht zugänglich anzuordnen.
Bei Umkehrdachkonstruktionen sind die Abläufe so anzuordnen, dass gemäß DIN 4108-2 ein langfristiges Überstauen der Wärmedämmplatten ausgeschlossen ist.

Dränage Bei Verwendung einer Kiesschicht ist der Bodenablauf mit einer ≥ 30 mm dicken Grobkiesschicht zu umgeben oder gleichwertige Maßnahmen.

4 Belagskonstruktionen mit Natur- und Betonwerksteinplatten im Mörtel- oder Splittbett auf mineralischer Tragschicht

4.1 Nutzung

Terrassenbeläge, Gehwege, Hauszugänge.

4.2 Tragender Untergrund

Art Erdplanum des gewachsenen Bodens oder ausreichend verdichtete Anfüllungen.

Bei Belagsflächen, bei denen mit Setzungen des Untergrundes zu rechnen ist, sind andere Konstruktionen (z. B. auf Betontragschicht) zu wählen. Dies ist z. B. bei Auffüllungen der Fall.

Entwässerung Es ist für eine ausreichende Entwässerung des Unterbaus zu sorgen; bei bindigen Böden durch die Anordnung von Gefälle im Erdplanum und erforderlichenfalls durch eine Dränage.

4.3 Mineralische Tragschicht

Anordnung Auf Erdplanum.

Art Mischkies, Mineralgemisch oder Schotter 0/45 mm, verdichtet als kapillarbrechende Schicht.

Dicke Entsprechend der Verkehrslast, ca. 10 bis 30 cm.

4.4 Wasserdurchlässige Abdeckung

Anordnung Auf mineralischer Tragschicht.

Art Z. B. wasserdurchlässiges Glasvlies, gelochte Folien.

4.5 Verlegung im Mörtel- oder Splittbett

Anordnung Auf der abgedeckten mineralischen Tragschicht.

Art und Dicke des Mörtel- oder Splittbettes Zementmörtel (Einkornmörtel) 1:5 bis 1:6 nach Raumteilen (Zuschlag 4/8 mm), je nach Plattenbelag ca. 50 mm dick.
Bei Verwendung von Naturwerksteinplatten ist Portlandpuzzolanzementmörtel (Trasszement) einzusetzen.
Splittbettung ca. 50 mm dick.

4.6 Oberflächengefälle

Die Entwässerung der Belagsfläche muss gewährleistet sein:

Bei Fliesen und Platten mit ebener Oberfläche ca. 1–2 %.
Insbesondere bei rauen, profilierten oder strukturierten Fliesen und Platten kann es auch bei Gefälle zu Feuchtigkeitsrückständen auf der Belagsfläche kommen.
Bei Fliesen und Platten mit profilierter und rauer Oberfläche kann es zweckmäßig sein, das Oberflächengefälle stärker auszubilden.

4.7 Fliesen und Platten

Art Großformatige Platten aus Betonwerkstein nach DIN 18500 mit oder ohne Keramikbelag nach DIN EN 121/DIN EN 176 (frostbeständig nach DIN EN ISO 10545-12),

Naturwerkstein (frostbeständig nach DIN 52104-B),

Keramik bzw. Keramikelemente (frostbeständig nach DIN EN ISO 10545-12),

empfohlene Plattengröße ≥ 40/40 cm.

Dicke Mindestens 30 mm.

4.8 Fugen des Belages

Art Offen bzw. mit Brechsand, Splitt oder mit magerem Portlandpuzzolanzementmörtel (Trasszement) gefüllt.

Breite Bis 15 mm in Abhängigkeit von Material und Plattenformat; bei polygonal und handbekanteten Platten auch breiter.

5 Systemskizzen

Systemskizze zu 1:
Belagskonstruktionen mit Abdichtungen
nach DIN 18195

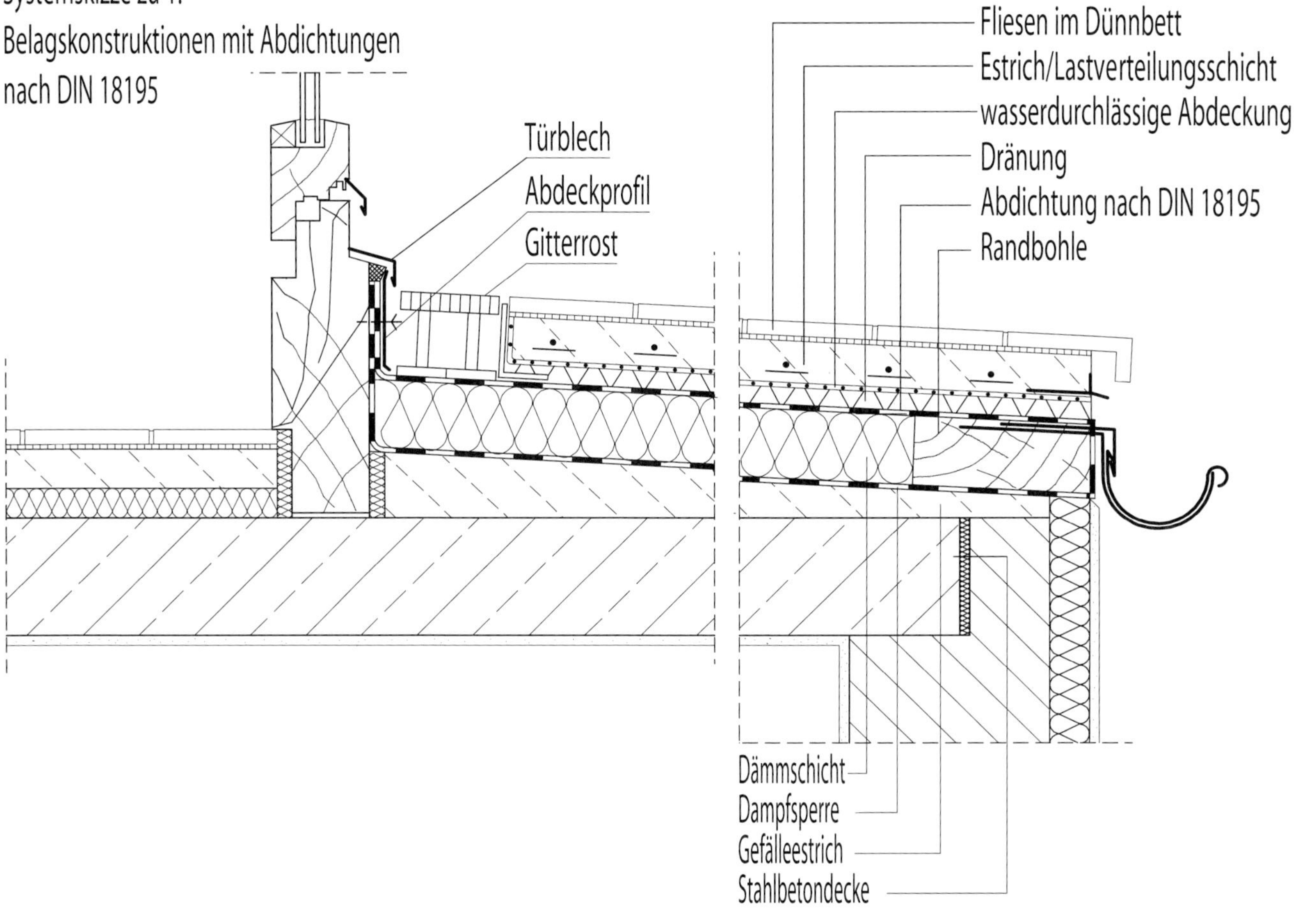

Systemskizze zu 1:
Belagskonstruktionen mit Abdichtungen
nach DIN 18195

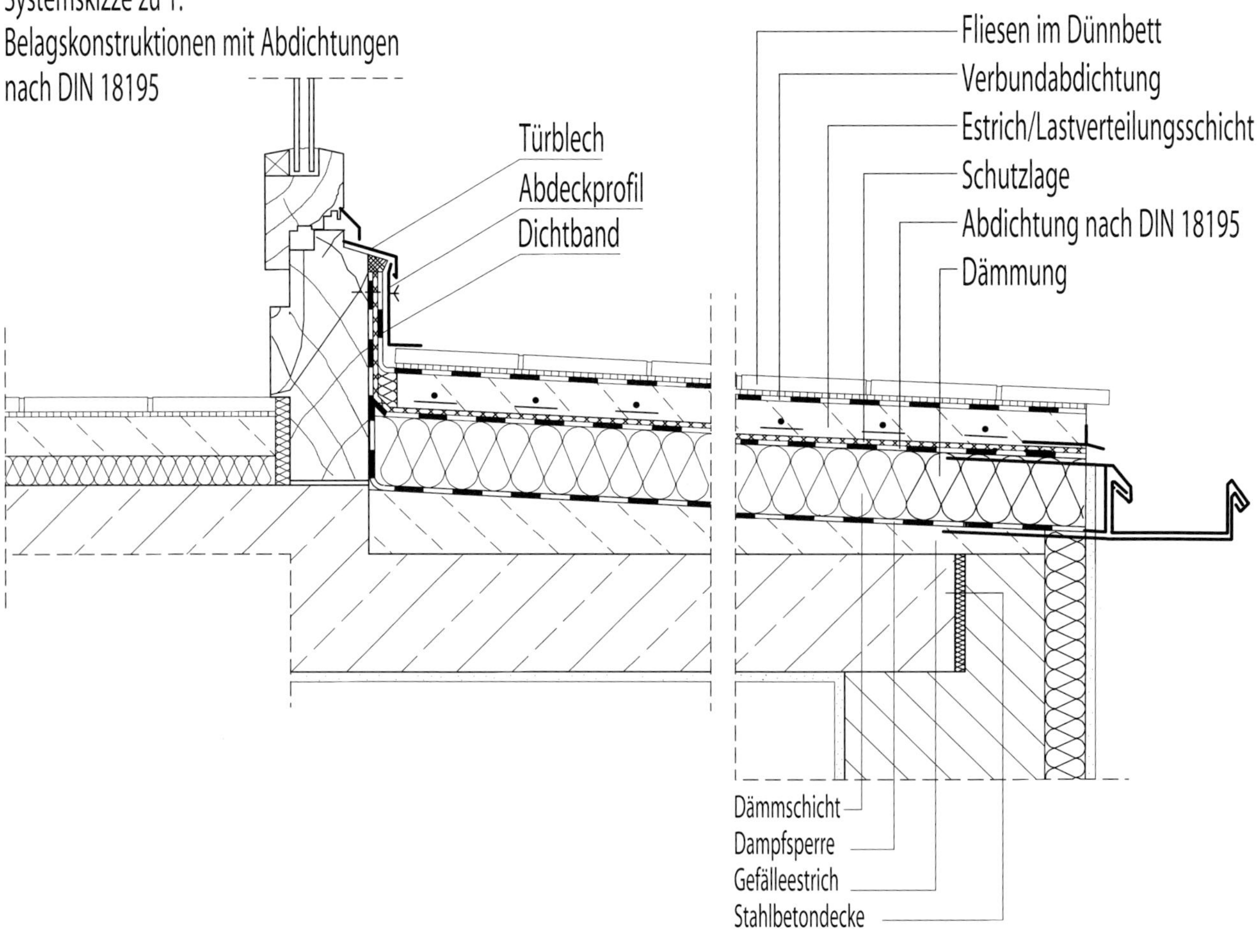

Systemskizze zu 1:
Belagskonstruktionen mit Abdichtungen
nach DIN 18195

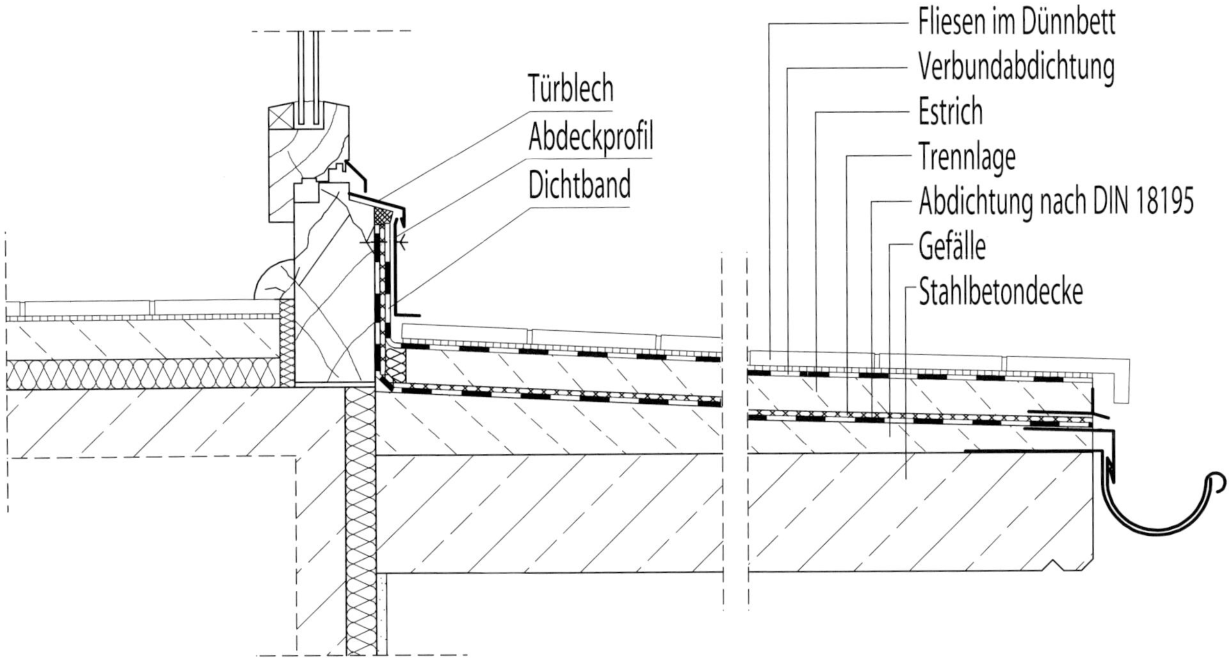

Systemskizzen zu 1:
Belagskonstruktionen mit Abdichtungen
nach DIN 18195

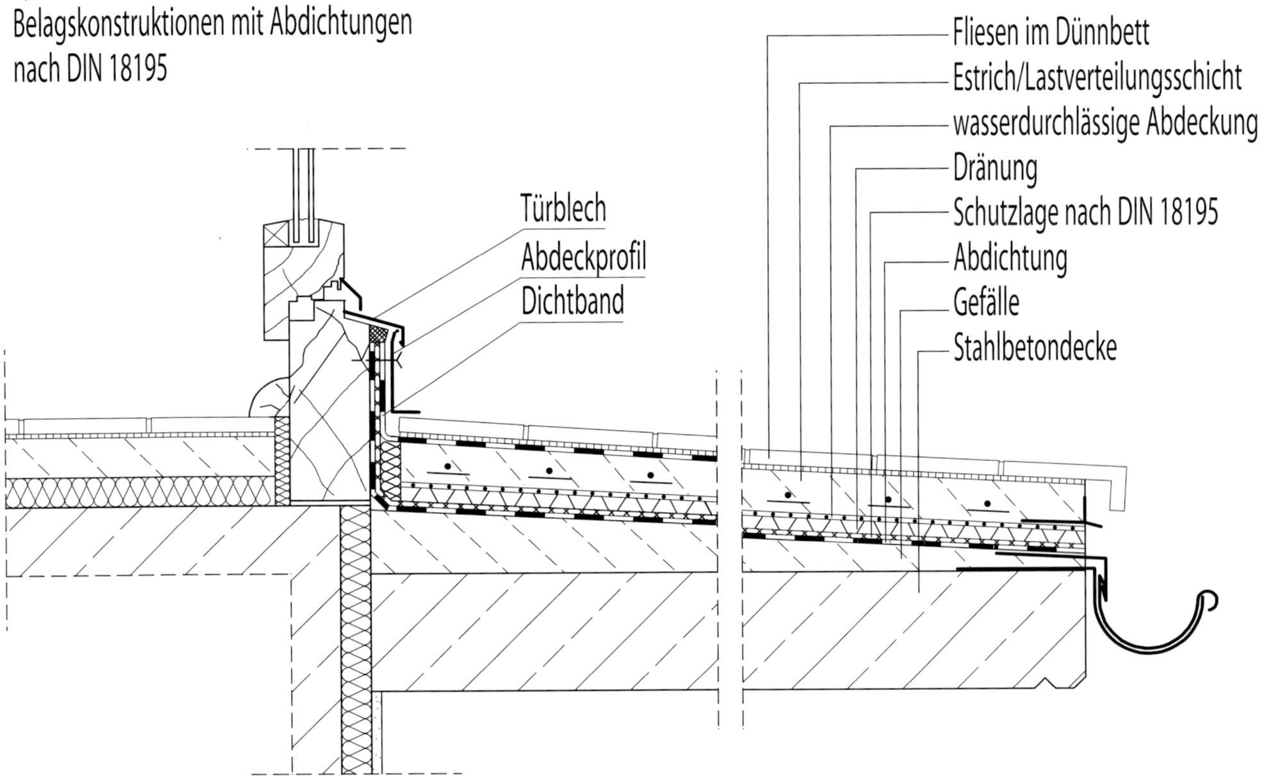

Systemskizze zu 2:
Belagskonstruktionen mit
Verbundabdichtung

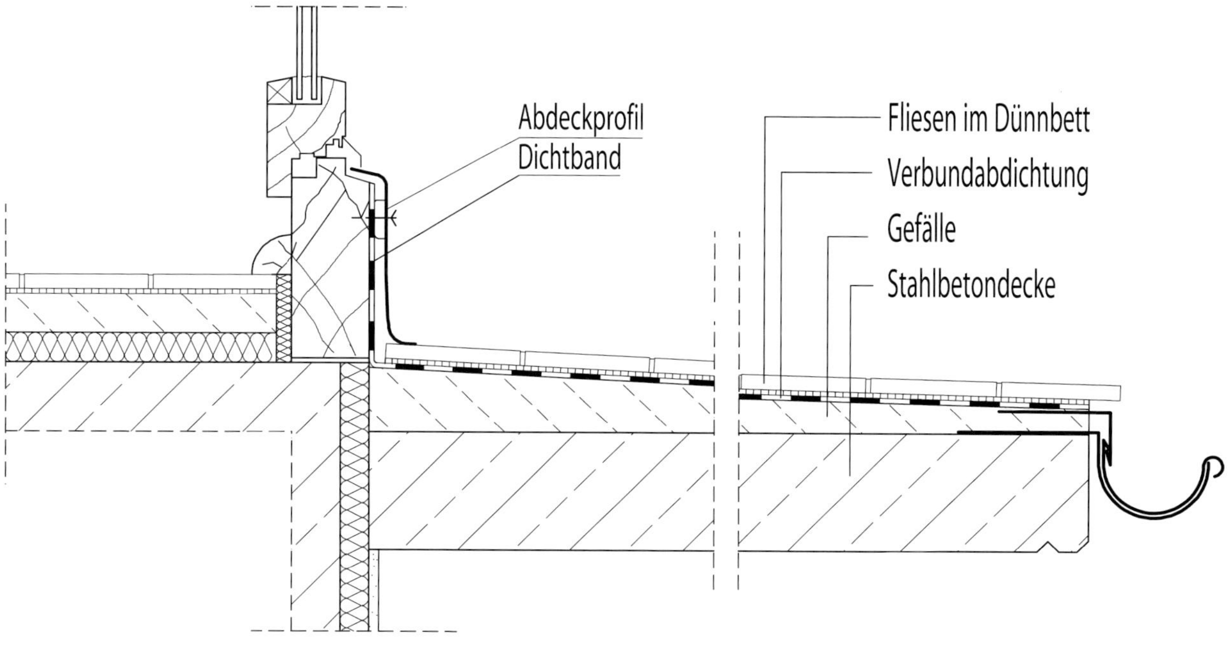

Systemskizze zu 3:
Belagskonstruktionen auf Kies-/Splittschicht

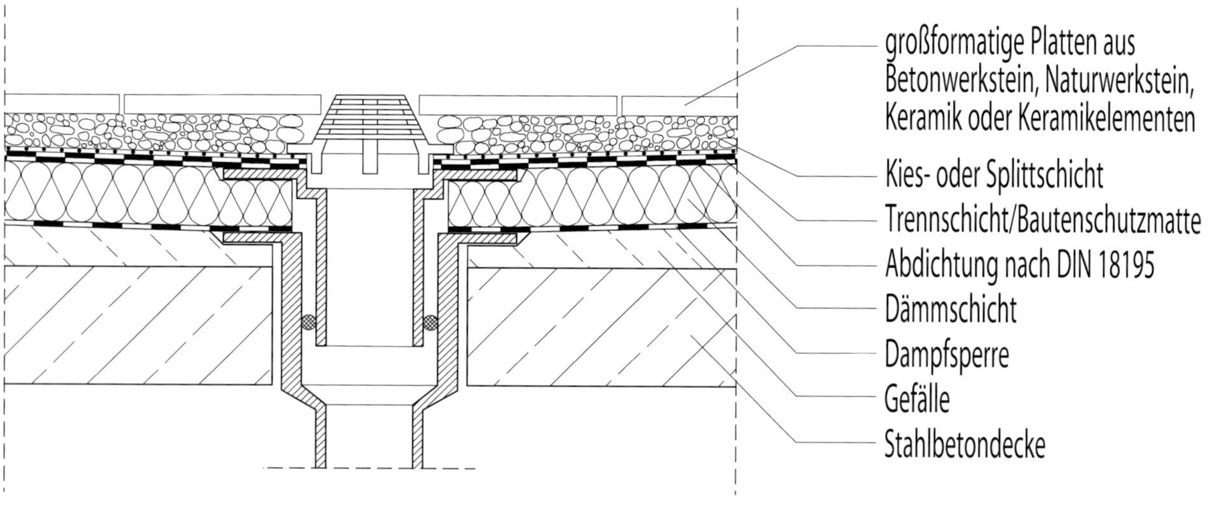

Systemskizze zu 3:
Belagskonstruktionen auf Stelzlager

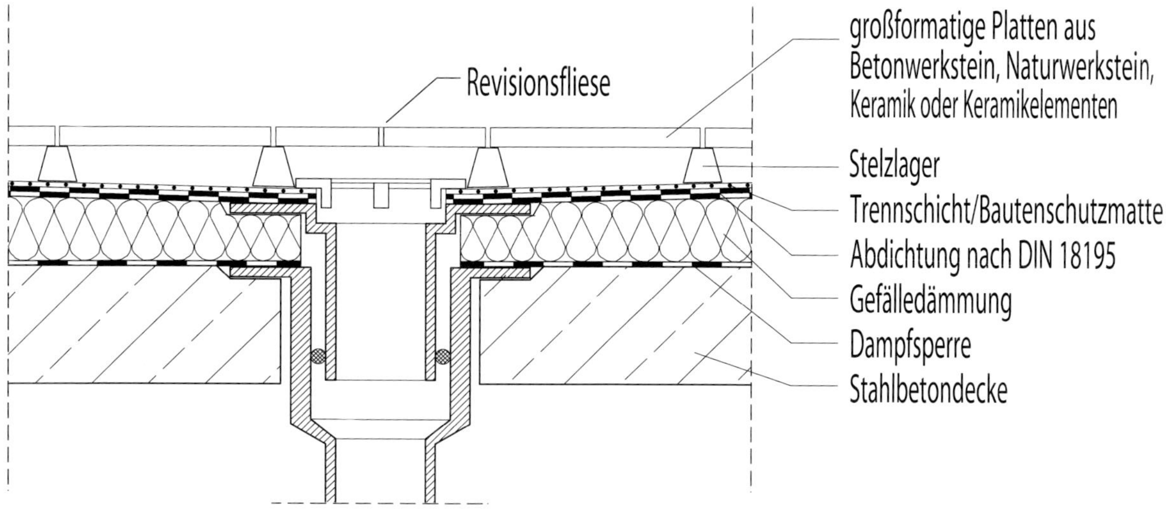

Systemskizze zu 4:
Verlegung von Natur- und Betonwerksteinplatten in Mörtel- oder Splittbett auf mineralischer Tragschicht

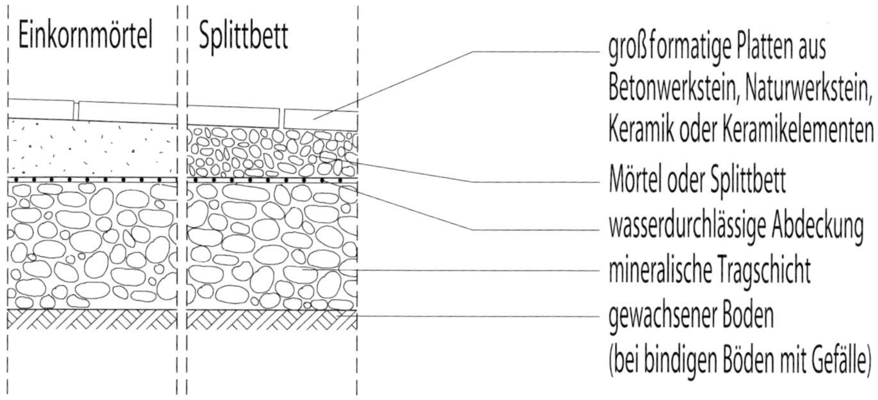

6 Zitierte Normen und Schriften

DIN 18195-2 Bauwerksabdichtungen – Teil 2: Stoffe Ausgabe: 2000-08

DIN 18195-5 Bauwerksabdichtungen – Teil 5: Abdichtungen gegen nichtdrückendes Wasser auf Deckenflächen und in Nassräumen; Bemessung und Ausführung; Ausgabe: 2000-08

DIN 61210 Vliese, verfestigte Vliese (Filze, Vliesstoffe, Watten) und Vliesverbundstoffe auf Basis textiler Fasern; Technologische Einteilung; Ausgabe: 1982-01

DIN 18560-2 Estriche im Bauwesen; Estriche und Heizestriche auf Dämmschichten (schwimmende Estriche); Ausgabe: 1992-05

DIN 1164 Zement mit besonderen Eigenschaften – Zusammensetzung, Anforderungen, Übereinstimmungsnachweis; Ausgabe: 2000-11

DIN 488-4 Betonstahl; Betonstahlmatten und Bewehrungsdraht; Aufbau, Maße und Gewichte; Ausgabe: 1986-06

DIN EN 12004 Mörtel und Klebstoffe für Fliesen und Platten – Definitionen und Spezifikationen; Deutsche Fassung EN 12004:2001 Ausgabe: 2001-07

DIN 18157-1 Ausführung keramischer Bekleidungen im Dünnbettverfahren; Hydraulisch erhärtende Dünnbettmörtel; Ausgabe: 1979-07

DIN 18157-3 Dokumentart N Titel (deutsch) Ausführung keramischer Bekleidungen im Dünnbettverfahren; Epoxidharzklebstoffe; Ausgabe: 1986-04

DIN EN ISO 10545-12 Keramische Fliesen und Platten – Teil 12: Bestimmung der Frostbeständigkeit (ISO 10545-12:1995); Ausgabe:1997-12

DIN 18158 Bodenklinkerplatten Ausgabe: 1986-09

DIN 52104-1, B Prüfung von Naturstein; Frost-Tau-Wechsel-Versuch; Verfahren A bis Q Ausgabe: 1982-11

DIN 18500 Betonwerkstein; Begriffe, Anforderungen, Prüfung, Überwachung Ausgabe: 1991-04

DIN 18352 VOB Verdingungsordnung für Bauleistungen – Teil C: Allgemeine Technische Vertragsbedingungen für Bauleistungen (ATV); Fliesen- und Plattenarbeiten; Ausgabe: 2000-12

DIN 18332 VOB Verdingungsordnung für Bauleistungen – Teil C: Allgemeine Technische Vertragsbedingungen für Bauleistungen (ATV); Naturwerksteinarbeiten; Ausgabe: 2000-12

DIN 18333 VOB Verdingungsordnung für Bauleistungen – Teil C: Allgemeine Technische Vertragsbedingungen für Bauleistungen (ATV); Betonwerksteinarbeiten Ausgabe: 2000-12

Fachregeln für barrierefreies Bauen

DIN 18024-1 Barrierefreies Bauen – Teil 1: Straßen, Plätze, Wege, öffentliche Verkehrs- und Grünanlagen sowie Spielplätze; Planungsgrundlagen; Ausgabe: 1998-01

DIN 18024-2 Barrierefreies Bauen – Teil 2: Öffentlich zugängige Gebäude und Arbeitsstätten, Planungsgrundlagen; Ausgabe: 1996-11

DIN 18025-1 Barrierefreie Wohnungen; Wohnungen für Rollstuhlbenutzer; Planungsgrundlagen; Ausgabe: 1992-12

DIN 18025-2 Barrierefreie Wohnungen; Planungsgrundlagen; Ausgabe: 1992-12

enthalten in: DIN-Taschenbuch 199 Barrierefreies Planen und Bauen; Ausgabe: 1999-09

Merkblatt:
„Hinweise für die Ausführung von Abdichtungen im Verbund mit Bekleidungen und Belägen aus Fliesen und Platten für den Innen- und Außenbereich“; Ausgabe: August 2000; Herausgeber: Fachverband Deutsches Fliesengewerbe im Zentralverband des Deutschen Baugewerbes e.V., Berlin

Regeln für Dächer mit Abdichtungen – mit Neufassung der Flachdachrichtlinien – Ausgabe: September 2001; Herausgeber: Zentralverband des Deutschen Dachdeckerhandwerks – Fachverband Dach-, Wand- und Abdichtungstechnik – e.V., Köln

6.1 Sonstige Hinweise

Merkblatt:
„Hinweise für Estriche im Freien, Zement-Estriche auf Balkonen und Terrassen“; Ausgabe: Juli 1999; Herausgeber: BEB Bundesverband Estrich und Belag e.V., Troisdorf

2.11.5 Fragen

1. Beschreiben Sie den Unterschied zwischen Balkon und Terrasse!
2. Welche Belagskonstruktionen kommen für Balkone und Terrassen infrage?
3. Wo werden Belagskonstruktionen mit Dämmschichten und Abdichtungen nach DIN 18195 eingesetzt?
4. Beschreiben Sie den Terrassenaufbau über beheizten Räumen!
5. Wo muss der Gefälleestrich angeordnet sein?
6. Welche Mindestdicke muss der Gefälleestrich haben?
7. Welches Gefälle sollte eingehalten werden?
8. Wozu dient die Dampfsperre?
9. Welches Material eignet sich als Dampfsperre?
10. Wo werden die Dämmschichten angeordnet?
11. Wodurch wird die Dicke der Dämmschicht bestimmt?
12. Welche Dämmstoffarten können bezüglich ihres Verwendungszwecks eingesetzt werden?
13. Welche Trittschalldämmstoffe sind zu bevorzugen?
14. Wie ist die Anordnung bei einer kombinierten Anwendung von Trittschall- und Wärmedämmstoffen?
15. Welche Abdichtungssysteme gibt es für Balkone und Terrassen?
16. Wo wird die Bahnenabdichtung nach DIN 18195 angeordnet?
17. Welcher Beanspruchungsart muss die Abdichtung genügen?
18. Welche Arbeitsregeln gelten für die Anordnung der Dichtungsbahnen und der Stoßüberlappungen?
19. Wie sind die Abdichtungen an anschließenden Bauteilen auszuführen?
20. Wie ist bei Türen zu verfahren, bei denen eine Hochführung der Abdichtung nicht möglich ist?
21. Welche Aufgaben hat die Trennschicht?
22. Wo wird die Trennschicht angeordnet?
23. Woraus kann eine Trennschicht hergestellt werden?
24. Welche Aufgabe hat die Dränschicht?
25. Wie kann die Dränschicht praktisch ausgeführt werden? Beschreiben Sie die einzelnen Systeme!
26. Wie wird das Eindringen des Mörtels/des Mörtelwassers in die Dränschicht verhindert?
27. Ist die Dränschicht in jedem Fall erforderlich?
28. Nennen Sie Art und Zusammensetzung der Lastverteilungsschicht LVS!
29. Wie dick muss die LVS mindestens sein?
30. Beschreiben Sie die Anordnung, die Art und die Aufgabe der Estrichbewehrung!
31. Wie ist der Randabschluss der Lastverteilungsschicht auszuführen?
32. Ist eine Bewehrung der Lastverteilungsschicht erforderlich?
33. Welche Zusatzmittel für die Lastverteilungsschicht können verwendet werden?
34. Was ist bei der Auswahl der Zusatzmittel zu beachten?
35. Kann die LVS auch als Mörtelbett ausgeführt werden? Beschreiben Sie die entsprechende Arbeitsweise!
36. Welche Voraussetzungen muss die LVS für die Belegung im Dünnbett erfüllen?
37. Welche Mörtel und Klebstoffe eignen sich für das Dünnbettverfahren?
38. Nennen Sie geeignete Belagsmaterialien!
39. Welche Empfehlungen gibt es bezüglich der Farben, der Oberflächen und der Fugen?
40. Welche Fugenmörtel sind geeignet?
41. Wo sind Bewegungsfugen anzuordnen?
42. Nennen Sie Breite und Tiefe der Bewegungsfugen!
43. Was ist eine Belagskonstruktion ohne Dämmschichten?
44. Wie beurteilen Sie die Notwendigkeit einer Abdichtung bei Balkonen?
45. Beschreiben Sie den Aufbau eines Balkonbelags ohne Dämmschichten!
46. Beschreiben Sie die Verlegung der Fliesen und Platten im Dünnbett!
47. Beschreiben Sie Anordnung, Abstand, Breite und Tiefe der Bewegungsfugen!
48. Wie kann bei der Verlegung auf Splitt/Kiesschicht oder Stelzlager ein unterlüfteter Balkon- oder Terrassenbelag hergestellt werden?
49. Erklären Sie Anordnung und Ausführung von Dampfsperre und Abdichtung beim unterlüfteten Belag!
50. Woraus kann das Auflager für den unterlüfteten Belag bestehen?
51. Nennen Sie Art und Dicke geeigneter Fliesen und Platten für eine Verlegung auf Splitt/Kiesschicht oder Stelzlager!
52. Nennen Sie Vor- und Nachteile von unterlüfteten Terrassenbelägen!
53. Wie wird ein unterlüfteter Terrassenbelag entwässert?
54. Erklären Sie Aufgaben, Ausführung und Breite der Fugen!
55. Welche Anwendungsgebiete gibt es für die Verlegung großformatiger Natur- oder Betonwerksteinplatten im Mörtel- oder Splittbett?
56. Welche Konstruktionsarten gibt es bei Bodenbelägen auf mineralischen Tragschichten?
57. Beschreiben Sie den Aufbau eines Terrassenbelages in Mörtel auf einer Stahlbetonplatte über mineralischer Tragschicht (Kiesschicht)!
58. Beschreiben Sie den Aufbau eines Terrassenbelages in Mörtel auf mineralischer Tragschicht!
59. Welche Empfehlung gibt es für die Verlegung von verfärbungsempfindlichen Naturwerksteinen?
60. Ist die Verlegung eines Terrassenbelages über mineralischen Tragschichten im Dünnbett möglich?
61. Welche konstruktiven und materialtechnischen Eigenschaften sind hierfür erforderlich?
62. Wie verhalten Sie sich, wenn ein Bauherr Balkon- oder Terrassenbeläge aus Cotto wünscht?

2.11.6 Antworten

1. Ein Balkon ist vor der Außenwand eines Gebäudes waagerecht angeordnetes Bauteil, das auf drei Seiten dem Außenklima ausgesetzt ist (Oberfläche, Unterfläche, Stirnfläche).
   Eine Terrasse ist eine Fläche im Außenbereich über Erdreich oder über beheizten oder unbeheizten Räumen.
2. Es kommen folgende Konstruktionen infrage:
   a) mit Dämmschichten und Abdichtung
   b) ohne Dämmung, mit Abdichtung
   c) ohne Dämmung, mit Verbundabdichtung
   d) Verlegung auf Splitt oder Stelzlager
   e) Verlegung in Mörtel- oder Splittbett auf mineralischer Tragschicht
   f) Verlegung in Mörtel auf Betontragplatte
3. Bei Terrassenbelägen über beheizten oder unbeheizten Räumen
4. Rohdecke mit Gefälle, Dampfsperre, Dämmschicht, Abdichtung, Trennschicht, Dränschicht, Lastverteilungsschicht mit Bewehrung, Belag
5. Der Gefälleestrich muss direkt auf der Rohdecke, unterhalb der Dampfsperre angeordnet sein. Die gesamte Belagskonstruktion muss im Gefälle liegen.
6. Ein Gefälleestrich benötigt eine Mindestdicke von 2 cm.
7. Das empfohlene Gefälle liegt zwischen 1 und 2 %.
8. Die Dampfsperre soll die Dämmung vor von unten aufsteigender Feuchtigkeit schützen.
9. Bitumenschweißbahnen, Bitumenschweißbahnen mit kombinierten Trägereinlagen aus Glasvlies und Metallband (Typ V 60 S 4 + Al 01), Polymerbitumen-Dachdichtungsbahnen
10. Dämmschichten werden über der Dampfsperre und unter der Abdichtung angeordnet.
11. Die Dicke der Dämmschichten wird durch die Anforderungen der Wärmeschutzverordnung EnEV bestimmt.
12. Es können Wärmedämmstoffe (W) und Trittschalldämmstoffe (T) eingesetzt werden.
13. Trittschalldämmstoffe mit geringer Zusammendrückbarkeit ≤ 2 mm sind zu bevorzugen.
14. Bei einer kombinierten Anwendung von Trittschall- und Wärmedämmplatten sollte der Wärmedämmstoff wegen der geringen Zusammendrückbarkeit als obere Lage verlegt werden.
15. Bahnenabdichtung nach DIN 18195 und Abdichtungen im Verbund mit den Belägen (alternative Abdichtung, Verbundabdichtung) nach dem ZDB-Merkblatt
16. Die Bahnenabdichtung wird über der Dämmschicht, unterhalb der Lastverteilungsschicht angeordnet.
17. Die Abdichtung muss den Anforderungen entsprechend »hoch beansprucht« genügen.
18. Abdichtungsbahnen sind in Gefällerichtung anzuordnen; Stoßüberlappungen quer zur Gefällerichtung sind zu vermeiden.
19. Abdichtungen sind am anschließenden, höher gehenden Bauteil mindestens 150 mm über die Belagsoberfläche hochzuführen und zu sichern.
20. Bei Türen sind besondere Maßnahmen gegen das Eindringen von Wasser oder das Hinterlaufen der Abdichtung einzuplanen. Die Abdichtung ist mindestens 50 mm über Belagsoberfläche hochzuführen.
21. Die Trennschicht soll die konstruktive Abtrennung zwischen den unteren Schichten und der Lastverteilungsschicht herbeiführen.
22. Über der Abdichtung, unterhalb der Lastverteilungsschicht
23. Eine Trennschicht kann aus zwei Lagen Polyethylen(PE)-Folie bestehen.
24. Die Dränschicht soll das durch die Lastverteilungsschicht sickernde Wasser abführen.
25. Dränschichten können aus Dränmatten oder Dränplatten sowie aus einer Kiesschicht ohne Feinanteile bestehen. Die Systeme müssen kapillarbrechend sein.
26. Das Eindringen des Mörtels in die Dränschicht (Kiesschicht) wird durch eine wasserdurchlässige Abdeckung verhindert.
27. Lastverteilungsschichten mit Abdichtungen im Verbund erfordern keine Dränschichten.
28. Die LVS ist ein schwimmender Estrich, der sich aus Bindemittel, (z. B. Portlandpuzzolanzement CEM II/A-P, CEM II/P-B, Hochofenzement CEM III/A oder CEM III/B) und Zuschlag 0–8 mm zusammensetzt.
29. Die Lastverteilungsschicht muss mindestens 50 mm dick sein.
30. Die Bewehrung wird in der Lastverteilungsschicht angeordnet. Sie kann aus Betonstahlmatten z. B. N 94, Betonstahlgitter 50/50 cm, 75/75 cm, 100/100 cm oder Estrichfasern bestehen. Ihre Aufgabe ist die Aufnahme der schwindungsbedingten Spannungen. Die Bewehrung ist eine »nicht statische« Bewehrung.
31. Der Randabschluss ist gegen eindringende Feuchtigkeit zu schützen, z. B. durch Profile oder eine Abdeckung.
32. Die Bewehrung von schwimmenden Estrichen als Lastverteilungsschicht gilt als erforderlich.
33. Als Zusatzmittel kommen Verzögerer, Verflüssiger oder Elastifizierer infrage.
34. Zusatzmittel dürfen keine Ausblühungen oder Ausscheidungen begünstigen. Sie dürfen keine Alkali-, Erdalkalisalze oder Alkalisilikatverbindungen enthalten.
35. Die Lastverteilungsschicht kann auch als Mörtelbett für die Verlegung von Fliesen und Platten eingebracht werden.
    Auf die frisch aufgebrachte Lastverteilungsschicht wird eine Schlämme aus Zement, Sand oder hydraulisch erhärtendem Dünnbettmörtel oder werkgemischter Haftschlämme als Verbundschicht aufgetragen. In diese Verbundschicht werden Fliesen und Platten verlegt.
36. Als Voraussetzung gelten eine ebene Oberfläche und eine ausreichende Erhärtung.
37. Geeignet sind hydraulisch erhärtende Dünnbettmörtel nach DIN EN 12004 Gruppe C 2.
38. Stranggepresste keramische Fliesen und Platten (frostbeständig), trockengepresste keramische Fliesen und Platten (frostbeständig), Bodenklinkerplatten, Naturwerkstein und Betonwerkstein (frostbeständig)
39. Helle Farben sind zu bevorzugen, die Oberfläche soll bei trockengepressten Fliesen und Platten unglasiert sein, die Fugen sind im Fugenschnitt anzulegen.
40. Als Fugenmörtel eignen sich Zementmörtel und hydraulisch erhärtende Fugenmörtel.

41. Bewegungsfugen sind als Feldbegrenzungsfugen in Abständen von 2,00 bis 5,00 m anzuordnen. Durch die Anordnung von Rand- und Anschlussfugen ist die Einspannung der Beläge auszuschließen.
42. Die Breite von Bewegungsfugen ist ca. 10 mm. Die Tiefe geht bis zur Trennschicht bzw. Dränschicht.
43. Eine Kragplatte ist eine aus einem Gebäude herausragende Verlängerung einer Geschossdecke als Balkonplatte.
44. Beläge auf Balkonen werden nach dem heutigen Stand der Technik grundsätzlich abgedichtet, in der Regel durch eine Verbundabdichtung.
45. Tragender Untergrund, Abdichtung im Verbund, Belag aus Fliesen oder Platten
46. Verlegung mit hydraulisch erhärtendem Dünnbettmörtel nach DIN EN 12004, eine vollflächige Bettung ist anzustreben, empfohlen wird das kombinierte Verfahren (buttering-floating)
47. Entsprechend der Ausführung von Konstruktionen mit Dämmung und Abdichtung sind Bewegungsfugen als Feldbegrenzungsfugen in Abständen von 2,00 bis 5,00 m anzuordnen. Die Breite ist ca. 10 mm, die Tiefe geht bis zur Trennschicht bzw. Dränschicht.
48. Auf dem tragenden Untergrund wird eine Dampfsperre, die Dämmung und eine Bahnenabdichtung nach DIN 18195 angeordnet. Auf der Trennschicht/Bauschutzmatte wird das Auflager für den Belag und der Belag selbst aufgebracht.
49. Die Dampfsperre wird direkt auf dem tragenden Grund angeordnet. Die Abdichtung wird über der Dämmung aufgebaut.
50. Das Auflager kann aus einer Kiesschicht 2–8 mm, ohne Feinanteile oder punktförmigen Stelzlagern im Bereich des Fugenkreuzes aus Kunststoff, Gummischeiben oder Mörtelbatzen in Kunststoff-Folien bestehen.
51. Großformatige Platten aus Betonwerkstein, mit und ohne Keramikbelag, Naturwerkstein, Keramik bzw. Keramikelemente.
Größe mindestens 40/40 cm, Dicke mindestens 30 mm
52. Die Belagsoberfläche ist waagerecht; die Entwässerung erfolgt über die offenen Fugen in der unteren Ebene. Die Ebene unter dem Belag kann zur Vermoosung oder Veralgung neigen.
53. Die Entwässerung erfolgt über einen Bodenablauf innerhalb der Fläche oder über eine Rinne am Rand der Fläche.
54. Die Fugen dienen zur Entwässerung und zum Ausgleich der Größenunterschiede der Platten. Sie bleiben offen oder werden mit ungebundenen Stoffen geschlossen. Die Breite ist bis 10 mm.
55. Terrassenbeläge, Gehwege und leichte Fahrwege, Hauszugänge, Garageneinfahrten, Gartenplattenbeläge
56. Verlegung im Mörtel- oder Splittbett auf mineralischer Tragschicht und auf Betontragplatte
57. Tragender Untergrund/Erdplanum, Entwässerung, mineralische Tragschicht, wasserdurchlässige Abdeckung, Betontragplatte 15 cm, Belag in Mörtelbett
58. Tragender Untergrund/Erdplanum, Entwässerung, mineralische Tragschicht, wasserdurchlässige Abdeckung, Mörtelbett ca. 5 cm, Belag
59. Bei Naturwerksteinplatten ist Portlandpuzzolanzementmörtel einzusetzen.
60. Die Verlegung im Dünnbett ist möglich; sie ist in vielen Beispielen praktisch bewährt.
61. Der Verlegeuntergrund muss für das Dünnbettverfahren geeignet sein. Es muss ein geeigneter Dünnbettmörtel verwendet werden.
62. Die Ausführung ist möglich; vom Hersteller des Cotto sollte ein Prüfzeugnis über die Frostbeständigkeit und über die Eignung für die gewünschte Verwendung verlangt werden. Der Cotto sollte keine Oberflächenbehandlung erhalten, nicht versiegelt und nicht glasiert sein.

2.12 Außenwandbekleidungen

2.12.1 Stichworte zum Thema

- Ausführung direkt auf dem Ansetzuntergrund ohne Wärmedämmung
- Ausführung auf Außendämmung mit bewehrtem Unterputz und Verankerung
- Beanspruchungen einer Außenwandbekleidung
- Anordnung und Ausführung der Bewegungsfugen
- Auswahl der geeigneten Baustoffe und der geeigneten Fliesen und Platten

2.12.2 Regelwerke

DIN 18515-1 Außenwandbekleidungen – Angemörtelte Fliesen oder Platten – Grundsätze für Planung und Ausführung (siehe S. 191)

DIN 18515-2 Außenwandbekleidungen – Anmauerung auf Aufstandsflächen – Grundsätze für Planung und Ausführung (siehe S. 195)

Wesentliche Inhalte der Norm

Anwendungsbereich
Definitionen
Baustoffe
Anforderungen an Außenwände und Ansetzflächen
An die Außenwand unmittelbar angesetzte Außenwandbekleidungen
Herstellung von Ansetzflächen für Fliesen und Platten auf Wärmedämmschichten

2.12.3 Fall aus der Praxis

Eine Fassade soll mit keramischen Fliesen als angemörtelte Außenwandbekleidung ausgeführt werden.

Zur Verbesserung der Wärmedämmung ist eine Außendämmung vorgesehen.

Beschreiben Sie ausführlich
- den Schichtenaufbau der Außenwandbekleidung,
- die Anforderungen und Eigenschaften der vorgesehenen Baustoffe,
- den zeitlichen Ablauf der einzelnen Arbeitsschritte, auch mit den erforderlichen Nebenleistungen.

Abb. 2.48: Wandbeläge außerhalb von Gebäuden

Lösung

Der Schichtenaufbau der angemörtelten Außenwandbekleidung mit Wärmedämmung (Außendämmung) sieht folgendermaßen aus:

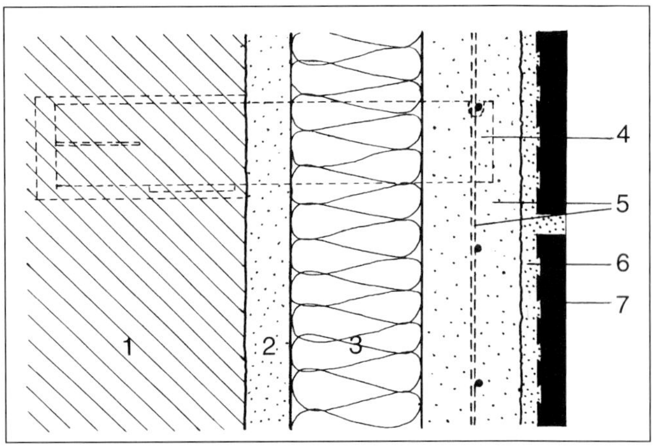

1 Untergrund (Mauerwerk, Beton)
2 falls erforderlich: Ausgleichsputz
3 Wärmedämmschicht
4 biegesteife Traganker
5 bewehrter Unterputz mit Lastabtragung
6 Ansetzmörtel
7 keramische Wandbekleidung

Abb. 2.49: Schichtenaufbau einer Außenwandbekleidung

Anforderungen und Eigenschaften an die vorgesehenen Baustoffe und Bauteile

Untergrund:	tragfähig für das Eigengewicht der Bekleidung, die Windlasten, die Kräfte der Wärmebewegungen (thermische Bewegungen), z. B. Stahlbeton nach DIN 1045 und Mauerwerk nach DIN 1053, Steinfestigkeitsklasse 12, Mörtelgruppe II, keine durchgehenden Risse, offene Fugen, offene Schalungsanker- und Gerüstlöcher
Ausgleichsputz:	zum Ausgleich von Unebenheiten vor Aufbringung der Dämmplatten

Wärmedämmschicht:	Schaumkunststoffe oder Faserdämmstoffe, Anwendungstyp WD, Wasser abweisend und feuchtigkeitsbeständig, dampfdiffusionsoffen Ein Dampfdiffusionsnachweis muss geführt werden.
Anker:	tragfähige Anker aus nicht rostendem Stahl; Einsetzen nach dem Raster der Bewehrung; statischer Nachweis für die Anker und die Abstände erforderlich
Kontaktschlämme:	Anforderungen an Putzträger: abgestufter Kornaufbau 0,063 bis 0,125 mm, mindestens 50 % organische Zusätze
Bewehrter Unterputz:	zweilagiger Tragputz, Mörtelgruppe P III B, 25 bis 35 mm Gesamtdicke Die erste Lage führt bis zur Bewehrung in Putzmitte.
Bewehrung:	Baustahlmatte aus nicht rostendem Stahl, Maschenweite 50 x 50 mm, Stabdurchmesser 2 mm, kraftschlüssiger Verbund zu den Ankern
Ansetzen:	Dickbett: Ansetzmörtel/Zementmörtel 1:4, Körnung 0 bis 4 mm, 15 mm dick Dünnbett: mit hydraulisch erhärtendem Dünnbettmörtel mindestens 3 mm dick
Bekleidung:	Fliesen und Platten, deren Frostbeständigkeit nachgewiesen ist
Bewegungsfugen:	horizontale Feldbegrenzungsfugen im Abstand von höchstens 3,0 m, vertikale Feldbegrenzungsfugen im Abstand von höchstens 6,0 m
Gesamtdicke der Konstruktion:	Dickbett höchstens 50 mm, Dünnbett höchstens 40 mm

Zeitlicher Ablauf

Die einzelnen Arbeitsschritte werden zügig nacheinander abgewickelt. Wie bei allen Arbeiten im Freien sind günstige Witterungsverhältnisse auszunutzen. Wind, Regen, Kälte und starke Sonneneinstrahlung wirken sich ungünstig auf die Arbeiten aus.

Bei der Herstellung des Tragputzes ist Folgendes zu beachten:

- erste Putzlage: 12–15 mm bis zur Bewehrung;
- zweite Putzlage nach 4–24 Stunden bis zur planmäßigen Dicke.
  Bei längeren Wartezeiten leidet der Verbund der Putzlage durch die fortgeschrittene Erhärtung der ersten Lage.

Nebenleistungen bzw. Besondere Leistungen nach VOB sind insbesondere Gerüstarbeiten, die terminlich koordiniert werden müssen.

2.12.4 Abdruck von Regelwerken

DIN 18515
Außenwandbekleidungen

Teil 1: Angemörtelte Fliesen oder Platten; Grundsätze für Planung und Ausführung

Vorwort

DIN 18515 »Außenwandbekleidungen« besteht aus:
- Teil 1: Angemörtelte Fliesen oder Platten, Grundsätze für Planung und Ausführung
- Teil 2: Anmauerung auf Aufstandsflächen, Grundsätze für Planung und Ausführung

Für ein hinterlüftetes Außenwandbekleidungssystem aus angemörtelten Fliesen oder Platten und einem kraftabtragenden Unterbauelement aus Faserverbundwerkstoff mit eingearbeiteter Dämm- und Luftschicht hat das Deutsche Institut für Bautechnik, Kolonnenstr. 30, 10839 Berlin, eine Zulassung erteilt.

Änderungen

Gegenüber der Ausgabe April 1993 wurden folgende Änderungen vorgenommen:

a) Abschnitt 1 wurde erweitert,
b) Die Tabelle 1 wurde in Zeile 4 geändert,
c) Für keramische Baustoffe wurden in 4.3 Anforderungen an das Porenvolumen festgelegt,
d) In den Abschnitten 4 und 6.5.1 wurden Betonwerksteinplatten aufgenommen,
e) In 6.5.1 wurden DIN 18332 und DIN 18352 gestrichen,
f) Abschnitt 7 wurde überarbeitet.

Frühere Ausgaben

DIN 18515: 1970-07
Beiblatt zu DIN 18515: 1973-12
DIN 18515: 1992-03, 1993-04

1 Anwendungsbereich

Diese Norm gilt für angemörtelte Fliesen oder Platten als Außenwandbekleidung von Bauwerken und Bauteilen mit folgenden Maßen:
- Fläche: $\leq 0{,}12\ m^2$
- Seitenlänge: $\leq 0{,}40$ m
- Dicke: $\leq 0{,}015$ m

Bei geriffelten Platten kann die Gesamtdicke der Platte einschließlich der Riffelung bis 0,02 m betragen. Fliesen und Platten mit einer Dicke von $0{,}015\ m < d \leq 0{,}03$ m dürfen nicht schwerer als 1,5 kg/Stück sein und müssen eine Haftfläche von mindestens 100 cm^2 haben.

Die Außenwandbekleidung erbringt den Regenschutz, schützt gegen andere Einwirkungen aus der Atmosphäre sowie gegen mechanische Beanspruchungen und dient der Gestaltung.

(...)

3 Definitionen

Für die Anwendung dieser Norm gelten die folgenden Definitionen:

3.1 angemörtelte Außenwandbekleidung: Bestehend aus Fliesen oder Platten, ihrem Ansetzmörtel und der Verfugung.

3.2 Ansetzfläche: Fläche, auf der die Fliesen oder Platten mit Mörtel angesetzt werden.

3.3 Spritzbewurf: Er dient zur Verbesserung der Haftung des Ansetzmörtels bzw. des Unterputzes am Untergrund.

3.4 Unterputz: Putz, mit dem Unebenheiten des Untergrundes ausgeglichen und die Wasser abweisende Wirkung erhöht werden. Er bildet die Ansetzfläche für die Außenwandbekleidung.

3.5 bewehrter Unterputz: Putz mit nichtrostenden Baustahlgittern, die im tragenden Teil des Bauwerks oder Bauteils verankert sind.

3.6 Bewegungsfuge: Fuge, die zwischen Gebäudeteilen, Flächenteilen der Außenwandbekleidung bzw. Konstruktionsteilen Bewegungen zulässt und schädliche Spannungen abbaut.

3.7 Mörtelfuge: Fuge zwischen den Fliesen oder Platten, die mit hydraulisch erhärtetem Mörtel ausgefüllt ist.

3.8 Verankerung (bei Außenwandbekleidungen): Durch die Verankerung werden die Lasten aus der Außenwandbekleidung in die Baukonstruktion eingeleitet. Bewehrung und Verankerung sind daher konstruktiv miteinander verbunden.

4 Baustoffe

4.1 Keramische Fliesen nach DIN EN 176; wenn Frostbeständigkeit zugesichert ist, sind auch Baustoffe nach DIN EN 177 und DIN EN 178 zulässig.

4.2 Keramische Spaltplatten nach DIN EN 121; wenn Frostbeständigkeit zugesichert ist, sind auch Baustoffe nach DIN EN 186-1, DIN EN 186-2, DIN EN 187-1 und DIN 187-2 zulässig.

4.3 Spaltziegelplatten (Ziegelriemchen) und Klinkerplatten (Klinkerriemchen), Prüfungen nach DIN 105-1 für Vormauerziegel bzw. Klinker.

Die unter 4.1, 4.2 und 4.3 aufgeführten keramischen Baustoffe müssen folgende Eigenschaften aufweisen:
- Porenvolumen der haftvermittelnden Schicht der Keramikrückseite mindestens 20 mm^3/g
- Porengrößenverteilung der haftvermittelnden Schicht der Keramikrückseite mit einem Porenradienmaximum über 0,2 µm ($2 \cdot 10^{-4}$ mm)

Keramische Baustoffe, die diese Anforderungen nicht erfüllen, können nicht mit herkömmlichen Ansetzmörteln nach 4.9 oder 4.10 angesetzt werden. Für die Verwendung dieser keramischen Produkte ist ein Prüfzeugnis mit dem Nachweis der Eignung eines durch Kunstharzzusatz hochvergüteten Dünnbettmörtels mit Klebeeigenschaften erforderlich.

Anmerkung: Für die Bestimmung der Porenvolumenverteilung kann DIN 66133 angewendet werden.

4.4 Naturwerksteinplatten nach DIN 18516-3, wenn Frostbeständigkeit zugesichert ist

4.5 Betonwerksteinplatten nach DIN 18500

4.6 Zement nach DIN 1164-1, vorzugsweise Trasszement

4.7 Zuschlag mit dichtem Gefüge und erhöhtem Widerstand gegen Frost nach DIN 4226-1

4.8 Putzmörtel P III nach DIN 18550-1

4.9 Mörtel (siehe Tabelle 1)

Tabelle 1: **Mörtel**

Zeile	Mörtel für	Mischungsverhältnis Zement: Sand in Raumteilen	Körnung des Zuschlagsstoffes in mm
1	Spritzbewurf	1:2 bis 1:3	0 bis 4
2	Unterputz, bewehrt und unbewehrt	1:3 bis 1:4	0 bis 4
3	Dickbett	1:4 bis 1:5	0 bis 4
4	Verfugen	1) 2) 3)	4)

1) Es sind Werktrockenmörtel, die vom Hersteller als geeignet ausgewiesen werden, zu verwenden.
2) Der Mörtel muss Wasser abweisende Eigenschaften nach DIN 18550-1 haben.
3) Zuschlag mit dichtem Gefüge und erhöhtem Widerstand gegen Frost nach DIN 4226-1.
4) Das Größtkorn des verwendeten Sandes darf ein Drittel der Fugenbreite nicht überschreiten. Zur Verbesserung des Mehlkorn- und Feinsandgehaltes 0 bis 0,25 mm kann gegebenenfalls dem Sand ein Zusatz von Gesteinsmehl, z. B. Quarzmehl, Trass, zugegeben werden.

4.10 Hydraulisch erhärtender Dünnbettmörtel nach DIN 18156-2.

4.11 Baustahlgitter für Putzbewehrung aus nichtrostendem Stahl, Werkstoffnummer 1.4301 oder 1.4571 nach DIN 17440 und DIN 17441.

4.12 Trag- und Halteanker aus nichtrostendem Stahl, Werkstoffnummer 1.4401 oder 1.4571 nach DIN 17440 und DIN 17441.

4.13 Wärmedämmstoffe nach DIN 18164-1 bzw. DIN 18165-1, Wasser abweisend, feuchtigkeitsbeständig.

4.14 Fugendichtstoffe nach DIN 18540.

Extreme Längenänderungen der Bauteile erfordern eine Abdichtung mit geeigneten Fugenbändern mit mindestens 70 % Rückstellvermögen.

5 Anforderungen an Außenwände und Ansetzflächen

Die Außenwand als Ansetzfläche muss so beschaffen sein, dass sie das Eigengewicht der Bekleidung, die Windlasten nach DIN 1055-4 und die Kräfte aus Wärmebewegungen auf den tragenden Teil des Bauwerks oder Bauteils überträgt.

An ausreichend festen, in Material und Struktur gleichmäßigen Außenwänden wird die Außenwandbekleidung unmittelbar mit Mörtel angesetzt. Als ausreichend fest gelten z. B. Stahlbeton nach DIN 1045 und Mauerwerk nach DIN 1053-1 und DIN 1053-2 mit Steinen der Steinfestigkeitsklasse 12, Mörtelgruppe II.

Bei nicht ausreichend tragfähigen Ansetzflächen und solchen aus unterschiedlichen Baustoffen (z. B. Mischmauerwerk) ist ein Unterputz mit Bewehrung und Verankerung erforderlich, der die auftretenden Kräfte in den tragenden Teil des Bauwerks oder Bauteils überträgt.

Die zu bekleidende Rohbauaußenwand darf keine durchgehenden Risse, offene Fugen, unverschlossene Schalungsanker- und Gerüstlöcher aufweisen.

Bei Schlagregenbeanspruchung der Beanspruchungsgruppe III nach DIN 4108-3 ist ein Unterputz nach 3.4 von mindestens 20 mm Dicke vorzusehen.

6 An die Außenwand unmittelbar angesetzte Außenwandbekleidungen

6.1 Ansetzfläche

Die Ansetzfläche muss frei von Staub, Trennmitteln, Ausblühungen und Verunreinigungen sein. Die Haftzugfestigkeit des Untergrundes muss mindestens 0,5 N/mm² betragen. Die Prüfung erfolgt nach DIN 18156-2.

Zum Ausgleich von größeren Maßungenauigkeiten kann ein Putz erforderlich werden. Dessen Dicke darf 10 mm nicht unterschreiten. Bei einer Dicke von mehr als 25 mm wird eine Bewehrung mit Verankerung erforderlich.

Außenwandbekleidungen im Dünnbettverfahren bedürfen in der Regel eines Unterputzes.

6.2 Spritzbewurf

Vor dem Ansetzen der Außenwandbekleidung im Dickbett bzw. vor dem Aufbringen des Unterputzes ist auf den Untergrund aus Mauerwerk oder Beton ein vollflächig deckender Spritzbewurf nach Tabelle 1, Zeile 1, als Haftbrücke aufzubringen. Der Spritzbewurf muss vor dem Ansetzen der Fliesen und Platten aushärten und seine Oberflächenspannungen abbauen.

6.3 Ansetzen im Dickbett

Fliesen oder Platten sind im Dickbett im Mittel 15 mm dick anzusetzen (Mörtelzusammensetzung siehe Tabelle 1, Zeile 3). Zur Herstellung eines geschlossenen Mörtelbettes ist jede angesetzte Fliesen- oder Plattenreihe von oben mit Mörtel so zu verfüllen und schräg abzugleichen, dass der Mörtelverbund nicht gelockert wird.

6.4 Ansetzen im Dünnbett

Fliesen oder Platten sind im Dünnbett nach DIN 18157-1 mit einem hydraulisch erhärtenden Dünnbettmörtel nach DIN 18156-2 anzusetzen. Das Ansetzen im Dünnbettverfahren erfolgt nach DIN EN 1322. Die Schichtdicke des Dünnbettmörtels muss nach dem Ansetzen mindestens 3 mm betragen.

6.5 Fugen

6.5.1 Fugenbreite von Mörtelfugen

Die Fugen zwischen den Fliesen oder Platten sind formatabhängig mit ausreichender Breite anzulegen.

Richtwerte für Fugenbreiten:

- Keramische Fliesen 3 mm bis 8 mm
- Keramische Spaltplatten 4 mm bis 10 mm
- Spaltziegelplatten und Bekleidungsmaterialien aus Ziegel 10 mm bis 12 mm
- Naturwerksteinplatten 4 mm bis 6 mm
- Betonwerkstein 3 mm bis 12 mm

6.5.2 Verfugen mit Mörtel

Die Fugen werden in der Regel nach dem Ansetzen der Fliesen oder Platten vor dem Erhärten des Mörtels in gleichmäßiger Tiefe etwa der Plattendicke entsprechend ausgekratzt. Lose Mörtelreste sind zu entfernen.

Die Verfugung wird im Allgemeinen durch Einschlämmen mit Zementmörtel nach Tabelle 1, Zeile 4, vorgenommen. Bei Oberflächen, die sich nicht zum Einschlämmen eignen, erfolgt die Verfugung mittels Fugeisen.

Bei Verfugung mit Fugeisen ist ein Verhältnis von Zement und Sand von 1:3 bis 1:4 nach Raumteilen zu verwenden.

6.5.3 Bewegungsfugen

6.5.3.1 Allgemeines

Zum Abbau von schädlichen Spannungen in der Außenwandbekleidung sind Bewegungsfugen anzuordnen.
Die Lage und Maße sind zwischen Planung und Ausführung zu vereinbaren.

In Bewegungsfugen dürfen keine Mörtelbrücken entstehen. Bewegungsfugen werden mit geeigneten Fugenprofilen durch Überkleben mit Fugenbändern oder durch Ausspritzen mit elastischen Fugendichtstoffen nach 4.14 geschlossen.

Bei der Verfüllung der Fugen mit Fugendichtstoffen, die in der Regel oberflächenbündig ausgeführt wird, ist eine Dreiflankenhaftung durch Einlegen von Trennfolien oder Hinterstopfen mit einem geschlossenzelligen Schaumstoff auszuschließen. Zur Verbesserung des Standvermögens der Fugenfüllung, ihres Haft- und Dehnungsverhaltens sowie zur Vermeidung der Verfärbung angrenzender Baustoffe kann ein Voranstrich der seitlichen Fugenflanken erforderlich werden.

6.5.3.2 Gebäudetrennfugen

Im Bauwerk vorhandene Trennfugen müssen an gleicher Stelle in der Außenwandbekleidung übernommen werden. Trennfugen müssen bereits im Rohbau wind- und regendicht ausgeführt sein.

6.5.3.3 Feldbegrenzungsfugen

Feldbegrenzungsfugen sind horizontal und vertikal in Abständen von 3 m bis 6 m anzuordnen. Die Abstände sind in Abhängigkeit von den Formaten und Farben der Fliesen und Platten, von der Himmelsrichtung der Fassade, von den Baustoffen der Unterkonstruktion sowie nach gestalterischen Gesichtspunkten auszuwählen. Horizontale Feldbegrenzungsfugen sind so anzuordnen, dass in jedem Geschoss, in der Regel im Bereich der Unterkante Decke, eine Feldbegrenzungsfuge vorhanden ist.

Feldbegrenzungsfugen sind auch im Bereich von Außen- und Innenecken eines Gebäudes in der Außenwandbekleidung vorzusehen.

Feldbegrenzungsfugen sollten geradlinig verlaufen und müssen in voller Tiefe bis auf den Unterputz bzw. auf die Rohbauwand ausgekratzt werden. Bewehrungen sind zu trennen. Feldbegrenzungsfugen werden mit unverrottbaren geschlossenzelligen Schaumkunststoffen hinterfüllt und mit elastischen Fugendichtstoffen nach 4.14 geschlossen.

6.5.3.4 Anschlussfugen

Anschlussfugen zwischen der Außenwandbekleidung aus Fliesen oder Platten und Bauteilen mit anderen Ausdehnungskoeffizienten, z. B. Fenster- und Türzargen, Sichtbetonflächen, Holz-, Metall- und Kunststoffbauteilen sollten mindestens 10 mm breit sein.

Anschlussfugen werden nach dem Auskratzen in voller Tiefe der Außenwandbekleidung mit Dichtstoffen oder Profilen geschlossen.

Die Anschlüsse zwischen Rohbau und Fenster- bzw. Türrahmen müssen schon am Rohbau wind- und regendicht ausgeführt werden.

6.6 Einbauteile

Einbauteile, wie z. B. Fenster, Türen, Beleuchtungs- und Reklamekonstruktionen sowie Gerüste dürfen nicht an der Außenwandbekleidung befestigt werden. Solche Teile sind im tragfähigen Teil des Baukörpers zu verankern und von der Außenwandbekleidung durch Anschlussfugen nach 6.5.3.4 zu trennen.

Alle Einbauteile sind vor der Anbringung der Außenwandbekleidung gegenüber dem Baukörper regen- und winddicht sowie schall- und wärmedämmend anzuschließen.

6.7 Klimatische Bedingungen für die Ansetzarbeiten

Fliesen oder Platten dürfen nur angesetzt werden, wenn die Temperaturen der verwendeten Stoffe und des Arbeitsbereiches nicht unter + 5 °C liegen.

Frischer Spritzbewurf, frische Unterputze und frisch angesetzte Außenwandbekleidungen sind vor zu schnellem Feuchtigkeitsentzug zu schützen, z. B. durch Abdecken oder Abhängen mit Folie.

7 Herstellung von Ansetzflächen für Fliesen oder Platten auf Wärmedämmschichten

7.1 Allgemeines

Auf äußeren Wärmedämmschichten ist ein mit Baustahlgitter bewehrter Unterputz zur Abtragung der Beanspruchungen erforderlich.

Die Bewehrung muss aus nicht rostendem Stahl der Verfestigungsstufe C 700, Werkstoffnummer 1.4301 oder 1.4571 nach DIN 17440 bzw. DIN 17441 (siehe DIN 18516-1) mit einer Maschenweite 50 mm x 50 mm und einem Stabdurchmesser von mindestens 2 mm bestehen.

Für andere Bewehrungen, Maschenabstände, Maschenweiten und Stabdurchmesser sind Versuche und statische Nachweise erforderlich.

Die Bewehrung ist über tragfähige Anker aus nicht rostendem Stahl, Werkstoffnummer 1.4401 oder 1.4571 nach DIN 17440 bzw. DIN 17441 am tragfähigen Teil der Außenwand zu verankern. Ein statischer Nachweis der Anker ist nach DIN 18516-3 zu erbringen.

7.2 Wärmedämmschichten

Wärmedämmschichten müssen DIN 18164-1 bzw. DIN 18165-1 Anwendungstyp WD entsprechen sowie Wasser abweisend und feuchtigkeitsbeständig sein. Es ist ein Dampfdiffusionsnachweis zu führen, in dem nachgewiesen wird, dass es zu keinen schädlichen Tauwasserbildungen kommt.

Wärmedämmschichten, die sich nicht zum unmittelbaren Auftrag des Putzmörtels eignen (z. B. hydrophobierte Faserdämmstoffe), bedürfen einer Vorbehandlung, z. B. durch Auftragen einer kunststoffvergüteten Zementschlämme.

Unebenheiten der Außenwand sind vor dem Aufbringen der Wärmedämmschichten auszugleichen. Wärmedämmschichten sind dicht gestoßen zu befestigen.

7.3 Bewehrter Unterputz

Der Unterputz dient als Ansetzfläche für die Fliesen oder Platten. Auf der Wärmedämmschicht ist ein zweilagiger Unterputz nach DIN 18550-1, P III B nach DIN 18550-2 mit Bewehrung aufzutragen. Die erste Putzlage reicht bis zur Bewehrung, die zweite Putzlage wird nach 4 bis maximal 24 Stunden aufgebracht. Die Bewehrung muss mittig im Unterputz liegen. Die Gesamtdicke des bewehrten Unterputzes beträgt 25 bis 35 mm.

7.4 Ansetzen im Dickbett

Siehe 6.3

7.5 Ansetzen im Dünnbett

Siehe 6.4

7.6 Fugen

Siehe 6.5

7.7 Einbauteile

Siehe 6.6

7.8 Klimatische Bedingungen für die Ansetzarbeiten

Siehe 6.7

DIN 18515
Außenwandbekleidungen

Teil 2: Anmauerung auf Aufstandsflächen; Grundsätze für Planung und Ausführung

1 Anwendungsbereich

Diese Norm gilt für Außenwandbekleidungen von Bauwerken und Bauteilen, die auf Aufstandsflächen an der Rohbauwand angemauert und verankert werden.

Die Höhe der Außenwandbekleidung darf bei Wohngebäuden zwei Vollgeschosse zuzüglich einem Giebeldach von 4 m Höhe oder bei anderen Gebäuden eine Höhe von 8 m nicht überschreiten.

Die Dicke der Anmauerung beträgt ≥ 55 mm bis < 90 mm, für Dicken ≥ 90 mm gelten DIN 1053 Teil 1 und Teil 2.

2 Zweck

Die Außenwandbekleidung erbringt den Regenschutz, schützt gegen andere Einwirkungen aus der Atmosphäre sowie gegen mechanische Beanspruchungen und dient der Gestaltung.

3 Begriffe

3.1 Außenwandbekleidung auf Aufstandsflächen

Außenwandbekleidungen auf Aufstandsflächen mit Anmauerung sind die äußeren Bekleidungen von Bauwerken und Bauteilen.

3.2 Aufstandsfläche

Aufstandsflächen sind konstruktive Bauteile, die die Eigenlast der Außenwandbekleidung aufnehmen.

Anmerkung: Diese können z. B. Fundamentvorsprünge, thermisch getrennte Deckenstreifen, nichtrostende oder korrosionsgeschützte Stahlkonsolen nach DIN 55928 Teil 2, Teil 5 und Teil 8 sein.

3.3 Verankerung für die Anmauerung

Verankerungen für die Anmauerung sind Verbindungen zwischen der Außenwandbekleidung mit der Rohbauwand aus nichtrostenden Drahtankern, die eingemauert, eingedübelt oder nachträglich eingemörtelt werden. Es sind nur zugelassene bzw. genormte Verankerungen (nach Abschnitt 6) zu verwenden.

3.4 Spritzbewurf für die Anmauerung

Der Spritzbewurf für die Anmauerung ist ein einlagiger dünner Mörtel.

Anmerkung: Der Spritzbewurf dient zur Verbesserung der Haltung des Unterputzes.

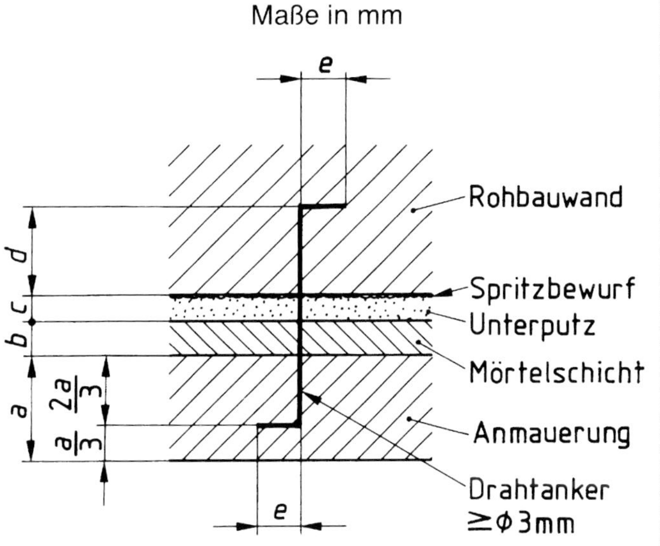

Bild 1: Befestigung der Drahtanker in der Rohbauwand

3.5 Unterputze für die Anmauerung

Der Unterputz für die Anmauerung ist ein Kalkzementmörtel.

Anmerkung: Mit dem Unterputz werden Unebenheiten des Untergrundes ausgeglichen und die Wasser abweisende Wirkung erhöht.

3.6 Mauermörtel

Der Mauermörtel ist der für die Anmauerung und zum Vermörteln der Schicht zwischen Unterputz und Außenwandbekleidung zu verwendende Mörtel.

3.7 Bewegungsfugen

Siehe DIN 18515 Teil 1

4 Baustoffe für die Anmauerung

4.1 Keramische Werkstoffe mit Anforderungen nach DIN 105 Teil 1 für Vormauerziegel und Klinker

4.2 Kalksandsteinverblender mit Anforderungen nach DIN 106 Teil 2

4.3 Betonwerkstein mit Anforderungen nach DIN 18153

4.4 Naturwerkstein nach DIN 18516 Teil 3/01.90, Abschnitt 2.3

4.5 Mörtelzusammensetzung

Die für die Ausführung der einzelnen Arbeitsgänge zur Erstellung von Außenwandbekleidungen geeigneten Mörtelzusammensetzungen müssen für den Spritzbewurf und Unterputz DIN 18550 Teil 1/01.85 P II, P III, für den Mauermörtel DIN 1053 Teil 1/02.90 Tabelle A, 1. Mörtelgruppe II Spalte 5 und 6 oder Mörtelgruppe II a entsprechen.

Hierbei sind Baukalke nach DIN 1060 Teil 1, Zement nach DIN 1164 Teil 1 sowie mineralische Zuschlagstoffe entsprechender Kornfraktionen zu verwenden. Bewährt haben sich außerdem Werktrockenmörtel. Leichtmörtel oder Dünnbettmörtel nach DIN 1053 Teil 1 sind hierfür nicht geeignet.

5 Anforderungen

Die Außenwandbekleidung darf nur durch Eigen- und Windlast beansprucht werden.

Im Bereich der Aufstandsfläche z. B. bei Fußpunkten, Fenster- und Türstürzen sind Bauwerksabdichtungen nach DIN 18195 Teil 4 anzuordnen. Sie sind bis zur Vorderkante der Außenwandbekleidung zu verlegen, an der Rohbauwand mindestens 150 mm hochzuführen und zu befestigen.

6 Verankerungen

Das Einbindemaß der Drahtanker soll 2/3 der Außenwandbekleidung nach Bild 1 betragen. Der Drahtanker muss mindestens 50 mm in die Rohbauwand einbinden; bei eingedübelten Ankern richtet sich das Einbindemaß nach dem verwendeten Dübel. Der vertikale Abstand der Drahtanker soll 250 mm, der horizontale Abstand 750 mm nicht überschreiten.

Es sind mindestens 5 Drahtanker mit einem Durchmesser von ≥ 3 mm je m^2 erforderlich, die aus nichtrostendem Stahl nach DIN 17440, Werkstoffnummer 1.4401 oder 1.4571, bestehen müssen (siehe Bild 1).

Andere Verankerungsarten mit Drahtankern, die nachträglich angeordnet werden, sind zulässig, wenn durch Prüfzeugnis nachgewiesen wird, dass diese Verankerungsart eine Zugkraft von mindestens 1 kN bei 1 mm Schlupf je Drahtanker aufnehmen kann.

An allen freien Rändern (an Gebäudeecken, von Öffnungen, entlang von Dehnungsfugen und an den oberen Enden der Außenwandbekleidung) sind zusätzlich mindestens 3 Drahtanker je m Randlänge anzuordnen.

7 Ausführung

Der Ansetzgrund muss frei von Staub, Trennmitteln, Mörtelresten, Ausblühungen und Verunreinigungen sein.

7.1 Spritzbewurf

Vor dem Auftrag des Unterputzes ist auf den Untergrund ein Spritzbewurf als Haftbrücke aufzubringen. Er ist vollflächig deckend – mit warzenähnlichen Erhebungen – aufzutragen. Der Spritzbewurf muss aushärten und seine Oberflächenspannungen abbauen.

7.2 Unterputz

Nach ausreichender Standzeit des Spritzbewurfes ist ein mindestens 15 mm dicker Unterputz aufzutragen, dessen Oberfläche nicht geglättet werden darf.

7.3 Anmauern der Bekleidung

Das Bekleidungsmaterial soll mit mindestens 15 mm und höchstens 25 mm Abstand vor dem Unterputz auf die Aufstandsfläche im Verband nach DIN 1053 Teil 1 aufgesetzt werden. Auflagerüberstände sind unzulässig. Der Spalt ist schichtweise mit plastischem Mörtel so zu verlüften, dass eine geschlossene Mörtelschicht entsteht, die eine Verbindung mit dem Untergrund sicherstellt. Der Schutz der Außenwandbekleidung während der Erstellung ist durch Abdecken oder Abhängen mit Folie zu erbringen.

7.4 Verfugen der Außenwandbekleidung

Es muss vollfugig gemauert werden. Es ist ein Fugenglattstrich auszuführen. Der beim Mauern aus den Fugen tretende Mauermörtel ist sofort abzustreichen. Der Mörtel in der Fuge ist mit einem Holzspan, Fugeneisen, Schlauchstück oder Ähnlichem zu verdichten.

8 Bewegungs- und Trennfugen

8.1 Bewegungsfugen

Zum Abbau von schädlichen Spannungen in der Außenwandbekleidung sind Bewegungsfugen anzuordnen. Die Lage und Maße sind zwischen Planung und Ausführung abzustimmen.

In Bewegungsfugen dürfen keine Zwängungsspannungen entstehen, sie müssen frei von Mörtel sein.

8.2 Trennfugen

Im Bauwerk vorhandene Trennfugen müssen an gleicher Stelle und in gleicher Breite in der Außenwandbekleidung übernommen werden. Trennfugen müssen bereits im Rohbau wind-, regendicht- und wärmegedämmt ausgeführt sein.

2.12.5 Bausteine

Auszug der wichtigsten Punkte aus dem Untersuchungsbericht der Landesgewerbeanstalt Bayern:
»Angemörtelte Außenwandbekleidungen mit bewehrtem Unterputz auf Dämmung«

Grundsätze für die Ausführung angemörtelter Außenwandbekleidungen mit bewehrtem Unterputz auf Dämmung

- Die an der Rohbauwand zu befestigenden Wärmedämmplatten müssen relativ steif sein für die Applikation (das Aufbringen) der Kontaktschlämme.
- Die Kontaktschlämme muss den angeführten Prüfbedingungen entsprechen, damit sie die Anforderungen als Putzträger erfüllen kann.
  Anforderungen:
  Kornanteil zwischen 0,125 mm und 0,063 mm Gehalt im abgestuften Kornaufbau mindestens 50 %, Beimischung von organischen Zusätzen
- Das Einsetzen der Anker aus nicht rostendem Stahl entsprechend den Abständen aus dem statischen Nachweis muss nach dem Raster der Bewehrung erfolgen.
- Die Bewehrung muss an den Befestigungspunkten kraftschlüssig mit den Ankern verbunden sein.
- Der Tragputz ist nach der angegebenen Rezeptur innerhalb der genannten Zeitgrenze in mindestens 2 Lagen aufzubringen, wobei die erste Lage bis zur halben Gesamtdicke bzw. bis zur Putzbewehrung reichen kann.
  Erste Putzlage: 12–15 mm bis zur Bewehrung;
  zweite Putzlage nach 2–24 Stunden bis zur planmäßigen Dicke
  Mischungsverhältnis: 2 Raumteile PZ 45 F, 0,5 Raumteile Kalkhydrat, 6–8 Raumteile Sand 0–2 mm
- Die Bekleidung aus feinkeramischen Fliesen nach DIN 18155-4 und keramischen Spaltplatten nach DIN 18166 kann in Dünnbett oder Dickbett verlegt werden.
- Die Gesamtdicke der Bekleidungskonstruktion sollte 40 mm bei Verlegen im Dünnbett und 50 mm bei Verlegung im Dickbettmörtel nicht übersteigen.
- Horizontale Feldbegrenzungsfugen sind im Abstand von höchstens 3 m und vertikale im Abstand von höchstens 6 m anzuordnen.
- Die Vorschriften der DIN 18515-1 sind einzuhalten.

2.12.6 Fragen

1. Welche Regelwerke gibt es für Fassaden?
2. Nennen Sie Anwendungsgebiete der Norm!
3. Bis zu welchen Fliesenmaßen gilt die Norm?
4. Nennen Sie die Aufgaben einer Außenwandbekleidung!
5. Definieren Sie Ansetzuntergrund und Ansetzfläche!
6. Woraus besteht eine Außenwandbekleidung?
7. Wozu dient der Spritzbewurf?
8. Woraus besteht ein bewehrter Unterputz?
9. Was ist eine Bewegungsfuge?
10. Welche Aufgabe hat die Verankerung? Welche Forderung muss sie erfüllen?
11. Welches ist die wichtigste Eigenschaft von Bekleidungsmaterial für Außenwandbekleidungen?
12. Welche Zementart sollte vorzugsweise verwendet werden?
13. Welcher Putzmörtel wird eingesetzt (Name, Mörtelgruppe, Zusammensetzung, Körnung)?
14. Welche Forderung gilt für verwendete Stahlteile (Bewehrung, Anker)?
15. Welche Eigenschaft müssen Wärmedämmstoffe für Fassaden erfüllen?
16. Nennen Sie Art und Aufgabe von Fugenfüllstoffen!
17. Welches Rückstellungsvermögen müssen Fugenbänder mindestens haben?
18. Welche Lasten und Kräfte muss eine Außenwand aufnehmen können?
19. Welche Untergründe eignen sich für Außenwandbekleidungen?
20. Wie kann ein Untergrund verbessert werden?
21. Welche weiteren Anforderungen muss der Untergrund/die Ansetzfläche noch erfüllen?
22. Welche Schlagregenbeanspruchung gibt es? Welche Forderungen werden daraus abgeleitet?
23. In welcher Regen-Beanspruchungszone liegt a) Köln, b) Konstanz, c) Ihr Wohnort?
24. Nennen Sie Aufgaben und Mindestdicke eines Unterputzes!
25. Ist ein Unterputz zu bewehren?
26. Nennen Sie Dicke und Zusammensetzung des Dickbettmörtels!
27. Welche Vorschriften gelten beim Ansetzen im Dünnbett?
28. Nennen Sie die Richtwerte für die Fugenbreiten!
29. Wie wird ausgefugt?
30. Welche Forderungen gelten für Bewegungsfugen?
31. Nennen Sie Forderungen an Gebäudetrennfugen!
32. Nennen Sie Forderungen an Feldbegrenzungsfugen!
33. Nennen Sie Forderungen an Anschlussfugen!
34. Bis zu welchen Mindesttemperaturen dürfen Fassadenarbeiten ausgeführt werden?
35. Wie kann eine Wärmedämmung für Außenwände angeordnet werden?
36. Wie ist eine Außenwandbekleidung auf einer außen liegenden Wärmedämmschicht aufgebaut?
37. Nennen Sie Anwendungstyp und Eigenschaften der Wärmedämmstoffe!
38. Was versteht man unter »hydrophobierten Faserdämmstoffen«?
39. Beschreiben Sie den Unterputz für eine Außenwandbekleidung auf Dämmschichten!
40. Welche Fassaden-Ausführungsarten gibt es außer der angemörtelten Fassade?

2.12.7 Antworten

1. Für Fassaden- oder Außenwandbekleidungen gilt DIN 18515-1 und 2.
2. Die Anwendungsgebiete der DIN 18515-1 sind angemörtelte Fliesen und Platten mit einer Fläche $\leq$ 0,12 m^2, Seitenlänge $\leq$ 0,40 m, Dicke $\leq$ 0,015 m.
3. Entsprechend Antwort 2: bis 0,12 m^2 Fläche, bis zu einer Seitenlänge von 40 cm und einer Dicke von 15 mm.
4. Eine Außenwandbekleidung hat folgende Aufgaben: Regenschutz, Schutz gegen andere Einwirkungen aus der Atmosphäre und mechanische Beanspruchung, Gestaltung.
5. Der Ansetzuntergrund ist die Fläche, auf der die Fliesen oder Platten in Mörtel angesetzt werden.
6. Eine Außenwandbekleidung besteht aus Fliesen oder Platten, Ansetzmörtel, Verfugung.
7. Der Spritzbewurf dient der Verbesserung der Haftung.
8. Der bewehrte Unterputz besteht aus Putz mit nicht rostenden Baustahlgittern, die im tragenden Teil des Untergrundes verankert sind.
9. Bewegungsfugen sind Fugen, die Bewegungen zulassen und damit schädliche Spannungen abbauen.
10. Die Verankerung leitet die Lasten der Außenwandbekleidung in die Konstruktion ein. Sie muss entsprechend tragfest und dauerhaft, das heißt nicht rostend, sein.
11. Die wichtigsten Eigenschaften des Bekleidungsmaterials für Fassaden ist die Frostbeständigkeit.
12. Es sollte vorzugsweise Trasszement verwendet werden, das entspricht CEM II A-P oder B-P.
13. Putzmörtel für Fassaden ist P III Zementmörtel, 1 : 3 bis 1 : 4, Körnung 0/4.
14. Stahlteile wie Anker und Bewehrungen müssen aus nicht rostendem Stahl hergestellt sein.
15. Wärmedämmstoffe für Fassaden müssen Wasser abweisend und feuchtigkeitsbeständig sein.
16. Fugenfüllstoffe für Bewegungsfugen sind: Einkomponenten-Silikonkautschuk, Zweikomponenten-Polysulfidharz (Thiokol); der Fugenfüllstoff soll die Bewegungsfugen verschließen.
17. Fugenbänder müssen ein Rückstellvermögen von mindestens 70 % haben.
18. Die aufzunehmenden Lasten und Kräfte sind: Eigengewicht der Außenwandbekleidung, Windlast, Kräfte aus Wärmebewegungen.
19. Als Untergründe für Außenwandbekleidungen eignen sich Stahlbeton und Mauerwerk.
20. Ein nicht homogener Untergrund kann durch einen Unterputz mit Bewehrung und Verankerung verbessert werden.
21. Weitere Anforderungen für Untergründe: keine durchgehenden Risse, keine offenen Fugen, keine Schalungsankerlöcher oder Gerüstlöcher
22. Es gibt die Schlagregenbeanspruchung I, II, III; bei III wird ein Unterputz von mind. 20 mm Dicke gefordert.
23. Für Köln gilt die Regenbeanspruchungsgruppe II, für Konstanz III.
24. Der Unterputz hat die Aufgabe, den Untergrund auszugleichen und Wasser abzuweisen.
    Die Dicke ist unbewehrt: 20 mm, bewehrt: 25–30 mm.
25. Ein Unterputz ist nicht grundsätzlich zu bewehren.
26. Der Dickbettmörtel ist ein Zement 1 : 4 bis 1 : 5, Körnung 0/4, im Mittel 15 mm dick.
27. Das Ansetzen erfolgt mit hydraulisch erhärtetem DM nach DIN 18157 (alt) oder zementhaltigem Dünnbettmörtel, das Ansetzen erfolgt nach DIN, Schichtdicke 3 mm.
28. Fugenbreiten sind abhängig von der Art der Fliesen und Platten und vom Format.
    Für Fliesen gelten 3–8 mm, für Spaltplatten 4–10 mm, für Ziegelplatten 10–12 mm, für Naturwerksteinplatten 4–6 mm, für Betonsteinplatten 3–12 mm.
29. Das Ausfugen erfolgt grundsätzlich durch Einschlämmen des Fugmörtels in die Fugen.
30. Für Bewegungsfugen gelten folgende Forderungen: keine Mörtelbrücken, Verfüllung oberflächenbündig, eine Dreiflankenhaftung ist auszuschließen, ein Voranstrich der Fugenflanken wird empfohlen.
31. Gebäudetrennfugen sind an gleicher Stelle zu übernehmen.
32. Feldbegrenzungsfugen sind horizontal und vertikal in Abständen von 3–6 m anzulegen.
    Für die Horizontalfuge bietet sich die Unterkante Decke an.
33. Anschlussfugen sollen eine Mindestbreite von 10 mm haben.
34. Fassadenarbeiten dürfen bis zu einer Mindesttemperatur von + 5 °C bei den Stoffen und am Arbeitsbereich ausgeführt werden.
35. Die Wärmedämmung für Außenwände kann innen oder außen angeordnet werden.
    Die außen liegende Wärmedämmung hat bauphysikalische Vorteile.
36. Aufbau einer Außenwandbekleidung auf einer außen liegenden Wärmedämmung:
    Untergrund, Spritzbewurf, Unterputz mit Bewehrung und Verankerung, Ansetzmörtel, Fliesen
37. Wärmedämmstoffe für Fassaden haben das Typenkurzzeichen WD. Sie sind Wasser abweisend und feuchtigkeitsbeständig.
38. Hydrophobierte Faserdämmstoffe wurden so behandelt, dass die Fasern Wasser abweisend wirken.
39. Der Unterputz für Außenwandbekleidungen auf Dämmschichten ist ein bewehrter Unterputz P III.
40. Außer der angemörtelten Fassade gibt es die Anmauerung auf Aufstandsflächen und die mechanisch befestigte oder montierte Fassade.

2.13 Bewegungsfugen

2.13.1 Stichworte zum Thema

- Verformungen von Bauteilen
- Bauschäden durch Spannungen und Verformung
- Anordnung und Ausbildung von Bewegungsfugen
- fachgerechte Ausführung von Bewegungsfugen
- schadhafte Bewegungsfugen, Ursachen und Haftung

2.13.2 Regelwerke

ATV DIN 18352	Fliesen- und Plattenarbeiten, Abschnitte 0.2.27, 3.5.5, 3.5.6, 4.2.15 und 4.2.16 (siehe S. 35)
DIN 18540	Abdichten von Außenwandfugen im Hochbau mit Fugendichtstoffen
DIN 52460	Fugen- und Glasabdichtungen

IVD-Merkblatt Nr. 3
Konstruktive Ausführung und Abdichtung von Fugen in Sanitärräumen
vom Industrieverband Dichtstoff e.V., Düsseldorf

ZDB-Merkblatt	Bewegungsfugen in Bekleidungen und Belägen aus Fliesen und Platten (siehe S. 201)

Wesentliche Inhalte des Merkblattes Bewegungsfugen in Bekleidungen und Belägen aus Fliesen und Platten

Formänderung bei Bauteilen
Arten von Bewegungsfugen
Scheinfugen
Türdurchgänge
Anordnung von Bewegungsfugen
Bewegungsfugen in Bekleidungen und Belägen aus Fliesen und Platten
Schließen von Bewegungsfugen

2.13.3 Fall aus der Praxis

Bei der Sanierung größerer Balkonflächen ist im Leistungsverzeichnis von den erforderlichen Bewegungsfugen nichts erwähnt.

- Wie verhält sich der Fliesenleger, der mit der Ausführung betraut wurde?
- Welche technischen und vertragsrechtlichen Details bespricht der Fliesenleger mit dem Bauherrn bzw. mit dem Planer/Architekten?

Lösung

Der Fliesenleger sollte Bedenken anmelden entsprechend VOB/B § 4 Nr. 3.

Die Bewegungsfugen in außen liegenden Bodenbelägen sind für die schadensfreie Funktion der sanierten Flächen von großer Bedeutung. Deshalb müssen Anordnung und Ausführung mit dem Planer besprochen und in einem Nachtrag angeboten werden.

Anordnung und Ausführung soll nach dem ZDB-Merkblatt »Bewegungsfugen ...« erfolgen.

Abb. 2.50: Bewegungsfugen innerhalb einer Fassadenbekleidung

Technische und vertragsrechtliche Details

Bei den auszuführenden Bewegungsfugen handelt es sich um Feldbegrenzungsfugen und Randfugen.

Nach dem ZDB-Merkblatt sind sie folgendermaßen auszuführen:

- Abstände der Feldbegrenzungsfugen 2,5 bis 5,0 m. Die Felder sollen ein gedrungenes Seitenverhältnis haben. Die Geometrie der Balkonflächen ist zu berücksichtigen.
- Anordnung der Randfugen an den Wandanschlüssen, Pfeilern, Stützen, festen Einbauteilen
- Fugenbreite 10 mm
- Fugentiefe bis auf den Untergrund bzw. die Trennschicht oder Abdeckung der Abdichtung

Vertragsrechtlich muss abgeklärt werden, dass der Auftragnehmer verpflichtet ist, nach den Regeln der Technik zu arbeiten, und dass der Einbau der Bewegungsfugen keine Ermessensfrage ist.

Der Planer kann entscheiden, ob er die Bewegungsfugen nachträglich in das Leistungsverzeichnis aufnimmt oder ob sie als Nachtrag ausgeschrieben und vom Unternehmer angeboten werden.

Die entsprechende Vereinbarung mit dem Planer ergibt die Möglichkeit, die Leistungen nach Einheitspreisen oder im Stundenlohn abzurechnen.

Beides ist vor Beginn der Arbeiten festzulegen.

2.13.4 Abdruck von Regelwerken

Merkblatt Bewegungsfugen in Bekleidungen und Belägen aus Fliesen und Platten
siehe S. 201

Merkblatt

ZENTRALVERBAND DEUTSCHES BAUGEWERBE

ZDB

BEWEGUNGSFUGEN IN BEKLEIDUNGEN UND BELÄGEN AUS FLIESEN UND PLATTEN

September 1995

Rudolf Müller

FACHVERBAND DEUTSCHES FLIESENGEWERBE
im Zentralverband des Deutschen Baugewerbes

Herausgeber:

FACHVERBAND DEUTSCHES FLIESENGEWERBE
IM ZENTRALVERBAND DES DEUTSCHEN BAUGEWERBES E.V.,
BERLIN

in Zusammenarbeit mit:

Bayerischer Industrieverband Steine und Erden e.V.
– Fachabteilung Juramarmor und Solnhofener Naturstein-Platten –,
Pappenheim
Bundesinnungsverband des Deutschen Steinmetz-, Stein- und
Holzbildhauerhandwerks, Frankfurt/Main
Deutscher Naturwerkstein-Verband e.V., Würzburg
Industrieverband Keramische Fliesen + Platten e.V., Selb
Säurefliesner-Vereinigung e.V., Burgwedel

Alleinverkauf durch die Servicestelle des Fachverbandes Deutsches Fliesengewerbe:
Verlagsgesellschaft Rudolf Müller GmbH & Co. KG, Postfach 41 09 49, 50869 Köln,
Telefon (02 21) 54 97-112, Fax (02 21) 54 97-130, www.rudolf-mueller.de

Inhaltsverzeichnis

Vorbemerkung

Normen, Richtlinien und Merkblätter über die Ausführung von Bekleidungen und Belägen aus Fliesen und Platten enthalten auch Bestimmungen über die Anordnung und Ausführung von Bewegungsfugen. Die vorliegenden Hinweise geben eine Übersicht über diese Bestimmungen.

Darüber hinaus enthalten sie Empfehlungen für Bereiche, die bisher noch nicht geregelt waren, z. B. für Bekleidungen und Beläge im Dickbett im Inneren von Gebäuden.

Die Hinweise gelten für mit Mörtel oder mit Klebstoff angesetzte bzw. verlegte Bekleidungen und Beläge.

Für Bodenbeläge im gewerblichen Bereich können andere Regelungen erforderlich sein.

Der Inhalt dieser Hinweise bezüglich neuer Festlegungen entspricht dem heutigen Erkenntnisstand. Bei vorher ausgeführten Konstruktionen können sie zur Beurteilung nicht herangezogen werden.

Formänderungen bei Bauteilen

Bauteile sind Formänderungen ausgesetzt. Die hauptsächlichen Gründe können sein:

a) Austrocknen der Bauteile
b) Belastung von Bauteilen
c) Änderung des Feuchtigkeitsgehaltes
d) Temperaturänderung

Zu a) Frischer Beton, frische bindemittelhaltige Bausteine und Mörtel enthalten überschüssiges Anmachwasser, das im Laufe der Zeit austrocknet und zu einer Verkürzung der hergestellten Bauteile führt. Dieser Vorgang wird als **Schwinden** bezeichnet. Unter normalen Verhältnissen kann das Schwindmaß bis zu 0,5 mm/m erreichen. Der Schwindvorgang ist unter normalen klimatischen Verhältnissen nach 2 Jahren im Wesentlichen abgeschlossen. Bei massigen Bauteilen und bei ungünstigen klimatischen Verhältnissen dauert dieser Vorgang länger.

Zu b) Tragende Bauteile werden mit der fortschreitenden Errichtung des Bauwerks und durch die Inbenutzungnahme zunehmend belastet. Die Belastung tritt ein durch das Eigengewicht der Konstruktion und die später aufgebrachte Nutzlast. Sie führt bei senkrechten Bauteilen zu einer geringen Verkürzung, die als **Kriechen** bezeichnet wird. Das Kriechmaß kann je nach Belastung bei Normalbeton bis 0,2 mm/m betragen.

Bei waagerechten Bauteilen führt die Belastung zur **Durchbiegung.** Eine wechselnde Nutzlast kann eine wechselnde Durchbiegung bedingen. Die Größe der Durchbiegung hängt von der Spannweite des Bauteils und seinem Querschnitt ab.

Zu c) Bei wechselnder Durchfeuchtung kann ein **Quellen** (Ausdehnung) und ein **Schwinden** (Verkürzung) der Bauteile auftreten, die eine Veränderung der Bauteilabmessungen hervorrufen.

Zu d) Bei Erwärmung der Bauteile erfolgt eine **Ausdehnung,** bei Abkühlung eine **Verkleinerung** (Verkürzung). Die Größe der Verformung ist in Abhängigkeit ihrer Ausdehnungskoeffizienten unterschiedlich. Der Ausdehnungskoeffizient, z. B. für Beton, beträgt 0,01 mm je °C und m.

Die vorgenannten Formänderungen können sich überlagern.

Durch Belastungen und Formänderungen der Bauteile und unterschiedliches Verhalten ihrer Baustoffe treten Spannungen auf. Diese Spannungen sollen in Bekleidungen und Belägen durch die Anordnung von Bewegungsfugen in schadensfreie Größenordnungen abgemindert werden.

Arten von Bewegungsfugen

Es wird unter folgenden Arten von Bewegungsfugen unterschieden:

1. Gebäudetrennfugen
Gebäudetrennfugen (Bauwerksfugen) gehen durch alle tragenden und nichttragenden Teile des Gebäudes oder Bauwerks hindurch und müssen im Belag oder in der Bekleidung an der gleichen Stelle und in der von der Bauplanung vorgesehenen Breite übernommen werden.

2. Feldbegrenzungsfugen (Dehnungsfugen im Belag)
Feldbegrenzungsfugen begrenzen den Belag oder die Bekleidung und sind von der Oberfläche des Belages oder der Bekleidung bis auf den tragenden Untergrund oder bis auf die Abdeckung der Dämmung bzw. Abdichtung auszubilden.

3. Randfugen
Randfugen, die den Belag im Übergang zu Wänden bzw. den Belag durchdringende Bauteile begrenzen, sind wie Feldbegrenzungsfugen auszubilden.

4. Anschlussfugen
Anschlussfugen können zwischen Belägen bzw. Bekleidungen und an angrenzenden Bauteilen sowie festen Einbauten erforderlich sein. Sie werden in der Regel in der Dicke des Belagstoffes, falls erforderlich jedoch bis auf die Ansetz- bzw. Verlegefläche ausgeführt.

Scheinfugen

Scheinfugen (angeschnittene Fugen) werden in Estrichen angeordnet und sind Sollbruchstellen. Sie trennen den Estrichquerschnitt als Verlegeuntergrund nur bis auf ein 1/3 oder 1/2 seiner Höhe und werden in der Regel durch Einschneiden des frischen Estrichmörtels hergestellt. Diese Fugen dienen der Aufnahme der baustoffbedingten Schwindung des Estrichs. Scheinfugen sollen nicht diagonal angeordnet werden. Sie bleiben offen und werden nach Erreichen der Belegreife (ebenso wie auftretende Risse) kraftschlüssig mit Kunstharz geschlossen und ggf. zusätzlich verdübelt. So behandelte Fugen werden bei der Herstellung der Bodenbeläge nicht berücksichtigt.

Scheinfugen können bei Konstruktionen entsprechend dem Merkblatt „Keramische Fliesen und Platten, Naturwerkstein und Betonwerkstein auf zementgebundenen Fußbodenkonstruktionen mit Dämmschichten" auch ggf. offen bleiben und im Oberbelag als Bewegungsfugen ausgebildet werden. Diese Scheinfugen sind geradlinig und rechtwinklig anzulegen.

Ausbildung von Bewegungsfugen

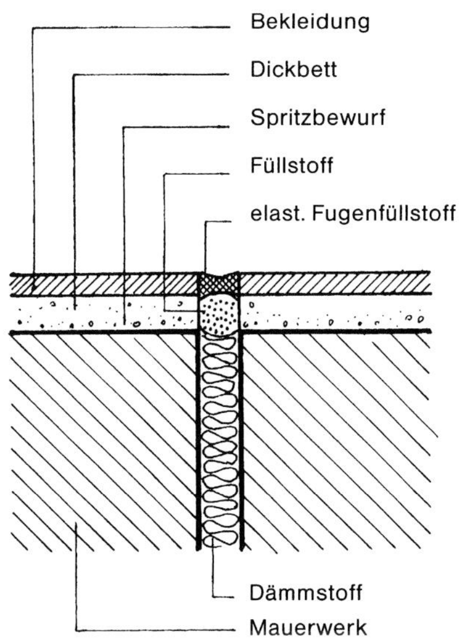

Bild 1: Gebäudetrennfuge in einer Fassadenbekleidung

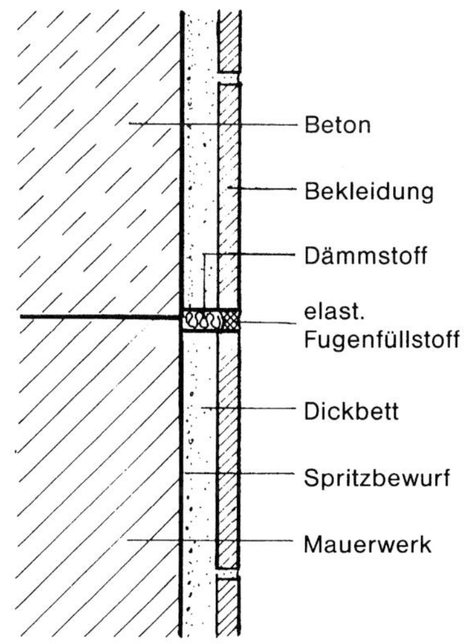

Bild 2: Feldbegrenzungsfuge in einer Fassadenbekleidung

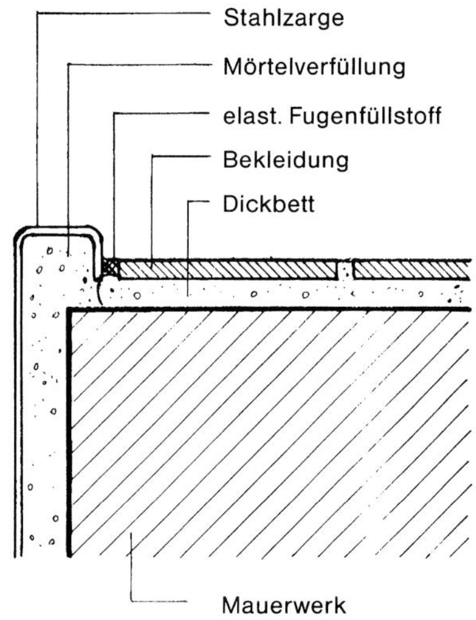

Bild 3: Anschlussfuge an Stahlzarge

Türdurchgänge

In Türdurchgängen zwischen fremden Wohn- und Arbeitsbereichen und zu gemeinsamen Treppenhäusern sind immer Bewegungsfugen auszubilden. Innerhalb einer Wohnung oder eines Arbeitsbereiches sind in Türdurchgängen Bewegungsfugen oder offene Scheinfugen in der Lastverteilungsschicht anzuordnen. Diese Fugen sind geradlinig und rechtwinklig anzulegen, gegen Höhenversatz zu sichern und im Belag als Bewegungsfugen auszubilden. Bei mehreren hintereinander liegenden Räumen, die durch Türdurchgänge miteinander verbunden sind, sind in ausreichendem Umfang Türdurchgänge mit Bewegungsfugen vorzusehen.

Anordnung von Bewegungsfugen

Bestimmungen hinsichtlich der Anordnung und Ausführung von Bewegungsfugen sind in folgenden Normen, Richtlinien und Merkblättern enthalten.

Normen:

ATV DIN 18332
Naturwerksteinarbeiten

ATV DIN 18333
Betonwerksteinarbeiten

ATV DIN 18352
Fliesen- und Plattenarbeiten

ATV DIN 18353
Estricharbeiten

DIN 18157 Teil 1
Ausführung keramischer Bekleidungen im Dünnbettverfahren; hydraulisch erhärtende Dünnbettmörtel

DIN 18157 Teil 2
–; Dispersionsklebstoffe

DIN 18515
Fassadenbekleidungen aus Naturwerkstein, Betonwerkstein und keramischen Baustoffen; Richtlinien für die Ausführung

DIN 18515 Beiblatt
–; –; Erläuterungen

DIN 18540
Abdichten von Außenwandfugen im Hochbau mit Fugendichtstoffen

DIN 18560 Teil 1
Estriche im Bauwesen; Begriffe, Allgemeine Anforderungen, Prüfung

DIN 18560 Teil 2
–; Estriche und Heizestriche auf Dämmschichten (schwimmende Estriche)

DIN 52460
Fugen- und Glasabdichtungen; Begriffe

Merkblätter:

„Keramische Beläge im Schwimmbadbau, Hinweise für Planung und Ausführung", Ausgabe: September 1994

„Fassadenbekleidungen mit keramischen Spaltplatten; Richtlinien für Planung, Konstruktion und Ausführung", Ausgabe: Oktober 1977

Merkblatt „Bodenbeläge aus Fliesen und Platten außerhalb von Gebäuden", Ausgabe: Juli 1988

Merkblatt „Keramische Fliesen und Platten, Naturwerkstein und Betonwerkstein auf beheizten zementgebundenen Fußbodenkonstruktionen", Ausgabe: September 1995

Merkblatt „Keramische Fliesen und Platten, Naturwerkstein und Betonwerkstein auf zementgebundenen Fußbodenkonstruktionen mit Dämmschichten", Ausgabe: September 1995

Bewegungsfugen sind von der Bauplanung festzulegen und bei der Ausschreibung von Bauleistungen zu berücksichtigen. Die Anordnung von Bewegungsfugen ist auf den notwendigen Umfang zu beschränken.

Nachstehende Tabelle enthält eine Zusammenstellung von Hinweisen über die Anordnung, Ausführung und Verfüllung von Bewegungsfugen in den verschiedenen Anwendungsbereichen.

Bewegungsfugen in Bekleidungen und Belägen aus Fliesen und Platten

Anwendungsbereich	Anordnung, Feldgröße, Seitenlänge	Richtwerte für Fugenbreite mm	Fugentiefe
1. Gebäudetrennfugen			
Wandbekleidungen und Bodenbeläge	an gleicher Stelle wie im Baukörper	in der Regel in gleicher Breite	durchgehend
2. Feldbegrenzungsfugen (Dehnfugen im Belag) oder Randfugen			
2.1 Wandbekleidungen innen 2.1.1 Dickbett	am Deckanschluss, am Anschluss an Bodenbeläge auf Trennschicht und Dämmschicht, bei durchgehenden Belägen in Geschosshöhe (in der Regel an Unterkante Decke), über Wechsel der Untergrundbaustoffe ohne Mörtelträger.	5 – 10	bis auf Ansetzfläche
2.1.2 Dünnbett	am Deckenanschluss, am Anschluss an Bodenbeläge, in senkrechten Innenecken, über Wechsel der Untergrundbaustoffe, bei durchgehenden Belägen in Geschosshöhe (in der Regel an Unterkante Decke).	5 – 10	bis auf Ansetzfläche
2.2 Wandbekleidungen außen	an Gebäude-Innen- und -Außenecken, an durchgehenden Fassadenstreifen, an Pfeilern und Brüstungsbekleidungen, in Geschosshöhe (in der Regel an Unterkante Decke), Seitenlänge der Felder 3 – 6 m.	10	bis auf Untergrund
2.3 Bodenbeläge innen 2.3.1 Dickbett bzw. Dünnbett auf Estrich 2.3.1.1 auf Beton	an Wandanschlüssen, Pfeilern, Stützen, festen Einbauteilen und den Boden durchdringenden Bauteilen.	5 – 10	bis auf Untergrund
2.3.1.2 auf Trennschicht	an der Feldbegrenzung, Seitenlänge der Felder je nach Estrichdicke 8 – 12 m, an Wandanschlüssen, Pfeilern, Stützen, festen Einbauteilen und den Boden durchdringenden Bauteilen, in Türdurchgängen, bei starken Vorsprüngen im Grundriss der Fläche, bei Wechsel der Estrichdicke. Es sollen möglichst gedrungene Felder entstehen.	5 – 10	bis auf Trennschicht
2.3.1.3 auf Dämmschicht	an der Feldbegrenzung, Seitenlänge der Felder ≤ 8 m, an Wandanschlüssen, Pfeilern, Stützen, festen Einbauteilen und den Boden durchdringenden Bauteilen, in Türdurchgängen,*) bei starken Versprüngen im Grundriss der Fläche, bei Wechsel der Estrichdicke. Es sollen möglichst gedrungene Felder entstehen. Feldgrößen von 40 m² sollen nicht überschritten werden.	8 – 10	bis auf Abdeckung der Dämmschicht
2.4 Bodenbeläge außen 2.4.1 Dickbett und Dünnbett 2.4.1.1 auf Beton 2.4.1.2 auf Trennschicht 2.4.1.3 auf Dämmschicht	an der Feldbegrenzung, Seitenlänge der Felder 2,5 – 5 m, an Wandanschlüssen, Pfeilern und Stützen, an festen Einbauteilen.	10	bis auf Untergrund bzw. Trennschicht oder Abdeckung der Abdichtung
2.5 Bekleidungen und Beläge in Schwimmbecken innen und außen	zwischen Beckenkopf und Beckenumgang, an Knickpunkten zwischen unterschiedlichen Beckentiefen. Je nach Alter der Unterkonstruktion und der Größe des Beckens können Fugen in den Bereichen von lotrechten Ecken und zwischen Wand- und Bodenbelag erforderlich werden. In größeren Außenbecken müssen diese Fugen immer ausgebildet werden.	10	bis auf Untergrund
3. Anschlussfugen			
in allen Belägen	an Einbauteilen mit anderen Ausdehnungskoeffizienten	≥ 5	in Dicke des Bekleidungs- oder Belagsstoffes bzw. bis auf Ansetz- oder Verlegefläche

*) Siehe Abschnitt Türdurchgänge

Schließen von Bewegungsfugen

Gebäudetrennfugen können mit Fugenprofilen oder mit elastischen Fugenfüllstoffen nach entsprechender Vorfüllung geschlossen werden.

Bei Bodenbelägen ist die Kantenbeanspruchung zu berücksichtigen, z. B. durch Anordnung von Profilen.

Feldbegrenzungs-, Rand- und Anschlussfugen können mit elastischen Fugenfüllstoffen, ggf. nach entsprechender Vorfüllung geschlossen werden. Mit Fugenprofilen oder mit elastischen Fugenfüllstoffen geschlossene Fugen sind nicht wasserundurchlässig.

Mit elastischen Füllstoffen geschlossene Fugen unterliegen chemischen und/oder physikalischen Einflüssen nach DIN 52460 Abschnitt 2 und können reißen. Die unvermeidbaren Verformungen der schwimmenden Konstruktion überschreiten in der Regel die Elastizität der Fugenfüllstoffe. Eine Erneuerung der Fugenfüllstoffe ist ggf. vorzunehmen, um Folgeschäden zu vermeiden.

2.13.5 Bausteine

Die Ausführung von Bewegungsfugen ist für den Fliesenleger heute eine selbstverständliche Leistung. Trotzdem wird sie oft an einen Subunternehmer, den »Fugenspezialisten«, weitergegeben, obwohl die Ausführung nicht schwierig ist.

Folgende Regelwerke sind zu beachten:

Die ATV DIN 18352 nennt als erforderliche Angabe zur Ausführung im Abschnitt 0 Hinweise für das Aufstellen der Leistungsbeschreibung unter Absatz 0.2.27: »*Lage, Querschnitt und Ausführung von Bewegungsfugen, Art und Farbe der Verfüllung*«.

Dem Abschnitt 3 Ausführung dieser ATV entnimmt man folgende Regelungen:

»3.5.5 Bewegungsfugen, wie Gebäudetrennfugen, Feldbegrenzungsfugen, Rand- und Anschlussfugen, sind beim Ansetzen und Verlegen im Dünnbettverfahren entsprechend DIN 18157-1, DIN 18157-2 und DIN 18157-3 und bei Fassadenbekleidungen entsprechend DIN 18515-1 und DIN 18515-2 anzuordnen und mit Fugendichtungsmassen oder Profilen zu schließen.

Bewegungsfugen im Dickbettverfahren sind ebenfalls mit Fugendichtungsmassen oder Profilen zu schließen.«

»3.5.6 Gebäudetrennfugen müssen an gleicher Stelle und in ausreichender Breite durchgehen. Es dürfen keine Überbrückungen, z.B. von Bewehrungen, entstehen.«

Daraus ergeben sich folgende Verformungen:

- Schwinden:
  Volumenverkleinerung als Folge der Erhärtung und Austrocknung bei Beton, Mörtel, Estrich, Mauerwerk
  Schwindmaß bei Beton bis 0,5 mm/m
  Der Vorgang dauert bis zu zwei Jahre.
- Kriechen:
  Verkürzung senkrechter Bauteile (Wände, Stützen, Pfeiler, Säulen) durch Belastung,
  Kriechmaß bei Beton 0,2 mm/m
- Biegen:
  Bei waagrechten Bauteilen(Decken, Träger) mit Verkürzung an der Oberseite (Biegedruck) und Verlängerung an der Unterseite (Biegezug)
- Quellen und Schwinden:
  Volumenveränderung durch unterschiedliche Feuchte, hauptsächlich bei Holz und Holzwerkstoffen
- Ausdehnung und Verkleinerung:
  Volumenänderung durch unterschiedliche Temperaturen, die einzelnen Baustoffe haben unterschiedliche Temperaturdehnzahlen α_T:

Mauerwerk aus Mauerziegeln	0,006 m/mmK
Mauerwerk aus KS, Porenbeton	0,008 m/mmK
Keramik	0,008 m/mmK
Beton, ZE-Estrich, Z-Mörtel	0,010 m/mmK
Baustahl	0,012 m/mmK
Aluminium	0,024 m/mmK
Kunststoffe	0,08–0,23 m/mmK

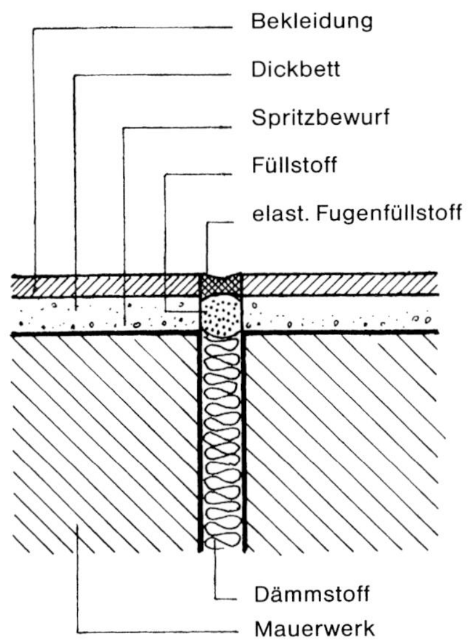

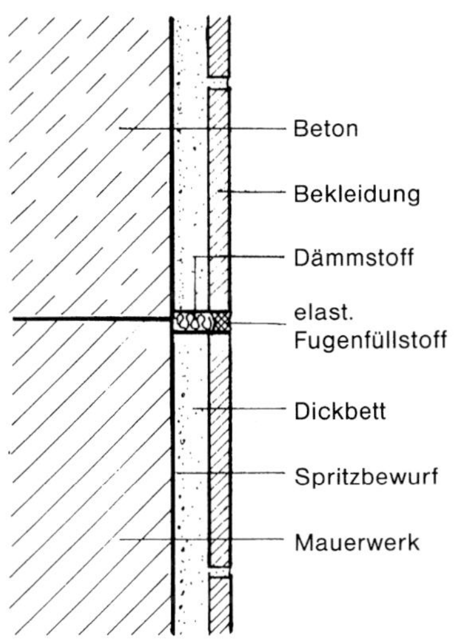

Abb. 2.51: Gebäudetrennfuge und Feldbegrenzungsfuge in einer Fassadenbekleidung

Notwendigkeit von Bewegungsfugen

Bauteile unterliegen Bewegungen und Verformungen.

Ursachen hierfür sind:

- Erhärtung und Austrocknung der Bauteile
- statische Belastung, Setzungen, Erschütterungen
- unterschiedliche Feuchte
- unterschiedliche Temperaturen

Berechnung

Die Berechnung der Längenänderung erfolgt nach der Formel:
Δ_L = Längenunterschied
L_o = Länge bei der Ausgangstemperatur
α_T = spezifische Längenausdehnungszahl
Δ_T = Temperaturunterschied

$$\Delta_L = L_o \times \alpha_T \times \Delta_T$$

Beispiel:
Balkonplatte aus Beton, 6 x 3 m
Temperaturunterschied = 80 K
Längenunterschied
$\Delta_L = 6{,}0 \text{ m} \times 0{,}010 \text{ m/mmK} \times 80 \text{ K} = 4{,}8 \text{ mm}$

Die Verformungen der Bauteile erzeugen Spannungen, die zu Bauschäden werden können. Es ist deshalb erforderlich, diese Spannungen wenigstens teilweise durch elastische Bewegungsfugen aufzufangen.

Arten der Bewegungsfugen

- Gebäudetrennfugen trennen Gebäude oder Gebäudeteile voneinander.
- Feldbegrenzungsfugen unterteilen einen Belag in kleinere Felder.
- Randfugen bilden den Übergang an den Belagsrändern, bei Innen- und Außenecken von Wandbelägen, beim Übergang zum Bodenbelag oder an Türdurchgängen.
- Anschlussfugen sind erforderlich beim Anschluss der keramischen Beläge an nicht keramische Bauteile wie Fenster, Türen, Bade- und Duschwannen.

Verfüllung von Fugen

Fugen werden mit elastischen Fugenfüllmassen geschlossen. Im Bereich des Fliesenlegers kommen infrage:

- Silikonkautschuk (SI) für den »Normalfall«.
  Die maximale Dauerbewegung ist 25 %.
  SI-Materialien können nicht überstrichen werden.
- Polysulfidkautschuk (SR) für hoch beanspruchte Fugen (Außenbereich, Schwimmbad) auf der Basis von Thiokol (Markenname des Rohstoffes) als Ein- oder Zweikomponenten-Produkte mit maximal 15 bis 20 % Dauerbewegung
- Polyurethan (PUR) Ein- oder Zweikomponenten-Fugenmasse

Verarbeitungshinweise

Bei Bewegungsfugen ist eine »Dreiflankenhaftung« zu vermeiden. Dies geschieht am besten durch eine Hinterfüllung.

Die Haftung an den seitlichen Fugenflanken kann durch Reinigen und Behandeln mit einem Primer verbessert werden.

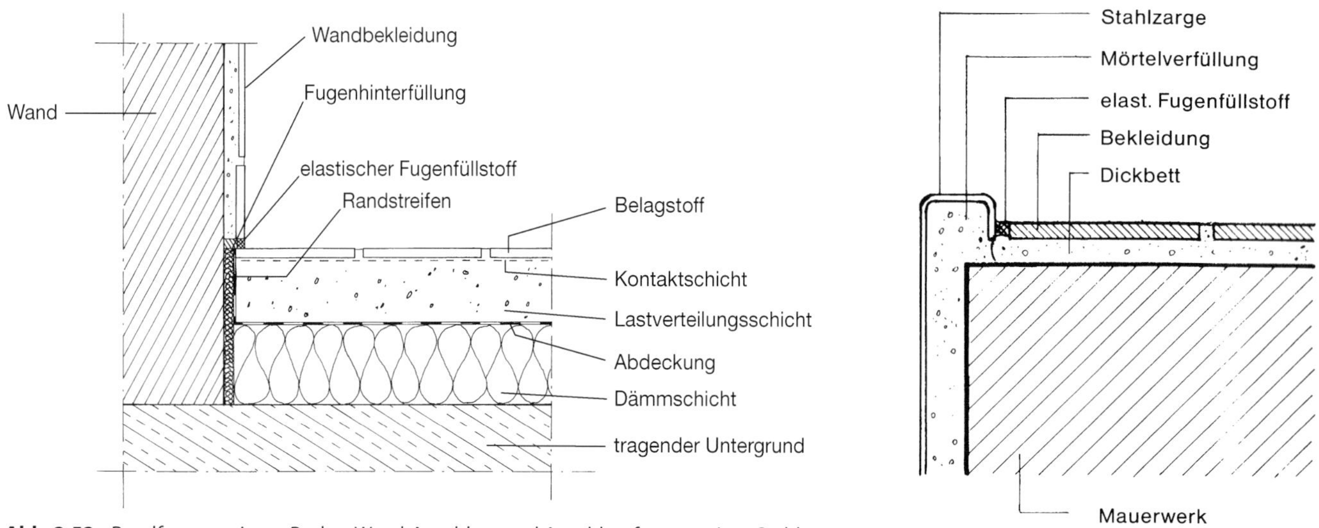

Abb. 2.52: Randfuge an einem Boden-Wand-Anschluss und Anschlussfuge an einer Stahlzarge

Über Anwendungsbereich, Anordnung, Fugenbreite und -tiefe informiert übersichtlich die Tabelle des ZDB-Merkblattes.

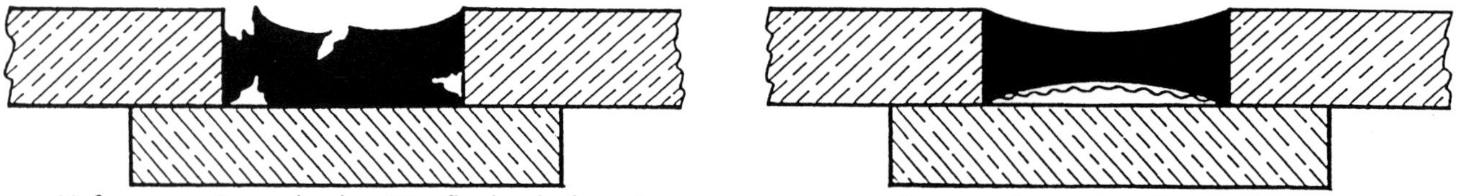

Abb. 2.53: Fugenquerschnitt: Haftung am Fugenboden mit und ohne Trennmittel

2.13.6 Fragen

1. Welche Arten von Bewegungsfugen gibt es?
2. Wie sind Bewegungsfugen zu behandeln?
3. Zu welchen Leistungen gehören
   - Ausbilden, Schließen und/oder Abdecken von Bewegungs- und Anschlussfugen,
   - Vergießen und Verdübeln von Scheinfugen im Untergrund?
4. Wie reagieren Sie, wenn über erforderliche Bewegungsfugen im LV nichts ausgesagt ist?
5. Welche Angaben sind im LV bezüglich der Verfugung und der Bewegungsfugen zu machen?
6. Welche Aufgaben haben Bewegungsfugen?
7. Woher kommen – ganz allgemein ausgedrückt – Spannungen in Bauteilen oder Belägen?
8. Welche Ursachen haben Bewegungen und Verformungen?
9. Erklären Sie den Begriff »Schwinden«!
10. Erklären Sie den Begriff »Kriechen«!
11. Nennen Sie Zahlenwerte für das Schwindmaß und Kriechmaß!
12. Zu welchen Verformungen führt die Durchbiegung einer Betonplatte
    - bei einer Decke (Einfelddecke mit zwei Auflagern),
    - bei einer Balkonplatte (Kragplatte)?
13. Welche Schwindmaße werden nach 1, 2, 3, 4, 6, 8 Monaten erreicht?
14. Wie lange dauert der Schwindvorgang?
15. Welche Faktoren verstärken oder vermindern das Schwinden?
16. Welche Baustoffe verändern ihr Volumen bei wechselnder Feuchtigkeit?
17. Erklären Sie folgende Begriffe mit Materialbeispielen!
    - Wasser abweisend, wasserfest, wasserundurchlässig, wasserdicht,
    - dampfdurchlässig, dampfdicht, »atmungsaktiv«!
18. Wie groß sind die Schwind- und Quellmaße bei Holz?
19. Erklären Sie die Längenänderung von Bauteilen infolge von Temperaturänderung!
20. Wie groß sind die Temperaturausdehnungszahlen α_T bei Fliesen, Mauerziegeln, Kalksandsteinen, Beton, Stahl, Aluminium, Kunststoff?
21. Nach welcher Formel berechnet man die thermische Ausdehnung/Zusammenziehung?
22. Eine Balkonplatte aus Stahlbeton, 8 x 3 m, wird von - 20 °C auf + 50 °C erwärmt. Berechnen Sie die Ausdehnung!
23. Ein Zementestrich in einem Innenraum hat die Maße 8 x 6 m, Dicke 45 mm.
    Um wie viel schwindet er?
24. Was bewirkt das unterschiedliche Austrocken eines Zementestrichs?
25. Wie können Bewegungsfugen gegen Höhenversatz gesichert werden?
26. Erklären Sie Anwendungsbereich, Anordnung, Fugenbreite und Fugentiefe bei Gebäudetrennfugen!
27. Erklären Sie Anwendungsbereich, Anordnung, Fugenbreite und Fugentiefe von
    Feldbegrenzungsfugen und Randfugen für
    a) Wandbekleidungen im Dickbett
    b) Wandbekleidungen im Dünnbett
    c) Wandbekleidungen außen (Fassaden)
    d) Bodenbeläge innen auf Beton im Verbund
    e) Bodenbeläge innen auf Trennschicht
    f) Bodenbeläge innen auf Dämmschicht
    g) Bodenbeläge außen
    h) für Schwimmbecken!
28. Erklären Sie Anwendungsbereich, Anordnung, Fugenbreite und Fugentiefe von Anschlussfugen!
29. Welche Probleme treten an Fugen innerhalb mechanisch hoch belasteter Bodenbeläge auf?
30. Welche Aussage gilt für die Bewertung der Wasserdichtigkeit von Bewegungsfugen?
31. Was versteht man unter »Dreiflankenhaftung«? Welche Folgen ergeben sich aus einer Dreiflankenhaftung?
32. Was ist ein »Rückstellvermögen«?
33. Welches Rückstellvermögen haben plastische Dichtstoffe? Wie kann man diesen Effekt nennen?
34. Welches Rückstellvermögen haben elastische Dichtstoffe? Wie kann man diesen Effekt nennen?
35. Was ist ein Primer? Welche Aufgabe hat er?
36. Was ist eine Hinterfüllung? Woraus besteht sie und welche Aufgaben hat sie?
37. Was ist die »Dilatation«?
38. Was ist die »zulässige Gesamtverformung«? Wie viel % beträgt sie?
39. Wie heißen die Spannungen zwischen Untergrund und Belag?
40. Wo ist die Scherspannung am größten?
41. Warum ist die Anordnung von Feldbegrenzungsfugen bei Verbundbelägen problematisch?
42. Welche Materialien kommen als elastische Dichtstoffe infrage?
43. Nach dem ZDB-Merkblatt können bestimmte Eigenschaften der elastischen Fuge von der Gewährleistung ausgeschlossen werden. Welche sind dies, welche sind dies nicht?

2.13.7 Antworten

1. Arten der Bewegungsfugen:
   Gebäudetrennfugen, Feldbegrenzungsfugen, Randfugen, Anschlussfugen
2. Bewegungsfugen sind mit Fugendichtmassen oder Profilen zu schließen.
3. Die aufgeführten Leistungen gehören zu den Besonderen Leistungen gemäß ATV DIN 18352, Abschnitt 4.2.15 und Abschnitt 4.2.16.
4. Bedenken anmelden (wegen der vorgesehenen Art der Ausführung), Terminvereinbarung, technischer Lösungsvorschlag, Nachtragsangebot
5. Im LV sind Angaben zu machen gemäß
   ATV DIN 18352, Abschnitt 0.2.26 Ausführung, Art und Farbe der Verfugung und Abschnitt 0.2.27 Lage, Querschnitt und Ausführung von Bewegungsfugen, Art und Farbe der Verfüllung.

6. Aufgaben der Bewegungsfugen:
   - Bewegungen, Verformungen zulassen
   - Spannungen abbauen
   - Bauschäden verhindern
7. Spannungen haben die Ursache in Verformung und dem Widerstand gegen die Verformung innerhalb der Baustoffe oder an ihren Randzonen.
8. Ursachen für Bewegungen und Verformungen sind
   - Austrocknen: Schwinden
   - Belastung: Kriechen
   - Feuchteänderungen: Schwinden und Quellen
   - Temperaturänderung: Ausdehnen – Zusammenziehen oder Vergrößern – Verkleinern
9. Volumenverkleinerung bei Baustoffen mit hydraulisch erhärtenden Bindemitteln durch Austrocknung des Überschusswassers
10. Volumenverkleinerung von Bauteilen durch Druckbelastung
11. Schwindmaß = 0,5 mm/m; Kriechmaß = 0,2 mm/m
12. Die Durchbiegung einer Betonplatte führt bei einer Einfelddecke zu Biegedruck oben und Biegezug unten, bei einer Kragplatte zu Biegezug oben und Biegedruck unten. Es treten Scherspannungen auf.
13. Die Schwindmaße sind
   - nach 1 Monat: ca. 0,30 mm/m
   - nach 2 Monaten: ca. 0,40 mm/m
   - nach 3 Monaten: ca. 0,45 mm/m
   - nach 4 Monaten: ca. 0,48 mm/m
   - nach 6 Monaten: ca. 0,49 mm/m
   - nach 8 Monaten: ca. 0,50 mm/m
14. Der Schwindvorgang ist bis ca. 2 Jahre messbar, ab 6 Monaten erfolgt keine wesentliche Zunahme.
15. Einflussfaktoren auf das Schwinden sind: Zementgehalt, Sieblinie, Wassergehalt, WZ-Wert.
16. Organische Stoffe, Stoffe mit hohem Porenanteil, Holz und Holzwerkstoffe
17.
   - Wasser abweisend: Oberflächenwasser wird abgewiesen, geringe Durchfeuchtung, Beispiel: Fliesenbelag
   - wasserfest: Der Stoff löst sich im Wasser nicht auf. Beispiel: Mörtel, Fliese, Beton
   - wasserundurchlässig: Wasser dringt bis zu einer bestimmten Tiefe ein, ohne dass es durchdringt. Beispiel: WU-Beton eines Schwimmbeckens
   - wasserdicht: Wasser dringt nicht ein, wird völlig abgehalten. Beispiel: Dachabdichtung
   - dampfdurchlässig: Dampf dringt durch. Beispiel: diffusionsoffene Putze
   - dampfdicht: Dampf dringt nicht oder in ganz geringem Umfang durch. Beispiel: Dichtbahnen
   - atmungsaktiv: laienhafter Begriff für diffusionsoffene Baustoffe
18. Die Schwind- und Quellmaße bei Holz sind: 10 % (tangential), 5 % (radial), 0,1 % (in Faserrichtung).
19. Temperaturänderungen haben auf Baustoffe folgende Auswirkung:
   - Erwärmung: Die schnellere Molekülbewegung bewirkt eine Vergrößerung.
   - Abkühlung: Die langsamere Molekülbewegung bewirkt eine Verkleinerung.
20. Die spezifischen Temperaturausdehnungszahlen α_T in mm/mK sind:
    Fliesen: 0,008, Ziegel: 0,006, Beton: 0,01, Stahl: 0,012, Alu: 0,024, Kunststoff: 0,08 – 0,23, Kalksandstein: 0,008
21. Formel für die thermische Längenänderung:
    $\Delta_L = L_o \times \Delta_T \times \alpha_T$
22. Die Temperaturausdehnungen sind: Länge: 5,6 mm, Breite: 2,1 mm.
23. Das Schwindmaß beträgt in der Länge 4 mm, in der Breite 3 mm und in der Dicke 0,225 mm.
24. Unterschiedliches Austrocknen führt zu Aufwölbungen an den Rändern und Ecken, dem so genannten Aufschüsseln.
25. Die Sicherung gegen Höhenversatz erfolgt durch nicht rostende Rundstahldübel in Gleithülsen.
26. Gebäudetrennfugen: Wandbekleidungen und Bodenbeläge, an gleicher Stelle wie im Baukörper, in gleicher Breite, durchgehend
27. a) Feldbegrenzungsfugen oder Randfugen in Wandbekleidungen innen im Dickbett:
    am Deckenanschluss, am Anschluss an Bodenbeläge auf Trennschicht und Dämmschicht,
    bei durchgehenden Belägen in Geschosshöhe (in der Regel an der Unterkante Decke),
    über Wechsel der Untergrundbaustoffe ohne Mörtelträger, 5–10 mm, bis auf die Ansetzfläche
    b) Feldbegrenzungsfugen oder Randfugen bei Wandbekleidungen innen im Dünnbett:
    am Deckenanschluss, am Anschluss der Bodenbeläge, in senkrechten Innenecken,
    über Wechsel der Untergrundbaustoffe, bei durchgehenden Belägen in Geschosshöhe,
    5–10 mm, bis auf Ansetzfläche
    c) Feldbegrenzungsfugen oder Randfugen bei Wandbekleidungen außen:
    an Gebäude-Innen- und Außenecken, an durchgehenden Fassadenstreifen, an Pfeilern und Brüstungsbekleidungen, in Geschosshöhe (in der Regel an Unterkante Decke), Seitenlänge der Felder 3–6 m, 10 mm, bis auf den Untergrund
    d) Feldbegrenzungsfugen oder Randfugen bei Bodenbelägen innen im Dickbett oder Dünnbett auf Estrich, im Verbund:
    an Wandanschlüssen, Pfeilern, Stützen, festen Einbauteilen und den Boden durchdringenden Teilen, 5–10 mm, bis auf den Untergrund
    e) Feldbegrenzungsfugen oder Randfugen bei Bodenbelägen innen auf Trennschicht:
    an der Feldbegrenzung, Seitenlänge der Felder je nach Estrichdicke 8–10 mm, an Wandanschlüssen, Pfeilern, Stützen, festen Einbauteilen und den Boden durchdringenden Teilen, in Türdurchgängen, bei starken Vorsprüngen im Grundriss der Fläche, bei Wechsel der Estrichdicke, es sollen möglichst gedrungene Felder entstehen, 5–10 mm, bis auf die Trennschicht

f) Feldbegrenzungsfugen oder Randfugen bei Bodenbelägen innen auf Dämmschicht:
an der Feldbegrenzung, Seitenlänge der Felder ≤ 8 m, an Wandanschlüssen, Pfeilern, Stützen, festen Einbauteilen und den Boden durchdringenden Bauteilen, in Türdurchgängen, bei starken Versprüngen im Grundriss der Fläche, bei Wechsel der Estrichdicke, es sollen möglichst gedrungene Felder entstehen, Feldgrößen von 40 m^2 sollen nicht überschritten werden, 8–10 mm, bis auf Abdeckungen der Dämmschicht

g) Feldbegrenzungsfugen oder Randfugen bei Bodenbelägen außen:
an der Feldbegrenzung, Seitenlänge der Felder 2,5–5 m, an Wandanschlüssen, Pfeilern und Stützen, an festen Einbauteilen, 10 mm, bis auf den Untergrund bzw. die Trennschicht oder die Abdeckung der Abdichtung

h) Feldbegrenzungsfugen oder Randfugen in Schwimmbecken:
zwischen Beckenkopf und Beckenumgang, an Knickpunkten zwischen unterschiedlichen Beckentiefen, je nach Alter der Konstruktion und der Größe des Beckens können Fugen in den Bereichen von lotrechten Ecken und zwischen Wand- und Bodenbelag erforderlich werden, in größeren Außenbecken müssen diese Fugen immer ausgebildet werden, 10 mm, bis auf den Untergrund

28. Anschlussfugen werden in allen Belägen an Einbauteile mit anderen Ausdehnungskoeffizienten angeordnet, ≥ 5 mm, in Dicke des Bekleidungs- oder Belagsstoffes bzw. bis auf die Ansetz- oder Verlegefläche
29. Bei hoch belasteten Bodenbelägen werden die Fliesenkanten belastet. Kantenbrüche können auftreten. Maßnahme: Einbringen von Kantenschutzprofilen
30. Elastische Bewegungsfugen gelten nicht als wasserdicht.
31. Unter Dreiflankenhaftung versteht man:
Haftung der Fugmasse an den Fugenflanken (seitlich) und am Fugengrund (unten).
Die Bewegung der Fuge wird behindert.
32. Rückstellvermögen ist das elastische Zurückgehen eines Stoffes nach der Verformung.
33. Plastische Dichtstoffe haben $< 10\,\%$ Rückstellvermögen; »Kaugummieffekt«.
34. Elastische Dichtstoffe haben $> 62 < 90\,\%$ Rückstellvermögen: »Hosenträgereffekt«.
35. Ein Primer ist ein Voranstrich zur Verbesserung der Haftung an den Fugenflanken.
36. Eine Hinterfüllung ist ein Rundprofil aus PE-Schaum. Sie dient zur Tiefenbegrenzung und ermöglicht Bewegungen des Fugengrundes. Sie führt außerdem zur Kostenersparnis.
37. Dilatation ist die Ausdehnung eines Bauteils durch Erwärmung.
38. Die zulässige Gesamtverformung ist die schadensfreie Dehnfähigkeit eines Dichtstoffes; sie beträgt 20–25 %.
39. Spannungen zwischen Untergrund und Belag sind Scherspannungen.
40. Am Rande eines Spannungsfeldes sind die Scherspannungen am größten.
41. Bei Verbundbelägen können Scherspannungen zwischen Belag und Untergrund durch die Bewegungsfugen nicht aufgehoben werden.
42. Als elastische Dichtstoffe kommen infrage: Silikonkautschuk/SI, Polysulfidkautschuk/SR.
43. Die Verformung schwimmender Konstruktionen überschreitet die Elastizität der Fugenfüllstoffe.
Risse oder Abrisse sind die Folge. Diese Schäden stehen nicht in der Gewährleistung.
Fehlerhafte Ausbildung oder Materialfehler bei Bewegungsfugen sind dagegen innerhalb der Gewährleistung. Der Fliesenleger sollte den Kunden entsprechend informieren mit Hinweisen auf die Wartung bzw. Erneuerung der Fugen.

2.14 Schwimmbadbau

2.14.1 Stichworte zum Thema

- öffentliche Schwimmbäder
- Sport- und Wettkampfbecken
- Heil-, Therapie- und Thermalschwimmbäder
- Hotelbäder
- Privatbäder
- Freibäder
- Hallenbäder

2.14.2 Regelwerke

Koordinierungskreis Bäder: KOK-Richtlinien für den Bäderbau
Herausgeber: Deutsche Gesellschaft für das Badewesen e.V. (DGfdB)

Baurichtlinien für Medizinische Bäder (DGfdB)

Schwinden und Quellen von Stahlbetondecken; Einfluss auf das Verbundverhalten keramischer Bekleidungen (DGfdB)

Schwimmbecken aus Stahlbeton und Stahlbeton-Fertigteilen (DGfdB)

Überwintern von Becken in Freibädern (DGfdB)

GUV-I 8527, bisher GUV 26.17
Merkblatt Bodenbeläge für nassbelastete Barfußbereiche vom Bundesverband der Unfallkassen (siehe S. 265)

BGR 181
Merkblatt für Fußböden in Arbeitsräumen und Arbeitsbereichen mit Rutschgefahr
vom Fachausschuss »Bauliche Einrichtungen« der BGZ (siehe S. 251)

Hygiene, Reinigung und Desinfektion in Bädern (DGfdB)

ZDB-Merkblatt Keramische Beläge im Schwimmbadbau – Hinweise für Planung und Ausführung (siehe S. 215)

Wesentliche Inhalte des Merkblattes Keramische Beläge im Schwimmbadbau

Keramische Belags- und Bekleidungsstoffe
Betonbecken
Beckenkopf
Beckenumgang
Wandbekleidungen
Übergänge zu Trockenräumen
Überwintern von Freibecken
Reinigung und Hygiene

Abb. 2.54: Beläge in einem Schwimmbad

2.14.3 Fall aus der Praxis

Problemstellungen bei der Ausführung keramischer Beläge im Schwimmbadbau

In der Praxis können u. a. folgende Probleme auftreten:
Ein Schwimmbecken ist nicht dicht.
Eine Dichtigkeitsprüfung wurde nicht durchgeführt.
Über die Rutschfestigkeit des zu verwendenden Materials ist nichts ausgesagt.
Über die Art des Ansetz- und Verlegemörtels sowie des Fugmörtels ist nichts ausgesagt.
Eine kapillarbrechende Fuge zwischen Beckenkopf und Umgang ist nicht ausgeschrieben.
Die elastischen Fugen sind schadhaft.
Die Fugen im Bereich des Beckenkopfes sind schadhaft.
Die Verfliesung des Beckenkopfes eines Freibades zeigt Frostschäden.

2.14.4 Abdruck von Regelwerken

Merkblatt Keramische Beläge im Schwimmbadbau – Hinweise für Planung und Ausführung
siehe S. 215

Merkblatt

ZENTRALVERBAND
DEUTSCHES
BAUGEWERBE
ZDB

KERAMISCHE BELÄGE IM SCHWIMMBADBAU – HINWEISE FÜR PLANUNG UND AUSFÜHRUNG

September 1994

Rudolf Müller

FACHVERBAND
DEUTSCHES
FLIESENGEWERBE
im Zentralverband des Deutschen Baugewerbes

Herausgeber:

FACHVERBAND DEUTSCHES FLIESENGEWERBE
IM ZENTRALVERBAND DES DEUTSCHEN BAUGEWERBES E.V.,
BERLIN

und dem

INDUSTRIEVERBAND KERAMISCHE FLIESEN + PLATTEN E.V.,
SELB

in Zusammenarbeit mit:

Industrieverband Bauchemie und Holzschutzmittel e.V.,
Frankfurt/Main
Säurefliesner-Vereinigung e.V., Burgwedel

Alleinverkauf durch die Servicestelle des Fachverbandes Deutsches Fliesengewerbe:
Verlagsgesellschaft Rudolf Müller GmbH & Co. KG, Postfach 41 09 49, 50869 Köln,
Telefon (02 21) 54 97-112, Fax (02 21) 54 97-130, www.rudolf-mueller.de

Inhaltsverzeichnis

Vorwort

Dieses Merkblatt beschreibt die Ausführung von keramischen Bekleidungen und Belägen im Schwimmbadbau und enthält Hinweise für

- Schwimmbecken aus WU-Beton
- Abdichtungsmaßnahmen zur Sanierung von Schwimmbecken
- Ausbildung von Beckenköpfen
- Abdichtungsmaßnahmen am Übergang vom Beckenkopf zu den Beckenumgängen
- Abdichtungen von Fußbodenkonstruktionen und Wandflächen.

Auf die Ausführung von Abdichtungen nach DIN 18195 [I-11] wird in diesem Merkblatt nicht eingegangen.

Nach den Bauordnungen der Bundesländer sind Bauwerke und Bauteile gegen Durchfeuchtung zu schützen. Dies gilt insbesondere für wasserbeanspruchte Bereiche in Schwimmbädern, wie z. B. Beckenumgänge und Duschbereiche. Schwimmbecken müssen wasserundurchlässig sein.

Mit keramischen Fliesen und Platten ausgekleidete Schwimmbecken sind – bedingt durch die Verfugung – nicht ohne zusätzliche Maßnahmen wasserundurchlässig.

Schwimmbecken sind aus wasserundurchlässigem Beton (WU-Beton) zu erstellen. Betonbecken, die nicht wasserundurchlässig sind, bedürfen einer zusätzlichen Abdichtung gegen von innen drückendes Wasser, d.h. Wasser, das auf die Abdichtung einen hydrostatischen Druck ausübt.

Bei Betonbecken, die einer Abdichtung bedürfen, empfiehlt es sich, Abdichtungen mit „Abdichtungsstoffen im Verbund mit keramischen Belägen“ anzuordnen. Diese Art von Abdichtungen sind nicht genormt. Sie haben sich jedoch in der Praxis bewährt und entsprechen dem Stand der Technik. Voraussetzung für ihren Einbau ist jedoch ein riss- und verformungsfreier Beckenkörper ohne Bewegungs- bzw. Arbeitsfugen. Unvermeidbare Bewegungs- oder Arbeitsfugen müssen mit einem einbetonierten Fugenband abgedichtet sein.

Die Abdichtung ist auf der dem Wasser zugekehrten Beckenseite anzuordnen. Sie muss eine geschlossene Wanne bilden und in der Regel über den höchsten Wasserstand geführt werden.

Bei der Planung sind die zu erwartenden Formveränderungen des Beckenkörpers zu berücksichtigen. Die Angaben über Größe und Art der aufzunehmenden Bewegungen müssen bei der Planung der Beckenkonstruktion vorliegen. Infolge von Formveränderungen darf die Abdichtung ihre Schutzwirkung nicht verlieren.

Schwimmbecken, die im Erdreich liegen, bedürfen zusätzlich eines Schutzes von außen.

Keramische Beläge und Bekleidungen im Schwimmbecken einschließlich der Abdichtungsmaßnahmen erfordern eine sorgfältige Planung und Ausführung. Dies gilt insbesondere für den konstruktiven Aufbau der Beläge, die Ausbildung der Gefälle, Anschlüsse und Details.

Der Inhalt dieser Hinweise entspricht dem heutigen Erkenntnisstand. Bei vorher ausgeführten Schwimmbecken können die Festlegungen dieses Merkblattes zur Beurteilung nicht herangezogen werden.

1 Keramische Belags- und Bekleidungsstoffe

- Stranggepresste keramische Platten mit niedriger Wasseraufnahme E ≤ 3 % nach DIN-EN 121 [I-1] (Spaltplatten);
- Trockengepresste keramische Fliesen und Platten mit niedriger Wasseraufnahme E ≤ 3 % nach DIN-EN 176 [I-2] (Steinzeugfliesen);
- Strang- oder trockengepresste Schwimmbadformteile mit niedriger Wasseraufnahme E ≤ 3 % (entsprechend DIN-EN 121 bzw. DIN-EN 176).

Fliesen und Platten zur Ausbildung von Bodenbelägen in nassbelasteten Barfußbereichen müssen rutschhemmend sein; das Merkblatt des „Bundesverbandes der Unfallversicherungsträger der öffentlichen Hand – BAGUV“ [II-11] ist zu beachten.

Für Bodenbeläge in Arbeitsräumen und Arbeitsbereichen mit erhöhter Rutschgefahr gilt das Merkblatt ZH 1/571 des Hauptverbandes der gewerblichen Berufsgenossenschaften [II-12].

Der geforderte Grad der Rutschhemmung der Fliesen und Platten ist vom Hersteller nachzuweisen.

2 Betonbecken

2.1 Allgemeines

Betonbecken sind als von innen durch Wasserdruck belastete Behälter anzusehen; sie müssen vor Aufbringen keramischer Beläge wasserundurchlässig sein. Ist dies nicht gegeben, sind sie durch geeignete Maßnahmen abzudichten.

Die Wasserundurchlässigkeit ist durch eine Probefüllung nachzuweisen.

Unter Wasserundurchlässigkeit eines Betonbeckens wird verstanden, dass Wasser mit langzeitigem, einseitigem Einwirken das Bauteil nicht durchdringt und die dem Wasser abgewandte Seite keinen Wasseraustritt in tropfbar flüssiger Form zeigt.

Fugen im Beckenkörper sind zu vermeiden; nicht vermeidbare Fugen erfordern konstruktive Maßnahmen zur Abdichtung.

Die Beckenabdichtung kann erreicht werden durch:

- Herstellung des Beckens in wasserundurchlässigem Beton (sog. WU-Beton)
- Abdichtende Maßnahmen

Auf die Ausführung von Abdichtungen nach DIN 18195 [I-11] wird in diesem Merkblatt nicht eingegangen.

Die Wirksamkeit der ausgeführten Maßnahmen ist zu überprüfen. Dazu ist nach Abschluss der Abdichtungsarbeiten und unmittelbar vor Beginn der Fliesen- und Plattenarbeiten bauseits eine mindestens 2 Wochen andauernde Probefüllung des Beckens bis auf Höhe des Beckenumganges (Rohbeton) vorzunehmen, um eventuell undichte Stellen erkennen und abdichten zu können. Am Beckenrand vorhandene Abläufe müssen dazu provisorisch abgedichtet werden.

Falls eine Abdichtung der Außenseiten von Schwimmbecken erforderlich ist, sollte diese erst nach der Probefüllung erfolgen.

2.2 Becken aus wasserundurchlässigem Beton (WU-Beton)

2.2.1 Anforderungen

Für WU-Beton-Becken gilt DIN 1045 [I-3] – Ziffer 6.5.7.2 oder DIN 4227 [I-8]; sie sind mit besonderen Anforderungen an die Risssicherheit (DIN 1045 – Ziffer 14.5) zu planen und auszuführen. Die Rissbreite ist gem. DIN 1045 – Ziffer 17.6 zu beschränken; der WU-Beton ist unter den Bedingungen für Beton II nach DIN 1045 herzustellen. Neben der rechnerischen Beschränkung sind die betontechnologischen und konstruktiven Möglichkeiten einzusetzen.

Feine, nicht durchgehende Risse an der Oberfläche des Betons mit einer Rissbreite von max. 0,1 mm sind zulässig. Die rechnerische Rissbreite im Sinne von Heft 400 des DAfStb. [II-17] ist auf 0,1 mm zu begrenzen.

2.2.2 Hinweise zur Planung und Ausführung

Becken aus WU-Beton sind als Ganzes so zu planen, zu bemessen, konstruktiv durchzubilden und auszuführen, dass sie die Anforderungen an die Wasserundurchlässigkeit erfüllen.

Bei der Planung und Herstellung ist insbesondere zu achten auf:

- Herstellung als Beton B II nach DIN 1045 – Tabelle 1.
- Richtige Zusammensetzung der Zuschlagstoffe und ein niedriger Wasser-Zement-Wert (nach DIN 1045 – Ziffer 6.5.7.2 max. 0,6 bei Bauteilen von 10–40 cm Dicke). Die Zuschlagstoffe müssen DIN 4226 – Teil 1 [I-7] entsprechen; die Sieblinie muss im Bereich 3 nach DIN 1045 – Ziffer 6.2 – Bild 2 oder 3 liegen. Das Größtkorn ist abhängig von der Bewehrungsdichte und Bauteildicke.
- Aus Gründen der Ausführbarkeit sollte eine Mindestdicke der Beckenwände und -böden von 25 cm, bei der Betonaufkantung hinter Überflutungsrinnen bzw. zwischen Becken und Ablaufkanälen oder Ablaufkanälen und Beckenumgängen eine Mindestdicke von 15 cm nicht unterschritten werden.
- Optimale Verdichtung des Betons beim Einbau durch Innenrüttler.
- Nachbehandlung des Betons entsprechend der Richtlinie des DAfStb. [II-17].
- Mindestüberdeckung der Bewehrung 5 cm. Bei der Bewehrung sind Stahleinlagen in kleinen Durchmessern mit geringem Abstand zu bevorzugen.
- Herstellen von Beckensohle und -wänden in einem Arbeitsgang ist anzustreben. Nicht vermeidbare Arbeitsfugen sind durch ein Fugenband zu sichern.
- Die Schalung muss dicht sein und darf sich beim Betonieren nicht verformen. Schalungsanker sind wassersperrend auszuführen.
- Bei betonaggressiven Wässern gemäß DIN 4030 [I-6], z. B. in Solebädern, sind die Bindemittel nach einer Wasseranalyse zu bestimmen.

Von einem Einsatz von Dichtungsmitteln als Zusatzmittel zum Beton ist abzuraten, da diese die Haftung des Verlegemörtels beeinträchtigen können.

Angaben zur Herstellung von Becken aus wasserundurchlässigem Beton siehe auch Merkblatt „Wasserundurchlässige Baukörper aus Beton" des DBV [II-10] und R. LINDNER „Baukörper aus wasserundurchlässigem Beton" [III-1].

Fugen im Beckenkörper von Becken aus wasserundurchlässigem Beton sowie die Fuge zwischen oberem Beckenrand und Beckenumgangsplatte bei Becken mit hochliegendem Wasserspiegel ist durch Einlegen eines Fugenbandes zu dichten. Dieses ist vor dem Betonieren fachgerecht einzubauen und gegen unbeabsichtigtes Verschieben zu sichern. Die Stöße sind zu verschweißen. Auf gutes Verdichten des Betons im Bereich des Fugenbandes ist zu achten.

Der Einbau eines Fugenbandes ist bei der Planung der Bewehrung zu berücksichtigen.

Durchdringungen des WU-Beton-Beckens, z. B. mit Ver- oder Entsorgungsleitungen, sind mit Flanschrohren mit Mitteldichtungsring auszubilden und einzubetonieren. Nachträgliches Einbetonieren von Flanschrohren ist nicht zulässig. Falls noch Bewegungen im Bereich der Durchführung zu erwarten sind, sind diese mit geeigneten Mantelrohren mit Mitteldichtungsring auszubilden.

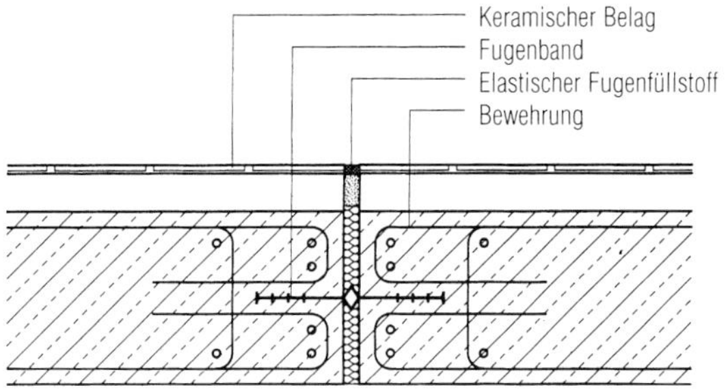

Abb. 1: Ausbildung der Bewegungsfuge eines Beckens aus WU-Beton mit Fugenband

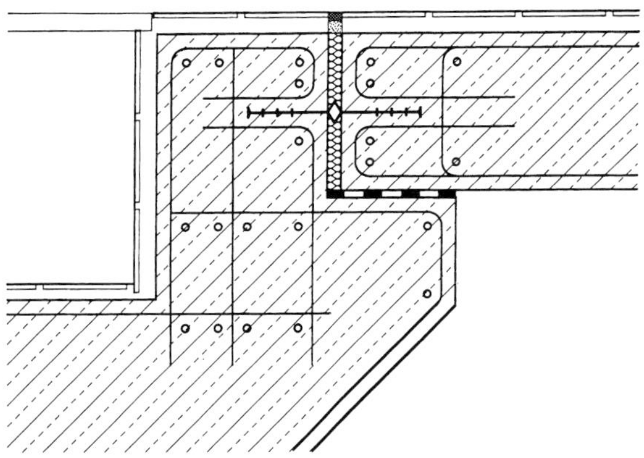

Abb. 2: Ausbildung der Bewegungsfuge zwischen einem Becken aus WU-Beton und Beckenumgangsplatte mit Fugenband

Becken aus WU-Beton mit durchgehenden Rissen oder Fehlstellen im Beton sind nachzubessern oder gemäß Ziffer 2.3 abzudichten. Nachbesserungen sind mit geeigneten Maßnahmen, z. B. nach der „Richtlinie für Schutz und Instandsetzung von Betonbauteilen" des DAfStb. im DIN [II-13] in Verbindung mit der „ZTV-SIB 90" [II-14] und der „ZTV-Riss 88" [II-15] des BMfV und dem Merkblatt des DBV [II-15] vorzunehmen. Für die Anwendungsbereiche der Füllgüter und Füllarten sowie den Feuchtezustand von Rissen/Rissufern: Siehe Tabelle 1 und 2 der ZTV-Riss 88 [II-15].

Mit der Beurteilung und Planung solcher Maßnahmen ist ein sachkundiger Planungsingenieur gemäß Ziffer 1.3.1 der Richtlinie [II-13] zu beauftragen.

Zum Füllen von Rissen eingesetzte Stoffe müssen den „Technischen Lieferbedingungen für Füllgut aus Epoxidharz und zugehöriges Injektionsverfahren (TL FG-EP)" [II-16] des BMfV entsprechen. Für die Qualitätssicherung der eingesetzten Füllsysteme gilt die „Richtlinie für Schutz und Instandsetzung von Betonbauteilen" des DAfStb. – Teil 4: „Qualitätssicherung der Bauprodukte".

2.2.3 Keramische Beckenbeläge und -bekleidungen/Ausführung

Die Betonoberfläche der Beckenwände ist zur Verbesserung der Haftung mechanisch aufzurauen, z. B. durch Sandstrahlen.

Das Aufbringen keramischer Beläge erfolgt als Verbundbelag im Dickbett (Mörtelbettdicke 15 mm) nach ATV/VOB-DIN 18352 [I-13] oder bei ausreichender Ebenflächigkeit der Betonflächen im Dünnbettverfahren nach DIN 18157 – Teil 1 [I-10] mit hydraulischen Dünnbettmörteln nach DIN 18156 – Teil 2 [I-9]. Bei Solebädern kann die Verlegung entsprechend der Analyse des Badewassers mit Reaktionsharzklebstoffen nach DIN 18157 – Teil 3 [I-10] erforderlich werden. Dafür eingesetzte Stoffe müssen DIN 18156 – Teil 4 [I-9] entsprechen.

Tabelle 1: Anwendungsbereiche der Füllgüter und Füllarten

Anwendungsziel	Feuchtezustand von Rissen/Rissufern			
	trocken	feucht	wasserführend	
			„drucklos"	unter Druck
schließen	EP-T, EP-I, PUR-I	EP-T*, EP-I*, PUR-I	PUR-I	PUR-I*
abdichten	EP-I, PUR-I	EP-I*, PUR-I	PUR-I	PUR-I*
kraftschlüssig verbinden	EP-I,	EP-I*		
dehnfähig verbinden	PUR-I	PUR-I	PUR-I	PUR-I*

EP-T, EP-I, PUR-I: Bezeichnungen gemäß Abschnitt 1.2.3 (1) bis (3)
EP-T*, EP-I*: Unter Anwendung hierfür speziell ausgewiesener Epoxidharze (s. Abschnitt 3.2)
PUR-I*: Unter Anwendung eines schnellschäumenden PUR vor der PUR-I (s. Abschnitt 4.2)

Tabelle 2: Feuchtezustand von Rissen/Rissufern

Begriff	Merkmal
trocken*)	– Wasserzutritt nicht möglich – Beeinflussung des Rissbereichs durch Wasser nicht feststellbar – Wasserzutritt möglich, jedoch seit ausreichend langer Zeit ausschließbar – Rissufer optisch feststellbar trocken**) – Rissufer nach Labormethoden beurteilt trocken
feucht	– Farbtonveränderung im Rissbereich durch Wasser, jedoch kein Wasseraustritt – Anzeichen auf Wasseraustritt in der unmittelbar zurückliegenden Zeit – Rissufer erkennbar feucht oder mattfeucht**) – Rissufer nach Labormethoden beurteilt feucht
„drucklos"	– Wasser in feinen Tröpfchen im Rissbereich erkennbar – Wasser perlt aus dem Rissbereich
unter Druck wasserführend	– Zusammenhängender Wasserfilm tritt aus dem Riss aus

*) trocken: Beton mit umgebungsbedingter Ausgleichsfeuchte
**) Beurteilung der Rissufer an Trockenbohrkernen

Der Untergrund darf sich nur begrenzt verformen; Bekleidungsstoffe sollten möglichst spät aufgebracht werden. Beton nach DIN 1045 [I-3] oder DIN 4227 [I-8] sollten nach DIN 18157 [I-10] ein Mindestalter von 6 Monaten, Putz nach DIN 18550 [I-12] und Estrich nach DIN 18560 [I-15] ein Mindestalter von 28 Tagen aufweisen. Unter den im Merkblatt 25.01 der DGfdB. [II-7] genannten Bedingungen kann das

Mindestalter des Betons auf 3 Monate verkürzt werden.

Erforderliche Ausgleichschichten sind an den Beckenwänden als Putz der Gruppe P III (Zementputz) nach DIN 18550 [I-14] ohne Zusätze von Dichtungsmitteln, am Boden als Verbundestrich der Güteklasse ZE 20 nach DIN 18560 [I-15] – Teil 3 ohne Zusätze von Dichtungsmitteln auszuführen.

Fugen im Beckenkörper sind im keramischen Belag und in den Formstücken an gleicher Stelle und in gleicher Breite als Feldbegrenzungsfugen zu übernehmen.

Randfugen sind in den Becken-Innenecken und am Übergang zwischen Wand- und Bodenbekleidungen anzuordnen. **Anschlussfugen** sind im Anschluss des keramischen Belages an Einbauteile erforderlich. Rand- und Anschlussfugen sind bis zur Oberfläche des Betons durchzuführen. Sie sind mit für den Unterwasserbereich und alkalische Untergründe geeigneten Fugenfüllstoffen zu schließen.

Fugen sind mit für den Unterwasserbereich und alkalische Untergründe geeigneten Fugenfüllstoffen zu schließen. Mit elastischen Füllstoffen geschlossene Fugen unterliegen chemischen und/oder physikalischen Einflüssen nach DIN 52460 Abschnitt 2 und können reißen. Die unvermeidbaren Verformungen der schwimmenden Konstruktion überschreiten in der Regel die Elastizität der Fugenfüllstoffe. Eine Erneuerung der Fugenfüllstoffe ist ggf. vorzunehmen, um Folgeschäden zu vermeiden.

Die Verfugung der Fliesen und Platten kann im Becken im Allgemeinen mit hydraulischen Fertig-Fugmörteln vorgenommen werden; im Bereich des Beckenkopfes (Rinnen, überflutete Beckenrandsteine oder Auflaufschrägen) sowie bei Thermalwässern ist eine Verfugung mit Reaktionsharz-Fugmassen empfehlenswert.

2.3 Becken aus Beton, die einer Abdichtung bedürfen (Sanierung)

2.3.1 Abdichtung mit Abdichtungsstoffen im Verbund mit Belägen aus Fliesen und Platten

Abdichtungen im Verbund sind Stand der Technik und haben sich bewährt. Die Eignung der dazu eingesetzten Systeme ist gemäß Ziffer 2.3.1.2 durch den Hersteller nachzuweisen.

Gruppen der Abdichtungsstoffe:

- Kunststoff-Zement-Kombination
  (Dispersionen von Kunststoffen, die mit Zementen oder Zementmörteln versetzt sind).
- Reaktionsharze
  (flüssige oder pastöse gefüllte und ungefüllte Reaktionsharze).

2.3.1.1 Anforderungen an den Untergrund

Geeignet sind Untergründe aus

- Beton nach DIN 1045 [I-3] und DIN 4227 [I-8];
- Ausgleichputz nach DIN 18550 [I-14] der Gruppe P III;
- Ausgleichestriche als Verbundestrich nach DIN 18560 – Teil 3 [I-15] der Güteklasse ZE 20.

Die Maßgenauigkeit und Lage des Untergrundes soll der fertigen Bekleidung entsprechen. Größere Unebenheiten sind vorher auszugleichen. Für die Beurteilung der Ebenflächigkeit gilt DIN 18202 – Tabelle 3 – Zeile 7 [I-12] für flächenfertige Wände. Stoffe für Ausgleichschichten müssen auf Untergrund und Abdichtungsstoff abgestimmt sein und am Untergrund haften.

Die Oberfläche des Untergrundes muss ausreichend ebenflächig und tragfähig sein. Sie muss eine weitgehend geschlossene, ihrer Art entsprechend gleichmäßige Beschaffenheit und ausreichende Festigkeit aufweisen. Sie muss frei von Stoffen sein, die die Haftung der Abdichtung beeinträchtigen (z. B. Trennmittel, lose Bestandteile, Staub, Absandungen, Bindemittelanreicherung, Ausblühungen, Verschmutzungen). Die Oberfläche des Betons der Beckenwände ist mechanisch aufzurauen, zum Beispiel durch Sandstrahlen.

Vorhandene Risse sind gemäß Ziffer 2.2.2 zu verpressen. Entstehende Risse dürfen das Maß von 0,5 mm nicht überschreiten. Hier sind z.B. Konstruktionen einzuordnen, die nicht nach DIN 1045, Absatz 17.6 mit Beschränkung der rechnerischen Rissbreite auf 0,25 mm berechnet sind.

Abdichtung und Bekleidungsstoffe sollten möglichst spät aufgebracht werden. Für das Mindestalter von Beton gilt Ziffer 2.2.3 – Absatz 3.

2.3.1.2 Anforderungen für die Prüfung von Abdichtungsstoffen

Sie müssen folgende Eigenschaften aufweisen:

1. Haftzugfestigkeit = > 0,5 N/mm²
2. Frostbeständigkeit = > 0,5 N/mm²
3. Temperaturbeständigkeit bei + 70 °C
4. Alterungsbeständigkeit
5. Beständigkeit gegen Chlorwasser = > 0,5 N/mm²
6. Beständigkeit gegen Kalkwasser = > 12 pH
7. Wasserundurchlässigkeit nach 7 Tagen bei 1,5 bar
8. Überbrückung von Rissen bis 0,75 mm*) ohne Höhenversatz

Der Nachweis der Erfüllung dieser Anforderungen ist nach dem Merkblatt „Prüfung von Abdichtungsstoffen“ [II-4] vom Hersteller zu erbringen. Der Nachweis gilt als erbracht, wenn alle Anforderun-

*) Prüfwert inkl. 50% Sicherheit

gen erfüllt werden. Die Gebrauchstauglichkeit ist auf Verlangen durch ein Prüfzeugnis nachzuweisen.

2.3.1.3 Ausführung der Abdichtungen

Bei der Ausführung der Abdichtungen sind nur Abdichtungsstoffe, die den Anforderungen nach Abschnitt 2.3.1.2 entsprechen, zu verwenden. Die Abdichtungsstoffe sind den Richtlinien des Herstellers und des Systemaufbaues entsprechend zu verarbeiten. Sie können mit Einlagen aus Vlies oder Gewebe, bzw. mit Folien verstärkt werden. Die Dicke der Abdichtung ist von der Werkstoffart abhängig und vom Hersteller anzugeben.

Über Fugen im Beckenkörper ist die Abdichtung durch Einlagen aus Vlies oder Gewebe, bzw. Folien zu überbrücken. Zu erwartende Bewegungen sind ggf. durch die Ausbildung von Schlaufen aufzunehmen. Reicht die Breite der Fuge dazu nicht aus, sind sie zu verbreitern, z. B. durch Abschrägen der Kanten.

Rohrdurchführungen werden mit Flansch und/oder Manschetten in die Flächenabdichtung eingebunden.

Bodenabläufe mit Flansch werden mit Einlagen aus Gewebe, Vlies oder Folien angeschlossen, die in der Flächenabdichtung einzulegen sind. Bodenabläufe *ohne* Flansch sind ungeeignet.

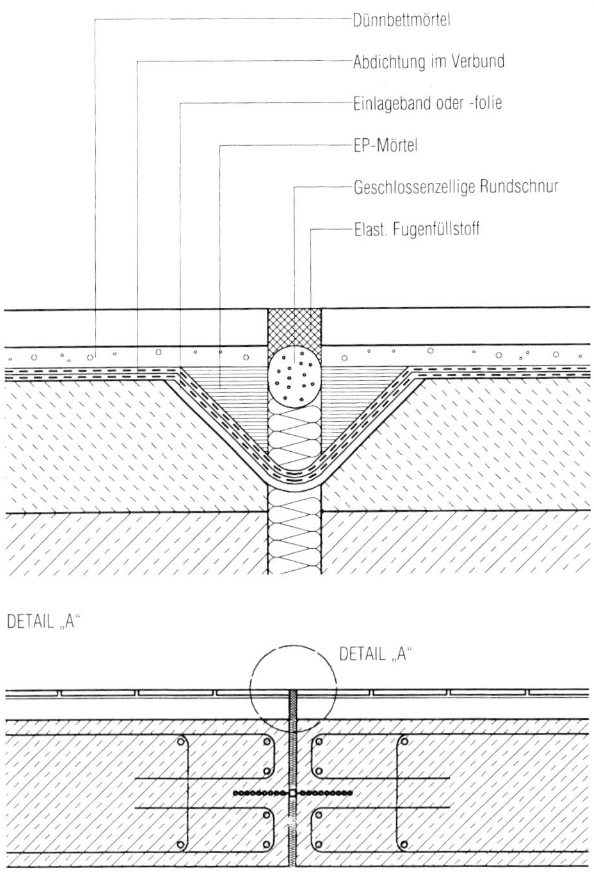

Abb. 3: Ausbildung einer Bewegungsfuge im Becken

2.3.1.4 Ansetzen und Verlegen der Fliesen und Platten

Fliesen und Platten sind in einem gesonderten Arbeitsgang im Dünnbettverfahren nach DIN 18157 [I-10] mit einem auf das Abdichtungssystem abgestimmten und für Schwimmbäder geeigneten Dünnbettmörtel nach DIN 18156 [I-9] zu verlegen.

Zur Ausführung der Verfugung und zur Ausbildung der **Rand-, Anschluss-** und **Bewegungsfugen** im Beckenkörper gilt sinngemäß Ziffer 2.2.3 – Absätze 5–9.

2.3.2 Abdichtung mit starren zementgebundenen Dichtungsschlämmen

Diese sind nicht rissüberbrückend; sie sind als Abdichtungsmaßnahme nur geeignet, wenn das Auftreten von Rissen ausgeschlossen werden kann bzw. Formveränderungen und Setzungen der Beckenkonstruktion vollständig abgeklungen sind. Dies ist im Allgemeinen nur bei älteren Betonbecken der Fall.

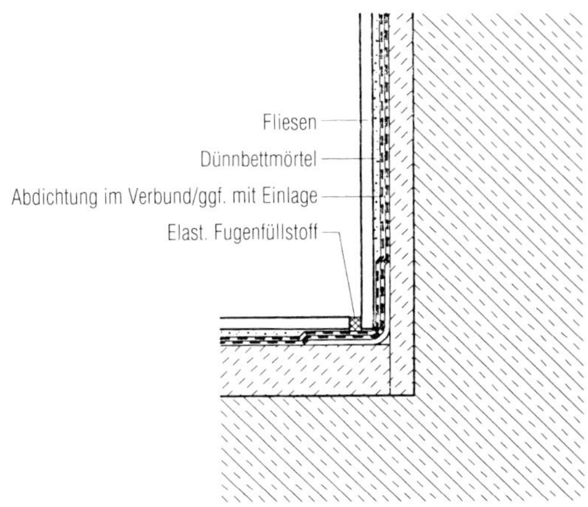

Abb. 4: Ausbildung einer Randfuge im Becken

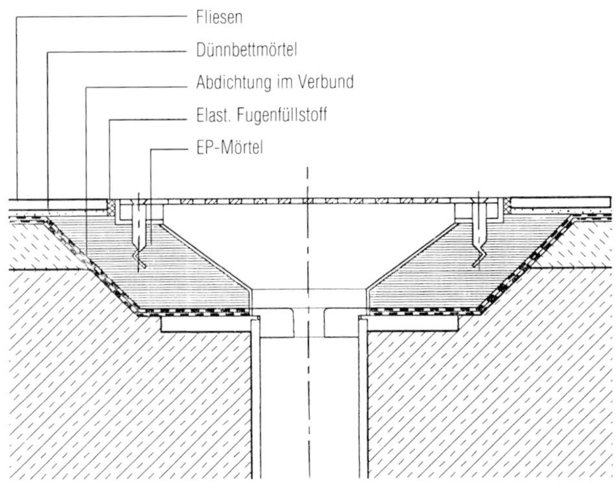

Abb. 5: Anschlussbeispiel eines Bodenablaufs

2.3.2.1 Anforderungen an den Untergrund

Einzelne vorhandene Risse und Fehlstellen sind gemäß Ziffer 2.2.2 auszubessern.

Nach erfolgter Sanierung müssen Untergründe ausreichend ebenflächig, tragfähig und frei von durchgehenden Rissen sein. Deren Oberfläche muss weitgehend geschlossen, ihrer Art entsprechend gleichmäßig beschaffen sein und eine ausreichende Festigkeit aufweisen. Sie muss frei von Stoffen sein, die die Haftung der Dichtungsschlämme beeinträchtigen (z. B. Trennmittel, lose Bestandteile, Staub, Absandungen, Bindemittelanreicherung, Ausblühungen, Verschmutzung). Ein Sandstrahlen kann erforderlich sein.

2.3.2.2 Anforderungen an zementgebundene Dichtungsschlämmen

Sie müssen als Untergrund zum Aufbringen keramischer Beläge im Dünnbettverfahren geeignet sein und folgende Eigenschaften aufweisen:

1. Haftzugfestigkeit = > 0,5 N/mm²
2. Frostbeständigkeit = > 0,5 N/mm²
3. Temperaturbeständigkeit bei +70 °C
4. Alterungsbeständigkeit
5. Beständigkeit gegen Chlorwasser = > 0,5 N/mm²
6. Beständigkeit gegen Kalkwasser = > 12 pH
7. Wasserundurchlässigkeit nach 7 Tagen bei 1,5 bar

Der Nachweis der Erfüllung dieser Anforderungen ist vom Hersteller zu erbringen. Der Nachweis gilt als erbracht, wenn alle Anforderungen erfüllt werden. Die Gebrauchstauglichkeit ist auf Verlangen durch ein Prüfzeugnis nachzuweisen.

Abdichtungen aus Dichtungsschlämmen sind nicht genormt.

Eine Abdichtung von Konstruktions- oder Arbeitsfugen mit zementgebundenen Dichtungsschlämmen ist nicht möglich. Vorhandene Fugen im Beckenkörper schließen den Einsatz zementgebundener Dichtungsschlämme aus.

2.3.2.3 Ausführung von Abdichtungen mit zementgebundenen Dichtungsschlämmen

Sie sind den Angaben des Herstellers entsprechend zu verarbeiten.

Die Maßgenauigkeit und Lage des Untergrundes muss der fertigen Bekleidung entsprechen. Größere Unebenheiten sind vorher auszugleichen. Für die Beurteilung der Ebenflächigkeit gilt DIN 18202 – Tabelle 3 – Zeile 7 [I-12] für flächenfertige Wände. Stoffe für Ausgleichschichten müssen auf Untergrund und Abdichtungsstoff abgestimmt sein und am Untergrund mit einer Mindesthaftzugfestigkeit von 0,5 N/mm² haften.

2.3.2.4 Ansetzen und Verlegen der Fliesen oder Platten

Hierfür gilt Ziffer 2.3.1.4.

3 Beckenkopf

Die Art des Beckenkopfes ist neben der Festlegung des Fliesen- oder Plattenformates eine planerische Entscheidung.

Es wird unterschieden zwischen Becken-(Kopf-)-Konstruktionen mit

- hochliegendem und
- tiefliegendem Wasserspiegel.

Therapiebecken stellen eine Ausführungsvariante mit einem an einer Beckenseite abgesenkten Beckenumgang dar.

Vorteile von Beckenkonstruktionen mit hochliegendem Wasserspiegel sind:

- gute Übersicht des Aufsichtspersonals über die gesamte Wasserfläche, besserer Ausblick für die Badbenutzer;
- „strandartiger" Eindruck des Überganges zwischen Wasserfläche und Beckenumgang;
- verringertes Bauvolumen;
- bei Chlorung des Wassers keine Anreicherung von Chlorgas über der Wasserfläche.
- Der größere Querschnitt des Ablaufkanals ermöglicht eine geringere Zahl von Abläufen.

Der Wasserspiegel befindet sich auf Höhe des Beckenumganges oder höher. Der Bereich des Beckenkopfes bedarf besonderer Abdichtungsmaßnahmen, die geplant und konstruktiv gelöst werden müssen.

3.1 Beckenkopfsysteme

Verschiedene Beckenrandausbildungen können miteinander kombiniert werden.

Zur Bemessung der Betonaussparungen sind die vom Keramik-Hersteller abhängigen Maße der keramischen Formstücke zu berücksichtigen.

Bei der Ausführung der Beckenköpfe ist darauf zu achten, dass die keramischen Formsteine zur kontinuierlichen und gleichmäßigen Ableitung des Überlaufwassers auf der Gesamtlänge des Beckenkopfes waagerecht liegen. Nach den „KOK-Richtlinien für den Bäderbau" des „Koordinierungskreises Bäder" [II-5] sind Abweichungen von max. ± 2 mm aus der Horizontalen zulässig. Die Abweichung der Oberkante der (Roh-)Betonbeckenkonstruktion von der Horizontalen soll bei 25-m-Becken ± 10 mm, bei größeren Becken ± 15 mm nicht überschreiten.

3.1.1 Beckenkopfsysteme mit hochliegendem Wasserspiegel

- **Überflutungssysteme mit keramischen Spezialformteilen**
  (z. B. „Züricher Rinne") Der Wasserspiegel befindet sich auf Höhe des Beckenrandes. Die keramische Überflutungsrinne oder der geflieste Kanal für die Wasserführung befindet sich außerhalb des Beckens und ist mit einem Rost abgedeckt.

Wasser-spiegel	System	Bezeich-nung	Anwendung -Bäder
hoch-liegend	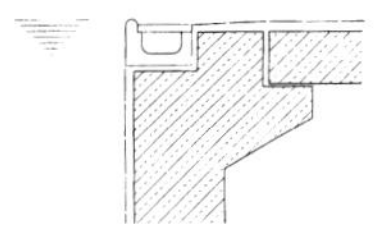	System „Wies-baden"	Hallen-Freizeit-Hotel
	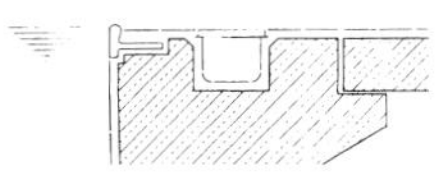	System „Zürich"	
	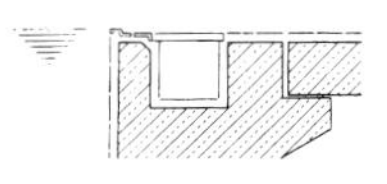	System „Zürich"	
	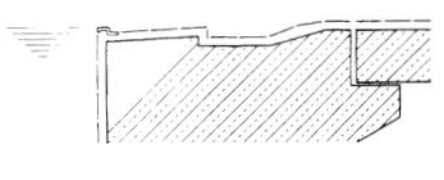	Finnisches System „Tapiola"	Freizeit-, Sport- und Lehrschwimm-bäder
	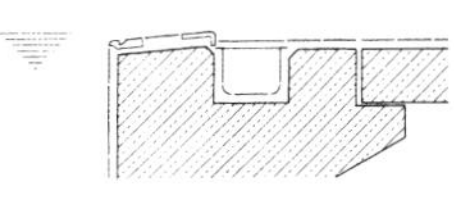	Finnisches System „Pyrmont"	
	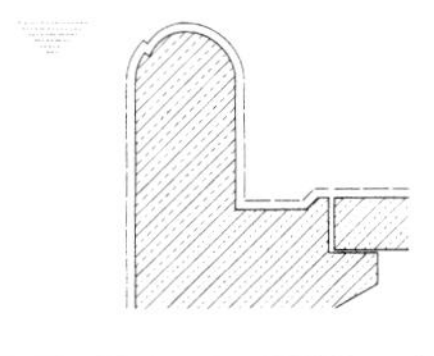	System „St. Moritz"	Freizeit-, Hotel- und Privatbäder
tief-liegend	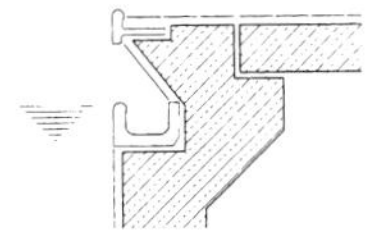	System „Wies-baden"	Öffentliche und Hotel-bäder
	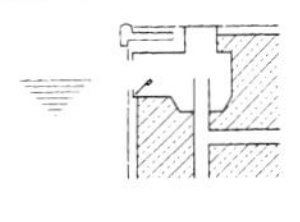	System „Skimmer"	Privatbäder
Therapie	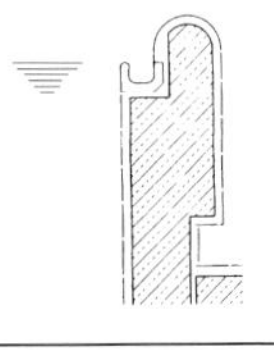	System „Therapie"	Therapie-bäder

Abb. 6: Übersicht Beckenkopfsysteme

- **Finnisches Überflutungssystem**
  Strandähnlicher Beckenrand mit Wasserspiegel auf Höhe der Überlaufkante. Die Rinne bzw. der Kanal liegt außerhalb des Beckens. Die Rinne kann auch als tiefer, gefliester Kanal (System „Pyrmont") ausgebildet werden.

- **„St. Moritz"-Rinne**
  Gegenüber dem Beckenumgang hochgezogener, gleichmäßig abgerundeter und verfliester Beckenrand, im Beckenumfang eingelassener, verfliester Ablaufkanal. Der Wasserspiegel befindet sich im Allgemeinen etwa 0,7 m über dem Niveau des Beckenumganges.

3.1.2 Beckenkopfsysteme mit tiefliegendem Wasserspiegel

- **System: „Wiesbaden"**
  Der Wasserspiegel liegt ca. 25–30 cm unter der Beckenoberkante. Die Wasserführung erfolgt über eine in einer Aussparung des Stahlbetonbeckenkopfes eingebaute keramische Überlaufrinne.

- **System: „Skimmer"**
  Der Wasserkreislauf erfolgt über einen Ablauf (Skimmer), der in Höhe des vorgesehenen Wasserspiegels in der Beckenwand eingebaut wird. Die Anwendung dieses Systems ist auf Privatbäder beschränkt.

- **Therapiebecken**
  Sie stellen eine Sonderlösung dar; der Beckenumgang wird im Allgemeinen an einer Seite des Beckens zur Betreuung der Patienten gegenüber dem Wasserspiegel abgesenkt. Die Wasserführung erfolgt an der abgesenkten Seite in der Regel über Überlaufrinnen des Systems „Wiesbaden".

3.2 Bewegungsfuge zwischen Beckenkopf und Beckenumgangsplatte

3.2.1 Anordnung

Die Betonbeckenkonstruktion und das übrige Bauwerk sind konstruktiv voneinander zu trennen. Dazu kommen folgende Möglichkeiten in Betracht:

- Ausbildung des Beckenumganges als Einfeldplatte **(Abb. 7 a)**
- Umgang als Kragarm am Becken **(Abb. 7 b)**
- Umgang als Kragarm am Gebäude **(Abb. 7 c).**

Abb. 7: Statische Systeme und Anordnung der Bewegungsfuge zwischen Beckenkonstruktion und übrigem Bauwerk

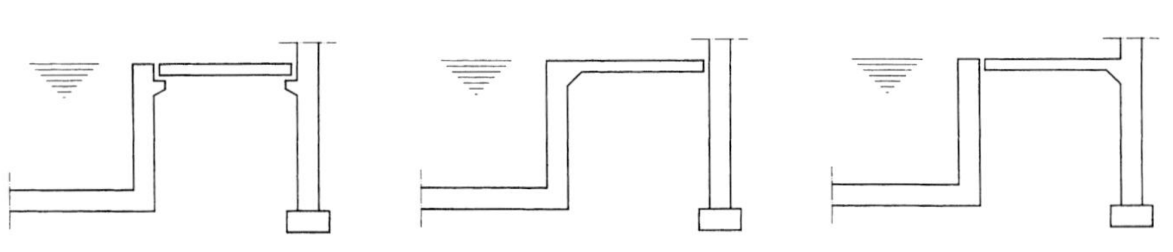

a b c

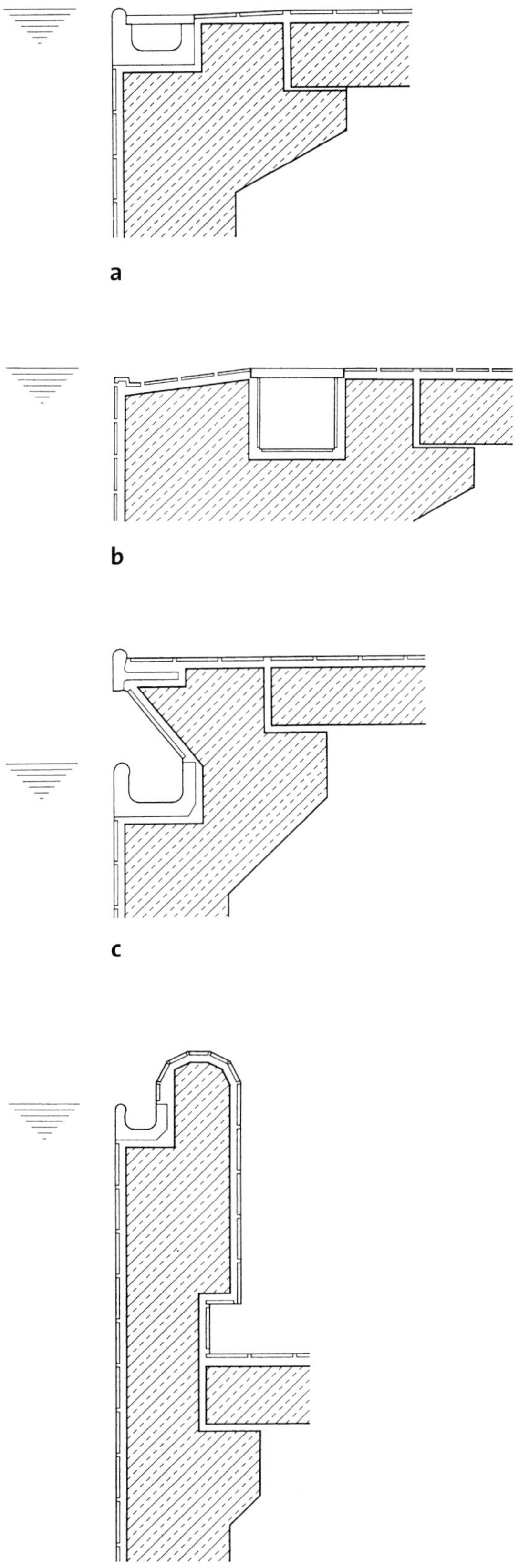

Abb. 8: Lage der Bewegungsfuge bei verschiedenen Beckenkopfsystemen
a) bei Überflutungssystem mit hochliegendem Wasserspiegel
b) bei „Finnischem" Überflutungssystem
c) bei tiefliegendem Wasserspiegel
d) bei Therapiebecken

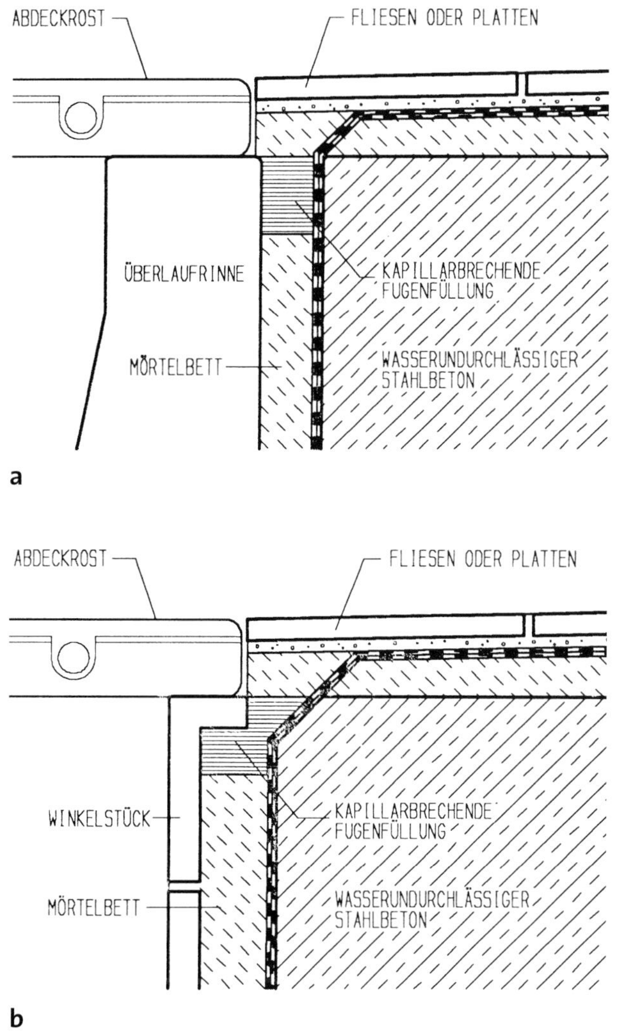

Abb. 9: Kapillarbrechende Fugenfüllung
a) hinter Überlauf-/Überflutungsrinne
b) hinter Rostauflage als Winkelstück

Die Fugenbreite liegt im Allgemeinen zwischen 10 und 20 mm. Sie muss im keramischen Belag an gleicher Stelle übernommen werden. Dies erfordert eine Abstimmung der Betonabmessungen, z. B. der Betonaufkantung hinter Überflutungsrinnen, auf das vorgesehene Fliesen- oder Plattenformat.

3.2.2 Abdichtung

Die Bewegungsfugen liegen in dem durch Wasser hochbeanspruchten Bereich und sind abzudichten. Die Maßnahmen hierzu richten sich nach der Art der Beckenabdichtung (Ziffer 2.2 und 2.3). Die Verfüllung der Fugen mit elastischen Fugenfüllstoffen, wie z. B. auf Siliconbasis, sind nicht als abdichtende Maßnahme anzusehen.

Bei hochliegendem Wasserspiegel ist, unabhängig von der Art der Abdichtung der Beckenkopf-Fuge an der Hinterkante der keramischen Überlaufrinne bzw. am beckenumgangsseitigen Abschluss verfliester Ablaufrinnen/-kanäle **(Abb. 9),** eine kapillarbrechende Fugenfüllung, z. B. aus Reaktionsharz-Mörtel, anzuordnen. Diese muss bündig mit Oberkante der Überlaufrinne bzw. des Formstücks und der Oberkante des Verlegeuntergrundes ausgeführt werden.

Diese Maßnahme ist erforderlich, um ein Eindringen von Wasser infolge hydrostatischen Drucks in den Belag des Beckenumganges zu unterbinden. Die kapillarbrechende Fugenfüllung stellt keine Abdichtung dar.

Bewegungsfuge zwischen Becken und Beckenumgangsplatte:

3.2.2.1 bei Becken aus WU-Beton und mit zementgebundenen Dichtungsschlämmen gedichteten Becken

Bei dieser Art der Abdichtung ist das Vorhandensein eines verschweißten Fugenbandes **(Abb. 2)** vorauszusetzen.

3.2.2.2 bei Abdichtungen aus Abdichtungsstoffen im Verbund

Die Abdichtung mit Abdichtungsstoffen im Verbund mit Fliesen und Platten wird gemäß den Hinweisen der Hersteller über die Fuge hinweggeführt und gewebeverstärkt **(Abb. 3)**. Freie Beweglichkeit im Bereich der Fuge ist durch die Einlage geschlossenzelliger Rundschnüre und Ausbildung von Schlaufen zu gewährleisten.

Die Abschrägung der Beton-/bzw. Estrichkanten entlang der Fugenflanken unter einem Winkel von ca. 45° in einer Breite von 20–40 mm ist zu empfehlen.

3.3 Versetzen keramischer Formstücke

Das Versetzen der keramischen Formstücke erfolgt im Allgemeinen nach ATV/VOB-DIN 18352 [I-13] möglichst hohlraumfrei in einem Mörtel der MGr. III unter Verwendung von Trasszement in einer Mörtelbettdicke von bis zu 30 mm. Höhentoleranzen der Unterkonstruktion sind auszugleichen.

Für die Überlaufkante des Beckenkopfes sind Abweichungen von ±2 mm aus der Horizontalen zulässig. Formteile sind beim Versetzen nach ihrer Überlaufkante auszurichten; nach DIN 18202 – Abschnitt 4 sind die bei Baustoffen zulässigen Abweichungen in den Ebenheitstoleranzen (hier: Höhentoleranzen der Überlaufkante der Formstücke) nicht enthalten und daher zusätzlich zu berücksichtigen.

Es ist darauf zu achten, dass Ablaufsteine sich mit ihren Ablaufstutzen oder -ventilen innerhalb der Ablauffläche der Ablauftrichter oder -einbauteile befinden. Diese sind von Versetzmörtel frei zu halten.

Werden Beckenköpfe oder Rinnen mit Einzelfliesen oder Platten bekleidet, ist dies entsprechend 2.3.1.4 auszuführen.

3.4 Ansetzen und Verlegen der Fliesen und Platten

Siehe hierzu Ziffer 2.3.1.4.

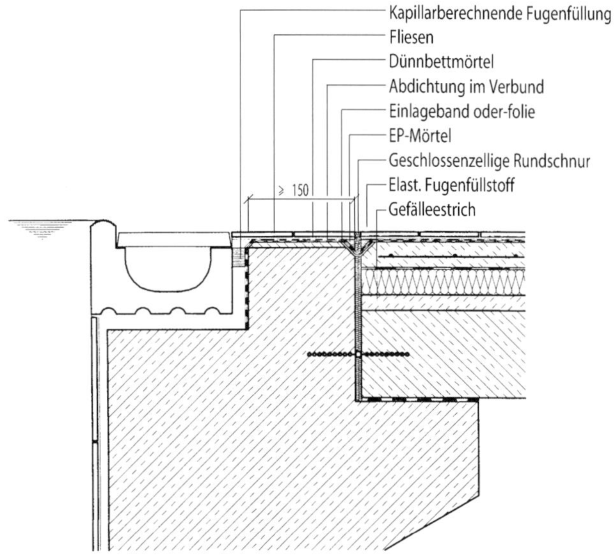

Abb. 10: Fugenabdichtung bei Abdichtungen mit Abdichtungsstoffen im Verbund ... mit abgeschrägten Fugenflanken an der Bewegungsfuge zwischen Beckenkopf und Beckenumgang

4 Keramische Bodenbeläge der Beckenumgänge und vergleichbar beanspruchter Bereiche

Bodenbeläge, die durch Feuchtigkeit hochbeansprucht werden, müssen mit Gefälle ausgebildet und über eine ausreichende Anzahl von Bodenabläufen entwässert werden. Schmale Beckenumgänge bei Becken mit hochliegendem Wasserspiegel („Züricher Rinne“ oder „Finnisches“ System) können auch über die Rinne oder den Kanal entwässert werden. Dies ist bei der Planung der Wasseraufbereitungsanlage zu berücksichtigen.

Das Gefälle der Abdichtungsschicht (auch von WU-Betonplatten) soll dem Gefälle des keramischen Be-

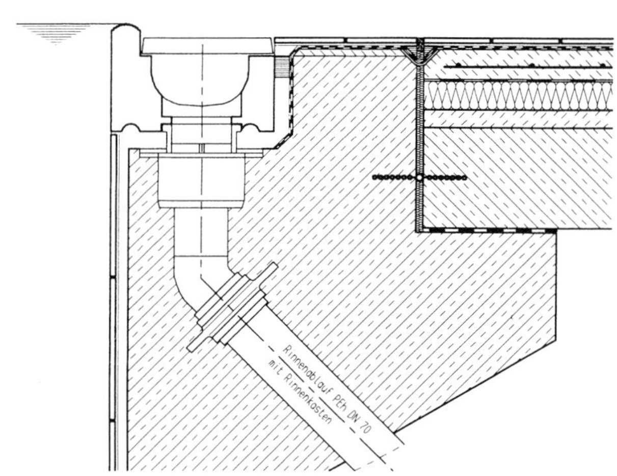

Abb. 11: Ablaufdetail

lages entsprechen; ggf. ist eine Gefälleausgleichsschicht erforderlich. Das Mindestgefälle richtet sich nach Art, Oberflächenbeschaffenheit (z. B. Profilierungen) und Format der Fliesen und Platten.

4.1 Beckenumgänge aus WU-Beton

Diese sollten auf Anwendungen im Außenbereich (nichtunterkellerte Beckenumgänge von Frei-Becken) beschränkt bleiben. Für ihre Herstellung gilt sinngemäß Ziffer 2.2.

Für die Ausführung der keramischen Beläge gilt sinngemäß Ziffer 2.2.3.

4.2 Abdichtungen mit Abdichtungsstoffen im Verbund

Für Abdichtungen mit Abdichtungsstoffen im Verbund sowie für darauf aufgebrachte Beläge aus Fliesen und Platten gilt sinngemäß Ziffer 2.3.

Geeignete Unterkonstruktionen sind

- **Verbundestrich** nach DIN 18560 – Teil 3 [I-15] als Zementestrich.
- **Estrich oder Heizestrich auf Dämmschicht** nach DIN 18560 – Teil 2 [I-15] als Zementestrich.
- **Estrich auf Trennschicht** nach DIN 18560 – Teil 4 [I-15] als Zementestrich.

Die Abdichtung mit Abdichtungsstoffen im Verbund mit Fliesen und Platten wird gemäß den Hinweisen der Hersteller über Bewegungs-Fugen (Anordnung – Siehe Ziffer 4.2.1–4.2.3) hinweggeführt und lt. **Abb. 3** gewebeverstärkt. Freie Beweglichkeit im Bereich der Fuge ist durch die Einlage geschlossenzelliger Rundschnüre und Ausbildung von Schlaufen zu gewährleisten.

Die Abschrägung der Beton-/bzw. Estrichkanten entlang der Fugenflanken unter einem Winkel von ca. 45° in einer Breite von 20–40 mm wird empfohlen.

4.2.1 Verbundestriche nach DIN 18560 – Teil 3

Diese werden zumeist als Ausgleichestriche über Beton nach DIN 1045 [I-3] oder DIN 4227 [I-8] eingesetzt. Sie sollten nach DIN 18560 – Teil 1 – Tabelle 1 eine Nenndicke von 20 mm aufweisen und der Güteklasse ZE 20 entsprechen.

Als allgemeine Anforderung an den Estrich als Untergrund für Abdichtungen mit Abdichtungsstoffen im Verbund ... gilt Ziffer 2.3.1.1.

Gebäudetrennfugen müssen durch Bewegungsfugen im Estrich an gleicher Stelle und in gleicher Breite übernommen werden.

Der Verbundestrich ist von aufgehenden Bauteilen, Rohrdurchführungen oder sonstigen Bauteilen durch Randfugen bzw. Anschlussfugen zu trennen.

4.2.2 Estriche oder Heizestriche auf Dämmschicht nach DIN 18560 – Teil 2

Sie sollen DIN 18560 – Teil 2 [I-15] und der Güteklasse ZE 20 entsprechen. Für die Dicken gelten Tabelle 1 bzw. 2.

Die Ausbildung der Bewegungsfugen über einer Abdichtung im Verbund bei Estrichen/Heizestrichen auf Dämmschicht kann ohne Kantenschutzprofile sinngemäß wie bei Abb. 12 oder mit Kantenschutzprofilen wie bei Abb. 13 erfolgen.

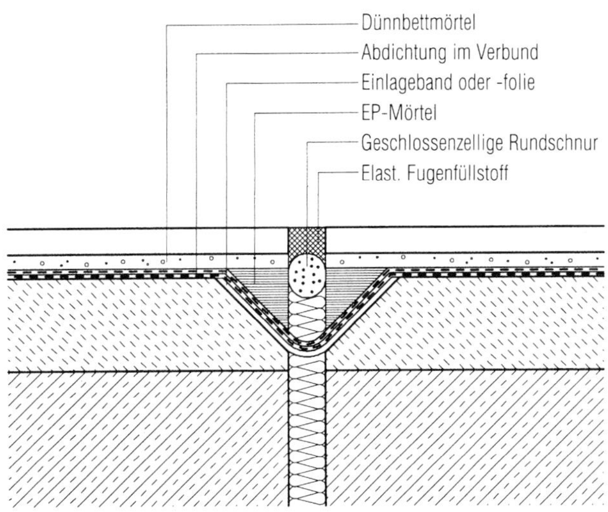

Abb. 12: Belag aus Fliesen oder Platten über einer Abdichtung mit Abdichtungsstoffen im Verbund ... über einem Verbundestrich nach DIN 18560 – Teil 3 mit Ausbildung der Bewegungsfugen (ohne Kantenschutzprofil)

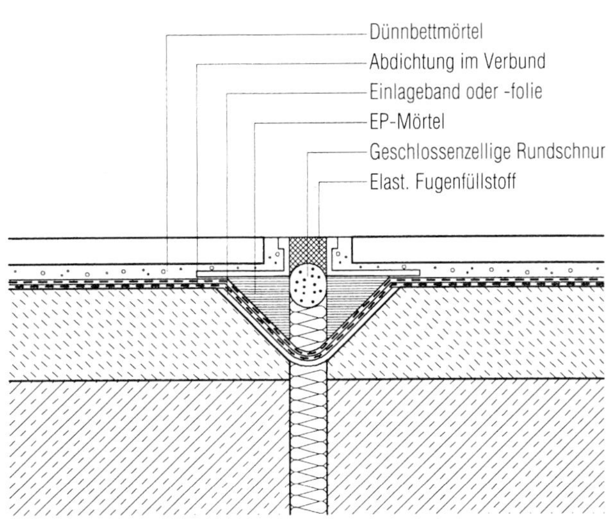

Abb. 13: Bewegungsfugenausbildung mit Kantenschutzprofil aus nichtrostendem Stahl

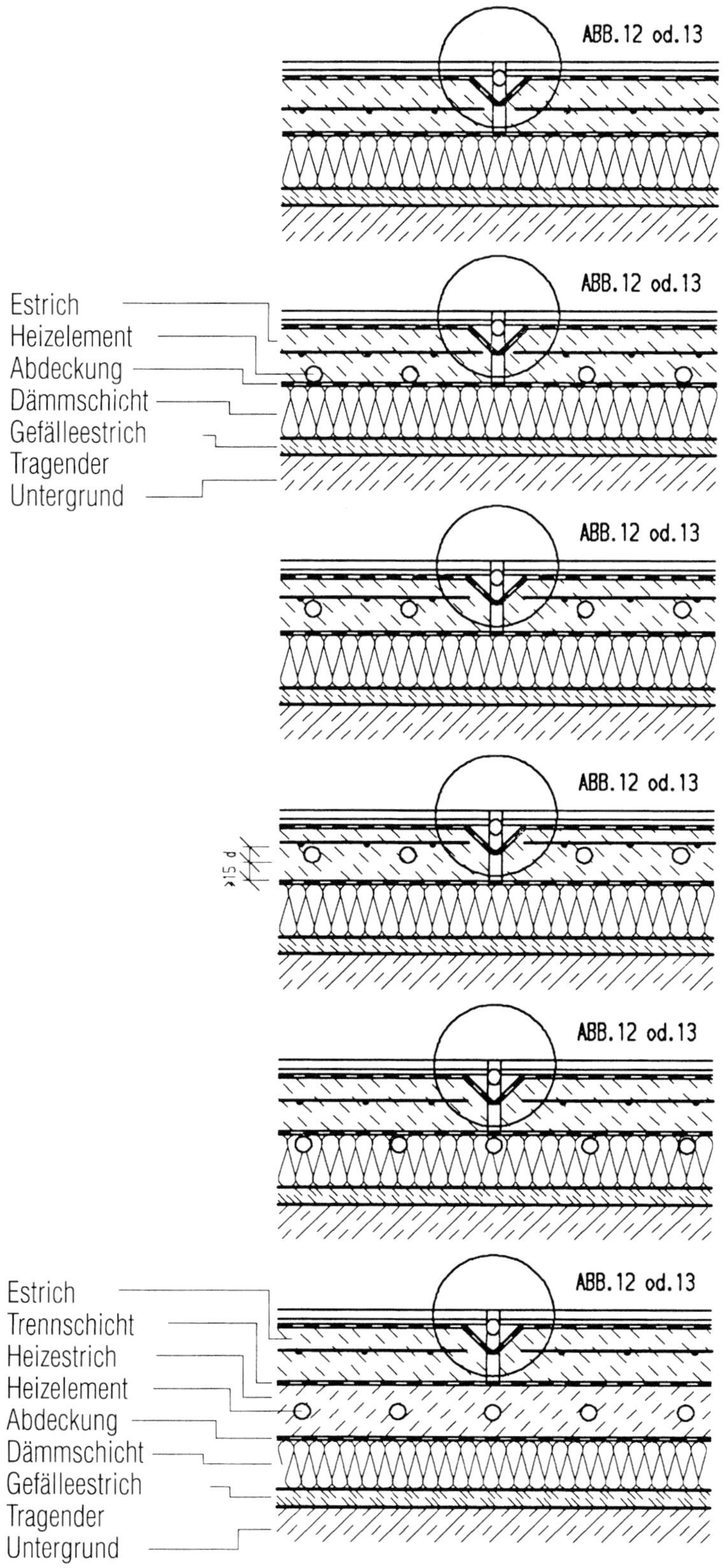

13.1: über Estrich auf Dämmschicht

13.2: über einschichtigem Heizestrich auf Dämmschicht, Bauart A1 nach DIN 18560 – Teil 2

13.3: dito – Bauart A2

13.4: dito – Bauart A3

13.5: dito – Bauart B

13.6: über zweischichtigem Heizestrich auf Dämmschicht, Bauart C nach DIN 18560 – Teil 2

Abb. 14: Belag aus Fliesen oder Platten über einer Abdichtung mit Abdichtungsstoffen im Verbund

Estriche auf Dämmschicht sind im mittleren Drittel der Estrichdicke mit einem Baustahlgitter, zum Beispiel 50 x 50 x 2 mm oder 75 x 75 x 3 mm, zu bewehren.

Die Estriche und Heizestriche sind durch Bewegungsfugen (Feldbegrenzungsfugen) in Felder von max. 40 m^2 mit einer Seitenlänge $\leq$ 8 m zu unterteilen. Es sollen möglichst gedrungene Felder entstehen. Gebäudetrennfugen müssen durch Bewegungsfugen im Estrich an gleicher Stelle und in gleicher Breite übernommen werden.

Bewegungsfugen sind ferner anzuordnen in Türdurchgängen sowie an Stellen, an denen der Estrich in der Breite stark verspringt. Der Estrich ist von aufgehenden Bauteilen, Rohrdurchführungen oder sonstigen Bauteilen durch Randfugen bzw. Anschlussfugen zu trennen.

Feldbegrenzungsfugen, Rand- und Anschlussfugen sollten mindestens 8 mm breit sein. Evtl. vorhandene Scheinfugen (Kellenschnitte) sind vor dem Aufbringen der Abdichtung kraftschlüssig zu verdübeln und mit Reaktionsharz zu vergießen. Bei Heizestrichen sind Überquerungen der Feldbegrenzungsfugen durch Heizrohre zu vermeiden; falls dies nicht zu vermeiden ist, sind Überquerungen mit einem flexiblen Schutzrohr von 300 mm Länge zu sichern.

Die Anordnung der Bewegungsfugen ist zu planen.

4.2.3 Estriche auf Trennschicht

Sie sollen DIN 18560 – Teil 4 [I-15] und der Güteklasse ZE 20 entsprechen. Die Nenndicke sollte mindestens 40 mm betragen.

Die Estriche auf Trennschicht sind im mittleren Drittel der Estrichdicke mit einem Baustahlgitter, wie zum Beispiel 50 x 50 x 2 mm oder 75 x 75 x 3 mm, zu bewehren; Die Bewehrung ist an Bewegungsfugen zu unterbrechen.

Für die Anordnung und Ausbildung von Bewegungsfugen gilt sinngemäß Ziffer 4.2.2.

4.2.4 Wand-/Bodenanschlüsse, Rohrdurchführungen und Boden-Abläufe

Anschlüsse sind gemäß den Empfehlungen der Systemanbieter durch Vlies- oder Gewebeeinlagen zu verstärken bzw. durch Folien- oder Dichtbandeinlagen zu sichern. Zu erwartende Bewegungen sind ggf. durch die Ausbildung von Schlaufen aufzunehmen. Reicht die Breite der Fugen hierzu nicht aus, sind diese z. B. durch Abschrägen der Kanten zu verbreitern. Für die Ausbildung der Randfugen im Wand-/Bodenanschluss gilt sinngemäß **Abb. 4.**

Das Schließen der Fugen mit elastischen Fugenfüllstoffen ist nicht als Abdichtungsmaßnahme anzusehen.

Rohrdurchführungen und **Bodenabläufe** sind mit Flansch und/oder Manschetten in die Flächenabdichtung einzubinden.

4.2.5 Verlegen der Fliesen und Platten

Für das Verlegen der Fliesen und Platten gilt Ziffer 2.3.1.4.

Feldbegrenzungsfugen oder Bewegungsfugen sind je nach Form oder Dicke der Fliesen oder Platten mit korrosionsbeständigen Kantenschutzprofilen nach **Abb. 13** zu sichern.

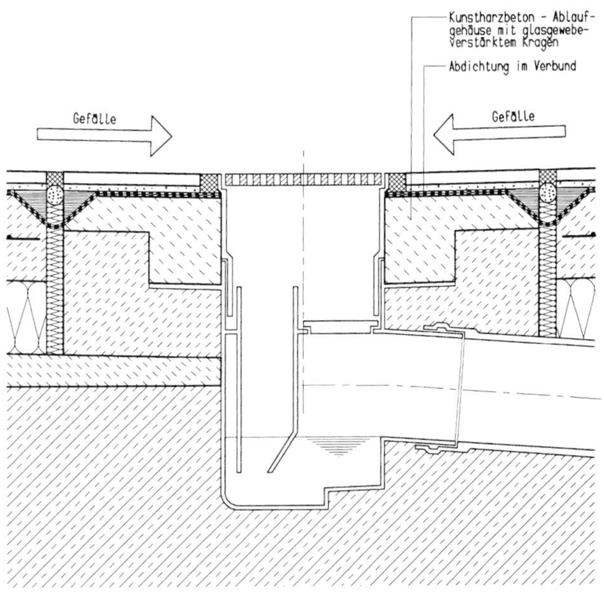

Abb. 15: Ausführungsbeispiel eines Bodeneinlaufs bei Abdichtungen mit Abdichtungsstoffen im Verbund

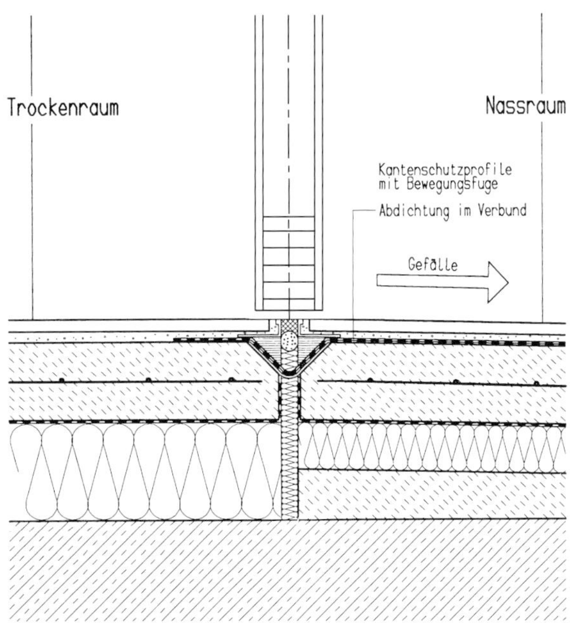

Abb. 16: Übergang zwischen Nass- und Trockenraum

5 Feuchtigkeitsbelastete Wandbekleidungen aus Fliesen und Platten

Geeignete Untergründe sind

- Beton nach DIN 1045 [I-3] und DIN 4227 [I-7];
- Ausgleichputz nach DIN 18550 [I-13] der Gruppe P III.

Hinsichtlich der Anforderungen an den Untergrund gilt Ziffer 2.3.1.1.

Die Abdichtung erfolgt im Allgemeinen mit Abdichtungsstoffen im Verbund mit Fliesen und Platten gemäß Ziffer 2.3.1. Für das Ansetzen und Verlegen der Fliesen und Platten gilt Ziffer 2.3.1.4.

6 Übergänge zu Trockenräumen

Angrenzende Trockenräume sind vor Wasserbelastung zu schützen. Dies erfordert am Übergang zwischen Nass- und Trockenräumen konstruktive Maßnahmen.

Möglichkeiten sind:

- Höhengleiche Ausbildung;
- Ausbildung des Überganges mit keramisch ausgekleideter Ablaufrinne.

Übergänge sollten nicht im unmittelbaren Spritzwasserbereich liegen und unter einer Durchgangstür angeordnet sein.

Entsprechende Sicherungen sind ebenfalls an Treppen auszubilden, die in tiefere, unterhalb der Abdichtungsebene liegende Geschosse führen.

6.1 Höhengleicher Übergang

Der angrenzende nassbelastete Beton muss ein ausreichendes Gefälle zum Bodenablauf aufweisen.

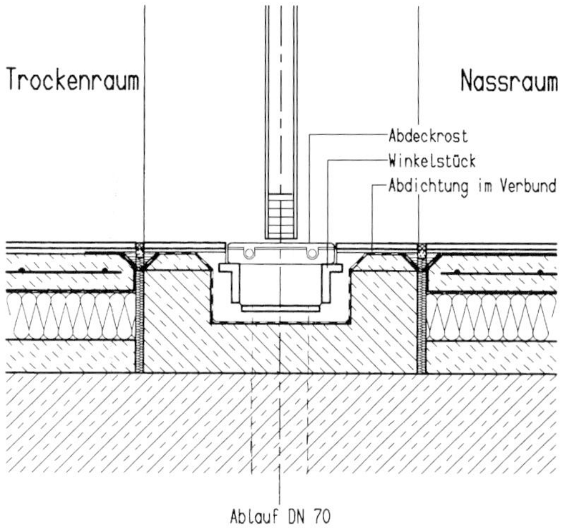

Abb. 17: Übergang als mit Fliesen oder Platten ausgekleidete Rinne

6.2 Ablaufrinne

Ablaufrinnen können als mit Fliesen oder Platten ausgekleidete und mit einem Abdeck-Rost abgedeckte Rinne hergestellt und an der Abdichtung des Nassraumes angeschlossen werden.

7 Überwinterung von Freibecken

Hierzu ist das entsprechende Merkblatt der „Deutschen Gesellschaft für das Badewesen" [II-9] zu beachten.

Um die Beckenrandzone eisfrei zu halten, kann bei Beibehaltung der Wasserumwälzung abweichend von Ziffer 1.0 des Merkblattes der „Deutschen Gesellschaft für das Badewesen" [II-9] auf eine Absenkung des Wasserspiegels verzichtet werden.

8 Reinigung und Hygiene

Siehe hierzu das Merkblatt der DGfdB. „Hygiene, Reinigung und Desinfektion in Bädern" [II-20].

9 Literaturverzeichnis

9.I. Normen

[I-1] DIN-EN 121:
„Keramische Fliesen und Platten; Stranggepresste keramische Platten mit niedriger Wasseraufnahme (E ≤ 3%)"

[I-2] DIN-EN 176:
„Trockengepresste keramische Fliesen und Platten mit niedriger Wasseraufnahme E ≤ 3% – Gruppe B I"

[I-3] DIN 1045:
„Beton und Stahlbeton-Bemessung und Ausführung"

[I-4] DIN 1048:
„Prüfverfahren für Beton"
Teil 1: „Frischbeton; Festbeton gesondert hergestellter Probekörper"

[I-5] DIN 1053:
„Mauerwerk"

[I-6] DIN 4030:
„Beurteilung betonangreifender Wässer, Böden und Gase"

[I-7] DIN 4226:
„Zuschlag für Beton"
Teil 1: „Zuschlag mit dichtem Gefüge – Begriffe, Bezeichnungen, Anforderungen"

[I-8] DIN 4227:
„Spannbeton“
Teil 1: „Bauteile aus Normalbeton mit beschränkter oder voller Vorspannung“

[I-9] DIN 18156:
„Stoffe für keramische Bekleidungen im Dünnbettverfahren“
Teil 1: „Begriffe und Grundlagen“
Teil 2: „Hydraulisch erhärtende Dünnbettmörtel“
Teil 4: „Epoxidharzklebstoffe“

[I-10] DIN 18157:
„Ausführung keramischer Bekleidungen im Dünnbettverfahren“
Teil 1: „Hydraulisch erhärtende Dünnbettmörtel“
Teil 3: „Reaktionsharzklebstoffe auf Epoxidharzbasis“

[I-11] DIN 18195:
„Bauwerksabdichtungen“
Teil 1: „Allgemeines, Begriffe“
Teil 2: „Stoffe“
Teil 3: „Verarbeitung der Stoffe“
Teil 5: „Abdichtung gegen nichtdrückendes Wasser; Bemessung und Ausführung“
Teil 7: „Abdichtungen gegen von innen drückendes Wasser; Bemessung und Ausführung“
Teil 8: „Abdichtungen über Bewegungsfugen“
Teil 9: „Durchdringungen, Übergänge, Anschlüsse“
Teil 10: „Schutzschichten und Schutzmaßnahmen“

[I-12] DIN 18202:
„Toleranzen im Hochbau – Bauwerke“

[I-13] DIN 18352:
„Fliesen- und Plattenarbeiten“ (ATV/VOB)

[I-14] DIN 18550
„Putz“
Teil 1: „Begriffe und Anforderungen“
Teil 2: „Putze aus Mörteln mit mineralischen Bindemitteln – Ausführung“

[I-15] DIN 18560:
„Estriche im Bauwesen“
Teil 1: „Begriffe, Allgemeine Anforderungen, Prüfung“
Teil 2: „Estriche und Heizestriche auf Dämmschichten (schwimmende Estriche“)
Teil 3: „Verbundestriche“
Teil 4: „Estriche auf Trennschicht“

[I-16] DIN 52460:
„Fugen- und Glasabdichtungen; Begriffe“

9.II. Sonstige Verordnungen und Regelwerke

[II-1] Merkblatt:
„Keramische Fliesen und Platten, Naturwerkstein und Betonwerkstein auf Fußbodenkonstruktionen mit Dämmschichten“
Herausgeber: Fachverband Deutsches Fliesengewerbe im Zentralverband des Deutschen Baugewerbes e.V. (ZDB) – Bonn

[II-2] Merkblatt:
„Keramische Fliesen und Platten, Naturwerkstein und Betonwerkstein auf beheizten Fußbodenkonstruktionen“
Herausgeber: Fachverband Deutsches Fliesengewerbe im Zentralverband des Deutschen Baugewerbes e.V. (ZDB) – Bonn

[II-3] Merkblatt:
„Hinweise für die Ausführung von Abdichtungen im Verbund mit Bekleidungen und Belägen aus Fliesen und Platten für Innenbereiche“
Herausgeber: Fachverband Deutsches Fliesengewerbe im Zentralverband des Deutschen Baugewerbes e.V. (ZDB) – Bonn

[II-4] Merkblatt:
„Prüfung von Abdichtungsstoffen und Abdichtungssystemen“
Herausgeber: Fachverband Deutsches Fliesengewerbe im Zentralverband des Deutschen Baugewerbes e.V. (ZDB) – Bonn

[II-5] Koordinierungskreis Bäder
„KOK-Richtlinien für den Bäderbau“
Herausgeber: Deutsche Gesellschaft für das Badewesen e.V.
(DGfdB.) – Techn. Ausschuss
Alfredistr. 32 – D-45127 Essen

[II-6] DGfdB.
„Baurichtlinien für Medizinische Bäder“
Herausgeber:
DGfdB. – Alfredistr. 32 – D-45127 Essen

[II-7] DGfdB.
Merkblatt 25.01:
„Schwinden und Quellen von Stahlbetonbecken; Einfluss auf das Verbundverhalten keramischer Bekleidungen“
Herausgeber:
DGfdB. – Alfredistr. 32 – D-45127 Essen

[II-8] DGfdB.
Merkblatt 25.04:
„Schwimmbecken aus Stahlbeton und Stahlbeton-Fertigteilen“
Herausgeber:
DGfdB. – Alfredistr. 32 – D-45127 Essen

[II-9] DGfdB.
Merkblatt B 66:
„Überwinterung von Becken in Freibädern“
Herausgeber:
DGfdB. – Alfredistr. 32 – D-45127 Essen

[II-10] DBV-Merkblatt
„Wasserundurchlässige Baukörper aus Beton"
Herausgeber: Deutscher Betonverein e.V.
(DBV) Bahnhofstr. 61 – 65185 Wiesbaden

[II-11] BAGUV
Merkblatt 26.17:
„Bodenbeläge für nassbelastete Barfußbereiche"
Herausgeber:
Bundesverband der Unfallversicherungsträger der Öffentlichen Hand (BAGUV) – Abt. Unfallverhütung
Marsstraße 46 – D-80335 München

[II-12] BG-Merkblatt
ZH 1/571
„Merkblatt für Fußböden in Arbeitsräumen und Arbeitsbereichen mit erhöhter Rutschgefahr"
Herausgeber: Hauptverband der gewerblichen Berufsgenossenschaften – Zentralstelle für Unfallverhütung und Arbeitsmedizin
Lindenstr. 78–80 – D-53757 Sankt Augustin

[II-13] DAfStb.
„Richtlinie für Schutz und Instandsetzung von Betonbauteilen"
Herausgeber:
Deutscher Ausschuss für Stahlbeton (DAfSt.) im DIN
Teil 1: „Allgemeine Regelungen und Planungsgrundsätze"
Teil 2: „Bauplanung und Bauausführung"
Teil 3: „Qualitätssicherung der Bauausführung"
Teil 4: „Qualitätssicherung der Bauprodukte"

[II-14] Richtlinie
„Zusätzliche technische Vorschriften und Richtlinien für Schutz und Instandsetzung von Betonbauteilen (ZTV-SIB 90)"
Herausgeber: BMfV-Abt. Straßenbau

[II-15] Richtlinie
„Zusätzliche Technische Vorschriften und Richtlinien für das Füllen von Rissen in Betonbauteilen (ZTV-Riss 88)"
Herausgeber: BMfV.-Abt. Straßenbau

Merkblatt „Füllen von Rissen; Anwendung von Reaktionsharzen im Betonbau"
Teil 3.1: „Füllen von Rissen in Beton, Stahlbeton und Spannbeton mit Reaktionsharzen"
Herausgeber: Deutscher Betonverein (DBV)
DBV-Merkblatt-Sammlung 1987, Seite 39–43

[II-16] Richtlinie
„Technische Lieferbedingungen für Füllgut aus Epoxidharz und zugehöriges Injektionsverfahren (TL FG-EP)"
Herausgeber: BMfV.-Abt. Straßenbau

[II-17] DAfStb.
„Erläuterungen zu DIN 1045 – Beton und Stahlbeton;
Merkblatt „Bemessung und Ausführung"
Heft 400 des „Deutschen Ausschusses für Stahlbeton (DAfStb.)"
Beuth-Verlag GmbH – Berlin/Köln

[II-18] DAfStB. Richtlinie
„Richtlinie zur Nachbehandlung von Beton"
DAfStb.
Beuth-Verlag GmbH – Berlin/Köln

[II-19] Merkblatt
„Toleranzen im Hochbau nach DIN 18201 und DIN 18202"
und Merkblatt
„Prüfung der Ebenheit von Decken und Wänden; Hinweise zur Anwendung von DIN 18202 – Teil 5, Maßtoleranzen im Hochbau"
Herausgeber:
Fachverband Deutsches Fliesengewerbe im Zentralverband des Deutschen Baugewerbes e.V. (ZDB) – Bonn

[II-20] Merkblatt
„Hygiene, Reinigung und Desinfektion in Bädern"
Herausgeber:
DGfdB. – Alfredistr. 32 – D-45127 Essen

9.III. Sonstige Veröffentlichungen

[III-1] R. Linder:
„Baukörper aus wasserundurchlässigem Beton"
Betonkalender 1986 – Teil II – S. 487–549

2.14.5 Fragen

1. Welche grundsätzliche Forderung ist an Schwimmbecken zu stellen?
2. Wie kann die Dichtigkeit eines Beckens hergestellt werden?
3. Wie sind Fugen im Beckenkörper auszubilden?
4. Wie wird die Wasserundurchlässigkeit des Betons definiert?
5. Wie kann die Wasserundurchlässigkeit des Beckens geprüft werden?
6. Welche grundsätzlichen Eigenschaften muss das Belagsmaterial für Schwimmbäder haben?
7. Erklären Sie die Prüfung mittels Probefüllung!
8. Welche Punkte muss der Hersteller eines Stahlbetonbeckens in WU-Ausführung besonders beachten? (wasserundurchlässige Ausführung)
9. Wie beurteilen Sie Risse, die im WU-Beton (wasserundurchlässiger Beton) eines Schwimmbeckens auftreten?
10. Welche Probleme können bezüglich der Haftung auf einem WU-Beton-Untergrund auftreten?
11. Wie erfolgt das Aufbringen des Belages auf die Beckenoberfläche?
12. Wie alt sollte der Betonuntergrund sein?
13. Welche Ausgleichsschichten an Wand und Boden sind möglich?
14. Welches Material eignet sich für Belagsfugen und Bewegungsfugen in Schwimmbädern?
15. Wie kann ein Becken nachträglich im Rahmen einer Sanierungsmaßnahme abgedichtet werden?
16. Nennen Sie Beckenkopfsysteme für hoch liegenden Wasserspiegel!
17. Nennen Sie Beckenkopfsysteme für tief liegenden Wasserspiegel!
18. Nennen Sie Vor- und Nachteile von hoch oder tief liegendem Wasserspiegel!
19. Welche Maßabweichungen aus der Horizontalen dürfen Beckenköpfe aufweisen?
20. Wie sind Becken und Umgang konstruktiv zu gestalten?
21. Erklären Sie Aufgabe, Anordnung und Ausführung der »kapillarbrechenden Fuge«!
22. Wie werden keramische Formstücke versetzt?
23. Wie müssen die Bodenbeläge des Beckenumgangs ausgebildet werden?
24. Was wissen Sie über die Abdichtung des Beckenumgangs?
25. Wie verläuft die Abdichtung im Bereich der Bewegungsfugen?
26. Welche Regeln gelten für das Überwintern von Freibecken?

2.14.6 Antworten

1. Bauwerke sind gegen Durchfeuchtung zu schützen; Schwimmbecken müssen wasserundurchlässig sein (WU-Beton).
2. Einbringen eines WU-Betons, abdichtende Maßnahmen
3. Fugen im Beckenkörper sind mit einbetoniertem Fugenband auszubilden.
4. Das Wasser darf das Bauteil nicht durchdringen; es darf kein Wasser in tropfbar flüssiger Form austreten.
5. Durch eine Probefüllung, die mindestens 2 Wochen dauert
6. Strang- oder trockengepresste Fliesen und Platten mit niedriger Wasseraufnahme $E \leq 3\,\%$, rutschhemmend im nassbelasteten Barfußbereich
7. Wasserfüllung unmittelbar vor Beginn der Fliesen- und Plattenarbeiten bis auf die Höhe des Beckenumgangs (Rohbeton), 2 Wochen stehen lassen, überprüfen
8. Herstellung als B II nach DIN 1045, WU-Beton, Zusammensetzung der Zuschläge, niedriger WZ-Wert, Mindestdicke 25 cm, Verdichtung, Nachbehandlung, Mindestüberdeckung der Bewehrung 5 cm, Herstellung in einem Arbeitsgang, dichte Schalung, Bindemittel nach Wasseranalyse
9. Oberflächenrisse, nicht durchgehend bis max. 0,1 mm sind zulässig.
10. Dichtungsmittel können die Haftung beeinträchtigen, zu glatte Oberflächen können die Haftung beeinträchtigen.
11. Als Verbundbelag im Dickbett oder Dünnbett auf aufgerautem Untergrund
12. 6 Monate, unter bestimmten Bedingungen auch 3 Monate
13. Putz P III oder Estrich ZE 20, ohne Dichtungsmittel
14. Belagsfugen: hydraulische Fertig-Fugenmörtel im Bereich des Beckenkopfes sowie bei Thermalwasser: Epoxidharzfuge;
    Bewegungsfugen: alkalibeständiges »Schwimmbadsilikonharz«
15. Abdichtungssysteme mit Kunststoff-Zement-Kombinationen oder Reaktionsharz
16. System für hoch liegende Wasserspiegel sind die Systeme Wiesbaden, Zürich, Finnische Rinne, St. Moritz
17. Systeme für tief liegende Wasserspiegel sind z. B. die Systeme Wiesbaden und Skimmer
18. Hoch liegender WS: gute Übersicht »strandartiger« Eindruck, verringertes Volumen, keine Chlorgasanreicherung, geringere Anzahl von Abläufen
    tief liegender WS: begrenztes Sichtfeld, Chlorgasglocke wird durch die Beckenränder über der Schwimmfläche gehalten, größeres Beckenvolumen bei vergleichbarer Wassermenge
19. Maßabweichungen aus der Horizontalen: ± 2 mm; Rohbecken: ± 10 mm (25-m-Becken), ± 15 mm (bei größeren Becken)
20. Einfeldplatte, Kragarm am Becken, Kragarm am Gebäude
21. Aufgabe: Verhinderung der Durchfeuchtung des Beckenumgangs durch den hydrostatischen Wasserdruck, Anordnung: a) hinter Überlauf-/Überflutungsrinne, b) hinter Rostauflage, Ausführung: Reaktionsharz
22. Hohlraumfrei in Mörtel der Mgr III mit Trasszement, Dicke 30 mm
23. Mit Gefälle, mit rutschhemmenden Belägen
24. Abdichtungen mit Abdichtstoffen im Verbund mit den Belägen sind möglich.
25. Abdichtungen werden über die Bewegungsfugen hinweggeführt und gewebeverstärkt.
26. Wasserfüllung im Becken lassen, durch Abdeckung, Schwimmkörper am Rand oder Umwälzung eisfrei halten

2.15 Toleranzen im Hochbau

2.15.1 Stichworte zum Thema

- Ebenheit von Flächen aus Fliesen und Platten
- lotrechte und winkelrechte Wände
- Maßgenauigkeit von Längen, Breiten, Höhen

2.15.2 Regelwerke

DIN 18201	Toleranzen im Bauwesen; Begriffe, Grundsätze, Anwendung, Prüfung
DIN 18202	Toleranzen im Hochbau; Bauwerke
ZDB-Merkblatt	Toleranzen im Hochbau nach DIN 18201 und DIN 18202 (siehe S. 237)

Wesentliche Inhalte des Merkblattes

Grundlagen
Toleranzen
Prüfung und Beurteilung

2.15.3 Fall aus der Praxis

Bodenbelag in einem Autohaus

In einem Autohaus soll von Ihrer Firma laut Ausschreibung großformatiges Feinsteinzeug 60 x 60 cm im Dünnbett verlegt werden. Als Untergrund finden Sie einen Zementestrich vor.

Bei einer ersten Besichtigung kommen Ihnen Bedenken wegen der Ebenflächigkeit des Estrichs. Das Auflegen einer Richtlinie bestätigt Ihr »schlechtes Gefühl«.

- Wie beurteilen Sie die Sachlage?
- Wie ist Ihre weitere Vorgehensweise für eine qualitätsgerechte und kostenoptimale Lösung?

Lösung

Beurteilung der Sachlage

Die Sachlage kann erst nach einer sorgfältigen Überprüfung der Ebenheit nach den Richtlinien der DIN 18202 und dem ZDB-Merkblatt beurteilt werden.

Die Messergebnisse werden dann mit den Vorgaben in der Ausschreibung für den Estrichleger und den Fliesenleger verglichen.

Wenn in der Ausschreibung keine Vorgaben gemacht werden, gilt Zeile 3 der Tabelle 3 des Merkblatts (siehe S. 243).

Höhere Anforderungen nach Zeile 4 oder darüber müssen generell in der Ausschreibung vorgegeben werden.

Werden die Vorgaben der Ausschreibungen eingehalten, ist zumindest die Arbeit des Estrichlegers qualitätsgerecht.

Ansonsten sind Bedenken nach VOB/B § 4 Nr. 3 gegen die Leistungen des Estrichlegers anzumelden.

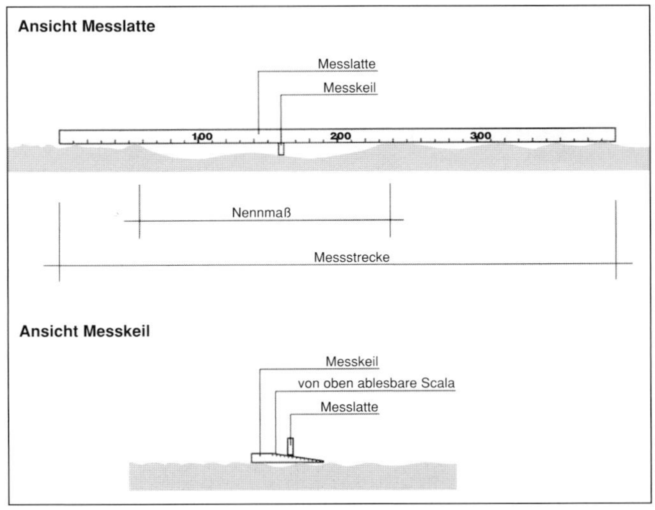

Abb. 2.55: Kontrolle der Ebenheit mit Richtlatte und Messkeil

Gerät der Fliesenleger dadurch in Verzug, das heißt, dass er die vereinbarten Ausführungsfristen nicht einhalten kann, ist weiterhin eine Behinderungsanzeige nach VOB/B § 6 Nr. 1 erforderlich.

Eine Dünnbettverlegung von großformatigen Fliesen und Platten – wie ausgeschrieben – ist in der Praxis aufgrund der Untergrund- und Fertigungstoleranzen nicht möglich.

Auch die Einhaltung der Zeile 4 Tabelle 3 reicht nicht aus.

Bei Einhaltung der erhöhten Anforderungen nach Zeile 4 Tabelle 3 ist eine Verlegung der Platten im Mittelbett möglich. Aufgrund der Haftungsproblematik und der erhöhten mechanischen Belastung in einem Autohaus sind kunststoffmodifizierte Mittelbettmörtel einzusetzen.

Entspricht die Ebenheit des Estrichs nun den Anforderungen der Zeile 3 Tabelle 3 oder werden auch diese nicht erfüllt, so ist ein Flächenausgleich oder eine Verlegung im Dickbett erforderlich.

Das Dickbettverfahren sollte jedoch bei Feinsteinzeug aufgrund des haftungsfeindlichen, glasartigen Scherbens nicht angewandt werden.

Weitere Vorgehensweise

Erstellen eines Nachtragsangebotes:

- Flächenausgleich:
  - Anschleifen des Estrichs
  - Grundieren der Fläche
  - Einbau einer selbstnivellierenden Ausgleichsmasse
- Mittelbett-verfahren:
  - Mehrverbrauch Dünnbettmörtel
  - Mehraufwand Arbeitsleistung

Praxiserfahrungen zeigen, dass bei großformatigen Fliesen und Platten (Seitenlänge > 60 cm) erhöhte Anforderungen an die Ebenheit des Verlegeuntergrundes notwendig sind.

Ein Mehrverbrauch an Mörtel ist immer einzuplanen.

Fliesenbelag im Wohnbereich eines Einfamilienhauses

In einem Einfamilienhaus sind Fliesen im Wohnbereich verlegt worden. Der Bauherr bemängelt, dass beim Aufstellen der Möbel eine vertikale Ausrichtung nur mit hohem Aufwand möglich war. Die Fläche ist seiner Ansicht nach uneben.

Außerdem hat der Belag Absätze (Überzähne) zwischen den Fliesen, die er nicht akzeptieren kann. Beim Ortstermin erklärt der Fliesenleger nach dem Messen mit der Richtlatte, dass der Bodenbelag nach DIN 18202 innerhalb der Ebenheitstoleranzen liegt und somit die Reklamation unberechtigt ist.

- Wie beurteilen Sie die Sachlage?

Lösung

Beurteilung der Sachlage

Die angewandte Messmethode und deren Auswertung sind für die Beurteilung der vom Bauherrn angeführten Beanstandungen nicht allein ausreichend. Eine Beurteilung, ob die Reklamation berechtigt ist, ist so nicht möglich!

Die bemängelte »generelle Unebenheit« kann sehr wahrscheinlich auf eine zu starke Neigung der Bodenfläche zurückzuführen sein.

Ob diese Neigung im Bereich der Toleranz liegt, kann nur über die Bestimmung der Winkeltoleranzen des Raumes im Aufriss festgestellt werden. Hierfür ist die Messung des Stichmaßes zur Waagerechten (Meterriss) heranzuziehen. Die Tabelle 2 der DIN 18202 ist zu beachten.

Achtung: Eine Fläche kann außerhalb der Winkeltoleranz liegen, aber gleichzeitig ebenflächig sein und umgekehrt.

Die bemängelten Absätze (Überzähne) sind nicht in der DIN 18202 erfasst (siehe ZDB-Merkblatt unter Punkt 2.3: »Materialbedingte Unebenheiten . . . «).

Eine Ebenheitsmessung mit Richtlatte ist deshalb nicht maßgebend.

Zur Bewertung kann die Fachinformation des Deutschen Fliesengewerbes im ZDB Nr. X/98 vom Mai 1998 herangezogen werden.

Es wird davon ausgegangen, dass Höhendifferenzen zwischen benachbarten Fliesen aufgrund der Stofftoleranzen und der Verlegetoleranz nicht ausgeschlossen werden können.

Die zulässige Toleranz setzt sich aus der mit 1 mm angenommenen handwerklichen Verlegetoleranz und der vorhandenen Stofftoleranz des Belages zusammen.

Abweichungen des Belagmaterials von der Stoffnorm können hier ebenfalls festgestellt werden.

Für die Beurteilung der Reklamation des Kunden sollten deshalb

- die Ebenflächigkeit des Bodens sowie
- der maximal zulässige Höhenversatz ermittelt und
- mit den Istmaßen des reklamierten Bodenbelages verglichen werden.

2.15.4 Abdruck von Regelwerken

Merkblatt Toleranzen im Hochbau nach DIN 18201 und DIN 18202
siehe S. 237

Merkblatt

ZENTRALVERBAND
DEUTSCHES
BAUGEWERBE
ZDB

TOLERANZEN IM HOCHBAU NACH DIN 18201 UND DIN 18202

August 2000

Ersatz für Ausgabe Oktober 1988

Rudolf Müller

DIE DEUTSCHE
BAUINDUSTRIE

Herausgeber:

ZENTRALVERBAND DES DEUTSCHEN BAUGEWERBES E.V., BERLIN
HAUPTVERBAND DER DEUTSCHEN BAUINDUSTRIE E.V., BERLIN
BUNDESVERBAND DEUTSCHE BETON- UND FERTIGTEILINDUSTRIE E.V., BONN

Dieses Merkblatt ist im Arbeitskreis „Maßtoleranzen" der Verbände der Bauwirtschaft

Zentralverband des Deutschen Baugewerbes e.V., Berlin
Hauptverband der Deutschen Bauindustrie e.V., Berlin
Bundesverband Deutsche Beton- und Fertigteilindustrie e.V., Bonn

unter Mitwirkung der Fachverbände

Bundesverband Estrich und Belag e.V., Troisdorf
Bundesinnungsverband des Deutschen Steinmetz-, Stein- und Holzbildhauerhandwerks, Frankfurt/Main

und folgender Bundesfachgruppen des Zentralverbandes des Deutschen Baugewerbes

Bundesfachgruppe Hochbau
Bundesfachgruppe Holzbau
Bundesfachgruppe Stuck
Bundesfachgruppe Fliesen- und Plattenverlegegewerbe
Bundesfachgruppe Estrich und Belag
Bundesfachgruppe Betonfertigteile und Betonwerkstein
Bundesfachgruppe Wärme-, Kälte-, Schall- und Brandschutz

erarbeitet worden.

Alleinverkauf durch die Servicestelle des Fachverbandes Deutsches Fliesengewerbe:
Verlagsgesellschaft Rudolf Müller GmbH & Co. KG, Postfach 41 09 49, 50869 Köln,
Telefon (02 21) 54 97-112, Fax (02 21) 54 97-130, www.rudolf-mueller.de

Inhaltsverzeichnis

Vorwort

Bei der Bauausführung sind herstellungsbedingte Abweichungen von den in der Planung geforderten Nennmaßen unvermeidbar.

Diese Abweichungen müssen jedoch in einer Weise begrenzt werden, dass die Funktion eines Bauwerks oder Bauteils nicht beeinträchtigt wird.

In DIN 18201 – Toleranzen im Bauwesen; Begriffe, Grundsätze, Anwendung, Prüfung – und DIN 18202 – Toleranzen im Hochbau; Bauwerke – sind die zulässigen herstellungsbedingten Maßabweichungen, die bei einer normalen und sorgfältigen Arbeit eingehalten werden können, in Form von Toleranzen festgelegt.

Dieses Merkblatt soll den Bauausführenden, den Architekten und den Bauherren helfen, die Normen DIN 18201 und DIN 18202 zweckmäßig anzuwenden und die Prüfung von Maßabweichungen nach einheitlichen Verfahren reproduzierbar vorzunehmen.

Allgemeines

Die neuesten Ausgaben der Toleranznormen mit dem Stand April 1997 behalten die Toleranzmaße der letzten Ausgabe unverändert bei. Weiterhin wurden einzelne Formulierungen eindeutiger gefasst. Die Änderungen der Neuausgaben von 1997 umfassen im Wesentlichen die folgenden Punkte:

DIN 18201

In der DIN 18201 wurden die Begriffe Größtmaß in Höchstmaß und Kleinstmaß in Mindestmaß geändert. In Abschnitt 6 „Prüfung" wurde bisher darauf hingewiesen, dass die Einhaltung von Toleranzen nur geprüft werden soll, wenn es erforderlich sei. Die durch das Wort „soll" getroffene weiche Formulierung wurde jetzt durch die Formulierung „ist nur zu prüfen" so verändert, dass nunmehr klar herausgestellt wurde, es sei nur dort zu kontrollieren, wo dies aufgrund der Anforderungen sinnvoll oder aufgrund konkreter Beanstandungen notwendig erscheint. Damit sollen Bauteile, deren Maßabweichungen die technische Funktion oder die optische Gestaltung des Bauwerks nicht beeinträchtigen, kein Anlass von Auseinandersetzungen sein, nur weil die Genauigkeit nicht ganz der Norm entspricht.

DIN 18202

Nach der DIN 18202 sind zur Prüfung von Raumhöhen und Raumbreiten nur noch zwei Messungen, jeweils in 10 cm Abstand, von den Ecken vorzunehmen. Die bisher vorgeschriebene dritte Messung in halber Raumbreite bzw. Raumhöhe entfällt. Dies gilt auch für die Überprüfung von Öffnungsbreiten und Öffnungshöhen. Die maximalen Ebenheitstoleranzen nach Tabelle 3, Spalte 6 gelten auch für Messpunktabstände über 15 m.

1 Grundlagen

DIN 18202 „Toleranzen im Hochbau" regelt

- Grenzabmaße
- Winkeltoleranzen und
- Ebenheitstoleranzen

für die Ausführung von Bauwerken und Bauteilen auf der Grundlage von DIN 18201.

Die in dieser Norm festgelegten Toleranzen gelten baustoffunabhängig für die Ausführung von Bauwerken und Bauteilen sowohl im Rohbau als auch im Ausbau.

Die Einhaltung von Toleranzen ist nur zu prüfen, wenn es erforderlich ist, z. B. wenn die Funktion damit im Zusammenhang stehender Bauteile und Einrichtungen beeinträchtigt ist.

Die zulässigen Abweichungen für Abmessungen von Baustoffen sind in den Ebenheitstoleranzen nicht enthalten und daher bei der Beurteilung zusätzlich zu berücksichtigen (siehe in Stoffnormen zugelassene Baustofftoleranzen).

Formänderungen, die z. B. durch Temperatur- und Feuchtigkeitseinflüsse, elastische Verformungen, Kriechen, Schwinden sowie konstruktiv bedingte Überhöhungen entstehen, beeinflussen die Messergebnisse. Solche Formänderungen sind in den Toleranzangaben der DIN 18202 nicht enthalten. Nachmessungen müssen daher so früh wie möglich erfolgen. Die bis zum Zeitpunkt der Messung eingetretenen Verformungen sind in geeigneter Weise beim Messergebnis zusätzlich zu beachten. Erst dann kann eine zutreffende Beurteilung über die Einhaltung der Toleranzen erfolgen.

In der Norm wird das Messverfahren für die Ermittlung der Maße nicht vorgeschrieben. Eine übereinstimmende Beurteilung von Maßabweichungen ist aber nur möglich, wenn dieselben Messverfahren und Prüfgeräte nach DIN 18202 angewendet und protokolliert werden.

In DIN 18201 werden Begriffe erläutert, die hier zum besseren Verständnis beispielhaft zusätzlich zeichnerisch erklärt werden.

Begriffe

Nennmaß (Sollmaß)	Das Maß, das das Bauwerk oder Bauteil haben soll
Istmaß	Das tatsächlich am Bau ermittelte Maß
Istabmaß	Die Differenz zwischen Nenn- und Istmaß
Höchstmaß	Das größte zulässige Maß (Nennmaß plus Grenzabmaß)
Mindestmaß	Das kleinste zulässige Maß (Nennmaß minus Grenzabmaß)
Grenzabmaß ±	Die Differenz zwischen Nenn- und Höchst- bzw. Mindestmaß
Toleranzmaß	Die Differenz zwischen Mindest- und Höchstmaß
Winkeltoleranz	Der zulässige Unterschied zwischen Nennwinkel und Istwinkel; sie wird als Stichmaß angegeben
Ebenheitstoleranz	Die Abweichung einer Fläche von geraden Messlinien; sie wird als Stichmaß angegeben

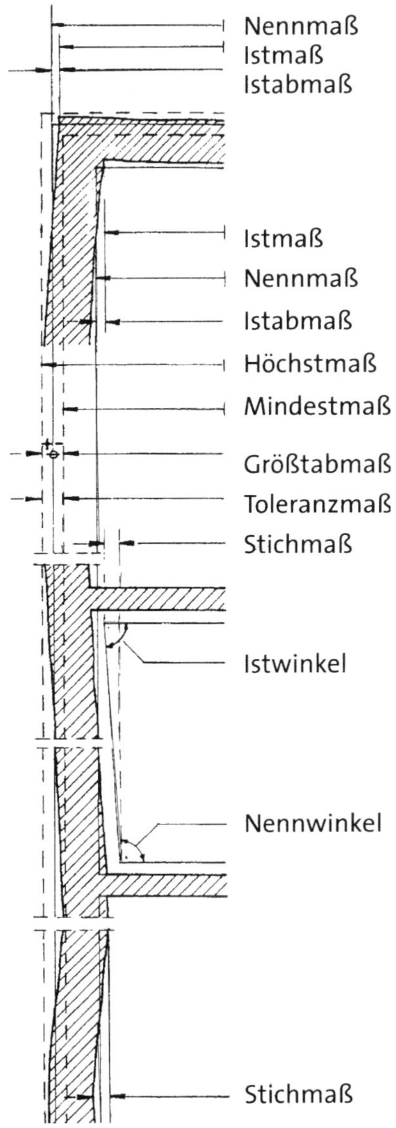

2 Toleranzen

2.1 Grenzabmaße

Grenzabmaße gelten für

- Längen, Breiten, Höhen, Achs- und Rastermaße in Grundrissen, Aufrissen und Öffnungen von und in Bauwerken und Bauteilen, wie Decken, Wände und Böden.

In Tabelle 1 sind zulässige Grenzabmaße in mm bestimmten Nennmaßen in m zugeordnet.

2.2 Winkeltoleranzen

Winkeltoleranzen gelten für vertikale, horizontale und geneigte Flächen, auch für Öffnungen.

In Tabelle 2 sind zulässige Winkeltoleranzen als Grenzwerte für Stichmaße in mm bestimmten Nennwerten in m zugeordnet.

2.3 Ebenheitstoleranzen

Ebenheitstoleranzen gelten für Flächen von Decken (Ober- und Unterseite), Unterböden, Estrichen, Bodenbelägen, Wänden, Wandbekleidungen und Unterdecken.

Für nichtflächenfertige Oberseiten von Decken, Unterbeton und Unterböden, die zur Aufnahme z. B. von Verbundestrichen, schwimmenden Estrichen, Industrieböden, Fliesen- und Plattenbelägen vorgesehen sind, ist es sinnvoll, erhöhte Anforderungen zu fordern.

Das gilt auch für nichtflächenfertige Wände und Unterseiten von Rohdecken, die mit Fliesen- und Plattenbelägen bekleidet werden sollen.

Materialbedingte Unebenheiten bei Fliesen- und Plattenbelägen werden durch die Ebenheitstoleranzen nicht erfasst. Bezüglich der zulässigen Unebenheiten bei Fliesen und Platten, Naturwerkstein- und Betonwerksteinbelägen verweisen wir auf die Fliesen- und Platten-Information des Fachverbandes Deutsches Fliesengewerbe Nr. X/98: „Höhendifferenzen in keramischen Belägen und Natursteinbelägen.“

Tabelle 1: Grenzabmaße (Auszug aus DIN 18202)

Spalte	1	2	3	4	5	6
Zeile	Bezug	Grenzabmaße in mm bei Nennmaßen in m				
		bis 3	über 3 bis 6	über 6 bis 15	über 15 bis 30	über 30
1	Maße im Grundriss, z. B. Längen, Breiten, Achs- und Rastermaße (siehe 6.1.1)	± 12	± 16	± 20	± 24	± 30
2	Maße im Aufriss, z. B. Geschosshöhen, Podesthöhen, Abstände von Aufstandsflächen und Konsolen (siehe 6.1.2)	± 16	± 16	± 20	± 30	± 30
3	Lichte Maße im Grundriss, z. B. Maße zwischen Stützen, Pfeilern usw. (siehe 6.1.3)	± 16	± 20	± 24	± 30	–
4	Lichte Maße im Aufriss, z. B. unter Decken und Unterzügen (siehe 6.1.4)	± 20	± 20	± 30	–	–
5	Öffnungen, z. B. für Fenster, Türen, Einbauelemente (siehe 6.1.5)	± 12	± 16	–	–	–
6	Öffnungen wie vor, jedoch mit oberflächenfertigen Leibungen (siehe 6.1.5)	± 10	± 12	–	–	–

Durch Ausnutzen der Grenzabmaße der Tabelle 1 dürfen die Grenzwerte für Stichmaße der Tabelle 2 nicht überschritten werden.

Tabelle 2: Winkeltoleranzen (Auszug aus DIN 18202)

Spalte	1	2	3	4	5	6	7
Zeile	Bezug	Stichmaße als Grenzwerte in mm bei Nennmaßen in m					
		bis 1	von 1 bis 3	über 3 bis 6	über 6 bis 15	über 15 bis 30	über 30
1	Vertikale, horizontale und geneigte Flächen	6	8	12	16	20	30

Durch Ausnutzen der Grenzwerte für Stichmaße der Tabelle 2 dürfen die Grenzabmaße der Tabelle 1 nicht überschritten werden.

Absätze und Höhensprünge zwischen benachbarten Bauteilen sind gesondert zu regeln.

In Tabelle 3 sind Grenzwerte für Stichmaße in mm Messpunktabständen in m als zulässige Abweichung von einer ebenen Fläche, die auch geneigt sein kann, zugeordnet. Bei Messpunktabständen kleiner 0,1 m gelten immer die Werte der Spalte 2.

Ebenheitstoleranzen sind unabhängig, d. h. gesondert von den Abmaßen der Tabelle 1 und 2 zu betrachten. Im Gegensatz zu Winkeltoleranzen werden Ebenheitstoleranzen weder auf eine horizontale noch auf eine vertikale Ebene bezogen.

Tabelle 3: Ebenheitstoleranzen (aus DIN 18202 erweiterte Tabelle)

Spalte	1	2	3	4	5	6	7	8	9	10	11	12	13	14
Zeile	Bezug	Stichmaße als Grenzwerte in mm bei Messpunktabständen in m												
		0,1[1)]	0,6	1[1)]	1,5	2	2,5	3	3,5	4[1)]	6	8	10[1)]	15[1)2)]
1	Nichtflächenfertige Oberseiten von Decken, Unterbeton und Unterböden	10	13	15	16	17	18	18	19	20	22	23	25	30
2	Nichtflächenfertige Oberseiten von Decken, Unterbeton und Unterböden mit erhöhten Anforderungen, z. B. zur Aufnahme von schwimmenden Estrichen, Industrieböden, Fliesen- und Plattenbelägen, Verbundestrichen. Fertige Oberflächen für untergeordnete Zwecke, z. B. in Lagerräumen, Kellern	5	7	8	9	9	10	11	12	12	13	14	15	20
3	Flächenfertige Böden, z. B. Estriche als Nutzestriche, Estriche zur Aufnahme von Bodenbelägen Bodenbeläge, Fliesenbeläge, gespachtelte und geklebte Beläge	2	3	4	5	6	7	8	9	10	11	11	12	15
4	Wie Zeile 3, jedoch mit erhöhten Anforderungen	1	2	3	4	5	6	7	8	9	10	11	12	15
5	Nichtflächenfertige Wände und Unterseiten von Rohdecken	5	8	10	11	12	13	13	14	15	18	22	25	30
6	Flächenfertige Wände und Unterseiten von Decken, z. B. geputzte Wände, Wandbekleidungen, untergehängte Decken	3	4	5	6	7	8	8	9	10	13	17	20	25
7	Wie Zeile 6, jedoch mit erhöhten Anforderungen	2	2	3	4	5	6	6	7	8	10	13	15	20

1) Für diese Messpunktabstände sind Werte in Tabelle 3 von DIN 18202 enthalten. Die Werte für die anderen Abstände sind interpoliert.
2) Die Ebenheitstoleranzen der Spalte 6 gelten auch für Messpunktabstände über 15 m.

3 Berücksichtigung von Toleranzen bei der Planung

Bei der Planung von Bauwerken und Bauteilen ist zu berücksichtigen, dass bei der Ausführung Maßabweichungen auftreten können.
Bei Passungsberechnungen sind die Toleranzen aller zu erstellenden Bauteile zu berücksichtigen, z. B. Toleranzen für Fensteröffnungen und zugleich die der Fenster und Fassadenelemente. Darüber hinaus sind zeit- und lastabhängige Verformungen zu berücksichtigen.

4 Prüfung und Beurteilung von Toleranzen

Grundsätze
Die drei Arten von Toleranzen
- Grenzabmaße
- Winkeltoleranzen
- Ebenheitstoleranzen

sind unabhängig voneinander zu prüfen und zu beurteilen. Grenzabmaße dürfen durch Ausnutzung der Winkeltoleranzen und Winkeltoleranzen durch Ausnutzung der Grenzabmaße nicht überschritten werden.

Bei der Prüfung der Toleranzen ist von dem jeweils vorhandenen Bauzustand auszugehen.

Unstimmigkeiten können auftreten, wenn z. B. durch den nachträglichen Einbau von Trennwänden neue Räume und damit verkürzte Messlängen entstehen. Für eine nachträgliche Beurteilung der Vorleistung sind diese jedoch nicht maßgebend.

Des Weiteren können bei der Prüfung der Vorleistung z. B. die Ebenheitstoleranzen das maßgebende Beurteilungskriterium gewesen sein. Nach dem Einbau von zusätzlichen Bauteilen, z. B. Trennwänden, werden jedoch die Abmaße dieser Wände und die Winkeltoleranzen bezogen auf die neuen Messstrecken überschritten.

Auf diese Weise können sich im Nachhinein Überschreitungen der zulässigen Abweichungen ergeben. Gleichwohl kann in solchen Fälle die Vorleistung im Nachhinein nicht beanstandet werden.

Die Prüfung von Toleranzen sollte stets protokolliert werden. Dabei sollten auch das Messverfahren und die Messgeräte angegeben werden.

4.1 Prüfung der Grenzabmaße

4.1.1 Im Grundriss

Außen- und Innenabmessungen (Länge, Breite, Achsen- und Rastermaße) werden in 10 cm Abstand vom Boden gemessen. Maße von Öffnungen und lichte Grundrissmaße sind in 10 cm Abstand von den Ecken über die ganze Bauteillänge zu messen.

Aus DIN 18202 ergibt sich, dass lichte Maße im Grundriss 10 cm über dem Boden an den Rändern zu messen sind. Weiterhin sollen Messungen 10 cm unter der Decke vorgenommen werden.

Eine Überprüfung der Abmaße in halber Raumhöhe oder unter der Decke bzw. unter dem Sturz kann zweckmäßig sein, z. B. für die Ermittlung der Größe von in Öffnungen einzubauende Bauteile, wie Fenster und dergleichen.

4.1.2 Im Aufriss

Höhenmaße (Bauwerkshöhen, Geschosshöhen, Podesthöhen, lichte Höhen wie Aufstandsflächen) werden in 10 cm Abstand von den senkrechten Bauteilecken gemessen. Maße von Öffnungen sind in 10 cm Abstand von den Bauteilecken zu messen.

Zur Festlegung der Abmessungen von in Öffnungen einzubauenden Bauteilen kann eine Messung in Höhenmitte (Wandmitte) zweckmäßig sein.

4.1.3 Geneigte Flächen

Bei geneigten Flächen sind die Grenzabmaße sowohl der horizontalen als auch der vertikalen Nennmaße nach Tabelle 1 Zeile 1 bzw. Zeile 2 maßgebend.

4.2 Prüfung der Winkeltoleranzen

4.2.1 Im Grundriss

4.2.1.1 Aneinandergrenzende Bauteile

Die Richtung der zu beurteilenden senkrechten Bauteile (z. B. Wände) wird dadurch festgelegt, dass 10 cm von ihren Endpunkten eine Gerade abgesetzt wird. Der Nennwinkel ist von der Richtung des längeren Bauteils abzutragen.

Bei der Prüfung des Winkels zwischen zwei aneinandergrenzenden Bauteilen (im Allgemeinen Wände) ist das Stichmaß stets an dem kürzeren Bauteil zu messen. Dieses so ermittelte Stichmaß ist auf das Nennmaß des kürzeren Bauteils zu beziehen. Winkeltoleranzen sind, wie Abmaße, immer nur über die gesamte Bauteillänge zu prüfen, weil die Überprüfung des dazugehörigen Grundrissmaßes auch ohne Zwischenpunkte zu erfolgen hat (siehe Skizze 1).

Skizze 1: Prüfung der Grenzabmaße und Winkeltoleranzen im Grundriss

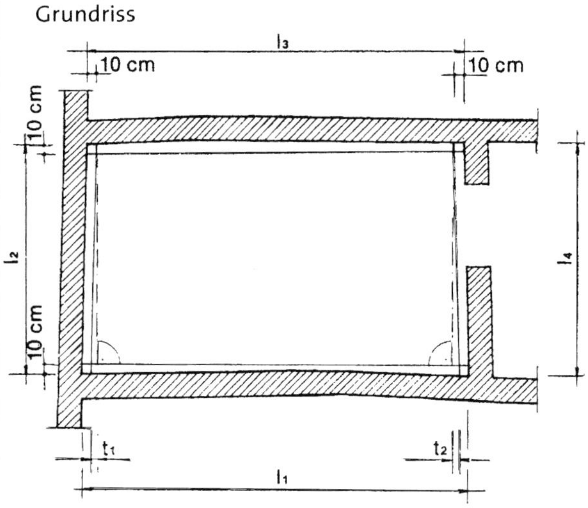

t_1, t_2; Stichmaße als Grenzwerte für Winkeltoleranzen nach Tabelle 2

$t_1 \leq t_2$; t_2 = maßgeblicher Grenzwert für die Winkeltoleranz bezogen auf l_2 oder l_4

$t_1 + t_2$; in der Addition maßgebender Grenzwert für die Beurteilung des zulässigen Grenzabmaßes für das Nennmaß l_1 als Bezugslänge

4.2.1.2 Freistehende Bauteile

Bei freistehenden Bauteilen, z. B. Stützen, gilt Abschnitt 4.2.1.1 sinngemäß. Als Nennmaß gilt der Achsabstand zwischen zwei oder mehr Stützen.

4.2.2 Im Aufriss

4.2.2.1 Horizontale Bauteile

Die Winkeltoleranzen von horizontalen Bauteilen, wie Bodenplatten, Decken, Estrichen, Bodenbelägen, Unterdecken usw., sind unabhängig von den angrenzenden – z. B. von vertikalen – Bauteilen zu bestimmen. Für die Beurteilung ist das Stichmaß zur Waagerechten (Meterriss) an den Ecken eines Bauteils maßgebend. Die Stichmaße sind jeweils in einem Abstand von 10 cm von den Rändern zu messen. Für das Anlegen eines Meterrisses ist der Höhenbezugspunkt für das jeweilige Geschoss maßgebend.

Die Höhendifferenz (Stichmaß) zwischen zwei Messpunkten ist auf das dem Abstand der Messpunkte zugehörige Nennmaß zu beziehen (siehe Skizze 2).

4.2.2.2 Vertikale Bauteile

Die Winkeltoleranzen von vertikalen Bauteilen, z. B. Wände, sind unabhängig von den angrenzenden – z. B. von horizontalen – Bauteilen zu bestimmen. Für die Beurteilung ist das Stichmaß zur Senkrechten an den Ecken eines Bauteils maßgebend. Die Stichmaße sind jeweils in einem Abstand von 10 cm von den Rändern zu messen.

Die Abweichung von der Senkrechten (Stichmaß) ist auf das dem Abstand der Messpunkte zugehörige Nennmaß zu beziehen (siehe Skizze 2).

4.2.2.3 Geneigte Flächen (z. B. Schrägen, Rampen)

Die Winkeltoleranzen von geneigten Flächen sind in deren Ebene zu messen. Die Beurteilung hat wie bei horizontalen oder vertikalen Bauteilen an den Endpunkten mit 10 cm Randabstand zu erfolgen.

4.3 Prüfung der Ebenheit

Die Prüfung der Ebenheit von Bauteilflächen erfolgt unabhängig von Grenzabmaßen und Winkeltoleranzen.

Die Abweichung von der Ebenheit wird als Stichmaß zwischen einer Bezugslinie und einem Tief- bzw. Hochpunkt wie folgt ermittelt:

Die Abweichung – $t_1/t_2/t_3$ – ergibt sich aus dem Höhenunterschied zwischen einem Tiefpunkt und einer Geraden als Verbindung zweier Hochpunkte. Der Abstand dieser Hochpunkte ist der Messpunktabstand (siehe Bild 1).

Die Abweichung – $t_1/t_2/t_3$ – kann sich auch aus dem Höhenunterschied zwischen einem Hochpunkt und einer Geraden als Verbindung zweier Tiefpunkte ergeben. Der Abstand dieser Tiefpunkte ist der Messpunktabstand.

Wenn jedoch bei Flächen mit nur einer Wölbung der Abstand der Messpunkte (Messstrecke) durch angrenzende Bauteile bestimmt wird, liegt die Bezugsgerade so, dass die Tiefpunkte den gleichen Abstand (a) zu dieser Bezugsgeraden haben (siehe Bild 2).

4.3.1 Prüfung mit Richtlatte und Messkeil

Die Prüfung einer Fläche kann sich auf einzelne Punkte beschränken, wenn eine Überprüfung der Gesamtfläche nicht notwendig oder zweckmäßig erscheint.

Skizze 2: Prüfung der Winkeltoleranzen im Aufriss

Schnitt

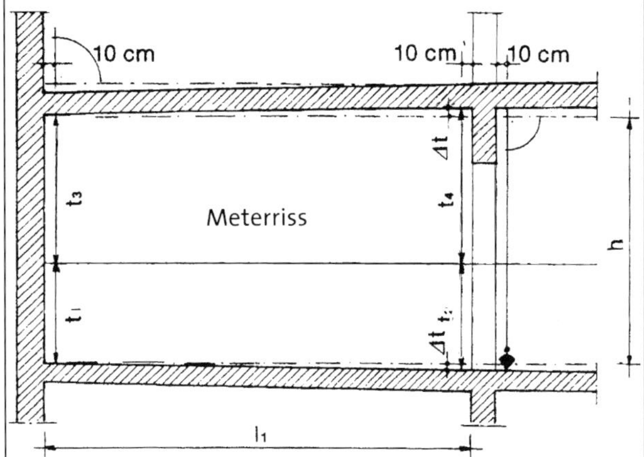

t_1, t_2, t_3, t_4 Stichmaße für die Ermittlung der Winkeltoleranzen

$t_2 - t_1 = \Delta t =$ maßgeblicher Grenzwert für die Winkeltoleranz nach Tabelle 2 der Deckenoberfläche mit l_1 als Bezugslänge

$t_4 - t_3 = \Delta t =$ maßgeblicher Grenzwert für die Winkeltoleranz nach Tabelle 2 der Deckenunterseite mit l_1 als Bezugslänge

Bild 2: Abweichung von der Ebenheit (Stichmaß) und Abstand der Messpunkte

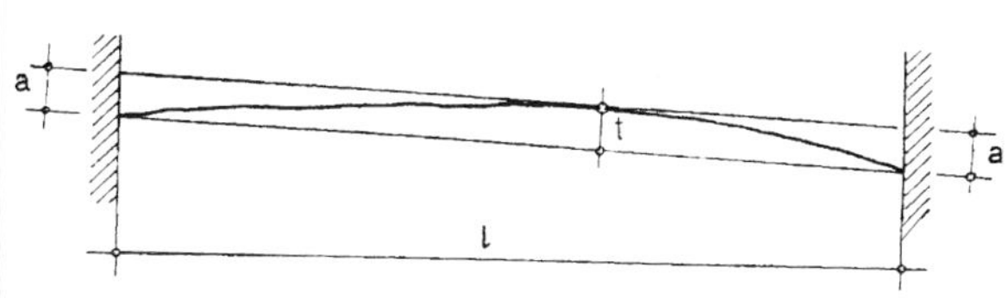

a = Stichmaß
t = Abweichung von der Ebenheit
l = Abstand der Messpunkte

Ist eine Überprüfung der Gesamtfläche erforderlich, wird vor der Prüfung mit Raster die Fläche in Messlinien mit gleichem Abstand unterteilt. Es wird empfohlen, einen Abstand von 2 m zu wählen, so dass eine 4-m-Richtlatte entlang dieser Messlinien jeweils um eine halbe Richtlattenlänge verschoben wird. Bei Flächen, die eine Prüfung mit der

Bild 1: Abweichung von der Ebenheit (Stichmaß) und Abstand der Messpunkte

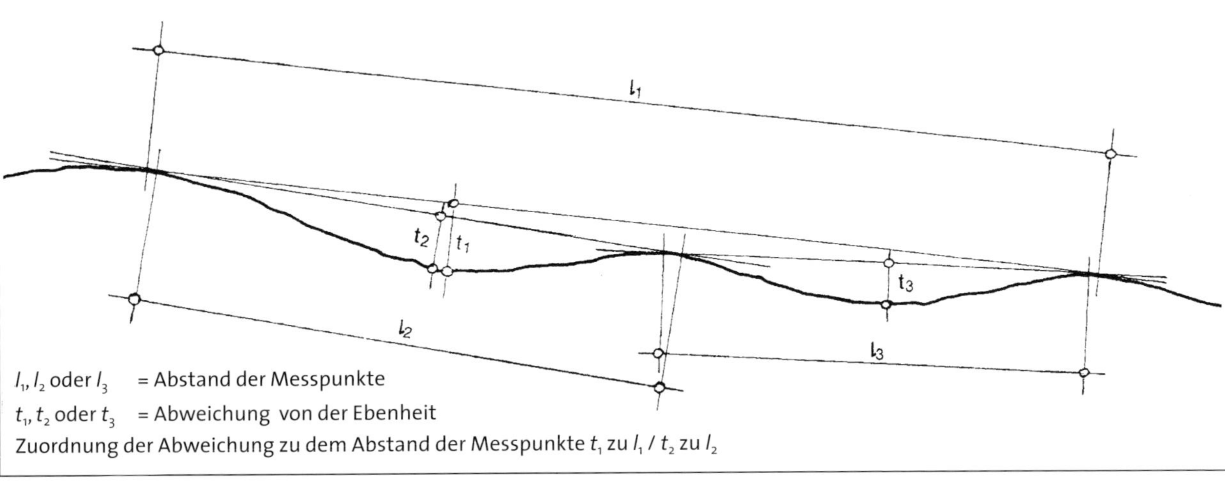

l_1, l_2 oder l_3 = Abstand der Messpunkte
t_1, t_2 oder t_3 = Abweichung von der Ebenheit
Zuordnung der Abweichung zu dem Abstand der Messpunkte t_1 zu l_1 / t_2 zu l_2

4-m-Latte nicht zulassen, können kürzere Abstände gewählt werden.

In jeder Lage wird der Abstand zwischen zwei Auflagepunkten (Messpunktabstand) und der größte Spalt zwischen Bauteiloberfläche und Unterkante der Richtlatte mit einem Messkeil ermittelt. Die Richtlatte darf zur Prüfung nicht lot- oder waagerecht ausgerichtet werden. Unter auskragenden Enden der Richtlatte darf nicht gemessen werden (siehe Bild 3).

Bild 3: Beispiele für Messstellungen bei der 4-m-Richtlatte

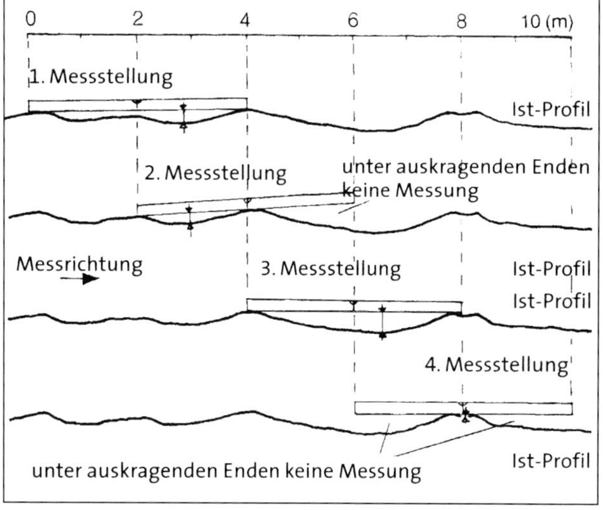

Bewährt hat sich eine Richtlatte mit oberseitiger cm-Teilung und Halterung, die eine schnelle Ermittlung des Messpunktabstandes und ein problemloses Verschieben der Richtlatte ermöglicht. Auch beim Messkeil sollte die mm-Teilung in die Oberseite eingeritzt sein (siehe Bild 4).

Bild 4: Richtlatte und Messkeil in Messstellung

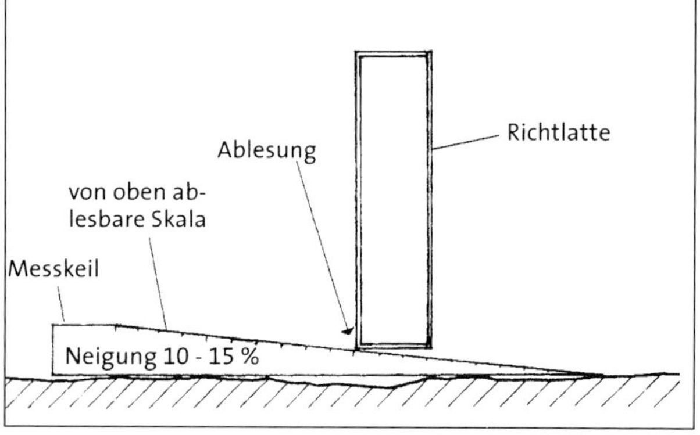

4.3.2 Prüfung mit Nivellierinstrument

Für die Überprüfung mit Nivellierinstrument wird über die Fläche ein Gitternetz (Raster) mit einem zweckmäßig festzulegenden Messlinienabstand gelegt. In den Schnittpunkten der Messlinien wird die Höhenlage der Oberfläche gemessen (siehe Bild 5).

Bild 5: Überprüfung der Ebenheit im Raster

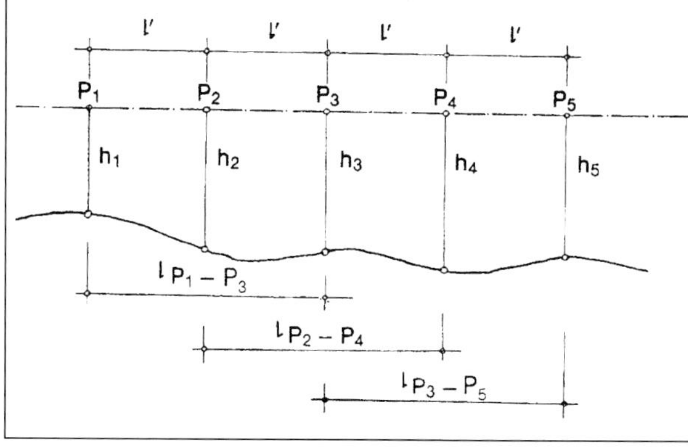

Die Abweichungen werden ermittelt, indem drei aufeinanderfolgende Schnittpunkte P_1, P_2, P_3 einer Messlinie betrachtet werden (siehe Bild 6).

Bild 6: Ermittlung des Abmaßes *t*

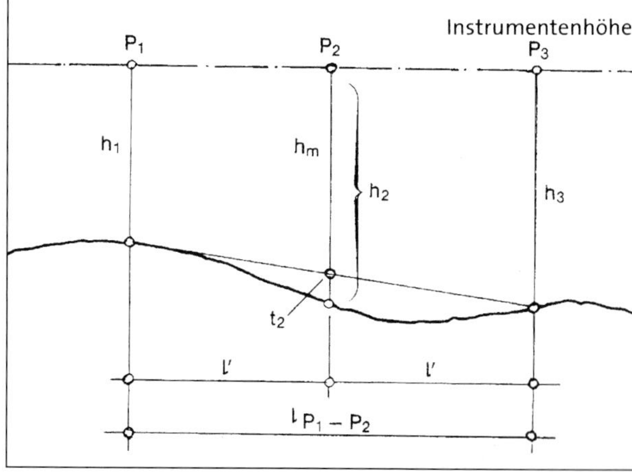

Die Abweichung t im Punkt P_2 ist die Differenz zwischen der mittleren Höhe, die sich aus h_1 und h_3 ergibt, und der gemessenen Höhe h_2.

Die mittlere Höhe h_m wird wie folgt errechnet:

$$h_m = \frac{h_1 + h_3}{2}$$

Abweichung t = gemessene Höhe minus mittlere Höhe h_m

$$t_2 = h_2 - h_m$$

Ergänzung: Hinweis zu Fluchten von Stützen

Bei freistehenden Stützen einer Stützenreihe, die nicht in Wände eingebunden werden, sondern als Einzelstützen stehen bleiben, z. B. bei Skelettbauten und Hallen, stellt die Beurteilung ihrer ordnungsgemäßen Lage durch Überprüfung der Flucht eine in der Baupraxis verbreitete und ohne großen Messaufwand durchzuführende Kontrolle dar.

DIN 18202 enthält hierzu keine Angaben, so dass es im Rahmen dieses Merkblattes sinnvoll erscheint, ein geeignetes Verfahren vorzuschlagen.

Skizze 5: Prüfung und Lage von Zwischenstützen in der Flucht

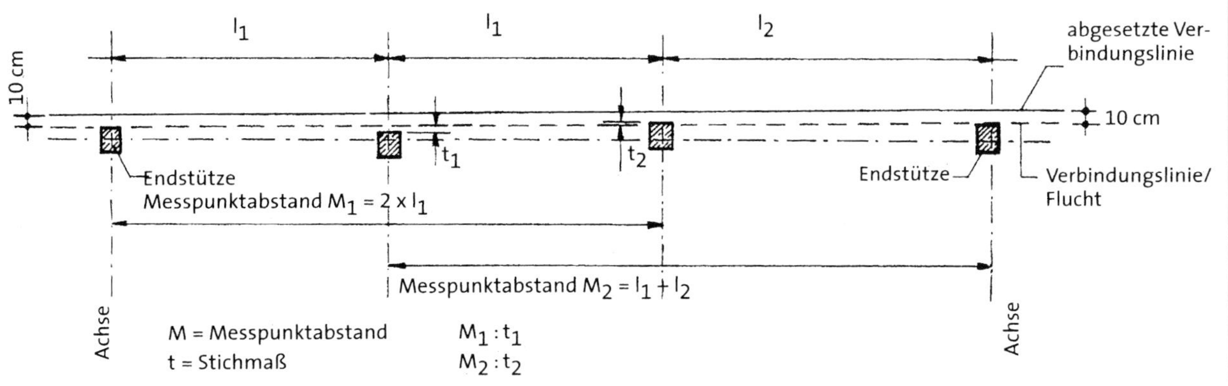

Es wird dabei vorausgesetzt, dass die Flucht zusätzlich zu den in Tabelle 1 und Tabelle 2 der Norm enthaltenen Grenzabmaßen und Winkeltoleranzen einzuhalten ist.

Um bei einer späteren Überarbeitung der Norm eine Regelung für Fluchten aufnehmen zu können, wird empfohlen, dieses Verfahren versuchsweise anzuwenden, um Erfahrungen zu sammeln, die dieses Vorgehen rechtfertigen. Um eine Mitteilung über die Erfahrungen mit diesem Prüfverfahren an die Herausgeber dieses Merkblattes wird gebeten.

In Tabelle 4 sind Toleranzen für Fluchten von Stützen bestimmten Messpunktabständen korrespondierend zu Tabelle 2 und 3 der DIN 18202 zugeordnet.

Tabelle 4: Toleranzen für Fluchten von Stützen

Bezug	Stichmaße als Grenzwerte in mm bei Nennmaßen in m als Messpunktabstand			
	von 3–6 m	über 6–15 m	über 15–30 m	über 30 m
zulässige Abweichungen von der Flucht	12	16	20	30

Fluchten von Stützen

Als Flucht wird die horizontale Verbindungslinie zwischen der Ist-Lage der Endstützen einer Stützenreihe mit 3 oder mehr Stützen bezeichnet.

Als Nennmaß für den Messpunktabstand gilt der Abstand zwischen 3 Stützen = 2 Achsabstände.

Als Stichmaß gilt der Abstand einer Zwischenstütze zur Flucht.

Prüfung der Lage von Zwischenstützen in der Flucht

Die Verbindungslinie zwischen den Endstützen kann am Stützenfuß oder am Stützenkopf angelegt werden. Bei Stützen, die bündig in einen Unterzug einbinden, ist eine Prüfung am Stützenkopf jedoch nicht sinnvoll, weil Unterzüge als Teile einer Decke nach Tabelle 3 „Ebenheitstoleranzen“ überprüft werden können.

Die Verbindungslinie ist am Stützenfuß oder Stützenkopf in einem Abstand von 10 cm anzulegen. Die Stichmaße werden zwischen der Verbindungslinie und der Vorderkante der Stütze in Stützenachse gemessen.

Das Stichmaß wird einem Messpunktabstand von 2 Achsabständen zugeordnet (siehe Skizze 5).

2.15.5 Fragen

1. Was versteht man unter »Toleranzen« im Bauwesen?
2. Welche Regelwerke gibt es für die Toleranzen im Hochbau?
3. Welche Arten von Toleranzen werden geregelt?
4. Bei den Toleranzen im Hochbau handelt es sich um Ausführungstoleranzen auf der Baustelle. Wie sind dabei die Herstellungstoleranzen – z. B. von Fliesen – berücksichtigt?
5. Wie sind Formänderungen durch wechselnde Temperaturen oder Feuchtigkeit, elastische Verformungen, Kriechen, Schwinden oder konstruktiv bedingte Überhöhungen in den Toleranztabelle berücksichtigt?
6. In welchen Fällen ist die Einhaltung der Toleranzen zu prüfen?
7. Was ist das Nennmaß (Sollmaß)?
8. Was ist das Istmaß?
9. Was ist das Istabmaß?
10. Was ist das Höchstmaß?
11. Was ist das Mindestmaß?
12. Was ist das Grenzabmaß?
13. Was ist das Toleranzmaß?
14. Was ist die Winkeltoleranz?
15. Wie wird die Winkeltoleranz angegeben?
16. Was ist die Ebenheitstoleranz?
17. Wie wird die Ebenheitstoleranz gemessen?
18. Wofür gelten Grenzabmaße?
19. Wofür gelten Winkeltoleranzen?
20. Wofür gelten Ebenheitstoleranzen?
21. In welchen Fällen sollen erhöhte Anforderungen gestellt werden?
22. Wie werden materialabhängige Unebenheiten von Fliesen und Platten berücksichtigt?
23. Die Grenzabmaße eines Raumes sollen geprüft werden. Wo wird dabei das lichte Maß im Grundriss gemessen?
24. Wo werden die Maße der Geschosshöhen überprüft?
25. Wie werden die Winkeltoleranzen von Wänden im Grundriss überprüft?
26. Wie wird das Lot von Wänden oder Stützen im Aufriss überprüft?
27. Wie wird die Ebenheit eine Fläche überprüft?
28. Mit welchen Geräten wird die Ebenheit geprüft?
29. Welches Verfahren wird zur Überprüfung der Ebenheit einer Gesamtfläche vorgeschlagen?
30. Welcher Abstand der Messlinien des Rasters wird empfohlen?
31. Ein Raum hat im Grundriss die lichten Nennmaße 4,75 x 3,00 m. Welche Grenzabmaße sind zulässig?
32. Um wie viel darf eine Geschosshöhe von 2,75 m vom Nennmaß abweichen?
33. Der Raum mit den Grundrissmaßen 4,75 x 3,00 m wird auf den rechten Winkel kontrolliert. Wie groß dürfen die Stichmaße sein?
34. Eine Betondecke zur Aufnahme von Fliesen hat im Abstand von 4,20 m eine Unebenheit (Tiefpunkt) von 14 mm. Liegt dieser Wert innerhalb der zulässigen Ebenheitstoleranzen?
35. Ein Fliesenbelag wird mit einer 2-m-Richtlatte und einem Messkeil überprüft. Das Stichmaß ergibt auf die Länge der Richtlatte 5 mm. Entspricht dieser Wert den Ebenheitstoleranzen?

2.15.6 Antworten

1. Toleranzen im Hochbau sind Maßabweichungen aus herstellungsbedingten Gründen, die bei einer normalen und sorgfältigen Arbeit eingehalten werden können.
2. DIN 18201 Toleranzen im Bauwesen; Begriffe, Grundsätze, Anwendung, Prüfung
3. Grenzabmaße, Winkeltoleranzen, Ebenheitstoleranzen
4. Diese Maßabweichungen sind in den Toleranztabellen nicht enthalten; sie müssen zusätzlich berücksichtigt werden.
5. Die genannten Formänderungen sind in den Tabellen nicht enthalten.
6. Die Einhaltung der Toleranzen ist nur zu prüfen, wenn die Funktion der betreffenden Bauteile beeinträchtigt ist oder wenn konkrete Beanstandungen vorliegen.
7. Nennmaß oder Sollmaß ist das Maß, welches das Bauwerk oder Bauteil haben soll.
8. Istmaß ist das am Bau tatsächlich ermittelte Maß.
9. Istabmaß ist die Differenz zwischen Nennmaß und Istmaß.
10. Höchstmaß ist das größte zulässige Maß.
11. Mindestmaß ist das kleinste zulässige Maß.
12. Grenzabmaß ist die Differenz zwischen Nenn- und Höchstmaß bzw. zwischen Nenn- und Mindestmaß.
13. Toleranzmaß ist die Differenz zwischen Mindest- und Höchstmaß.
14. Die Winkeltoleranz ist der zulässige Unterschied zwischen Nennwinkel und Istwinkel.
15. Die Winkeltoleranz wird als Stichmaß angegeben.
16. Die Ebenheitstoleranz ist die Abweichung einer Fläche von geraden Maßlinien.
17. Die Ebenheitstoleranz wird als Stichmaß gemessen.
18. Grenzabmaße gelten für Längen, Breiten, Höhen, Achs- und Rastermaße in Grundrissen und Aufrissen. Sie gelten für Öffnungen in Bauteilen, wie Decken, Wände und Böden.
19. Winkeltoleranzen gelten für vertikale, horizontale und geneigte Flächen und für Öffnungen.
20. Ebenheitstoleranzen gelten für Flächen von Decken (Ober- und Unterseite), Unterböden, Estrichen, Bodenbeläge, Wände, Wandbekleidungen und Unterdecken.
21. Erhöhte Anforderungen sind zu fordern für nicht flächenfertige Oberseiten von Decken, Unterbeton und Unterböden, die zur Aufnahme von Estrichen, Industrieböden, Fliesen- und Plattenbelägen vorgesehen sind. Dies gilt auch für nicht flächenfertige Wände und Unterseiten von Rohdecken, die mit Fliesen- und Plattenbelägen bekleidet werden sollen.
22. Materialbedingte Unebenheiten von Fliesen und Platten sind in den Tabellen nicht erfasst. Sie müssen zusätzlich berücksichtigt werden.
23. Lichte Maße werden in 10 cm über dem Boden an den Rändern gemessen.
24. Geschosshöhen werden in 10 cm Abstand von den senkrechten Bauteilecken gemessen.
25. 10 cm von den Endpunkten der längeren Wand wird eine Gerade abgesetzt. Davon ist der Nennwinkel – z. B. 90° – abzutragen. Das Stichmaß ist an der kürzeren Wand zu messen.

26. Die Überprüfung erfolgt über das Stichmaß der Winkeltoleranz. Die Stichmaße sind im Abstand von 10 cm von den Rändern zu messen.
27. Die Ebenheit kann mit Richtlatte (für die Bezugslinie) und Messkeil (für das Stichmaß) oder mit dem Nivellierinstrument überprüft werden.
28. Die Ebenheit kann mit Richtlatte (für die Bezugslinie) und Messkeil (für das Stichmaß) oder mit dem Nivellierinstrument überprüft werden.
29. Die Fläche wird in ein Raster mit Messlinien mit gleichem Abstand eingeteilt.
30. Es wird empfohlen, einen Abstand von 2 m zu wählen.
31. Nach Tabelle 1, Zeile 2, Spalte 2 und 3 (siehe S. 242) sind Grenzabmaße von ± 12 mm in der Breite und ± 16 mm in der Länge zulässig.
32. Nach Tabelle 1, Zeile 2, Spalte 1 (siehe S. 242) darf die Geschosshöhe um ± 16 mm abweichen.
33. Nach Tabelle 2, Zeile 1, Spalte 3 und 4 (siehe S. 242) ergeben sich maximale Stichmaße von 8 bzw. 12 mm.
34. Nach Tabelle 3, Zeile 2, Spalte 10 (siehe S. 243) liegt die zulässige Ebenheitstoleranz bei 12 mm.
35. Tabelle 3 (siehe S. 243) weist für diesen Messpunktabstand 6 mm bei normalen, 5 mm bei erhöhten Anforderungen auf.

2.16 Fußböden in Arbeitsräumen mit Rutschgefahr

2.16.1 Stichworte zum Thema

- Häufigkeit und Schwere von Sturzunfällen im gewerblichen und industriellen Bereich
- Klassifizierung der Belagsmaterialien
- Rutschhemmung und leichte Reinigung – ein Gegensatz?
- fachgerechte Ausführung rutschhemmender Bodenbeläge
- Stolperstellen an Anschlussbauteilen
- Bestimmung der Rutschhemmung und des Verdrängungsraumes aufgrund von Tabellen

2.16.2 Regelwerke

BGR 181 (früher ZH 1/571)
Merkblatt für Fußböden in Arbeitsräumen und Arbeitsbereichen mit Rutschgefahr
vom Fachausschuss »Bauliche Einrichtungen« der Berufsgenossenschaftlichen Zentrale für Sicherheit und Gesundheit des Hauptverbandes der gewerblichen Berufsgenossenschaften BGZ (siehe S. 251)

Merkblätter und Hinweise der Säurefliesner-Vereinigung für die Herstellung von chemikalienbeständigen Belägen

Weitere Unterlagen sind bei den Herstellern von rutschfesten Bodenfliesen und -platten erhältlich.

Wesentliche Inhalte des Merkblattes BGR 181

Anwendungsbereich
Rutschhemmende Fußböden und Bewertung der Rutschgefahr
Rutschhemmende Bodenbeläge
Weitere bauliche Anforderungen an Fußböden
Weitere betriebliche Anforderungen an Fußböden
Arbeitsräume mit Rutschgefahr
Verfahren zur Prüfung der Rutschhemmung von Bodenbelägen für Arbeitsräume und
Arbeitsbereiche mit Rutschgefahr.

2.16.3 Fall aus der Praxis

Bei der Renovierung einer Metzgerei (Verkaufs- und Vorbereitungsräume) soll der Bodenbelag erneuert werden. Der Fliesenleger wird zur Beratung für ein geeignetes Belagsmaterial herangezogen.

- Stellen Sie technische Hinweise zur Auswahl des Belagsmaterials und zur Ausführung des Bodenbelages auf!
- Auf welche Unterlagen und Regelwerke beziehen Sie sich?

Abb. 2.56: Fußboden in einer Autowerkstatt

Lösung

Renovierung einer Metzgerei

Das Belagsmaterial wird durch eine hohe Gefahrenfrequenz belastet. Im Verkaufsraum wird der Boden durch Staub, Straßenschmutz und Nässe angegriffen.

Es bestehen besondere Anforderungen an die Abriebfestigkeit.

An die Rutschfestigkeit werden sowohl im Verkaufsraum wie in den Neben- und Vorbereitungsräumen besondere Anforderungen gestellt.

Das Merkblatt schreibt vor:

- Fleischver- und -bearbeitung: R 12 bis R 13, V 6, V 8 oder V 10
- Verkaufsräume: R 10 bis R 12, V 8 (Vorbereitungsraum)

Die genauen Werte sind aus der Tabelle im Merkblatt zu entnehmen.

Die Belastung durch Fettsäuren und andere Chemikalien erfordert Überlegungen zu einer Herstellung von chemikalienbeständigen Belägen.

Die häufige und mit stark wirkenden Mitteln durchgeführte Reinigung erfordert ebenfalls eine hohe Widerstandskraft gegen mechanisch und chemisch wirkende Beanspruchung.

Schließlich sind die Gestaltung, die Format- und Farbauswahl der Beläge in einem kundenorientierten Raum von großer Bedeutung. Der Belag sollte das zum Verkauf angebotene Sortiment optisch fördern und unterstützen, einen frischen und hygienischen Eindruck ausstrahlen und die Kunden sowie die Beschäftigten angenehm beeinflussen.

2.16.4 Abdruck von Regelwerken

BGR 181 Merkblatt für Fußböden in Arbeitsräumen und Arbeitsbereichen mit Rutschgefahr
siehe S. 251

BGR 181

(bisher ZH 1/571)
Oktober 1993

Fachausschuss
„Bauliche
Einrichtungen"
der BGZ

Merkblatt für Fußböden in Arbeitsräumen und Arbeitsbereichen mit Rutschgefahr

Herausgeber: Fachausschuss „Bauliche Einrichtungen" der Berufsgenossenschaftlichen Zentrale für Sicherheit und Gesundheit des Hauptverbandes der gewerblichen Berufsgenossenschaften, Alte Heerstraße 111, 53757 St. Augustin.

Aktualisierte Fassung 1998

Nachdruck mit freundlicher Genehmigung des Herausgebers.
Dieses Merkblatt (BGR 181, bisherige Bestell-Nr. ZH 1/571) kann bezogen werden beim Carl Heymanns Verlag KG, Luxemburger Str. 449, 50939 Köln.

Inhaltsverzeichnis

Vorbemerkung

Häufigkeit und Schwere von Sturzunfällen werden zumeist unterschätzt. Nach den statistischen Unterlagen der Unfallversicherungsträger liegen Stolper-, Rutsch- und Sturzunfälle bei betrieblichen Tätigkeiten seit Jahren an der Spitze des Unfallgeschehens.

Rutschunfälle werden z. B. vom Material und von der Oberflächenstruktur des Bodenbelags und vom Grad der Verschmutzung durch gleitfördernde Stoffe beeinflusst.

Rutschunfälle werden außerdem z. B. durch kurvenreiche Verkehrswegführung, nicht angepasste Gehgeschwindigkeit, Art des getragenen Schuhwerks, Material und Zustand von Absätzen und Sohlen beeinflusst.

Sowohl die Arbeitsstättenverordnung als auch die UVV »Allgemeine Vorschriften« (VGB 1) schreiben vor, dass Fußböden rutschhemmend ausgeführt sein müssen. Sie müssen im Übrigen leicht zu reinigen sein; siehe Abschnitt 5.1. Für Arbeits-, Lager-, Maschinen- und Nebenräume gilt dies insoweit, als es betrieblich möglich und aus sicherheitstechnischen oder gesundheitlichen Gründen erforderlich ist.

Das in diesem Merkblatt beschriebene Verfahren zur Prüfung der Rutschhemmung und Einordnung der Bodenbeläge in Bewertungsgruppen beruht auf dem in Anhang 2 beschriebenen Begehungsverfahren mit der »schiefen Ebene«, das nur im Labor durchführbar ist.

Die bisher eingesetzten ortsunabhängigen Messverfahren zur Prüfung der Rutschhemmung sind nicht standardisiert; deshalb können die mit diesen Verfahren ermittelten Reibzahlen nicht mit den Ergebnissen nach dem in Anhang 2 beschriebenen Prüfverfahren verglichen und nicht zur Einordnung in eine R-Gruppe herangezogen werden.

Um den Bestrebungen des Europäischen Komitees für Normung (CEN) entgegenzukommen, ist beim Deutschen Institut für Normung (DIN) mit der Normung von Anforderungen an ein ortsunabhängig einsetzbares Messverfahren begonnen worden.

Die in diesem Merkblatt enthaltenen technischen Lösungen schließen andere, mindestens ebenso sichere Lösungen nicht aus, die auch in technischen Regeln anderer Mitgliedstaaten der Europäischen Union oder anderer Vertragsstaaten des Abkommens über den Europäischen Wirtschaftsraum ihren Niederschlag gefunden haben können.

Prüfberichte von Prüflaboratorien, die in anderen Mitgliedstaaten der Europäischen Union oder in anderen Vertragsstaaten des Abkommens über den Europäischen Wirtschaftsraum zugelassen sind, werden in gleicher Weise wie deutsche Prüfberichte berücksichtigt, wenn die den Prüfberichten dieser Stellen zu Grunde liegenden Prüfungen, Prüfverfahren und konstruktiven Anforderungen denen der deutschen Stelle gleichwertig sind. Um derartige Stellen handelt es sich vor allem dann, wenn diese die in der Normenreihe EN 45000 niedergelegten Anforderungen erfüllen.

1 Anwendungsbereich

Dieses Merkblatt findet Anwendung bei der
- Auswahl geeigneter Bodenbeläge,
- Gestaltung der Fußböden
  und
- Durchführung organisatorischer Maßnahmen.

Dieses Merkblatt beschränkt sich auf solche Arbeitsräume, Arbeitsbereiche und Verkehrswege, deren Fußböden nutzungsbedingt mit gleitfördernden Medien in Kontakt kommen, wo also ein Risiko des Ausrutschens zu vermuten ist.

Für die Auftrittsflächen von Treppen gelten die Anforderungen dieses Merkblattes an Bodenbeläge.

Für Fußböden in barfuß begangenen Nassbereichen siehe Merkblatt »Bodenbeläge für nassbelastete Barfußbereiche« (GUV 26.17).

2 Rutschhemmende Fußböden und Bewertung der Rutschgefahr

2.1 Rutschhemmende Fußböden

Die allgemein gehaltene Forderung der Arbeitsstättenverordnung und der UVV »Allgemeine Vorschriften« (VBG 1) nach rutschhemmender Ausführung der Fußböden bedarf für die Anwendung in den Einzelfällen der Praxis der Konkretisierung. Aus den Betriebs- und Unfallerfahrungen der Unfallversicherungsträger werden bestimmte Arbeitsräume und -bereiche ersichtlich, auf deren Fußböden sich Unfälle durch Ausrutschen häufig ereignen. Diese Arbeitsbereiche sind in einer Übersicht als Anhang 1 zusammengestellt.

In bestimmten Arbeitsräumen und -bereichen liegt durch den Umgang mit gleitfördernden Stoffen eine erhöhte Rutschgefahr vor. Solche Stoffe sind z. B. Fett, Öl, Wasser, Lebensmittel, Speisereste, Staub, Mehl, Pflanzenabfälle. Sie gelangen produktions- oder arbeitsbedingt auf den Fußboden und erhöhen die Rutschgefahr.

In bestimmten Arbeitsräumen oder -bereichen ist wegen des Anfalls besonderer gleitfördernder Stoffe für diese Bodenbeläge ein Verdrängungsraum unterhalb der Gehebene erforderlich. Sie sind durch den Buchstaben »V« in Verbindung mit der Kennzahl für das Mindestvolumen des Verdrängungsraumes gekennzeichnet; siehe DIN 51130 »Prüfung von Bodenbelägen; Bestimmung der rutschhemmenden Eigenschaft; Arbeitsräume und Arbeitsbereiche mit erhöhter Rutschgefahr; Begehungsverfahren; Schiefe Ebene«.

2.2 Bewertung der Rutschgefahr

Aufgrund der Bewertung der unterschiedlichen Rutschgefahr sind Bewertungsgruppen für Fußböden in verschiedenen Arbeitsräumen und -bereichen in Anhang 1 aufgeführt.

Die Bewertungsgruppen der Rutschgefahr in den einzelnen Arbeitsräumen und -bereichen nach Anhang 1 entsprechen den Bewertungsgruppen der Rutschhemmung der Bodenbeläge nach Tabelle 1 dieses Merkblattes.

Die jeweilige Bewertungsgruppe der Rutschgefahr in den einzelnen Arbeitsräumen und -bereichen entsprechend Anhang 1 stellt einen Richtwert dar, von dem im Einzelfall unter Berücksichtigung der vorhandenen oder der zu erwartenden betrieblichen Verhältnisse abgewichen werden kann.

Der Bewertung der Rutschgefahr liegen folgende Kriterien zu Grunde:
1. Häufigkeit des Auftretens gleitfördernder Stoffe auf dem Boden und deren Verteilung,
2. Art und Eigenschaft der gleitfördernden Stoffe,
3. der durchschnittliche Grad, z. B. die Menge des Stoffes, der Verunreinigung des Fußbodens durch diese Stoffe,
4. sonstige bauliche, verfahrenstechnische und organisatorische Verhältnisse.

Um einen Fußboden sicher begehen zu können, müssen bestimmte Reibungswerte zwischen Schuh und Fußboden vorhanden sein. Gleitfördernde Stoffe beeinflussen die Reibungsverhältnisse negativ; die durch den Schuh auf den Fußboden übertragbaren rutschhemmenden Kräfte werden geringer. Das Maß des Abbaues der übertragbaren Kräfte ist in besonderem Maße abhängig von Konsistenz und Menge des jeweiligen gleitfördernden Stoffes, der auf den Boden gelangt ist. Bei Bodenbelägen mit ebener, glatter Oberfläche kann beispielsweise schon Wasser und Feuchtigkeit zu einer erheblichen Verminderung der Reibungswerte gegenüber dem trockenen Zustand führen. In Arbeitsräumen und -bereichen, die durch Eingänge direkt aus dem Freien betretbar sind, wirken sich z. B. durch Regenwasser nasse Schuhsohlen oder an ihnen haftender Schnee und anhaftendes Streumaterial mit körniger Struktur entsprechend aus. Bei Arbeitsräumen und -bereichen, die durch Eingänge direkt aus dem Freien betretbar sind, ist die Rutschgefahr unter anderem abhängig von der Art und der Größe vorgeordneter Schmutz- und Feuchtigkeitsaufnehmer.

Bei pastösen oder faserig-zähen gleitfördernden Stoffen auf dem Boden, z. B. Fett oder Fleisch, kann es dazu kommen, dass der Schuh beim Gehen nicht in ausreichendem Maße Bodenkontakt bekommt, weil der gleitfördernde Stoff an der Auftrittsstelle als geschlossene Schicht über der Bodenfläche verbleibt. Das Zusammenwirken verschiedener gleitfördernder Stoffe, z. B. Fett und Wasser, kann die Rutschgefahr erhöhen.

Von Bedeutung für die Bewertung der Rutschgefahr sind auch Größe des Arbeitsraumes oder -bereiches, Art und Anzahl der Geräte, Einrichtungen und Maschinen, Anordnung der Arbeitsplätze, Verkehrswegführung, Anzahl der Beschäftigten im Arbeitsraum oder -bereich, Menge der auf den Fußboden gelangenden gleitfördernden Stoffe, Art der Be- und Verarbeitung sowie des Transportes der gleitfördernden Stoffe.

3 Rutschhemmende Bodenbeläge

3.1 Art der Bodenbeläge

In Arbeitsräumen und -bereichen mit Rutschgefahr müssen rutschhemmende Bodenbeläge eingesetzt werden.

Je nach Anforderung können dies feinraue, raue oder profilierte Bodenbeläge erfüllen, z. B. keramische Fliesen und Platten, Natur- oder Betonwerksteinplatten, Bodenbeläge aus Holz, Estriche aus mineralischen Bestandteilen mit Zement als Bindemittel und gegebenenfalls Kunstharzzusätzen, Kunstharzbeschichtungen, Kunstharzestriche, Kunststoffroste, Glasplatten, Metallroste und -bleche, elastische Bodenbeläge sowie gegen Verschieben gesicherte Matten.

3.2 Prüfung und Beurteilung der Rutschhemmung

Das Verfahren zur Prüfung der Rutschhemmung ist in DIN 51130 »Prüfung von Bodenbelägen; Bestimmung der rutschhemmenden Eigenschaft; Arbeitsräume und Arbeitsbereiche mit erhöhter Rutschgefahr; Behungsverfahren; Schiefe Ebene« geregelt.

Es wird darauf hingewiesen, dass das eingesetzte Zwischenmedium Öl beim Prüfverfahren nach DIN 51130 nicht dazu dient, einen besonders ungünstigen Betriebszustand auf den Versuch zu übertragen. Die Verwendung eines bestimmten, definierten Öles dient als konstanter Versuchsparameter, mit dem nachgewiesenermaßen eine bessere Differenzierung der Prüfergebnisse erzielt wird.

Dieses Verfahren beruht auf der Begehung des zu prüfenden Bodenbelages auf einer schiefen Ebene durch Prüfpersonen. Es dient als Entscheidungshilfe, ob der jeweilige Bodenbelag zur Verlegung in bestimmten Arbeitsräumen und -bereichen geeignet ist.

Der aus einer Messwertreihe ermittelte mittlere Neigungswinkel ist für die Einordnung des Bodenbelages in eine von fünf Bewertungsgruppen maßgebend. Die Bewertungsgruppe dient als Maßstab für den Grad der Rutschhemmung, wobei Beläge mit der Bewertungsgruppe R 9 den geringsten und mit der Bewertungsgruppe R 13 den höchsten Anforderungen an die Rutschhemmung genügen. Die Zuordnung der Bewertungsgruppen zu den Winkelbereichen ist in der nachfolgenden Tabelle 1 dargestellt.

Tabelle 1: Zuordnung der Gesamtmittelwerte der Neigungswinkel zu den Bewertungsgruppen der Rutschhemmung

Gesamtmittelwerte	Bewertungsgruppe
von 3° bis 10°	R 9
mehr als 10° bis 19°	R 10
mehr als 19° bis 27°	R 11
mehr als 27° bis 35°	R 12
mehr als 35°	R 13

Der Beurteilung der Rutschhemmung von Bodenbelägen mit richtungsorientiert angeordneten Oberflächenprofilierungen, z. B. Rillenfliesen oder Gitterroste mit gezahnten Tragstaboberseiten, werden die richtungsabhängig ermittelten kleinsten Mittelwerte zu Grunde gelegt.

3.3 Prüfung des Verdrängungsraumes

Der Verdrängungsraum eines Bodenbelages ist der zur Gehebene hin offene Hohlraum unterhalb der Gehebene. Zur Ermittlung des Volumens des Verdrängungsraumes wird das in DIN 51130 »Prüfung von Bodenbelägen; Bestimmung der rutschhemmenden Eigenschaft; Arbeitsräume und Arbeitsbereiche mit erhöhter Rutschgefahr; Begehungsverfahren; Schiefe Ebene« festgelegte Verfahren angewendet. Im Rahmen dieses Verfahrens ist eine Bestimmung des Verdrängungsraumes für die praktische Anwendung nur dann sinnvoll, wenn der lichte Profilabstand höchstens 40 mm beträgt. Das Verfahren dient als Entscheidungshilfe, ob der jeweilige Bodenbelag zur Verlegung in bestimmten Arbeitsräumen und -bereichen geeignet ist.

Ein Bodenbelag darf nur mit dem Kennzeichen »V« für Verdrängungsraum gekennzeichnet werden, wenn das Volumen des Verdrängungsraumes das Maß von 4 cm^3/dm^2 überschreitet.

In der Regel erfordern Bodenbeläge in Arbeitsräumen und -bereichen mit hoher Rutschgefahr, hervorgerufen durch große Mengen gleitfördernder Stoffe, auch größere Verdrängungsräume. Aus Tabelle 2 gehen die Mindestvolumina der Verdrängungsräume hervor.

Tabelle 2: Zuordnung der Bezeichnung des Verdrängungsraumes zu den Mindestvolumina

Bezeichnung des Verdrängungsraumes	Mindestvolumen des Verdrängungsraumes (cm^3/dm^2)
V 4	4
V 6	6
V 8	8
V 10	10

Bei Rosten ist der Verdrängungsraum in jedem Fall V 10.

3.4 Auswahl geeigneter Bodenbeläge

Bei der Planung neuer Arbeitsräume oder beim Umbau, bei Änderung oder Renovierung stellt sich die Frage der Auswahl geeigneter Bodenbeläge. Für die Auswahl ist es wichtig, sich alle Anforderungen bewusst zu machen, denen der künftige Bodenbelag entsprechen soll. Es muss also nicht nur geprüft werden, ob der vorgesehene Bodenbelag für den Verwendungsbereich ausreichende Rutschhemmung besitzt, sondern man sollte sich auch vergewissern, ob die mechanische Festigkeit des Bodenbelags, die Beständigkeit gegen chemische und physikalische Einwirkungen sowie die Haftung des Bodenbelages auf dem Untergrund den zu erwartenden Belastungen standhalten. In bestimmten Arbeitsbereichen muss der Bodenbelag dem Raddruck von Flurförderzeugen standhalten oder ein rüttelfreies Befahren mit Transportgeräten, z. B. Servierwagen für Speisen, ermöglichen. Beschädigte Böden setzen die Rutschhemmung herab, erhöhen die Stolpergefahr, behindern Transportvorgänge und können auch aus hygienischer Sicht Nachteile bringen. Bei der Auswahl der Bodenbeläge sollte auch die Art des späteren Reinigungsverfahrens berücksichtigt werden.

Erfahrungsgemäß treten an Übergangsstellen zwischen verschiedenen Arbeitsräumen oder -bereichen mit Bodenbelägen stark unterschiedlicher Rutschhemmung Sturzunfälle deshalb auf, weil beim Übergang von einem auf den anderen Bodenbelag die veränderten Reibungsbedingungen zwischen Schuh und Fußboden den Gehvorgang beeinflussen. Werden in benachbarten Arbeitsräumen oder -bereichen Bodenbeläge unterschiedlicher Rutschhemmung eingesetzt, ist darauf zu achten, dass die Bodenbeläge jeweils zwei benachbarten Bewertungsgruppen zugeordnet sind, z. B. Bewertungsgruppen R 10 und R 11 oder R 11 und R 12.

Benachbarte Arbeitsbereiche mit unterschiedlicher Rutschgefahr, in denen die Beschäftigten wechselweise tätig sind, sollten einheitlich mit dem Bodenbelag der jeweils höheren Bewertungsgruppe ausgestattet werden.

Bodenbeläge mit Verdrängungsraum haben den Vorteil, dass sich gleitfördernde Stoffe unterhalb der Gehebene in den Hohlräumen absetzen können. Dadurch bleibt die rutschhemmende Eigenschaft des Bodens bei Anfall der gleitfördernden Stoffe länger erhalten als bei einem Bodenbelag ohne Verdrängungsraum. Der Aufwand für die Reinigung kann jedoch bei Bodenbelägen mit Verdrängungsraum größer sein.

Die zur Auswahl stehenden rutschhemmenden Bodenbeläge weisen Oberflächenausbildungen auf, die von feinrau über rau oder profiliert zu grobrau und stark profiliert reichen. Bei der Auswahl muss häufig ein Kompromiss zwischen den unterschiedlichen Anforderungen gefunden werden, denen der Bodenbelag entsprechen soll. Wichtig ist dabei, dass dieser Kompromiss die sicherheitsrelevanten Anforderungen ausreichend einschließt.

Das Berufsgenossenschaftliche Institut für Arbeitssicherheit (BIA) gibt in regelmäßigen Zeitabständen im Rahmen des BIA-Handbuches das sicherheitstechnische Informations- und Arbeitsblatt 56 02 10 »Geprüfte Bodenbeläge-Positivliste« heraus. In der Positivliste sind geprüfte und in eine der Bewertungsgruppen der Rutschhemmung und gegebenenfalls des Verdrängungsraumes eingeordnete Bodenbeläge aufgeführt.

Darüber hinaus erteilen die Hersteller Auskünfte über die Zuordnung ihrer Bodenbeläge zu den einzelnen Bewertungsgruppen.

3.5 Nachträgliche Verbesserung der Rutschhemmung von Bodenbelägen

Bodenbeläge in Arbeitsräumen und Arbeitsbereichen mit Rutschgefahr, die den Anforderungen an die Rutschhemmung nicht genügen, können nachträglich in ihrer Rutschhemmung verbessert werden. Geeignet hierfür sind Verfahren der Oberflächenbehandlung, wie Oberflächenfinish, mechanische oder chemische Nachbehandlung.

4 Weitere bauliche Anforderungen an Fußböden

Fußböden dürfen keine Stolpersteine aufweisen. Sie müssen nach § 20 Abs. 1 UVV »Allgemeine Vorschriften« (VBG 1) eben ausgeführt sein, außerdem soll die Bildung von Wasserlachen vermieden sein. Fußböden müssen den in der Betriebspraxis zu erwartenden Belastungen und Beanspruchungen standhalten.

Als Stolperstellen gelten im Allgemeinen Höhenunterschiede von mehr als 4 mm.

Auf den Fußboden gelangende Flüssigkeit in fließfähiger Menge muss abfließen können.

Dies kann durch leichtes Gefälle des Fußbodens zu Ablauföffnungen oder Ablaufrinnen erreicht werden.

Ablauföffnungen, Ablaufrinnen und ähnliche Vertiefungen müssen tritt- und kippsicher sowie bodengleich abgedeckt sein. Dies gilt nicht für Ablaufrinnen, die abgerundet sind und eine Vertiefung von höchstens 2 cm haben. Derartige Rinnen dürfen keine Verkehrswege für den Lastentransport und sollen auch keine anderen Verkehrswege kreuzen. Die Rinnen sollen nach Möglichkeit farblich von dem übrigen Fußboden abgesetzt sein.

In Eingangsbereichen muss es Ziel sein, nach dem Durchschreiten möglichst wenig Feuchtigkeit und Schmutz auf die angrenzenden Verkehrswege zu übertragen. Deshalb sollten in den Bereichen, die durch Eingänge direkt aus dem Freien betreten werden und in die Feuchtigkeit von außen gelangen bzw. hineingetreten werden kann, großflächige Schmutz- und Feuchtigkeitsaufnehmer angeordnet sein. Der bauliche und flächenmäßige Aufwand dieser Maßnahme ist unter anderem abhängig von der Anzahl der Personen, die regelmäßig die Eingänge passieren. Zu empfehlen ist eine Anordnung der Schmutz- und Feuchtigkeitsaufnehmer über die gesamte Durchgangsbreite. Die Schmutz- und Feuchtigkeitsaufnehmer sollten das Maß von mindestens 1,50 m in Laufrichtung aufweisen. Sie sollten so angeordnet werden, dass sie nicht verrutschen können und keine Stolperstellen darstellen.

Wassereinläufe müssen in ausreichender Zahl vorgesehen und an den Stellen angeordnet werden, wo der Wasseranfall zu erwarten ist. In Küchen beispielsweise sollten sie unter den Auslauföffnungen der Kochkessel angeordnet sein. Falls dies bautechnisch nicht möglich ist, sind Ablaufrinnen vorzusehen und so anzuordnen und zu führen, dass die Benetzung des Arbeits- und Verkehrsbereiches vermieden wird.

Die Größe der Sinkkästen ist so zu bemessen, dass das anfallende Wasser ohne Rückstau abgeführt werden kann. Ablaufrinnen sollten so bemessen sein, dass sie die plötzlich anfallenden Wassermengen aufnehmen können, ohne dass der Verkehrsbereich überflutet wird. Die Abdeckungen müssen fußbodeneben verlegt werden, um Stolperstellen zu vermeiden, und in ihrer Oberfläche rutschhemmend gestaltet sein.

Bei der Auswahl von Rosten oder Abdeckungen sollten auch die Reinigungsbedingungen berücksichtigt werden.

Zur Erleichterung der Reinigung darf in Bereichen, die nicht betreten werden können, auch ein ebener und unprofilierter Bodenbelag verlegt werden. Dies ist z. B. entlang der Wände bis zu einem Abstand von etwa 15 cm, in Ecken und unter fest im Boden verankerten Maschinen und Einrichtungen der Fall. Gerundet ausgebildete Übergänge zwischen Fußböden und Wänden lassen sich erfahrungsgemäß leichter reinigen als rechtwinklig ausgeführte.

In Arbeitsräumen, in denen in größerem Umfang Wasser- oder Fettdämpfe entstehen, ist durch eine wirksame Raumbe- und -entlüftung ein Niederschlagen der Dämpfe auf den Fußboden zu vermeiden.

Die Fußbodenbereiche vor Eingängen sollten gegen direkte Einwirkungen von Witterungsniederschlägen geschützt sein, z. B. durch Überdachung oder durch gegenüber der Gebäudeaußenwand zurückversetzte Anordnung der Eingangstür.

5 Weitere betriebliche Anforderungen an Fußböden

5.1 Reinigung und Pflege

Die Arbeitsstättenverordnung und die UVV »Allgemeine Vorschriften« (VBG 1) verlangen, dass Fußböden leicht zu reinigen sein müssen. Unter leicht durchführbarer Reinigung ist zu verstehen, dass der Fußboden durch Einsatz von bewährten Reinigungsverfahren, vom Wischtuch bis zur Bodenreinigungsmaschine und zum Flüssigkeitsstrahler, und unter Verwendung geeigneter Reinigungsmittel auch unter hygienischer Sicht einwandfrei wird.

Grundsätzlich sollte geprüft werden, ob die Bodenbeläge einer Behandlung mit Pflegemitteln bedürfen. Bodenbeläge, bei denen dies nicht der Fall ist, sollten nur gereinigt werden.

Gleitfördernde Stoffe setzen die Rutschhemmung des Bodenbelages herab. Zur Erhaltung einer ausreichenden Rutschhemmung sind die gleitfördernden Stoffe regelmäßig, bei starkem Anfall dieser Stoffe in kurzen Zeitabständen zu entfernen.

Im Allgemeinen erfordern Bodenbeläge mit hoher Rutschhemmung auch einen höheren Reinigungsaufwand, Reinigungsverfahren und Reinigungsmittel müssen auf den Bodenbelag abgestimmt sein. Für die Reinigung von Fußböden mit stark profilierter oder rauer Oberfläche haben sich Reinigungsmaschinen mit rotierenden Bürsten (Scheuermaschinen, Scheuersaugmaschinen) und Flüssigkeitsstrahler (Hochdruckreinigungsgeräte) bewährt. Ihr Einsatz kann schon bei kleineren Flächen wirtschaftlich sein.

Die Rutschhemmung der Bodenbeläge kann durch Reinigungs- und Pflegemittel gemindert werden. Bei der Auswahl der Reinigungs- und Pflegemittel und bei deren Dosierung bei der Anwendung ist darauf Rücksicht zu nehmen.

Untersuchungen über Dosierungen von Reinigungs- und Pflegemitteln in der praktischen Anwendung zeigen, dass häufig überdosiert wird. Bei Pflegemitteln mit rutschhemmenden Beimengungen ist die präzise Dosierung Voraussetzung für deren rutschhemmende Wirkung. Zu beachten ist, dass rutschhemmende Pflegemittel durch Nässe ihre rutschhemmende Wirkung verlieren und den Fußboden glatter als ohne Pflegemittel machen. Nach dem Einsatz von Wischpflegemitteln mit rutschhemmenden Bestandteilen sollte der Bodenbelag nicht nachpoliert werden, um die rutschhemmende Wirkung nicht aufzuheben.

Bei Böden mit stark profilierter oder rauer Oberfläche kann die Ableitung von Flüssigkeiten trotz Gefälle Schwierigkeiten bereiten, weil die Oberflächenstruktur des Bodens dem Abfließen hinderlich ist, andererseits sich zu starkes Gefälle aus Gründen der sicheren Begehbarkeit des Bodens verbietet. In solchen Fällen muss die Flüssigkeit beispielsweise durch Absaugen vom Boden entfernt werden.

Bei der Verwendung von Flüssigkeitsstrahlern zur Reinigung von Fußböden müssen der Flüssigkeitsdruck, gegebenenfalls die Flüssigkeitstemperatur sowie das Mischungsverhältnis von Reinigungsmittel und Wasser so gewählt werden, dass Bodenbeläge und gegebenenfalls Verfugungen nicht beeinträchtigt werden.

Die Reinigung von profilierten Fliesen in Großküchen mittels Flüssigkeitsstrahlern ist an der Technischen Universität München-Weihenstephan, Institut für Ernährungswissenschaften, Fachgebiet Reinigungstechnologie, untersucht worden. Betrachtet wurden Verschmutzungen durch Fett und durch Eiweiß. Die Ergebnisse sind im Forschungsbericht Fb 551 der Bundesanstalt für Arbeitsschutz zusammengefasst.

Fettverschmutzungen lassen sich danach leicht vollständig entfernen, wenn die Temperatur der Reinigungsflüssigkeit über dem Schmelzpunkt des Fettes liegt.

Angetrocknete Eiweißverschmutzungen sind deutlich schwieriger als Fett zu entfernen. Nur mit der Zwei-Schritt-Methode, zwei Reinigungsvorgänge im Abstand von einigen Minuten, wurden zufrieden stellende Ergebnisse erzielt. Die Temperatur und die Konzentration der Reinigungslösung sollten nach oben begrenzt werden, um ein Koagulieren des Proteins auf den Fliesen bzw. die nur oberflächliche Quellung des Proteins zu vermeiden.

5.2 Organisatorische Maßnahmen

Arbeitsplätze sollten so gestaltet und angeordnet, Arbeitsabläufe so geregelt, Transportvorgänge, Einfüll-, Abfüll- und Umfüllarbeiten so durchgeführt werden, dass möglichst wenig gleitfördernde Stoffe auf den Fußboden gelangen können. Die bei den Arbeitsvorgängen entstehenden Abfälle sollten nicht auf den Boden geworfen, sondern in Behältern oder Einrichtungen gesammelt werden.

Ungeeignetes Schuhwerk fördert den Sturzunfall, z. B. Schuhe mit Sohlen ohne Profilierung, mit zu hohen Absätzen oder mit Absätzen mit zu kleiner Aufsetzfläche und nicht fest am Fuß sitzendes Schuhwerk. Auf die Benutzung geeigneten Schuhwerks sollte hingewirkt werden, z. B. entsprechend DIN EN 345 »Spezifikation der Sicherheitsschuhe für den gewerblichen Gebrauch«, DIN EN 346 »Spezifikation der Schutzschuhe für den gewerblichen Gebrauch« und DIN EN 347 »Spezifikation der Berufsschuhe für den gewerblichen Gebrauch«.

Der Fußboden sollte regelmäßig auf optisch erkennbare Schäden geprüft werden.

Mängel, z. B. Wellenbildung, Löcher, fehlende Haftung zum Untergrund, können so frühzeitig erkannt und beseitigt werden.

Verschlissene Schmutz- und Feuchtigkeitsaufnehmer sollen umgehend ausgewechselt werden.

Die Einhaltung der Pflegeanleitungen für die Bodenbeläge ist regelmäßig zu überprüfen.

Anhang 1: Arbeitsräume und -bereiche mit Rutschgefahr

Der Anwendungsbereich dieses Merkblattes beschränkt sich auf solche Arbeitsräume, Arbeitsbereiche und Verkehrswege, deren Fußböden nutzungsbedingt mit gleitfördernden Medien in Kontakt kommen, wo also ein Risiko des Ausrutschens zu vermuten ist.

Der mit dem Begehungsverfahren (Schiefe Ebene) ermittelte mittlere Neigungswinkel ist für die Einordnung eines Bodenbelages in eine von fünf Bewertungsgruppen maßgebend. Die Bewertungsgruppe dient als Maßstab für den Grad der Rutschhemmung, wobei Bodenbeläge mit der Bewertungsgruppe R 9 den geringsten und mit Bewertungsgruppe R 13 den höchsten Anforderungen an die Rutschhemmung genügen. Die jeweils angegebene Bewertungsgruppe stellt einen Richtwert dar, von dem im Einzelfall unter Berücksichtigung der vorhandenen oder der zu erwartenden betrieblichen Verhältnisse abgewichen werden kann.

Die Arbeitsräume und -bereiche, in denen wegen des Anfalls besonderer gleitfördernder Stoffe ein Verdrängungsraum unterhalb der Gehebene erforderlich ist, sind durch ein V in Verbindung mit der Kennzahl für das Mindestvolumen des Verdrängungsraums gekennzeichnet.

Die bisher eingesetzten ortsunabhängigen Messverfahren zur Prüfung der Rutschhemmung sind nicht standardisiert; deshalb können die mit diesen Verfahren ermittelten Reibzahlen nicht mit den Ergebnissen nach dem in Anhang 2 beschriebenen Prüfverfahren verglichen und nicht zur Einordnung in eine R-Gruppe herangezogen werden.

Nummer	Arbeitsräume und Arbeitsbereiche	Bewertungsgruppe der Rutschgefahr (Richtwert)	Verdrängungsraum mit Kennzahl für das Mindestvolumen
0	**Allgemeine Arbeitsräume und -bereiche*)**		
0.1	Eingangsbereiche**)	R 9	
0.2	Treppen***)	R 9	
0.3	Sanitärräume (z. B. Toiletten, Umkleide- und Waschräume)	R 10	
	Pausenräume (z. B. Aufenthaltsraum, Betriebskantinen)	R 9	
	Sanitätsräume (z. B. medizinische Behandlungsräume)	R 9	
1	**Herstellung von Margarine, Speisefett, Speiseöl**		
1.1	Fettschmelzen	R 13	V 6
1.2	Speiseölraffinerie	R 13	V 4
1.3	Herstellung und Verpackung von Margarine	R 12	
1.4	Herstellung und Verpackung von Speisefett, Abfüllen von Speiseöl	R 12	
2	**Milchbe- und -verarbeitung, Käseherstellung**		
2.1	Frischmilchverarbeitung einschließlich Butterei	R 12	
2.2	Käsefertigung, -lagerung und Verpackung	R 11	
2.3	Speiseeisfabrikation	R 12	
3	**Schokoladen- und Süßwarenherstellung**		
3.1	Zuckerkocherei	R 12	
3.2	Kakaoherstellung	R 12	
3.3	Rohmassenherstellung	R 11	
3.4	Eintafelei, Hohlkörper- und Pralinenfabrikation	R 11	

*) Für Fußböden in barfußbegangenen Nassbereichen siehe Merkblatt »Bodenbeläge für nassbelastete Barfußbereiche« (GUV 26.17)

**) Eingangsbereiche gemäß Nummer 0.1 sind die Bereiche, die durch Eingänge direkt aus dem Freien betreten werden und in die Feuchtigkeit von außen gelangen bzw. hereingetragen werden kann. Für anschließende Bereiche oder andere großflächige Räume ist Abschnitt 3.4 dieses Merkblattes zu berücksichtigen.

***) Treppen gemäß Nummer 0.2 sind diejenigen, auf die Feuchtigkeit von außen gelangen bzw. hineingetragen werden kann. Hierzu zählen z. B. Treppen direkt hinter aus dem Freien betretbaren Eingängen. Für anschließende Bereiche ist Abschnitt 3.4 dieses Merkblattes zu beachten.

Nummer	Arbeitsräume und Arbeitsbereiche	Bewertungsgruppe der Rutschgefahr (Richtwert)	Verdrängungsraum mit Kennzahl für das Mindestvolumen
4	**Herstellung von Backwaren (Bäckereien, Konditoreien, Dauerbackwaren-Herstellung)**		
4.1	Teigbereitung	R 11	
4.2	Räume, in denen vorwiegend Fette oder flüssige Massen verarbeitet werden	R 12	
4.3	Spülräume	R 12	V 4
5	**Schlachtung, Fleischbearbeitung, Fleischverarbeitung**		
5.1	Schlachthaus	R 13	V 10
5.2	Kuttlerraum, Darmschleimerei	R 13	V 10
5.3	Fleischzerlegung	R 13	V 8
5.4	Wurstküche	R 13	V 8
5.5	Kochwurstabteilung	R 13	V 8
5.6	Rohwurstabteilung	R 13	V 6
5.7	Wursttrockenraum	R 12	
5.8	Räucherei	R 12	
5.9	Pökelei	R 12	
5.10	Geflügelverarbeitung	R 12	V 6
5.11	Darmlager	R 12	
5.12	Aufschnitt- und Verpackungsabteilung	R 12	
6	**Be- und Verarbeitung von Fisch, Feinkostherstellung**		
6.1	Be- und Verarbeitung von Fisch	R 13	V 10
6.2	Feinkostherstellung	R 13	V 6
6.3	Mayonnaiseherstellung	R 13	V 4
7	**Gemüsebe- und -verarbeitung**		
7.1	Sauerkrautherstellung	R 13	V 6
7.2	Gemüsekonservenherstellung	R 13	V 6
7.3	Sterilisierräume	R 11	
7.4	Räume, in denen Gemüse für die Verarbeitung vorbereitet wird	R 12	V 4
8	**Nassbereiche bei der Nahrungsmittel- und Getränkeherstellung** (soweit nicht besonders erwähnt)		
8.1	Lagerkeller, Gärkeller	R 10	
8.2	Getränkeabfüllung, Fruchtsäfteherstellung	R 11	
9	**Küchen, Speiseräume**		
9.1	Gastronomische Küchen (Gaststättenküchen, Hotelküchen)		
9.1.1	bis 100 Gedecke je Tag	R 11	V 4
9.1.2	über 100 Gedecke je Tag	R 12	V 4
9.2	Küchen für Gemeinschaftsverpflegung in Heimen, Schulen, Kindertagesstätten, Sanatorien	R 11	
9.3	Küchen für Gemeinschaftsverpflegung in Krankenhäusern, Kliniken	R 12	
9.4	Großküchen für Gemeinschaftsverpflegung in Mensen, Kantinen, Fernküchen	R 12	V 4
9.5	Aufbereitungsküchen (Fast-Food-Küchen, Imbissbetriebe)	R 12	V 4
9.6	Auftau- und Anwärmküchen	R 10	
9.7	Kaffee- und Teeküchen, Küchen in Hotel garnis, Stationsküchen	R 10	
9.8	Spülräume		
9.8.1	Spülräume zu 9.1, 9.4, 9.5	R 12	V 4
9.8.2	Spülräume zu 9.2	R 11	
9.8.3	Spülräume zu 9.3	R 12	
9.9	Speiseräume, Gasträume, Kantinen einschließlich Bedienungs- und Serviergängen	R 9	
10	**Kühlräume, Tiefkühlräume, Kühlhäuser, Tiefkühlhäuser**		
10.1	für unverpackte Ware	R 12	
10.2	für verpackte Ware	R 11	
11	**Verkaufsstellen, Verkaufsräume**		
11.1	Warenannahme Fleisch	R 11	
11.2	Warenannahme Fisch	R 11	
11.3	Bedienungsgang für Fleisch und Wurst, unverpackte Ware	R 11	
11.4	Bedienungsgang für Fleisch und Wurst, verpackte Ware	R 10	
11.5	Bedienungsgang für Fisch	R 12	
11.6	Fleischvorbereitungsraum	R 12	V 8
11.7	Blumenbinderäume und -bereiche	R 11	
11.8	Verkaufsbereiche mit ortsfesten Backöfen	R 11	
11.9	Verkaufsbereiche mit ortsfesten Fritteusen oder ortsfesten Grillanlagen	R 12	V 4
11.10	Verkaufsräume, Kundenräume	R 9	
11.11	Vorbereitungsbereiche für Lebensmittel zum SB-Verkauf	R 10	
11.12	Kassenbereiche, Packbereiche	R 9	
11.13	Bedienungsgänge für Brot und Backwaren, unverpackte Ware	R 10	
11.14	Bedienungsgänge für Käse und Käseerzeugnisse, unverpackte Ware	R 10	
11.15	Bedienungsgänge, ausgenommen 11.3 bis 11.5 und 11.13, 11.14	R 9	
12	**Räume des Gesundheitsdienstes/ der Wohlfahrtspflege**		
12.1	Desinfektionsräume (nass)	R 11	
12.2	Vorreinigungsbereiche der Sterilisation	R 10	
12.3	Fäkalienräume, Ausgussräume, unreine Pflegearbeitsräume	R 10	
12.4	Sektionsräume	R 10	
12.5	Räume für medizinische Bäder, Hydrotherapie, Fango-Aufbereitung		R 11
12.6	Waschräume von OPs, Gipsräume	R 10	
12.7	Sanitäre Räume, Stationsbäder	R 10	
12.8	Räume für medizinische Diagnostik und Therapie, Massageräume	R 9	
12.9	OP-Räume	R 9	
12.10	Stationen mit Krankenzimmern und Flure	R 9	
12.11	Praxen der Medizin, Tageskliniken	R 9	
12.12	Apotheken	R 9	
12.13	Laborräume	R 9	
12.14	Friseursalons	R 9	
13	**Wäscherei**		
13.1	Räume mit Durchlaufwaschmaschinen (Waschröhren) oder mit Waschschleudermaschinen	R 9	
13.2	Räume mit Waschmaschinen, bei denen die Wäsche tropfnass entnommen wird	R 11	
13.3	Räume zum Bügeln und Mangeln	R 9	
14	**Kraftfutterherstellung**		
14.1	Trockenfutterherstellung	R 11	
14.2	Kraftfutterherstellung unter Verwendung von Fett und Wasser	R 11	V 4

Nummer	Arbeitsräume und Arbeitsbereiche	Bewertungsgruppe der Rutschgefahr (Richtwert)	Verdrängungsraum mit Kennzahl für das Mindestvolumen
15	**Lederherstellung, Textilien**		
15.1	Wasserwerkstatt in Gerbereien	R 13	
15.2	Räume mit Entfleischmaschinen	R 13	V 10
15.3	Räume mit Leimlederanfall	R 13	V 10
15.4	Fetträume für Dichtungsherstellung		R 12
15.5	Färbereien für Textilien	R 11	
16	**Lackierereien**		
16.1	Nassschleifbereiche	R 12	V 10
17	**Keramische Industrie**		
17.1	Nassmühlen (Aufbereitung keramischer Rohstoffe)	R 11	
17.2	Mischer Umgang mit Stoffen wie Teer, Pech, Grafit, Kunstharzen	R 11	V 6
17.3	Pressen (Formgebung) Umgang mit Stoffen wie Teer, Pech, Grafit, Kunstharzen	R 11	V 6
17.4	Gießbereiche	R 12	
17.5	Glasierbereiche	R 12	
18	**Be- und Verarbeitung von Glas und Stein**		
18.1	Steinsägerei, Steinschleiferei	R 11	
18.2	Glasformung		
18.2.1	Hohlglas, Behälterglas, Bauglas	R 11	V 4
18.3	Schleifereibereiche		
18.3.1	Hohlglas, Flachglas	R 11	
18.4	Isolierglasfertigung		
	Umgang mit Trockenmittel	R 11	V 6
18.5	Verpackung, Versand von Flachglas		
	Umgang mit Antihaftmittel	R 11	V 6
18.6	Ätz- und Säurepolieranlagen für Glas	R 11	
19	**Betonwerke**		
19.1	Betonwaschplätze	R 11	
20	**Lagerräume**		
20.1	Lagerräume für Öle und Fette	R 12	V 6
21	**Chemische und thermische Behandlung von Eisen und Metall**		
21.1	Beizereien	R 12	
21.2	Härtereien	R 12	
21.3	Laborräume	R 11	
22	**Metallbe- und -verarbeitung, Metall-Werkstätten**		
22.1	Galvanisierräume	R 12	
22.2	Graugussbearbeitung	R 11	V 4
22.3	Mechanische Bearbeitungsbereiche (z. B. Dreherei, Fräserei), Stanzerei, Presserei, Zieherei (Rohre, Drähte) und Bereiche mit erhöhter Öl-Schmiermittelbelastung	R 11	V 4
22.4	Teilereinigungsbereiche, Abdämpfbereiche	R 12	
23	**Werkstätten für Fahrzeug-Instandhaltung**		
23.1	Instandsetzungs- und Wartungsräume	R 11	
23.2	Arbeits- und Prüfgrube	R 12	V 4
23.3	Waschhalle	R 11	V 4
24	**Werkstätten für das Instandhalten von Luftfahrzeugen**		
24.1	Flugzeughallen	R 11	
24.2	Werfthallen	R 12	
24.3	Waschplätze	R 12	V 4

Nummer	Arbeitsräume und Arbeitsbereiche	Bewertungsgruppe der Rutschgefahr (Richtwert)	Verdrängungsraum mit Kennzahl für das Mindestvolumen
25	**Abwasserbehandlungsanlagen**		
25.1	Pumpenräume	R 12	
25.2	Räume für Schlammentwässerungsanlagen	R 12	
25.3	Räume für Rechenanlagen	R 12	
25.4	Standplätze von Arbeitsplätzen, Arbeitsbühnen und Wartungspodeste	R 12	
26	**Feuerwehrhäuser**		
26.1	Fahrzeug-Stellplätze	R 12	
26.2	Räume für Schlauchpflegeeinrichtungen	R 12	
27	**Geldinstitute**		
27.1	Schalterräume	R 9	
28	**Garagen (mit Ausnahme der unter Nummer 0 dieses Anhanges bezeichneten Bereiche)**		
28.1	Garagen, Hoch- und Tiefgaragen	R 10	
29	**Schulen und Kindergärten**		
29.1	Eingangsbereiche, Flure, Pausenhallen	R 9	
29.2	Klassenräume, Gruppenräume	R 9	
29.3	Treppen	R 9	
29.4	Toiletten, Waschräume	R 10	
29.5	Lehrküchen in Schulen (siehe auch Nummer 9)	R 10	
29.6	Küchen in Kindergärten (siehe auch Nummer 9)	R 10	
29.7	Maschinenräume für Holzbearbeitung	R 10	
29.8	Fachräume für Werken	R 10	

Anwendungsbeispiel

Der Arbeitsbereich Nummer 6.3, Mayonnaiseherstellung, wird mit der Bewertungsgruppe R 13 der Rutschgefahr bewertet. Die Größe des Mindestverdrängungsraums wird mit V4, entsprechend mindestens 4 cm^3/dm^2, angegeben.

Bei der Auswahl eines geeigneten Bodenbelages können unter Berücksichtigung der betrieblichen Bedingungen des Einzelfalls Bodenbeläge in die Betrachtung einbezogen werden, denen nach Prüfung folgende Eigenschaften bescheinigt worden sind:

Rutschhemmung	Verdrängungsraum
R 13	V 4
R 13	V 6
R 13	V 8
R 13	V 10

Anhang 2:

Verfahren zur Prüfung der Rutschhemmung von Bodenbelägen für Arbeitsräume und -bereiche mit Rutschgefahr

Das Prüfverfahren ist in DIN 51130 »Prüfung von Bodenbelägen; Bestimmung der rutschhemmenden Eigenschaft; Arbeitsräume und Arbeitsbereiche mit erhöhter Rutschgefahr; Begehungsverfahren; Schiefe Ebene« geregelt.

1 Prüfpersonen, Prüfschuhe, Sicherheitseinrichtung

Die Prüfpersonen tragen Schutzschuhe, Schuhausführung S 1, Form ST nach DIN 4843 »Schutzschuhe; Sicherheitstechnische Anforderungen, Prüfung« der Schuhfabrik van Elten GmbH, Postfach 11 47, 47589 Uedem, Art.-Nr. 6374 mit einer Schuhsohle auf Nitrilkautschuk-Basis der Fa. Continental-Alsa, Art. 1449 A »Bottrop«, Shore-A-Härte 73 ± 5 nach DIN 53505 (Bild 1).

Die Prüfpersonen sind durch eine Sicherheitseinrichtung (Auffanggurt) gegen Sturz gesichert. Die Einrichtung behindert die Prüfpersonen beim Gehen auf dem zu prüfenden Belag nicht.

Bild 1: Sohle des Prüfschuhs

2 Prüfeinrichtung

Als Prüfeinrichtung (Bild 2) dient eine ebene, verwindungssteife Platte von 600 mm Breite und 2000 mm Länge, die in ihrer Neigung in Längsrichtung von 0 bis 45° verstellbar ist. Die Hubgeschwindigkeit des Antriebs bewirkt eine Winkelgeschwindigkeit der Platte von maximal 1° je Sekunde, d. h., für den Durchlauf des Gesamtwinkels von 45° werden mindestens 45 Sekunden benötigt. Die Hubbewegung ist wahlweise kontinuierlich oder stufenweise in Stufen von 0,5° durch die Prüfpersonen steuerbar. Ein an der Prüfeinrichtung angebrachtes Winkelmessgerät zeigt den Neigungswinkel der Platte gegenüber der Horizontalen auf 0,5° ± 0,2° an.

Zur Sicherheit der Prüfpersonen sind an den Längsseiten der Prüfeinrichtung Geländer angebracht.

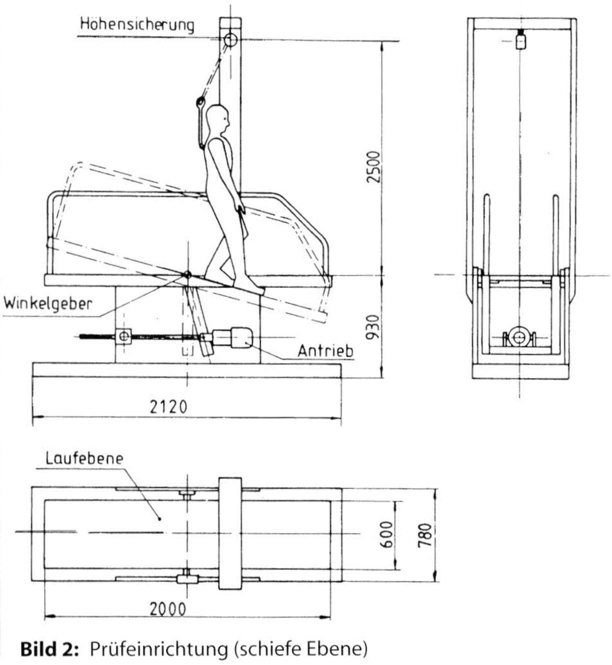

Bild 2: Prüfeinrichtung (schiefe Ebene)

3 Gleitmittel

Für die Prüfungen wird Motorenöl der SAE-Viskositätsklasse 10 W 30 nach DIN 51511 »Schmierstoffe; SAE-Viskositätsklassen für Motorenschmieröle« verwendet. Das Öl aus einem geöffneten Behälter ist entweder innerhalb von 3 Tagen zu verbrauchen oder bei Überschreitung dieses Zeitraumes in einem dicht schließenden Behälter aufzubewahren, um eine Veränderung der Viskosität auszuschließen.

4 Probekörper

4.1 Allgemeines

Die zu prüfenden Bodenbeläge müssen entweder selbsttragend sein, als selbsttragende, verzugsfreie Platte mit ebener Unterseite hergestellt oder auf ebene Platten aus tragfähigem, verzugsfreiem Material aufgebracht sein. Der Prüfbelag ist 100 cm x 50 cm groß. Die zu prüfende Oberfläche muss als solche eindeutig erkennbar oder gekennzeichnet sein.

Bodenbeläge mit richtungsorientierter Profilierung oder Rauigkeit sind so auf die Platte aufzubringen, dass die Richtung der geringsten Rutschhemmung mit der Begehungsrichtung übereinstimmt.

Bodenbeläge aus Rechteckformaten ohne richtungsorientierte Profilierung oder Rauigkeit werden so auf der ebenen Platte des Probekörpers aufgebracht, dass die kurze Kante parallel zur Drehachse des Prüfgerätes liegt.

Die Oberfläche der Bodenbeläge muss vor der Prüfung z. B. von Fertigungsrückständen, Verunreinigungen, Trennmitteln oder Pressgraten gereinigt werden.

4.2 Bodenbeläge aus Einzelplatten mit Fugen zwischen den zusammengesetzten Platten

Bodenbeläge müssen in der Weise und mit den Fugenbreiten zu Prüfbelägen zusammengesetzt werden, wie sie in der Praxis zur Anwendung kommen.

5 Kalibrierung

Das Kalibrierverfahren dient zur Eingrenzung subjektiver Einflüsse auf das Prüfverfahren. Für das Kalibrierverfahren stehen die drei Standard-Bodenbeläge E, P und R zur Verfügung, deren Neigungswinkel α durch umfangreiche Untersuchungen bestimmt und als Standardneigungswinkel α_{SE}, α_{SP} und α_{SR} festgelegt worden sind.

Die Standardneigungswinkel liegen dicht an den Bewertungsgruppengrenzen.

Vor der Prüfung begehen die beiden Prüfpersonen 1 und 2 jeden der drei Standard-Bodenbeläge dreimal. Aus den hierbei ermittelten Neigungswinkeln werden die Mittelwerte α_{E1}, α_{P1}, α_{R1} und α_{E2}, α_{P2}, α_{R2} errechnet. Aus der jeweiligen Differenz zwischen diesen Mittelwerten und den Standardneigungswinkeln ergeben sich die individuellen Korrekturwerte $\Delta\alpha_{E1}$, $\Delta\alpha_{P1}$, $\Delta\alpha_{R1}$ und $\Delta\alpha_{E2}$, $\Delta\alpha_{P2}$, $\Delta\alpha_{R2}$.

($\Delta\alpha_{i,1} = \alpha_{s,i} - \alpha_{i,1}$ und $\Delta\alpha_{i,2} = \alpha_{s,i} - \alpha_{i,2}$ mit i = E, P, R)

Der kritische Differenzbetrag Cr D kennzeichnet den Streubereich von Messwerten, innerhalb dessen bei Messungen am gleichen Objekt in verschiedenen Prüfstellen oder bei wiederholten Messungen in einer Prüfstelle Unterschiede zufällig auftreten.

Die kritischen Differenzbeträge Cr D_{95} sind für die drei Standardbeläge für ein Signifikanzniveau von 95 % aus den Vergleich- und Wiederholgrenzen nach DIN ISO 5725 »Präzision von Prüfverfahren; Bestimmung von Wiederholbarkeit und Vergleichbarkeit durch Ringversuche« bestimmt worden.

Standard-Bodenbelag	a_s	Cr D_{95}
E	10,7°	3,7°
P	18,2°	2,7°
R	26,8°	2,3°

Sind die Korrekturwerte $\Delta\alpha_{E1}$, $\Delta\alpha_{P1}$, $\Delta\alpha_{R1}$ und $\Delta\alpha_{E2}$, $\Delta\alpha_{P2}$, $\Delta\alpha_{R2}$ gleich oder kleiner als der kritische Differenzbetrag, werden sie bei der Auswertung berücksichtigt, sind sie größer, wird die betreffende Prüfperson von der Prüfung ausgeschlossen. Sie muss durch eine andere Prüfperson ersetzt werden.

6 Durchführung

Die Temperatur im Prüfraum sowie die Temperatur von Schuhwerk, Gleitmittel und Prüfbelag muss 23 ± 5 °C betragen.

Unmittelbar vor Beginn der Prüfungen werden 100 ± 1 ml des Gleitmittels mit einem Pinsel gleichmäßig auf der Oberfläche des Prüfbelages verteilt. Die Laufsohle des Schuhwerks wird mittels des Pinsels mit dem Gleitmittel benetzt.

Die Prüfperson geht mit Blickrichtung talwärts in aufrechter Haltung in Schritten einer halben Fußlänge vorwärts und rückwärts auf dem zu prüfenden Bodenbelag. Die Neigung des Prüfbelages wird vom waagerechten Zustand ausgehend mit einer Geschwindigkeit von ca. 1° je Sekunde erhöht. Der Neigungswinkel, bei dem die Prüfperson die Grenze des sicheren Gehens erreicht, wird durch mehrmaliges Auf- und Abfahren um den kritischen Bereich festgestellt.

Der Neigungswinkel des Prüfbelages wird, jeweils vom waagerechten Zustand ausgehend, dreimal ermittelt.

Jeweils vor der 2. und 3. Messung wird das Gleitmittel erneut mit dem Pinsel gleichmäßig auf der Oberfläche verteilt.

Die Begehungen werden von 2 Prüfpersonen durchgeführt.

7 Auswertung

Die ermittelten 3 Neigungswinkel werden für jede Prüfperson arithmetisch gemittelt und ergeben die mittleren Neigungswinkel α_{01} und α_{02}.

Für jede Prüfperson wird ein Korrekturwert D errechnet. Je nach der Größe des erreichten mittleren Neigungswinkels α_{01} bzw. α_{02} wird die Berechnung nach einem der in der nachfolgenden Tabelle aufgeführten 4 Fälle vorgenommen.

Fall	Korrekturwert D_1
$\alpha_{01} < \alpha_{E1}$	$D_1 = \Delta\alpha_{E1} \cdot \frac{1}{\sqrt{2}}$
$\alpha_{E1} \leq \alpha_{01} < \alpha_{P1}$	$D_1 = \left[\Delta\alpha_{E1} + (\Delta\alpha_{P1} - \Delta\alpha_{E1}) \frac{\alpha_{01} - \alpha_{E1}}{\alpha_{P1} - \alpha_{E1}}\right] \frac{1}{\sqrt{2}}$
$\alpha_{P1} \leq \alpha_{01} < \alpha_{R1}$	$D_1 = \left[\Delta\alpha_{P1} + (\Delta\alpha_{R1} - \Delta\alpha_{P1}) \frac{\alpha_{01} - \alpha_{P1}}{\alpha_{R1} - \alpha_{P1}}\right] \frac{1}{\sqrt{2}}$
$\alpha_{R1} \leq \alpha_{01}$	$D_1 = \Delta\alpha_{R1} \cdot \frac{1}{\sqrt{2}}$

Die Addition des Korrekturwertes D_1 zu dem mittleren Neigungswinkel α_{01} ergibt den korrigierten mittleren Neigungswinkel α_1.

Die Fälle in der vorstehenden Tabelle sind für die Prüfperson 1 beschrieben. Für die Prüfperson 2 erfolgt die Errechnung des Korrekturwertes D_2 entsprechend.

8 Bewertung

Die korrigierten mittleren Neigungswinkel α_1 und α_2 werden addiert und durch 2 dividiert. Das Resultat ist der korrigierte mittlere Gesamtneigungswinkel α_{ges}, nach dem die Zuordnung zu einer Bewertungsgruppe der Rutschhemmung nach Tabelle 1 des Merkblattes erfolgt.

2.16.5 Fragen

1. Für welche Bereiche gibt es Merkblätter zum Thema Rutschgefahr?
2. Wer gibt diese Merkblätter heraus?
3. Welche allgemeinen Vorschriften gibt es für Fußböden im Arbeitsbereich?
4. Welche Faktoren beeinflussen die Rutschgefahr?
5. Was sind »gleitfördernde Stoffe«?
6. Was ist ein Verdrängungsraum?
7. Wie wird der Verdrängungsraum bezeichnet?
8. Welche Bedeutung hat die Zahl in dieser Kennzeichnung?
9. Welcher Profilabstand ist bei der Prüfung des Verdrängungsraumes für die praktische Anwendung sinnvoll?
10. Welche Verdrängungsräume gibt es?
11. Wie wird die Rutschhemmung geprüft?
12. Nennen Sie die wichtigsten Faktoren für den Prüfvorgang!
13. Welche Bewertungsgruppen der Rutschhemmung gibt es?
14. Wovon hängen diese Bewertungsgruppen bei der Prüfung ab?
15. Nennen Sie die Zuordnung der Bewertungsgruppen zu den Neigungswinkeln!
16. Wer entwickelt rutschhemmende Bodenbeläge?
17. Wer prüft rutschhemmende Bodenbeläge?
18. Welche weiteren Maßnahmen sind geeignet, die Rutschhemmung zu verbessern?
19. Nennen Sie Gewerbe- und Industriebereiche, die besondere Rutschgefahr vermuten lassen!
20. Welche Bewertung ist für folgende Beispiele zu treffen:
    - Wurstküche
    - Sauerkrautherstellung
    - Großküche in einem Krankenhaus
    - Friseursalon
    - Nasschleifbereich einer Lackiererei
    - Arbeits- und Prüfgrube einer Autowerkstatt
    - Schalterräume einer Sparkasse
    - Flure und Klassenzimmer einer Schule?
21. Welche Verdrängungsräume können mit einer Rutschhemmung R 13 kombiniert werden?
22. Was ist ein »Prüfschuh«? Welche Aufgabe hat er?
23. Wie groß ist die Probefläche des Prüfbelags?
24. Wie viel Einzelprüfungen werden für die Prüfung eines Belages durchgeführt?

2.16.6 Antworten

1. Merkblätter zur Rutschgefahr gibt es für Arbeitsräume und Arbeitsbereiche sowie für den nassbelasteten Barfußbereich.
2. Herausgeber für Arbeitsräume: Fachausschuss »Bauliche Einrichtungen« der Berufsgenossenschaftlichen Zentrale für Sicherheit und Gesundheit des Hauptverbandes der gewerblichen Berufsgenossenschaften, Herausgeber für den Barfußbereich: Bundesverband der Unfallkassen
3. Fußböden im Arbeitsbereich müssen rutschhemmend und leicht zu reinigen sein.
4. Die Rutschgefahr wird beeinflusst durch Flüssigkeiten, Häufigkeit und Grad der Verunreinigung, Art und Eigenschaften der Stoffe.
5. Gleitfördernde Stoffe sind Reinigungsmittel, Fette, Öle, Flüssigkeiten, Lebensmittelabfälle.
6. Der Verdrängungsraum ist ein Volumen unterhalb der Gehebene.
7. Der Verdrängungsraum wird mit V 4 bis V 10 bezeichnet.
8. Die Zahl in der Kennzeichnung des Verdrängungsraumes beschreibt das Volumen in cm^3/dm^2.
9. Die Bestimmung des Verdrängungsraumes ist nur sinnvoll, wenn der Profilabstand höchstens 40 mm beträgt.
10. Es gibt folgende Verdrängungsräume: V 4, V 6, V 8, V 10.
11. Die Rutschhemmung wird durch einen Versuch auf einer verstellbaren schiefen Ebene untersucht.
12. Die Faktoren für den Prüfvorgang sind: der zu prüfende Belag, Gleitmittel, Prüfschuh, Prüfperson, Neigungswinkel.
13. Es gibt die Bewertungsgruppen R 9 bis R 13.
14. Diese Bewertungsgruppen hängen bei der Prüfung von dem Neigungswinkel ab, bei dem die Grenze des sicheren Gehens erreicht wird.
15. Es gibt folgende Zuordnungen: R 9: 3–10°, R 10: 10–19°, R 11: 19–27°, R 12: 27–35°, R 13: > 35°.
16. Rutschhemmende Beläge werden von der keramischen Industrie entwickelt, die auch über die Prüfeinrichtungen verfügt.
17. Rutschhemmende Beläge werden in Form einer Eigenüberwachung von der keramischen Industrie überprüft.
18. Die Rutschhemmung kann außer durch den Bodenbelag durch folgende Maßnahmen verbessert werden: Reinigung, Schmutz- und Feuchtigkeitsaufnahme, Vermeidung von Stolperstellen an Rinnen und Abläufen.
19. Gewerbe und Industrie mit besonderer Rutschgefahr sind: Molkereien, Großküchen, Schlachthöfe und Metzgereien, Lebensmittelindustrie.
20. Folgende Bewertungen sind zu treffen:
    - Wurstküche: R 13 V 8
    - Sauerkrautherstellung: R 13 V 6
    - Großküche: R 12
    - Friseursalon: R 9
    - Nassschleiferei: R 12 V 10
    - Autowerkstatt: R 12 V 4
    - Schalterraum: R 9
    - Schule: R 9.
21. R 13 kann mit V 4 bis V 10 kombiniert werden.
22. Der Prüfschuh ist ein Schuh mit genormter Sohle; er kommt bei der Prüfung zum Einsatz.
23. Die Prüffläche des Belages ist 0,60 x 2,00 m.
24. Es werden für die Prüfung eines Belages jeweils 3 Einzelprüfungen durchgeführt.

2.17 Fußböden in nassbelasteten Barfußbereichen

2.17.1 Stichworte zum Thema

- hoher Anteil an Ausrutschunfällen im nassbelasteten Barfußbereich
- Einteilung der auszuführenden Bauteile in die Bewertungsgruppen
- Auswahl geeigneter Belagsmaterialien aus der Liste NB
- zusätzliche Auswahlkriterien
- fachgerechte Verlegung der rutschhemmenden Belagsmaterialien
- konstruktive Maßnahmen, die – neben dem Bodenbelag – zur Rutschhemmung beitragen

2.17.2 Regelwerke

GUV-I 8527, bisher GUV 26.17
Merkblatt Bodenbeläge für nassbelastete Barfußbereiche vom Bundesverband der Unfallkassen (siehe S. 265)

Wesentliche Inhalte des Merkblattes

Anforderungen an Bodenbeläge in nassbelasteten Barfußbereichen
Rutschhemmung
Verlegung, Reinigung, Pflege
Zusätzliche Auswahlkriterien
Geprüfte Bodenbeläge
Prüfung der Bodenbeläge
Prüfgrundlagen
Kurzbeschreibung des Prüfverfahrens

Abb. 2.57: Nassbelasteter Barfußbereich mit Rutschgefahr

2.17.3 Abdruck von Regelwerken

GUV-I 8527
Merkblatt Bodenbeläge für nassbelastete Barfußbereiche
siehe S. 265

GUV-I 8527, bisher GUV 26.17

Merkblatt Bodenbeläge für nassbelastete Barfußbereiche

Juli 1999

Gesetzliche Unfallversicherung

Inhaltsverzeichnis

Herausgeber
Bundesverband der Unfallkassen
Fockensteinstraße 1, 81539 München

Bearbeitet vom Sachgebiet „Bäder“ der Fachgruppe „Bildungswesen“ des Bundesverbandes der Unfallkassen.

Bestell-Nr. GUV 26.17, zu beziehen vom zuständigen Unfallversicherungsträger

1 Vorbemerkung

Der hohe Anteil von Ausrutschunfällen am gesamten Unfallgeschehen erfordert eine sorgfältige Auswahl von Bodenbelägen, Reinigungsverfahren und Reinigungsmitteln. Die Unfallverhütungsvorschrift »Allgemeine Vorschriften« (GUV 0.1) enthält in § 20 die Forderung, dass Fußböden in Räumen eben und rutschhemmend ausgeführt und leicht zu reinigen sein müssen. Beurteilungskriterien, ob diese allgemein gehaltene Forderung erfüllt ist, sind

- für nassbelastete Barfußbereiche in diesem Merkblatt,
- für Arbeitsräume und Arbeitsbereiche, in denen aufgrund der verarbeiteten Produkte oder der Arbeitsverfahren erhöhte Rutschgefahr besteht, im »Merkblatt für Fußböden in Arbeitsräumen und Arbeitsbereichen mit Rutschgefahr« (GUV 26.18)

angegeben.

Nassbelastete Barfußbereiche sind dadurch gekennzeichnet, dass die Bodenbeläge in diesen Bereichen in der Regel nass sind und barfuß begangen werden. Bodenbeläge im Sinne dieses Merkblattes sind auch Stufen von Treppen und Leitern.

Nassbelastete Barfußbereiche befinden sich z. B. in Bädern, Krankenhäusern sowie Umkleide-, Wasch- und Duschräumen von Sport- und Arbeitsstätten.

2 Anforderungen an Bodenbeläge in nassbelasteten Barfußbereichen

2.1 Rutschhemmung

Entsprechend den unterschiedlichen Rutschgefahren werden die einzelnen Bereiche den Bewertungsgruppen A, B oder C zugeordnet, wobei die Anforderungen an die Rutschhemmung von A bis C zunehmen.

In der folgenden Tabelle sind für einzelne Bereiche Mindestneigungswinkel festgelegt, die bei der Prüfung nach DIN 51097 (vgl. Abschnitt 4) von den Bodenbelägen erreicht werden müssen; die Aufzählung der nassbelasteten Barfußbereiche ist nicht erschöpfend.

Bewertungsgruppe	Mindestneigungswinkel	Bereiche
A	12°	- Barfußgänge (weitgehend trocken) - Einzel- u. Sammelumkleideräume - Beckenböden in Nichtschwimmerbereichen, wenn im gesamten Bereich die Wassertiefe mehr als 80 cm beträgt - Sauna- und Ruhebereiche (weitgehend trocken)
B	18°	- Barfußgänge, soweit sie nicht A zugeordnet sind - Duschräume - Bereich von Desinfektionssprühanlagen - Beckenumgänge - Beckenböden in Nichtschwimmerbereichen, wenn in Teilbereichen die Wassertiefe weniger als 80 cm beträgt - Beckenböden in Nichtschwimmerbereichen von Wellenbecken - Hubböden - Planschbecken - Ins Wasser führende Leitern - Ins Wasser führende, max. 1 m breite Treppen mit beidseitigen Handläufen - Leitern und Treppen außerhalb des Beckenbereiches - Sauna- und Ruhebereiche, soweit sie nicht A zugeordnet sind
C	24°	- Ins Wasser führende Treppen, soweit sie nicht B zugeordnet sind - Durchschreitebecken - Geneigte Beckenrandausbildung

Die »**Trittfreundlichkeit**« der Bodenbeläge ist im Prüfverfahren nach DIN 51097 nicht berücksichtigt und daher im Einzelfall zusätzlich zu bewerten.

2.2 Verlegung, Reinigung und Pflege

Ausrutschunfälle lassen sich nicht allein durch rutschhemmende Bodenbeläge verhindern. Zusätzlich sind insbesondere folgende Punkte zu beachten:

- Bauliche und organisatorische Maßnahmen, durch die sichergestellt wird, dass Verkehrswege möglichst von Wasser frei bleiben
- Wirkungsvolles Abführen des anfallenden Wassers (z. B. durch Gefälle, geeignete Abläufe)
- Vermeidung von Absätzen in Duschräumen
- Abdeckung von Überlauf- bzw. Ablaufrinnen flächenbündig mit dem Fußboden
- Verwendung geeigneter Reinigungs-, Desinfektions- und Pflegemittel, die die rutschhemmenden Eigenschaften der Bodenbeläge nicht beeinträchtigen. Filmbildende Substanzen können die rutschhemmende Eigenschaft von Bodenbelägen beeinflussen
- Für die Reinigung großflächiger Fußböden mit stark rutschhemmender Oberflächenstruktur eignen sich im Allgemeinen nur Reinigungsmaschinen und Hochdruckreinigungsgeräte
- Sachgerechte Ausführung von Reinigungs-, Desinfektions- und Pflegearbeiten.

Ergänzend wird auf die Liste RK »Liste geprüfter Reinigungsmittel für keramische Beläge in Schwimmbädern« und das Merkblatt 94.04 »Hygiene, Reinigung und Desinfektion in Bädern« hingewiesen, beide herausgegeben von der Deutschen Gesellschaft für das Badewesen e.V., Postfach 34 02 01, 45074 Essen.

Entlang der Wände bis zu einem Abstand von etwa 15 cm, in Ecken und unter fest im Fußboden verankerten Einrichtungen und Bauteilen kann zur Erleichterung der Reinigung ein ebener unprofilierter Bodenbelag eingesetzt werden.

2.3 Zusätzliche Auswahlkriterien

In Einzelfällen können zusätzliche Kriterien bei der Auswahl von Bodenbelägen zu berücksichtigen sein. Dies gilt insbesondere für nassbelastete Barfußbereiche in medizinischen Badeabteilungen (z. B. balneologischen und hydrotherapeutischen Abteilungen von Krankenhäusern). Wegen körperlicher Behinderung von Patienten müssen dort z. B. folgende Gesichtspunkte beachtet werden:

- Gehen mit Krücken
- Befahren mit Gehhilfen, Krankenstühlen oder mobilen Personenliften
- Reflexauslösung bei bestimmten Patienten (z. B. Spastikern)

3 Geprüfte Bodenbeläge

Ein Kuratorium unter Leitung des Bundesverbandes der Unfallkassen (BUK) veröffentlicht in regelmäßigen Abständen Listen mit der Zuordnung geprüfter Bodenbeläge für nassbelastete Barfußbereiche zu den festgelegten Beurteilungsgruppen.

Voraussetzung für die Aufnahme in die Liste ist die Prüfung des Bodenbelages bei dem Untersuchungsinstitut der Säurefliesner-Vereinigung e.V., Großburgwedel, in Zusammenarbeit mit dem BUK und ein entsprechender Antrag des Herstellers. Der Antrag zur Aufnahme in die Liste ist zu stellen an:

Kuratorium »Rutschhemmende Bodenbeläge – Liste NB«
c/o Säurefliesner-Vereinigung e.V.
Postfach 12 54, D–30928 Burgwedel

4 Prüfung der Bodenbeläge in nassbelasteten Barfußbereichen

4.1 Prüfgrundlagen

Die rutschhemmenden Eigenschaften von Bodenbelägen für nassbelastete Barfußbereiche werden nach DIN 51097 »Prüfung von Bodenbelägen, Bestimmung der rutschhemmenden Eigenschaft, Naßbelastete Barfußbereiche, Begehungsverfahren – Schiefe Ebene« (Ausgabe November 1992) geprüft.

4.2 Kurzbeschreibung des Prüfverfahrens zur Bestimmung der rutschhemmenden Eigenschaft von Bodenbelägen für nassbelastete Barfußbereiche nach DIN 51097

4.2.1 Vorbemerkung

Das in der DIN 51097 beschriebene Prüfverfahren wurde nach umfangreichen Versuchsreihen des Untersuchungsinstitutes der Säurefliesner-Vereinigung e.V., Großburgwedel, zur rutschhemmenden Eigenschaft von Bodenbelägen und aus einer Überprüfung international eingeführter Verfahren für die Beurteilung der rutschhemmenden Eigenschaft von Bodenbelägen durch den Arbeitsausschuss 273 des Fachnormenausschusses Materialprüfung in Zusammenarbeit mit dem Normenausschuss Bauwesen (NABau) des Deutschen Institutes für Normung e.V. im Hinblick auf die Arbeitsstättenverordnung vom 20.3.1975 und die Arbeitsstättenrichtlinie ASR 8.1 ausgewählt. Das Prüfverfahren berücksichtigt die in Nassbereichen (Schwimmbädern, Duschanlagen u. Ä.) anstehenden Belastungsverhältnisse und erfasst weitgehend praxisnah die wichtigsten Parameter für die Beurteilung der rutschhemmenden Eigenschaft für barfußbegangene Bodenbeläge.

4.2.2 Prüfgerät

Schiefe Ebene zur Aufnahme der Prüfbeläge. Stufenlos verstellbar mit Messeinrichtung für Neigungswinkel.

4.2.3 Prüfflüssigkeit

Wässerige Lösung eines neutralen Netzmittels (0,1 Gew.-%); für gleichmäßige Beanspruchung der Prüffläche mindestens 6 Ltr./min.

4.2.4 Prüfbelag

Abmessung: 1 000 x 500 mm

Die Erstellung des Prüfbelages hat in der Art und Weise zu erfolgen, wie die hierfür verwandten Belagsarten in der Praxis zur Anwendung kommen.

Wenn keine besonderen Angaben gemacht sind, gilt für die anzulegende Fugenbreite keramischer Bodenbeläge

bei keramischen Erzeugnissen
nach DIN EN 159, 176, 177 und 178

bei Nenngrößen 10 cm	2 mm
> 10 bis 20 cm	3 mm
> 20 bis 30 cm	4 mm
> 30 cm	5 mm

bei keramischen Erzeugnissen
nach DIN EN 121, 186, 187, 188 und DIN 18158

6–10 mm (im Mittel 8 mm)

Verfugung:
Zementmörtel im Schlämmverfahren.
Mischungsverhältnis 1:3 nach RT

Zuschlag bis Fugenbreiten von	5 mm:	0/0,5 mm
Zuschlag bis Fugenbreiten von	10 mm:	0/1 mm

4.2.5 Prüfperson

Erwachsene barfüßige Person bewegt sich in aufrechter Haltung in Schritten einer halben Fußlänge vor- und rückwärts auf dem Versuchsbelag.

4.2.6 Auswertung

Mittlerer Neigungswinkel aus jeweils 4 Messwerten von 2 Prüfpersonen. Dabei wird der Neigungswinkel, bei dem die Prüfperson die Grenze des sicheren Gehens erreicht, durch mehrmaliges Auf- und Abfahren um den kritischen Bereich festgestellt.

4.2.7 Normenbezug

Alleinverkauf durch Beuth-Verlag GmbH, Berlin und Köln

2.17.4 Fragen

1. Welches Merkblatt regelt die Anforderungen an Fußböden im nassbelasteten Barfußbereich?
2. Welche »Allgemeinen Vorschriften« nennen die Unfallverhütungsvorschriften für Fußböden?
3. Wie wird ein nassbelasteter Barfußbereich definiert?
4. Wie sind Stufen von Treppen und Leitern geregelt?
5. Wo ist mit nassbelasteten Barfußbereichen zu rechnen?
6. Welche Bewertungsgruppen gibt es für die Rutschhemmung in nassbelasteten Barfußbereichen?
7. Ordnen Sie die Bewertungsgruppen und die Neigungswinkel zu!
8. Nennen Sie jeweils zwei Beispiele für jede Bewertungsgruppe!
9. Was versteht man unter der »Trittfreundlichkeit« eines Belages?
10. Welche weiteren Maßnahmen können zur Rutschhemmung eines Barfußbereiches beitragen?
11. Wie sind Überlaufrinnen in Schwimmbädern zu konstruieren?
12. Wie können Bodenbeläge mit stark rutschhemmender Struktur gereinigt werden?
13. Welche Informationen gibt es für die Auswahl geeigneter Reinigungsmittel?
14. Was ist die »Liste NB«, welche Angaben enthält sie und wer stellt sie auf?
15. Welche Bereiche bergen im Barfußbereich die größte Rutschgefahr?
16. Nennen Sie die Bewertungsgruppe und den Mindestneigungswinkel der Prüfung für Barfußbereiche mit der größten Rutschgefahr!
17. Wer führt die Prüfungen von Belägen für den nassbelasteten Barfußbereich durch?
18. Wie werden Bodenbeläge für den nassbelasteten Barfußbereich überprüft?
19. Wie viel Einzelprüfungen und wie viele Prüfpersonen tragen zur Festlegung eines Prüfergebnisses bei?
20. Wer haftet für Unfälle innerhalb von Bereichen, die mit für die Bewertungsgruppe ungeeigneten Bodenfliesen belegt wurden?

2.17.5 Antworten

1. GUV-I 8527, bisher GUV 26.17 Merkblatt Bodenbeläge für nassbelastete Fußbodenbereiche
2. Fußböden in Räumen müssen eben und rutschhemmend ausgeführt und leicht zu reinigen sein.
3. Nassbelastete Barfußbereiche sind in der Regel nass und werden barfuß begangen.
4. Stufen werden wie Bodenbeläge geregelt.
5. Nassbelastete Barfußbereiche befinden sich in Bädern, Krankenhäusern, Umkleide- und Duschräumen, Sport- und Arbeitsstätten.
6. Es gibt die Bewertungsgruppen A, B und C.
7. Bewertungsgruppen und die zugehörigen Neigungswinkel: A: 12°, B: 18°, C: 24°
8. A: Barfußgang, Umkleideräume, B: Duschen, Beckenumgang, C: Treppen ins Wasser, Durchschreitebecken
9. Unter Trittfreundlichkeit versteht man, dass der Belag angenehm und ohne Verletzungsgefahr zu begehen ist.
10. Ableitung des Wassers (Gefälle, Abläufe), Reinigung, keine Absätze, optische Hervorhebungen
11. Abdeckungen sollen höhengleich mit dem Bodenbelag ausgebildet werden.
12. Bodenbeläge mit stark rutschhemmender Struktur können maschinell gereinigt werden.
13. Entsprechende Informationen ergibt die Liste RK »Liste geprüfter Reinigungsmittel für keramische Beläge in Schwimmbädern« und das Merkblatt 94.04 »Hygiene, Reinigung und Desinfektion in Bädern«.
14. Die Liste NB ist eine Zusammenstellung geeigneter Bodenbeläge; sie wird aufgestellt vom Kuratorium »Rutschhemmende Bodenbeläge – Liste NB« bei der Säurefliesnervereinigung in Burgwedel.
15. Die größte Rutschgefahr geht aus von ins Wasser führenden Treppen, Durchschreitebecken, geneigten Beckenrandausbildungen.
16. Die Bewertungsgruppe für Bauteile mit der größten Rutschgefahr ist C, der Prüfwinkel ist 24°.
17. Die Prüfungen werden im Untersuchungsinstitut der Säurefliesner-Vereinigung in Burgwedel durchgeführt.
18. Die Prüfungen werden an einem Prüfgerät mit einer verstellbaren schiefen Ebene durchgeführt.
19. Zur Festlegung eines Ergebnisses werden 4 Einzelprüfungen mit 2 Prüfpersonen benötigt.
20. Für Unfälle, die aufgrund von ungeeignetem Belagsmaterial geschehen, können der Planer sowie der ausführende Betrieb haftbar gemacht werden.

2.18 Treppen

2.18.1 Stichworte zum Thema

- Sicherheit an Treppen
- Sicherheitsvorschriften für Treppen
- Maßgenauigkeitsvorschriften für Treppen
- Maßgenauigkeit der Rohbautreppe
- geeignetes Belagsmaterial für Treppen
- fachgerechte Einteilung und Ausführung von Treppenbelägen
- Gefälle

2.18.2 Regelwerke

DIN 18065 Gebäudetreppen – Definitionen, Messregeln, Hauptmaße

BGI 561 (bisher ZH 1/113)
Merkblatt für Treppen
vom Hauptverband der gewerblichen Berufsgenossenschaften (siehe S. 273)

M 44 Merkblatt
Sicherheit auf Treppen
von der Berufsgenossenschaft für den Einzelhandel BGE (siehe S. 281)

Wesentliche Inhalte des Merkblattes BGI 561

Begriffsbestimmungen
Unfallgeschehen
Stufenabmessungen
Allgemeine Sicherheitsanforderungen
Geländer und Handläufe
Treppen-Sonderbauformen
Farbliche Kennzeichnung, Beleuchtung
Folgerungen für die Treppenbenutzung und -unterhaltung
Vorschriften und Regeln

Abb. 2.58: Treppen als repräsentative Gestaltungsmöglichkeit

2.18.3 Abdruck von Regelwerken

Merkblatt für Treppen vom Hauptverband der gewerblichen Berufsgenossenschaften, Fachausschuss »Bauliche Einrichtungen« der Berufsgenossenschaftlichen Zentrale für Sicherheit und Gesundheit
siehe S. 273

Hauptverband der gewerblichen Berufsgenossenschaften
Berufsgenossenschaftliche Zentrale für Sicherheit und Gesundheit
Alte Heerstraße 111, 53757 Sankt Augustin
Fachausschuss „Bauliche Einrichtungen“

Treppen

Bestell-Nr. BGI 561
(bisher ZH 1/113)
Ausgabe: April 1991

Merkblatt für Treppen

Nachdruck mit freundlicher Genehmigung des Herausgebers.
Dieses Merkblatt (Bestell-Nr. ZH 1/113) kann bezogen werden beim
Carl Heymanns Verlag KG, Luxemburger Str. 449, 50674 Köln.

Inhaltsverzeichnis

Vorbemerkung

Treppen gehören zu den baulichen Einrichtungen, deren Gestaltung vornehmlich durch das Bauordnungsrecht der Bundesländer geregelt wird.

Die Sonderbauordnungen treffen für spezielle Bauten weitergehende Regelungen. Zu den Sonderbauordnungen zählen z. B. die Versammlungsstättenverordnungen, Geschäfts- und Warenhausverordnungen, Krankenhausbauverordnungen, Garagenverordnungen.

Das Arbeitsstättenrecht des Bundesministers für Arbeit und Sozialordnung ergänzt bezüglich der Treppen das Bauordnungsrecht der Länder durch betriebsbezogene Regelungen. Anforderungen an Treppen enthalten insbesondere § 12 »Schutz gegen Absturz und herabfallende Gegenstände« und § 17 »Verkehrswege« der Arbeitsstättenverordnung. Die zu diesen Paragrafen erlassenen Arbeitsstätten-Richtlinien ASR 12/1–3 »Schutz gegen Absturz und herabfallende Gegenstände« und ASR 17/1,2 »Verkehrswege« ergänzen und konkretisieren den allgemein gehaltenen Verordnungstext.

Dem Arbeitsstättenrecht entsprechende Regelungen enthalten die §§ 25 und 33 UVV »Allgemeine Vorschriften« (VBG 1).

Regelungen über die bauliche Gestaltung und Abmessungen sowie Begriffe von Treppen enthalten darüber hinaus DIN-Normen, z. B. DIN 18064 »Treppen; Begriffe« und DIN 18065 »Gebäudetreppen; Hauptmaße«.

Für Treppen aus Stahl, die in Betriebsanlagen der Hütten- und Walzwerke, der chemischen Industrie, des Bergbaus und der Kraftwerke eingesetzt werden, enthält DIN 24530 »Treppen aus Stahl« in Übereinstimmung mit DIN 31003 »Ortsfeste Arbeitsbühnen einschließlich Zugänge« Angaben für die Konstruktion.

Die Erfahrungen aus einer Vielzahl ausgewerteter Sturzunfälle auf Treppen zeigen, dass ungünstige bauliche Gestaltung sowie Mängel an Treppen, die sich im Verlauf der Benutzung eingestellt haben, Hauptursache für Sturzunfälle auf Treppen sind.

Die Träger der gesetzlichen Unfallversicherung geben mit diesem Merkblatt ihren Mitgliedsbetrieben Hinweise für die sicherheitsgerechte Gestaltung und Instandhaltung von Treppen. Bereiche mit besonderen Benutzungsbedingungen oder mit einem Benutzerkreis, für den besondere Gestaltungsanforderungen gelten müssen, sind hierin nicht berücksichtigt.

Solche Bereiche sind beispielsweise Baustellen sowie Schulen oder Kindergärten.

Hierfür gelten die UVV »Bauarbeiten« (VBG 37) sowie die landesrechtlichen Bestimmungen über Bau und Ausrüstung von Schulen und Kindergärten (siehe Anhang).

1 Begriffsbestimmungen

1.1 **Treppe** ist ein Bauteil aus mindestens einem Treppenlauf.

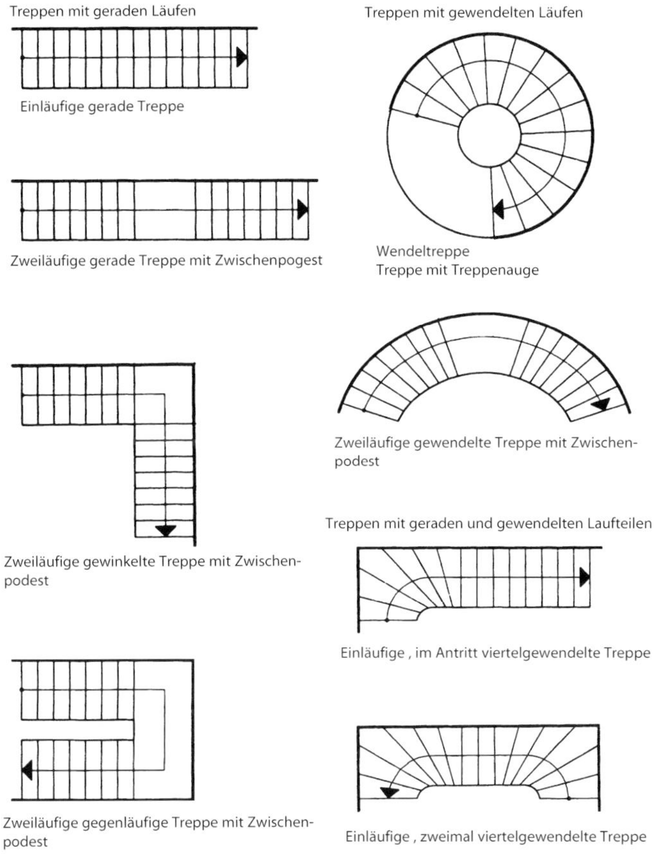

Bild 1: Auswahl von Treppenarten nach DIN 18064 »Treppen; Begriffe«

1.2 **Treppenlauf** ist die ununterbrochene Folge von mindestens drei Treppenstufen (drei Steigungen) zwischen zwei Ebenen.

1.3 **Lauflinie** ist die gedachte Linie, die den üblichen Weg der Benutzer einer Treppe angibt.

1.4 **Treppenpodest** ist der Treppenabsatz am Anfang oder Ende eines Treppenlaufes, meist Teil der Geschossdecke.

1.5 **Zwischenpodest** ist der Treppenabsatz zwischen zwei Treppenläufen, Anordnung zwischen den Geschossdecken.

1.6 **Steigung** ist das lotrechte Maß von der Trittfläche einer Stufe zur Trittfläche der folgenden Stufe.

1.7 **Auftritt** ist das waagerechte Maß von der Vorderkante einer Treppenstufe bis zur Vorderkante der folgenden Treppenstufe in der Laufrichtung gemessen.

Siehe auch Bild 2.

Bilder 1 und 2 nach DIN 18064 wiedergegeben mit Erlaubnis des DIN Deutsches Institut für Normung e.V. Maßgebend für das Anwenden der Norm ist deren Fassung mit dem neuesten Ausgabedatum, die bei der Beuth Verlag GmbH, Burggrafenstraße 6, 12623 Berlin, erhältlich ist.

1.8 **Steigungsverhältnis** ist das Verhältnis von Steigung zu Auftritt; dieser Quotient ist ein Maß für die Neigung einer

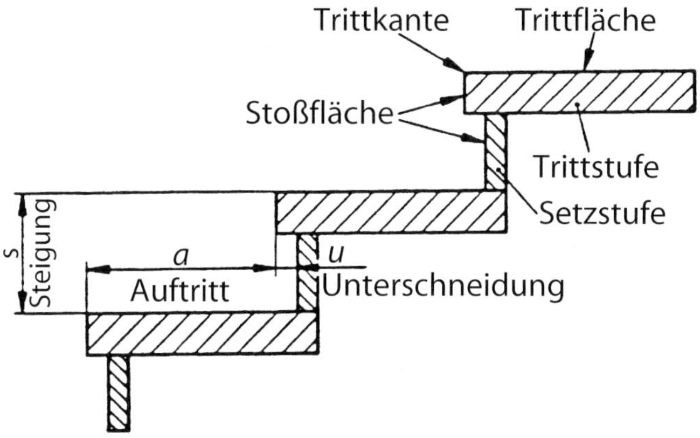

Bild 2: Bezeichnung von Treppenteilen

2 Unfallgeschehen

Nach der Unfallstatistik der gewerblichen Berufsgenossenschaften ereigneten sich jährlich etwa 60 000 meldepflichtige Unfälle an und auf Treppen. Bei etwa 2000 Unfällen im Jahr ergaben sich bleibende Körperschäden. In jedem Jahr starben etwa 40 Verunglückte nach Treppenunfällen, die sich in gewerblichen Bereichen ereigneten. Die genannten Zahlen unterstreichen eindringlich die Forderung nach unfallsicherer Gestaltung und Unterhaltung von Treppen.

Die Untersuchung von Sturzunfällen auf Treppen, die zu schweren Verletzungen führten, erbrachte folgende Ergebnisse:

Etwa 80% dieser Unfälle ereigneten sich beim Abwärtsgehen, in der Mehrzahl der Fälle durch Abrutschen von der Stufenkante. Hierbei wirkten zusätzliche Glätte nach Feuchtreinigung sowie Fett- und Ölverschmutzung auf den Treppen und an den Schuhsohlen als besonders unfallfördernd.

Bei etwa einem Drittel der Unfälle wurden Stufen mit einem Auftritt von weniger als 26 cm festgestellt. Bei Stufen von weniger als 26 cm Auftritt kann der Fuß beim Begehen nicht vollständig aufgesetzt werden. Dies ist besonders beim Abwärtsgehen kritisch, weil die Übertragung des Körpergewichtes mit der vorderen Hälfte des Fußes nur bedingt möglich ist. Bei zu geringem Auftritt ragt der vordere Teil des Fußes über die Trittfläche hinaus oder der Treppenbenutzer muss ergonomisch ungünstig die Füße schräg aufsetzen.

In jedem siebten der untersuchten Fälle betrug die Steigung, d.h. das lotrechte Maß von der Trittfläche einer Stufe zur Trittfläche der folgenden Stufe (siehe Bild 2), mehr als 19 cm. Solche Steigungen führen in der Regel zu einer unbequemen Benutzung von Treppen, die sich nachteilig auf das Unfallgeschehen auswirken kann.

In mehr als einem Zehntel der untersuchten Fälle wiesen die Treppen in ihrem Verlauf Unterschiede von mehr als einem Zentimeter in den Auftritten oder in den Steigungen auf. Solche Unterschiede in den Auftritten oder Steigungen im Verlauf einer Treppe bedeuten, dass die Stufenvorderkanten von der Seite aus gesehen nicht durch eine gerade Linie ver-

bunden werden können. Eine derartige Treppe kann nicht mit gleichmäßig großen Schritten begangen werden. Solche Unregelmäßigkeiten im Treppenverlauf führen zu Sturzunfällen. Daher dürfen die Istmaße für Steigung und Auftritt innerhalb eines fertigen Treppenlaufs nur bis zu ± 0,5 cm von den Sollmaßen abweichen. Dabei darf jedoch die Abweichung der Istmaße untereinander von einer Stufe zur jeweils benachbarten Stufe nicht mehr als 0,5 cm betragen.

Siehe auch DIN 18065 »Gebäudetreppen; Hauptmaße«.

Ein Drittel der Treppen, auf denen sich die untersuchten Unfälle ereigneten, hatte an den Stufenkanten Profile aus Kunststoff, Gummi oder Metall. In etwa 6% der Unfälle blieben Treppenbenutzer mit ihrem Schuhwerk an diesen Kanten hängen, weil sie bis zu 5 mm gegenüber der Trittfläche überstanden oder beschädigt waren.

In fast 10% der Fälle waren diese Treppen durch Witterungseinflüsse, wie Schnee, Regenwasser, oder nach Feuchtreinigungen besonders glatt.

Als weitere mitwirkende Unfallursachen sind ungeeignetes Schuhwerk, Hast und Eile in Verbindung mit Nichtbenutzen des Handlaufes, Unaufmerksamkeit, auf der Treppe abgestellte Gegenstände sowie unzureichende Beleuchtung festgestellt worden.

3 Stufenabmessungen

3.1 Voraussetzung für sicheres Gehen auf Treppen sind ausreichend große, ebene, rutschhemmende und tragfähige Auftrittsflächen in gleichmäßigen, mit dem Schrittmaß übereinstimmenden Abständen.

Als mittlere Schrittlänge gelten beim Gehen auf waagerechtem, ebenem Boden 63 cm. Die Schrittlänge verkürzt sich, wenn der Weg geneigt ist. Die Verkürzung beträgt etwa das Doppelte des Höhenunterschiedes, der mit einem Schritt überwunden wird.

3.2 Auf Treppen bezogen ergibt sich als Beziehung zwischen Schrittlänge, Auftritt und Steigung die Schrittmaßformel:

Auftritt + 2 x Steigung = 63 cm ± 3 cm.

Unter Einbeziehung der Unfallerfahrungen ist die Schrittmaßformel sicherheitstechnisch anwendbar, wenn sie zu Auftritten zwischen 32 cm und 26 cm sowie Steigungen zwischen 14 cm und 19 cm führt.

3.3 Als besonders sicher begehbar haben sich Treppen erwiesen, deren Stufen einen Auftritt von 29 cm und eine Steigung von 17 cm aufweisen. Dieses Verhältnis von Auftritt und Steigung erfordert außerdem den geringsten Kraftaufwand beim Treppensteigen.

3.4 Treppen, die nach der Schrittmaßformel den angegebenen Grenzen für Auftritt und Steigung berechnet worden sind, liegen mit ihren Neigungswinkeln etwa zwischen 24° und 36°. Die sicherheitstechnisch günstigste Stufe mit einem Auftritt von 29 cm und einer Steigung von 17 cm ergibt einen Neigungswinkel der Treppe von etwa 30°.

Innerhalb eines Gebäudes sollen alle Treppen gleiche Auftritte und Steigungen aufweisen.

Tabelle 1: **Auftritte und Steigungen unterschiedlicher Treppen**

Anwendungsbereich/ Bauten	Auftritt a [cm]	Steigung s [cm]
Freitreppen	32 bis 30	14 bis 16
Versammlungsstätten, Verwaltungsgebäude	31 bis 29	15 bis 17
Gewerbliche Bauten	30 bis 26	16 bis 19
Boden- und Kellertreppen	28 bis 26	17 bis 19

4 Allgemeine Sicherheitsanforderungen

4.1 Unter Berücksichtigung der Unfallerfahrungen sind Treppen mit geraden Läufen solchen mit gewendelten Läufen oder gewendelten Laufteilen vorzuziehen. Bei den gewendelten oder gewinkelten Treppen sollte sich die Lauflinie nur nach einer Richtung ändern, d. h., die Treppe sollte als Links- oder Rechtstreppe ausgebildet sein.

4.2 Die Breite von Treppen richtet sich nach der Nutzungsart der Gebäude und nach der Zahl der Treppenbenutzer.

4.3 Nach höchstens 18 Stufen je Treppenlauf soll ein Zwischenpodest (Treppenabsatz) angeordnet sein. Die Zwischenpodestlänge muss dem im Steigungsverhältnis berücksichtigten Schrittmaß angepasst sein.

4.4 Die Trittflächen von Treppen müssen in Bereichen, in denen mit besonderer Rutschgefahr zu rechnen ist, entsprechend rutschhemmend ausgeführt sein.

4.5 Stufenvorderkanten, die gerundet ausgeführt sind, sollen Ausrundungen mit möglichst kleinen Radien aufweisen.

Ausrundungen der Stufenvorderkanten werden z.B. bei Verwendung textiler Bodenbeläge auf Treppen vorgesehen, um die Kantenpressung und damit den Verschleiß des Belags an der Stufenvorderkante zu verringern.

4.6 Bei außen liegenden Treppen sind Maßnahmen gegen witterungsbedingte Glätte erforderlich.

Eine ausreichend große Überdachung stellt z.B. eine bauliche Maßnahme gegen witterungsbedingte Glätte dar.

5 Geländer und Handläufe

5.1 Die freien Seiten der Treppen, Treppenabsätze und Treppenöffnungen müssen durch Geländer gesichert sein. Die Höhe der Geländer muss lotrecht über der Stufenvorderkante mindestens 1,00 m betragen. Bei möglichen Absturzhöhen von mehr als 12 m muss die Geländerhöhe mindestens 1,10 m betragen.

Nach der Arbeitsstätten-Richtlinie ASR 12/1–3 »Schutz gegen Absturz und herabfallende Gegenstände« sowie den Durchführungsanweisungen zu § 33 Abs. 1, 5 und 6 der UVV »Allgemeine Vorschriften« (VBG 1) müssen Geländer mindestens 1,00 m, bei möglichen Absturzhöhen von mehr als 12,00 m mindestens 1,10 m hoch sein. Insoweit konkretisiert das bundeseinheitliche Arbeitsstättenrecht für den gewerblichen Bereich das Bauordnungsrecht, d. h. die Bauordnungen der Länder, die für Geländer eine Mindesthöhe von 0,90 m fordern, z.B. für den Wohnungsbau.

5.2 Geländer müssen so ausgeführt sein, dass sie in der angegebenen Mindesthöhe eine Horizontalkraft von mindestens 500 N/m aufnehmen können.

5.3 Abweichend von Abschnitt 5.2 genügt ein Lastansatz von 300 N/m für Geländer an Treppen, die nur zu Kontroll- und Wartungszwecken begangen werden.

5.4 Geländer müssen so ausgeführt sein, dass Personen nicht hindurchstürzen können. Grundsätzlich ist das Füllstabgeländer mit senkrecht angebrachten Stäben dem Knieleistengeländer vorzuziehen. Treppengeländer in Gebäuden, in denen mit dauernder oder häufiger Anwesenheit von Kindern gerechnet werden muss, dürfen nur Öffnungen aufweisen, die nicht breiter als 12 cm sind.

5.5 Handläufe sollen dem Treppenbenutzer einen sicheren Halt bieten. Sie müssen so geformt sein, dass sie ein sicheres Umgreifen ermöglichen. An den freien Seiten der Treppen müssen Handläufe ohne Unterbrechung über den gesamten Treppenlauf geführt werden. Die Enden der Handläufe müssen so gestaltet sein, dass man daran nicht hängen bleiben oder abgleiten kann.

5.6 Treppen mit mehr als vier Stufen müssen

- mit einem Handlauf ausgerüstet sein, soweit dieser nicht bereits aufgrund des Bauordnungsrechts der Länder bei einer geringeren Stufenzahl gefordert wird; der Handlauf sollte in Abwärtsrichtung gesehen an der rechten Treppenseite angebracht sein,
- auf beiden Seiten mit Handläufen ausgerüstet sein, wenn die Stufenbreite mehr als 1,50 m beträgt,

  und zusätzlich

- mit Zwischenhandläufen ausgerüstet sein, mit denen sie in zwei gleiche Breitenabschnitte unterteilt werden, wenn die Stufenbreite mehr als 4,0 m beträgt.

6 Treppen-Sonderbauformen

6.1 Wendeltreppen

Wendeltreppen weisen einen kreisförmigen oder elliptischen Grundriss mit einer entsprechend ausgebildeten Öffnung im Zentrum (Treppenauge) auf. In der Lauflinie soll das Steigungsverhältnis dem einer gerade laufenden Treppe mit Stufenabmessungen nach der Schrittmaßformel entsprechen. Die Lauflinie soll bei Wendeltreppen

- mit nutzbaren Laufbreiten bis zu 1,0 m in der Mitte der Laufbreite,
- mit 1,0 m überschreitenden nutzbaren Laufbreiten im Abstand von etwa 50 cm vom schmalen Stufenende

angesetzt werden. Der Auftritt soll an der Innenseite der Stufen mindestens 10 cm und an der Außenseite höchstens 40 cm betragen.

Zu Gehbereich und Lauflinie bei gewendelten Läufen siehe auch DIN 18065 »Gebäudetreppen; Hauptmaße«.

6.2 Spindeltreppen

6.2.1 Spindeltreppen stellen den Sonderfall der Wendeltreppe mit geschlossenem Treppenauge dar. Sie sind konzentrisch um eine Säule (Spindel) gebaut. Die Stufen müssen an der schmalsten Stelle einen Auftritt von mindestens 10 cm haben. Bei Spindeltreppen mit Spindeln geringen Durchmessers zählt deshalb der Teil der Stufen, der zur Spindel hin den Mindestauftritt von 10 cm unterschreitet, nicht zur nutzbaren Treppenlaufbreite. Können solche Treppen aufgrund entsprechender Stufenlänge gleichzeitig sowohl in Aufwärts- als auch in Abwärtsrichtung begangen werden, sollte die nutzbare Treppenlaufbreite durch zwangsläufig wirkende Maßnahmen an der Stelle begrenzt werden, von der an der Mindestauftritt von 10 cm unterschritten wird.

Zwangsläufig wirkende Maßnahmen sind z. B. Handläufe in entsprechendem Abstand von der Spindel oder Stufenbegrenzungen durch vertikal durchlaufende Stäbe.

6.2.2 Das Steigungsverhältnis von Spindeltreppen soll in der Lauflinie dem einer gerade laufenden Treppe entsprechen. Spindeltreppen sind als Verkehrswege zur regelmäßigen Benutzung ungeeignet. Ihre Errichtung kann in Ausnahmefällen vertretbar sein, wenn sie zusätzlich zu notwendigen Treppen eingebaut werden und nur selten von wenigen Personen begangen werden müssen, ohne dass Lasten getragen werden.

6.2.3 Die Lauflinie soll bei Spindeltreppen in Abhängigkeit von der nutzbaren Treppenlaufbreite in einem Abstand von etwa 4/10 der Laufbreite, gemessen von der Handlaufseite, angesetzt werden.

Dies bedeutet z.B. einen Abstand der Lauflinie von der Handlaufseite von 40 cm, wenn die nutzbare Treppenlaufbreite 1,0 m beträgt.

6.3 Steiltreppen (Hilfstreppen)

Steiltreppen mit Neigungswinkeln zwischen 38° bis 45° sind in Abwärtsrichtung nur mit eingeschränkter Sicherheit zu begehen, weil die Auftritte zu klein sind und erhöhte Gefahr des Abrutschens über die Stufenkanten besteht. Steiltreppen sollten deshalb nur zur gelegentlichen Benutzung durch einen hiermit vertrauten Personenkreis vorgesehen werden.

Steiltreppen werden vorwiegend in Industriebauten und als Aufstiege zu Einrichtungen und Maschinen, besonders bei beengten räumlichen Verhältnissen, eingebaut. Sie ersetzen hier die früher üblichen, weniger sicheren Aufstiege (Anlegeleitern, Steigleitern, Steigeisengänge).

6.4 Treppen mit geringem Steigungsverhältnis (Stufenrampen)

Treppen mit geringem Steigungsverhältnis sind überwiegend im Freien anzutreffen. Bei dieser Treppenform wird der für sonstige Treppen zulässige höchste Auftritt von 32 cm in der Regel überschritten. Die Trittflächen sollen ein Gefälle von 2 % (1:50) zur Trittkante hin aufweisen. Die Stufen und Absätze werden nach der Schrittmaßformel bemessen. Innerhalb eines Laufes müssen die Stufen gleiche Abmessungen aufweisen.

6.5 Treppen aus Stahl in besonderen Betriebsanlagen

6.5.1 Treppen aus Stahl in besonderen Betriebsanlagen, die häufiger und von einer größeren Zahl Personen begangen werden, sollten mit ihren Neigungswinkeln im Bereich zwischen 30° und 38° liegen.

6.5.2 Treppen aus Stahl in besonderen Betriebsanlagen, die selten und von wenigen, eingewiesenen Personen begangen werden, z. B. bei Kontroll- oder Wartungsarbeiten, sollten unter Berücksichtigung in der Praxis gesammelter Erfahrungen und ergonomischer Erkenntnisse nicht steiler als 40° angelegt werden.

Treppen aus Stahl werden häufig in Betriebsanlagen der Hütten- und Walzwerke, der chemischen Industrie, des Bergbaus und der Kraftwerke z.B. als Zugänge zu ortsfesten Arbeitsbühnen, Zwischenbühnen, Laufstegen und anderen hochgelegenen Einrichtungen verwendet.

Für solche Treppen mit Trittstufen aus Gitterrost nach DIN 24531 enthält die Norm DIN 24530 »Treppen aus Stahl« Angaben für die Konstruktion. Diese Norm berücksichtigt die in DIN 31003 »Ortsfeste Arbeitsbühnen einschließlich Zugänge« hinsichtlich der Steigungsverhältnisse von Treppen getroffenen Festlegungen.

Die konstruktive Ausbildung der Treppen aus Stahl, insbesondere die Laufbreite und das Steigungsverhältnis, wird durch die räumlichen Bedingungen der Betriebsanlagen, in die die Treppen eingebunden sind, sowie die vorgesehene Benutzungshäufigkeit beeinflusst.

DIN 24530 sieht für Treppen aus Stahl in Abhängigkeit von den genannten Einflussgrößen je nach den Bedingungen des Einzelfalls Neigungswinkel zwischen 30° und 45° vor.

6.6 Treppen, Ausstiege und Notausstiege in Arbeitsgruben und Unterfluranlagen

6.6.1 Bei Treppen in Arbeitsgruben und Unterfluranlagen für die Fahrzeug-Instandhaltung sind Neigungswinkel bis zu 45° zulässig. Arbeitsgruben und Unterfluranlagen für die Fahrzeug-Instandhaltung müssen nach den »Sicherheitsregeln für die Fahrzeug-Instandhaltung« (ZH 1/454) mit zwei Treppen ausgestattet sein.

Bei diesen Treppen muss häufig ein Kompromiss zwischen zwei sicherheitsrelevanten Maßen – ausreichend großem Stufenauftritt und möglichst kleiner Grubenlänge gemessen in Werkstattflurebene – gefunden werden. Der maximale Neigungswinkel ist unter Abwägung der Gefährdung und Berücksichtigung der Benutzung der Treppen durch eine begrenzte Zahl eingewiesener Personen festgelegt.

Hinsichtlich der Ausstattung von Arbeitsgruben und Unterfluranlagen für die Fahrzeug-Instandhaltung mit zwei gleichen Treppen siehe »Sicherheitsregeln für die Fahrzeug-Instandhaltung« (ZH 1/454).

6.6.2 Bei Arbeitsgruben, bei denen aus baulichen Gründen anstelle einer der Treppen ein Ausstieg eingebaut ist, darf dessen Steigung 0,25 m nicht über- und dessen Auftritt 0,14 m nicht unterschreiten.

Notausstiege in Arbeitsgruben bis 5 m Länge siehe »Sicherheitsregeln für die Fahrzeug-Instandhaltung« (ZH 1/454).

Als Notausstiege können z. B. fest angebrachte Anlegeleitern aus Metall verwendet werden.

7 Farbliche Kennzeichnung, Beleuchtung

7.1 Von besonderer Bedeutung für die Sicherheit ist eine gute Erkennbarkeit der Stufen und insbesondere der Stufenkanten. Hierzu ist eine ausreichend helle Beleuchtung erforderlich.

Die Arbeitsstätten-Richtlinie ASR 7/3 »Künstliche Beleuchtung« fordert für Treppen eine Nennbeleuchtungsstärke von 100 Lux, gemessen in einer Höhe von 0,20 m über der Stufenoberfläche.

7.2 Durch farblich unterschiedliche Gestaltung von Trittstufe und Setzstufe oder farbliches Abheben der Stufenkanten wird die Erkennbarkeit günstig beeinflusst.

8 Folgerungen für die Treppenbenutzung und -unterhaltung

8.1 Unabhängig von ihrer Bauart müssen Treppen und Handläufe in einem einwandfreien Zustand gehalten werden. Auf Treppen dürfen keine Gegenstände abgestellt und gelagert werden. Regelmäßige Kontrollen des Treppenzustandes sind erforderlich.

Treppen sind weder Abstellflächen noch Lagerbereiche. Auch kurzfristiges Abstellen von Gegenständen ist zu vermeiden.

Durch Kontrollen können Mängel rechtzeitig erkannt und die Maßnahmen zu deren Behebung veranlasst werden.

8.2 Bei ausgetretenen oder beschädigten Stufenkanten sowie bei unebenen Auftritten sind Instandsetzungsmaßnahmen zur Wiederherstellung eines sicherheitstechnisch unbedenklichen Zustandes erforderlich. Beschädigte Kantenprofile müssen unverzüglich gegen neue ausgewechselt werden. Kantenprofile sind grundsätzlich bündig mit der Stufenoberfläche zu verlegen. Werden an bestehenden Treppen unterschiedliche Steigungen oder unterschiedliche Auftritte festgestellt, müssen diese Unterschiede durch bauliche Maßnahmen ausgeglichen werden.

8.3 Hast beim Begehen von Treppen fördert in erheblichem Maß das Unfallgeschehen. Den Treppenbenutzern muss deshalb die Einsicht vermittelt werden, dass Treppen nur ohne Hast sicher zu begehen sind.

8.4 Transportvorgänge über Treppen sollten so durchgeführt werden, dass den Transportierenden eine Hand zum Festhalten am Handlauf freibleibt und ihnen die Sicht auf die Treppe durch das Transportgut nicht verdeckt wird.

8.5 Die Feuchtreinigung oder spezielle Maßnahmen der Pflege von Treppen, die bis zum Trocknen Glättebildung verursachen können, sollte außerhalb der Hauptbenutzungszeiten der Treppen erfolgen. Sofern dies betrieblich nicht möglich ist, muss auf die Glättebildung hingewiesen werden. Durch die Reinigung und Pflege darf die rutschhemmende Wirkung der Stufenoberflächen nicht verringert werden.

Anhang: Vorschriften und Regeln

Nachstehend sind die insbesondere zu beachtenden einschlägigen Vorschriften und Regeln zusammengestellt.

1 Gesetze/Verordnungen

(Bezugsquelle: Buchhandel oder Carl Heymanns Verlag KG, Luxemburger Str. 449, 50674 Köln)

Verordnung über Arbeitsstätten (Arbeitsstättenverordnung - ArbStättV) (ZH 1/525) mit Arbeitsstätten-Richtlinien (ASR), insbesondere

ASR 7/3 »Künstliche Beleuchtung«,

ASR 12/1-3 »Schutz gegen Absturz und herabfallende Gegenstände«,

ASR 17/1, 2 »Verkehrswege«,

Bauordnungsrecht der Länder:

Bauordnungen,

Versammlungsstättenverordnungen,

Geschäfts- und Warenhausverordnungen,

Krankenhausbauverordnungen,

Garagenverordnungen,

Bestimmungen über Bau und Ausführung von Schulen und Kindergärten.

2 Unfallverhütungsvorschriften

(Bezugsquelle: Berufsgenossenschaft oder Carl Heymanns Verlag KG, Luxemburger Str. 449, 50674 Köln)

Allgemeine Vorschriften (VBG 1),
Bauarbeiten (VBG 37).

3 Richtlinien

(Bezugsquelle: Bundesverband der Unfallversicherungsträger der öffentlichen Hand e.V. - BAGUV -, Marsstraße 46-48, 80335 München)

Richtlinien für Bau und Ausrüstung von Schulen (GUV 16.3),

Richtlinien für Kindergärten (GUV 16.4).

(Bezugsquelle: Berufsgenossenschaft oder Carl Heymanns Verlag KG, Luxemburger Str. 449, 50674 Köln)

Richtlinien für Lagereinrichtungen und -geräte (ZH 1/428).

4 DIN-Normen

(Bezugsquelle: Beuth Verlag GmbH, Burggrafenstraße 6, 10787 Berlin)

DIN 18064	Treppen; Begriffe,
DIN 18065	Gebäudetreppen; Hauptmaße,
DIN 24530	Treppen aus Stahl; Angaben für die Konstruktion,
DIN 24531	Trittstufen aus Gitterrost für Treppen aus Stahl,
DIN 31003	Ortsfeste Arbeitsbühnen einschließlich Zugänge; Begriffe, Sicherheitstechnische Anforderungen, Prüfung.

BGE
Berufsgenossenschaft
für den Einzelhandel

Merkblatt

M 44

Ausgabe 01.2000

Sicherheit auf Treppen

(Foto: BBE-Verlag Köln)

Quelle: BG Einzelhandel, Bonn

- Die Verkäuferin V. hatte sich aufgrund der äußeren Witterungsbedingungen leicht verspätet. Um möglichst schnell an ihren Arbeitsplatz zu gelangen, lief sie in großer Eile die 12-stufige Treppe zwischen Umkleide- und Verkaufsraum hinab. Auf einer der letzten Stufen rutschte sie aus, stürzte und zog sich einen Bruch des Steißbeins zu.

Sturzunfälle, die sich durch Ausrutschen, Stolpern oder Fehltreten ereignen, nehmen seit einigen Jahren die Spitzenposition im Unfallgeschehen ein. Einen bedeutenden Anteil hieran haben die Sturzunfälle, die sich auf der Treppe ereignen. Sie sind im Einzelhandel die dritthäufigste Unfallart sowohl bei den meldepflichtigen Arbeitsunfällen als auch bei den neuen Unfallrenten.

Dabei sind die unzähligen »Beinahe-Unfälle« sowie die Unfälle, die eine Arbeitsunfähigkeit von 3 Tagen und weniger nach sich gezogen haben, noch gar nicht erfasst.

Tabelle 1 dokumentiert die Ursachen von Treppenunfällen anhand der Auswertung von ca. 150 Unfällen mit schweren Verletzungsfolgen.

Im Vergleich zu früheren Jahren ist der Anteil der Unfälle, bedingt durch bauliche Mängel, deutlich gesunken. Aber auch diese Unfälle sind unter Berücksichtigung der entsprechenden baulichen Maßnahmen vermeidbar. *Die Hauptunfallursachen liegen im persönlichen, nicht sicherheitsbewussten Verhalten der Treppenbenutzer.* Hier ist es erforderlich, auf eine Verhaltensänderung hinzuwirken, um die hohen Unfallzahlen zu senken.

Deshalb werden Unternehmern und Versicherten in diesem Merkblatt sowohl Hinweise auf einen sicherheitsgerechten baulichen Zustand als auch auf die Möglichkeiten zur Verhütung von Unfällen, die auf persönlichem Fehlverhalten beruhen, gegeben.

Tabelle 1: **Unfallursachen und ihre prozentuale Verteilung**

Unfallursache	Anteil einzeln	Anteil gesamt
persönliches Fehlverhalten		
– Hast	30 %	66 %
– falsche Benutzung	10 %	
– Hindernisse	9 %	
– ungeeignetes Schuhwerk	8 %	
– Glätte infolge Reinigung	6 %	
– sonstige Mängel	3 %	
bauliche Mängel		21 %
Ursachen nicht ermittelbar		13 %
		100 %

Bauliche Gestaltung von Treppen

Treppen sind bauliche Einrichtungen, deren Gestaltung bzw. Ausführung vornehmlich im Bauordnungsrecht der einzelnen Bundesländer geregelt wird. Weitere Festlegungen sind in der Unfallverhütungsvorschrift »Allgemeine Vorschriften« (VBG 1), in der Arbeitsstättenverordnung und verschiedenen DIN-Normen enthalten. Eine übersichtliche Zusammenfassung aller Regelungen bietet das »Merkblatt für Treppen« (BGI 561, bisherige ZH 1/113).

Unfälle auf Treppen aufgrund eines baulichen Mangels sind immer vermeidbar. *Es gilt, für sichere, gehgerechte Treppen zu sorgen.*
Dies ist technisch lösbar.

Die wichtigsten Anforderungen an die bauliche Beschaffenheit von Treppen sind:

- Stufenabmessungen

Voraussetzung für sicheres Gehen auf Treppen sind ausreichend große, ebene, rutschhemmende und tragfähige Auftrittsflächen in gleichmäßigen, mit dem Schrittmaß übereinstimmenden Abständen. Mit dem Schrittmaß übereinstimmende Abstände lassen sich mithilfe der **Schrittmaßformel: Auftritt + 2 x Steigung = 62 cm ± 3 cm berechnen.**

Unter Einbeziehung der Unfallerfahrungen ist die Schrittmaßformel sicherheitstechnisch anwendbar, wenn sie zu Auftritten zwischen 32 cm und 26 cm sowie Steigungen zwischen 14 cm und 19 cm führt.

Als besonders sicher begehbar haben sich Treppen erwiesen, deren Stufen einen Auftritt von 29 cm und eine Steigung von 17 cm aufweisen, wobei dieses Verhältnis von Auftritt zu Steigung außerdem den geringsten Kraftaufwand erfordert. Alle Stufen einer Treppe müssen ferner die gleichen Maße aufweisen, da unterschiedlich hohe Stufen erfahrungsgemäß sehr unfallträchtig sind (Bild 1).

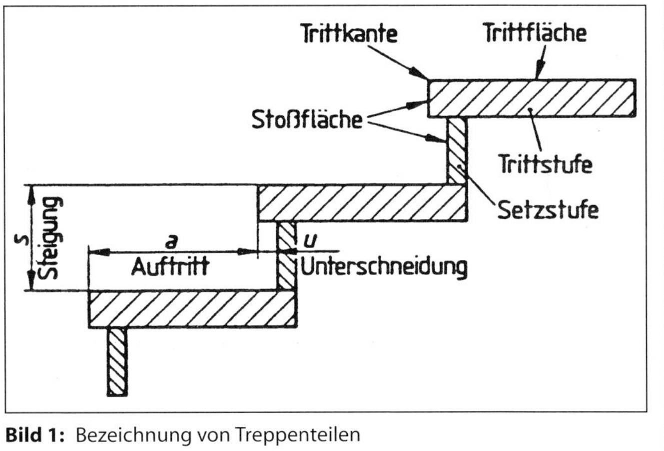

Bild 1: Bezeichnung von Treppenteilen

- Stufenkanten

– Trittsicherheit
Stufenkanten mit aufgesetzten oder eingearbeiteten Trittleisten, Winkelkanten oder Beschichtungen können die Trittsicherheit auf Treppen fördern. Zum einen muss die Trittfläche im Bereich der Stufenkante ebenso rutschhemmend sein wie die übrige Trittfläche der Stufe, auch bei Einsatz unterschiedlicher Materialien. Die Rutschhemmung im Kantenbereich sollte jedoch auch nicht wesentlich höher sein als die der übrigen Stufenfläche, weil bei stark unterschiedlicher Rutschhemmung die wechselnden Reibungsbedingungen zwischen Schuh und Fußboden den Gehvorgang negativ beeinflussen und zu Stürzen führen können. Zum Zweiten müssen Stufenflächen eben sein. Zusatzsysteme wie Trittleisten oder Winkelkanten dürfen keine Stolperstellen bilden und sollten möglichst eben in die Stufenfläche eingearbeitet sein (Höhendifferenz kleiner 2 mm).

- Optische Gestaltung
  Zum besseren Erkennen von Treppenläufen und Treppenstufen dienen Stufenkanten, die kontrastreich vom übrigen Stufenbelag abgesetzt sind. Dies muss weder besondere Kosten verursachen, noch repräsentativen Gestaltungswünschen entgegenstehen, wenn die Maßnahmen in der Planungsphase berücksichtigt werden. Zum Beispiel können im Bereich der Natur- und Betonwerksteinstufen wirkungsvolle Effekte durch einen groberen Oberflächenschliff im Kantenbereich erreicht werden (Bild 2). Bei mit Fliesen belegten Stufen sind Formfliesen für den Kantenbereich verfügbar, die leichte Profilierungen besitzen (Bild 3). Kunststoffbelegte Stufen können mit farblich abgesetzten Kantenprofilen ausgestattet werden (Bild 4) und bei Treppen mit Metallrosten (Bild 5) werden die Stufenkanten schon durch die so genannten Antrittskanten aus dem gleichartigen Rastermaß hervorgehoben. Ferner können Stufenkanten durch die Integration von Komponenten aus anderen Materialien im nahen Kantenbereich kontrastreich gestaltet werden (siehe Titelbild).

Stufenkanten sollten Radien im Bereich zwischen 2 und 10 mm haben. Kleinere Kanten bergen aufgrund ihrer Scharfkantigkeit die Gefahr des »Hängenbleibens« mit der Schuhsohle und schweren Verletzungen im Falle eines Sturzes. Bei den größeren Kantenradien geht dagegen die klare Stufenkontur und die gewünschte Ebenheit im Kantenbereich verloren, so dass das Stufenraster schlechter ertastet und erkannt werden kann.

Bild 2: Stufe aus Natur-/Betonwerkstein mit deutlich erkennbarem und rutschhemmendem Kantenbereich.

Bild 3: Mit Fliesen belegte Stufe mit deutlich erkennbarem und rutschhemmendem Kantenbereich.

Bild 4: Mit PVC belegte Stufen mit kontrastreich hervorgehobenen Stufenkanten.

Bild 5: Metalltreppe mit rutschhemmenden und kontrastreichen Antrittskanten.

- Handläufe

Treppen mit mehr als vier Stufen müssen

- mit einem Handlauf ausgerüstet sein, soweit dieser nicht bereits aufgrund des Bauordnungsrechts der Länder bei einer geringeren Stufenzahl gefordert wird; der Handlauf sollte in Abwärtsrichtung gesehen an der rechten Treppenseite angebracht sein,
- auf beiden Seiten mit Handläufen ausgerüstet sein, wenn die Stufenbreite mehr als 1,50 m beträgt,

und zusätzlich

- mit Zwischenhandläufen ausgerüstet sein, mit denen sie in zwei gleiche Breitenabschnitte unterteilt werden, wenn die Stufenbreiten mehr als 4,0 m beträgt.

Handläufe sollen dem Treppenbenutzer einen sicheren Halt bieten. Sie müssen so geformt sein, dass sie ein sicheres Umgreifen ermöglichen. An den freien Seiten müssen Handläufe ohne Unterbrechung über den gesamten Treppenlauf geführt werden. Die Enden der Handläufe müssen so gestaltet sein, dass man daran nicht hängenbleiben oder abgleiten kann. Handläufe sollen nicht tiefer als 80 cm und dürfen nicht höher als 1,15 m angebracht sein, gemessen lotrecht über Stufenvorderkante bis Oberkante Handlauf. Außerdem muss der Abstand zu benachbarten Bauteilen mindestens 5 cm betragen.

- Geländer

Wegen der Absturzgefahr sind die freien Seiten von Treppen und Podesten durch Geländer, feste Abschrankungen oder Brüstungen zu sichern. Geländer müssen lotrecht über der Stufenvorderkante mindestens 1,00 m, bei möglichen Absturzhöhen von mehr als 12 m mindestens 1,10 m hoch sein.

In den Bauordnungen der Länder wird zum Teil eine niedrigere Geländerhöhe von 0,90 m bei möglichen Absturzhöhen bis 12 m gefordert. Dieses Maß gilt nicht für Arbeitsstätten. Bei der Planung von Treppen sind daher Architekten bzw. bauausführende Firmen aufzufordern, Geländerhöhen entsprechend der Arbeitsstättenverordnung und den Vorschriften der Berufsgenossenschaft auszuführen. Diese Abweichung von den Bauordnungen ist vielfach nicht bekannt.

Geländer sind so zu gestalten, dass die Beschäftigten nicht hindurchfallen können, z. B. durch Stäbe, Knieleisten, Gitter, feste Ausfüllungen. Bei Geländern mit senkrechten Zwischenstäben darf deren lichter Abstand nicht mehr als 0,18 m betragen. Bei Gebäuden, in denen mit dauernder oder häufiger Anwesenheit von Kindern gerechnet werden muss, können nach dem Baurecht der Länder geringere Abstände erforderlich werden. Bei Anwesenheit von Kindern haben sich senkrechte Gitterstäbe bewährt. Hierdurch wird das Überklettern erschwert. Bei Geländern mit einer oder mehreren Knieleisten darf der Abstand zwischen Handlauf-, Knie und Fußleiste nicht größer als 0,50 m sein. Bei anderen Ausfüllungen dürfen die Öffnungsflächen in einer Richtung keine größere Länge als 0,18 m haben.

- Zwischenpodeste

Nach den Ergebnissen aus Unfalluntersuchungen sollte, wenn möglich und baurechtlich zulässig, auf Zwischenpodeste verzichtet werden, insbesondere wenn sie gewinkelte oder gerade Treppenläufe miteinander verbinden (Grafik 1). Zwischenpodeste haben den Nachteil, dass sie einen Wechsel der Gangart (Treppen/ebener Fußboden) erforderlich machen. Diese Gang-Umstellungen erfolgen unbewusst und werden nicht immer fehlerfrei bewältigt. Dadurch häufen sich die Unfälle am Anfang und am Ende von Treppenläufen (Grafik 2).

Treppen-Sonderformen

Regelungen zu Treppen-Sonderformen, wie z. B. Wendel-, Spindel- oder Steiltreppen können dem »Merkblatt für Treppen« entnommen werden; zusätzlich sind eventuell vorhandene Einschränkungen durch das Baurecht zu beachten.

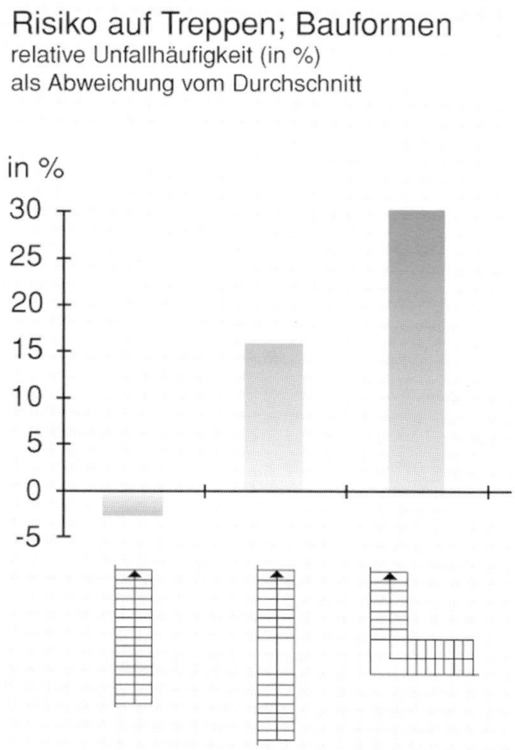

Grafik 1: Unfallhäufigkeit auf Treppen unterschiedlicher Bauformen

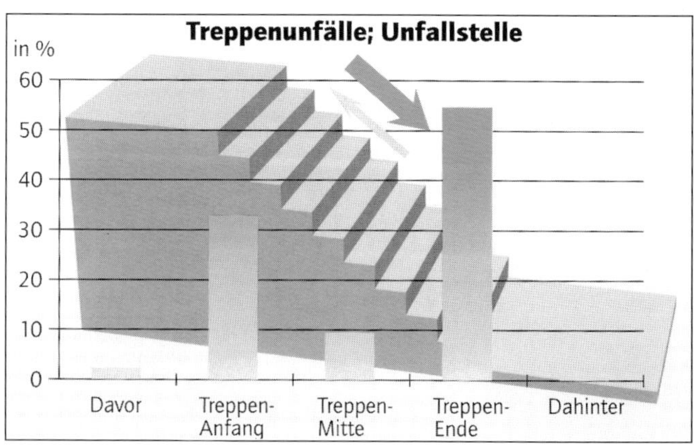

Grafik 2: Unfallschwerpunkte im Treppenlauf

Sicherheitsgerechtes Verhalten auf Treppen

Während für die bauliche Gestaltung der Treppen allein der Unternehmer die Verantwortung trägt, ist ein sicherheitsgerechtes Verhalten auf Treppen nur zu erreichen, wenn sich die Unterweisung darüber durch den Unternehmer oder Vorgesetzten und das Sicherheitsbewusstsein und die Selbstdisziplin der Benutzer ergänzen.

Zum sicherheitsbewussten Verhalten auf Treppen gehört die Beachtung der folgenden Verhaltensgrundsätze:

Gehen ohne Hast

Zeitdruck, Nervosität, Hektik oder unangebrachte Sportlichkeit – wie im Anfangsbeispiel dargestellt – führen immer wieder zu Stolper- und Sturzunfällen.

Treppen sind nicht als Trimmstrecke angelegt, sondern in der Anordnung der Stufen dem menschlichen Schrittmaß angepasst. Deshalb darf der Benutzer niemals einzelne Stufen überspringen und die Treppen nicht herauf- oder herunterrennen.

Mögliche Zeitgewinne beim Herunterspringen einer Treppe liegen bestenfalls in einer Größenordnung von Sekunden, die Folgen eines Unfalls können aber lange, sogar lebenslange Wirkungen hinterlassen.

Deshalb gilt:

Ruhiges Gehen = sicheres Gehen

Aufmerksame und richtige Treppenbenutzung

Der Handlauf dient einzig und allein der Sicherheit beim Gehen auf einer Treppe. Er kann seinen Zweck aber nur erfüllen, wenn er auch konsequent benutzt wird, d. h. der Handlauf muss sowohl treppab- und treppaufwärts als auch beim Transport von Gegenständen, wenn möglich, mit einer Hand umfasst werden (Bild 6).

Nur dann besteht die Möglichkeit, einen Sturz ganz zu vermeiden oder zumindest die Sturzfolgen in Grenzen zu halten.

Deshalb gilt:

Handlauf benutzen

Bild 6:
- Positiv: Benutzung des Handlaufs beim Begehen der Treppe
- Negativ: Stufenkanten schlecht erkennbar

Zum aufmerksamen und richtigen Treppensteigen zählt auch die notwendige Konzentration. Unterhaltungen mit Kollegen oder mit Kunden, der Blick aus dem Fenster, Ablenkungen durch Spiegel, Plakate u. Ä. im Treppenbereich sind typische Ursachen für Unfälle, weil einfach die Konzentration für den sicheren Auftritt auf die nächste Trepenstufe fehlt.

Deshalb gilt:

Treppenbenutzung erfordert Konzentration
Ablenkung durch Spiegel, Plakate u. Ä. vermeiden

Freihalten des Verkehrsweges

»Verkehrswege müssen freigehalten werden, damit sie jederzeit benutzt werden können«, so fordert es § 24 der Unfallverhütungsvorschrift »Allgemeine Vorschriften« (VBG 1).

Nicht selten wird diese Vorschrift missachtet und der Treppenbereich als willkommene Erweiterung der Lager- oder Ausstellungsfläche angesehen und bewusst zweckentfremdet zum Abstellen und zur Präsentation von Waren, Kartons etc. (Bilder 7+8).

Auch das kurzfristige Abstellen von Gegenständen ist zu vermeiden.

Deshalb gilt:

Eine Treppe ist keine Lager- oder Ausstellungsfläche

Bild 7: Falsch! Treppe als Lagerfläche

Bild 8: Richtig! Keine Gegenstände auf der Treppe

Freie Sicht beim Tragen von Lasten

- Die Auszubildende M. sollte den Verkaufsraum dekorieren. Zu diesem Zweck musste sie Lederwaren aus einem anderen Raum über die Treppe in den Verkaufsraum tragen. Um nicht zu häufig gehen zu müssen, nahm M. so viel Ware auf den Arm, dass ihr die Sicht versperrt wurde. Beim Begehen der Treppe verfehlte sie eine Stufe und kam zu Fall. Die Folge waren Prellungen im Rücken- und Schulterbereich.

Es ist falsch verstandener Ehrgeiz, zur Zeiteinsparung so viel Transportgut auf einmal tragen zu wollen, dass die Sicht auf den Verkehrsweg verdeckt wird. Wer im »Blindflug« eine Treppe begeht, gefährdet sich und andere, denn wie schnell hat man eine Stufe verfehlt, stolpert und stürzt mitsamt der transportierten Waren die Treppe herunter. Erforderlichenfalls müssen sperrige Gegenstände durch zwei Personen transportiert werden.

Deshalb gilt:

Sicht freihalten

Geeignetes Schuhwerk

Die Sicherheit jedes Einzelnen vor Unfällen durch Umknicken, Stolpern oder Ausrutschen hängt wesentlich davon ab, ob das getragene Schuhwerk für Mitarbeiter, die häufig über Treppen gehen müssen, geeignet ist.

Frauen sind von Treppenunfällen zu einem hohen Anteil betroffen. Bei der Auswertung des Unfallgeschehens erwiesen sich Damenschuhe mit höheren Absätzen sowie Schuhwerk ohne Fersenhalt wie Pantoletten, Sandaletten oder Clogs als sehr unfallträchtig.

Daraus leiten sich folgende allgemeine Anforderungen an das Schuhwerk ab:
- ausreichend fester Sitz am Fuß,
- Fersenhalt,
- biegsame Sohlen, die sich der natürlichen Bewegung des Fußes beim Gehen anpassen,
- niedrige Absätze mit genügend großer Auftrittsfläche.

Im Übrigen verpflichtet auch der § 35 Abs. 1 der Unfallverhütungsvorschrift »Allgemeine Vorschriften« (VBG 1) jeden Versicherten, nur solche Schuhe zu tragen, durch die kein Unfall verursacht werden kann.

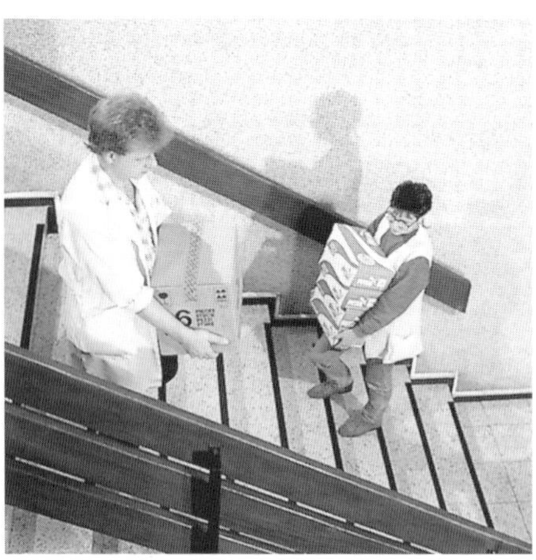

Bild 9: Freie Sicht beim Tragen von Lasten

Deshalb gilt:

Sicheres Schuhwerk tragen

Reinigung der Treppen

Es ist ein Irrglaube anzunehmen, dass eine gute Pflege des Treppenbelages nur durch eine reichliche Verwendung von Pflegemitteln zu erzielen ist. Das Gegenteil ist der Fall:

Zu dick aufgetragenes Pflegemittel kann eine nicht ausgehärtete, verschiebbare Schicht auf dem Belag bilden und die Treppenstufen in eine gefährliche Rutschbahn verwandeln. Rutschhemmende Pflegemittel verlieren durch Nässe ihre rutschhemmende Wirkung und machen den Fußboden dann glatter als ohne Pflegemittel. Das Reinigungspersonal oder Reinigungsinstitut sind deshalb anzuweisen, die Gebrauchsanleitungen der Pflegehersteller zu beachten.

Darüber hinaus sollten die Feuchtreinigung oder spezielle Maßnahmen der Pflege von Treppen, die bis zum Trocknen Glättebildung verursachen können, möglichst außerhalb der Hauptbenutzungszeiten der Treppe erfolgen. Wo dies nicht möglich ist, müssen die Beschäftigten auf besondere Glättezustände hingewiesen werden (Bild 10).

Deshalb gilt:

Treppen nach der Geschäftszeit reinigen

Meldung von Schäden

Jeder Beschäftigte kann dazu beitragen, dass Sturzunfälle aufgrund von Beschädigungen der Treppe vermieden werden, indem er seinen Vorgesetzten sofort auf erkannte Schäden oder Mängel hinweist. Ausgebrochene Stufenkanten, Schäden im Bodenbelag, hochstehende oder abgerissene Stoßschienen, hervorspringende Kanten an Handläufen – alles dies sind Mängel, die dem aufmerksamen Treppenbenutzer auffallen werden und die dem Vorgesetzten umgehend mitzuteilen sind. Nur so können unverzügliche Maßnahmen zur Behebung der Schäden veranlasst und Unfälle vermieden werden.

Deshalb gilt:

Schäden sofort melden

Bild 10: Warnung vor Rutschgefahr

Zusammenfassung

Treppenunfälle aufgrund eines persönlichen Fehlverhaltens oder einer mangelhaften Instandhaltung können vermieden werden, wenn sich sicherheitsbewusste Treppenbenutzer an folgende Regeln halten:

1. **Auf Treppen konzentriert und ohne Hast gehen**
2. **Den Handlauf benutzen**
3. **Treppen von Gegenständen frei halten**
4. **Bei Transport von Waren auf freie Sicht achten**
5. **Sicheres Schuhwerk tragen**
6. **Treppen nach der Geschäftszeit reinigen**
7. **Schäden an einer Treppe sofort melden**

Die Berufsgenossenschaft hilft

Sollten Sie Fragen zu den einzelnen Problemkomplexen haben oder eine Beratung z. B. beim Bau einer Treppe oder zur Wahl des richtigen Treppenbelages benötigen, wenden Sie sich an den technischen Aufsichtsdienst Ihrer Berufsgenossenschaft, der Sie kostenlos berät und Ihnen weiteres Informationsmaterial zusendet.

Rechtsquellen und Schriften

- Bauordnungsrecht der einzelnen Bundesländer
- Arbeitsstättenverordnung
- Unfallverhütungsvorschriften »Allgemeine Vorschriften« (VBG 1)
- DIN-Norm 18065 »Gebäudetreppen«
- Merkblatt für Treppen (BGl 561) (bisherige ZH 1/113)

2.18.4 Bausteine

Was sind Treppen?

Treppen sind Verbindungswege verschieden hoher Gebäudeebenen. Entsprechend unterscheidet man zwischen Geschosstreppen und Ausgleichstreppen.

Wodurch werden Konstruktion und Ausführung von Treppen bestimmt?

Konstruktion und Ausführung werden bestimmt durch die
- Allgemeinen anerkannten Regeln der Technik,
- Anforderungen der gesetzlichen Bestimmungen (Landesbauordnungen) und der Normen DIN 18065 Gebäudetreppen – Definitionen, Messregeln, Hauptmaße
- Anforderungen am Bau.

Begriffe und Bezeichnungen im Treppenbau

s = Steigungshöhe
a = Auftrittsbreite
l = Lauflänge
n = Anzahl der Steigungen
b = Treppenbreite
h = Geschosshöhe
hK = Kopfhöhe oder lichte Durchgangshöhe
s : a = Steigungsverhältnis
α = Steigungswinkel der Treppe

Steigungsverhältnis und Steigungswinkel von Treppen

Das Verhältnis von Steigen zu Auftritt ist das Steigungsverhältnis.

Ein übliches Steigungsverhältnis ist z. B.:
s : a = 17 : 29

Dieses Verhältnis stellt zugleich den Tangens im Steigungsdreieck einer Treppe dar. Aus ihm lässt sich der Steigungswinkel ausrechnen:

$$\tan\alpha = s : a$$

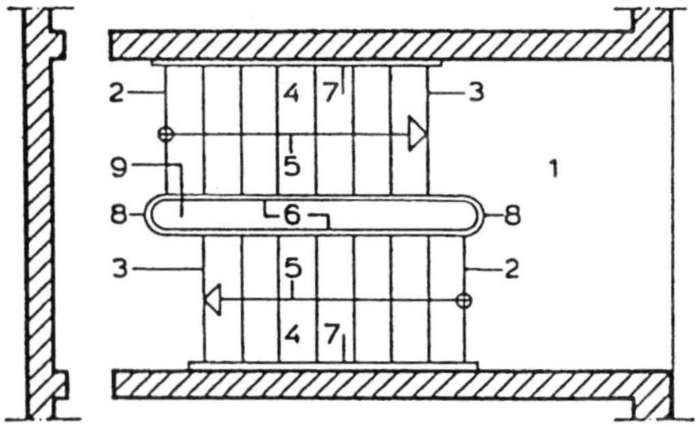

Bezeichnung von Treppenteilen

1 Podest
2 Antrittstufe
3 Austrittstufe
4 Treppenlauf
5 Lauflinie
6 innere Treppenwange
7 äußere Treppenwange
8 Krümmling
9 Treppenauge

Abb. 2.59: Bezeichnungen von Treppen- und Stufenteilen

Für das Steigungsverhältnis 17 : 29 ergibt sich:

$\tan\alpha = 17 : 29 = 0{,}586$
$\alpha = 30{,}4°$

Anforderung an Treppen

Die grundsätzliche Anforderung an Treppen lautet:
Eine Treppe muss sicher und bequem zu begehen sein.

Hierzu sollen folgende Regeln beitragen:

Schrittmaßregel: 2s + a = 59 bis 65 cm

Eine Treppe ist nach zwei weiteren Regeln, die jedoch nicht in der Norm aufgeführt sind, zu überprüfen:

Sicherheitsregel: a + s = 46 cm
Bequemlichkeitsregel: a – s = 12 cm

Setzen wir unsere gewählten Maße s = 17 cm und a = 29 cm in diese Formeln ein, so ergibt sich

2s + a = 34 + 29 = 63 cm
a + s = 29 + 17 = 46 cm
a – s = 29 – 12 = 12 cm

Das Zahlenverhältnis 17 : 29 entspricht also in allen Fällen den Maßanforderungen.

Belagsmaterial und Verlegetechnik für Treppen

Neben der Anforderung an die Sicherheit steht der Anspruch der gefälligen Gestaltung. Beide Forderungen können durch keramisches Material besonders gut erfüllt werden.

Bei der Auswahl des Materials sind Trittsicherheit und Abriebfestigkeit besonders zu beachten.

Geeignet sind fein- und grobkeramisches Material für Bodenbeläge, glasiert oder unglasiert.

Ein weiteres Auswahlkriterium sind die angebotenen Formstücke. Die Stufenvorderkanten können durch Formstücke mit Rillen, Stegen, Fasern, Rundungen oder durch Schenkelplatten gestaltet werden.

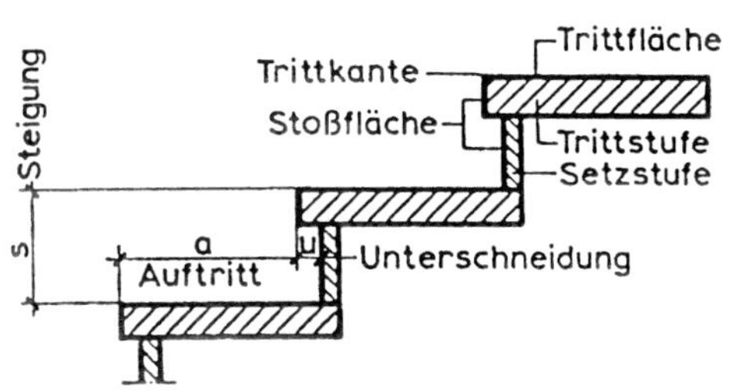

Bezeichnung von Stufenteilen

Genauigkeit wird insbesondere beim fertigen Belag verlangt. Deshalb wird z. B. eine Treppenberechnung immer an der fertigen Treppe durchgeführt. Eine Fertigtreppe muss an jeder Stelle – auch an Antritt und Austritt – gleiche Steigungs- und Auftrittsmaße haben!

Um dieses zu erreichen, stellt sich der Fliesenleger zwei Konstruktionslinien her:

- Waagerechter Riss OK FFB beim Austritt – »Waagriss«
- Senkrechter Riss VK Setzstufe beim Antritt – »Lotriss«

Auf diesen Rissen wird die Treppe in Auftritt und Steigung (Fertigmaß) eingeteilt und an die betreffenden Stufen übertragen.

Folgende Maßtoleranzen sind erlaubt:

- Steigung und Auftritt: ± 0,5 cm von einer Stufe zur nächsten Stufe.

Eine maßgenaue Rohbautreppe erlaubt das Arbeiten im Dünnbett. Leider sind die Rohtreppen oft ungenau oder sie berücksichtigen nicht die verschiedenen Belagshöhen des Bodens und der Treppe. Deshalb werden Treppenbeläge häufig im vorgezogenen Bett aus Zementmörtel (Dickbett) ausgeführt.

Zuerst werden die Beläge der Setzstufen angesetzt, danach werden die Trittstufen belegt.

Gefälle

Treppen im Innenbereich benötigen kein Gefälle.

Außentreppen benötigen zur Ableitung des Regenwassers ein Gefälle von 1,5 bis 2 % in der Laufrichtung.

2.18.5 Fragen

1. Was ist eine Treppe?
2. Welche Regelwerke gibt es für Treppen?
3. Erklären Sie die Bezeichnungen: s, a, l, n, b h, hK, s : a, α!
4. Was ist die Unterschneidung, wie groß soll sie sein?
5. Was ist die Kopfhöhe, welche Vorschriften gibt es?
6. Nennen Sie die Mindestmaße für die Treppenlaufbreiten!
7. Wie berechnen Sie den Steigungswinkel einer Treppe?
8. Eine Treppe hat das Steigungsverhältnis 16,6 : 29. Wie groß ist der Steigungswinkel?
9. Welche Steigungswinkel kommen für Haustreppen infrage?
10. Nennen Sie die Schrittmaßregel nach DIN 18065!
11. Wie heißt die Sicherheitsregel?
12. Wie heißt die Bequemlichkeitsregel?
13. Prüfen Sie nach, ob das Steigungsverhältnis 18 : 27 allen Treppenregeln entspricht!
14. Zwischen welchen Werten bewegen sich die Steigungshöhen, die sich in der Praxis bewährt haben?
15. Erklären Sie den Begriff Gehlinie (Lauflinie) und Gehbereich!
16. Welche Bedingungen müssen im Gehbereich erfüllt sein?
17. Um wie viel kann die Gehlinie einer Treppe verschoben werden?
18. Nennen Sie die verschiedenen Grundrissformen von Treppen!
19. Erklären Sie die Begriffe Linkstreppe und Rechtstreppe!
20. Erklären Sie die Begriffe Wange, Innenwange, Außenwange, Freiwange!
21. Was sind Treppenholme und Treppenspindeln?
22. Wie groß muss ein Treppenpodest mindestens sein?
23. Wie groß darf der Abstand zwischen Trittstufe und Wand höchstens sein?
24. Nennen Sie das »ideale Steigungsverhältnis«!
25. Wie groß ist der Mindestauftritt bei gewendelten Stufen?
26. Welche Regeln gibt es für Geländer und Umwehrungen?
27. Welche Auswirkungen haben unterschiedliche Belagsaufbauhöhen der Bodenbeläge und der Treppe?
28. Die Steigung einer Treppe ist 17 cm. Der Bodenbelag ist 12 cm, der Treppenbelag 4 cm. Wie ist das Rohbaumaß der Antrittstufe s1?
29. Eine einläufige gerade Treppe hat eine Geschosshöhe von 2,625 m (Fertigmaß). Berechnen Sie s, n, a, l, α!
30. Welche Vorschriften gibt es für Geländer und Handläufe?
31. Welche Regeln beachten Sie bei der Herstellung eines Treppenbelages aus keramischen Fliesen?
32. Wie soll die Stufenvorderkante beschaffen sein?
33. Sie haben den Auftrag, eine ausgetretene Sandsteintreppe zu sanieren und mit keramischen Fliesen zu belegen. Erklären Sie die Arbeitsschritte!
34. Welche Regeln gibt es für die Einteilung und Ausführung von Wandbelägen in Treppenhäusern?
35. Welche Forderungen gibt es für die Benutzung und Unterhaltung von Treppen, um Unfälle zu vermeiden?

2.18.6 Antworten

1. Eine Treppe ist ein Bauteil zur Überwindung unterschiedlicher Höhen.
2. Regelwerke für Treppen:
   DIN 18065 Gebäudetreppen, Landesbauordnung LBO, Merkblatt der Berufsgenossenschaft
3. s = Steigung, a = Auftritt, l = Lauflänge, n = Anzahl der Steigungen, b = Treppenbreite, h = Stockwerkshöhe, hK = Kopfhöhe, s : a = Steigungsverhältnis, α = Steigungswinkel
4. Die Unterschneidung ist der Überstand des Auftritts gegenüber der Setzstufe. Sie soll 3 cm betragen.
5. Die Kopfhöhe ist die lichte Treppendurchgangshöhe ab Vorderkante Stufen. Sie soll mindestens 200 cm betragen, eingeschränkt auf einem Randstreifen von jeweils 25 cm.
6. Treppenlaufbreiten sind:
   80 cm bei Wohngebäuden mit nicht mehr als zwei Wohnungen, 100 cm in sonstigen Gebäuden.
7. Die Berechnung des Steigungswinkels erfolgt über den Tangens aus Steigung und Auftritt.
8. Berechnung des Steigungswinkels:
   Tangens α = 16,5 : 29 = 0,5689; α = 29,64°
9. Steigungswinkel für Haustreppen: 25–40°
10. Schrittmaßregel: 2 s + a = 59 bis 65 cm
11. Sicherheitsregel: a + s = 46 ± 1 cm
12. Bequemlichkeitsregel: a – s = 12 cm
13. Steigungsverhältnis 18 : 27; überprüft nach der
    Schrittmaßregel: 2 x 18 + 27 = 64; entspricht der Schrittmaßregel
    Sicherheitsregel: 18 + 27 = 45; entspricht der Sicherheitsregel
    Bequemlichkeitsregel: 27 – 18 = 9; entspricht nicht der Bequemlichkeitsregel
14. Die Steigungshöhen bewegen sich in der Praxis von 13 bis 19 cm.
15. Die Gehlinie (Lauflinie) ist eine Konstruktionslinie, in der Regel in der Treppenmitte, von Vorderkante Steigung 1 bis Vorderkante Austritt. Der Gehbereich ist eine Fläche im Grundriss, innerhalb derer die Gehlinie verschoben werden kann.
16. Im Gehbereich muss das Steigungsverhältnis gleich bleiben.
17. Innerhalb des Gehbereichs kann die Gehlinie um 2/10 der nutzbaren Treppenlaufbreite verschoben werden.
18. Grundrissformen von Treppenformen sind:
    einläufige, gerade Treppe, zweiläufige gerade Treppe, zweiläufige Winkeltreppe mit Zwischenpodest, zweiläufige U-Treppe mit Halbpodest, viertelgewendelte Treppe, zweimal viertelgewendelte Treppe, halbgewendelte Treppe, Wendeltreppe.
19. Linkstreppe bzw. Rechtstreppe:
    Beim Hinaufgehen wendelt sich die Treppe nach rechts bzw. links.
20. Treppenwangen sind seitliche Begrenzungen innen und außen, die Freiwange ist eine freistehende Innenwange.
21. Holm und Spindel sind Begriffe aus dem Holztreppenbau. Holm ist der Geländerholm, Spindel ist das Zentrum einer Spindeltreppe.
22. Die Podesttiefe muss mindestens der Treppenlaufbreite entsprechen.
23. Der Abstand zwischen Trittstufe und Wand darf höchstens 6 cm sein.
24. Das »ideale Steigungsverhältnis« ist 17 : 29.
25. Der Mindestauftritt bei gewendelten Stufen ist 10 cm, bei Gebäuden mit nicht mehr als 2 Wohnungen:
    10 cm im Abstand von 15 cm gemessen von der inneren Begrenzung.
26. Geländer und Umwehrungen müssen mindestens 90 cm hoch, bei mehr als 12 m Höhe mindestens 110 cm hoch sein.
27. Unterschiedliche Belagshöhen führen zu unterschiedlichen Höhen im Rohbau beim Antritt s1.
28. Berechnung: s1 = 17 + 12 – 4 = 25 cm
29. Berechnung: n = 15, s = 17,5 cm, a = 28 cm, l = 3,92 m, α = 32°
30. Geländer und Handläufe müssen mindestens 4 cm Abstand von der Wand haben.
31. Regeln bei der Herstellung eines Treppenbelages:
    Vorderkante Stufe = Fliesenrichtung;
    bei geraden Treppen laufen die Fugen durch,
    bei gewendelten Treppen sind die Fugen versetzt
32. Stufenvorderkanten müssen trittsicher und abgerundet sein.
33. Reparatur einer ausgetretenen Sandsteintreppe:
    Überprüfen der Treppenmaße,
    Aufbringen einer Grundierung zur Festigung des Sandsteins und als Haftbrücke,
    Ausgleich mit Reparaturmörtel,
    Belegen im Dünnbett (bei genauem Untergrund) oder Dickbett
34. Über der Treppe und als oberer Abschluss läuft ein paralleles Fliesenband; die Schrägen werden auf Gehrung geschnitten; der obere Knickpunkt des unteren Fliesenbandes gibt den oberen Knickpunkt des oberen Fliesenbandes.
35. Bei der Benutzung von Treppen ist immer Vorsicht beim Begehen geboten. Treppen sollten gut zu reinigen sein, müssen schnee- und eisfrei gehalten und sollten gut beleuchtet werden. Auf Treppen sollten keine Gegenstände abgestellt werden.

2.19 Mechanisch hoch belastbare Bodenbeläge

2.19.1 Stichworte zum Thema

- Vorkommen mechanisch hoch belasteter Bodenbeläge
  - im gewerblichen und industriellen Bereich
  - in Lagerhallen
  - in Fertigungshallen
  - in Reparatur- und Wartungshallen
- Ausschreibung für mechanisch hoch belastete Bodenbeläge mit Angaben über
  - Art, Häufigkeit und Höhe der Belastung
  - vorgesehenen Bodenaufbau
  - vorgesehenes Belagsmaterial
- Ausführung mechanisch hoch belasteter Bodenbeläge
  - Verlegeverfahren
  - Haftverbund
  - Fugenbild
  - Bewegungsfugen
  - Kantenpressung, Sicherung der Fliesenkanten

2.19.2 Regelwerke

ZDB-Merkblatt Mechanisch hoch belastbare keramische Bodenbeläge (siehe S. 293)

Wesentliche Inhalt des Merkblattes Mechanisch hoch belastbare keramische Bodenbeläge

Mechanische Belastung:
rollende Belastung, ortsfeste Lasten
Keramische Fliesen und Platten
Planung und Ausführung des Bodenbelages:
Verlegung im Verbund
Verlegung auf Trennschicht
Verlegung auf Dämmschichten

Abb. 2.60: Mechanisch hoch belastete Bodenbeläge

2.19.3 Abdruck von Regelwerken

Merkblatt Mechanisch hoch belastbare keramische Bodenbeläge
siehe S. 293

merkblatt

ZENTRALVERBAND
DEUTSCHES
BAUGEWERBE
ZDB

MECHANISCH HOCH BELASTBARE KERAMISCHE BODENBELÄGE

Juni 2002
Ersatz für Ausgabe September 1995:
Mechanisch hoch belastbare Bodenbeläge
aus keramischen Fliesen und Platten
und
Ausgabe Juni 1992:
Grundlagen für die Bemessung von Lastverteilungsplatten auf Dämmschichten und Hinweise für Planung und Ausführung mechanisch hoch belastbarer Bodenbeläge aus keramischen Fliesen und Platten

Rudolf Müller

FACHVERBAND
DEUTSCHES
FLIESENGEWERBE
im Zentralverband des Deutschen Baugewerbes

Herausgeber:

FACHVERBAND DEUTSCHES FLIESENGEWERBE IM
ZENTRALVERBAND DES DEUTSCHEN BAUGEWERBES E.V.,
BERLIN

in Zusammenarbeit mit:

Industrieverband Keramische Fliesen + Platten e.V., Selb

Alleinverkauf durch die Servicestelle des Fachverbandes Deutsches Fliesengewerbe:
Verlagsgesellschaft Rudolf Müller GmbH & Co. KG, Postfach 41 09 49, 50869 Köln,
Telefon (02 21) 54 97-112, Fax (02 21) 54 97-130, www.rudolf-mueller.de

Inhaltsverzeichnis

Mechanisch hoch belastbare keramische Bodenbeläge – Planung, Bemessung und Ausführung

Einführung

Keramische Fliesen und Platten werden wegen ihrer hohen Festigkeit und vielfältigen Gestaltungsmöglichkeiten durch Farben und Formate für Bodenbeläge mit teils sehr unterschiedlicher mechanischer Belastung im Wohnungs-, Nichtwohnungs-, Gewerbe- und Industriebau verwendet.

Um in diesen Bereichen nutzungsgerechte, mechanisch hoch belastbare Bodenbeläge erstellen zu können, sind bereits bei der Planung:
- die zu erwartenden Belastungen,
- das keramische Material,
- die Belagskonstruktion mit den Verlegewerkstoffen
- die Verlegeart

aufeinander abzustimmen.

1 Mechanisch hohe Belastung

Bodenbeläge werden beansprucht durch stationäre oder instationäre Belastungen.

Sie müssen diesen ohne Einschränkungen hinsichtlich ihrer Funktion gewachsen sein.

1.1 Stationäre (ortsfeste) Belastungen

Stationäre (ortsfeste) Belastungen sind im Allgemeinen unproblematisch und stellen keine besonderen Anforderungen an den keramischen Oberbelag.

Die zu erwartende Belastung muss jedoch bei der Bemessung des tragenden Untergrundes, der Dämm- und Lastverteilungsschicht durch den Statiker und Planer entsprechend der angenommenen Verkehrslasten nach DIN 1055 festgelegt und berücksichtigt werden.

1.2 Instationäre (nicht ortsfeste/ bewegliche) Belastungen

Instationäre Belastungen, wie z. B. durch Befahren, müssen hingegen – vor allem bei über im Wohnungsbau hinausgehenden – nicht nur bei der Bemessung des Untergrundes, sondern auch hinsichtlich der Anforderungen an die Belagskonstruktion und die einzusetzenden Stoffe bei deren Planung berücksichtigt werden.

Die dynamische Belastung nimmt – in Abhängigkeit von der Beschaffenheit der bewegten Fahrzeuge – zu mit:

- der Härte des Rollenmaterials;
- der Verringerung des Rollendurchmessers und der Rollenbreite;
- der Zunahme der Belastung pro Rolle, wie z. B. auch durch Beschleunigungs-, Bremsvorgänge oder Kurvenfahrt.

Als „hoch belastet“ sind solche Bodenbeläge anzusehen, die durch Transportvorgänge mit Flurförderfahrzeugen oder vergleichbar beansprucht werden, wie dies zum Beispiel in Geschäften des Lebensmittel-Einzel- oder -Großhandels, in Baumärkten, sonstigen gewerblichen Flächen, Großküchen, industriellen Produktions- oder Lagerstätten usw. der Fall ist.

Die Häufigkeit eines Befahrens stellt hierbei kein Kriterium dar.

Flurfördergeräte erzeugen in Abhängigkeit von ihrem Gewicht einschließlich Nutzlast, der Art der Rollen und ihrer Werkstoffe auf Bodenbelägen unterschiedliche Pressungen; diese erreichen entsprechend einer Untersuchung des Otto-Graf-Instituts der TU Stuttgart [10] die in Bild 1 dargestellten Werte.

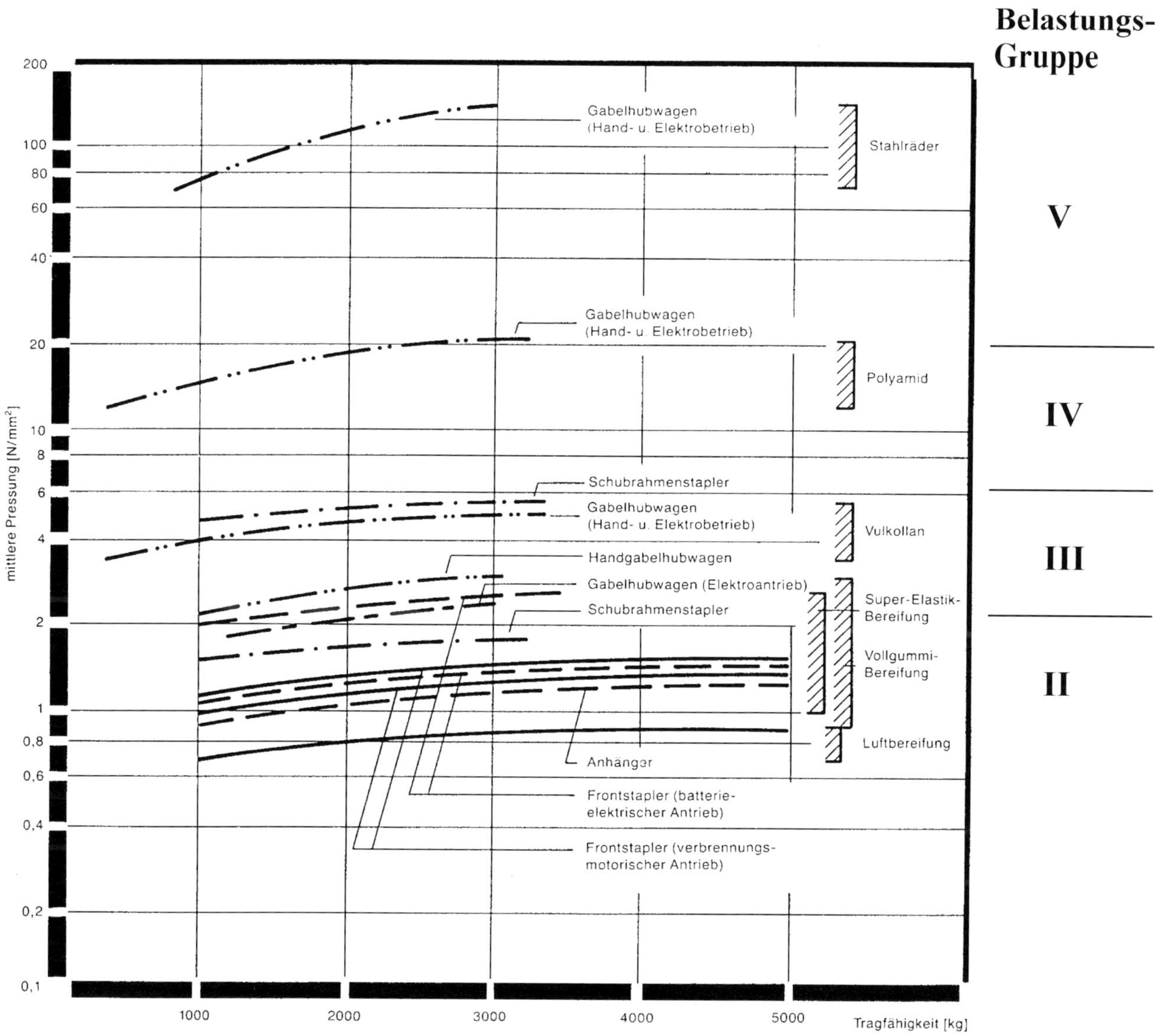

Bild 1: Mittlere Pressung in N/mm² durch Flurfördermittel in Abhängigkeit von der Tragfähigkeit und der Art des Rollenmaterials nach [10]

Auf die Verwendung von Flurförderfahrzeugen mit Stahlrollen sollte grundsätzlich verzichtet werden, da die hierbei entstehenden Pressungen > 100 N/mm² in der Regel zu Schäden führen.

Den Erfahrungen zufolge kann man die gesamte Bandbreite mechanischer Beanspruchung von „gering“ bis „hoch“ entsprechend Bild 2 definieren:

Beanspr.-Gruppe	Bruchkraft F(N) DIN-EN 100	Anwendungsbereiche Mechanische Beanspruchung
I.	< 1500	Wohnungsbau und Bodenbeläge mit vergleichbarer mechanischer Beanspruchung, z. B. Hotelbadezimmer, Räume des Gesundheitsdienstes
II.	1500–3000	Verwaltung, Gewerbe und Industrie (befahrbar mit luftbereiften Fahrzeugen), z. B. Großküchen, Kantinen, Verkehrszonen, Kfz-Ausstellungs- und Wartungsräume, Verkaufsräume, jeweils ohne Flurförderverkehr **Pressungen bis 2 N/mm^2**
III.	3000–5000	Gewerbe und Industrie (Flurförderfahrzeugverkehr mit Superelastik-, Vollgummi- und Vulkollanbereifung), z.B. im Lebensmittel-Einzel- und -Großhandel, Nonfood-Einzel- und- Großhandel, Ladenpassagen **Pressungen von 2 bis 6 N/mm^2**
IV.	5000–8000	Gewerbe und Industrie; Anwendungsbereiche wie Gruppe III, jedoch befahrbar mit Polyamidrollen; **Pressungen von 6 bis 20 N/mm^2**
V.	> 8000	Gewerbe und Industrie; Schwerlastbereiche mit Flurförderfahrzeugverkehr mit Polyamidrollen, Kollern von Metallteilen, wie z. B. in Fabrikations-, Montage- und Lagerhallen, Reparaturwerkstätten für Maschinen und schweres Gerät **Pressungen > 20 N/mm^2**

Bild 2: Mechanische Belastung nach Gruppen

Die Gruppen I und II umfassen hierbei die Anwendungsbereiche mit geringerer Belastung und die Gruppen III – V „mechanisch hoch belastete" Beläge.

Die Gruppeneinteilung ermöglicht eine Zuordnung der erforderlichen Fliesen- und Plattendicke in Abhängigkeit von der Festigkeit der keramischen Fliesen oder Platten zu der zu erwartenden mechanischen Beanspruchung.

Bei öffentlichen oder gewerblich genutzten Gebäuden muss in der Regel nach DIN 1055 mit höheren Punkt- oder Radlasten gerechnet werden, die bei Bemessung von Lastverteilungsschichten zu berücksichtigen sind (Ziffer 2.2).

2 Planung

Bodenbeläge sind unter Berücksichtigung der zu erwartenden Belastung und Nutzung zu planen.

Bei Bodenbelagskonstruktionen unterscheidet man zwischen **„Verbundbelägen"**, **„Belägen auf Trennschicht"** und **„schwimmenden Belägen"** (Beläge auf Dämmschicht).

Bei **„Verbundbelägen"** besteht ein kraftschlüssiger Verbund zwischen den einzelnen Schichten der Belagskonstruktion (Fliesen oder Platten, Mörtel und massiver Untergrund).

Dadurch werden auf den Belag einwirkende Lasten am Einwirkungspunkt über den Estrich oder die Bettungsschicht in den tragfähigen Untergrund weitergeleitet, wobei lediglich Druckspannungen entstehen. Diese können infolge der nach Bedarf hohen bis sehr hohen Druckfestigkeit der Stoffe im Allgemeinen gut aufgenommen werden.

Deshalb werden mechanisch hoch belastete Bodenbeläge in der Regel als Verbundbelag ausgeführt. Ein **„Belag auf Trennschicht"** ergibt sich dann, wenn der aus Bettungsschicht/Estrich und Fliesen oder Platten bestehende Belag durch Trennschichten und/oder Abdichtungen nach DIN 18195 vom Untergrund getrennt ist.

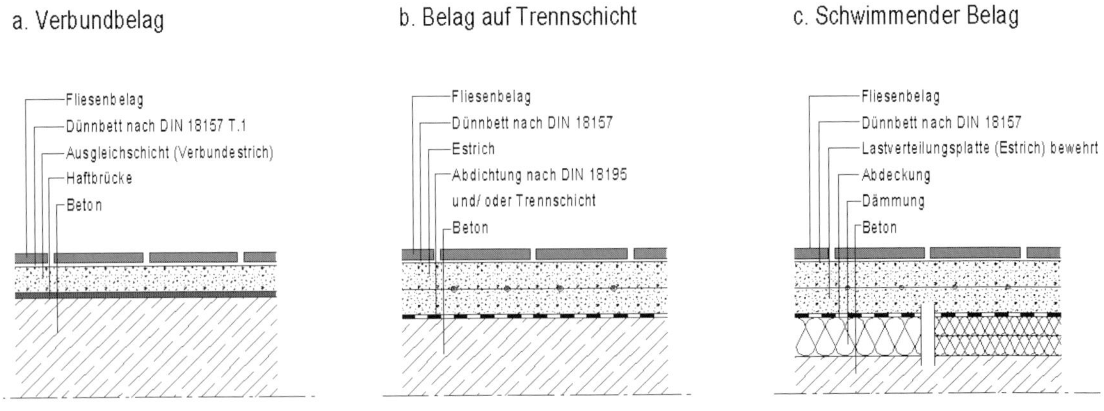

Bild 3: Bodenbelagskonstruktionen

Bei Belägen auf Trennschicht ist die Weiterleitung der einwirkenden Lasten nur bedingt möglich.

Ein **„schwimmender Belag“** („Belag auf Dämmschicht“) ist dann gegeben, wenn der Belag durch Dämmschichten von der tragfähigen Unterkonstruktion getrennt ist. Bei Anforderungen an den Wärme- oder Schallschutz ist der Einbau von Dämmschichten unterhalb des Belages erforderlich.

Diese Dämmschichten führen dazu, dass der Belag sowohl auf Druck als auch auf Biegung beansprucht wird.

Der über der Dämmung befindliche Estrich übernimmt hierbei die Funktion einer „Lastverteilungsplatte“, die je nach zu erwartender Belastung zu bemessen ist. Bei den im Wohnungsbau und hinsichtlich der mechanischen Belastung vergleichbaren Bereichen kann dies durch Festlegung der in den allgemein anerkannten Regeln der Technik (Normen [8], Merkblätter [9]) geforderten Mindestfestigkeiten und Dicken erfolgen.

2.1 Untergrund

Der tragende Untergrund muss den statischen und konstruktiven Anforderungen entsprechen und aus bewehrtem Beton mindestens der Festigkeitsklasse C25/30 nach DIN 1045 bestehen.

Die Ebenheit der Oberfläche des Untergrundes muss DIN 18202 – Tabelle 3 „Ebenheitstoleranzen“ – Zeile 1 entsprechen.

Erforderliche Gefälle des keramischen Belages sollen im tragenden Untergrund vorgegeben sein. Auf dem Untergrund befindliche Rohrleitungen, Kabel usw. sind zu vermeiden.

Die Oberfläche muss als Untergrund für Verbundbeläge eine ausreichende Festigkeit und eine griffige Struktur aufweisen sowie frei von Rissen, losen Bestandteilen und Verschmutzungen sein. Ist diese Voraussetzung nicht gegeben, sind besondere Maßnahmen zur Sicherung des Verbundes zu treffen, wie z. B. eine mechanische Bearbeitung der Oberfläche (siehe auch Ziffer 2.3.2) oder der Einsatz geeigneter Haftbrücken.

Formänderungen (Kriechen und Schwinden) des Beton-Untergrundes von Verbundbelägen sollten weitgehend abgeklungen sein. Sechs Monate nach Herstellung gilt die Belegreife als erreicht. Örtliche Gegebenheiten, wie z. B. ungünstige Austrocknungsbedingungen, Dicke und Güte des Betons usw. können längere Wartezeiten erfordern.

2.2 Bemessung und Ausführung der Lastverteilungsplatte („schwimmende“ Beläge/Beläge auf Trennschicht)

Bei hoch belasteten Belagskonstruktionen ist die Lastverteilungsplatte vom Planer oder einem von diesem hinzuzuziehenden Statiker zu bemessen. Dabei sind ggf. aufgrund der Nutzung der Beläge zu erwartende erhöhte Punkt- oder Radlasten zu berücksichtigen. Falls hierzu keine konkreten Lastvorgaben gemacht werden, kann näherungsweise von einer Radbelastung von

$$F \approx 1{,}0 - 2{,}0 \times \text{Flächenlast}$$

ausgegangen werden.

Die Bemessung der Lastverteilungsplatte kann nach dem Verfahren von Manns/Zeus [11] erfolgen.

Dabei können für Dämmstoffe in Abhängigkeit von ihrer Art und Dicke folgende Bettungsziffern zu Grunde gelegt werden:

Bettungsziffer (MN/m^3)					
Material	**Dämmstoffdicke (mm)**				
	20	**40**	**60**	**80**	**100**
Perliteschüttung	100	50	33	25	20
Perlitedämmplatten	525	263	175	131	105
Polyurethan	80–250	40–125	27–83	20–63	16–50
Extrudiertes PS	300–1000	150–500	100–333	75–250	60–200
Expandiertes PS	370–450	185–225	123–150	93–113	74–90
Schaumglas	3250–25000	1625–12500	1083–8333	813–6250	650–5000

Unter Zugrundelegung dieser Bettungsziffern und einer Mindestbiegezugfestigkeit des Estrichs von $\geq 5\ N/mm^2$ (ZE 30 nach DIN 18560-1) kann die Bemessung der Lastverteilungsplatte für Last- und/oder Aufstandsflächen $\geq 25\ cm^2$ und $\geq 100\ cm^2$ mithilfe der nach Manns/Zeus entwickelten Diagramme Bild 4.1 und 4.2 erfolgen.

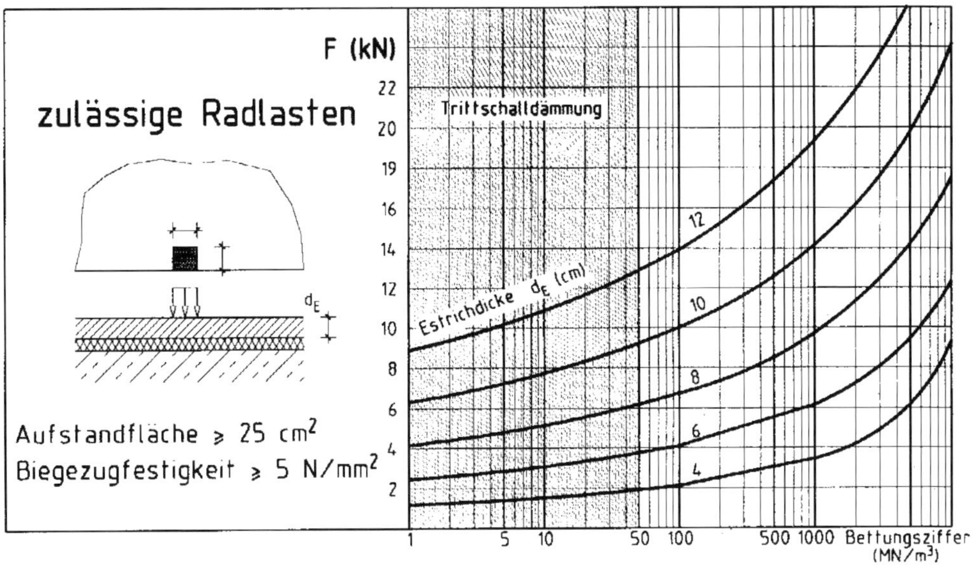

Bild 4.1: Bemessungsdiagramm für Last-Aufstandsfläche ≥ 25 cm²

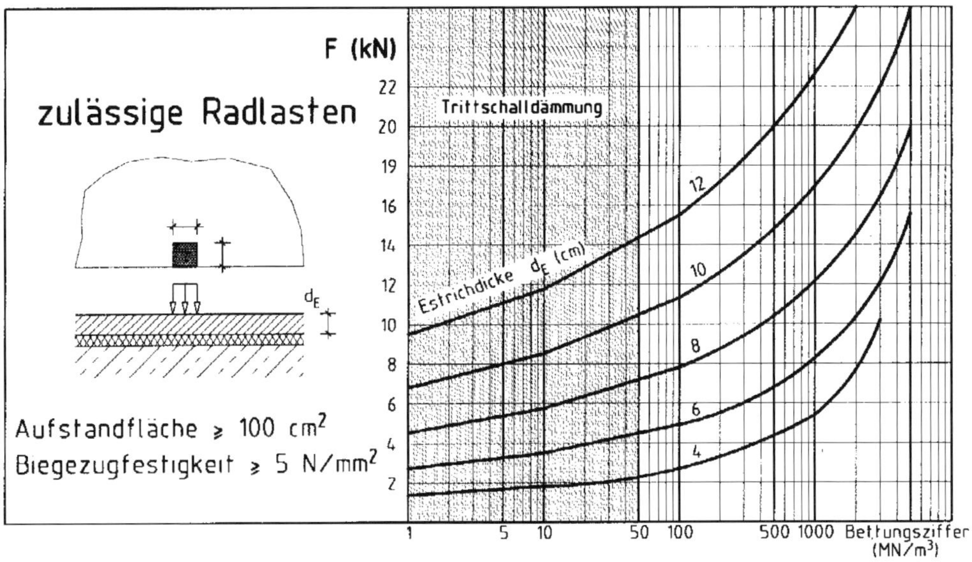

Bild 4.2: Bemessungsdiagramm für Last-Aufstandsfläche ≥ 100 cm²

Liegen andere Bedingungen vor, wird eine Berechnung der Dicke nach dem Berechnungsverfahren von Manns/Zeus [11] ohne Berücksichtigung einer Bewehrung für den ungünstigsten Lastfall (Einzellast am Plattenrand) entsprechend nachfolgender Formel empfohlen.

$$\text{zu. } \beta_{bz} = \frac{0{,}529 \times F}{d^2} (1 + 0{,}54\,\mu) \left[\lg \left(\frac{E \times d^3}{KS \times b^4} \right) + \lg \left(\frac{100 \times b}{1 - \mu^2} \right) - 1{,}08 \right]$$

Darin bedeuten:

F = Last in MN
D = Dicke des Estrichs in m
E = Elastizitätsmodul des Estrichs = 20 000 N/mm²
μ = Querdehnzahl = 0,2
a = Belastungskreisradius in m
KS = Bettungszahl in MN/m³ = 1,75/ d_L-d_B
$d_L - d_B$ = Zusammendrückbarkeit in m

$b = \sqrt{1{,}6 \times a^2 + d^2} - 0{,}675 \times d$ für $a < 1{,}724 \times d$

$b = a$ für $a > 1{,}724 \times d$

$$\beta_{bz} = \frac{\beta_{bz,w}}{\text{Sicherheitsbeiwert}} = \frac{5{,}0}{2{,}5} = 2{,}0 \text{ N/mm}^2$$

Gleichzeitig werden besondere Anforderungen an die Ausführung der Lastverteilungsplatte gestellt:

- Festigkeitsklasse mindestens ZE 20 nach DIN 18560 [8];
- Zuschlag mit dichtem Gefüge entsprechend DIN 4226-1; Körnung 0-16 mm; w/z ≤ 0,6.
- schwindarme Zusammensetzung;
- nichtstatische Bewehrung, z. B. N 94, N 131;
- gute Verdichtung;
- Nachbehandlung durch Abdecken mit PE-Folie.

In mechanisch hoch belasteten Bereichen sind Dämmstoffe mit geringer Zusammendrückbarkeit, wie z. B. aus EP-Schaum, Typ WD oder WS nach DIN 18164 mit einer Rohdichte von mindestens 30 kg/m³ oder – falls keine Anforderungen an den Schallschutz erfüllt werden müssen – solche ohne Zusammendrückbarkeit, z. B. Schaumglas nach DIN 18174, zu bevorzugen.

Eine ggf. erforderliche Trittschalldämmung ist aus Dämmstoff nach DIN 18164-2 oder DIN 18165-2 in geringer Dicke innerhalb einer zweilagigen Dämmung mit Anordnung unterhalb der härteren Dämmschicht herzustellen.

Das Maß der Zusammendrückbarkeit aller Dämmschichten darf 5 mm nicht überschreiten.

Die Zusammendrückbarkeit der Dämmung geht über die Bettungsziffer (= Elastizitätsmodul/ Dämmschichtdicke) in der Dimensionierung der Lastverteilungsplatte ein. Deren statische Beanspruchung ist umso geringer, je geringer die Zusammendrückbarkeit der Dämmschicht(-en) ist.

Die Bettungszahl mehrlagiger Dämmschichten ist aus der Summe der Zusammendrückbarkeiten der Schichten zu ermitteln.

Bei üblichen Nutzungen und Bemessungsangaben mittels Flächenlasten nach DIN 1055 sind Punktlasten in der Größenordnung von 60 % der Flächenlasten abgedeckt.

2.3 Keramischer Belag

2.3.1 Fliesen und Platten

Als keramische Bodenbelagsstoffe sind geeignet:
- Trockengepresste keramische Fliesen und Platten nach DIN EN 176 [3] und 177 [4] (Steinzeug);
- Stranggepresste keramische Fliesen und Platten nach DIN EN 121 [2] und DIN EN 186 [5] (Steinzeug);

Fliesen für mechanisch hoch belastete Beläge ab der Gruppe III sollten hingegen DIN EN 176 [3], DIN EN 121 [2] oder DIN EN 186-1 [5] entsprechen und zusätzlich folgende Bedingungen erfüllen:
- empfohlene Kantenlängen zwischen 8 und 30 cm;
- Bruchkraft F der Belastungsgruppe entsprechend.

Die Bruchkraft F, die sich bei Bestimmung der Biegefestigkeit nach DIN EN ISO 10545-4 [1] als Messgröße ergibt, fasst die wichtigsten Einflussgrößen Biegefestigkeit und Dicke zusammen. Sie ist:
- linear abhängig von der Biegefestigkeit β in N/mm²;
- abhängig vom Quadrat der Dicke h in mm;
- bei quadratischen Formaten unabhängig vom Format.

Sie kann bei bekannter Biegefestigkeit der Fliesen oder Platten auch rechnerisch mithilfe nachfolgender Formel ermittelt werden:

Bruchkraft F (N) = 2 x *R* x h² x b/ 3 x L

Darin bedeutet:
R Biegefestigkeit der Fliese oder Platte in N/mm²;
h Fliesen- oder Plattendicke in mm;
b Fliesen- oder Plattenbreite in mm;
L Fliesen- oder Plattenlänge in mm.

Mindest-Biegefestigkeiten:
Spaltplatten nach DIN EN 121/ DIN 186-1 20 N/mm²
Fliesen nach DIN EN 176 27 N/mm²

Wenn man die v. g. Mindest-Biegefestigkeit der betreffenden Stoffnormen zu Grunde legt, ergibt sich die in Bild 5 wiedergegebene Mindest-Bruchkraft F in Abhängigkeit von den Fliesen- oder Plattendicken.

Dicke h	**Bruchkraft F in N** für von den Produktnormen geforderte Mindest-Biegefestigkeiten β in N/mm²	
(mm)	**Spaltplatten** DIN-EN 121 DIN EN 186-1 E < 3% und 3–6% 20 N/mm²	**Steinzeugfliesen** DIN EN 176 E < 3 % 27 N/mm²
9	1 080	1 458
10	1 333	1 800
11	1 613	2 178
12	1 920	2 592
13	2 253	**3 042**
14	2 613	**3 528**
15	**3 000**	**4 050**
16	**3 413**	**4 608**
18	**4 320**	**5 832**
20	**5 333**	**7 200**
25	**8 333**	**11 250**
30	**12 000**	**16 200**

Bild 5: Mindest-Bruchkraft F von Fliesen und Platten in Abhängigkeit von ihrer Dicke

Im Allgemeinen liegt die Biegefestigkeit von Fliesen und Platten jedoch erheblich über den Mindestanforderungen.

Die Abhängigkeiten der Bruchkraft F von den Fliesen- und Plattendicken und der möglichen Biegefestigkeiten sind in Bild 6 u. 7 dargestellt.

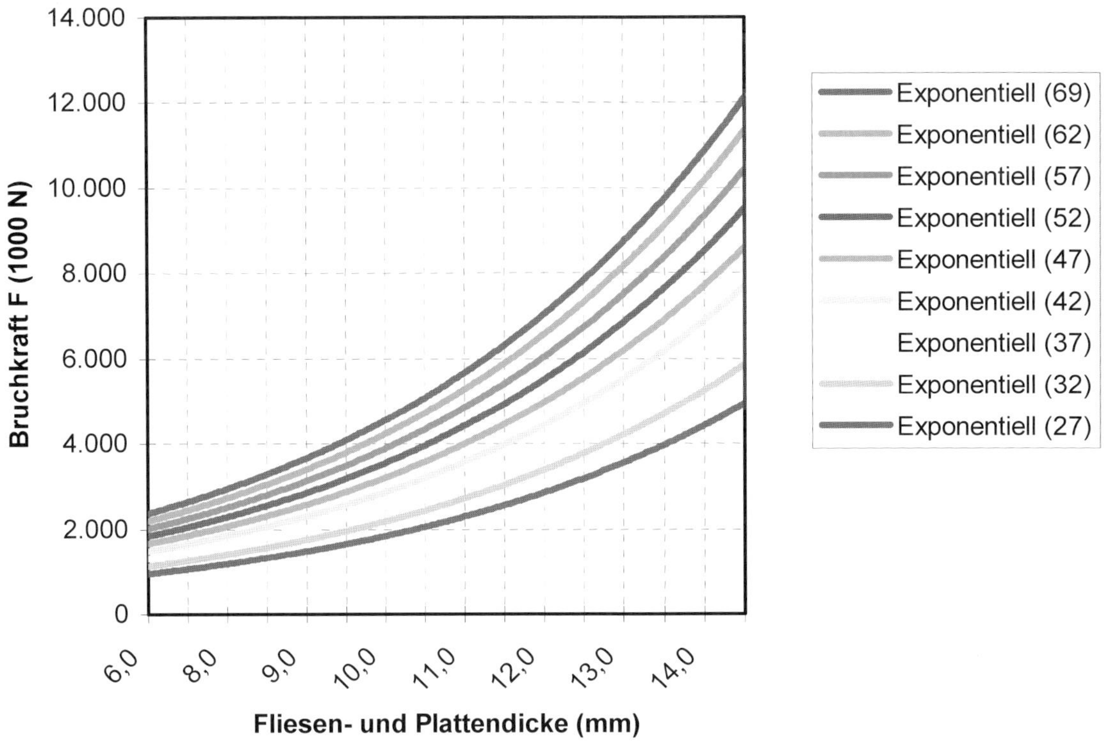

Bild 6: Abhängigkeit der Bruchkraft F von den Fliesen- und Plattendicken und Biegefestigkeit (N/mm²)

Beispiel:
Bei einer Fliese oder Platte mit der Biegefestigkeit
1. 69 N/mm² wird eine Bruchkraft F = 3 000 N (Gruppe III) erreicht mit 8,5 mm Dicke;
2. 27 N/mm² wird eine Bruchkraft F = 3 000 N (Gruppe III) erreicht mit 12,2 mm Dicke

Belastungs-gruppe	**Dicke** (mm)	**Bruchkraft F (N) Fliesen oder Platten (quadratisches Format)** Biegefestigkeiten in N/mm²								
		27	32	37	42	47	52	57	62	69
I.	6,00	722	855	989	1123	1256	1390	1523	1657	1844
	7,00	982	1164	1346	1528	1710	1892	2074	2255	2417
	8,00	1283	1520	1758	1996	2233	2471	2708	2946	3157
	8,50	1448	1716	1985	2253	2521	2789	3057	3326	3564
II.	9,00	1624	1924	2225	2526	2826	3127	3428	3728	3996
	9,50	1809	2144	2479	2814	3149	3484	3819	4154	4452
	10,00	2005	2376	2747	3118	3489	3861	4232	4603	4933
	10,50	2210	2619	3029	3438	3847	4256	4666	5075	5439
	11,00	2426	2875	3324	3773	4222	4671	5121	5570	5969
	11,50	2651	3142	3633	4124	4615	5106	5597	6088	6524
	12,00	2887	3421	3956	4490	5025	5559	6094	6628	7104
II.	12,50	3132	3712	4292	4872	5452	6032	6612	7192	7708
	13,00	3388	4015	4642	5270	5897	6524	7152	7779	8337
	13,50	3653	4330	5006	5683	6359	7036	7712	8389	8991
	14,00	3929	4656	5384	6112	6839	7567	8294	9022	9669
IV.	16,00	5132	6082	7032	7983	8933	9883	10833	11784	12629
	18,00	6495	7697	8900	10103	11306	12508	13711	14914	15984
V.	20,00	8018	9503	10988	12473	13958	15442	16927	18412	19733
	22,00	9702	11499	13295	15092	16889	18685	20482	22279	23877
	24,00	11546	13684	15823	17961	20099	22237	24375	26513	28416

Bild 7: Bruchkraft F nach Biegefestigkeit und Fliesen- oder Plattendicke und Zuordnung zur Belastungsgruppe

So ist beispielsweise:

1. eine Fliese nach DIN EN 176 des Formats 10 x 10 cm (97 x 97 x **6 mm**) bei einer Biegefestigkeit von 42 N/mm² (Bruchkraft: 1123 N < 1500 N) nach Bild 6 bzw. 7 geeignet für Anwendungsbereiche der **Gruppe I.**

2. eine solche des Formats 20 x 20 (196 x 196 x **9 mm**) mit einer Biegefestigkeit von 47 N/mm² (Bruchkraft: 2 826 N < 3 000 N) geeignet für die **Gruppe II.**

3. eine solche des Formats 20 x 20 (196 x 196 x **13 mm**) mit einer Biegefestigkeit von 57 N/mm² (Bruchkraft: 7152 N < 8 000 N) geeignet für die **Gruppe III.**

Über die tatsächlichen Bruchkräfte der Fliesen und Platten geben die jeweiligen Hersteller Auskunft. Bei Bedarf sind Prüfzeugnisse anzufordern.

Fliesen oder Platten mit größerer Bruchkraft F schaffen Sicherheitsreserven bei ggf. späterer Nutzungsänderung und höherer Belastung.

2.3.2 Verlegung der Fliesen und Platten

Bei erhöhter Dicke der Lastverteilungsschicht verlängert sich die Wartezeit bis zum Erreichen der Belegreife. Diese gilt bei Zementestrichen als erreicht, wenn deren Restfeuchte < 2 CM-% beträgt.

Richtwerte für die erforderliche Wartezeit zwischen Herstellung der Lastverteilungsplatte und dem Verlegen der Fliesen oder Platten in trockenen Innenräumen können Bild 8 entnommen werden.

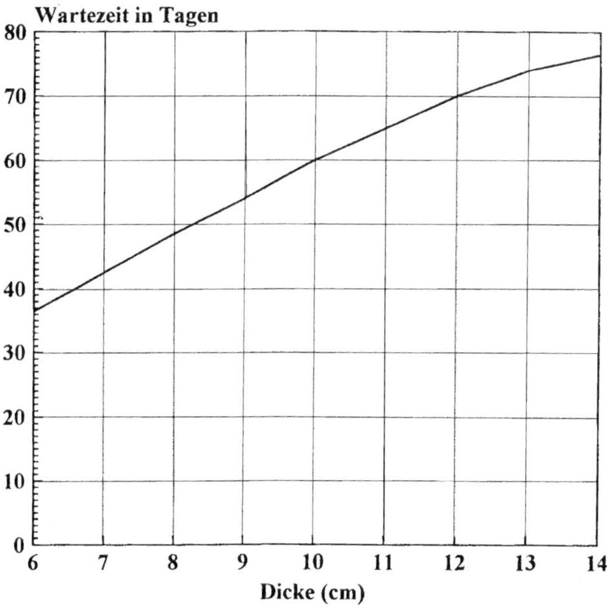

Bild 8: Richtwerte für Wartezeit in Tagen

Die Verlegung erfolgt in der Regel im Dünnbettverfahren nach DIN 18157 [7] mit Dünnbettmörteln nach DIN EN 12004 [6] der Klasse C 1 (normale Anforderungen) oder C 2 (erhöhte Anforderungen) auf einem erhärteten Zementestrich (Verbund- oder „schwimmender“ Estrich) nach DIN 18560 [8] mindestens der Festigkeitsklasse ZE 20 (bei hoch belasteten Belägen auch der Klasse ZE 30).

Kunststoffvergütete hydraulische Dünnbettmörtel sollen einen Elastizitätsmodul (E-Modul) von mindestens 2 000 N/mm² aufweisen. Die Dicke des Kleberbettes soll 4 mm nicht überschreiten.

Bei hoch belasteten Belägen ist eine weitgehend vollflächige Bettung der Fliesen oder Platten anzustreben.

Diese kann erreicht werden durch die Anwendung des „kombinierten“ („Buttering-Floating“)-Verfahrens nach DIN 18157-1, Ziffer 7.3.3 oder den Einsatz von Mörteln mit „Fließbett“-Eigenschaften.

Zur Herstellung von Verbundbelägen kann die Verlegung der Fliesen auch im Dickbett oder im Rüttelverfahren mit maschineller Verdichtung des Mörtelbetts erfolgen. Die Festigkeit des erhärteten Mörtels muss mindestens einem Estrich der Festigkeitsklasse ZE 20 entsprechen.

Eine weitgehend vollflächige Bettung der Fliesen oder Platten wird bei Verlegung im Dickbett- oder Rüttelverfahren erreicht durch eine auf der Mörtelbett-Oberfläche aufgebrachte Kontaktschicht oder Haftschlämme in Verbindung mit entsprechendem Anklopfen, bzw. mehrmaligem Überfahren des Belages mit Rüttelgeräten in sich kreuzenden Richtungen.

Ein kraftschlüssiger Verbund zum Untergrund ist anzustreben; ggf. sind besondere Maßnahmen zu dessen Sicherstellung zu treffen (Fräsen, Kugelstrahlen usw.).

Bei der Verlegung im Rüttelverfahren ist – bedingt durch den Rüttelvorgang – ein nicht immer geradliniger Fugenverlauf in der Bekleidungsfläche möglich [12]. Aufgrund der in diesem Verfahren im Allgemeinen angewandten Verlegung des keramischen Oberbelages mit einem engen Fugennetz können auch bei normgerechten keramischen Fliesen oder Platten zulässige Maßabweichungen nicht aufgefangen und ausgeglichen werden. Verschiebungen innerhalb des Fugenbildes sind daher nicht auszuschließen.

Die Verfugung erfolgt im Allgemeinen mit einem hydraulischen Fugmörtel.

Unter Berücksichtigung der Toleranzen der Fliesen oder Platten sind möglichst schmale Fugen anzulegen; Höhenversätze sind zu vermeiden.

3 Bewegungsfugen

Bestimmend ist die gewählte Belagskonstruktion (Verbundbelag oder Belag auf Trenn- oder Dämmschicht) sowie die zu erwartende Nutzung und Formänderung. Letztere sind durch die Anordnung von Bewegungsfugen zu begrenzen. Deren Anordnung und Ausbildung ist vom Planer vorzugeben.

Im Allgemeinen sind Bewegungsfugen vorzusehen:
- über Gebäudetrennfugen an gleicher Stelle wie in der tragenden Konstruktion (Bauwerksfugen);
- an Wandanschlüssen, Pfeilern, Stützen, festen Einbauteilen und anderen, den Boden durchdringenden Bauteilen (Randfugen);
- bei Belägen auf Trenn- und Dämmschichten in Abständen von ca. 8 m (Feldbegrenzungsfugen).

Die Fugen sind so anzulegen, dass Felder in möglichst gedrungener Form entstehen. Pfeiler und Mauervorlagen sollten in der Flucht der Feldbegrenzungen liegen.

Bei mechanisch hoch belasteten Belägen sind nicht erforderliche Feldbegrenzungsfugen innerhalb der Belagsfläche zu vermeiden, da sie als besondere Schwachstellen anzusehen sind.

Feldbegrenzungsfugen sind durch – der Belastung und Nutzung entsprechend dimensionierte – Kantenschutzprofile zu sichern (Bild 9–11).

Besondere Bedeutung kommt diesen in Belägen zu, welche rollenden Lasten (ab Belastungsgruppe III) ausgesetzt sind. In diesem Fall sind geeignete Kantenschutzprofile aus Metall zu empfehlen.

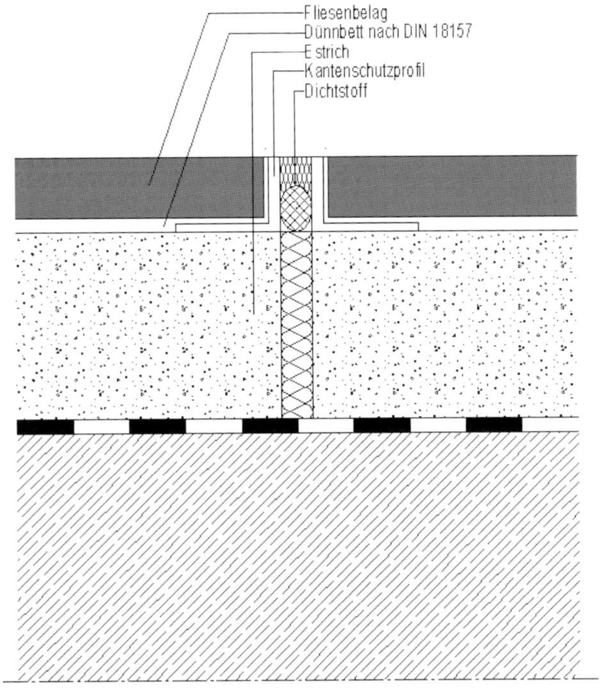

Bild 9: Feldbegrenzungsfugen-Ausbildung bei geringer mechanischer Belastung

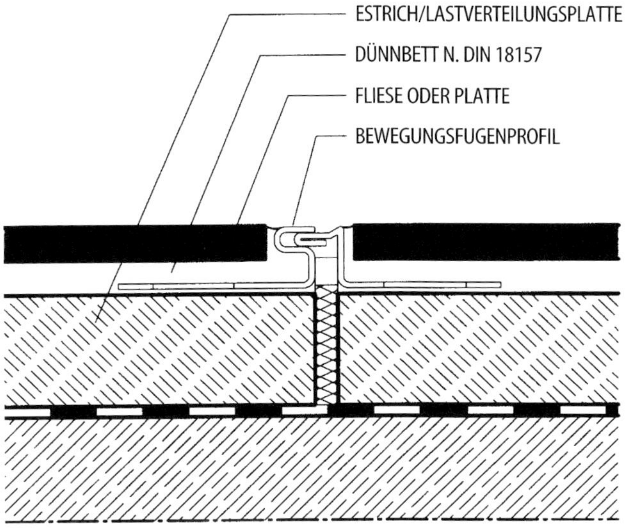

Bild 10: Feldbegrenzungsfugen-Ausbildung bei hoher mechanischer Belastung

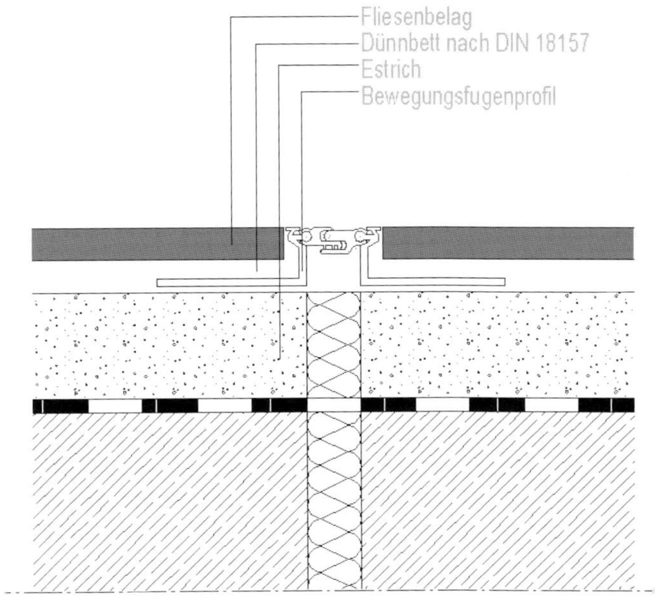

Bild 11: Bauwerksfuge bei hoher Belastung

Entlang profilgesicherter Feldbegrenzungsfugen sollten grundsätzlich ungeschnittene Fliesen oder Platten verlegt werden, d. h. Zuschnitte, die sich aufgrund der Feldabmessungen ergeben, sollten ins Innere der Belagsfelder verlegt werden (Bild 12).

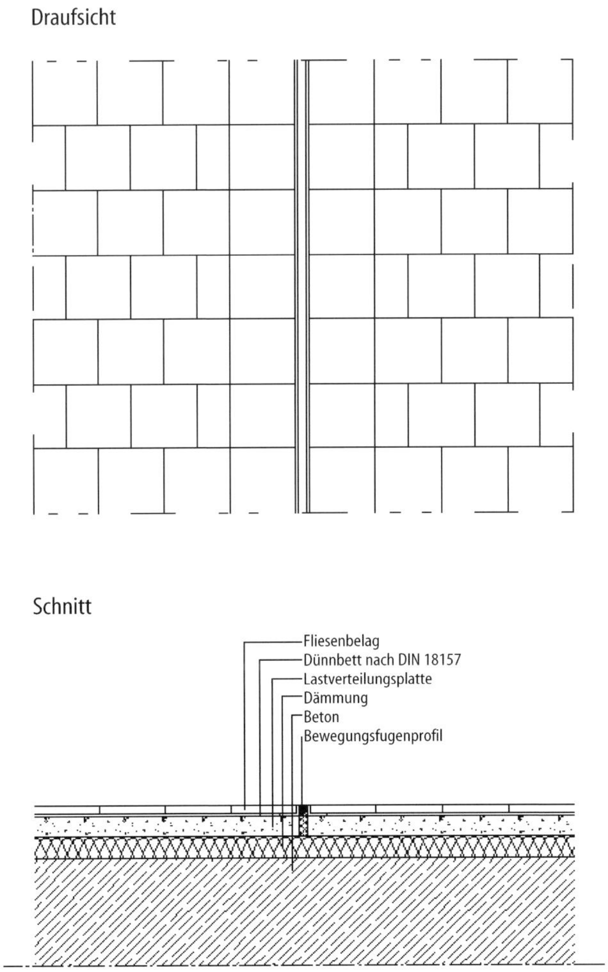

Bild 12: Anordnung von Schnittfliesen entlang von Feldbegrenzungsfugen bei Belägen mit hoher Belastung

4 Nutzung und Inbetriebnahme

Die Belagsflächen dürfen nicht vor ausreichender Erhärtung des Bettungs- und Fugenmörtels in Benutzung genommen werden.

Als Richtwerte können gelten: Begehbar nach 7 Tagen, volle mechanische Belastung nach Ablauf von 28 Tagen.

Voraussetzung für einen wirksamen Schutz der Belagsflächen ist ein zutreffender Bauzeitenplan, der die erforderlichen Ausführungs-, Abbinde- und Erhärtungszeiten berücksichtigt.

Literaturhinweise:

[1] DIN EN ISO 10545-4 „Keramische Fliesen und Platten; Bestimmung der Biegefestigkeit und der Bruchlast"

[2] DIN EN 121 „Stranggepresste keramische Fliesen und Platten mit niedriger Wasseraufnahme (E ≤ 3 %) – Gruppe A. I."

[3] DIN EN 176 „Trockengepresste keramische Fliesen und Platten mit niedriger Wasseraufnahme E < 3 %; – Gruppe B. I."

[4] DIN EN 177 „Keramische Fliesen und Platten; Trockengepresste keramische Fliesen und Platten mit einer Wasseraufnahme von 3 % < E ≤ 6 % – Gruppe B. II a."

[5] DIN EN 186 „Keramische Fliesen und Platten; Stranggepresste keramische Fliesen und Platten mit einer Wasseraufnahme von 3 % < E ≤ 6 % – (Gruppe A. II a.)" – Teil 1 + 2

[6] DIN EN 12004 „Mörtel und Klebstoffe für Fliesen und Platten – Definitionen und Spezifikationen"

[7] DIN 18157 „Ausführung keramischer Bekleidungen im Dünnbettverfahren"
Teil 1: „Hydraulisch erhärtende Dünnbettmörtel"

[8] DIN 18560 „Estriche im Bauwesen"
Teil 1: „Begriffe, Allgemeine Anforderungen, Prüfung"
Teil 2: „Estriche und Heizestriche auf Dämmschichten (schwimmende Estriche)"
Teil 3: „Verbundestriche"
Teil 4: „Estriche auf Trennschicht"

[9] Merkblatt: „Keramische Fliesen und Platten, Naturwerkstein und Betonwerkstein auf Fußbodenkonstruktionen mit Dämmschichten"
Herausgeber:
Fachverband Deutsches Fliesengewerbe im Zentralverband des Deutschen Baugewerbes e.V. (ZDB) – Berlin

[10] Autenrieth „Bestimmung der Widerstandsfähigkeit von Industrie-Estrichen gegen mechanische Beanspruchung durch Flurfördermittel"
Forschungsgemeinschaft „Bauen und Wohnen"

[11] Manns, W. Zeus, K. „Zum Tragverhalten von Estrichen auf Dämmschichten"
Otto-Graf-Institut Stuttgart (Bericht: F 1686 IRB)

[12] AK-QR „Verarbeitungsrichtlinien: Herstellung keramischer Bodenbeläge im Rüttelverfahren"

2.19.4 Fragen

1. Welche Kriterien müssen vor der Planung und Ausführung eines hoch belastbaren Bodenbelages abgestimmt werden?
2. Welche Punkte bestimmen die Belastung eines Belages durch rollende Lasten?
3. Welche Fliesen und Platten sind für hoch belastete Bodenbeläge geeignet?
4. Wie sollte die Kantenlänge der Fliesen und Platten für hoch belastete Bodenbeläge sein?
5. Welche Abmessung ist entscheidend für die mechanische Belastbarkeit einer Fliese?
6. Wovon ist die Bruchkraft F einer Fliese abhängig?
7. Nennen Sie die Bruchkraft einer 12 und 15 mm starken Steinzeugfliese!
8. Welche Bruchkraft genügt, um den Anforderungen von Hubwagen von 1,5 t Gesamtgewicht standzuhalten?
9. Welche Fahrzeuge mit welchen Radtypen üben die stärkste Bodenbelastung aus?
10. Welche Bereifung wirkt auf den Bodenbelag am schonendsten?
11. Welche Verlegeart wird für hoch belastete Bodenbeläge empfohlen?
    Begründen Sie diese Angabe!
12. Welche Rollenart übersteigt in der Regel die bei keramischen Bodenfliesen vorhandene Bruchkraft? Welche Folgerung ziehen Sie daraus?
13. Wodurch wird die maßgebende Beanspruchung unter rollender Belastung hervorgerufen?
14. Welche Funktion übernimmt der keramische Belag für die unteren Schichten des Bodenaufbaus?
15. Welche Forderungen werden an den tragenden Untergrund gestellt?
16. Wo muss ein vorgeschriebenes Gefälle eingebaut werden?
17. Welche Folgen haben Rohrleitungen oder Kabel auf dem Untergrund?
18. Wie sind Verformungen des Untergrundes (Kriechen, Schwinden) zu beurteilen?
19. Wie kann der Haftverbund beim Dickbettverfahren gesichert werden?
20. Welche Eigenschaften muss das Mörtelbett bei der Dickbettverlegung haben?
21. Wie können Sie die Haftung der Fliesen bei der Dickbettverlegung verbessern?
22. Welche Regel gilt für die Fugenbreite von hoch belasteten Bodenbelägen?
    Begründen Sie diese Aussage!
23. Wann kann ein Bodenbelag im Dickbett voll belastet werden?
24. Welche Anforderungen stellen Sie an einen Dünnbettmörtel?
25. Erklären Sie das Rüttelverfahren! Welche Eigenschaften werden hierdurch erreicht?
26. Wo sind Bewegungsfugen anzuordnen?
27. Welche Regeln sind bei Bewegungsfugen zu beachten?
28. Nennen Sie den Schichtenaufbau bei Belägen auf Trennschicht!
29. Wie ist die Verlegung von Dämmschichten zu beurteilen? Welche Folgen ergeben sich hieraus?
30. Wie können Konstruktionen ausgeführt werden, bei denen Dämmschichten erforderlich sind?

2.19.5 Antworten

1. Kriterien für die Planung und Ausführung: mechanische Belastung, keramisches Material, Bodenaufbau, Verlegeart
2. Faktoren für die Belastung durch rollende Lasten: Härte des Rollenmaterials, Rollendurchmesser, Rollenbreite, Last pro Rolle
3. Geeignete Fliesen und Platten sind: trockengepresste Fliesen und Platten/DIN EN 176, stranggepresste Fliesen und Platten/DIN EN 121 und 186, Bodenklinkerplatten/DIN 18158.
4. Die Kantenlängen der Fliesen und Platten sollten zwischen 8 und 30 cm betragen.
5. Die mechanische Belastbarkeit einer Fliese wird hauptsächlich durch ihre Dicke bestimmt.
6. Die Bruchkraft einer Fliese ist von der Biegefestigkeit und vom Quadrat der Dicke abhängig.
7. Bruchkraft einer Steinzeugfliese von 12 mm: 2,777 N/mm^2, 15 mm: 4,339 N/mm^2
8. Die erforderliche Bruchkraft ist 3,000 N/mm^2.
9. Die stärkste Bodenbelastung üben Gabelhubwagen mit Stahlrädern aus.
10. Die schonendste Bereifung ist die Luftbereifung.
11. Empfohlen wird die Verlegung im Verbund. Dabei wird die Belastung auf direktem Weg in den Untergrund abgeleitet.
12. Die Belastung mit Stahlrädern übersteigt die vorhandene Bruchkraft. Sie dürfen auf keramischen Bodenbelägen nicht zum Einsatz kommen.
13. Die maßgebende Beanspruchung wird durch Scherspannung bzw. Biegezugspannung hervorgerufen.
14. Der keramische Belag übernimmt die Funktion der Lastverteilung.
15. Tragender Untergrund:
    Beton bewehrt, B 25, feste Oberfläche, griffige Struktur, rissfrei, keine losen Teile und kein Schmutz
16. Das vorgeschriebene Gefälle muss im tragenden Untergrund vorgegeben sein.
17. Rohrleitungen dürfen nicht auf dem Untergrund verlegt werden, weil sie den Querschnitt des Mörtels, des Estrichs, schwächen.
18. Kriech- und Schwindverformungen sollten abgeschlossen sein; dies ist bei Beton nach 6 Monaten der Fall.
19. Der Haftverbund kann verbessert werden durch Fräsen, Kugelstrahlen, Aufbringen einer Haftbrücke.
20. Das Mörtelbett muss die Eigenschaften entsprechend einem ZE 20 haben.
21. Im Dickbett kann die Haftung durch eine Haftschlämme, die auf das verdichtete und eben abgezogene Mörtelbett aufgebracht wird, verbessert werden.
22. Die Fugenbreite sollte möglichst schmal gewählt werden. Schmale Fugen ergeben eine kleinere Kantenbelastung als breitere Fugen.
23. Ein Bodenbelag im Dickbett kann nach 28 Tagen voll belastet werden.
24. Hydraulisch erhärteter Dünnbettmörtel nach DIN 18156. Die Eignung muss vom Hersteller bestätigt sein.

25. Beim Rüttelverfahren wird der eingelegte Bodenbelag mit einem Flächenrüttler verdichtet. Es wird eine höhere Verdichtung erzielt. Das erlaubt, den Zementgehalt zu reduzieren.
26. Bewegungsfugen sind anzuordnen: über Gebäudetrennfugen, an Wandanschlüssen, Pfeilern, Stützen, Einbauteilen.
27. Fugenflanken sind durch oberflächenbündige, nicht rostende Kantenschutzprofile zu schützen.
    Daran soll eine Reihe ungeschnittener Fliesen oder Platten angeordnet werden.
28. Untergrund-Abdichtung oder Trennlage - bewehrtes Mörtelbett als ZE 20, d = 60 mm, Fliesen oder Platten im Dickbett oder Dünnbett
29. Die Verlegung auf Dämmschichten ist nicht möglich. Erforderliche Dämmschichten sollten an der Unterseite der Bodenplatte angeordnet werden.
30. Es handelt sich dabei um Sonderkonstruktionen, die vom Planer oder Statiker zu bemessen sind.

2.20 Chemisch beständige und elektrisch leitfähige Beläge

2.20.1 Stichworte zum Thema

Chemisch beständige Beläge

- Vorkommen von chemisch beständigen Belägen
- Art und Stärke der chemischen Belastung
- Arten des Belagaufbaus
- richtige Materialauswahl
- Wer darf chemisch beständige Beläge ausführen?

Elektrisch leitfähige Beläge

- Ausschreibung und Vorkommen elektrisch leitfähiger Bodenbeläge
- Planung und Planungsunterlagen
- Auswahl der Baustoffe:
  - Fliesen und Platten
  - Fugenmörtel
  - Verlegemörtel
  - Abdichtung
- terminliche und technische Kooperation mit dem beteiligten Elektrogewerk bezüglich
  - Art, Anzahl und Einbau der Ableitungsbänder
  - Verbindung und Anschluss der Kupferbänder an die Erdungsleitung
  - Messung der erreichten (und geforderten) Leitfähigkeit

Abb. 2.61: Keramische Beläge in einer Großküche

2.20.2 Regelwerke

Chemisch beständige Beläge

Merkblätter der Säurefliesner-Vereinigung e.V., Burgwedel

Elektrisch leitfähige Beläge

Normen- und Regelwerke sind für elektrisch leitfähige Beläge nicht vorhanden.

Literaturempfehlungen:

- Präkelt, Bodenkonstruktionen mit Fliesen und Platten im Innenausbau, Verlagsgesellschaft Rudolf Müller, Köln 1996
- Marx, Keramische Beläge und Bekleidungen, 2. Auflage, Verlagsgesellschaft Rudolf Müller, Köln 1995

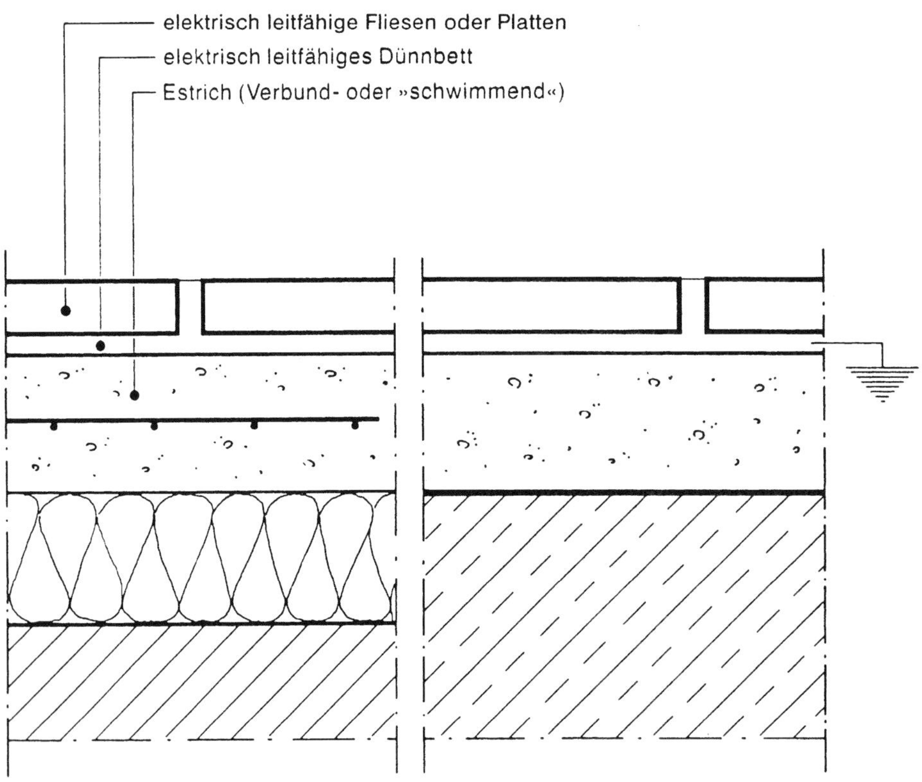

Abb. 2.62: Elektrisch leitfähige Beläge

2.20.3 Fragen

Chemisch beständige Beläge

1. Wo kommen chemisch beanspruchte Beläge vor?
2. Welche Gruppen von Chemikalien können auf Beläge einwirken?
3. Nennen Sie Beispiele von Laugen und Säuren!
4. Wovon hängt die Stärke der chemischen Beanspruchung ab?
5. Welche Faktoren beeinflussen die chemische Beanspruchung eines Belages?
6. Was besagt der pH-Wert?
7. Nennen Sie Beispiele für den pH-Wert und für die entsprechenden Auswirkungen!
8. Wie wirken pH-Werte, die kleiner als 3 oder größer als 11 sind?
9. Wie kann der pH-Wert geprüft werden?
10. Welcher pH-Bereich ist unbedenklich und bedarf keiner besonderen Maßnahmen?
11. Beschreiben Sie den Aufbau eines chemisch widerstandsfähigen Belages!
12. Welche Anforderungen werden an das Belagsmaterial gestellt?
13. Welche keramischen Fliesen und Platten erfüllen die Forderung der chemischen Beständigkeit?
14. Gegen welche Säure sind keramische Fliesen und Platten nicht beständig?
15. Welches Fugenmaterial erfüllt die Anforderung der chemischen Beständigkeit?
16. Welches Mörtelbett wird empfohlen?
17. Welche Aufgabe hat die Abdichtung?
18. Welche Abdichtungen können eingesetzt werden?
19. Welche Anforderungen werden an den Untergrund für chemisch widerstandsfähige Beläge gestellt?
20. Welche Anforderungen gelten für Bewegungsfugen?
21. Welche Einbaubedingungen sind zu beachten?
22. Wer darf chemisch beständige Beläge ausführen?

Elektrisch leitfähige Beläge

23. Warum werden elektrisch leitfähige Beläge erforderlich?
24. In welchen Räumen besteht die Gefahr der Zündung durch die Entladung der elektrostatischen Aufladung?
25. In welchen Räumen sind empfindliche elektronische Geräte gefährdet?
26. Welche Gefahren können darüber hinaus durch die elektrische Aufladung entstehen?
27. Welche Unfallverhütungsvorschriften regeln den Umgang mit den Gefahren der elektrostatischen Aufladung?
28. Was versteht man unter dem elektrischen Widerstand eines Stoffes oder Körpers?
29. Wie groß ist der Ableitwiderstand normaler keramischer Fliesen und Platten?
30. Ab welchem Widerstand kann die elektrostatische Aufladung über den Boden abgeführt werden?
31. Beschreiben Sie den Aufbau eines elektrisch leitfähigen Bodenbelages aus keramischen Fliesen und Platten!
32. Wie kann eine keramische Fliese oder Platte elektrisch leitfähig gemacht werden?
33. Welche Arten der elektrisch leitfähigen Fliesen und Platten werden unterschieden?
34. Wie erfolgt die Ableitung der elektrostatischen Aufladung der Fliesen und Platten?
35. Welche Verlege- und Fugmörtel eignen sich für die Herstellung elektrisch leitfähiger Beläge?
36. Wie werden Verlege- und Fugmörtel elektrisch leitfähig hergestellt?
37. Wie erfolgt die Erdung der Belagskonstruktion?
38. Welchen Abstand sollten die ins Mörtelbett eingelegten Kupferbänder haben?
39. Wer verbindet die Kupferbänder untereinander und stellt die Erdungsverbindung her?

2.20.4 Antworten

Chemisch beständige Beläge

1. Vorkommen chemisch beanspruchter Beläge:
   - Industrie- und Handwerksbetriebe im Lebensmittel verarbeitenden Bereich;
     Herstellung und Verarbeitung von Produkten aus Fleisch, Milch, Käse, Obst, Fisch, Öl, Fett, Wein, Bier
   - Großküchen
   - Werkstätten
   - Fertigungs- und Verarbeitungsanlagen der chemischen Industrie
   - Auskleidung von Behältern und Bottichen
2. Gruppen von Chemikalien:
   Säuren, Laugen, Salzlösungen
   Fett, Öle, Verschmutzungen, Reinigungsmittel
3. Säuren sind beispielsweise die Salz-, Schwefel-, Salpeter-, Milch-, Zitronen-, Essigsäure,
   Laugen sind z. B. Natronlauge und Kalilauge.
4. Die Stärke der chemischen Beanspruchung hängt von der Konzentration der Lauge oder Säure ab.
5. Weitere Faktoren sind Art, Intensität, Dauer und Häufigkeit der Beanspruchung.
6. Der pH-Wert bestimmt, ob eine Flüssigkeit sauer, neutral oder alkalisch (basisch) ist.
   Der pH-Wert gibt die Konzentration der H^+-Ionen an.
7. Beispiele für den pH-Wert:
   - stark alkalisch pH >10
   - schwach alkalisch pH 10 – 7
   - neutral pH = 7
   - schwach sauer pH 7 – 5
   - stark sauer pH < 5
8. pH-Werte < 3 oder > 11 wirken stark ätzend.
   Das Tragen von Schutzbrille und Handschuhen ist vorgeschrieben.
9. Für den pH-Wert gibt es verschiedene Prüfmethoden:
   - Universalindikatorlösung oder -papier
   - Phenolphthalein für Mörtel und Beton
   - Methylrot für die Wasserprüfung
10. Der unbedenkliche Bereich ist pH 6 bis 8.
11. Der Aufbau eines chemisch beständigen Belages:
    - Untergrund
    - Abdichtung
    - Verlegemörtel
    - Belag aus keramischen Fliesen und Platten einschließlich Verfugung
12. Das Belagsmaterial muss beständig gegen chemische Beanspruchung sein.

13. Folgende keramische Fliesen und Platten sind chemisch beständig:
Fliesen und Platten nach DIN EN 176, 177, 178, 121.
Dichte, unglasierte Fliesen und Platten mit hellem Scherben weisen eine hohe chemische Beständigkeit auf.
14. Keramische Beläge sind gegen Flusssäure nicht beständig.
15. Fugenmörtel und Fugenkitte aus Epoxidharz (EP) erfüllen die Anforderung der chemischen Beständigkeit.
16. Mörtelbett für chemisch beanspruchte Beläge:
    - geringe chemische Beanspruchung bis pH 5: Zementmörtel III, zementhaltiger Dünnbettmörtel
    - starke chemische Beanspruchung: Reaktionsharzmörtel aus Epoxidharz (EP)
17. Die Abdichtung hat die Aufgabe, den Untergrund vor chemischer Beanspruchung zu schützen.
18. Folgende Abdichtungen können eingesetzt werden:
    - vorgefertigte Dichtbahnen (Elastomere, Thermoplaste), verklebt oder verspachtelt,
    - Spachtelmassen aus Kunstharz oder Bitumen.
19. Anforderungen an den Untergrund:
ausreichende Festigkeit (Beton mind. B 25, Estrich mind. ZE 30), rissfrei, ebenflächig, mit vorgeschriebenem Gefälle
20. Bewegungsfugen innerhalb von chemisch beständigen Belägen sind hohen Beanspruchungen ausgesetzt. Sie haben eine geringere Widerstandsfähigkeit als keramische Fliesen und Platten oder Verlege- und Fugmörtel aus Epoxidharz.
21. Folgende Einbaubedingungen sind zu beachten:
    - Untergründe müssen trocken sein,
    - für EP-Mörtel und -Kitte gelten günstige Verarbeitungstemperaturen von 10 bis 30 °C.
22. Spezialisierte Betriebe, die durch sachkundige Mitarbeiter und entsprechende Geräte und Ausrüstung geeignet sind (Säurefliesner-Vereinigung e.V.).

Elektrisch leitfähige Beläge

23. Begründung für elektrisch leitfähige Bodenbeläge:
Durch Gehen, Reiben, Fahren oder andere Arten der Berührung kann eine elektrostatische Aufladung von Personen oder Gegenständen eintreten.
Dabei treten hohe elektrische Spannungen auf.
Diese Spannungen können sich wiederum durch Funkenbildung entladen. Spannungen und Funken können zu Zündungen, Beeinträchtigungen und Defekten führen.
24. Gefährdete Räume sind chemische Labors, Lackiereinrichtungen, Operationsräume, Lager- und Verarbeitungsräume explosiver Stoffe.
25. Räume mit empfindlichen elektronischen Geräten der Elektrotechnik oder Feinmesstechnik
26. Feinstaub, Gase, Aerosole, Flüssigkeiten können in explosionsgefährdeten Bereichen verpuffen, Fehlreaktionen im Finger-, Hand- und Unterarmbereich in der Fein- und Mikromechanik oder in der Chirurgie können auftreten.
27. Unfallverhütungsvorschrift ZH 1/200 der Berufsgenossenschaften
28. Der spezifische Widerstand/1 Ohm x Meter (Ωm) = elektrischer Widerstand eines Stoffes oder Körpers von 1 m Länge und 1 m^2 Querschnitt
29. Keramik gilt als elektrischer Nichtleiter, als »Isolator«. Der Ableitwiderstand einer keramischen Fliese oder Platte ist 10^9 bis 10^{12} Ohm.
30. Die elektrostatische Aufladung eines Bodens kann bei einem Widerstand bis zu $< 10^4$ Ohm abgeleitet werden.
31. Aufbau eines leitfähigen Bodenbelages:
    - Die Erdung erfolgt mit eingelegtem Kupferband.
    - Verlegung leitfähiger keramischer Fliesen oder Platten im Dünnbett mit leitfähigem zementhaltigen Dünnbettmörtel oder Reaktionsharzmörtel
    - Die leitfähigen keramischen Fliesen oder Platten werden mit leitfähigem Fugenmörtel ausgefugt.
32. Elektrisch leitfähige Fliesen werden hergestellt durch Beimischung leitfähiger Partikel in den Scherben oder in der Glasur.
33. Arten von elektrisch leitfähigen Fliesen:
    - unglasierte, elektrisch leitfähige Fliesen und Platten, bei denen der ganze Scherben leitfähig eingestellt ist
    - glasierte elektrisch leitfähige Fliesen und Platten, bei denen nur die Glasur leitfähig ist
34. Die Ableitung erfolgt
    - über den leitfähigen Scherben in den leitfähigen Verlegemörtel oder
    - über die leitfähige Glasur, die über die Fliesenkante gezogen ist, in den leitfähigen Fugenmörtel und Verlegemörtel.
35. Geeignete Verlege- und Fugenmörtel sind zementäre Dünnbettmörtel oder Epoxidharzmörtel mit entsprechenden leitenden Zusätzen.
36. Leitfähige Verlege- und Fugenmörtel werden zweckmäßig als fertig gemischte Produkte vom Hersteller bezogen.
Durch Zusatz einer Rußdispersion zum Anmachwasser kann der Mörtel leitfähig gemacht werden.
37. Die Erdung erfolgt über 2 Kupferbänder, Querschnitt 1 mm^2 je ca. 30 m^2 Belagsfläche.
Die Kupferbänder werden auf 1 m Länge ins Kleberbett eingelegt und an den Potenzialausgleichsleiter (Erdungsanschluss) angeschlossen.
38. Der Abstand der Kupferbänder soll etwa 5 m sein.
39. Die Verbindung der Kupferbänder und der Erdungsanschluss wird vom Elektriker ausgeführt.

2.21 Reinigung und Pflege keramischer Bekleidungen und Beläge

2.21.1 Stichworte zum Thema

- Verschmutzungen auf neu ausgeführten Belägen vor der Abnahme
- Reinigungsarbeiten und -aufwand vor Abnahme der Bekleidungen und Beläge
- Reinigungsarbeiten als Nebenleistung oder Besondere Leistung?
- geeignete Reinigungsmittel, auch als Empfehlung für den Benutzer
- Schutzmaßnahmen bei Reinigungsarbeiten
- besonders verschmutzungsempfindliche Bodenbeläge

2.21.2 Regelwerke

Normen, Merkblätter oder andere Regelwerke sind nicht vorhanden.

Es wird auf die Gebrauchsanleitungen und Prospekte hingewiesen, die von den Herstellern der Reinigungsmittel veröffentlicht werden.

2.21.3 Fall aus der Praxis

Ein Unternehmer wird mit folgenden Fällen aus der Praxis konfrontiert:

- Ein neuer Balkonbelag aus unglasierten, rustikalem Steinzeug mit rauer Oberfläche zeigt nach dem Ausfugen Zementschleier.
- Der gleiche Balkonbelag zeigt nach dem ersten Winter Verschmutzungen an Fliesenoberfläche und Fuge, welche die Schönheit des keramischen Belages empfindlich stören.
- Auf einem hellfarbenen Natursteinbelag sind Verfärbungen zu erkennen, die von verschüttetem Rotwein stammen.

Bei diesen Fällen handelt es sich um Probleme der Reinigung und Pflege. Der Fliesenleger wird im Rahmen von Reklamationen oder Beratungen zu solchen Problemen gefragt.

Lösung

Neuer Balkonbelag

Unglasiertes, rustikales Steinzeug mit rauer Oberfläche muss sehr sorgfältig nachgewaschen oder mit Zementschleierentferner behandelt werden. Ist der Zementschleier erst einmal in der porösen Oberfläche eines rustikalen Materials erhärtet, macht seine Beseitigung große Mühe. Auch hier gilt: Vorbeugen ist besser als heilen!

Die Verschmutzung nach dem ersten (und nach allen folgenden) Wintern geht auf das Konto Umweltverschmutzung. Ölige und rußige Rückstände aus Heizungsanlagen, Autoabgasen, schmutzbefrachtete Niederschläge oder Nebel legen sich auf alle Außenflächen. Eine gründliche Reinigung mit Wasser und Schrubber, unterstützt durch alkalische Reinigungsmittel, führt zum Ziel.

Abb. 2.63: Rotweinflecken auf Keramikböden

Natursteinbelag mit Verfärbung

Die Rotweinflecken im hellen Naturstein sind mit entsprechenden Entfleckungsmitteln zu beseitigen, bei hartnäckigen Verfärbungen durch mehrmalige Behandlung.

2.21.4 Bausteine

Arten der Reinigung

- Bauabschlussreinigung
  Der Hersteller eines Belages hat diesen unmittelbar nach dem Verfugen zu reinigen. Schmutz, Staub, Farb- und Mörtelreste sowie Zementschleier aus dem Fugenmörtel sind vollständig zu entfernen und abzuwaschen.

  Der Unternehmer hat diesen Aufwand möglicherweise nicht kalkuliert. Er kann ihn auch nicht dem Bauherrn in Rechnung stellen. Es handelt sich nämlich um eine typische »Nebenleistung«. Interessanterweise finden wir jedoch in der ATV DIN 18352 Abschnitt 4 »Nebenleistungen« keinen entsprechenden Hinweis auf die Endreinigung. Sie muss wohl als selbstverständlich angenommen werden.

- Grundreinigung
  Besonders bei gewerblich genutzten Flächen oder Belägen in Schwimmbädern ist in gewissen Zeitabständen eine besonders gründliche Reinigung vorzunehmen. Hierfür ist der Betreiber zuständig, der diese Arbeit oft als Service-Leistung an eine Reinigungsfirma vergibt.

- Unterhaltsreinigung
  Unterhaltsreinigung nennt man das tägliche Sauberhalten durch Kehren, Nasswischen oder Trockenwischen.

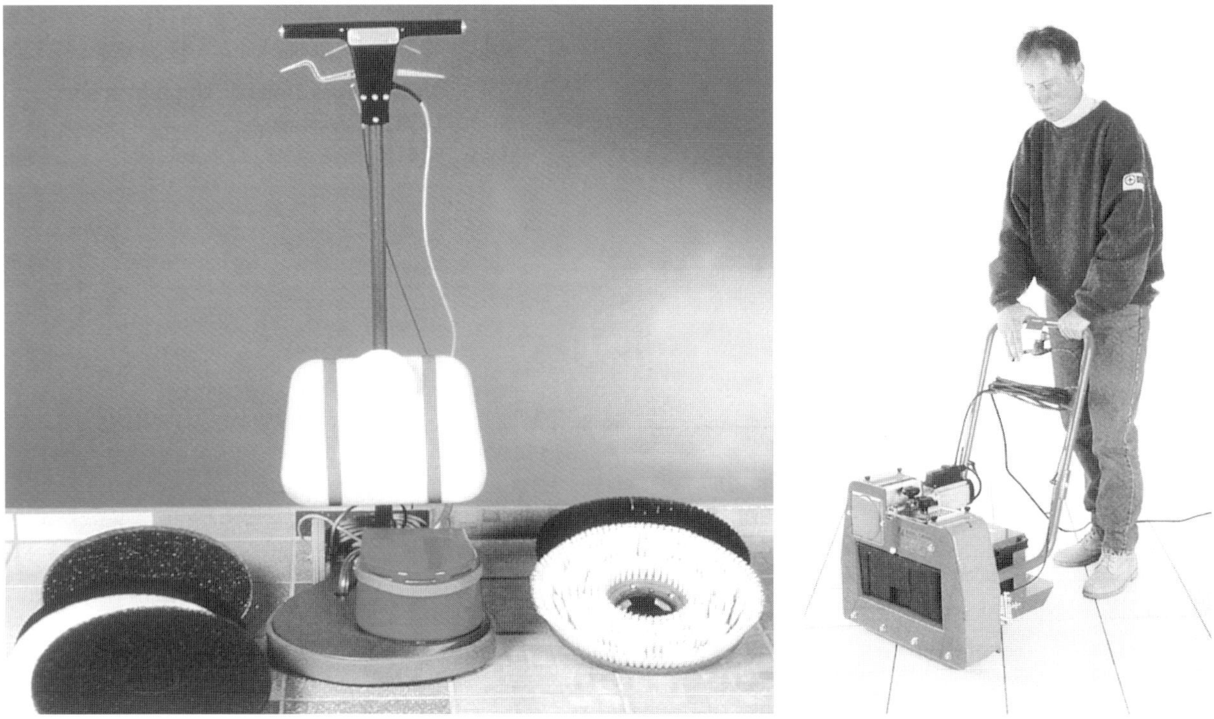

Abb. 2.64: Reinigungsmaschine und Abwaschgerät mit rotierendem Schwammband

Pflege

Die Pflege eines Belages geht noch einen Schritt weiter. Hierbei soll durch Einsatz von Pflegemitteln die Oberfläche geschützt, unempfindlicher gegen Verschmutzung und optisch verbessert werden.

Zur Reinigung und Pflege kann gesagt werden, dass keramische Beläge grundsätzlich unempfindlich und pflegeleicht sind. Eine Ausnahme ist Cotto, das einen größeren Nachbehandlungsaufwand erfordert.

Für die Reinigung von keramischen Belägen reichen oft klares Wasser, Bürste und Lappen aus. Für größere Flächen bieten sich rotierende Reinigungsmaschinen an. Für das großflächige Abwaschen direkt nach dem Verfugen kann eine Maschine mit rotierenden Schwammbändern eingesetzt werden.

Chemische Reinigung

Die mechanische Reinigung wird gern mit chemisch wirkenden Mitteln unterstützt. Reinigungsmittel sind entweder *sauer* oder *alkalisch* eingestellt. Zusätze von Scheuerpulver verstärken die mechanische Reinigung.

Chemische Einstellung von Reinigern:

←————————————————→

pH 1 2 3 4 5 6 7 8 9 10 11 13 14

sauer neutral alkalisch

Alkalische Reiniger lösen Fette, Kosmetika, Schmutz.

Saure Reiniger lösen Kalk, Urinstein, Zementschleier. Sie greifen jedoch bei längerer oder häufiger Einwirkung die Fuge an.

Tabelle 2.12: **pH-Wert von Reinigungsmitteln**

Werte der einzelnen Reinigungsmittelgruppen	pH-Wert
Stark alkalischer Reiniger mit Natron- oder Kalilaugen als Basis	> 10,5
Schwach alkalische Reiniger	> 8,0 bis < 10,5
Neutrale Reiniger	5,0 bis 8,0
Schwach saure Reiniger auf Zitronensäurebasis	3,0 bis 6,0
Stark saure Reiniger auf Salz-, Phosphor- oder Schwefelsäurebasis	< 3,0

Für die Reinigung in Schwimmbädern hat die »Deutsche Gesellschaft für das Badewesen« das Merkblatt »Hygiene, Reinigung und Desinfektion« sowie die »Liste RK« mit geeigneten Reinigungsmitteln herausgegeben.

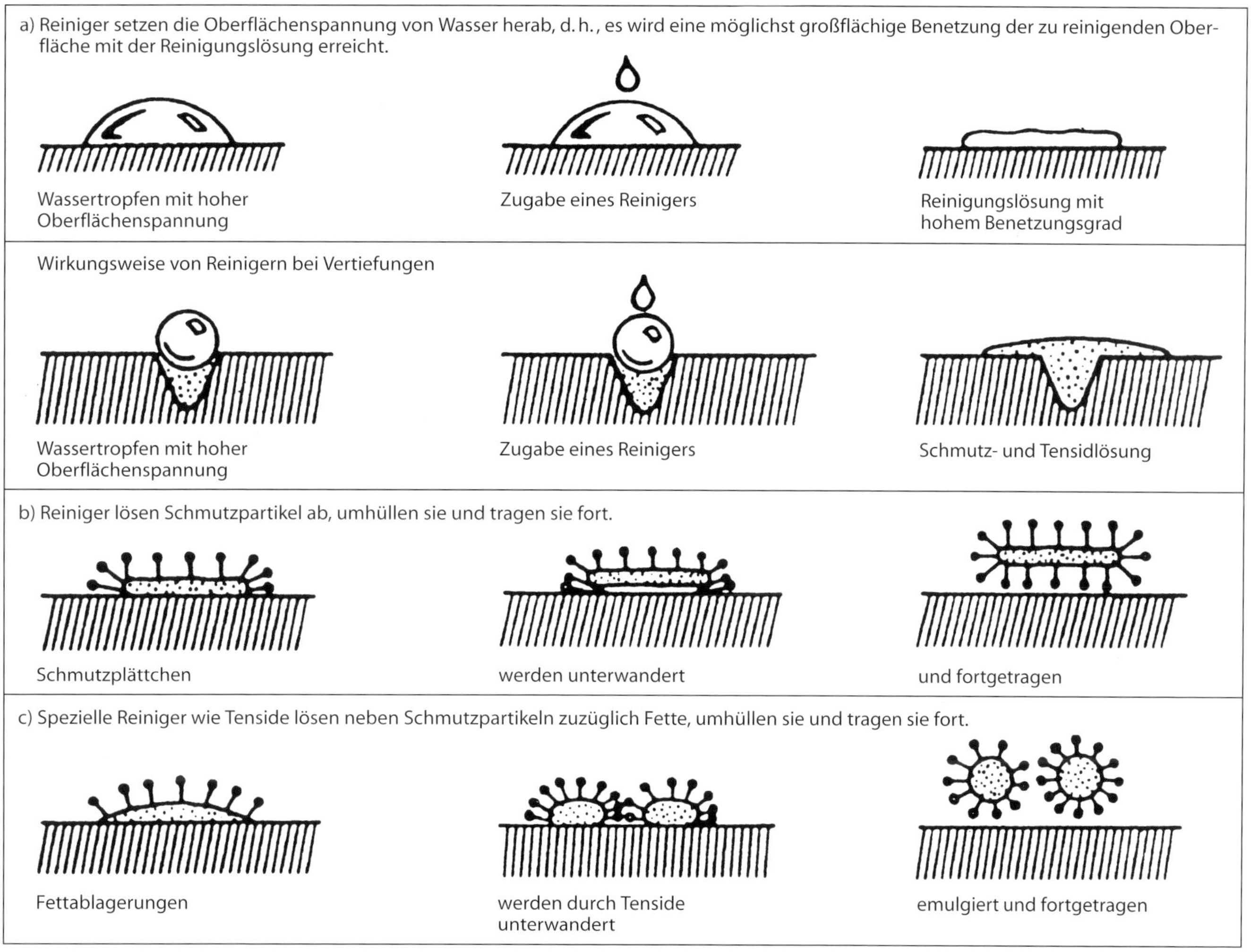

Abb. 2.65: Wirkungsweise von Reinigern

Verfärbungen und Flecken

Gegen Verfärbungen und Flecken auf Naturstein, Cotto, Klinkern bieten die Hersteller der entsprechenden Mittel ein breites Angebot, das für jede Art der Verschmutzung geeignete Produkte bereithält.

Diese Produkte sind im Fachhandel oder bei den Herstellerfirmen direkt zu beziehen.

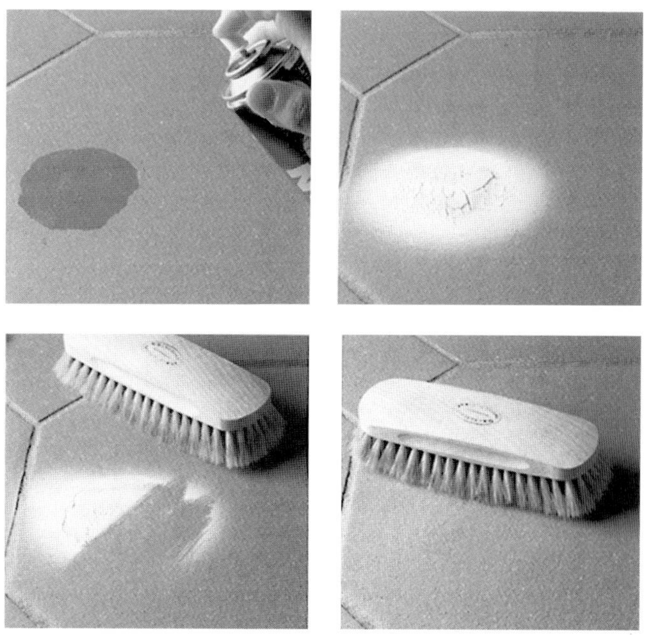

Abb. 2.66: Fleckenentfernung bei Cotto

Tabelle 2.13: **Reinigungsempfehlungen bei verschiedenen Verschmutzungen**

Art der Verschmutzung	Mittel	Bezugsquelle	Anwendung
Zementschleier nach dem Verfugen	Fefix HMK R 63	Fliesenhandel Möller-Chemie	glasierte und unglasierte Fliesen und Platten
Baustellenschmutz, Zementschleier, Ausblühungen, Kalkverkrustungen	Deterdek Fila PH Zero	Fila Industrie Chimica Spa	alle säurebeständigen Keramikflächen Cotto
Staub, täglicher Schmutz Allgemeine Verunreinigungen	Pril, Bio rein Filacleaner	Drogerien Fachhandel	Oberflächen aus Keramik und anderen Materialien – Universalreiniger
Kalkablagerungen, Kalkausblühungen, Rost	Lithofin KA Lithofin KUKÜ Hagesan blau	Stingel Chemie Teichmann KG	Oberflächen aus Keramik
Rost ohne Kalk	Rostentferner	Delta Chemie	Oberflächen aus Keramik
Fett, Öl, Wachs, Versiegelung	Sitz-Intensiv-reiniger HMK R 99	Stingel Chemie Möller Chemie	Oberflächen aus Keramik
Wachsrückstände Fettiger Schmutz Fett, Öl Fett	Fila DX/83 Filabrio, Filahobby Fila Nospot Fila PS/87	Fachhandel	Keramik, Naturstein Keramik und andere Materialien Cotto Feinsteinzeug
Lacke, Farben	Lackex	Stingel Chemie	Keramik, Naturstein
Oxidationsflecken, Fett, Wachs	Filadrastic	Fachhandel	Cotto
Teer, Öl, Bitumen	Lösefix	Stingel Chemie	Keramik, Naturstein
Mechanische Reinigungshilfe	Ata	Henkel	mechanisch unempfindliche Oberflächen; Vorsicht bei glasierten Flächen

Hinweise beim Umgang mit Reinigungsmitteln

Bei Zementschleierentferner oder säurehaltigen Reinigungsmitteln ist vorher gut vorzunässen und nachher mit klarem Wasser nachzuspülen; der Zementschleier soll noch nicht gealtert sein.

In jedem Fall sind die Anwendungs- und Verarbeitungsvorschriften der Hersteller zu beachten.

Bei empfindlichen Oberflächen (glasierte Keramik, polierter Marmor) ist die Verwendung von scheuermittelhaltigen Reinigern zu vermeiden.

Umgang mit chemisch wirkenden Reinigungsmitteln

Beim Umgang mit Reinigungsmitteln ist aus gesundheitlichen Gründen Vorsicht geboten.
Folgende Symbole warnen auf der Verpackung:

Abb. 2.67: Warnsymbole bei Reinigungsmitteln

2.21.5 Fragen

1. In welchem Zustand muss der Fliesenleger die soeben ausgeführten Bekleidungen und Beläge übergeben?
2. Um welche Art von Leistungen handelt es sich bei Reinigungsarbeiten?
3. Welche Pflegeempfehlungen geben Sie dem Bauherrn/der Bauherrin für die keramischen Bekleidungen und Beläge?
4. Welche chemischen Eigenschaften können Reinigungsmittel haben?
5. Welche Wirkung hat Scheuerpulver in Verbindung mit chemischen Reinigern?
6. Wie wirken alkalische Reiniger, wo werden sie eingesetzt?
7. Wie wirken saure Reiniger, wo werden sie eingesetzt?
8. Welche Gefahren für Beläge und Fugen gehen von chemisch wirkenden Reinigungsmitteln aus?
9. Welche Gefahren für die Gesundheit der Anwender gehen von chemisch wirkenden Reinigungsmitteln aus?
10. Welche Gefahrensymbole sind bei Reinigern auf der Verpackung aufgedruckt?
11. Beschreiben Sie die Wirkungsweise von Reinigern!
12. Was sind »Tenside«? Wie wirken sie?
13. Welche Möglichkeiten haben Sie, Flecken und Verfärbungen auf Naturstein, Cotto oder Klinkern zu beseitigen?
14. Was empfiehlt sich nach der Reinigung mit chemisch wirkenden Reinigern?
15. Wie werden Reinigungsarbeiten abgerechnet, die während des Gebrauchs der Beläge entstanden sind?

2.21.6 Antworten

1. Die fertig gestellten Bekleidungen und Beläge müssen in gereinigtem und abgewaschenem Zustand übergeben werden.
2. Reinigungsarbeiten gehören zu der Gruppe der Nebenleistungen.
3. Pflegeempfehlungen für keramische Bekleidungen und Beläge sind:
   feucht oder nass abwischen, evtl. mit leichten Reinigungsmitteln behandeln.
4. Reinigungsmittel können sauer oder basisch (alkalisch) sein.
5. Scheuerpulver verstärkt die mechanische Reinigungswirkung.
6. Alkalische Reiniger lösen Fett, Kosmetika, Schmutz.
   Sie werden in Gewerbe und Industrie eingesetzt.
7. Saure Reiniger lösen Kalk, Urinstein, Zementschleier.
   Sie werden im Haushalt eingesetzt.
8. Chemisch wirkende Reinigungsmittel können durch ihre Langzeitwirkung die Belagsfugen schädigen oder angrenzende Bauteile in ihrer Oberfläche angreifen und verändern.
   Chemisch empfindliche Belagsoberflächen aus Naturstein können geschädigt werden.
9. Von chemisch wirkenden Reinigern können gesundheitliche Gefahren für die Atemwege, die Schleimhäute und die Haut ausgehen.
10. Gefahrensymbole bei Reinigern sind:
    Xi – reizend, Xn – mindergiftig, C – ätzend.
11. Reiniger setzen die Oberflächenspannung des Wassers herab, vergrößern die Benetzung der Oberfläche; sie lösen Schmutzpartikel und entfernen sie.
12. Tenside sind spezielle Reiniger, die neben Schmutzpartikeln auch Fett umhüllen und entfernen können.
13. Flecken und Verfärbungen auf Cotto, Naturstein oder Klinkern können mit Spezialreinigern gereinigt oder beseitigt werden. Entsprechende Spezialreiniger sind im Fachhandel erhältlich.
14. Nach der Behandlung mit chemisch wirkenden Reinigern empfiehlt es sich, die Flächen gut mit klarem Wasser nachzuspülen.
15. Reinigungsarbeiten, die während des Gebrauchs der Beläge erforderlich werden, werden in der Regel vom Benutzer selbst durchgeführt.
    Falls der Fliesenleger damit beauftragt wird, sind diese Leistungen als Besondere Leistung – nach Aufwand – abzurechnen.

2.22 Arbeitsschutz/Gesundheitsschutz/Unfallverhütung

2.22.1 Stichworte zum Thema

- Arbeitsschutz, Gesundheitsschutz, Unfallverhütung bei Fliesen- und Plattenarbeiten
- Verantwortlichkeit und Zuständigkeiten
- Pflichten des Arbeitgebers
- Pflichten des Arbeitnehmers
- Abrechnung von Maßnahmen des Arbeitsschutzes
- Verhalten bei einem Arbeitsunfall
- typische Gefährdungen im Beruf des Fliesenlegers

2.22.2 Regelwerke

Unfallverhütungsvorschriften (UVV) der Bau-Berufsgenossenschaften

Arbeitsstättenverordnung (ArbStättV)

Wesentliche Inhalte der Unfallverhütungsvorschriften (UVV)

Persönliche Schutzausrüstung
Umgang mit Maschinen und Geräten
Leitern und Gerüste
Aufzüge und Fahrgerüste
Absturzsicherung und Seitenschutz
Elektrische Anlagen

2.22.3 Fall aus der Praxis

Für die Herstellung einer Wandbekleidung in einer Eingangshalle mit den Grundrissmaßen 8,0 x 12,0 m und einer Höhe von insgesamt 5,20 m möchte der Fliesenleger ein Bockgerüst errichten.

- Beschreiben Sie den technischen Aufbau, die Abmessungen und die Sicherheitsanforderungen dieses Bockgerüstes.
- Überschlagen Sie die Menge des erforderlichen Gerüstmaterials für dieses Gerüst!
- Wie werden die Kosten der Gerüstarbeiten mit dem Auftraggeber abgerechnet?
- Welche technischen Alternativen zum Bockgerüst gibt es für die beschriebene Leistung?

Lösung

Aufbau und Abmessungen für das Arbeitsgerüst

Art: Bockgerüst
Gerüstgruppe 4 mit einem Nutzgewicht von 300 kg/m^2 und einer Flächenpressung von 500 kg/m^2
Belagsbreite mind. 0,90 m (siehe Tabelle 2.14, S. 321)

Gerüstlänge: 8 bzw. 12 m
Belagshöhe des Gerüstes bei einer Arbeitshöhe bis 5,20 m: ca. 3,20 m
Diese Höhe ist durch ein einlagiges Bockgerüst herzustellen.
Nach den BG-Regeln Gerüstbau gilt für die Höhe von Bockgerüsten:

- Belagshöhe bis 2 m ohne Verankerung, ohne Verstrebung
- Belagshöhe bis 4 m mit Verstrebung

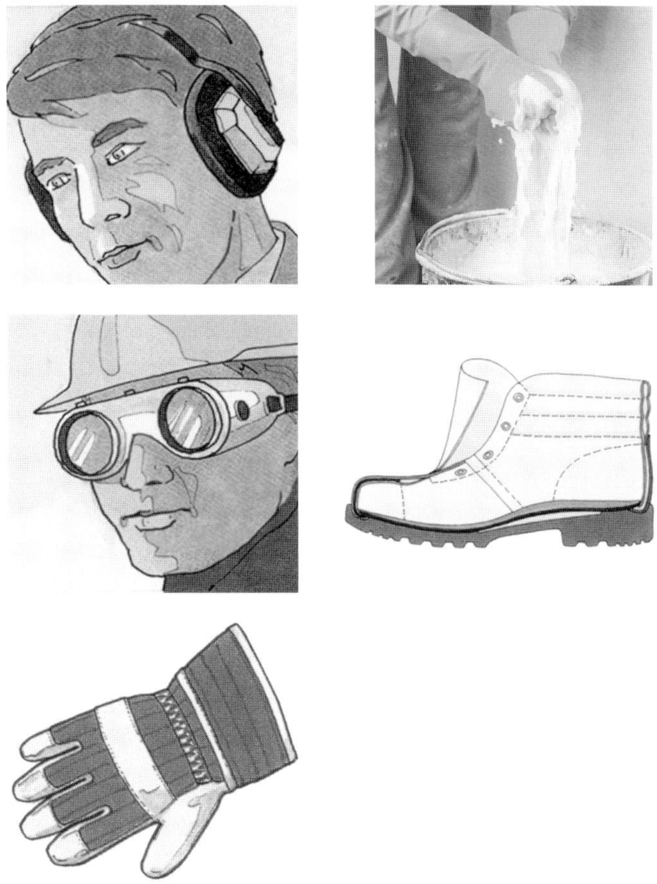

Abb. 2.68: Persönliche Schutzausrüstung

- Böcke mit einer Höhe > 1,97 m müssen Einrichtungen zur Befestigung des Seitenschutzes, für Verstrebungen und zur Aufnahme von Montagebohlen haben.
- Zweilagige Bockgerüste sind nach den BG-Regeln Gerüstbau nicht zulässig.

Stählerne Gerüstböcke sind bis zu einer Höhe von 4 m ausziehbar.
Abstand der Gerüstböcke (siehe Tabelle 2.15, S. 321): ca. 2,20 m

- Gerüstböcke – ausziehbare Stahlböcke, auf ca. 3,20 m ausgezogen, Abstand 2,20 m
- durchgehende Gerüstlänge mit Gerüstdielen 4,50/24/4
- Verstrebung
- Seitenschutz
- Verankerung
- Steigleiter

Überschlag des erforderlichen Rüstmaterials bei einer Gerüstlänge von 12 m

• Stählerne Gerüstböcke, ausziehbar auf 3,20 m Höhe		
• für eine Belagsbreite von 1 m	1 x 6	6 Stück
• Gerüstdielen 4,50/24/4	3 x 4	12 Stück
• Seitenschutz	1 x 12	12 m lang
• Verstrebung in jedem zweiten Gerüstfeld	1 x 3	3 Stück
• Verankerung: evtl. als rückwärtige Verstrebung zum Raum	1 x 3	3 Stück
• Steigleitern 4 m		1–2 Stück

Kostenabrechnung für Gerüstarbeiten

Nach VOB/B/C ATV DIN 18352 gehören Gerüste bis 2 m Arbeitshöhe zu den Nebenleistungen. Sie können nicht gesondert berechnet werden.

Da es sich bei dem Arbeitsgerüst im vorliegenden Beispiel um eine Arbeitshöhe von 3,20 m handelt, ist dieses Gerüst nach Abschnitt 4.2 der ATV DIN 18352 als Besondere Leistung abzurechnen.

»4.2.2 Auf- und Abbauen sowie Vorhalten der Gerüste, deren Arbeitsbühnen mehr als 2 m über Gelände oder Fußboden liegen«

Falls die Gerüstarbeiten im Leistungsverzeichnis ausgeschrieben sind, werden sie unter der betreffenden Positionsnummer abgerechnet.

Falls die Gerüstarbeiten im Leistungsverzeichnis nicht erwähnt sind, sind sie als Nachtrag entweder als Stundenlohnarbeiten mit den entsprechenden Vorhaltekosten für das Gerüst oder als Leistung nach m^2 abzurechnen.

Technische Alternativen zum Bockgerüst

Eine technisch und wirtschaftlich interessante Alternative zum Bockgerüst ist für die beschriebene Leistung das Fahrgerüst (fahrbare Arbeitsbühnen).

Die maximale Höhe von Fahrgerüsten ist

innerhalb von Gebäuden:	12 m
außerhalb von Gebäuden:	8 m

2.22.4 Bausteine

Persönliche Schutzausrüstung

- Kopfschutz: Schutzhelm bei Arbeiten unter schwebenden Lasten, auf Gerüsten
- Gehörschutz: Ohrschützer oder -stöpsel bei Arbeiten an lauten Geräten und Maschinen
- Augenschutz: Schutzbrille bei Schleif- und Stemmarbeiten, bei fliegenden Grobstäuben und Kleinpartikeln
- Atemschutz: Grobstaubmasken oder Atemmasken bei Schleifarbeiten und Arbeiten mit Gefahrstoffen
- Schutzkleidung bei Arbeiten im rauen Baustellenbetrieb, bei Kälte, Nässe und Zugluft
- Hautschutz: Schutzhandschuhe, Hautschutzcreme beim Arbeiten mit angreifenden Baustoffen, zementhaltigen, kalkhaltigen, lösemittelhaltigen Baustoffen und Kunststoffen
- Knieschutz: Knieschützer, Knieschutzmatten bei Arbeiten in kniender Körperhaltung
- Fußschutz: Arbeitsschuhe mit Schutzkappen bei Arbeiten, die Füße und Zehe gefährden können

Gesundheitliche Gefährdungen des Fliesenlegers

Die häufigsten gesundheitlichen Beschwerden sind
- Probleme mit den Kniegelenken
- Rückenschmerzen
- Hauterkrankungen.

Beanspruchung der Kniegelenke

Fliesenleger müssen häufig im Knien arbeiten. Die Kniegelenke sind jedoch für diese Dauerbelastung nicht ausgelegt. Der hohe und langanhaltende Druck kann zu Schleimbeutelentzündungen führen.

Die starke Beugung der Kniegelenke sowie Dreh- und Scherbewegungen können zu Meniskusschäden führen.

Schutzmaßnahmen für die Kniegelenke:
- nicht unnötig im Knien arbeiten
- bei Arbeiten im unteren Wandbereich Schemel benutzen
- Fliesen auf einem Arbeitstisch zuschneiden
- geeigneten Knieschutz verwenden:
  in Hose eingearbeitete Knieschutzpolster
  Knieschützer mit Klettbandbefestigung oder mit breiten, elastischen Befestigungsbändern
  Knieschutzmatten
- bei hohem Körpergewicht: abnehmen, da das Körpergewicht die Kniegelenke zusätzlich belastet

Beanspruchung des Rückens, der Wirbelsäule und der Bandscheiben

Arbeiten in gebückter Haltung, langes Hocken, Sitzen, Stehen können zu Rückenbeschwerden führen. Arbeiten über Schulterhöhe, Kälte, Zugluft begünstigen solche Beschwerden.

Abb. 2.69: Knieschutz

Rückenschmerzen können durch Heben und Tragen schwerer Lasten und durch einseitiges Tragen entstehen. Dies belastet die Bandscheiben.

Bei älteren Menschen reagiert der Rücken besonders empfindlich. Deshalb sollte bereits in jüngeren Jahren falsche und unnötige Belastung der Wirbelsäule vermieden werden.

Schutzmaßnahmen für den Rücken:
- wenn möglich, im Sitzen arbeiten
- wenn Stehen notwendig, Bearbeiten der Fliesen an einem Arbeitstisch
- unnötiges Bücken vermeiden
- Arbeiten über Schulterhöhe vermeiden, Kleingerüste oder Arbeitsbühnen verwenden
- schwere Lasten mit Hilfsmitteln transportieren, Sackkarre oder Transportwagen verwenden
- richtig heben oder tragen: kleine Lasten aus dem Rücken heben, schwere Lasten aus der Hocke heben, nicht einseitig tragen
- vor Zugluft oder Kälte schützen: warme Kleidung tragen, heizen, Zugluft vermeiden

Beanspruchung der Haut

Schädigungen der Haut (Ekzeme) gehören zu den häufigsten berufsbedingten Krankheiten der Fliesenleger. Hauterkrankungen können durch häufigen Kontakt mit rauen, scharfkantigen Materialien oder durch Nässe und Kälte entstehen.

Zement, Kalk, Epoxidharze, Mineralfaserdämmstoffe und sogar Gummihandschuhe können die Haut schädigen.

Schutzmaßnahmen für die Haut:
- Hautschutzmittel verwenden, die auf die jeweilige Gefährdung abgestimmt sind, vor Arbeitsbeginn auftragen
- Hautreinigungsmittel verwenden, die der Art und Stärke der Verschmutzung entsprechen; zu scharfe Reinigungsmittel schaden mehr, als sie nützen
- nach Arbeitsende Hautpflegemittel auftragen, die die Rückfettung der Haut unterstützen
- direkten Kontakt mit Nässe und rauen Materialien vermeiden, je nach Arbeit Arbeitshandschuhe aus Stoff, Leder oder flüssigkeitsdichte Handschuhe mit Baumwollinnenfutter tragen
- bei Zementprodukten, Epoxidharzen und anderen Gefahrstoffen Schutzmaßnahmen beachten
- bei Arbeiten mit Gefahrstoffen: Gefahrensymbole beachten und entsprechende Schutzmaßnahmen ergreifen

Abb. 2.70: Rückenschutz

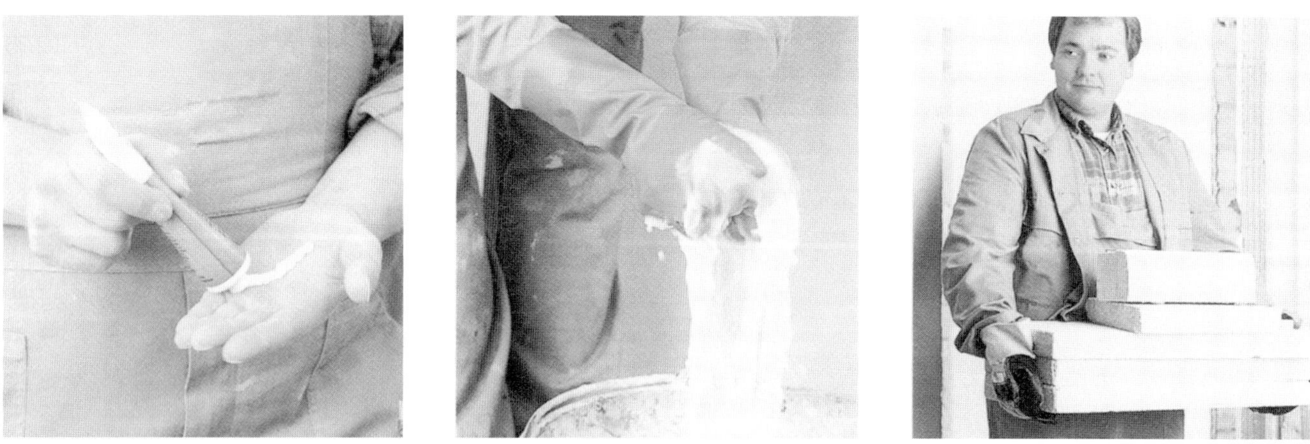

Abb. 2.71: Hautschutz

Umgang mit Geräten und Maschinen

Mischmaschinen

Abb. 2.72: Mischmaschine

Schutzmaßnahmen:
Freifallmischer:

- Einzugsstellen zwischen Antriebsrädern und Trommelzahnkranz müssen verdeckt sein
- nicht mit der Hand oder mit Werkzeugen in die laufende Trommel greifen
- nach Keilriemenwechsel Schutzabdeckung wieder anbringen

Tellermischer:

- Die Einfüllöffnungen müssen durch Verdeckungen gesichert sein.

Handtrennschleifmaschinen/Winkelschleifer/Flex

Abb. 2.73: Winkelschleifer/Flex

Schutzmaßnahmen:

- nur geeignete und gekennzeichnete Trenn- und Schleifscheiben verwenden
- zulässige Drehzahl der Scheiben mit Drehzahl der Maschine vergleichen
- Werkstücke vor dem Bearbeiten sicher festlegen
- beim Arbeiten sicheren Standplatz einnehmen
- Schutzbrille und Gehörschutz verwenden
- wenn gesundheitsgefährdende Stäube entstehen, Atemschutz verwenden

Baustellenkreissägen/Handkreissägen

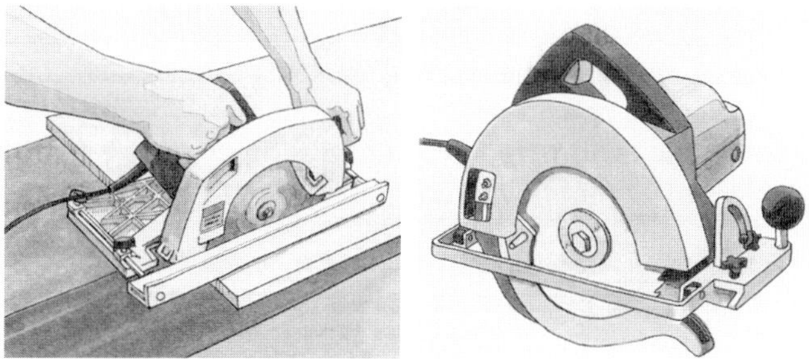

Abb. 2.74: Handkreissäge

Schutzmaßnahmen:
Handkreissäge:

- bei Schnitttiefen von mehr als 18 mm muss die Handkreissäge mit einem Spaltkeil ausgerüstet sein; Abstand vom Zahnkranz nicht mehr als 5 mm
- Schnitttiefe höchstens 10 mm mehr als Werkstückdicke
- Der gesamte Zahnkranz des Blattes über der Auflage muss mit einer festen Verkleidung versehen sein.

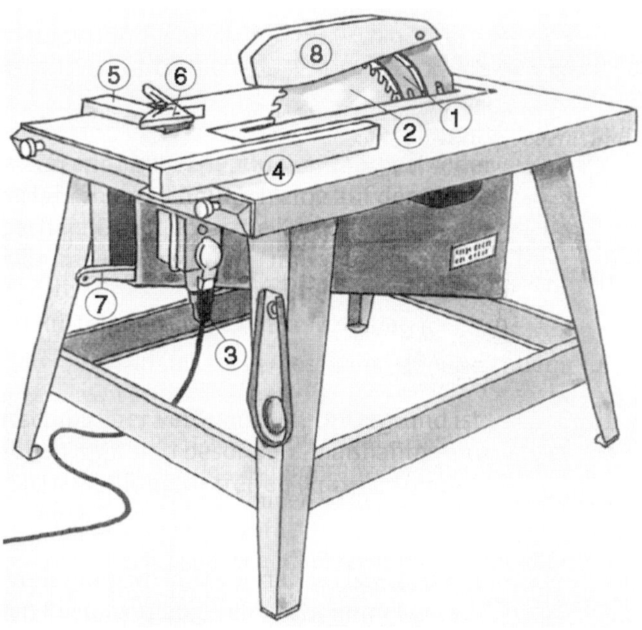

Abb. 2.75: Baukreissäge

Baustellenkreissägen:

- Abstand des Spaltkeils vom Zahnkranz nicht mehr als 10 mm
- Hilfseinrichtungen benutzen:
  - Parallelanschlag
  - Winkelanschlag
  - Keilschneideeinrichtung
  - Schiebestock
- Schutzeinrichtung (siehe Abb. 2.75):

1	Spaltkeil	5	Winkelanschlag
2	Sägeblatt	6	Keilschneideinrichtung
3	Stecker	7	Schiebestock
4	Parallelanschlag	8	Schutzhaube

Glättmaschinen/Flügelglätter

Schutzmaßnahmen:
- Deichsel mit Höhenverstellung auf Größe des Beschäftigten einstellen; abklappbare Deichsel verriegeln
- Schutzkorb bzw. Abdeckung auf ordnungsgemäße Befestigung überprüfen
- Maschine stets mit beiden Händen führen
- mit möglichst geringer Drehzahl vorglätten
- im Gefahrenbereich der Glättmaschine dürfen sich während des Betriebes keine Personen aufhalten Sicherheitsabstand mindestens 85 cm

Abb. 2.76: Flügelglätter

Leitern

Schutzmaßnahmen:
Anlegeleiter:
- nur Leitern in einwandfreiem Zustand benutzen
- Holzleitern gegen Witterungseinflüsse schützen
- richtigen Anlegewinkel einhalten: 65–75°
- Leitern nur an sichere Stützpunkte anlehnen, mindestens 1 m über die Austrittstelle hinausragen lassen
- Leitern gegen Ausgleiten, Umfallen, Umkanten, Abrutschen, Einsinken sichern
- Leitern im Verkehrsbereich durch Absperrung sichern

Arbeitsplatz auf Leitern:
- Bei Bauarbeiten darf kein höherer Standplatz als 7 m eingenommen werden.
- Bei einer Standhöhe von mehr als 2 m Höhe nicht länger als 2 Stunden arbeiten.
- Gewicht des Werkzeugs und Materials höchstens 10 kg
- Windangriffsflächen von mitgeführten Gegenständen höchstens 1 m^2
- Der Beschäftigte muss mit beiden Füßen auf einer Sprosse stehen.

Abb. 2.77: Leiter

Gerüste

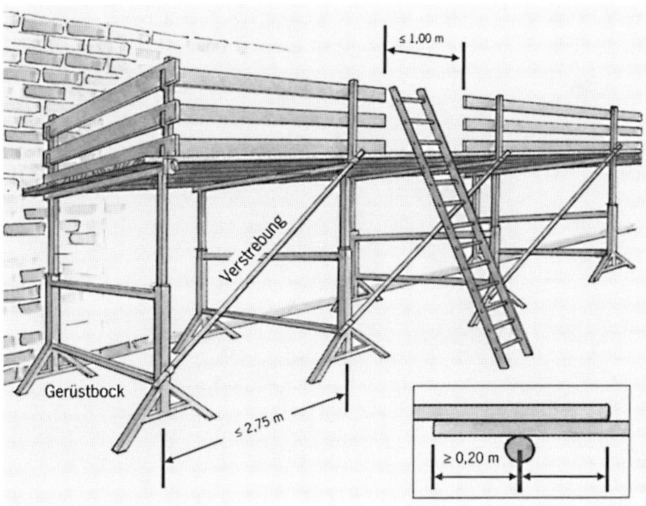

Abb. 2.78: Bockgerüst

Schutzmaßnahmen:
Bockgerüste

- nur stählerne oder zimmermannsmäßig abgebundene Holzböcke verwenden
- Gerüstböcke auf sichere Unterlage aufstellen
- Gerüstgruppe bestimmen, Belagsbreite, Belagsstärke und Bockabstand festlegen (siehe Tabellen 2.14 und 2.15)
- Der Belag darf nicht wippen oder ausweichen. Er darf nicht mehr als 30 cm über das letzte Auflager hinausragen.
- Überdeckung im Bereich der Stöße mindestens 2 x 20 cm
- bei Materiallagerung mindestens 20 cm freien Durchgang
- Gerüste mit Belagshöhen > 2 m verstreben
- Gerüstzugang nur über Anlegeleitern
- Seitenschutz bei Belagshöhen über 2 m

Tabelle 2.14: **Gruppeneinteilung der Arbeitsgerüste**

Gerüst-gruppe	Mindest-breite der Belagfläche²) m	Flächen-bezogenes Nutzgewicht kg/m²	Flächen-pressung³) kg/m²
1	0,50¹)	–	–
2	0,60¹)	150	–
3	0,60¹)	200	–
4	0,90	300	500
5	0,90	450	750
6	0,90	600	1000

¹) Die Bordbrettdicke darf mitgerechnet werden
²) Die freie Durchgangsbreite muss bei Materiallagerung auf der Belagfläche mindestens 0,20 m betragen
³) Flächenpressung ist hier Nutzgewicht durch dessen tatsächliche Grundrissfläche

Tabelle 2.15: **Mindestabmessungen von Gerüstbrettern/-bohlen bei Arbeitsgerüsten**

Gerüst-gruppe	Brett- oder Bohlenbreite cm	Brett- oder Bohlendicke in cm 3,00	3,50	4,00	4,50	5,00
		zulässige Stützweite in m				
1, 2, 3	20	1,25	1,50	1,75	2,25	2,50
	24 und 28	1,25	1,75	2,25	2,50	2,75
4	20	1,25	1,50	1,75	2,25	2,50
	24 und 28	1,25	1,75	2,00	2,25	2,50
5	20, 24, 28	1,25	1,25	1,50	1,75	2,00
6	20, 24, 28	1,00	1,25	1,25	1,50	1,75

Kleingerüste und fahrbare Arbeitsbühnen

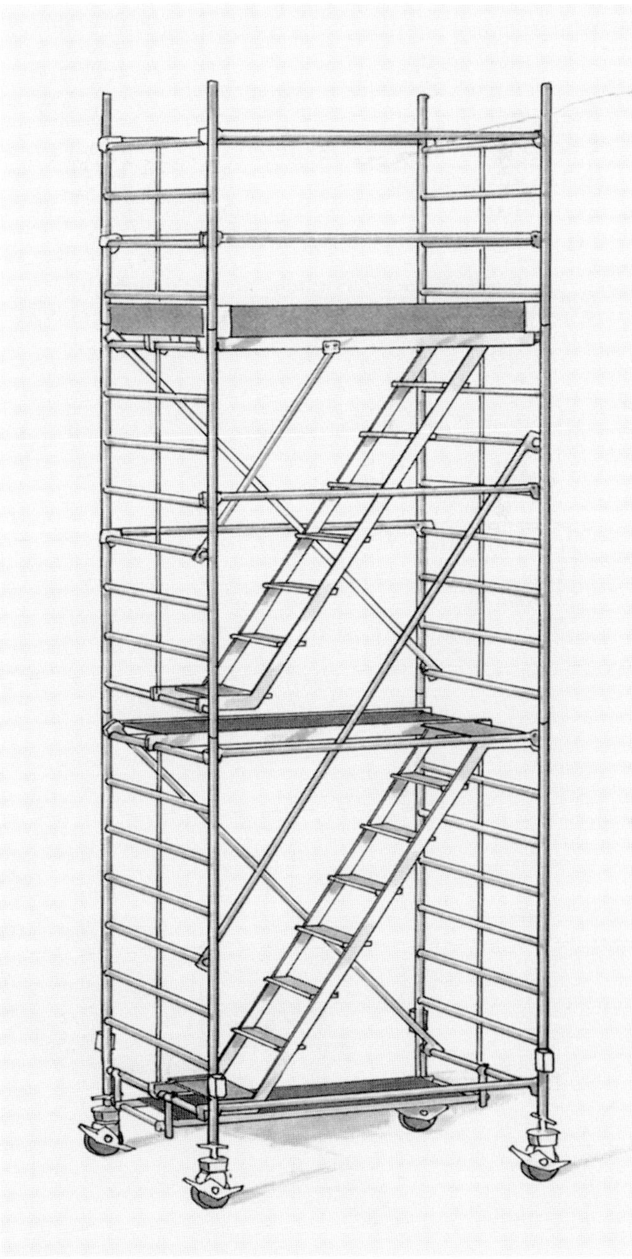

Abb. 2.79: Fahrgerüst

Schutzmaßnahmen:
- zulässige Belastung beachten
- Seitenschutz ab 2 m Höhe
- fahren nur langsam auf ebenem, tragfähigem und hindernisfreiem Untergrund
- fahren nur in Längsrichtung oder über Eck
- Fahrrollen müssen unverlierbar befestigt sein und nach dem Verfahren durch Bremshebel festgesetzt werden
- lose Teile gegen Herabfallen sichern
- kein Aufenthalt von Personen während des Verfahrens

Kleingerüste:
- Die maximale Belagshöhe ist 2,50 m.

Fahrbare Arbeitsbühnen:
- maximale Belagshöhe innerhalb von Gebäuden: 12 m, außerhalb von Gebäuden: 8 m.

Absturzsicherung und Seitenschutz

ist erforderlich an:
- Arbeitsplätzen und Verkehrswegen, an oder über Flüssigkeiten, ab 0 m Höhe
- freiliegenden Treppenläufen bei mehr als 1 m Absturzhöhe
- Arbeitsplätzen und Verkehrswegen auf Dächern bei mehr als 3 m Absturzhöhe
- allen übrigen Arbeitsplätzen und Verkehrswegen – z. B. Gerüste – bei mehr als 2 m Absturzhöhe

Der dreiteilige Seitenschutz besteht aus Geländerholm, Zwischenholm und Bordbrett. Er ist mindestens 1 m hoch.

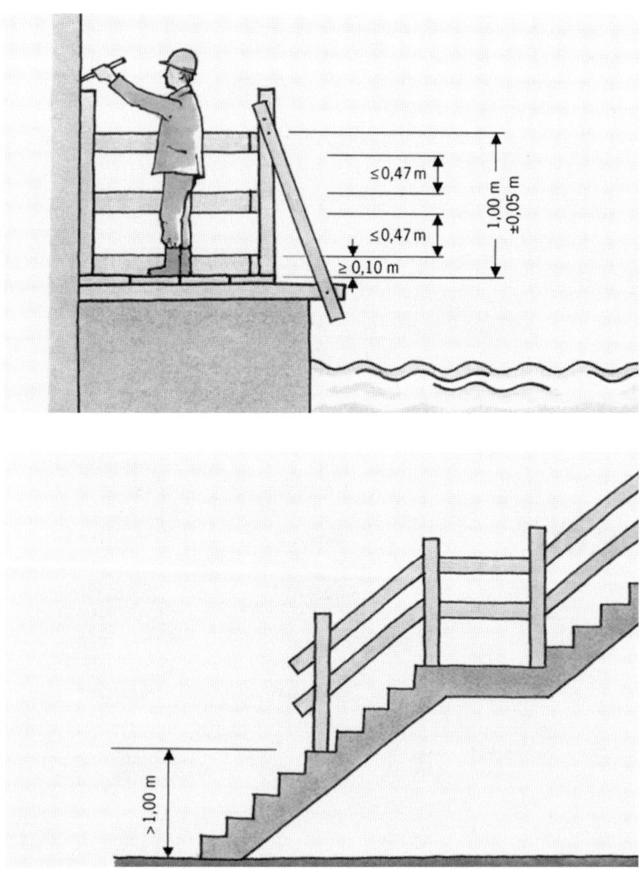

Abb. 2.80: Absturzsicherung an Arbeitsplätzen und in Treppenhäusern

Bauaufzüge/Schwenkarmaufzüge

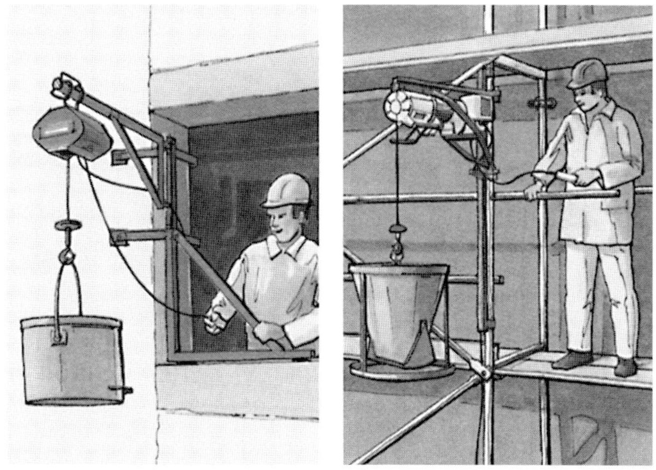

Abb. 2.81: Schwenkarmaufzug

Schutzmaßnahmen:
- Umlenkrollen gegen Hineingreifen sichern
- Lasten nicht mit Hubseil umschlingen
- geschosshohe Haltesäulen nicht zwischen Kragplatten einspannen
- Bei Bauteilen ohne Brüstung ist ab 2 m Absturzhöhe ein Seitenschutz erforderlich.
- bei der Verwendung von Fensterwinkeln darauf achten, dass der untere Anschlagschenkel waagerecht und sicher auf der Fensterbank aufliegt und dass für die seitliche Befestigung mindestens 24 cm dickes belastetes Mauerwerk vorhanden ist
- Haltesäulen an Gerüsten nur im Bereich der Knotenpunkte befestigen, Gerüst zusätzlich verstreben und verankern

Elektrische Anlagen

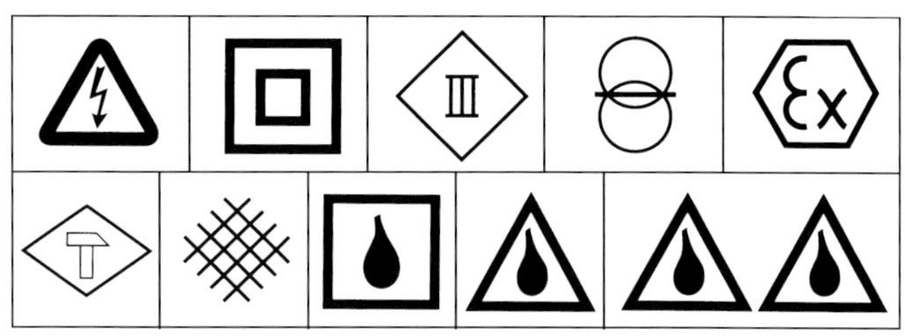

Abb. 2.82: Symbole auf elektrischen Betriebsmitteln

Schutzmaßnahmen/Anforderungen:
- Speisepunkte für kleine Baustellen: Kleinbaustromverteiler, Schutzverteiler für Baustellen, ortsveränderliche Schutzeinrichtungen, Steckdosen in Hausinstallationen
- Leitungsroller (Kabelrollen) sollen aus Isolierstoff bestehen. Sie müssen eine Überhitzungsschutzeinrichtung mit Freiauslösung haben. Die Steckdosen müssen spritzwassergeschützt ausgeführt sein.
- Steckvorrichtungen:
  - Steckdosen zweipolig mit Schutzkontakt
  - CEE-Steckvorrichtungen für erschwerte Bedingungen
- Schalter und Steckvorrichtungen sowie Bauleuchten müssen mindestens spritzwassergeschützt sein.

2.22.5 Fragen

1. Wofür gelten die für Sie zuständigen Unfallverhütungsvorschriften (UVV)?
2. Was sind Bauarbeiten?
3. Was gilt für die Leitung und Aufsicht von Bauarbeiten?
4. Welche Gerüstbreiten gibt es?
5. Wie breit müssen Laufstege sein?
6. Was gilt für geneigte Laufstege?
7. Ab welcher Höhe ist eine Absturzsicherung erforderlich?
8. Welche persönlichen Schutzeinrichtungen kommen für Fliesenleger in Betracht?
9. Welches sind typische Berufskrankheiten des Fliesenlegers?
10. Wie kann sich der Fliesenleger gegen typische Unfallgefahren und Berufskrankheiten schützen?
11. Nennen Sie die Gefahrenbezeichnungen der in Abb. 2.83 abgebildeten Symbole (Eigenschaften)!

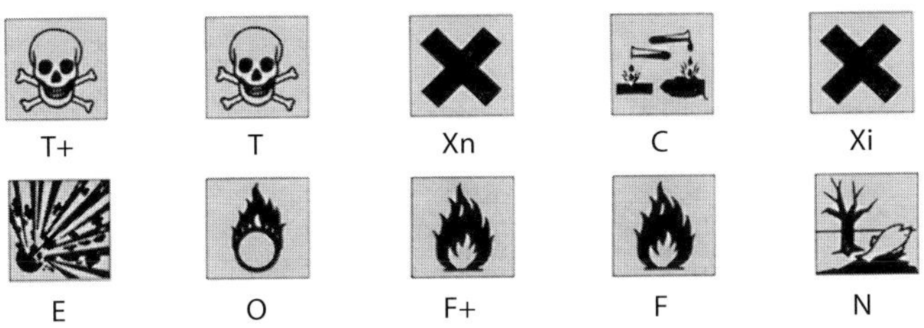

Abb. 2.83: Symbole der Gefahrstoffe

12. Wie wird Lärm gemessen?
13. Was ist der Beurteilungslärmpegel?
14. Ab welchem Beurteilungslärmpegel drohen Gehörschäden?
15. Welches Geräusch verursachen ca. 80 dB?
16. Welche Arten von Scheiben gibt es beim Winkelschleifer?
17. Wie wird die Arbeitsgeschwindigkeit von Winkelschleifern angegeben?
18. Welche Schutzeinrichtungen gehören zur Baukreissäge?
19. Wie groß ist der Abstand Spaltkeil – Sägeblatt?
20. Was gilt für die Schnitttiefe von Handkreissägen?
21. Erklären Sie die in Abb. 2.84 abgebildeten Symbole!

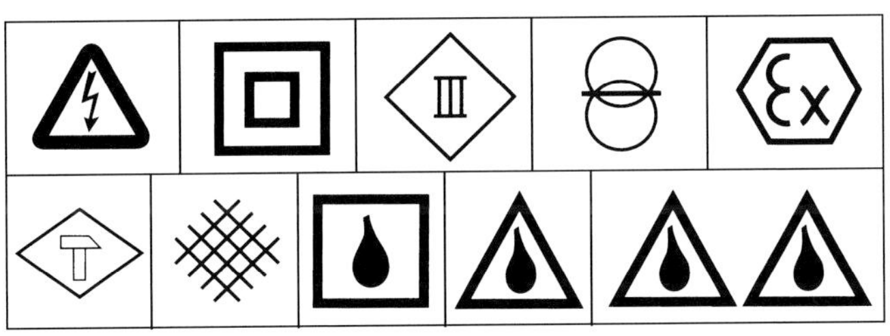

Abb. 2.84: Symbole auf elektrischen Betriebsmitteln

22. Wie können Gerüste nach ihrem Verwendungszweck eingeteilt werden?
23. Zählen Sie Gerüste nach ihrer Bauart auf!
24. Zählen Sie die wichtigsten Bestandteile eines Arbeitsgerüstes an einer Fassade auf!
25. Welche Gerüstgruppen gibt es? Nennen Sie die dazugehörenden Belagsbreiten und Nutzgewichte!
26. Berechnen Sie die erforderliche Gerüstgruppe:
    Gerüstfeld 2,0 x 0,9 m,
    Belastung durch Arbeiter 100 kg, Platten 280 kg, Mörtel 150 kg, Werkzeug 10 kg.
27. Wer sind die Träger der Unfallversicherung?
28. Wer bezahlt die Beiträge zur Unfallversicherung?
29. Nennen Sie Aufgaben der Berufsgenossenschaften!
30. Welche Aufgaben des betrieblichen Arbeitsschutzes hat der Unternehmer, welche der Mitarbeiter?
31. Welche Erste-Hilfe-Einrichtungen müssen auf Baustellen vorhanden sein?
32. Wie verhalten Sie sich bei einem Unfall?
33. Nennen Sie Arbeitsregeln bei der Benutzung von Winkelschleifern/Handtrennmaschinen!
34. Wer darf an Baukreissägen, wer darf mit Bolzenschussgeräten arbeiten?
35. Welche Aufzüge kommen für Fliesenleger infrage? Worauf ist beim Betrieb besonders zu achten?
36. Welche Mischmaschinen und -geräte verwendet der Fliesenleger? Welche Regeln sind zu beachten?
37. Was ist ein FI-Schutzschalter?
38. Welche Anforderungen werden an Kabeltrommeln gestellt?
39. Nennen Sie Typenbezeichnungen zugelassener Stecker, Kupplungen und Kabel!
40. Welche Stromarten kommen auf Baustellen vor?
41. Nennen Sie die wichtigsten Kennwerte des elektrischen Stromes! Wie hängen sie zusammen?
42. Wie verhalten Sie sich bei Unfällen durch elektrischen Strom?
43. Wie ist der Seitenschutz in Treppenhäusern vorgeschrieben?
44. Welche Regeln sind beim Aufstellen von Leitern zu beachten?
45. Dürfen Leitern als Arbeitsplatz verwendet werden?
46. Nennen Sie die Vorschriften für ein Bockgerüst!
47. Beschreiben Sie den Seitenschutz von Gerüsten! Ab welcher Gerüsthöhe ist er erforderlich?
48. Nennen Sie Vorschriften und Arbeitsregeln für die Benutzung von Fahrgerüsten!
49. Erklären Sie die in Abb. 2.85 abgebildeten Sicherheitskennzeichen!
50. Erklären Sie die Begriffe Arbeitsstätte, Arbeitsstättenverordnung sowie die wichtigsten Anforderungen an Tagesunterkünfte und sanitäre Einrichtungen!

Abb. 2.85: Symbole (allgemein) für Gefahren

2.22.6 Antworten

1. Die zuständigen Unfallverhütungsvorschriften (UVV) gelten für Bauarbeiten.
2. Bauarbeiten sind Arbeiten zur Herstellung, Instandhaltung, Änderung oder Beseitigung von baulichen Anlagen.
3. Bauarbeiten müssen von fachlich geeigneten Vorgesetzten geleitet werden.
4. Zulässige Gerüstbreiten: 50, 60, 95 cm
5. Laufstege müssen mindestens 50 cm breit sein.
6. Geneigte Laufstege benötigen Trittleisten oder Stufen; Trittleisten bei > 1 : 5 (11°), Stufen bei > 1 : 1,75 (30°)
7. Eine Absturzsicherung ist erforderlich: ab 0 m über Wasser und Flüssigkeiten, ab 1 m an Treppen, ab 2 m an Arbeitsplätzen und Verkehrswegen, ab 5 m auf Dächern und an Fenstern.
8. Persönliche Schutzausrüstung des Fliesenlegers: Schuhe, Brille, Gehörschutz, Kleidung, Handschuhe, Atemschutz, Knieschutz
9. Typische Berufskrankheiten des Fliesenlegers: Knie-, Schleimbeutel-, Haut-, Bandscheiben-, Rückenerkrankungen
10. Schutz gegen typische Unfallgefahren ist dadurch möglich, dass man Gefahren erkennt und die UVV beachtet.
11. Gefahrenbezeichnung der Symbole: sehr giftig; giftig; gesundheitsschädlich – mindergiftig; ätzend; reizend; explosionsgefährlich; brandfördernd; hoch entzündlich; leicht entzündlich; umweltgefährlich
12. Lärm wird als Schallpegel in Dezibel (dBA) gemessen.
13. Der Beurteilungslärmpegel ist der durchschnittliche Lärmpegel einer 8-Stunden-Schicht.
14. Gehörschäden drohen ab einem Beurteilungslärmpegel von 85 dBA.
15. Zirka 80 dBA werden von starkem Straßenverkehr verursacht.
16. Beim Winkelschleifer gibt es Trennscheiben und Schleifscheiben.
17. Die Arbeitsgeschwindigkeit bei Winkelschleifern wird als Umfangsgeschwindigkeit (m/s) angegeben.
18. Schutzeinrichtungen der Baukreissäge: Spaltkeil, Schutzhaube, Parallelanschlag, Winkelanschlag, Keilschneideinrichtung, Schiebestock, Abdeckung
19. Der Abstand Spaltkeil – Sägeblatt ist ≤ 10 mm.
20. Für die Schnitttiefe bei Handkreissägen gilt: 10 mm tiefer als Werkstoffdicke.
21. Erklärung der Symbole: Gefährliche elektrische Spannung; schutzisoliert (Schutzklasse II); Schutzkleinspannung (Schutzklasse III); Trenntransformator (Schutztrennung); explosionsgeschützte baumustergeprüfte Betriebsmittel; für rauen Betrieb; staubgeschützt; regengeschützt (sprühwassergeschützt); spritzwassergeschützt; strahlwassergeschützt
22. Gerüstarten nach dem Verwendungszweck: Arbeitsgerüst, Schutzgerüst, Schalungsgerüst
23. Gerüste nach ihrer Bauart: Stangengerüst, Leitergerüst, Stahlrohrgerüst, Stahlrohr-Rahmengerüst (Schnellbaugerüst), Konsolgerüst, Hängegerüst, Auslegergerüst, Schalungsgerüst
24. Bestandteile eines Stahlrohrrahmengerüstes: Rahmen, Gerüstboden, Verstrebung, Verankerung, Leiter, Seitenschutz
25. Einteilung der Gerüste in die Gruppen 1, 2, 3, 4, 5, 6
    Belagsbreiten und Nutzgewichte der Gruppen
    1: 0,5 m
    2: 0,6 m, 150 kg/m²
    3: 0,6 m, 200 kg/m²
    4: 0,6 m, 300 kg/m²
    5: 0,9 m, 450 kg/m²
    6: 0,9 m, 600 kg/m²
26. Berechnung der Gerüstgruppe:
    Belagsfläche: 2,0 x 0,9 = 1,8 m²; Lasten: 100 + 280 + 150 + 10 = 540 kg;
    Nutzlast: 540 : 1,8 = 300 kg/m² entspricht Gerüstgruppe 4 (siehe Tabellen 2.14 und 2.15)
27. Die Träger der Unfallversicherung sind die Berufsgenossenschaften.
28. Die Beiträge zur Unfallversicherung bezahlt der Arbeitgeber.
29. Aufgaben der Berufsgenossenschaften sind: Unfallverhütung, Fortbildung, Unfallbearbeitung, Regulierung, Umschulung
30. Aufgaben des Unternehmers: Überwachung der Einhaltung der UVV, Information über UVV, Schutzeinrichtungen und Schutzmittel zur Verfügung halten, Aufgaben der Mitarbeiter: UVV beachten, Schutzmittel benutzen
31. Auf Baustellen muss ein Verbandskasten vorhanden sein.
32. Maßnahmen bei einem betrieblichen Unfall: erste Hilfe leisten, Arzt rufen, Angehörige benachrichtigen, Unfall aufnehmen
33. Arbeitsregeln bei der Benutzung von Winkelschleifern: Werkstück einspannen, Maschine mit beiden Händen halten, persönliche Schutzeinrichtung tragen, richtiges Werkzeug verwenden
34. Berechtigung für Bolzenschussgeräte: Mitarbeiter ab 18 Jahren nach entsprechender Einweisung, Berechtigung für Baukreissägen: Lehrlinge ab 16 Jahren unter Aufsicht
35. Für Fliesenleger kommen infrage: Schrägaufzüge, Schwenkarmaufzüge
    Besonders beachten: Kein Aufenthalt unter schweren Lasten!
36. Mischmaschinen des Fliesenlegers: Kleinmischer, Freifallmischer oder Trommelmischer, Rührgeräte
37. Ein FI-Schutzschalter ist ein Fehlerstrom-Schutzschalter.
38. Anforderungen an Kabeltrommeln: nicht leitend, für rauen Baustellenbetrieb geeignet, Überhitzungsschutz
39. Kabel: HO7 RN-F, AO7 RN-F, HO5 RN-F, AO5 RN-F, Stecker und Kupplungen: CEE
40. Stromarten auf Baustellen: 220 V Wechselstrom, 380 V Drehstrom
41. Die drei wichtigsten Kennwerte des elektrischen Stromes sind: Spannung U, Stromstärke I; Widerstand R.
    Das Ohmsche Gesetz lautet:
    Widerstand = Spannung geteilt durch Stromstärke
    ($R = U/I$)

42. Maßnahmen bei Unfällen durch elektrischen Strom: Strom abschalten, Verletzten mit isolierenden Teilen vom Netz trennen, erste Hilfe leisten, Arzt rufen
43. Seitenschutz in Treppenhäusern ist ab 1 m Höhe, dreiteilig, vorgeschrieben.
44. Der Anstellwinkel von Leitern ist ca. 70°; Höhe 1 m über Arbeitshöhe hinaus, guter Stand.
45. Leitern können als Arbeitsplatz verwendet werden, allerdings nur bis max. 7 m Höhe, bis 2 m Höhe nicht länger als 2 Stunden.
    Werkzeug und Material dürfen nicht über 10 kg wiegen.
46. Bockgerüst: nur geeignete Holz- oder Stahlböcke verwenden, max. 2 Lagen übereinander bis 4 m Höhe, ab 2 m Seitenschutz anbringen
47. Der Seitenschutz von Gerüsten ist dreiteilig und besteht aus Bordbrett, Zwischenholm und Geländerholm.
    Er ist erforderlich ab 2 m Höhe.
48. Vorschriften für Fahrgerüste: Innenaufstieg, über Eck oder die Längsseite verfahren, beim Fahren: keine Person und keine losen Teile auf dem Gerüst, beim Arbeiten: Rollen festsetzen
49. Sicherheitskennzeichen
    1. Verbote: Rauchen; Feuer- und offenes Licht; Fußgänger
    2. Warnung vor: Flurförderzeugen; elektrischer Spannung; Gefahr
    3. Gebote: Atemschutz; Schutzschuhe; Schutzhandschuhe
    4. erste Hilfe; Fluchtweg
50. Arbeitsstätte: Ort der gewerblichen Produktion. In der Arbeitsstättenverordnung sind die Bedingungen für Baustellenunterkünfte geregelt.
    Tagesunterkünfte: Tisch und Stühle, Heizung, Windfang, Schrank für Kleidung, Vorrichtung zum Wärmen von Speisen, Höhe 2,30 m, Freifläche 0,75 m^2 je Mitarbeiter
    Sanitäre Einrichtungen: WC, Waschgelegenheit, Warm- und Kaltwasser

2.23 Gefahrstoffe

2.23.1 Stichworte zum Thema

- Kenntnisse über die Gefahrstoffe und deren Gefahrenpotenzial
- Gefahrstoffklassen und -symbole
- Gefährdung der verarbeitenden Personen und der Umwelt
- wirkungsvolle Schutzmaßnahmen
- Transportberechtigung und Entsorgungsverpflichtung
- Umweltschutz

2.23.2 Regelwerke

Gefahrstoffverordnung (GefStoffV)

Technische Regeln für Gefahrstoffe (TRGS)

Gefahrstoff-Informationssystem der Berufsgenossenschaften der Bauwirtschaft (GISBAU)

Wesentliche Inhalte der Regelwerke

Begriffe, Einstufung, Kennzeichnung, Verbote und Beschränkungen
Schutzmaßnahmen, Sonderregelungen
Grenzwerte am Arbeitsplatz
Biologische Arbeitsplatztoleranzwerte
Sicherheitsdatenblatt
Kennzeichnung: R-Sätze (Hinweis auf besondere Gefahren) und S-Sätze (Sicherheitsratschläge),

Produktnamen, Charakterisierung, Grenzwerte, Gefahrstoffmessungen, toxikologisches Wirkungsprofil, Hygienemaßnahmen, Schutzmaßnahmen, erste Hilfe, Vorsorgeuntersuchungen, Entsorgung, Lagerung, Transport, Schadensfall

2.23.3 Fall aus der Praxis

Ein junger Fliesenleger stellt nach einigen Wochen intensiver Tätigkeit auf der Baustelle schmerzhafte Ausschläge auf der Haut seiner Hände und Arme fest.

Fertigen Sie eine Liste von Schutzmaßnahmen, die den Fliesenleger vor Hauterkrankungen schützen kann.

Lösung

Schädigungen der Haut (Ekzeme) gehören zu den häufigsten berufsbedingten Krankheiten der Fliesenleger. Hauterkrankungen können durch häufigen Kontakt mit rauen, scharfkantigen Materialien oder durch Nässe und Kälte entstehen.

Schadstoffe wie Zement, Kalk, Epoxidharz, Mineralfaserdämmstoffe und sogar Gummihandschuhe können die Haut schädigen.

Deshalb sollte der Fliesenleger Vorkehrungen zum Schutz der Haut treffen.

Schutzmaßnahmen

- Hautschutzmittel verwenden, das auf die jeweilige Gefährdung abgestimmt ist; vor Arbeitsbeginn auftragen

Abb. 2.86: Gefahrstoffe

- Hautreinigungsmittel verwenden, die der Art und Stärke der Verschmutzung entsprechen; zu scharfe Reinigungsmittel schaden mehr, als sie nützen
- nach Arbeitsende Hautpflegemittel auftragen, die die Rückfettung der Haut unterstützen (siehe Hautschutzplan)
- direkten Kontakt mit Nässe und rauem Material vermeiden; je nach Art Arbeitshandschuhe aus Stoff oder Leder oder flüssigkeitsdichte Handschuhe mit Baumwollinnenfutter tragen
- bei Arbeiten mit Gefahrstoffen: Gefahrensymbole beachten und entsprechende Schutzmaßnahmen ergreifen

2.23.4 Bausteine

Begriff

Gefahrstoffe sind Stoffe, von denen Gefahren für die Menschen und die Umwelt ausgehen. Gefahrstoffe kommen u. a. vor in Farben, Lacken, Reinigungsmitteln, Klebstoffen, Lösungsmitteln, Kunststoffen, Kalk und Zement.

Die Gefahren entstehen durch Einatmen, Verschlucken, Berühren (Hautkontakt).

Auf die rechtlichen Grundlagen wurde auf der ersten Seite dieses Kapitels hingewiesen.

Gefahren

- Brand- und Feuergefahr, Explosionsgefahr:
  Diese Gefahren sind abhängig von dem Flammpunkt des Gefahrstoffes.

Tabelle 2.16: **Kennzeichnung der Entzündlichkeit**

Flammpunkt	Kennzeichnung	
< 0 °C	hoch entzündlich	F + R 12
0–21 °C	leicht entzündlich	F + R 11
22–55 °C	entzündlich	R 10

- Gefahren durch ätzende, giftige, reizende Chemikalien: Diese Gefahren sind abhängig vom pH-Wert des Stoffes. Zementmörtel haben einen pH-Wert von 12–13. Sie können Haut und Schleimhäute durch ihre ätzende Wirkung schädigen. Es können Allergien (Zementkrätze) auftreten.
- Gefahren durch Kebs erzeugende Chemikalien
- weitere Gefahren sind Fortpflanzungsschäden, Erbgutveränderungen, Nervenschäden oder Leberschäden

Übersicht der Gefahrensymbole

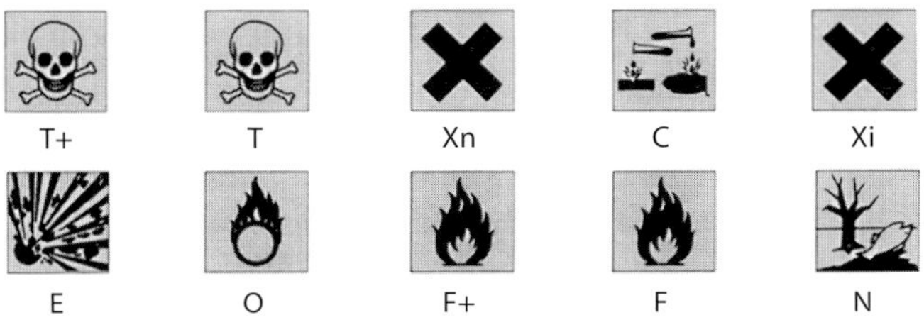

Abb. 2.87: Symbolanwendung Übersicht

2.23.5 Fragen

1. Was sind Gefahrstoffe?
2. Worin liegt die Gefahr beim Umgang mit Gefahrstoffen?
3. In welchen Grundlagen ist der Umgang mit Gefahrstoffen geregelt?
4. Erklären Sie die Abkürzungen GISBAU und TRGS!
5. Wovon hängt die Feuergefährlichkeit eines Stoffes ab?
6. Nennen Sie die Kennzeichnungsklassen verschiedener Flammpunkte!
7. Nennen Sie die Kennzeichnungsklassen der giftigen Stoffe!
8. Wovon hängt die Giftigkeit von Stoffen ab?
9. Nennen Sie Krebs erzeugende Stoffe und deren Klassifizierung/Kennzeichnung!
10. Welche Gefahren drohen außerdem durch Chemikalien?
11. Welches sind basische (alkalische) Baustoffe?
12. Welche Gefahren können von basischen Stoffen ausgehen?
13. Welchen pH-Wert haben Zementmörtel und Kalkmörtel?
14. Wodurch wird die basische Wirkung in zement- und kalkhaltigen Produkten begründet?
15. Nennen Sie saure Baustoffe!
16. Welche Auswirkungen haben basische und saure Baustoffe auf angrenzende Materialien?
17. Was sind Reaktionsharze? Aus welchen Komponenten bestehen sie?
18. Welche Gefahren gehen von den einzelnen Komponenten der Reaktionsharze aus?
19. Welche Vorsichtsmaßnahmen beachten Sie bei der Verarbeitung von Reaktionsharz?
20. Wie ist die Verwendung von Epoxidharz im lebensmittelberührten Bereich zu beurteilen?
21. Was ist GFK und CFK und wo wird es eingesetzt?
22. Welche Gefahren gehen von Lösungsmitteln aus?
23. Welche Baustoffe enthalten Lösungsmittel?
24. Welche Arbeitsregeln gelten beim Umgang mit lösungsmittelhaltigen Stoffen?
25. Welche Ersatzprodukte werden für lösungsmittelhaltige Stoffe entwickelt? Beispiele!
26. Nennen Sie einen Sammelbegriff für Keramik-, Glas- und Steinwollefasern! Abkürzung!
27. Beschreiben Sie die Gefahr von Mineralfaser-Baustoffen!
28. Welche Schutzmaßnahmen beachten Sie bei der Verarbeitung von Mineralfaserstoffen?
29. Was beachten Sie bei der Lagerung von Gefahrstoffen?
30. Welche Gefahrstoffmengen dürfen vom Fliesenleger auf die Baustelle und zurück transportiert werden?
31. Welche Gefahrgutklassen gibt es?
32. Welche Abfallarten kennen Sie?
33. Wer ist für die Entsorgung von Baustoffresten und Abfall von der Baustelle verantwortlich?
34. Wie müssen Gefahrstoffe entsorgt werden?
35. Welche Verpackungen können in der Regel an den Handel/Hersteller zurückgegeben werden?
36. Wie können Baustoffe wiederverwendet werden (Recycling)? Welche Baustoffe eignen sich hierfür, welche nicht?
37. Wie kann der Fliesenleger sich umweltschonend und verantwortlich gegenüber den Mitmenschen verhalten?

2.23.6 Antworten

1. Gefahrstoffe sind Stoffe, von denen eine bestimmte Gefahr für Menschen und Umwelt ausgeht.
2. Die Gefahr hängt von der Wirkungsweise ab: feuergefährlich, giftig, reizend, ätzend, . . .
3. Grundlagen für die Regelung mit Gefahrstoffen: Gefahrstoffverordnung, TRGS, GISBAU
4. GISBAU: Gefahrstoff-Informations-System der Berufsgenossenschaften der Bauwirtschaft,
   TRGS: Technische Regeln für Gefahrstoffe
5. Die Feuergefährlichkeit eines Stoffes richtet sich nach dem Flammpunkt.
6. Kennzeichnungsklassen verschiedener Flammpunkte in den R-Sätzen: F + R 12, F + R 11, R 10
7. Kennzeichnungsklassen giftiger Stoffe: T+, T, Xn, C, Xi
8. Die Giftigkeit von Stoffen hängt von ihrer chemischen Zusammensetzung ab.
9. Krebs erzeugende Stoffe: Bezeichnung R 45 »kann Krebs erzeugen«; Klassen:
   C1: Asbest, Benzol, Zinkchromat
   C2: Cadmium, Chrom, Epoxidharz
   C3: Abbeizmittel, Polyurethan-Produkte, Reinigungs- und Desinfektionsmittel
10. Durch den Umgang mit Chemikalien drohen außerdem Fortpflanzungsschäden, Erbgutveränderungen, Nerven- und Leberschäden.
11. Basische Baustoffe sind kalkhaltige Baustoffe, Kalk, Zement, Dünnbettmörtel.
12. Gefahren durch basische Stoffe sind Verätzungen und Hautallergien.
13. Zement- und Kalkmörtel haben einen pH-Wert von 9–12.
14. Die basische Wirkung stammt von dem Element Calcium (Ca).
15. Gipshaltige Baustoffe sind sauer: Gips, Anhydrit, Gipsbaustoffe.
16. Basische Stoffe ätzen, saure Stoffe greifen an und fördern die Rostbildung.

17. Reaktionsharze sind Kunststoffe aus verschiedenen Komponenten, die beim Mischen eine Reaktion eingehen.
18. Die einzelnen Komponenten der Reaktionsharze bilden eine Gefahr für Haut, Schleimhäute, Atemwege; z.T. sind sie Krebs erzeugend.
19. Bei der Verarbeitung von Reaktionsharzen soll folgende persönliche Schutzausrüstung getragen werden: Schutzkleidung, Atemschutz, Schutzbrille, Handschuhe. Für gute Lüftung ist zu sorgen.
20. Abgebundenes Reaktionsharz gilt im Lebensmittelbereich als unbedenklich.
21. GFK ist glasfaserverstärkter Kunststoff, CFK ist kohlefaser (Carbonfaser)verstärkter Kunststoff. GFK und CFK werden im Fahrzeugbau, Flugzeugbau, Schiffsbau, Werkzeugbau, Sportgerätebau eingesetzt.
22. Einatmen der giftigen Lösungsmittel ist Krebs erzeugend, haut- und schleimhautschädigend.
23. Lösungsmittel sind in Kunststoffen in streichbarer, spritzbarer, walz- oder spachtelbarer Konsistenz, in Farben, Lacken, Klebern.
24. Beim Umgang mit lösungsmittelhaltigen Stoffen werden ein Atemschutz, gute Lüftung und Hautschutz benötigt.
25. Ersatzprodukte für lösungsmittelhaltige Stoffe sind Emulsionen und Dispersionen, wasserverdünnte Farben und Spachtelmassen.
26. Der Sammelbegiff ist Mineralfaser, KMF.
27. Mineralfasern sind gefährlich, weil sich Staub und Bruchteile unterhalb einer bestimmten Größe in Atemwege und Lunge setzen können und dort nicht abgebaut werden, Krebsgefahr.
28. Schutzmaßnahmen sind: Atemschutz, Schutzbrille, Schutzkleidung.
29. Bei der Lagerung von Gefahrstoffen ist zu beachten: Sortierung und Kennzeichnung, abschließbarer, kühler Lagerraum, kein Zutritt für Unbefugte.
30. Von Handwerkern dürfen Kleinmengen als Bedarf für einen Arbeitsabschnitt transportiert werden.
31. Es gibt die Gefahrgutklassen 1–9.
32. Abfallarten sind: Wertstoffe, Haus- und Gewerbemüll, Bauschutt, Sondermüll.
33. Für die Entsorgung von Abfall und Baustoffresten von der Baustelle ist der Handwerker verantwortlich.
34. Gefahrstoffe werden getrennt und als Sondermüll entsorgt.
35. An den Handel oder den Hersteller können die Umverpackungen zurückgegeben werden.
36. Einige Baustoffe können in einem Recycling-Verfahren wiederverwendbar gemacht werden.
    Mineralischer Bauschutt ist zur Wiederverwendung geeignet, Kunststoffe sind teilweise geeignet.
    Gefahrstoffe sind nicht geeignet.
37. Umweltschonender und verantwortungsvoller Umgang mit Gefahrstoffen, Mülltrennung, regelgerechte Entsorgung

3 Farblehre und Gestaltung

3.1 Stichworte zum Thema

- Farbgestaltung von Bekleidungen und Belägen aus Fliesen und Platten
- Beratungsgespräch mit dem Auftraggeber
- Raumkorrekturen – Raumveränderungen durch entsprechende Farbgestaltung
- Farbvorschlag des Architekten
- Farben der Fugen; Abweichung von der üblichen Fugenfarbe auf Wunsch des Kunden – Hinweis in der Leistungsbeschreibung – oder auf Vorschlag des Fliesenlegers – Hinweis auf Mehrkosten
- Farben der Einrichtung, der Accessoires

3.2 Regelwerke

Regelwerke in Form von Normen oder Merkblättern zum Thema gibt es nicht.

Es steht jedoch umfangreiche Literatur für die planenden und gestaltenden Berufe zur Verfügung.

Literaturbeispiele:
- Wick/Wick, Form und Farbe, Dümmler-Verlag, Bonn 1968
- Rabausch/Krampitz, Fliesen – Gestalten mit Fliesen und Platten, 3. Auflage, Verlagsgesellschaft Rudolf Müller, Köln 1999
- Rabausch/Krampitz, Bäder – Handbuch zur Badezimmerplanung, 2. Auflage, Verlagsgesellschaft Rudolf Müller, Köln 2001
- Dinort/Dinort, Praktische Farblehre und Gestaltung für Fliesenleger, Verlagsgesellschaft Rudolf Müller, Köln 2001
- Joliet, Die Geschichte der Fliese, Verlagsgesellschaft Rudolf Müller, Köln 1996

3.3 Bausteine

Grundbegriffe der Farblehre

Das *Sonnenlicht* ist eine von der Sonne ausgehende elektromagnetische Strahlung. Es wird als weißes Licht bezeichnet.

Das Sonnenlicht lässt sich durch ein Glasprima in das gesamte Farbspektrum zerlegen.

Durch die *Zerlegung des Lichtes* entstehen die Farben Rot, Orange, Gelb, Grün, Blau, Violett.

Durch Mischung der verschiedenen Lichtfarben entsteht wieder weißes Licht. Die Mischung von einzelnen Lichtfarben nennt man *additive Farbmischung*.

Abb. 3.1: Farblehre und Gestaltung bei einem Meisterstück

Bei der *Reflexion* wird das gesamte Licht zurückgestrahlt. Der Körper erscheint in der Farbe, in der er angestrahlt wird.

Bei der *Absorption* wird das gesamte Licht in Form von Wärme aufgenommen.

Ein Körper erscheint gelb, weil der Gelbanteil des Lichtes reflektiert wird; das übrige Spektrum wird absorbiert.

Pigmente sind Farbkörper, die ihre Farbe durch den reflektierten Anteil des Lichtes erhalten. Im Gegensatz zu den *Lichtfarben* spricht man hierbei von *Körperfarben*.

Mischt man nun eine Lichtfarbe mit Körperfarben, so spricht man von *subtraktiver Farbmischung*.

Grundfarben oder Primärfarben sind Rot, Gelb, Blau.

Sekundärfarben entstehen durch die Mischung zweier Grundfarben: Orange aus Gelb und Rot, Violett aus Rot und Blau, Grün aus Gelb und Blau.

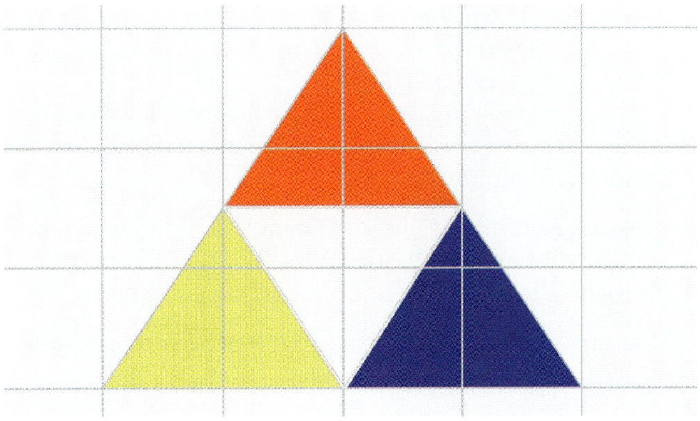

Abb. 3.2: Farbdreieck

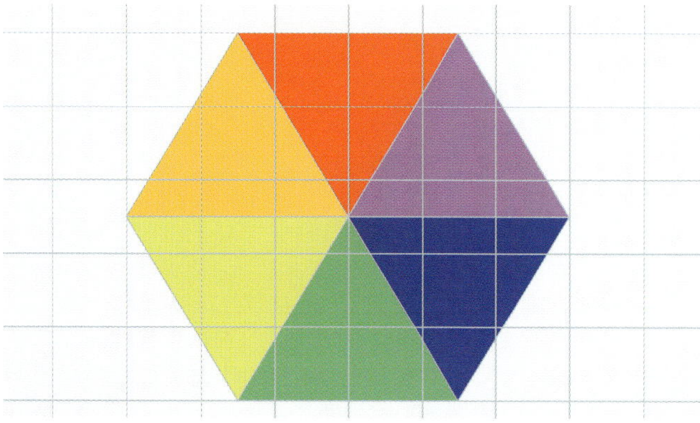

Abb. 3.3: Farbsechseck

Tertiärfarben entstehen wiederum aus der Mischung von Primär- und Sekundärfarben. Kommen die Farben rein vor, das heißt ohne Anteile von Weiß oder Schwarz, sind sie gesättigt. Außer der *Sättigung* ist die *Helligkeit* ein wesentliches Merkmal der Farbe. Farben rufen im Betrachter Empfindungen hervor, allerdings können diese recht verschieden sein. Bei der Gestaltung mit Farben ist das Auslösen einer harmonischen Empfindung anzustreben. *Farbharmonie* wird – außer durch subjektive Faktoren – erreicht durch Farben gleicher Helligkeit, gleicher Sättigung und gleicher Mischung. Farben gleicher Helligkeit wirken gedämpft, ruhig, ausgeglichen, Farben gleicher Sättigung wirken frisch, lebendig, spannungsvoll.

Farben haben bestimmte Wirkungen auf Menschen und werden mit unterschiedlichen Begriffen und Emotionen assoziiert.

- Rot: warm, aktiv, aggressiv, leidenschaftlich — Feuer, Liebe, Blut, Freiheit
- Orange: warm, anregend, freundlich — Feuer, Freude
- Gelb: warm, strahlend, heiter — Sonne, Freude
- Grün: kühl, beruhigend, angenehm — Natur, Jugend, Hoffnung
- Blau: kalt, beruhigend, fern — Weite, Treue, Beständigkeit
- Violett: feierlich, würdig, religiös — Feier, Trauer, Würde
- Braun: erdhaft, natürlich, warm — Erde, Erdverbundenheit
- Weiß: kühl, leicht, sauber — Reinheit, Erhabenheit
- Grau: neutral, ausgleichend, farblos — Trübsinn, Eleganz, Stil
- Schwarz: traurig, beängstigend, finster — Trauer, Angst, Vornehmheit

Weitere Beispiele für Farbstimmungen ergeben sich durch folgende Farbkombinationen:

- freudige Stimmung: Gelb, Orangerot, Grün und Braun
- ruhige Stimmung: Blau, Violett, Grün, Braun
- festliche Stimmung: Rot, Violett, Purpur, Braun

Farbkompositionen lassen sich in zahlreiche Farbkontraste einteilen.

Ein *Komplementärkontrast* besteht aus komplementären Farbtönen. Diese liegen im Farbkreis gegenüber und ergeben den größtmöglichen Kontrast. Dieser Gegensatz steigert die Farben zu höchster Leuchtkraft. Die Mischung der Komplementärfarben ergibt Grau.

Hell-Dunkel-Kontraste sind beispielsweise dunkle Bordüren auf hellen Fliesen, schwarze Schrift auf weißem Papier, Vordergrund – Hintergrund, Wandgestaltung aus hellen und dunklen Tönen der gleichen Farbe.

Abb. 3.4: Komplementärkontrast

Abb. 3.5: Hell-Dunkel-Kontrast

Der *Simultankontrast* verändert eine Farbe in der Umgebung einer anderen. Ein weißes Quadrat auf schwarzem Grund überstrahlt den schwarzen Grund und wirkt größer. Ein schwarzes Quadrat auf weißem Grund wirkt kleiner.

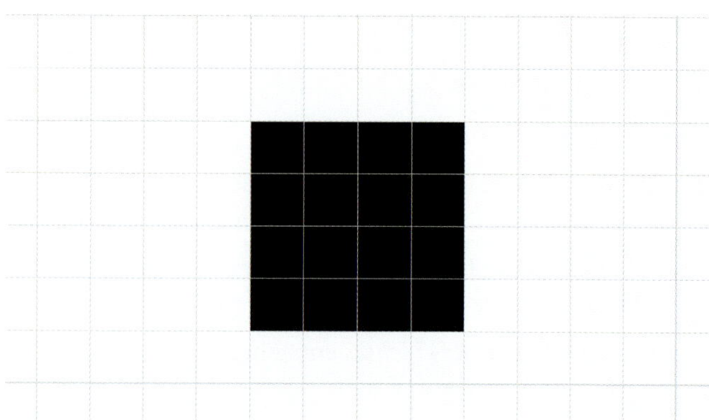

Abb. 3.6: Schwarz-Weiß-Kontrast

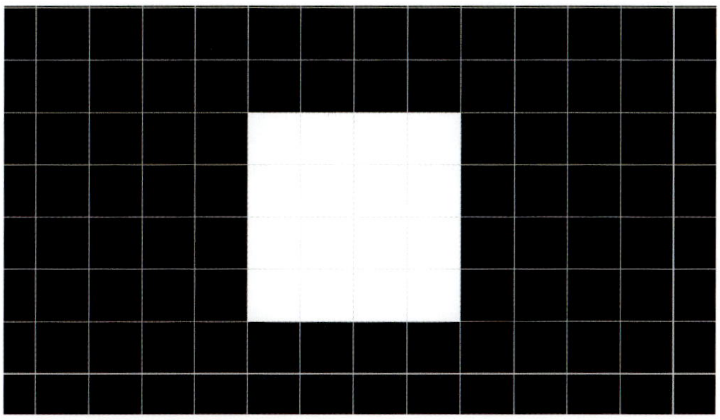

Abb. 3.7: Weiß-Schwarz-Kontrast

Der Simultankontrast auf einer Wandtafel zeigt: Graue Einleger treten auf schwarzem Grund hervor, wirken zurückhaltend auf weißem Grund.

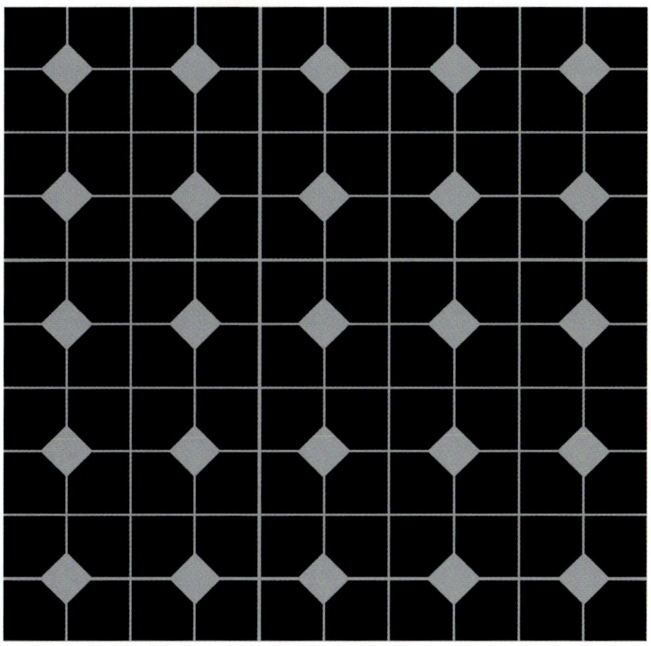

Abb. 3.8: Simultankontrast Grau auf Schwarz

Abb. 3.9: Simultankontrast Grau auf Weiß

Simultankontrast: Grün auf Blau wirkt hell, warm, feurig; dasselbe Grün auf Orange wirkt dunkel, kalt, stumpf.

Abb. 3.10: Simultankontrast Grün auf Blau

Abb. 3.11: Simultankontrast Grün auf Orange

Kalt-Warm-Kontrast: Als warme Farben gelten Gelb, Orange, Rot, Braun, Rot-orange. Als kalte Farben gelten: Grün, Blau, Violett, Blaugrün.

Abb. 3.12: Kalte Farben

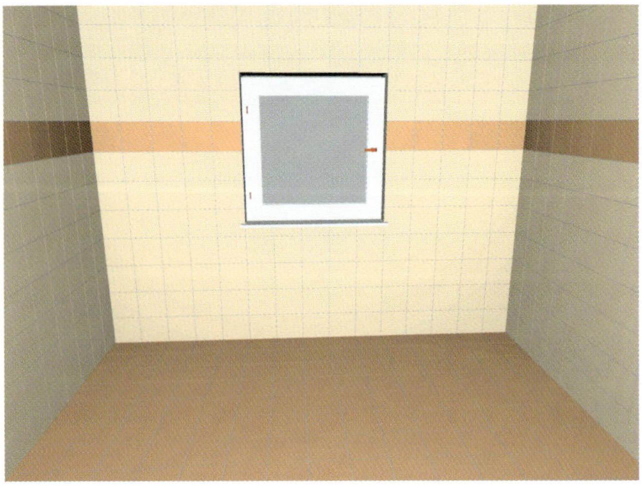

Abb. 3.13: Warme Farben

Bei dem *Farbe-an-sich-Kontrast* werden möglichst reine Farben in ihrer stärksten Leuchtkraft nebeneinander verwendet.

Beim *Qualitätskontrast* werden reine Farben mit Farben geringer Sättigung gegeneinander gesetzt.

Der *Quantitätskontrast* stellt kleine Farbflächen größeren Farbflächen gegenüber.

Abb. 3.14: Qualitätskontrast reine gegen gedeckte Farben

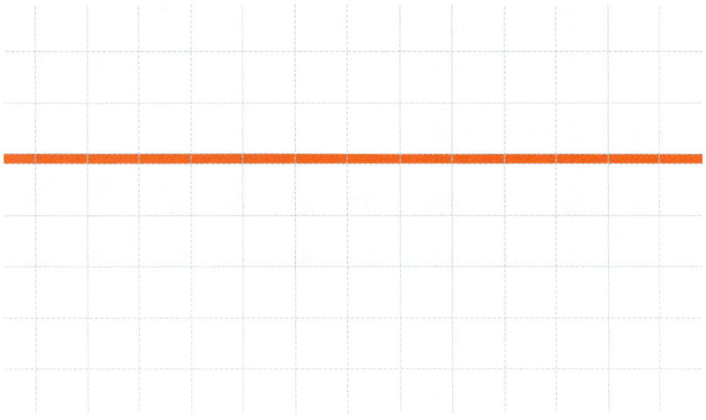

Abb. 3.15: Quantitätskontrast kleine gegen große Farbflächen

Der Farbgestaltung soll stets eine Gliederung zu Grunde liegen: Dominante, Subdominante, Akzente. Als *Dominante* wird der vorherrschende Grundton bezeichnet. Dazu werden untergeordnete Farbtöne, die *Subdominanten*, ausgewählt. *Akzente* sind Ornamente, Friese, Bordüren, Zierfliesen oder Einleger.

Weitere Gestaltungsgesichtspunkte sind die Art der Wohnung und des Gebäudes, die architektonische Gliederung. Abmessungen und Proportionen, Baustil und Alter, die Funktion des Raumes und die subjektiven Bedürfnisse der Bewohner.

Bei größeren Räumen ist zu berücksichtigen, dass Farben im Vordergrund heller, im Hintergrund dunkler wirken.

Ebenso spielen Größe und Form einer Farbfläche eine Rolle. Kleine Farbflächen können mit reinen Farben, große Flächen mit hellen, ungesättigten Farben gestaltet werden.

Bei Fliesen spielt die Art der Oberfläche eine wichtige Rolle: Glänzende Oberflächen zeigen ein klares, glänzendes Abbild. Die Körperformen werden betont durch Spiegelung, Reflexion, Schattenbilder. Matte Oberflächen wirken weicher und zurückhaltender. Unebenheiten fallen weniger auf.

Heute ist die Gestaltung eines Raumes mithilfe von *CAD-Programmen* wesentlich einfacher. Die Stärke dieser Programme liegt in der großen Vielfalt und Schnelligkeit, in der alternative Lösungen vorgeschlagen werden können. Das anschauliche Bildmaterial wird als Entscheidungshilfe für den Kunden eingesetzt.

In der Regel werden vier Hauptmenüs angeboten: Raum, Fliesen, Sanitäreinrichtungen, Ansichten. Die Gestaltung kann im Grundriss, in der Ansicht oder im dreidimensionalen Raum erfolgen. Im Grundriss können alle Raumvarianten einschließlich Fenster, Türen, Trennwände, Podeste angelegt werden.

Die Ansicht kann Wandtafeln, ganze Wände oder komplette Wandabwicklungen darstellen. Mit dem variablen Standort einer Kamera können 3-D-Versionen in allen Vergrößerungen oder Verkleinerungen, von Zeichenqualität bis Fotoqualität dargestellt werden.

Im Bereich Fliesen können die Produkte aller namhaften Hersteller abgerufen werden. Die Fliesenauswahl kann auch nach Format oder Farbe erfolgen.

Unbegrenzte Gestaltungsmöglichkeiten ergibt die Anwendung der Menüs Hauptfliese, Dekorfliese, Einzelfliese, Einleger, Rand, Teppich, Schachbrett, Bordüre, Streifen, Fries, Winkel, Fuge, . . .

Schematischer Aufbau einer CAD-Raumgestaltung

Abb. 3.16: Grundriss im Rohbau

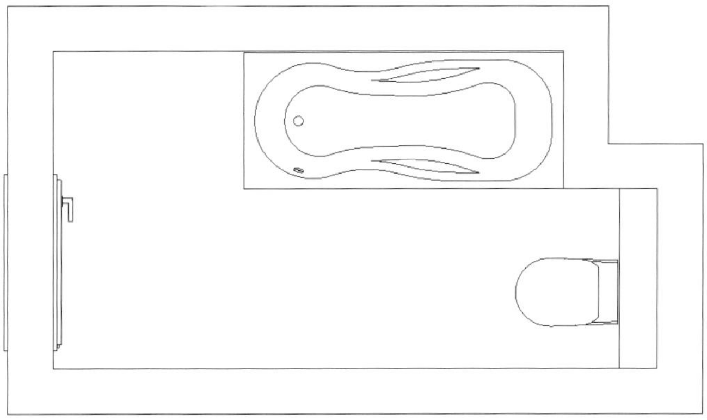

Abb. 3.17: Rohbau mit Fenster, Türen, Badewanne, Duschtasse, WC, Vormauerung

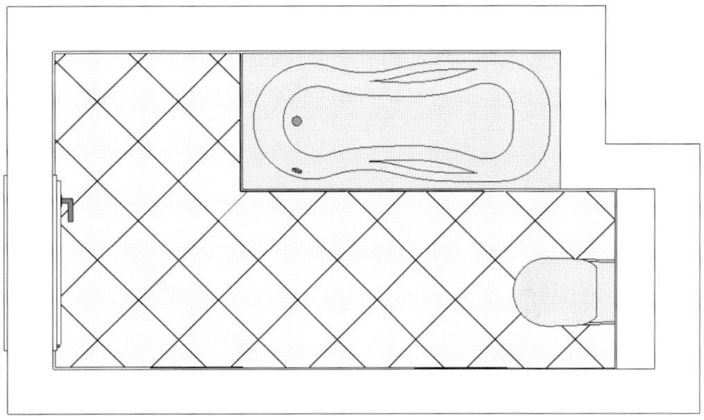

Abb. 3.18: Grundriss mit Bodenbelag

Abb. 3.19: 3-D-Ansicht mit Bodenbelag

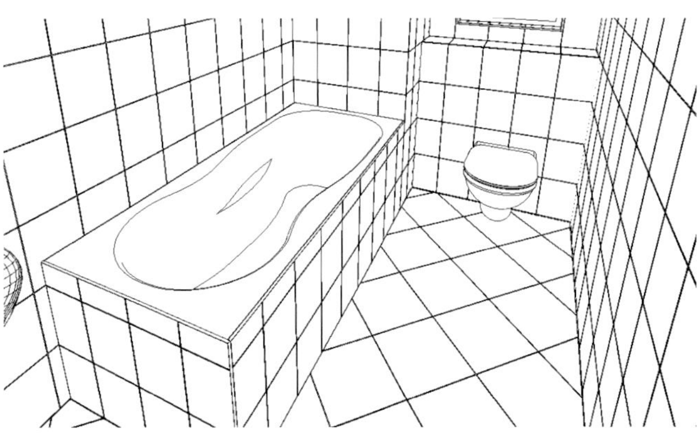

Abb. 3.20: 3-D-Ansicht mit Wandbekleidung

Abb. 3.21: 3-D-Ansicht mit Fertigmontage und Accessoires

Abb. 3.22: 3-D-Ansicht mit verschiedenen Kamerastandorten in Fotoqualität

Abb. 3.23: 3-D-Ansicht mit verschiedenen Kamerastandorten in Fotoqualität

Anmerkung: Alle Abbildungen dieses Kapitels wurden mit dem CAD-Raumgestaltungsprogramm Palette Datensystem GmbH, Stuttgart, hergestellt.

3.4 Fragen

1. Welche Farben werden als Primärfarben bzw. Sekundärfarben bezeichnet?
2. Auf welche Art und Weise entstehen Tertiärfarben? Nennen Sie zwei Prinzipien!
3. Wie werden die bunten und die unbunten Farben in der Fachsprache bezeichnet?
4. Erklären Sie den Begriff »Sättigung«!
5. Wie kann man Farben nach ihrer Helligkeit unterscheiden?
6. Nennen Sie Beispiele für Empfindungen, die durch Farben ausgelöst werden!
7. Auf welche Weise lassen sich Farbharmonien herstellen?
8. Farben haben symbolischen Charakter. Nennen Sie vier Beispiele!
9. Erklären Sie den Begriff »Komplementärfarbe«! Nennen Sie drei komplementäre Farbpaare!
10. Nennen Sie die sieben wichtigsten Farbkontraste!
11. Welche Farben werden als kalt, welche als warm bezeichnet?
12. In welche drei Bereiche lassen sich Farbgestaltungen gliedern?
13. Wie wirken Fugen in der Gegenfarbe zur Fliesenfarbe?
14. Welche optischen Wirkungen haben die Farben Schwarz und Weiß?
15. Welche Wirkung hat die Sonneneinstrahlung in einen farblich gestalteten Raum?
16. Welche Wirkung hat die Sonnenbestrahlung bei einer Fassade?
17. Erklären Sie die Bedeutung der Farblehre!
18. Erklären Sie den Farbkreis!
19. Was versteht man unter »farbigen Schlaglichtern«? Nennen Sie Beispiele!
20. Welche Farbe wählen Sie für eine Treppe im Zusammenhang mit einer Fassade, die in hellen Farbtönen gehalten ist?
21. Warum wirkt die Farbe Orange warm?
22. Wo werden kalte Farben eingesetzt?
23. Wie lässt sich ein zu langer Raum optisch verkürzen?
24. Was versteht man unter »Kontrastfarben«? Nennen Sie Beispiele!
25. Wie wirkt die Farbe Blau auf gelbem Grund?
26. Aus welchen drei Grundfarben setzen sich alle Farben zusammen?
27. Welche Empfindungen können Sie den Farben Rot, Orange, Gelb, Grün, Blau, Violett zuordnen?
28. Erklären Sie den Begriff »Proportion«! Welche Bedeutung hat er für den Fliesenleger?
29. Unterscheiden Sie folgende Gestaltungslösungen: Symmetrie – Reihung – Gruppierung – Rhythmus! Geben Sie Beispiele aus Ihrer Tätigkeit an!
30. Warum sollte Farbe und statische Funktion stets eine Einheit bilden? Beispiel!
31. Wie kann die Fuge (Farbe, Breite) zur Gestaltung eines Raumes beitragen?
32. Wie kann ein Fliesenleger bei der Gestaltung eines Raumes mitwirken?

3.5 Antworten

1. Primärfarben sind: Rot, Gelb, Blau; Sekundärfarben sind: Orange, Grün, Violett.
2. Tertiärfarben entstehen durch Mischen von Sekundärfarben.
   Additive Farbmischung der im Spektrum vorkommenden Farben: Weiß
   Addititve Farbmischung der im Farbkreis vorkommenden Körperfarben: Schwarz
3. Bunte Farben sind: chromatische Farben; unbunte Farben sind: achromatische Farben.
4. Sättigung ist der Einheitsgrad der Farbe (ohne Weiß-, Schwarz- oder Grauanteile).
5. Unterscheidungen nach der Helligkeit ist durch einen Vergleichswert mit einer Graureihe möglich, z. B. Gelb ist heller als Rot.
6. Farben wirken kalt - warm, anregend - beruhigend, Freude - Trauer auslösend, Gedanken verknüpfend.
7. Farbharmonien lassen sich herstellen durch Farben gleicher Helligkeit, gleicher Sättigung oder gleicher Ausmischung.
8. Beispiele für den Symbolcharakter von Farben:
   Weiß: rein und unschuldig; Schwarz: Trauer, Festlichkeit; Rot: aggressiv, aktiv; Grün: beruhigend, angenehm
9. Komplementärfarben liegen im Farbkreis gegenüber: Gelb - Violett, Rot - Grün, Blau - Orange.
10. Die wichtigsten Farbkontraste sind:
    Komplementärkontrast, Simultankontrast, Hell-Dunkel-Kontrast, Farbe-an-sich-Kontrast, Kalt-Warm-Kontrast, Qualitätskontrast, Quantitätskontrast.
11. Kalte Farben: Blau- und Grüntöne; warme Farben: Rot- und Gelb-Töne
12. Farbgestaltungen lassen sich wie folgt gliedern: nach den Proportionen, nach dem Seitenverhältnis, nach dem goldenen Schnitt.
13. Fugen in der Gegenfarbe zur Fliesenfarbe wirken als starker Kontrast, aufdringlich, betont.
14. Schwarz verkleinert die Fläche, einen Raum, lässt Flächen hervortreten, macht schlank;
    Weiß vergrößert eine Fläche, einen Raum, lässt Flächen zurücktreten, macht füllig.
15. Die Sonneneinstrahlung wirkt belebend, leuchtend, erhellend.
16. Durch die Sonneneinstrahlung kommen die Farben besser zur Geltung, sie leuchten mehr!
    Fugen und Fugenraster werden besser sichtbar.
17. Licht und Farbe stehen in enger Beziehung; der Mensch nimmt eine farbige Umgebung wahr, die unterschiedliche, aber sehr bestimmte Wirkungen ausübt.
18. Der Farbkreis, 6- oder 12-teilig, besteht aus den Primär-, Sekundär- und Tertiärfarben;
    gegenüber liegen immer die Komplementärfarben (Gegenfarben).
19. »Farbige Schlaglichter« sind besonders auffallende, hervortretende Farbflächen: Einstreufliesen, Friese, Farbleitsysteme.
20. Eine Treppe ist ein Verkehrsweg, auf dem es besonders auf Sicherheit ankommt. Ein optischer Kontrast kann durch eine dunklere Farbe erzeugt werden, die mit der hellen verwandt oder sogar komplementär ist.
21. Orange wirkt warm, weil es die Farbe der Sonne, des Feuers ist.
22. Kalte Farben wie Grün- oder Blautöne werden eingesetzt, wo es auf frische, kühle, klare und hygienische Wirkung ankommt.
23. Ein langer Raum lässt sich optisch verkürzen, indem die Rückwand dunkel gestaltet wird.
24. Kontrastfarben wirken stark unterschiedlich; Rot-Grün = Komplementärkontrast;
    7 Farbkontraste siehe Frage 10
25. Blau auf gelbem Grund wirkt hervortretend; es handelt sich um einen starken Kontrast.
26. Grundfarben, aus denen sich alle Farben zusammensetzen: Rot, Gelb, Blau
27. Empfindungen bei Rot: erregend, stark; Grün: beruhigend, schwach; Orange: erwärmend, weich; Blau: kalt, fest; Gelb: hell, gelöst; Violett: sentimental, gespannt.
28. Unter Proportion versteht man die Maßverhältnisse einzelner Bauteile, einzelner Abmessungen, einzelner Farbflächen zueinander.
29. Symmetrie ist eine gleichmäßige Anordnung um einen Punkt oder um eine Achse.
    Reihung ist eine Aneinanderreihung gleicher Formen oder Farben an einer beliebigen Stelle einer Fläche, eines Raumes.
    Gruppierung ist die Anordnung von Farb- oder Formelementen in der Längs- und Querrichtung einer Fläche.
    Rhythmus ist eine Reihenfolge von Farb- oder Formelementen in festgelegten Abständen oder Höhen.
30. Stützen, Pfeiler, Träger, Säulen haben statische Funktionen; sie kann durch farbliche Gestaltung betont werden (kräftige, aktive Farben gegenüber der ausfachenden Wand mit helleren, zurücktretenden Farben).
31. Die Fuge soll sich vom Belag abheben, jedoch nicht dominieren.
32. Der Fliesenleger kann bei der Gestaltung eines Raumes mitwirken durch:
    Beratung, Farbvorschläge, Mustervorlage, Kataloge und Prospekte, Ausstellung, eigene Entwürfe und Darstellungen (Fotos).

4 Technische Mathematik/Aufmaß und Abrechnung

4.1 Stichworte zum Thema

- Aufmaß nach Fertigstellung der Fliesenarbeiten
- Zwischenaufmaß bei umfangreichen Leistungen oder längeren Ausführungsfristen
- Aufmaß nach Baustelle oder nach Zeichnung
- Aufmaßregeln
- Umgang mit Aufmaß bei kleineren Flächen und Längen

4.2 Regelwerke

VOB/C ATV DIN 18299	Allgemeine Regelungen für Bauarbeiten jeder Art, Abschnitt 5 Abrechnung
VOB/C ATV DIN 18352	Fliesen- und Plattenarbeiten, Abschnitt 0.5 Abrechnungseinheiten und Abschnitt 5 Abrechnung (siehe Kapitel 2.1)

Wesentliche Inhalte der VOB-Aufmaßregeln

- Aufmaß von Wandbekleidungen, Bodenbelägen, Ausgleichsschichten, Trennschichten, Dämmschichten, Unterböden, Oberflächenbehandlungen, Bewehrungen, Trag- und Unterkonstruktionen
- Höhe von Wandbekleidungen mit und ohne Sockel
- Fassaden
- Stufen, Schwellen, Sockel, Kehlen, Gehrungen, Schrägschnitte, Profile, Leisten, Schienen, Beckenköpfe
- Fliesentrennwände
- Abzüge nach Flächen- und Längenmaßen

4.3 Bausteine

Das fünfte und letzte Kapitel in der ATV DIN 18352 behandelt die Abrechnung.

Hierbei ist nicht die finanzielle Rechnungsstellung, sondern vielmehr das technische Aufmessen der ausgeführten Fliesenarbeiten gemeint.

Der Abschnitt 5 gehört somit zu Recht beim Meisterprüfungsteil II zum Fach Technische Mathematik und nicht zum Fach Kalkulation.

Um dies zu verdeutlichen, betrachtet man die Reihenfolge einer Vertragsabwicklung

• Ausschreibung	AG
• Massenüberschlag für die Kalkulation	AN
• Kalkulation	AN
• Angebot	AN
• Vergabe	AG
• Massenberechnung für die Materialstellung	AN
• Materialbestellung	AN

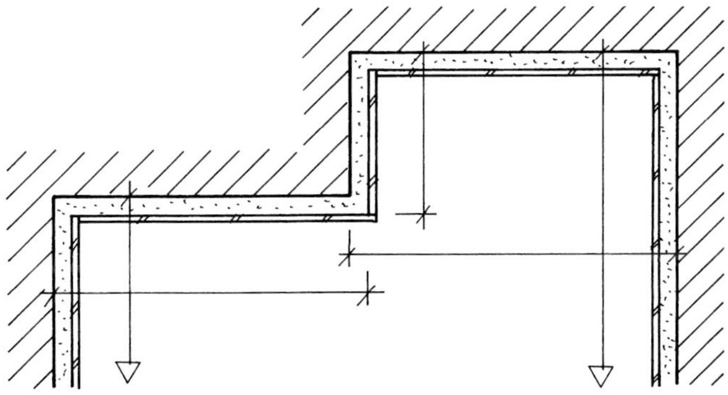

Abb. 4.1: Aufmaß von Wandbelägen im Dünnbett

• Ausführung	AN
• Abnahme	AG
• Aufmaß für die Abrechnung	AG/AN
• Abrechnung	AN
• Bezahlung	AG

Aufmaß

Das *Aufmaß* ist zwar die technische Voraussetzung für die Abrechnung – nicht jedoch die Abrechnung selbst!

Wenn man die Maße aus dem Aufmaß und die kalkulierten Beträge aus dem Angebot miteinander multipliziert, entsteht die Schnittstelle zwischen Aufmaß und Abrechnung.

Beispiel aus einem Leistungsverzeichnis (LV):

- Pos. 21 Wandbelag 20/25
  im Dünnbett angesetzt und ausgefugt
- kalkulierter Einheitspreis aus dem Angebot:
  43,82 Euro/m^2
- ausgeführte Leistungen nach dem Aufmaß:
  34,50 m^2
- Abrechnungspreis für die Pos. 21:
  34,50 m^2 x 43,82 Euro/m^2 = 1 511,79 Euro

Die *Massenberechnung* wird für die Materialbestellung *vor* der Ausführung der Fliesenarbeiten aufgestellt.

Die *Aufmaßrechnung* erfolgt zum Zweck der Abrechnung *nach* der Ausführung zwischen AG und AN und für die Nachkalkulation.

Sie kann nach Plänen (z. B. Werkpläne M 1:50) oder auf der Baustelle aufgestellt werden.

Der Abrechnung ist ein *übersichtliches* und *nachprüfbares* Aufmaß beizulegen (Aufmaßformulare).

Hierzu sind die Aufmaßregeln der VOB/C ATV DIN 18352, Abschnitt 5 genau zu beachten.

VOB/B DIN 1961 § 2 Vergütung

»1. Durch die vereinbarten Preise werden alle Leistungen abgegolten, die nach der Leistungsbeschreibung, den Besonderen Vertragsbedingungen, den Zusätzlichen Vertragsbedingungen, den Zusätzlichen Technischen Vertragsbedingungen, den Allgemeinen Technischen Vertragsbedingungen für Bauleistungen und der gewerblichen Verkehrssitte zur vertraglichen Leistung gehören.

2. Die Vergütung wird nach den vertraglichen Einheitspreisen und den tatsächlich ausgeführten Leistungen berechnet, wenn keine andere Berechnungsart (...) vereinbart ist.«

VOB/B DIN 1961 § 14 Abrechnung

»1. Der Auftragnehmer hat seine Leistungen prüfbar abzurechnen. Er hat die Rechnungen übersichtlich aufzustellen und dabei die Reihenfolge der Posten einzuhalten und die in den Vertragsbestandteilen enthaltenen Bezeichnungen zu verwenden. Die zum Nachweis von Art und Umfang der Leistung erforderlichen Mengenberechnungen, Zeichnungen und andere Belege sind beizufügen. Änderungen und Ergänzungen des Vertrags sind in der Rechnung besonders kenntlich zu machen; sie sind auf Verlangen getrennt abzurechnen.

2. Die für die Abrechnung notwendigen Feststellungen sind dem Fortgang der Leistung entsprechend möglichst gemeinsam vorzunehmen. Die Abrechnungsbestimmungen in den Technischen Vertragsbedingungen und den anderen Vertragsunterlagen sind zu beachten. Für Leistungen, die bei Weiterführung der Arbeiten nur schwer feststellbar sind, hat der Auftragnehmer rechtzeitig gemeinsame Feststellungen zu beantragen.«

VOB/C ATV DIN 18299

»5 Abrechnung
Die Leistung ist aus Zeichnungen zu ermitteln, soweit die ausgeführte Leistung diesen Zeichnungen entspricht. Sind solche Zeichnungen nicht vorhanden, ist die Leistung aufzumessen.«

Beim Fliesenleger sind drei Abrechnungseinheiten von Bedeutung:

- Flächenmaß m^2
- Längenmaß m
- Anzahl Stück/St.

Danach wird der in vielen Betrieben so beliebte »laufende Meter (lfm)« nach VOB korrekt mit Meter (m) bezeichnet.

Es entstehen immer wieder Fragen, nach welchen Einheiten bestimmte Positionen – z. B. das Einmauern einer Badewanne oder die Verkleidung einer Stufe – aufzumessen sind.

Dabei gibt es Positionen, die nach Längenmaß (m) oder Anzahl (Stück) aufgemessen werden können – z. B. Stufen und Schwellen.

Abrechnungseinheiten nach VOB/C ATV DIN 18352

»0.5 Abrechnungseinheiten
Im Leistungsverzeichnis sind die Abrechnungseinheiten wie folgt vorzusehen:
0.5.1 Nach Flächenmaß m^2, getrennt nach Bauart und Maßen, für

- *Vorbehandlung des Untergrundes*
- *Ausgleichsschichten*
- *Trennschichten*
- *Dämmschichten*
- *Unterböden*
- *Decken-, Wand- und Bodenbeläge*
- *Oberflächenbehandlung der Beläge*
- *Bewehrungen, Trag- und Unterkonstruktionen*
- *Wände*

0.5.2 Nach Längenmaß (m), getrennt nach Bauart und Maßen, für

- *Stufen und Schwellen*
- *Sockel und Kehlen*
- *Gehrungen an Fliesen- und Plattenkanten*
- *Schrägschnitte*
- *Profile und Leisten aus Formstücken*
- *Rinne und Roste*
- *Schienen*
- *Bewegungsfugen*

0.5.3 Nach Anzahl (Stück), getrennt nach Bauart und Maßen, für

- *Stufen und Schwellen*
- *freie Stufenköpfe*
- *Zwickel bei angestuften Begrenzungen der Beläge, z.B. über Treppen*
- *Bekleidungen besonderer Bauteile, z. B. Fundamentsockel, Säulen, Pfeiler*
- *Einmauern von Einbauwannen und Brausewannen*
- *Anarbeiten an Waschtische, Spülbecken, Wannen, Wannenuntertritte, schräge Wannenschürzen*
- *Anarbeiten an Aussparungen im Belag wie Öffnungen, Fundamentsockel, Rohrdurchführungen von mehr als 0,1 m^2 Größe*
- *Einbauen von Einbauteilen und Schienen, Formteilen und Zierplatten*
- *Einsetzen von Schaltern, Steckdosen, Sinkkastenaufsätzen*
- *Herstellen von Löchern in Wand- und Bodenbelägen für Installationen und Einbauteile*
- *elastische Fugenfüllung an Installationsdurchgängen, Bodenentwässerungen u.Ä.*
- *Türzargen, Gehrungen.«*

Aufmaßregeln

Die Aufmaßregeln selbst sind für den Fliesenleger kurz gefasst und benötigen häufig weitere Erläuterungen.

Als wichtiger Bestandteil seiner Fachkenntnis sollte der Meister diese Regeln beherrschen.

VOB/C ATV DIN 18352 Abschnitt 5 Abrechnung
»5.1.1 Der Ermittlung der Leistung – gleichgültig, ob sie nach Zeichnung oder nach Aufmaß erfolgt – sind zu Grunde zu legen:
5.1.1.1 Bei Innenwandbekleidungen, Deckenbekleidungen, Bodenbelägen, Ausgleichsschichten, Trennschichten, Dämmschichten, Unterböden, Oberflächenbehandlungen, Bewehrungen, Trag- und Unterkonstruktionen
- *auf Flächen mit begrenzenden Bauteilen die Maße der zu bekleidenden bzw. zu belegenden Flächen bis zu den begrenzenden, ungeputzten, ungedämmten bzw. unbekleideten Bauteilen*
- *auf Fläche ohne begrenzende Bauteile die Maße der zu bekleidenden bzw. zu belegenden Flächen.«*
(siehe auch Kapitel 2.1)

Die Aufmaßregel unterscheidet Flächen *mit* und *ohne* begrenzende Bauteile.

Flächen *mit* begrenzenden Bauteilen sind z. B. Boden- und Wandflächen, die an Wände angrenzen. Flächen *ohne* begrenzende Bauteile sind z. B. Wandflächen an Außenecken, wie sie an Kaminen oder Mauervorsprüngen vorkommen, oder Balkonbeläge an der Außenseite.

Als Aufmaßfläche gilt, »die zu bekleidende bzw. zu belegende Fläche.« Es handelt sich also um diejenige Untergrundfläche, die der Fliesenleger vorfindet oder herstellt, um seine Bekleidung (Wand) oder seinen Belag (Boden) auszuführen.

Zu Zeiten der Mörtelverlegung handelte es sich dabei eindeutig um die Rohbauflächen/Rohbaumaße, evtl. erweitert durch Dämmschichten oder Vormauerungen.

Im Dünnbett ist jedoch der Putz (Wand) bzw. die Lastverteilungsschicht/Estrich (Boden) der Untergrund. Diese Flächen werden bekleidet bzw. belegt und sind deshalb für das Aufmaß maßgebend.

Die Aufmaßregeln selbst unterscheiden *nicht*, ob im Dünnbett oder im Dickbett gearbeitet wird.

Wandbeläge: nach Flächenmaß = Länge x Höhe

$$A = l \times h$$

Die erste Regel in Abschnitt 5.1.1.1 der VOB/C ATV DIN 18352 fasst folgende Bauteile zusammen:
- Innenwandbekleidungen
- Deckenbekleidungen
- Bodenbeläge
- Ausgleichsschichten
- Trennschichten
- Dämmschichten
- Unterböden
- Oberflächenbehandlung
- Bewehrungen
- Trag- und Unterkonstruktionen.

Bei dieser Aufzählung fehlen Abdichtungsschichten im Verbund mit den Belägen nach dem ZDB-Merkblatt, die heute zu den häufig ausgeschriebenen und ausgeführten Leistungen gehören. Diese werden ebenfalls nach Flächenmaß (m^2), die erforderlichen Dichtbänder in Längenmaß (m) abgerechnet.

Bei den Wandbekleidungen ist in dieser Regel nur die waagerechte Messrichtung angesprochen (Abwicklung der Summe der Längenmaße).

Das Höhenmaß wird in der nächstfolgenden Regel behandelt.

Die Regel 5.1.1.1 unterscheidet grundsätzlich zwei Fälle:
a) Flächen mit begrenzenden Bauteilen
b) Flächen ohne begrenzende Bauteile

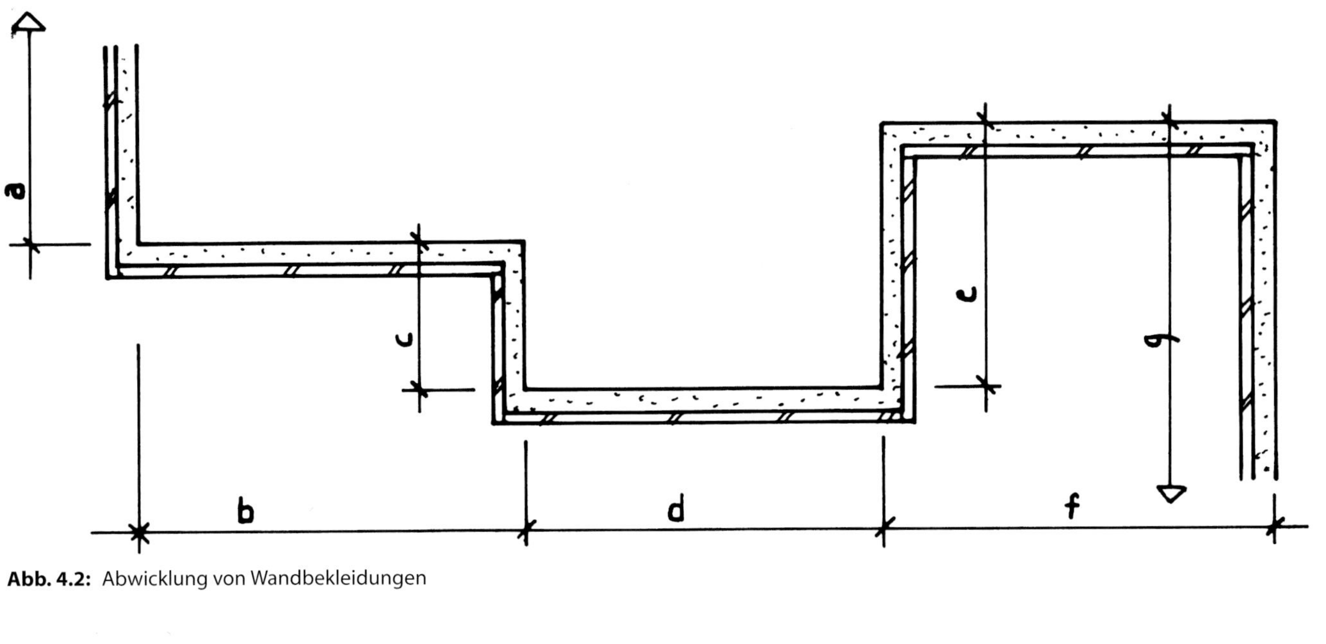

Abb. 4.2: Abwicklung von Wandbekleidungen

Wandbelag mit begrenzenden Bauteilen

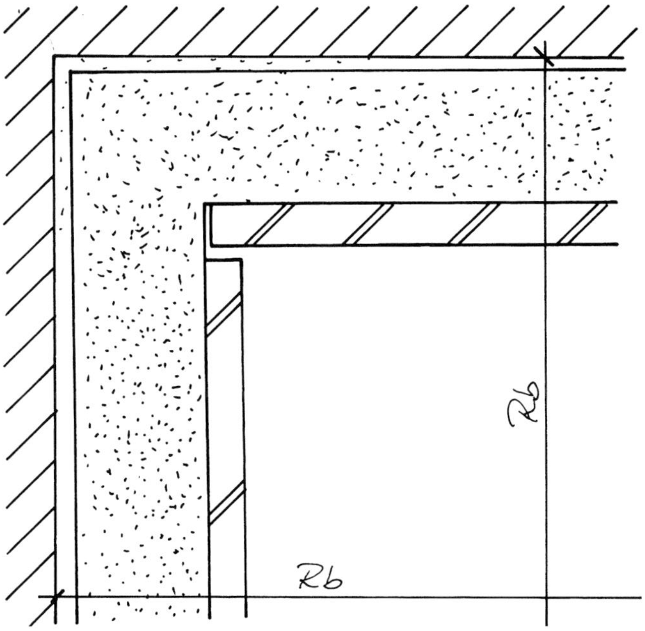

Abb. 4.3: Schnitt durch Innenecke im Dickbett

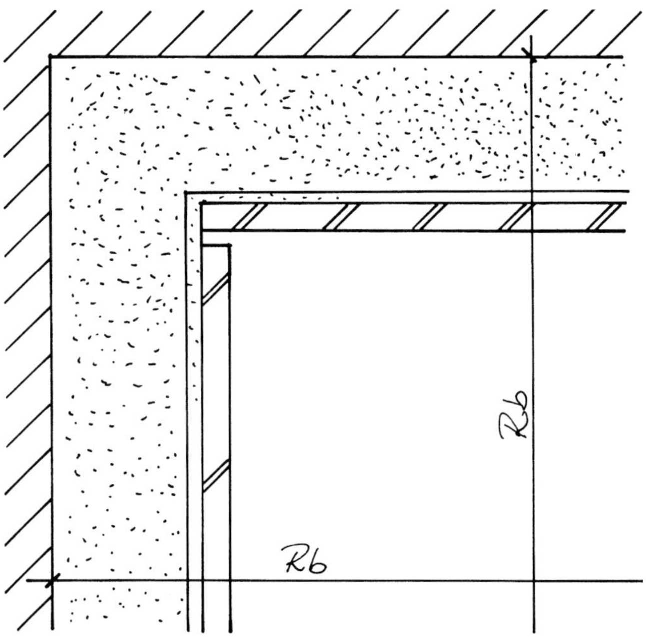

Abb. 4.4: Schnitt durch Innenecke im Dünnbett

Jeder Wandbelag wird durch den anderen begrenzt. Es gilt das »Maß der zu bekleidenden Fläche« – ohne Putz, ohne Dämmung, ohne Bekleidung.

Dies ist gleichbedeutend mit dem *Rohbaumaß*.

Bodenbelag mit begrenzenden Bauteilen

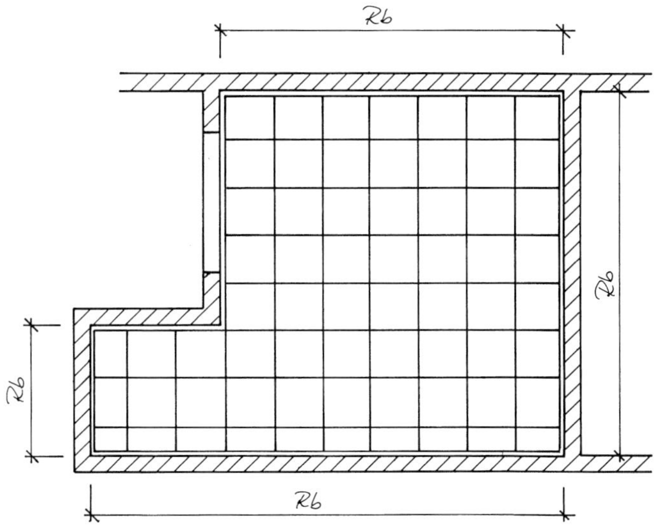

Abb. 4.5: Draufsicht auf einen Bodenbelag

Der Bodenbelag wird durch die Wände begrenzt. Dabei ist es gleichgültig, ob die Wand geputzt, gedämmt oder bekleidet ist. Es gilt wiederum das »Maß der zu belegenden Fläche«, d. h., es wird in jedem Fall das Rohbaumaß gemessen.

Zwischen Bodenbelag und Wand kann ein Fries, ein Hohlkehlsockel oder eine Kehlleiste angeordnet sein. Auch in diesem Fall wird bis zur angrenzenden Rohbauwand gemessen.

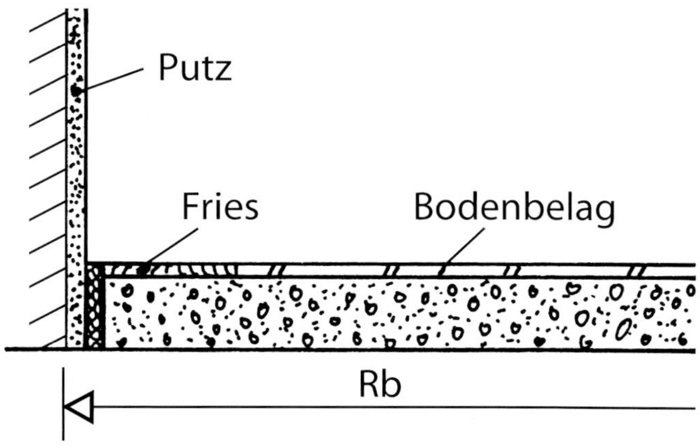

Abb. 4.6: Wand-Bodenanschluss mit Fries

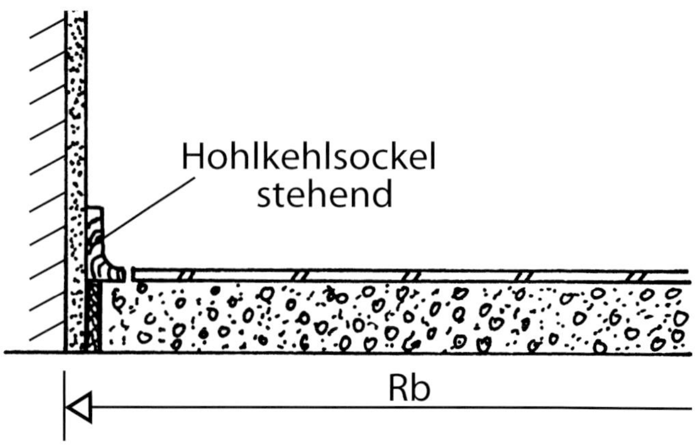

Abb. 4.7: Wand-Bodenanschluss mit Hohlkehlsockel

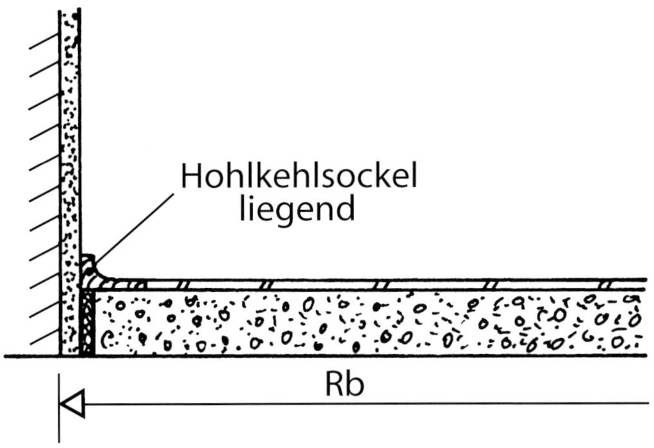

Abb. 4.8: Wand-Bodenanschluss mit Hohlkehlsockel, liegend

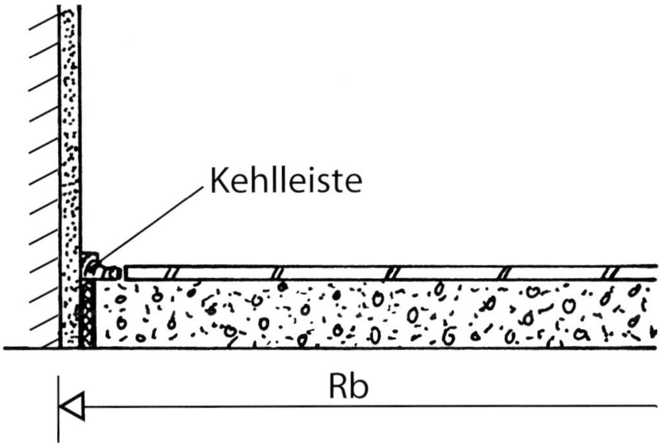

Abb. 4.9: Wand-Bodenanschluss mit Kehlleiste

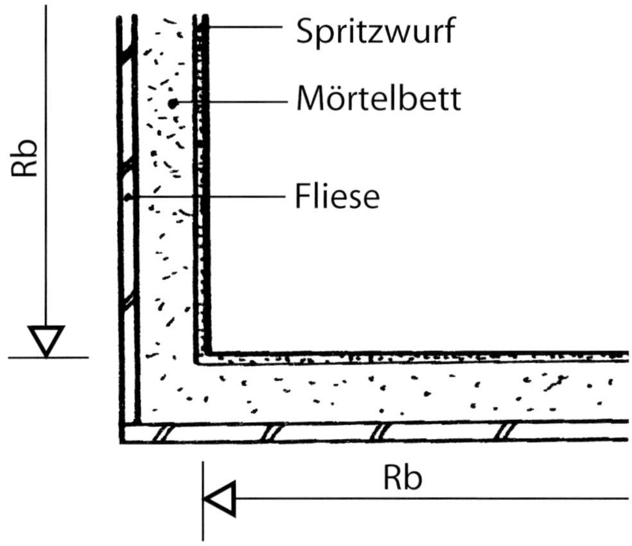

Abb. 4.10: Schnitt durch eine Außenecke, Dickbett

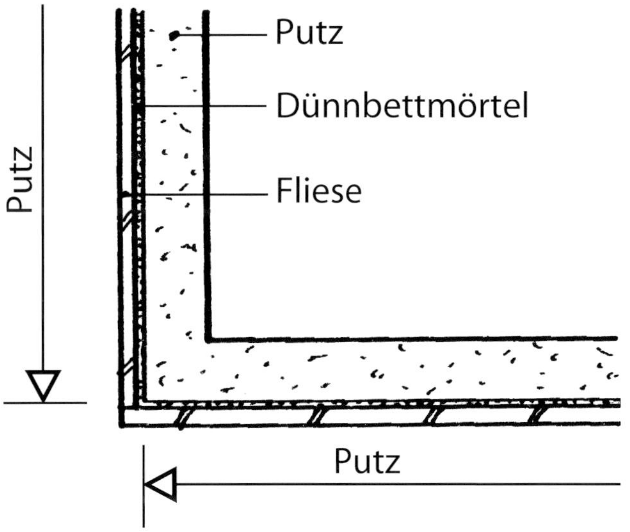

Abb. 4.11: Schnitt durch eine Außenecke, Dünnbett

Wandbelag ohne begrenzende Bauteile

Jede vorspringende Ecke einer Innenwandbekleidung hat keine begrenzenden Bauteile. Es gilt das Maß der zu bekleidenden Fläche.

Diese Regel unterscheidet nicht die Ausführung im Dickbett oder Dünnbett.

Die zu bekleidende Fläche ist im Fall des Dickbettverfahrens die Rohbauwand, im Fall des Dünnbettverfahrens die Putzoberfläche.

Hier muss der Fliesenleger unterschiedlich – je nach Ansetz- und Verlegeverfahren – aufmessen.

Bodenbelag ohne begrenzende Bauteile

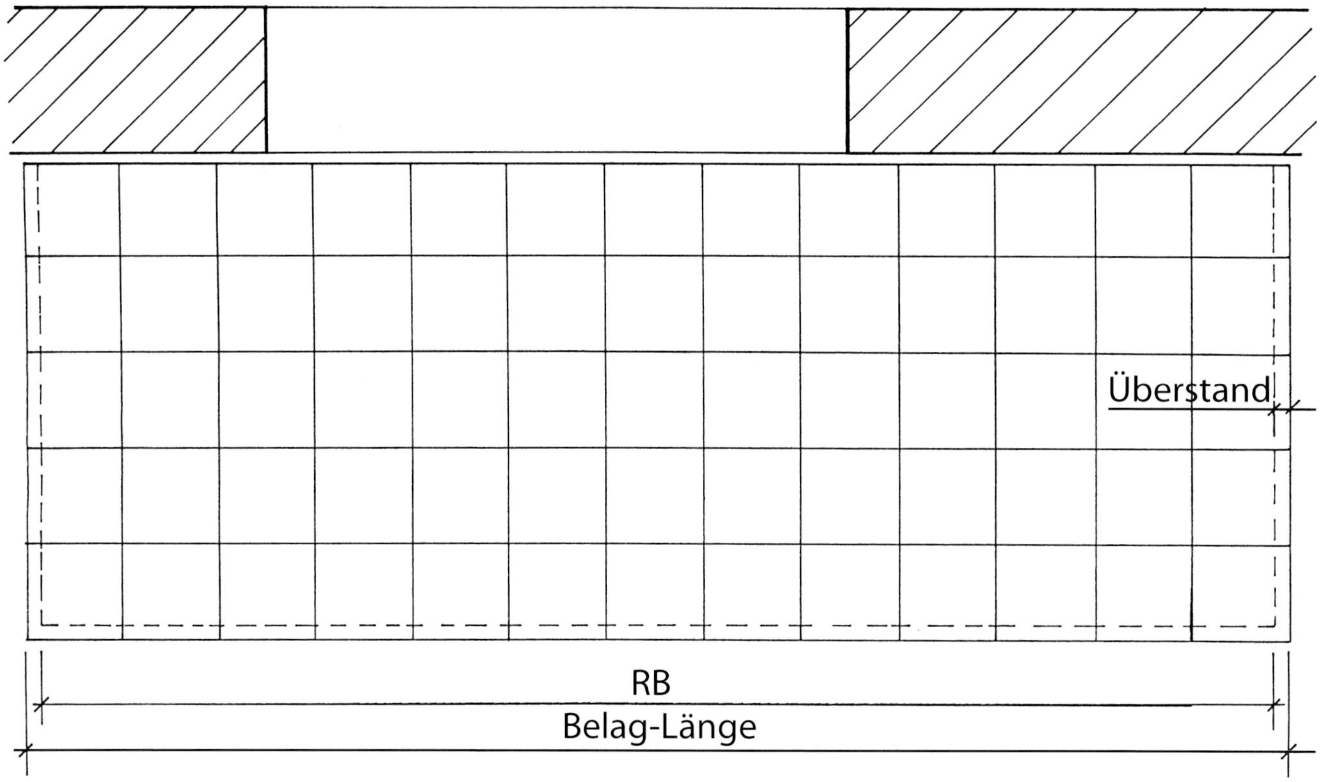

Abb. 4.12: Draufsicht Balkonbelag

Die Randausbildung kann durch eine überstehende Fliese oder durch eine Schenkelplatte ausgeführt werden.

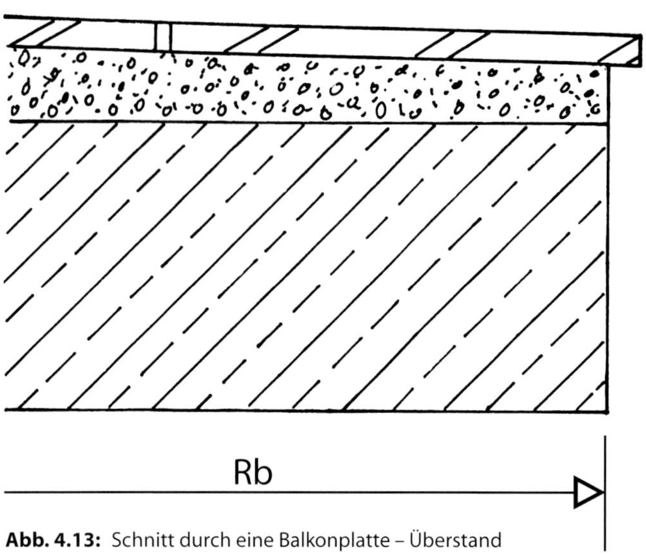

Abb. 4.13: Schnitt durch eine Balkonplatte – Überstand

In jedem Fall gilt das »Maß der zu belegenden Fläche«. Dem entspricht das Rohbaumaß der Betonplatte.

Die Regel 5.1.1.2 der VOB/C ATV DIN 18352 behandelt die senkrechte Messrichtung bei Wandbekleidungen. Danach beginnt das senkrechte Maß entweder ab Oberseite Bodenbelag oder ab Oberseite Sockel.

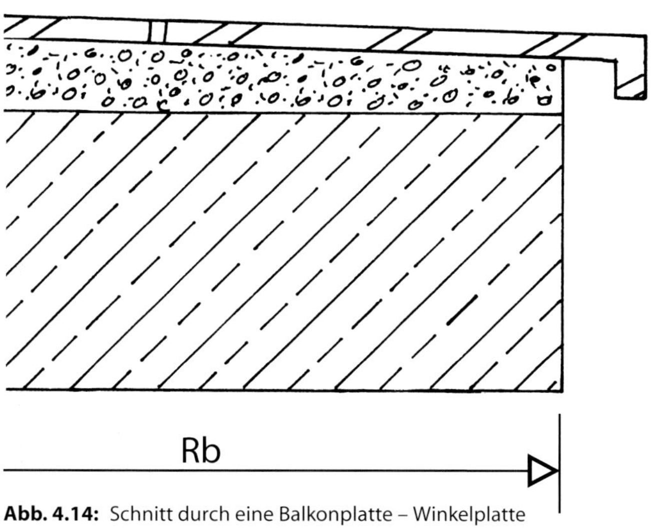

Abb. 4.14: Schnitt durch eine Balkonplatte – Winkelplatte

»*5.1.1.2 bei Wandbekleidungen, die an Stehsockel, Kehlsockel, Kehlleisten oder ausgerundeten Ecken als Sockel anschließen oder unmittelbar auf den Bodenbelag aufsetzen,*« (ist) »*das Maß ab Oberseite Sockel oder Oberseite Bodenbelag*« (zu Grunde zu legen.)

Die Regel 5.1.1.3 behandelt das Aufmaß von Fassadenbekleidungen. Hier gelten die Maße der Bekleidung, das heißt die Außenmaße der fertigen Bekleidung.

»*5.1.1.3 bei Fassaden*« (sind) »*die Maße der Bekleidung*« (zu Grunde zu legen.)

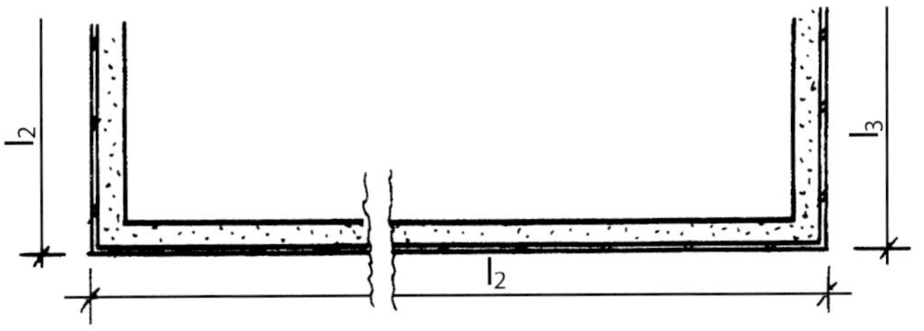

Abb. 4.15: Schnitt durch eine Fassadenbekleidung

Die Regel 5.1.2 behandelt die Möglichkeit, eine Schicht aus geschnittenen Fliesen, die jedoch mehr als die halbe Schichthöhe hat, mit der vollen Höhe zu rechnen. Dies trifft jedoch nur für seltene Ausnahmefälle zu, so dass diese Regel selten angewandt wird.

Die Regel 5.1.3 regelt das Aufmaß von Fliesentrennwänden.

»5.1.2 Bestehen Wandbekleidungen aus Schichten, von denen eine nicht die volle, jedoch mehr als die halbe Schichthöhe hat, so wird diese Schicht mit der vollen Schichthöhe abgerechnet. Dies gilt nicht für Wandbekleidungen in Raumhöhe oder für Wandbekleidungen, deren Höhe in der Leistungsbeschreibung durch Maßangabe festgelegt ist oder deren Schichthöhe größer als 30 cm ist (…)

5.1.3 Binden Fliesentrennwände oder Wände aus Zellenwandsteinen in Beläge ein, so werden die Beläge durchgerechnet. Bei Fliesentrennwänden, die sich kreuzen oder ineinander einbinden, wird im Bereich der Verbindung nur eine Wand berücksichtigt.«

Unter die Regel 5.1.4 fallen alle Bauteile, die nach Längenmaß gemessen werden: Stufen, Schwellen, Sockel, Kehlen, Gehrungen, Schrägschnitte, Profile, Leisten, Schienen, Beckenköpfe, Bordüren, Friese, Schenkelblatten …

»5.1.4 Bei Ermittlung des Längenmaßes wird die größte Bauteillänge gemessen.«

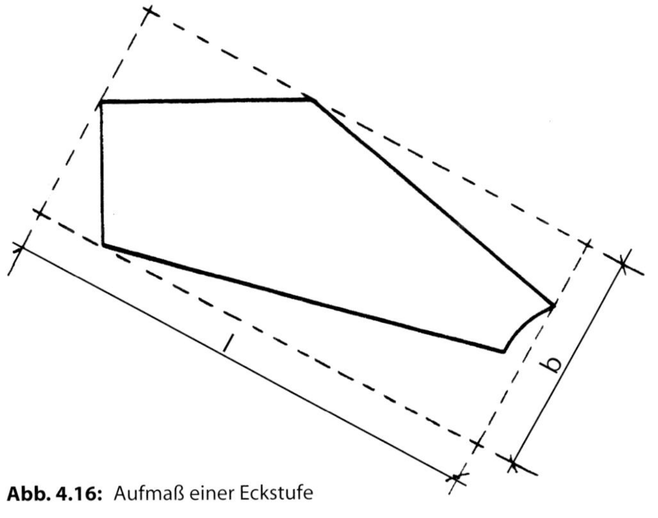

Abb. 4.16: Aufmaß einer Eckstufe

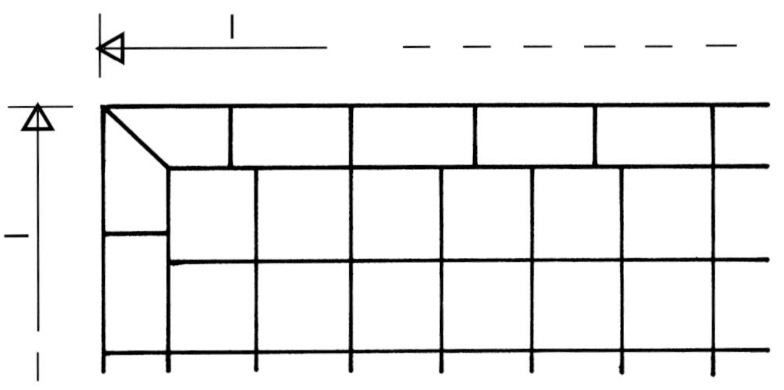

Abb. 4.17: Aufmaß bei einer Umrahmung

Werden in die Flächen Profilleisten, Zierplatten, Formteile, Bordüren, … eingesetzt, so werden diese beim Flächenmaß übermessen.

»5.1.5 Bei Abrechnung nach Flächenmaß (m²) werden in die verlegte Bekleidung oder in den verlegten Belag eingesetzte Profilleisten, Zierplatten und Formteile (…) übermessen.«

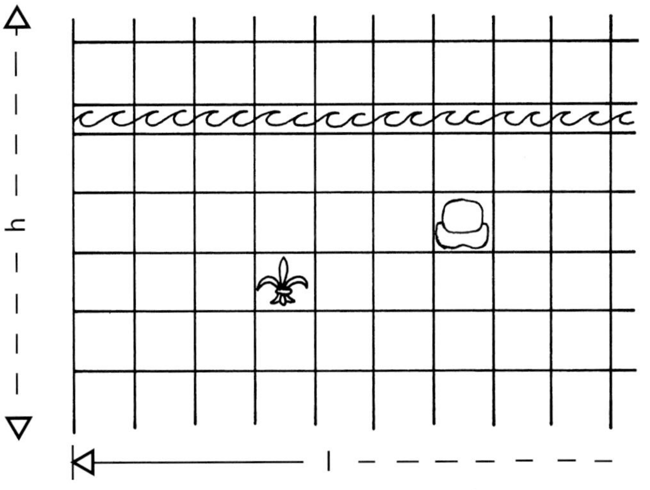

Abb. 4.18: Aufmaß bei Bordüren

Abzüge

Bei der Abrechnung nach Flächenmaß werden alle Aussparungen oder Öffnungen über 0,1 m² Einzelgröße abgezogen.

Bei der Abrechnung nach Längenmaß werden alle Unterbrechungen über 1,0 m Einzellänge abgezogen.

»Es werden abgezogen:
5.2.1 Bei Abrechnung nach Flächenmaß (m²): Aussparungen und Öffnungen über 0,1 m² Einzelgröße.
5.2.2 Bei Abrechnung nach Längenmaß (m): Unterbrechungen über 1,0 m Einzellänge.«

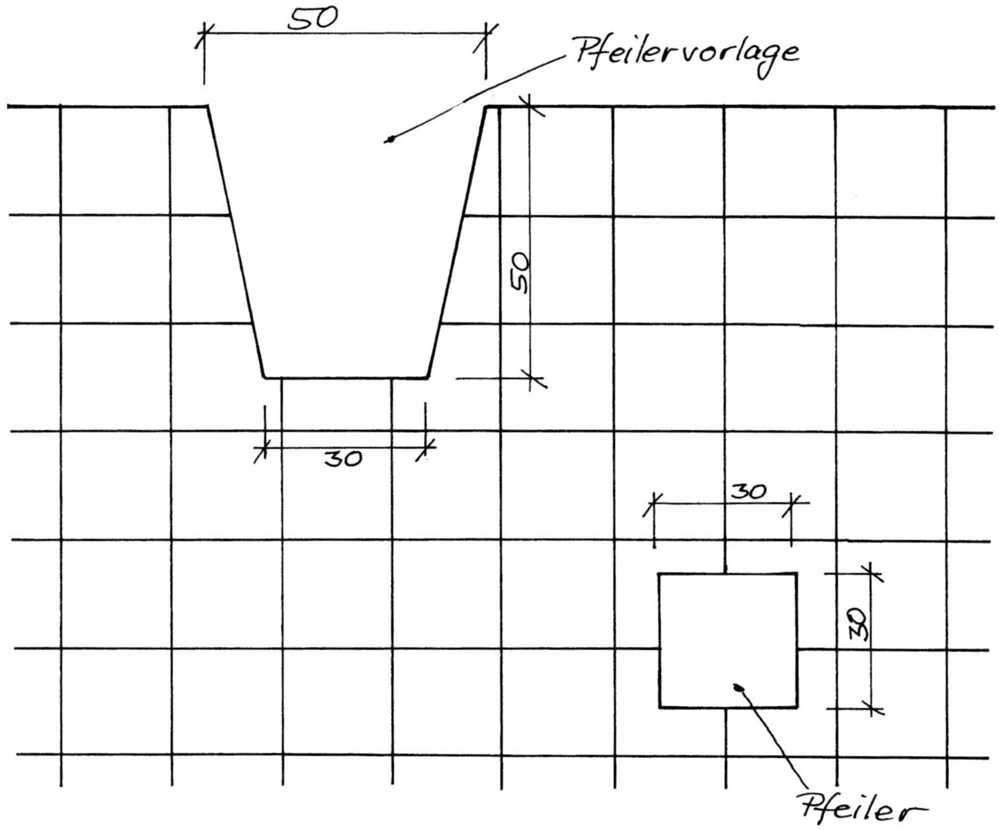

Abb. 4.19: Aufmaß bei Pfeiler und Pfeilervorlage

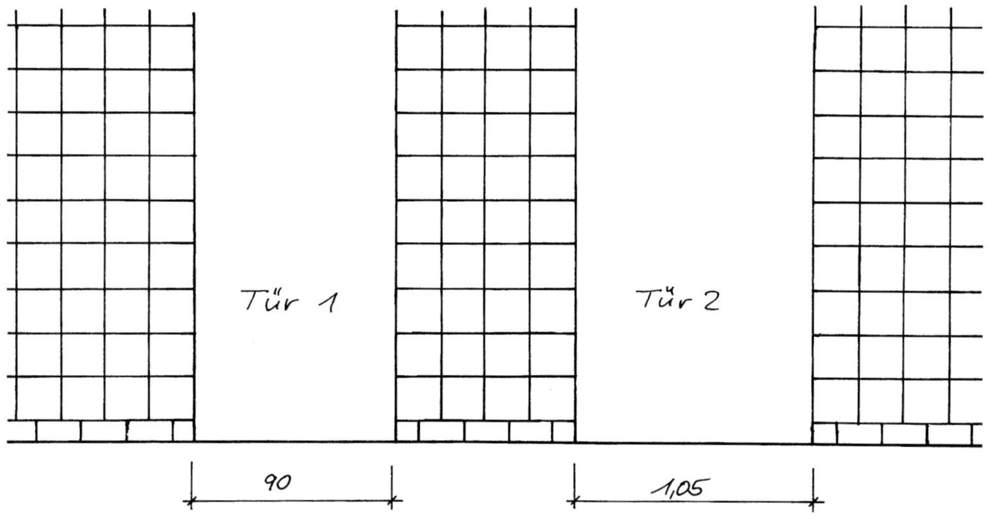

Abb. 4.20: Aufmaß eines Sockels bei Türöffnungen

4.4 Fragen

1. Was ist eine Bauleistung?
2. Wie wird die Vergütung von Bauleistungen berechnet?
3. Wie entstehen »vertragliche Einheitspreise«?
4. Wie wird die tatsächlich ausgeführte Leistung festgestellt?
5. Welche Eigenschaften muss ein Aufmaß haben?
6. In welcher Reihenfolge müssen Leistungen aufgemessen und abgerechnet werden?
7. Wer soll die Feststellung der Leistung (Erstellung des Aufmaßes) vornehmen?
8. Was ist ein LV?
9. Wer stellt das LV auf?
10. Nennen Sie »Angaben zur Baustelle«, die aus dem LV ersichtlich sein müssen! 5 Beispiele!
11. Nennen Sie »Angaben zur Ausführung«, die aus dem LV ersichtlich sein müssen! 5 Beispiele!
12. Wie ist zu verfahren, wenn Baustoffe (z. B. Fliesen) nicht zur Leistung gehören sollen?
13. Wie ist die Leistung zu ermitteln?
14. Wie sind Leistungen zu ermitteln, die vom LV oder den vorhandenen Plänen abweichen?
15. Was sind Abrechnungseinheiten?
16. Zählen Sie Abrechnungseinheiten auf!
17. Wo werden die Abrechnungseinheiten angegeben?
18. Wer bestimmt die Verlegeart (Dickbett – Dünnbett)?
19. Wie ist zu verlegen, wenn über die Verlegeart keine Angaben gemacht werden?
20. Der Bauherr nimmt durchlaufenden Fugenschnitt von Wand und Boden als selbstverständich an. Ist er im Recht?
21. Welche Angaben sind zur Einmauerung von Badewannen erforderlich?
22. Welche Angaben zur Ebenheit sind erforderlich?
23. Welche Abrechnungseinheiten sind für Fliesenarbeiten üblich?
24. Nennen Sie 5 Beispiele, die nach Flächenmaß aufgemessen werden!
25. Nennen Sie 5 Beispiele, die nach Längenmaß aufgemessen werden!
26. Nennen Sie 5 Beispiele, die nach Stück aufgemessen werden!
27. Nach welchen Abrechnungseinheiten wird z. B. die Oberflächenbehandlung eines Cottobelages aufgemessen?
28. Was ist ein Zwickel? Was ist eine »Bischofsmütze«? Skizze!
29. Wie werden Stufen und Schwellen aufgemessen?
30. Was versteht man unter »Anarbeiten«?
31. An welche Bauteile kann das Anarbeiten ausgeschrieben werden?
32. In welchem Fall kann das Anarbeiten an Aussparungen ausgeschrieben werden?
33. In einem Raum werden vier quadratische Pfeiler verfliest. Nach welcher Einheit wird aufgemessen?
34. Was ist ein Aufmaß?
35. Wozu dient das Aufmaß?
36. Wann wird das Aufmaß vorgenommen?
37. Welche rechtlichen Folgen hat das Aufmaß?
38. Was ist eine Massenberechnung?
39. Wer macht Angaben über die Materialmengen, die vor der Ausführung bestellt werden müssen?
40. Kann das Aufmaß vom Architekten allein (ohne den Unternehmer) oder vom Unternehmer allein (ohne den Architekten) durchgeführt werden?
41. Nach welchen Regeln hat das Aufmaß zu erfolgen?
42. Welche Maße sind der Leistungsermittlung von Wandbelägen zu Grunde zu legen?
43. Wie werden Bodenbeläge innen aufgemessen?
44. Wie unterscheiden sich das Aufmaß von Belägen im Dickbett und im Dünnbett?
45. Wie werden Wandbeläge außen (Fassaden) aufgemessen?
46. Wie wird das senkrechte Aufmaß bei Innenwandbelägen
    a) ohne Sockel
    b) mit Stehsockel
    c) mit Hohlkehlsockel
    d) mit Stehsockel und Hohlkehlsockel gemessen?
47. Wie wird das Längenmaß von Sockeln ermittelt?
48. Wie wird der Beckenrandstein eines Schwimmbeckens aufgemessen?
49. In welchem Fall kann eine Schicht, die nicht die volle Schichthöhe hat, als ganze Schicht gemessen werden?
50. Wie heißt die Aufmaßregel für Trennwände?
51. Was gilt für die Ermittlung des Längenmaßes?
52. Welche Bauteile können in Wand und Bodenflächen übermessen werden?
53. Wie ist die Regelung der Abzüge beim Flächenmaß?
54. Wie ist die Regelung der Abzüge beim Längenmaß?
55. Mit welchen Maßen müssen die Abzüge im Flächenmaß und im Längenmaß abgezogen werden?
56. Nennen Sie die Aufmaßregeln für eine Außendecke bei Wandbelägen im Dünnbett!
57. Nennen Sie die Aufmaßregel für Sockel im Dünnbett!
58. Nennen Sie die Aufmaßregel für Bodenbeläge im Innenbereich, Dünnbett!
59. Nennen Sie die Aufmaßregel für Bodenbeläge im Außenbereich, Dünnbett!
60. Wie unterscheiden sich die Regeln bei vorspringenden Ecken von Wandbelägen im Dickbett und Dünnbett?

4.5 Antworten

1. Arbeiten jeder Art, durch die eine bauliche Anlage hergestellt, instand gehalten, geändert oder beseitigt wird. Sie besteht aus Arbeitsleistung mit oder ohne Lieferung/Einbau von Material.
2. Nach den tatsächlich ausgeführten Leistungen und den vertraglichen Einheitspreisen oder nach Pauschalsumme
3. Durch Angebot des Unternehmers und Zuschlag des Auftraggebers
4. Durch das Aufmaß
5. Klar, übersichtlich, nachprüfbar
6. In der Reihenfolge des Leistungsverzeichnisses (LV)
7. Auftraggeber (AG) und Auftragnehmer (AN) gemeinsam
8. Leistungsverzeichnis – Auflistung aller ausgeschriebenen Leistungen
9. Architekt/Planer, selten: der Unternehmer
10. Nach ATV DIN 18299 Allgemeine Regelungen für Bauarbeiten jeder Art
    - Art und Lage der Baustelle
    - Verkehrsverhältnisse
    - Lage, Art, Anschlusswert und Bedingungen für die Anschlüsse von Energie, Wasser, Abwasser …
    - Umweltfreundliche Vorschriften
    - Art und Zeit der vom AG veranlassten Vorarbeiten
11. Nach ATV DIN 18352 Fliesen- und Plattenarbeiten:
    - Bekleidungen und Beläge im Dickbett oder Dünnbett
    - Art und Ausführung von Haftbrücken, Grundierungen, Spritzbewurf, Aufrauen des Untergrundes
    - besondere Verlegeart, z. B. Diagonalverlegung
    - durchlaufender Fugenschnitt von Wand und Boden
    - Lage, Querschnitt und Ausführung von Bewegungsfugen, Art und Farbe der Verfüllung
12. Ein Ausschluss der Haftung für nicht eigengelieferte Baustoffe wird empfohlen.
13. Aufmaß aus Plänen oder an der Baustelle
14. Aufmaß an der Baustelle
15. Einheiten für die Messwerte des Aufmaßes
16. Quadratmeter (m^2), Meter (m), Stück (St), Masse (kg, t)
17. ATV DIN 18352, Abschnitt 0.5
18. Architekt/Planer
19. Wenn keine Angaben gemacht werden, ist die übliche Art anzuwenden. Heute ist das das Dünnbettverfahren.
20. Dieser Wunsch muss ausdrücklich in den Angaben zur Ausführung erwähnt sein.
21. Höhe OKFB (Oberkante Fertigboden), Höhe OK Wannenrand
22. Ob die Ebenheitstoleranzen nach DIN 18202 eingehalten werden
23. Bei Fliesenarbeiten sind folgende Abrechnungseinheiten üblich: Flächenmaß (m^2), Längenmaß (m), Stück (St). Der in der Praxis verbreitete Begriff »laufender Meter (lfm)« ist nicht normgerecht.
24. Nach Flächenmaß werden Wand- und Bodenbeläge, Vorbehandlung des Untergrundes, Dämmschichten, Trennschichten aufgemessen.
25. Nach Längenmaß werden aufgemessen: Stufen, Sockel, Schrägschnitte, Rinnen, Schienen, Bewegungsfugen.
26. Nach Stück werden Stufen, Zwickel, Einmauern von Wannen, Formteile, Herstellen von Löchern aufgemessen.
27. Flächenmaß (m^2)
28. Dreieck bei einem abgestuften Treppensockel
29. Entweder nach Stück (St) oder nach Längenmaß (m)
30. Mehraufwand von Zeit und Material beim Anarbeiten an Aussparungen, Einbauteile
31. Öffnungen, Fundamentsockel, Rohrdurchführungen
32. Bei Aussparungen von mehr als 0,1 m^2 Einzelgröße
33. Nach Stück (St)
34. Schriftliche Auflistung der tatsächlich ausgeführten Leistungen
35. Zur Abrechnung der Leistung, evtl. zur Nachkalkulation
36. Nach Fertigstellung der Leistung
37. Bestätigung der tatsächlich ausgeführten Leistung
38. Berechnung des Materials für die Baustoffbestellung
39. Der Unternehmer
40. Das Aufmaß kann vom Architekten oder vom Unternehmer allein durchgeführt werden unter der Voraussetzung, dass die andere Seite diese Leistungsaufnahme akzeptiert.
41. Nach den Aufmaßregeln aus ATV DIN 18352, Abschnitt 5
42. Die Konstruktionsmaße der Wand (Rohbaumaße)
43. Nach den Rohbaumaßen
44. Das Aufmaß unterscheidet sich nur bei vorspringenden Ecken (Wandbelag ohne begrenzende Bauteile). Beim Dickbett richtet es sich nach den Rohbaumaßen, beim Dünnbett nach dem Maß der zu bekleidenden Fläche (Vorderkante Putz).
45. Mit den Maßen der Bekleidung/Fertigmaß
46. Jeweils von OK Wandbelag bis OKFB – Oberkante Fertigboden
47. Nach der größten Bauteillänge (Fertigmaß)
48. Nach der größten Bauteillänge (Fertigmaß)
49. Nicht bei Wandbekleidungen in Raumhöhe, nicht bei Wandhöhen mit Maßangaben, nicht bei Schichthöhen größer als 30 cm, nur bei Höhenangabe nach Bezugspunkten, z. B. Türhöhe
50. Die Hauptwand wird durchgemessen, die Trennwand bis zum Rohbau der Hauptwand.
51. Es wird die größte Bauteillänge gemessen.
52. Profilleisten, Zierplatten, Formteile
53. Aussparungen über 0,1 m^2; Einzelfläche werden abgezogen.
54. Unterbrechungen über 1,0 m werden abgezogen.
55. Mit den Fertigmaßen
56. Die Wandlänge wird bis Außenkante Verlegeuntergrund gemessen, d. h. bis Vorderkante Putz.
57. Längenmaß nach der größten Bauteillänge
58. Flächenmaß bis Rohbau
59. Flächenmaß der zu belegenden Fläche des Untergrundes
60. Vorspringende Wandecken werden im Dickbett nach den Rohbaumaßen, im Dünnbett nach den Putzmaßen aufgemessen. Auf Flächen ohne begrenzende Bauteile sind die Maße der zu bekleidenden Fläche zu Grunde zu legen; im Dünnbett ist die Oberfläche des Putzes die zu bekleidende Fläche.

5 Kalkulation

5.1 Stichworte zum Thema

- wirtschaftliche Grundlage der betrieblichen Existenz
- realistische Kostenerfassung
- Berechnung der betriebseigenen Kostensätze
- tatsächlich berechnete Angebotspreise
- Erfolgskontrolle
- flexible Preisgestaltung entsprechend der Marktlage

5.2 Regelwerke

Die Kalkulation ist eine betriebswirtschaftliche Notwendigkeit und Selbstverständlichkeit. Regelwerke wie Normen oder Merkblätter sind zu diesem Thema nicht vorhanden.

Die gewählten Arten, der Aufwand und Umfang der Kostenrechnung sind aus der zahlreich vorhandenen Literatur und dem reichhaltigen Angebot an EDV-Programmen zu entnehmen.

Eine wichtige Grundlage zur Ermittlung des Lohnes ist der in den einzelnen Bundesländern abgeschlossene

AKKORDTARIFVERTRAG UND TARIFVERTRAG ÜBER DIE ENTSENDUNG FÜR DAS FLIESENGEWERBE

zwischen dem Landesinnungsverband Fliesen
und der Industriegewerkschaft Bauen - Agrar - Umwelt.

Wesentliche Inhalte des Akkordtarifvertrages

Rahmenbedingungen: Umfang der Akkordleistungen, Berechnung des Akkordlohnes, Akkordvereinbarung, Stundenlohnarbeiten, Arbeitsausführung, Mängelrüge/Abnahme, regelwidrige Arbeit, Mängelbeseitigung, Fachkommission, Haftung, Lohngarantie, In-Kraft-Treten und Laufdauer

Abb. 5.1: Kalkulation nach verschiedenen Methoden

Anhang 1 – Stundensätze

Wandbeläge: Wandfliesen (Dickbett/Dünnbett), Spaltplatten, Riemchen (Dickbett/Dünnbett) Naturwerkstein, Mosaik, Zulagen, besondere Arbeiten, freistehende Wände, Sockel/Treppensockel,
Bodenbeläge: Steinzeug/Klinkeretten (Dickbett/Dünnbett), Klinker, Betonwerkstein/Naturwerkstein, Mosaik, Zulagen, besondere Arbeiten, Stufen, Fensterbänke/Schwimmbecken, Protokollnotizen

Anhang 2 – Richtlinien der Fachkommission

Tarifvertrag über die Entsendung

5.3 Fragen

1. Auf welcher Vertragsgrundlage kann ein Vertrag zwischen Bauherr (AG) und Unternehmer (AN) geschlossen werden?
2. Nennen Sie die Grundsätze der Vergabe nach VOB!
3. Welche Vergabearten gibt es nach VOB?
4. Welche Vertragsarten gibt es nach VOB?
5. Erklären Sie die Begriffe Leistungsbeschreibung und Leistungsverzeichnis!
6. Wer fertigt ein LV an?
7. Nennen Sie die Spalteneinteilung eines Leistungsverzeichnisses!
8. Was ist das Standardleistungsbuch?
9. Nennen Sie die Codierung nach dem StLB 024!
10. Wie entsteht aus dem LV ein Angebot?
11. Welche Aufgaben hat die Kostenrechnung?
12. Was ist eine Bilanz?
13. Was zeigt die Gewinn- und Verlustrechnung?
14. Wozu dient der Betriebsabrechnungsbogen?
15. Erklären Sie den Kontenrahmen für das Fliesengewerbe! Nennen Sie die Klassen und jeweils 3 Beispiele zu den entsprechenden Konten!
16. Mit welchem anderen Wort kann Kalkulation gleichgesetzt werden?
17. Nennen Sie die Kalkulationsarten nach ihrer zeitlichen Lage!
18. Was versteht man unter Selbstkostenrechnung?
19. Nennen Sie weitere Kalkulationsmethoden!
20. Beschreiben Sie das Schema der Zuschlagskalkulation!
21. Nennen Sie direkte Kosten!
22. Nennen Sie indirekte Kosten!
23. Was versteht man unter »kalkulatorische Kosten«?
24. Welche Faktoren können die Materialkosten gegenüber dem Einkaufspreis verändern?
25. Sie verkaufen Fliesen ab eigenem Lager. Wie berechnen Sie den entsprechenden Verkaufspreis?
26. Wie setzen sich die Gerätekosten zusammen?
27. Was sind Vorhaltekosten?
28. Nennen Sie Betriebskosten!
29. Was versteht man unter AfA?
30. Welche Abschreibungsarten für Maschinen und Geräte gibt es?
31. Nennen Sie Lohnarten!
32. Was ist der BRTV?
33. Was ist der GTL? Wie setzt er sich zusammen?
34. Wo werden die Werte für den Akkordlohn festgelegt?
35. Wofür können Zuschläge gewährt werden?
36. Was ist ein Mittellohn?
37. Erklären Sie den Begriff Lohnzusatzkosten! 3 Beispiele!
38. Erklären Sie den Begriff Lohnnebenkosten! 3 Beispiele!
39. Auf welchen Grundlagen beruht die Lohnberechnung?
40. Was ist der Lohnartenschlüssel?
41. Erklären Sie die Begriffe »produktive Löhne«, »unproduktive Löhne« jeweils mit 3 Beispielen!
42. Wie setzen sich die Abzüge zusammen?
43. Nennen Sie tariflich bedingte Lohnkosten!
44. Was sind Gemeinkosten?
45. Auf welcher Basis werden die Gemeinkosten zugeschlagen?
46. Was sind lohnabhängige Sozialkosten?
47. Was ist die ZVK? Wie hoch ist der Beitrag, was wird bezahlt?
48. Nennen Sie Verwaltungskosten!
49. Was ist der Stundenverrechnungssatz VS?
50. Erklären Sie den Begriff »Gewinn«! Wozu wird der Gewinnzuschlag verwendet?
51. Erklären Sie den Begriff »Wagnis«! Wozu wird der Wagniszuschlag verwendet?
52. In welchen %-Sätzen bewegen sich
    a) die lohnabhängigen Kosten,
    b) die Betriebs- und Verwaltungskosten,
    c) die gesamten Gemeinkosten?
53. Wie ist die Mehrwertsteuer in der Kalkulation zu berücksichtigen?
54. Definieren Sie die Preisuntergrenze eines Angebotes!
55. Was ist die »Deckungsbeitragsrechnung«?
56. Was versteht man unter einer »objektbezogenen Nachkalkulation«?
57. Berechnen Sie den Angebotspreis (netto)
    Material 1533,88 Euro,
    Wagnis und Gewinn 4%,
    Lohn 715,81 Euro,
    Gemeinkosten vom Lohn 172%,
    Wagnis und Gewinn 4%.
58. Berechnen Sie den VS mit TL = 11,38 Euro,
    BZ = 0,74 Euro, Gemeinkosten = 172%
59. Kalkulieren Sie eine Position mit
    Fliesen 30,68 Euro,
    Mörtel und Fugmaterial 4,86 Euro,
    Lohn für 2,2 Stunden (TL nach Aufgabe 10),
    Wagnis und Gewinn 4,5%.
60. Ermitteln Sie den Gemeinkostenzuschlag:
    produktiver Lohn 62 029,79 Euro,
    Betriebs- und Verwaltungskosten 50 372,33 Euro,
    lohngebundene Sozialkosten 52 578,84 Euro,
    unproduktiver Lohn 12 153,04 Euro.
61. Inwiefern beeinflusst die Marktlage die Preisgestaltung?
62. Nennen Sie Möglichkeiten der Erfolgskontrolle Ihres Betriebes!
63. Was ist ein »verknüpftes« EDV-Programm?
64. Nennen Sie den Inhalt eines verknüpften Programms!

5.4 Antworten

1. Ein Bauvertrag – Werkvertrag – kann auf der Grundlage des BGB oder der VOB abgeschlossen werden.
2. Grundsätze der Vergabe nach VOB sind: Bauleistungen sind an fachkundige, leistungsfähige und zuverlässige Bewerber zu angemessenen Preisen zu vergeben.
3. Öffentliche Ausschreibung, beschränkte Ausschreibung, freihändige Vergabe
4. Leistungsvertrag (Einheitspreisvertrag, Pauschalpreisvertrag), Stundenlohnvertrag, Selbstkostenerstattungsvertrag
5. Leistungsbeschreibung: Die Leistung ist so eindeutig und erschöpfend zu beschreiben, dass alle Bewerber die Beschreibung im gleichen Sinn verstehen müssen. Leistungsverzeichnis: Die gesamte Leistung soll in einem in Teilleistungen gegliederten Verzeichnis beschrieben werden: Verzeichnis der Bauleistungen (Langform, Kurzform).
6. Das Leistungsverzeichnis LV wird in der Regel vom Architekten als Vertreter des Bauherrn angefertigt.
7. Spalteneinteilung des Leistungsverzeichnisses: Position, Zirka-Menge, Gegenstand, Einzelpreis, Gesamtpreis
8. Das Standardleistungsbuch ist ein Verzeichnis von standardisierten Leistungen eines Gewerkes z. B. StLB 024 für Fliesen- und Plattenarbeiten.
9. Beispiele für die Codierung nach dem Standardleistungsbuch StLB: 024 Fliesenarbeiten,
   015 Haftbrücke, 01 auf glattem Untergrund,
   02 Wandbekleidungen im Dünnbett, 01 Einbauhöhe bis 1,60 m
10. Ein Angebot entsteht durch Einsetzen der kalkulierten Einheitspreise, Berechnung der Gesamtpreise, Addition der Gesamtpreise, Unterschrift.
11. Die Kostenrechnung soll eine Übersicht über alle den Betrieb betreffenden finanziellen Vorgänge herstellen.
12. Die Bilanz ist eine Darstellung der Vermögens- und Ertragslage einer Unternehmung nach Ablauf eines Geschäftsjahres.
13. Die Gewinn- und Verlustrechnung ist eine Gegenüberstellung von Aufwand und Ertrag als Umsatz.
14. Der Betriebsabrechnungsbogen gibt Auskunft und Übersicht über Kostenarten und deren Verteilung auf die Kostenstellen.
15. Angaben aus dem Kontenrahmen für das Fliesengewerbe:
    Klasse 0 Anlage und Kapitalkonten – Gebäude, Geräte, Fahrzeuge
    Klasse 1 Finanzkonten – Kassen, Banken, Forderungen, Verbindlichkeiten
    Klasse 2 Abgrenzungskonten
    Klasse 3 Bestände an Stoffen und Leistungen – Baustoffe, Bauteile, Ersatzteile
16. Ein anderes Wort für Kalkulation ist Kostenrechnung.
17. Kalkulationsarten nach ihrer zeitlichen Lage sind: Vorkalkulation, Zwischenkalkulation, Nachkalkulation.
18. Selbstkostenrechnung oder Vollkostenrechnung: Der Baustelle werden als Kostenträger die vollen Kosten zugerechnet.
19. Neben der Selbstkostenrechnung gibt es die direkte Vollkostenrechnung, die Teilkostenrechnung und die Deckungsbeitragsrechnung.
20. Zu den Kosten (Material und Lohn) werden Zuschläge hinzugerechnet:
    Material + Lohn = Herstellkosten + Gemeinkosten = Selbstkosten + Wagnis + Gewinn = Angebotspreis netto + Mehrwertsteuer = Angebotspreis brutto.
21. Direkte Kosten sind Materialkosten und Lohnkosten – auch Basiskosten genannt.
22. Indirekte Kosten sind Sozialkosten, Betriebs- und Verwaltungskosten, Wagnis und Gewinn.
23. »Kalkulatorische Kosten« sind Kosten, die nicht wirklich anfallen: Abschreibung für bezahlte Maschinen, Zinsen, Unternehmerlohn.
24. Folgende Faktoren können die Materialkosten verändern: Händlerrabatte, Frachtkosten, Abladekosten, Kosten frei Bau, Bruch und Verhau.
25. Verkaufspreis ab Lager = Einkaufspreis – Rabatt + Kosten + Wagnis und Gewinn
26. Gerätekosten = Vorhaltekosten + Betriebskosten; Vorhaltekosten = Abschreibung + Verzinsung + Verwaltung + Lager + Versicherung + Reparatur
27. Vorhaltekosten sind Kosten für das Vorhalten von Fahrzeugen, Maschinen und Geräten.
28. Betriebskosten sind: Kosten für Gebäude, Werkzeuge, Maschinen, Fahrzeuge, Lager.
29. Unter AfA versteht man die Abschreibung für Abnutzung.
30. Es gibt folgende Abschreibungsarten: degressive Abschreibung, lineare Abschreibung.
31. Lohnarten sind Zeitlohn und Leistungslohn (Akkordlohn).
32. BRTV ist die Abkürzung für den Bundesrahmentarifvertrag.
33. Der GTL ist der Gesamttarifstundenlohn. Er wird berechnet:
    GTL = Tarifstundenlohn TL + Bauzuschlag BZ.
34. Die Werte für den Akkordlohn werden im Akkordtarifvertrag festgelegt.
35. Zuschläge können gewährt werden für: Überstunden, Nachtarbeit, Sonn- und Feiertagsarbeit, Feiertagsarbeit, Erschwernis.
36. Der Mittellohn ist ein durchschnittlicher Lohn aller an einer Bauleistung beteiligten Arbeitnehmer.
37. Lohnzusatzkosten sind:
    tariflich bedingte Kosten (z. B. Ausfalltage), gesetzliche Sozialbeiträge (z. B. Rentenversicherung), Sozialkassen (z. B. Zusatzversorgungskasse ZVK), Lohnfortzahlung bei Krankheit, Winterbau, Vermögensbildung, 13. Monatslohn.
38. Lohnnebenkosten sind Fahrkosten, Verpflegungszuschuss und Auslösung.
39. Die Lohnberechnung beruht auf der Grundlage der Tarifverträge, Baustellenberichte, Stundenberichte, Wochenberichte, Lohnrapporte, Halbmonatsberichte.
40. Der Lohnartenschlüssel ist ein Verzeichnis verschiedener Lohnarten:
    01 Produktiver Lohn, 05 Akkordvorschüsse €,
    05 Akkordvorschüsse Stunden.

41. Produktive Löhne gehen direkt in die Bauleistung ein: Akkordlohn, Stundenlohn, Transport am Bau. Unproduktive Löhne gehen nicht direkt in die Bauleistung ein: Lagerarbeiten, Urlaub, Ausfalltage.
42. Die Abzüge setzen sich zusammen aus Sozialbeiträgen, Lohnsteuer, Kirchensteuer, Solidarzuschlag.
43. Tariflich bedingte Lohnkosten sind: Urlaubsgeld, Feiertagsbezahlung, Weihnachtsgeld.
44. Gemeinkosten sind Sozialkosten, Betriebskosten und Verwaltungskosten.
45. Die Gemeinkosten werden auf der Basis des Gesamttarifstundenlohns (GTL) zugeschlagen.
46. Lohnabhängige Sozialkosten sind: Krankenversicherung, Rentenversicherung, Arbeitslosenversicherung, Berufsgenossenschaft, ZVK, Winterbauumlage.
47. Die ZVK ist eine Zusatzversorgungskasse, eine Sozialkasse des Baugewerbes. Der Beitrag beträgt 20 % der Bruttolohnsumme. Bezahlt werden Urlaubsgeld, Lohnausgleich, Berufsbildung, Zusatzrente.
48. Verwaltungskosten sind Kosten für Gehälter der Verwaltung, Werbung, Zinsen, Unternehmerlohn.
49. Der Stundenverrechnungssatz (VS) ist der Stundenlohn + aller Gemeinkosten.
50. Gewinn: Vergütung und Anreiz für den Unternehmer; der Gewinnzuschlag wird für Ausweitung, Vergrößerung und Modernisierung des Unternehmens verwendet.
51. Wagnis: Einzelwagnis, besondere Bauwagnisse, Unternehmerwagnis, Konjunktur-, Witterungs-, Haftungs- und Gewährleistungswagnis. Der Wagniszuschlag mindert das finanzielle Risiko.
52. Die Prozentsätze sind:
    a) lohnabhängige Kosten ca. 85–99 %,
    b) Betriebs- und Verwaltungskosten ca. 80–150 %,
    c) gesamte Gemeinkosten ca. 165–250 %.
53. Die Mehrwertsteuer ist kein Kostenfaktor; sie wird deshalb nicht berücksichtigt.
54. Definition der Preisuntergrenze:
    Material-, Lohn- und Lohnzusatzkosten müssen gedeckt sein; die variablen Kosten müssen gedeckt sein.
55. Die Deckungsbeitragsrechnung ist eine Weiterentwicklung der Teilkostenrechnung:
    Lohn, Material, Lohnnebenkosten müssen immer gedeckt sein; die sonstigen Kosten sind variabel.
56. Die objektbezogene Nachkalkulation ist eine auf ein Bauprojekt bezogene Gewinn- und Verlustrechnung.
57. Der Angebotspreis beträgt 3 683,92 Euro.
58. Der Stundenverrechnungssatz (VS) beträgt 32,96 Euro.
59. Der kalkulierte Angebotspreis beträgt 112,90 Euro.
60. Der ermittelte Gemeinkostenzuschlag ist 186 %.
61. In der freien Wirtschaft regulieren Angebot und Nachfrage – also der Markt – die Preise.
    Der Unternehmer muss im Rahmen seiner Möglichkeiten flexibel reagieren.
62. Möglichkeiten der Erfolgskontrolle:
    Jahresabschluss, Bilanz mit Gewinn- und Verlustrechnung, kurzfristige Erfolgsrechnung, objektbezogene Nachkalkulation
63. Ein »verknüpftes« EDV-Programm ist ein Branchenprogramm, das außer Kalkulation die gesamte Unternehmensverwaltung abdecken kann.
64. Inhalte eines verknüpften Programms:
    Kalkulation, Mengenermittlung, Kunden, Lieferanten, Geschäftsbriefe, Rechnungen, Mahnungen, Nachkalkulation, Lohnabrechnung, …

6 Bildnachweis

Wir bedanken uns bei folgenden Personen, Firmen und Verbänden, die uns freundlicherweise Abbildungsvorlagen für dieses Buch zur Verfügung gestellt haben:

A

Arbeitsgemeinschaften der Bau-Berufsgenossenschaften, 60331 Frankfurt
Abb. 2,69 bis 2.71, 2.72 bis 2.84, 2.87

B

Boßhammer, Franz-Josef, Handwerkskammer, 50667 Köln
Abb. 2.68

E

Engers Keramik GmbH & Co. KG, 56566 Neuwied
Abb. 1.1

Ewerhardy-Blocher, Astrid, 66693 Mettlach-Tünsdorf (Abb. gezeichnet mit dem Programm von ViSoft, Ingenieurbüro für visuelle Konzepte, 71063 Sindelfingen
Abb. 2.2 bis 2.4, 2.19, 2.20

F

Fila Industria Chimica Spa, 40699 Erkrath
Abb. 2.63, 2.67

I

Industrieverband Dichtstoffe e.V. (IVD), 40227 Düsseldorf
Abb. 2.50, 2.57

K

Karl Dahm & Partner GmbH, 83358 Seebruck
Abb. 2.64

M

Mapei GmbH, 63906 Erlenbach
Abb. 2.34 bis 2.37, 2.39 bis 2.43, 2.47, 2.48, 2.54 bis 2.56, 2.58, 2.60, 2.61

Marx, Hans Günter aus: Keramische Beläge und Bekleidungen, Verlagsgesellschaft Rudolf Müller, Köln 1995
Abb. 2.62

N

Niemer, Ernst Ulrich aus: Praxis-Handbuch Fliesen, Verlagsgesellschaft Rudolf Müller, Köln 1996
Abb. 2.49

P

Palette Datensysteme GmbH, 70376 Stuttgart
Abb. 3.2 bis 3.23

V

Vahlbruch, Matthias, 30900 Wedermark
Abb. 1.2

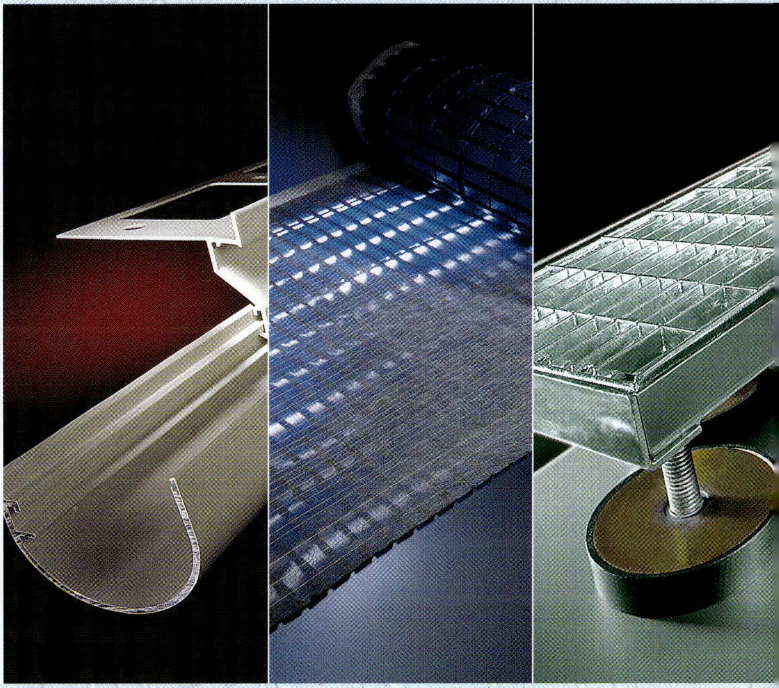